Packt>

Mastering Machine Learning Algorithms

Second Edition

精通机器学习算法

[意] 朱塞佩·博纳科尔索（Giuseppe Bonaccorso） 著
刘继红 王瑞文 张强 译

中国电力出版社
CHINA ELECTRIC POWER PRESS

内 容 提 要

本书将数学理论与实例相结合，这些实例以最先进的通用机器学习框架为基础，由 Python 实现，向读者介绍更复杂的算法。全书共 25 章，包括机器学习模型基础、损失函数和正则化、半监督学习导论、高级半监督分类、基于图的半监督学习、聚类和无监督学习模型、高级聚类和无监督学习模型、面向营销的聚类和无监督学习模型、广义线性模型和回归、时序分析导论、贝叶斯网络和隐马尔可夫模型、最大期望算法、成分分析和降维、赫布学习、集成学习基础、高级提升算法、神经网络建模、神经网络优化、深度卷积网络、循环神经网络、自编码器、生成对抗网络导论、深度置信网络、强化学习导论和高级策略估计算法。

本书适合深入了解复杂机器学习算法、模型校准，以及改善训练模型预测效果的数据科学专业人员和机器学习工程师。

图书在版编目（CIP）数据

精通机器学习算法 /（意）朱塞佩·博纳科尔索（Giuseppe Bonaccorso）著；刘继红，王瑞文，张强译. —北京：中国电力出版社，2023.1

书名原文：Mastering Machine Learning Algorithms, Second Edition

ISBN 978-7-5198-6989-2

Ⅰ. ①精… Ⅱ. ①朱… ②刘… ③王… ④张… Ⅲ. ①机器学习–算法 Ⅳ. ①TP181

中国版本图书馆 CIP 数据核字（2022）第 141387 号

出版发行：中国电力出版社
地　　址：北京市东城区北京站西街 19 号（邮政编码 100005）
网　　址：http://www.cepp.sgcc.com.cn
责任编辑：刘　炽（liuchi1030@163.com）
责任校对：黄　蓓　常燕昆　马　宁　于　维
装帧设计：王红柳
责任印制：杨晓东

印　　刷：三河市航远印刷有限公司
版　　次：2023 年 1 月第一版
印　　次：2023 年 1 月北京第一次印刷
开　　本：787 毫米×1092 毫米　16 开本
印　　张：40.75
字　　数：845 千字
印　　数：0001—2000 册
定　　价：169.00 元

版 权 专 有　侵 权 必 究

本书如有印装质量问题，我社营销中心负责退换

前 言

近年来，机器学习成为大多数行业的重要研究领域。一些曾经被认为无法自动化的工作现在已经完全可以由计算机胜任，这使得人们可以专注于更富有创造性的事务。这场革命之所以能够取得成功，得益于标准算法的显著改进，也得益于硬件价格的持续降低。仅仅在十年前还是巨大障碍的复杂性问题，如今单凭一台个人计算机（PC）就能得到解决。高水平的开源框架唾手可得，使得人们能够设计和训练出极具效力的模型。

本书将数学理论与实例相结合，这些实例以最先进的通用机器学习框架为基础，由 Python 实现，向读者介绍更复杂的算法，例如半监督学习算法、流形学习算法、概率模型以及神经网络等。著者本着务实的态度，聚焦应用实践但也不脱离理论基础。机器学习领域的知识坚实深厚，只能通过理解基础逻辑才能更好地掌握，而这种逻辑往往采用数学概念来表示。只有加倍努力，才能换来对每一个具体算法更为深刻的认识，帮助读者更好地理解在具体的业务场景如何应用、修正、改进各种机器学习算法。

机器学习是一个范围非常宽广的领域，本书不可能涵盖所有内容。尽管如此，著者还是尽可能多地选择了一些与监督学习、半监督学习、无监督学习和强化学习相关的算法，还提供了进一步拓展理解这些算法所需的所有参考资料。选用的相关实例也务求简单易懂，而读者不至于被绕进具体的程序代码之中。其实，著者认为，提供一些通用的实例，然后读者优化改进以解决具体场景问题，才是更为重要的。著者也要对书中可能的错误表示歉意，虽然经过了反复多次的修订，一些细节内容（包括公式和代码）仍然可能会百密一疏。

相较第一版，本书提高了某些难点内容的可读性，并采用了可用框架的最新版本（例如 TensorFlow 2.0）。鉴于著述工作非常繁杂，虽然著者和所有编辑都尽力而为了，但仍有可能存在不周密和错误之处。

本书是著者在其生涯的一个特殊时期完成的。著者将此书献给他的父亲。著者的父亲是位艺术家和艺术教授，一直给予著者引领指导，教诲著者既要科学严谨又要具有艺术想象。数据科学需要创造性，反过来，创造性也能在数据科学中寻觅到肥沃的土壤！

本书对象读者

本书对象读者是希望深入了解复杂机器学习算法、模型校准以及改善训练模型预测效果的数据科学专业人员和机器学习工程师。本书对他们而言是有价值的理论和实践内容来源。为了更好地掌握和利用这本专业指南，需要具备机器学习的基础知识。同时，考虑到书中某些专题的复杂性，也需要具有较好的数学背景知识。

本书内容

第 1 章，机器学习模型基础，阐明机器学习模型最重要的理论概念，包括偏差、方差、过拟合、欠拟合、数据归一化和缩放。

第 2 章，损失函数和正则化，进一步解释损失函数相关的基本概念并讨论各种损失函数的特性和应用。本章还介绍正则化，这是大多数监督学习方法的基础。

第 3 章，半监督学习导论，介绍半监督学习的主要元素，讨论主要的假设，重点介绍生成式算法、自训练算法和协同训练算法。

第 4 章，高级半监督分类，讨论最重要的归纳型和直推型半监督分类方法。这些方法克服了第 3 章中介绍的简单算法的局限性。

第 5 章，基于图的半监督学习，继续介绍属于图学习和流形学习模型类别的半监督学习算法。从不同角度分析标签传播算法和非线性降维方法，介绍几个利用 scikit-learn 功能便可实现的有效解决方案。

第 6 章，聚类和无监督学习模型，介绍常见的重要的无监督学习算法，包括 k 近邻算法（基于 k-d 树和球树）和 k 均值法（附带 k-means++初始化）。本章也讨论一些可用于评价聚类结果的重要度量指标。

第 7 章，高级聚类和无监督学习模型，继续讨论更复杂的聚类算法，包括谱聚类、DBSCAN 和模糊聚类。这些算法可以解决简单算法无法解决的问题。

第 8 章，面向营销的聚类和无监督学习模型，介绍双聚类概念。双聚类可用于营销推荐系统的开发。本章也介绍 Apriori 算法，可以处理超大规模交易数据库，完成购物篮分析。

第 9 章，广义线性模型和回归，讨论广义线性模型的主要概念以及几种回归分析方法，包括正则化回归、保序回归、多项式回归和逻辑回归。

第 10 章，时序分析导论，介绍时序分析的主要概念，重点是随机过程特性以及能完成有效预测的基本模型（AR、MA、ARMA 和 ARIMA）。

第 11 章，贝叶斯网络和隐马尔可夫模型，介绍利用有向无环图、马尔可夫链和有序过程的概率建模概念。本章重点介绍 PyStan 工具和可用于时态序列建模的 HMM 算法。

第 12 章，最大期望算法，阐明最大期望算法的一般结构，讨论一些一般性应用，例如通用参数估计、MAP 和 MLE 方法，以及高斯混合模型。

第 13 章，成分分析和降维，介绍主成分分析法、因子分析法和独立成分分析法的主要概念。这些工具可以完成有效的多种数据集的成分分析，如有必要，也可以完成信息损失可控的降维。

第 14 章，赫布学习（Hebbian learning），介绍赫布法则，一个应用效力超强的神经科学最经典的概念。本章阐明单个神经元的工作原理，介绍无需输入协方差矩阵便可以进行主成分分析的两个复杂模型，桑格网络（Sanger's network）和鲁布纳-塔万网络（Rubner-Tavan's network）。

第 15 章，集成学习基础，阐释装袋法（bootstrap aggregating，引导聚集算法，缩写为 bagging）、提升法（boosting）和堆叠法（stacking）等集成学习的主要概念，重点介绍随机森林和 AdaBoost（及其可用于分类又可用于回归的变形）。

第 16 章，高级提升算法，继续讨论最重要的集成学习模型，聚焦于梯度提升法（附带 XGBoost 实例）和投票分类器（voting classifier）。

第 17 章，神经网络建模，介绍神经网络计算概念，首先感知机原理，然后分析多层感知机、激活函数、反向传播、随机梯度下降、暂弃（dropout）和批量归一化等。

第 18 章，神经网络优化，分析可以改善随机梯度下降性能的最重要的优化算法（包括 Momentum、RMSProp 和 Adam），介绍如何应用正则化技术于深度网络的各层级。

第 19 章，深度卷积网络，阐释卷积概念，讨论如何建立和训练用于图像处理的有效的深度卷积网络。所有实例采用 Keras/TensorFlow2 实现。

第 20 章，循环神经网络，介绍处理时间序列的循环神经网络概念，讨论 LSTM 和 GRU 单元的结构，分析时间序列建模和预测的若干实例。

第 21 章，自编码器，阐释自编码器的主要概念，讨论自编码器在降维、去噪和数据生成（变分自编码器，variational autoencoder）的应用。

第 22 章，生成对抗网络导论，阐释对抗训练的概念。重点是深度卷积生成对抗网络和瓦萨斯坦恩生成对抗网络（Wasserstein GAN）。两者均为非常有效的生成模型，可以学习输入数据分布的结构，生成无任何附加信息的全新的样本。

第 23 章，深度置信网络，介绍马尔可夫随机场、受限玻尔兹曼机和深度置信网络等概念。这些模型既可用于监督学习，也可用于无监督学习，性能拔群。

第 24 章，强化学习导论，阐释强化学习的主要概念（智能体、策略、环境、回报和价值），介绍策略迭代算法、价值迭代算法和时序差分学习[TD(0)]。实例对象是定制棋盘格环境。

第 25 章，高级策略估计算法，拓展前一章的概念，讨论 TD(λ)算法、TD(0) Actor-Critic 算法、SARSA 和 Q 学习（Q-Learning）算法。介绍深度 Q 学习的一个基础实例供读者方便应用本章概念解决复杂问题。另外，介绍 OpenAI Gym 环境，分析一个策略梯度算法实例。

利用本书的必要准备

- 读者需要具备一般机器学习算法的基本知识，明确理解这些算法的数学结构和应用。

● 本书选用 Python 作为实例实现语言，所以读者应熟悉该语言，特别是 scikit-learn、TensorFlow 2、pandas 和 PyStan 等机器学习框架。

● 鉴于某些主题内容的复杂性，读者应掌握微积分、概率论、线性代数、统计学等相关知识。

下载实例代码文件

读者可以通过自己在 http://www.packt.com 的账户，下载书中实例的代码文件。如果读者是从其他渠道购买到本书，可以访问 http://www.packtpub.com/support，注册后便可得到电子邮件方式发送的代码文件。

下载代码文件的步骤如下：

（1）登录或注册网站 http://www.packt.com。

（2）选择 **Support** 标签。

（3）单击 **Code Download**。

（4）在 **Search** 栏输入书名，然后按照屏显指令操作。

一旦文件下载完毕，请用以下最新版本工具进行文件解压或文件夹提取。

● WinRAR/7-Zip for Windows。

● Zipeg/iZip/UnRarX for Mac。

● 7-Zip/PeaZip for Linux。

本书所带代码包也存放在 GitHub 上，网址是 https://github.com/ PacktPublishing/Mastering-Machine-Learning-Algorithms-Second-Edition。此外，还有配套其他大量著作和视频的代码包，可从 https://github.com/PacktPublishing/获得。敬请查阅！

下载彩色插图

本书使用的彩色图表和截屏图片已经汇集成一个 PDF 格式文件，可提供给读者。读者可从 https://static.packt-cdn.com/downloads/9781838820299_ColorImages.pdf 下载。

文本格式约定

本书采用以下若干文本格式约定。

CodeInText：表示代码文本、数据库表名、文件夹名、文件名、文件扩展名、路径名、虚拟 URL、用户输入以及推特用户名（Twitter handle）。例如，“将下载的磁盘图像文件 WebStorm-10*.dmg 加载到系统的另一磁盘。”

一段代码设置如下：

```
ax[0].set_title('L1 regularization', fontsize=18)
ax[0].set_xlabel('Parameter', fontsize=18)
ax[0].set_ylabel(r'$|\theta_i|$', fontsize=18)
```

如果需要让读者注意到代码段的某一特定部分，相关的代码行或项就被设置为粗体：

```
ax[0].set_title('L1 regularization', fontsize=18)
ax[0].set_xlabel('Parameter', fontsize=18)
ax[0].set_ylabel(r'$|\theta_i|$', fontsize=18)
```

命令行的输入或输出写成：

```
pip install -U scikit-fuzzy
```

Bold：（粗体）表示新概念、关键词或者出现在屏幕上或文本里的菜单/对话框里的词。例如，“从 **Administration** 界面里选择 **System info**。”

该图标表示提醒或重要事项。

该图标表示技巧和窍门。

读者著者交流

欢迎读者积极反馈。

一般反馈：如果读者对本书任何方面有问题，可以在邮件主题中注明书名，反馈至邮箱 customercare@packtpub.com。

勘误：虽然著者已尽力确保著作内容的正确性，但错误仍难以避免。如果读者发现书中错误，烦请告知。请访问 www.packtpub.com/support/errata,选定图书，点击“勘误提交表格”链接，填入具体信息。

盗版：如果读者在互联网上发现我们的图书被以任何形式非法复制，烦请告知网址或网站名。请通过 copyright@packt.com 联系我们，并提供盗版材料的链接。

如果愿意成为作者：如果读者有熟悉的主题而且愿意写书或参与出书，请访问 authors.packtpub.com。

读后评论反馈

请读者留言评论。如果您读过或使用过本书，为什么不在您购书处留下宝贵的意见呢？潜在的读者将会看到并根据您公正客观的评论意见，决定是否购书。我们也能了解您对我们产品的想法，而我们的作者能够获悉您对他们著作的反馈。不胜感激！

更多有关 Packt 的信息，请访问 packt.com。

目　　录

第 1 章　机器学习模型基础

机器学习模型是用来揭示外部事件综合现象的数学工具，旨在更好地理解外部事件和预测未来行为。有时，这些模型仅仅是理论模型，但是，如今的研究进展已经能够运用机器学习概念去更好地理解诸如深度神经网络等复杂系统的行为。本章将介绍和讨论一些基础性内容。学识深厚的读者可能早已了然于心，但是，本章将提供多种可能的解释和应用实例。

本章具体讨论以下主要事项：

- 模型和数据的定义。
- 好数据集的结构和性质的理解。
- 数据集缩放（scaling），包括标量缩放（scalar scaling）和鲁棒缩放。
- 归一化（normalization）和白化（whitening）。
- 训练数据集、验证数据集和测试数据集的选择，包括交叉验证。
- 机器学习模型的特征。
- 可学习性。
- 容量，包括万普尼克-泽范兰杰斯容量（Vapnik-Chervonenkis capacity，VC 容量）。
- 偏差，包括欠拟合。
- 方差，包括过拟合和克拉梅尔-拉奥边界（Cramér-Rao bound）。

1.1　模型和数据

机器学习模型处理数据。通过处理明确定义的数据集，机器学习模型建立数据关联、找出数据关系、发现模式、产生新样本等。明确定义的数据集是指，与某一特定场景（例如，每 5min 采样一次的室温或一群人的体重）相关的数据点（例如，观测值、图像、测量值）的同质集合。

遗憾的是，强加在机器学习模型上的假设或条件有时是不明确的，而且漫长的训练过程有时换来的只是彻底的验证失败。模型可以被看作是一个灰箱，也就是，很多通用算法通过简化可以保证具有一定的透明度。在灰箱里，从数据集提取的输入向量 X 转换成一个输出向量 Y。

如图 1.1 所示，模型表示为一个依赖于一组由向量 θ 定义的参数集合的函数。数据集由从现实场景提取的数据组成，而模型产出的结果必须反映真实关系的本质。这些条件在逻辑和概率论中是非常强制的，推导出来的条件也必须反映现实世界本质。

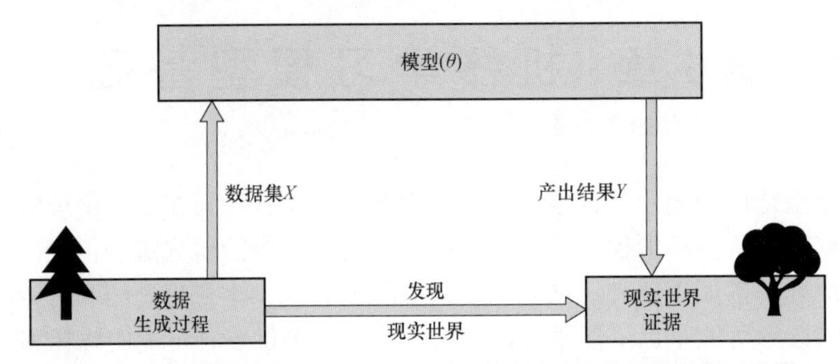

图 1.1　用向量θ 及其与现实世界的关系所刻画的通用模型的示意图

因此，模型必须具备以下能力：

- 模拟动物认知功能。
- 给定合适的训练数据集，学会产出与环境兼容的结果。
- 学会在新样本出现时，通过输出正确（或最可能）的结果，突破训练集的条条框框。

第一点是人工智能争论的一个关键论点。正如加州大学洛杉矶分校达尔维什教授指出的（Darwiche A.，*Human-Level Intelligence or Animal-Like Abilities*?，Communications of the ACM，Vol.61，10/2018），现代机器学习之所以成功，主要是因为深度神经网络能够复制出特定的认知功能（例如，视觉或语音识别）。显而易见，这些模型的结果必须基于现实世界的数据，而且，必须具备输出应有的所有特征，这些输出由被复制认知功能的动物产生。

上述特性将进一步分析。须知，这些不是简简单单的需求，而是关系到人工智能在产生式环境（即并非拥有有限而且定义明确数据集的完美世界）中的应用成功与否的决定性支撑。

虽然存在一些仅依赖于数据结构的、所谓的**非参数化**的算法，但本节只考虑**参数化**模型。后面的章节将会讨论若干非参数化算法。

参数化学习过程（parametric learning process）的目的是找到使目标函数最大化的最优参数集合。给定输入数据集 X 和输出数据集 Y，目标函数的值与模型的准确率成比例。如果想让误差最小化，目标函数的值则与误差成比例。这个定义并不严谨，将在后面进一步完善。但是，在机器学习领域，为了介绍所使用的数据的结构和性质，这个定义还是有用的。

数据集的结构与性质

第一个问题是，X 和 Y 的本质是什么？机器学习问题聚焦于学习抽象的关系，而这些关系即使遇到新的样本也能维持成立。具体而言，具有联合概率分布的随机数据生成过程可定义为：

$$p_{\text{data}}(x, y) = p(y \mid x) p(x)$$

过程 p_{data} 代表问题最广泛和最抽象的表达。例如，一个分类器需要辨识男性人像和女性人像。该分类器就应建立在一个理论上定义清楚所有可能人脸的概率的、考虑男女二元属性的数据生成过程的基础之上。显然，这样的过程 p_{data} 是无法直接实现的，只能找到一个有限情形（例如，同一数据集的所有图像的分布已知）下描述 p_{data} 的定义明确的公式。

即便如此，读者还是要认识到是存在这样一个过程的，即使有时复杂性太高而无法直接给出数学模型。机器学习模型必须参考这种抽象过程。

有限样本总体

通常，我们并不能推导出精确的分布，只能利用真实样本的有限总体。例如，药物实验的目的是把握药物对人类的药效。显然，不可能在每一位人类个体身上进行药物实验，也无法想象包括所有去世的和未出世的人。尽管如此，必须认真挑选有限样本总体以便正确表达基础的数据生成过程。也就是说，必须考虑所有可能的药物试验组、子组以及组反应。

正是因为往往不能得到全数据，所以必须从庞大的数据总体中抽取样本。即便最好的情况，采样也伴随着信息的损失（除非删除的只是冗余数据）。因此，建立一个数据集时，总会产生偏差。有的偏差小，影响微不足道；有的偏差大，影响大，导致错误地识别数据总体中的关系，极大地损害模型的性能。因此，数据科学家们必须密切关注模型是如何测试的，要确保新增样本与训练样本一样都由同一过程生成。如果差异太明显，数据科学家们就应该提醒用户，样本有异常。

假定相似的个体，其行为也相似。如果样本集合规模足够大，统计学意义上就可以断定，样本总体中更大规模的未抽样的部分也具有与样本集合相同的特性。动物特别擅长从一组样本中识别一些关键特征，并加以概括作为他们关于新体验的解释（例如，一个婴儿只是看到自己的父母和少数他人，就能够将人和泰迪熊玩具区分开来）。机器学习挑战性的目标是要找到利用有限的信息训练模型的最优策略，并找到能够证明模型逻辑过程正确性的所有抽象规律。

当然，在考虑样本总体时，一般需要假定它服从原来的数据生成分布。这并不是一个纯理论的假设。正如后面将会看到的，如果样本数据来自不同分布，模型的准确率会大大降低。

例如，利用千万级像素的图像图片训练一个人像分类器。如果将该分类器用在带有百万级像素相机的老式智能手机上，很快便会知晓预测准确率的差距。

毫不奇怪，因为低分辨率图片无法获得更多细节。同样，如果将噪声很多的数据源（信息内容只能部分复原）提供给模型，结果并无二致。

N 个值是**独立同分布**（independent and identically distributed，i.i.d.），如果它们采样自相同分布。不同的采样步骤将得到统计上独立的值［即 $p(a,b)=p(a)p(b)$］。如果从 p_{data} 采集 N 个独立同分布的值，便可得到由 k 维实数向量组成的有限数据集 X：

$$X=\{x_0,x_1,\cdots,x_{N-1}\},x_i\in R^k$$

在监督学习场景里，需要对应的标签（具有 t 个输出值）：

$$Y=\{y_0,y_1,\cdots,y_{N-1}\},y_i\in R^t$$

采用不同的策略解决输出超过两个类别的问题。经典的机器学习里，最通用的一种方法是**一对多算法**（one-vs-all），即训练 N 个不同的二元分类器，而每个二元分类器的每个标签都用其余标签进行评价。如此，需要执行 $N-1$ 次分类以便确定正确的类别。实际上，无论浅层神经模型还是深度神经网络，推荐采用 **softmax 函数**（一个将连续的数输出成一个在 0～1 之间数的函数，有时也称为归一化指数函数）表达所有类别的输出概率分布：

$$\tilde{y}_i=\left(\frac{\mathrm{e}^{z_0}}{\sum\mathrm{e}^z},\frac{\mathrm{e}^{z_1}}{\sum\mathrm{e}^z},\cdots,\frac{\mathrm{e}^{z_{N-1}}}{\sum\mathrm{e}^z}\right)$$

z_i 表示中间值，而求和项则归一化为 1。上式的输出结果可简单用交叉熵代价函数加以处理。交叉熵代价函数将在第 2 章损失函数和正则化讨论。敏锐的读者会注意到，计算一个总群的归一化输出，等同于得到数据生成过程。

这实在是再好不过了。因为一旦成功地训练和验证了模型，得到肯定的结果，那么就有理由认为对应于从未遇到的样本的输出反映了真实的联合概率分布。这就意味着，模型已经有了一个误差极小的重要抽象的内部表达。而这正是整个机器学习过程的最终目标。

在继续讨论基本的预处理技术之前，有必要提及**领域适应**（domain adaptation）问题。这是目前尚在开发中的最具挑战性和有效的技术之一。

如前所述，动物能够进行抽象并将在某特定情况下学到的概念扩展至相似的新情况。这种能力既重要也必要。很多时候，一个新的学习过程可能耗时太长而置动物于各种风险境地。

但是，很多机器学习模型缺乏这样的能力。这些模型容易学会泛化，但也总在处理源自相同的数据生成过程的样本。假定一个模型 M 经过优化，已经能够正确分类 $p_1(x,y)$ 的要素，而且最终的准确率足够高，使得模型可用于实际问题环境。经过几次测试后，数据科学家发现 $p_2(x,y)=f(p_1(x,y))$ 是另一个与 $p_1(x,y)$ 非常相似的数据生成过程。其样本满足作为同一总类要素的要求。例如，$p_1(x,y)$ 可以表示家用轿车，而 $p_2(x,y)$ 则可能是卡车集合的建模过程。

这种情况下，不难理解，变换 $f(z)$ 几乎使得车辆数量、车辆相对比例、车轮数量等均有增加。此时，模型 M 还能同样正确地分类 $p_2(x,y)$ 的样本吗？通常，回答是否定的。观察到的准确率会衰减，最终近似一个单纯的随机猜测。

该问题背后的原因与模型的数学本质密切相关，本书不予讨论（有兴趣的读者可参阅学术论文：Crammer K.，Kearns M.，Wortman J.，*Learning from Multiple Sources*，Journal of Machine Learning Research，9/2008）。不过，考虑上述问题还是大有裨益的。领域适应的目标是要找到最佳方法，将一个模型从 M 转换到 M' 或者相反，以便使得模型能更好地用于某一特定的数据生成过程。

模型的功能组件识别出轿车和卡车的相似性（例如，两者都有挡风玻璃和散热器），并调整一些参数从其初始配置（目标是轿车）转换为新的配置（目标是卡车），这些都属于合理的变化范围。这类方法毫无疑问更适合表现认知过程。而且，更多的好处在于，相同模型无需从头开始重新训练，便可以用于不同目的。这通常是目前取得可接受性能的必需条件。

此话题相当复杂，本书当然无法进行全面讨论。因此，除非特别声明，本书只考虑单个数据生成过程，所有样本均由其得到。

下面，介绍一些在很多实际应用中有用的、重要的数据预处理概念。

数据集缩放

如果数据集具有特征零均值（feature-wise null mean），很多机器学习算法，例如，逻辑回归、**支持向量机**（support vector machine，SVM）和神经网络，就会表现更好。因此，预处理最重要步骤之一是所谓的聚零（zero-centering），即所有样本减去特征均值 $E_x[X]$：

$$\hat{x}_i = x_i - E_x[X] \left(对一个限定样本, \hat{x}_i = x_i - \frac{1}{N}\sum_{i=0}^{N-1} x_i = x_i - \mu \right)$$

此操作一般是可逆的，并不改变样本间或同一样本组成元素间的关系。在深度学习里，聚零的数据集可以通过适用一些激活函数的对称性质，使得模型快速收敛（下一章将深入讨论相关内容）。

单靠聚零也并不总能确保所有算法行之有效。不同的特征有非常不同的标准偏差，所以，考虑参数向量范数的优化（参阅正则化一节），有助于以相同的方式处理所有特征。这种相同的处理可以产生完全不同的最终效果。较小方差的特征会比较大方差的特征受影响更甚。

同样，如果用单个特征来寻找最优参数的话，方差较大的特征可以控制其他特征，使得其他特征几乎取值不变。如此，那些几乎不变的特征便无法影响最终结果（例如，对于回归和神经网络而言，这是一个普通的限制性因素）。因此，如果对整个数据集的每个特征 $x_i \in R^n$，计算 μ 和 σ，那么，最好用聚零样本除以特征标准偏差，得到所谓的 z 值（z-score，标准分数）：

$$\hat{x}_i = \frac{x_i - \mu}{\sigma} \left(对一个限定样本, \sigma = \sqrt{\frac{1}{N-1}\sum_{i=0}^{N-1}(x_i - \mu)^2} \right)$$

结果就是一个经过变换的数据集，大多数内在关系得以保留，但是，所有特征都有零均值和单位方差。如果需要将向量重新映射到原先的空间，整个变换完全是可逆的。

下面接着分析其他缩放方法，可针对特定任务（例如，有异常值点的数据集）加以选用。

（1）范围缩放（range scaling）。另一种缩放方法设定所有特征所处范围。例如，如果 $x_i \in [a,b]$，变换处理将使所有值都落在新的区间范围 $[a',b']$ 内，如图 1.2 所示。

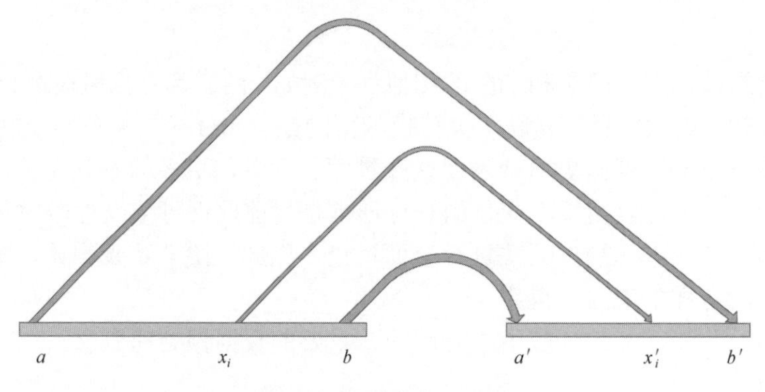

图 1.2 范围缩放示意图

范围缩放与标准缩放原理相同，只是所有新的均值和新的标准偏差都取决于选定的区间。特别是，如果原来的特征具有对称分布，那么，新的标准偏差即使不相等，也会非常相近。因此，范围缩放通常用来替代标准缩放。例如，可以用范围缩放将所有特征限定在区间［0，1］之中。

（2）鲁棒缩放（robust scaling）。标准缩放和范围缩放都有一个共同的缺点：对异常值点非常敏感。如果数据集包含异常值点，会大大影响均值和标准偏差的计算，导致计算结果趋向异常值点。取而代之的是一种利用分位数的鲁棒缩放方法。假定区间$[a,b]$上的分布p，最普通的分位数是中位数（median），即第 50 个百分位数或第 2 个四分位数（Q_2）。中位数将区间$[a,b]$一分为二，得到两个子区间，使得$P([a,m]) = P([m,b]) = 0.5$。换言之，在一个有限群体中，中位数就是中心位置值。

例如，假定有集合$A=\{1，2，3，5，7，9\}$，则：

均值 Mean $(A) \approx 4.67$，中位数 Median $(A) = 4.5$

如果集合 A 加入一个数值 10，即 $A' = A \cup \{10\}$，则：

均值 Mean $(A') \approx 5.43$，中位数 Median $(A') = 6$

同样，也可以定义百分位数或其他分位数。数据缩放常用的是**四分位差**（interquartile range，IQR，也称为四分位距或内距），其定义为：

$$IQR = \text{第 75 个百分位数} - \text{第 25 个百分位数} = Q_3 - Q_1$$

式中的Q_1是区间$[a,b]$的切分点，区间的 25%的值落在子集$[a,Q_1]$，而Q_3切分区间$[a,b]$，使得 75%的值落在子集$[a,Q_3]$。结合上面的集合 A'，得到：

$$Q_1 = 2.5 \text{且} Q_3 = 8 \Rightarrow IQR = 5.5 (std(A') \approx 3.24)$$

根据以上定义易知，IQR 对异常值点的敏感度低。实际上，假定一个特征在区间［-1，1］内，而且没有异常值点。取一个更大的数据集，观察区间［-2，3］。如果异常值点（例如，新值 10 加入到 A）的存在有所影响的话，异常值点的数量就会远远小于正常点的数量。否则，这些异常值点仍然符合实际的分布。因此，通过设定一个合适的分位数，在计算过程中便可以删除这些异常值点。例如，在计算时想排除所有概率低于 10%的特征。此时，就需要考虑双尾分布的第 5 个和第 95 个百分位数，并取用两者之差 QR = 第 95 个百分位数 – 第 5 个百分位数。

再考虑 A'，$IQR=5.5$，而标准偏差则是 3.24。这说明标准缩放比鲁棒缩放对数值压缩得少一些。如果扩大分位数范围（例如，采用第 95 个和第 5 个百分位数时，$QR\approx 8.4$）的话，这种效果会显著。但是，谨记，这种方法并不是异常值点过滤方法。所有值，包括异常值点都只是被缩放。唯一不同在于，异常值点不参与参数计算，所以减弱甚至完全消除了异常值点的影响。

鲁棒缩放的处理与标准缩放非常相似，可利用特征公式求得变换值：

$$\hat{z}_i=\frac{x_i-m}{QR}$$

式中，m 是中位数；QR 是分位数区间（如 IQR）。

在讨论其他方法之前，这里用一个包含从多元高斯分布（$\mu=(1,1)$，$\Sigma=diag(2,0.8)$）采集的 200 样本点的数据集来比较上面提到的方法：

```
import numpy as np


nb_samples=200
mu=[1.0,1.0]
covm=[[2.0,0.0],[0.0,0.8]]


X=np.random.multivariate_normal(mean=mu,cov=covm,size=nb_samples)
```

这里要用到以下 scikit-learn 的类：

- `StandardScaler`：主参数是 `with_mean` 和 `with_std`，均为布尔数，分别表明算法是否应该聚零和是否要除以标准偏差。默认值均为 `True`。
- `MinMaxScaler`：主参数是 `feature_range`，需要一个两元组或表（a，b），其中 $a<b$。默认值是（0，1）。
- `RobustScaler`：主要依靠参数 `quantile_range`。默认值是对应于 IQR 的（25，75）。与 `StandardScaler` 类似，`RobustScaler` 接受参数 `with_centering` 和 `with_scaling`，选择性地激活或停止其中一个函数。

本例采用 `StandardScaler` 的默认配置，`MinMaxScaler` 的 `feature_range=（ – 1，1）`，

和 RobustScaler 的 quantile_range=（10，90）。

```
from sklearn.preprocessing import StandardScaler，RobustScaler，MinMaxScaler

ss=StandardScaler（）
X_ss=ss.fit_transform（X）

rs=RobustScaler（quantile_range=（10，90））
X_rs=rs.fit_transform（X）

mms=MinMaxScaler（feature_range=（－1，1））
X_mms=mms.fit_transform（X）
```

结果如图 1.3 所示。

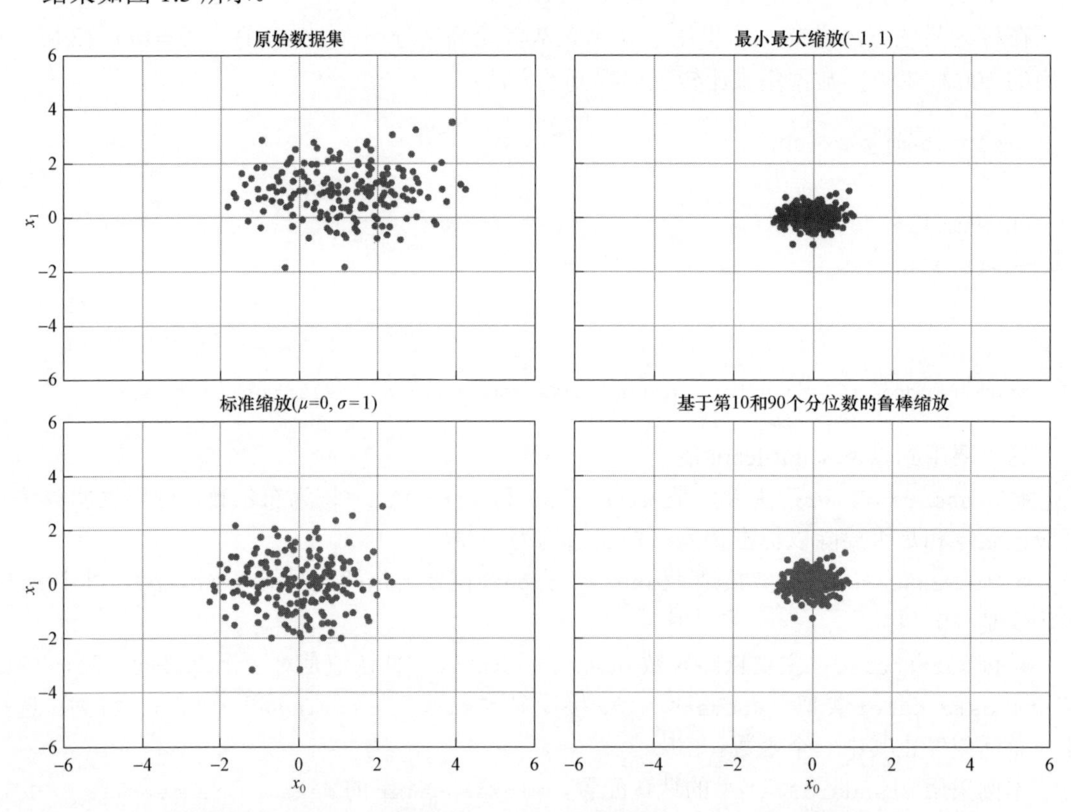

图 1.3 原始数据集（左上）、范围缩放（右上）、标准缩放（左下）以及鲁棒缩放（右下）

为了分析各种方法的差异，图 1.3 采用了相同的标度。由图 1.3 可见，标准缩放改变了均值，并且调整了数据点。这些数据点可以看作是从正态分布 N（0，I）获得的。范围缩放如出一辙。这两种缩放方法，由于异常值点的出现，方差都会受到负面的影响。

特别需要关注范围缩放的结果。其形状呈椭圆状，而圆度（意味着分布对称）还要考虑异常值点。相反，鲁棒缩放可以产生几乎完美的正态分布 N（0，I），因为异常值点已被排除在计算之外，决定缩放效果的只有那些中心点。

本节可以一句经验之谈作结：标准缩放通常是首选。如果需要将数值点投影到一个指定范围内，或者需要简化数据集的话，范围缩放是有效的替代方法。如果数据集分析突出异常值点的存在，而且问题对不同变动很敏感的话，鲁棒缩放方法则是不二选择。

（3）归一化。还有一种特别的预处理方法是**归一化**（normalization）。不要将它与统计的归一化（statistical normalization）混淆，后者是一种更复杂的通用方法。归一化将每一个向量转换成一个相应的、具有既定范式（如 L2）的单位范数的向量：

$$\widehat{z_l} = f(x_i),\ 且 \| \hat{z}_i \|_n = 1$$

给定一个聚零数据集 X，该集合包含点 $x_i \in R^n$。采用 L2（或欧几里得）范数的归一化将每个值变换为单位半径超球面表面上的一点，而且中心点为 $x_0 = (0,0,\cdots,0) \in R^n$［根据定义，表面上的所有点都有距离 $d(x_i, x_0) = \| x_i - x_{02} \| = 1$］。

与其他方法相反，数据集的归一化是一种投影，已有关系只保留为角距离的形式。为了方便理解，这里对上例定义的数据集进行归一化处理。采用 scikit-learn 的类 `Normalizer`，参数是 `norm='l2'`：

```
from sklearn.preprocessing import Normalizer

nz=Normalizer(norm='l2')
X_nz=nz.fit_transform(X)
```

结果如图 1.4 所示。

不出所料，所有的点均落在单位圆的圆周上。此时，读者可能会问，这步预处理究竟有何用。在一些应用领域，例如**自然语言理解**（natural language processing，NLP），两个特征向量会因两者形成夹角的大小而不同，但两个向量与欧几里得距离却几乎毫无关系。

例如，设想图 1.4 定义了四个语义不同的概念，分别位于四个象限。特别是，如果意义相反的概念（例如，冷和暖）位于相对的象限，那么最大距离就是 π 弧度，即 180°。相反，两个夹角很小的点一般都认为是相似点。

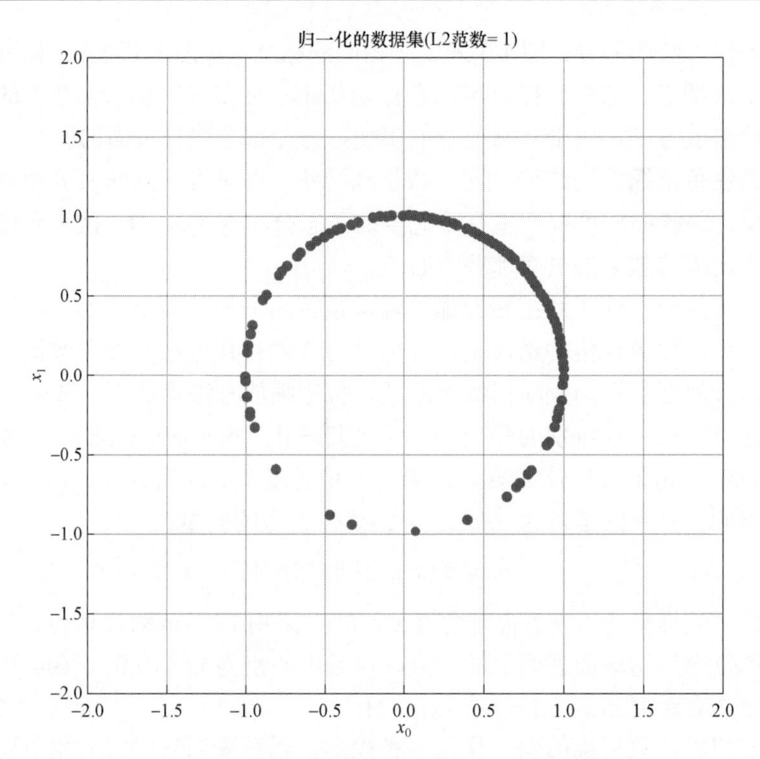

图 1.4　归一化的两维数据集（所有点均在单位圆上）

在这个普通的例子里，可以认为，概念之间的迁移是语义平滑的。因此，属于不同集合的两个点可以通过它们共同的特征加以比较（例如，冷和暖的边界可以是一个点，该点的温度是两集合的平均温度）。需要明白的重要一点是，如果从一个点沿着圆周移动越远，即角度加大，相似程度就越小。考虑在初始分布中几乎直交的两点（−4，0）和（−1，3）：

```
X_test= [
    [4.,0.],
    [-1.,3.]
]

Y_test=nz.transform (X_test)

print (np.arccos (np.dot (Y_test [0], Y_test [1])))
```

上面这段程序的输出是：

1.2490457723982544。

两个向量 x_1 和 x_2 的点积等于：

$$x_1 \cdot x_2 = \| x_1 \| \, \| x_2 \| \cos(d_{12}) \Rightarrow d_{12} = \cos^{-1}(x_1 \cdot x_2)$$

最后一步建立在两个向量具有单位范数的事实基础之上。因此，两个向量在投影后所形成的角度近似为π/2，表示两者确实是正交的。如果用一个常数去乘以两个向量，它们的欧几里得距离将会明显变化。但是，归一化后的角距离却保持不变。有兴趣的话，读者可以一试。

如此，便可以彻底摆脱相对的欧几里得距离，只需考虑角度即可，当然，这也要考虑一个合适的相似度测度。

白化

另一个非常重要的预处理步骤是**白化**（whitening）。该操作将单位协方差矩阵（identity covariance matrix）作用在聚零数据集上：

$$E_x[X^{\mathrm{T}} X] = I \left(\begin{array}{c} \text{对于一个有限样本} \\ \dfrac{1}{N-1}\left[\sum_{i=1}^{N}(x_i^{(P)} - \mu)(x_i^{(q)} - \mu)^{\mathrm{T}}\right] = I \end{array} \right)$$

协方差矩阵 $E_x[X^{\mathrm{T}} X]$ 是实数对称矩阵，所以无需特征向量矩阵求逆便可以实现特征分解：

$$E_x[X^{\mathrm{T}} X] = V \Omega V^{\mathrm{T}}$$

矩阵 V 以特征向量为列，对角矩阵 Ω 包含特征值。求解该问题，需要找到一个矩阵 A，使得：

$$\hat{x}_i = A x_i \text{ 且 } E_x[\hat{X}^{\mathrm{T}} \hat{X}] = I$$

利用前面计算得到的特征分解，得到：

$$E_x[\hat{X}^{\mathrm{T}} \hat{X}] = E_x[A X^{\mathrm{T}} X A^{\mathrm{T}}] = A E_x[X^{\mathrm{T}} X] A^{\mathrm{T}} = A V \Omega V^{\mathrm{T}} A^{\mathrm{T}} = I$$

因此，矩阵 A 是：

$$A A^{\mathrm{T}} = V \Omega^{-1} V^{\mathrm{T}} \Rightarrow A = V \Omega^{-\frac{1}{2}}$$

白化的主要优点之一是数据集去相关，使得组成要素更容易分离。而且，如果 X 被白化，由矩阵 P 引发的所有正交变换也被白化：

$$Y = PX \Rightarrow E_x[Y^{\mathrm{T}} Y] = P E_x[X^{\mathrm{T}} X] P^{\mathrm{T}} = P P^{\mathrm{T}} = I$$

而且，由于白化减少了因变量的实际数量，因此很多需要估计那些与输入协方差矩阵密切相关的参数的算法可以利用白化处理。一般，这些算法要处理经过白化得到的对称矩阵。

在深度学习领域，白化的另一个重要优点是，梯度在原点附近较高，而在激活函数（例如，双曲正切函数或者 S 型函数 sigmoid）达到极值（$|x|\to\infty$）的其他区域减小。这就是白化的聚零数据集一般收敛更快的原因。

图 1.5 对比了原始数据集和白化数据集。这里的白化数据集是聚零的而且带单位协方差矩阵的数据集。

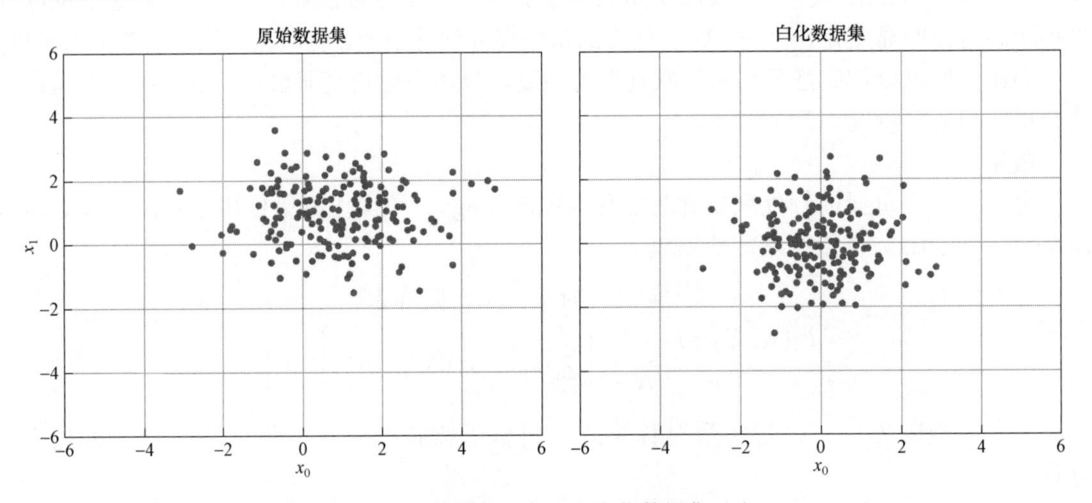

图 1.5 原始数据集（左）和白化数据集（右）

进行白化处理应该考虑若干重要事项。首先，实数的样本协方差与估计值 $X^{T}X$ 存在尺度差异，要进行**奇异值分解**（singular value decomposition，SVD）。其次，要考虑很多机器学习框架已实现的一些通用的类。例如，scikit-learn 的 StandardScaler。如果聚零是特征操作的话，就需要考虑整个协方差矩阵完成白化过滤的计算。StandardScaler 只实现单位方差和特征缩放。

好在所有利用白化预处理的 scikit-learn 算法都提供内置的特征，所以一般无需再费工夫。但是，如果读者愿意自己尝试直接实现某些算法的话，可参考下面两个用于聚零和白化的 Python 函数。其中，X 是 $N_{Samples}\times n$ 矩阵。另外，函数 `whiten()` 接收参数 `correct`，实现缩放修正。`correct` 的默认值是 `True`：

```
import numpy as np


def zero_center(X):
    return X - np.mean(X, axis=0)
```

```
def whiten(X, correct=True):
    Xc = zero_center(X)
    _, L, V = np.linalg.svd(Xc)
    W = np.dot(V.T, np.diag(1.0 / L))
    return np.dot(Xc,W)*np.sqrt(X.shape[0]) if correct else 1.0
```

训练、验证、测试集

正如上文所讨论的，一个机器学习项目可获得的样本数量往往是有限的。因此，通常必须将包含从 $p_{data'}$ 采集的 N 个独立同分布元素的初始集合 X 和 Y 分成两个或三个子集，即：

- 用于训练模型的**训练集**（training set）。
- 用于评价没有偏差但有新样本的模型的**验证集**（validation set）。
- 用于实际应用之前进行最后验证的**测试集**（test set）。

数据集分离处理的层次化结构如图 1.6 所示。

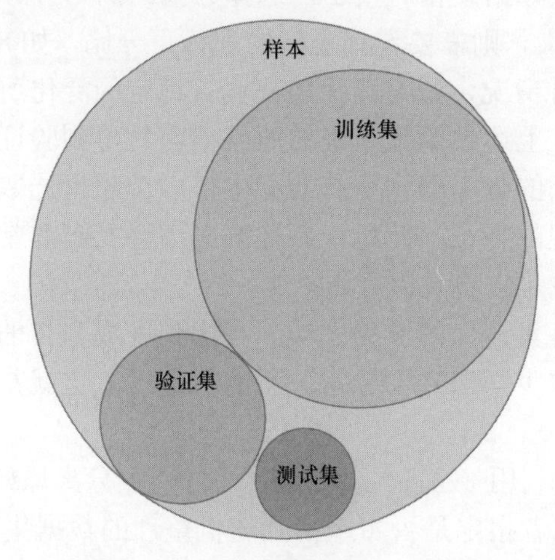

图 1.6　产生训练集、验证集和测试集的分离过程的层次化结构

由图 1.6 可知：$N > N_{training} > N_{valitation} > N_{test}$ 。

而且，训练集⊂样本集，验证集⊂样本集，测试集⊂样本集，训练集∩测试集＝ϕ，训练集∩验证集＝ϕ，测试集∩验证集＝ϕ。

样本集是潜在的完全总体（有时根本不可得到的）的子集。所以，通常将样本集限制为拥有 N 个元素的集合。训练集和验证集/测试集是没有交集的，也就是说，评价不会使用训练阶段使用过的样本。

一般从初始验证集剔除 N_{test} 个测试样本而得到测试集，这些被剔除的测试样本只参与最终的评价。这个过程十分简单明了：

（1）用训练集训练模型 M。

（2）用验证集和指定的评分函数 Score（•）评价 M。

（3）如果 Score（M）大于期望的准确率，进行最终测试以便确认结果。

（4）否则，修改超参，重启上述过程。

因为总是利用未被训练过程使用过的样本对模型进行评价，评分函数 Score（•）可以确定模型的泛化能力的高低。相反，利用训练样本进行的评价则有助于理解模型是否基本能够学习数据集的结构。这些问题将在接下来的章节里进一步探讨。

选用两个（训练和验证）数据集，还是三个（训练、验证和测试）数据集，一般取决于具体应用情况。很多情况下，一个单独的验证集，通常称为测试集，用于整个过程。原因就在于，最终目标是要得到一个可靠的独立共分布要素集合，这些要素从不用于训练，使得预测结果能够反映模型的无偏准确率。本书采用这一策略，用测试集替代验证集。

根据问题的本质，如果数据集相对较小，选择分离比例为 70%～30%（机器学习的有益经验）。如果样本的数量很大，则需要选择更高的训练百分比，如 80%、90%，而对于深度学习甚至达到 99%。无论何种情况，假定训练集都包含稳定的泛化所需的所有信息。

对很多简单任务而言，上述结论是正确的而且很容易得到验证。但是，数据集越复杂，问题越难。即使能够从相同的分布得到所有的样本，一个随机选取的测试集也有可能包含在其他训练样本集里不曾出现的特征。此时，整体准确率会受到非常负面的影响。如果不利用其他方法的话，这种情况也难以察觉。

这也是深度学习的训练集巨大的原因之一。考虑到生成分布的数据的特征和结构的复杂性，选择大的测试集能够减少学习到不寻常关系的可能性。这就是本章后面讨论的过拟合效应的结果。

在 scikit-learn 里，可以利用 `train_test_split()` 函数分离原始数据集，该函数可以指定训练集、测试集的规模，或者指定是否希望得到随机整理的数据集（默认选项）。例如，如果按照 70%训练集和 30%测试集的比例，分离 X 和 Y 的话，可以做如下处理：

```
from sklearn.model_selection import train_test_split

X_train,X_test,Y_train,Y_test=train_test_split(X,Y,train_size=0.7,random_state=1000)
```

随机调整这些数据集有助于减少样本间的关联。train_test_split 方法有一个参数 shuffle，能够实现数据集自动调整。其实，已经假定 X 由独立共分布样本构成，但是，往往两个前后相接的样本有着强关联，会影响训练效果。有时，每完成训练集的一轮训练，最好重新调整训练集。但是，本书的大多数实例都从头到尾使用相同的数据集。

处理序列和记忆模型，应该避免调整数据集。此时，应利用已有关联关系确定未来样本如何分布。每当需要增加新的测试集时，都可以重用同一函数：将原始测试集分离成一个较大的子集（实际的验证集）和一个较小的子集（将用于最终性能检查的新的测试集）。

使用 NumPy 和 scikit-learn 时，最好将随机数种子设为一个常数值，以便其他人可以在相同的初始条件下重新进行实验。这可以通过调用 np.random.seed（...）和利用在很多 scikit-learn 方法中都出现的参数 random-state 来做到。

交叉验证

交叉验证（cross-validation，CV）是一种查明是否错误选择了测试集的方法。本节具体将采用 **K 折**（K-fold）交叉验证方法。其基本思想是，将整个数据集 X 分拆成一个变动的测试集和一个由剩余部分组成的训练集。测试集的大小取决于折层数，因此，在 k 次迭代过程中，测试集覆盖整个初始的数据集。

图 1.7 给出该过程的示意图。

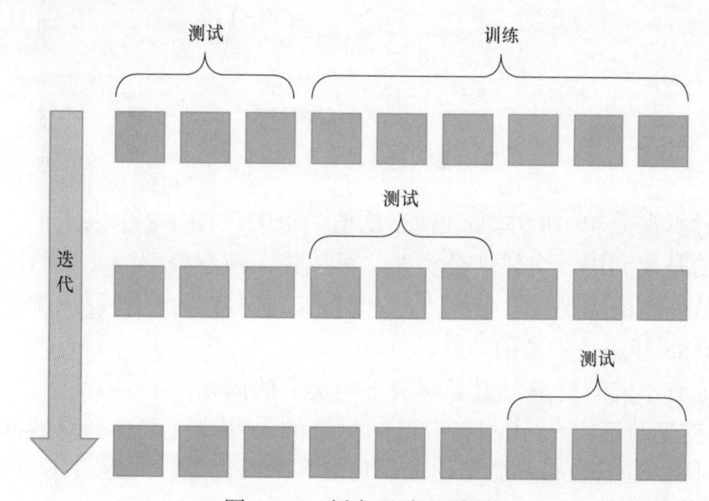

图 1.7　K 折交叉验证原理

这样便可以评价采用不同样本分离的模型的准确率，而且可以训练更大规模的数据集，特别是拥有（$k-1$）N 个样本的数据集。理想的情况下，在所有迭代中，准确率应该很近似。但现实情况下，准确率却远远低于平均值。

这说明，建成的训练集已经排除掉那些包含所有必要实例的样本，使得模型拟合了考虑实际 p_{dada} 的分离超曲面。这些问题将在本章稍后讨论。但是，如果准确率的标准偏差太大（必须根据问题或模型的特点设定一个阈值）的话，很可能意味着 X 并没有均匀地从 p_{dada} 获得样本。因此，在预处理阶段评价异常值点的影响是有用的。图 1.8 给出逻辑回归执行 15 折交叉验证的结果。

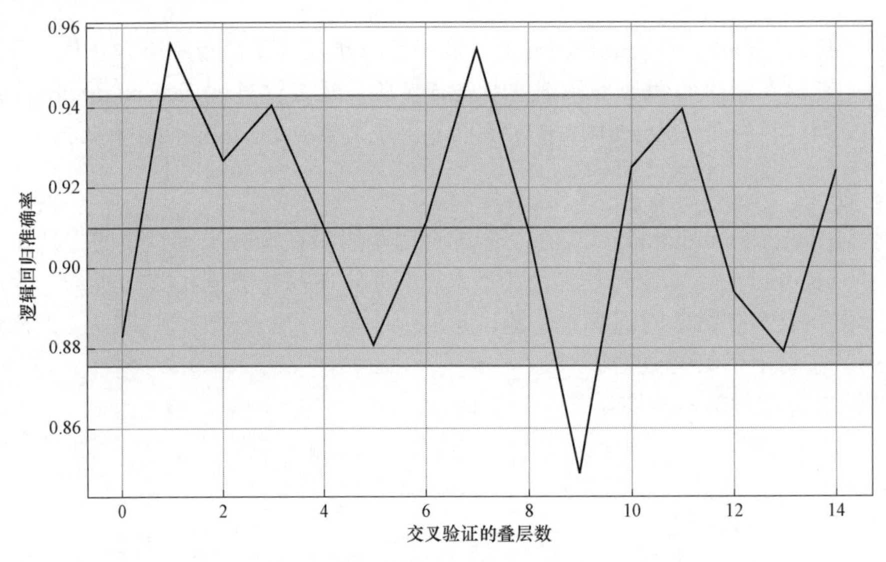

图 1.8 交叉验证的准确率

逻辑回归准确率在 0.84～0.95 浮动，平均值为 0.91，图 1.8 中以水平实线表示。这个具体实例最初的目的是要利用一个线性分类器。可以说，所有叠层的交叉验证都得到了较高的准确率，证实了数据集的确是线性可分离的。但是，有些在第 9 叠层被排除掉的样本，为了取得最低准确率 0.88 却还是需要的。

K 折交叉验证有不同的变形，用于解决不同类型的问题：

- **分层 K 折交叉验证**（stratified K-fold）：标准的 K 折交叉验证分离数据集时并不考虑概率分布 $p(y|x)$，所以有些叠层可能理论上只包含有限的标签。而分层 K 折交叉验证则试图在分离 X 时能够一视同仁地表现所有标签。
- **留一法**（leave-one-out，LOO）：该方法最为严格，因为它产生 N 个叠层，每个叠层包含 $N-1$ 个训练样本和唯一一个测试样本。如此，用尽可能最大数量的样本用于训练。而且，很容易检查算法是否能够有足够高的准确率进行学习，或者确定是否需要采取其他策略。该方法的主要缺点是，必须训练 N 个模型。如果 N 很大的话，性能就会大打折扣。还有一个问题是，样本数量大，两个随机数值趋同的概率就会增大，因此，很多叠层就会得到几乎相同的结果。同时，LOO 限制了评价模型泛化能力的可能性，因为单个测试样本不足以获得合理估计。

● **留 P 法**（leave-P-out，LPO）：测试样本分成 p 个相交集合，叠层数等于 p 的 n 次二项式系数。该方法克服了 LOO 的缺点，属于 K 折交叉验证和 LOO 的折中方法。叠层数可能会很大，但是可以通过调整测试样本的 p 值加以控制。不过，如果 p 过大或过小，二项式系数就会呈级数式变化，如图 1.9 所示。其中，$n = 20$，$p \in [1,20]$。

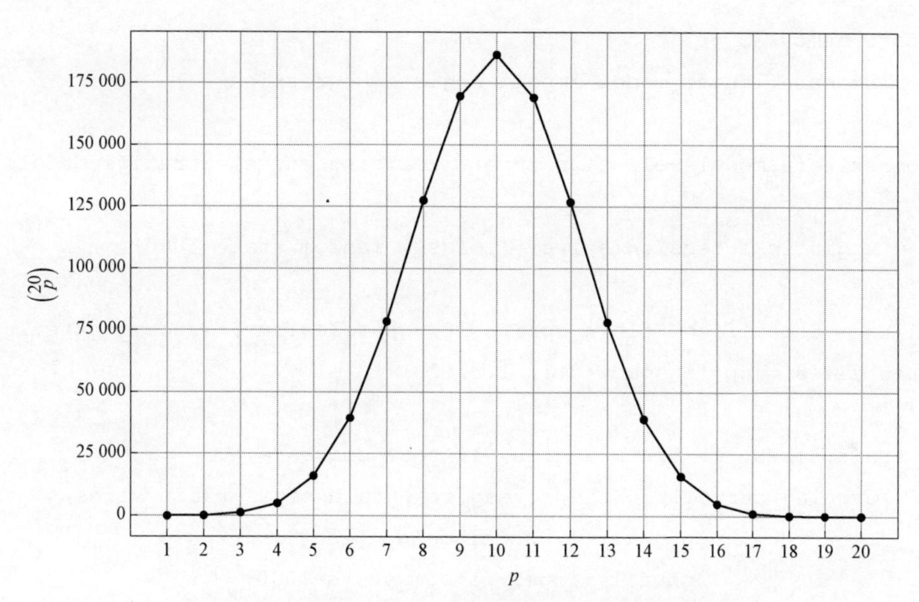

图 1.9　p 为 n 半值时二项式系数显著增大的效果

scikit-learn 实现了上述全部三种方法，但稍微有些变化。推荐使用 `cross_val_score()` 函数，它可以用不同的方法去解决一个具体问题。例如，用**分层 K 折交叉验证**解决类别分类（categorical classifcation），而用**标准 K 折交叉验证**解决其他所有问题。给定一个数据集，该数据集有 500 个属于 5 个类的点 $x_i \in R^{50}$，数据冗余而且非线性。现确定最优叠层数。

```
from sklearn.datasets import make_classification
from sklearn.preprocessing import StandardScaler

X, Y = make_classification(n_samples=500, n_classes=5,
                           n_features=50, n_informative=10,
                           n_redundant=5, n_clusters_per_class=3,
                           random_state=1000)
```

```
ss = StandardScaler()
X = ss.fit_transform(X)
```

首先，绘制利用分层 K 折交叉验证（10 个分集）的学习曲线。这能够确保在每一叠层都有一个均匀的类分布。

```
import numpy as np
from sklearn.linear_model import LogisticRegression

from sklearn.model_selection import learning_curve, StratifiedKFold

lr = LogisticRegression(solver='lbfgs', random_state=1000)

splits = StratifiedKFold(n_splits=10, shuffle=True, random_state=1000)
train_sizes = np.linspace(0.1, 1.0, 20)

lr_train_sizes, lr_train_scores, lr_test_scores = \
    learning_curve(lr, X, Y, cv=splits,train_sizes=train_sizes,
                   n_jobs=-1, scoring='accuracy',
                   shuffle=True, random_state=1000)
```

结果如图 1.10 所示。

训练集的规模达到最大时，训练曲线一直下降，最终收敛于比 0.6 稍大的值。这种情况表明模型无法全面掌控 X 的动向，而且只有当训练集规模很小（即实际的数据生成过程没有完全覆盖）时，模型才具有好的性能。相反，训练集更大时，测试性能才会改善。这就是样本点被利用得越多，分类器就获得越多经验的最明显的后果。

根据训练和测试准确率的变化趋势，可以断定，大于 270 个数据点的训练集无法获得好的结果。另一方面，由于测试准确率尤为重要，最好利用最大数量的数据点。正如本章后面进一步要讨论的，测试准确率表示模型泛化能力的高低。虽然平均训练准确率不算好，但是能够稍微提高测试准确率。之所以介绍这个例子，是因为这是一个需要折中的具体实例。通常情况下，学习曲线成比例地增长，而且确定最优叠层数也很容易。

但是，如果遇到更难问题的话，考虑到分类器的特点，如何确定叠层数并不显而易见，学习曲线的分析就是不可或缺的一步。在进一步展开之前，归纳一条规则：应该找到最优叠

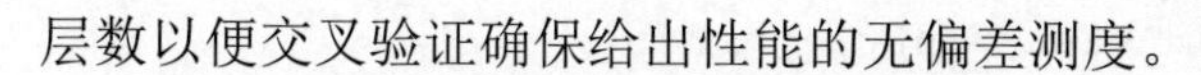

层数以便交叉验证确保给出性能的无偏差测度。

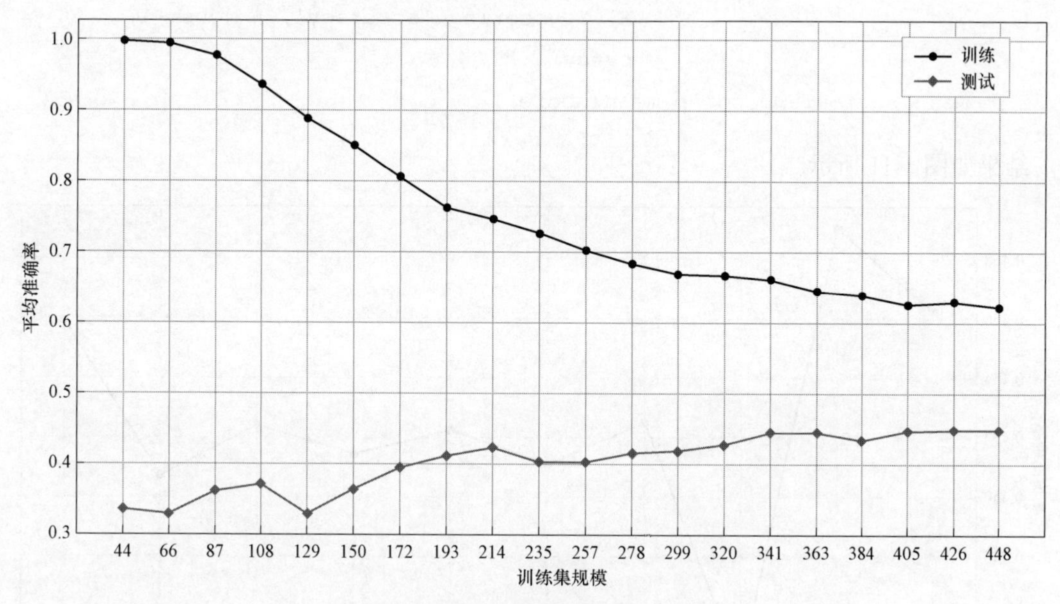

图 1.10　逻辑回归分类的学习曲线

因为数据集 X 来自于基础数据生成过程，X 带有的信息量受限于 p_{data}。这意味着，数据集规模增大，超出一定临界值时，只会导致数据冗余，并不能改善模型的性能。最优叠层数或者叠层规模的确定应该使得训练平均准确率和测试平均准确率均达到稳定。相应的训练集规模允许使用最大可能数量的测试样本进行性能评价。下面这段程序用于计算不同叠层的交叉验证的平均准确率。

```
import numpy as np

from sklearn.linear_model import LogisticRegression
from sklearn.model_selection import cross_val_score

mean_scores = []
cvs = [x for x in range(5, 100, 10)]

for cv in cvs:
    score = cross_val_score(LogisticRegression(solver='lbfgs',
```

```
                                random_state=1000),
                                X, Y, scoring='accuracy', n_jobs=-1,
                                cv=cv)
    mean_scores.append(np.mean(score))
```

结果如图 1.11 所示。

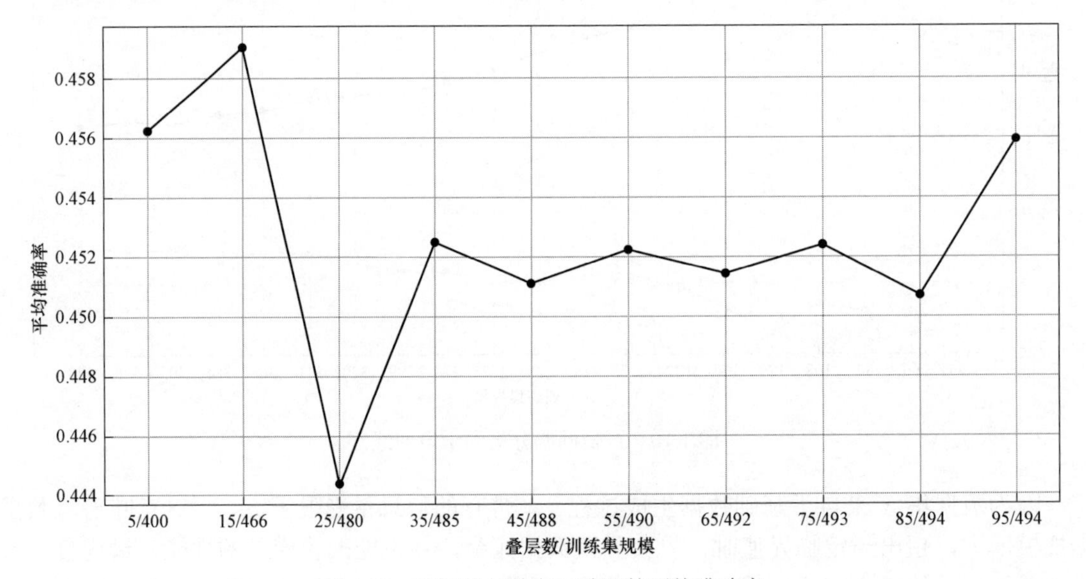

图 1.11　不同叠层数交叉验证的平均准确率

图 1.11 所示曲线在 15 折交叉验证处达到峰值，此处的训练集规模达到 466 个数据点。根据以往的分析经验，这个值已接近最优值。另外，叠层数越大，测试集规模就越小。

交叉验证的平均准确率取决于训练集规模和测试集规模之间的权衡。因此，增加叠层数，有益于改善模型性能。在图 1.11 中，这个结果在 85 叠层处开始变得明显。这里只有 6 个样本用于测试（1.2%），说明验证并不是特别可靠。另外，平均值带有较大的方差（即幸运的时候交叉验证的准确率很高，而其他时候，准确率有可能趋近 0）。

综合各种因素，最优选项是 k=15，此时使用 34 个测试样本（6.8%）。值得一提的是，k 的选择确实是个问题，但是，实际上，范围［5，15］中的任何值都是合理的默认选项。选择最优 k 值的目的也是最大化交叉验证的随机性，最终减少评估之间的交叉关联。叠层少意味着很多模型高度关联，而叠层过多则会削弱模型的学习能力。因此，权衡的结果是，既不选很小的值（仅当数据集特别小的时候才选择），也不选过大的值。

当然，取值大小与任务性质和数据集结构密切相关。有时，仅有 3%～5%的测试数据点就足以完成一次正确的评价。而在其他大多数情况下，需要更大的数据集以便掌控所有动向。

一般而言，尽可能采用交叉验证作为性能测评方法。交叉验证的主要缺点是计算复杂性。例如，深度学习的训练过程需要数小时甚至数日，而且不对超参进行任何修改而不断重复训练又是不可接受的。无论如何，都需要进行标准的训练测试集分解，假定两个数据集都大到足以确保基础数据生成过程的全覆盖。

1.2　机器学习模型的特性

本节主要考虑监督学习模型，虽然所讨论的相关概念是普适的。主要讨论如何测定模型理论可能的准确率和如何测定模型正确泛化取自 p_{data} 的所有可能样本的能力。

相关的大多数概念远在深度学习兴起之前就已被研究。但时至今日，对相关研究项目仍然发挥巨大的影响作用。

例如，容量（capacity）就是神经系统科学家们一直自问的关于人类大脑的开放性问题。目前，多达数十层和数百万个参数的深度学习模型从数学的角度重启这一理论问题的探索。同样，其他概念也重新受到人们的关注，例如估计器的方差极限，因为算法越来越强大，曾经被认为完全不可能达到的性能已成现实。

训练一个模型以便充分利用其容量、最大化其泛化能力以及提高模型准确率以超越人类的学习能力，这是当代数据科学家或深度学习工程师们应该努力的目标。

1.2.1　可学习性

在开始讨论模型特征之前，有必要介绍一些与可学习性概念相关的基本内容。这些基本内容与通用可计算功能的数学定义相差无几。Valiant 发表的论文（Valiant L.，*A theory of the learnable*，Communications of the ACM，27，1984）最先提出了**可能近似正确**（probably approximately correct，PAC）学习的概念。本书不讨论 PAC 学习的特别技术性的数学细节，但是有必要认识到无需参考某个特定的模型也能找到一种适合描述学习过程的方法。

简单起见，假定有一个选择器算法，在集合 H 里查找一个假设 h_i。这个问题因场景不同可以有多种解释。例如，**假设集合**（set of hypotheses）可以是一个模型的合理参数的集合，而在另外场景下可以是用于解决某些问题的算法的有限集合。因为是通用定义，不必过多计较其结构。

另外，还有一个概念需要掌握，即**概念集** C（set of concepts）。概念 $c_i \in C$ 是属于某一被定义类的问题的一个实例。同样，其结构可以变化，但是简单起见，读者还是应该假定，一个概念与一个包含有限数量数据点的经典的训练集相关联。

本书要求明确定义误差测度的结构（稍后在讨论代价函数和损失函数时给出）。如果对误差测度概念不熟悉，可以将其理解为被错误分类数据点的归一化平均数。

如果样本数是 N，误差为 0 就意味着不存在错误分类，误差为 1 则意味所有样本均被错误分类。正如 AUC（area under curve，曲线下面区域的面积）图所示，一个二元分类器的下边界可以是阈值 0.5，因为这对应着标签的随机选择。

一个非正式的定义是，给定最大期望误差 ϵ 和概率 ψ，如果对每个概念 $c_i \in C$，都能设定一个最小样本数 N，使得一个选择器算法能够找到一个假设 $h_i \in H$，而且误差上限为 ϵ 的概率大于 ψ 的话，那么，这个问题就是 PAC（可能近似正确）可学习的问题。

因为问题通常都是随机的，结果必须用概率表达。这意味着，上面的定义归纳起来就是，对于一个 PAC 可学习问题，$\forall \epsilon > 0, \psi \in [0,1], \exists N : P(error_N < \epsilon) > \psi$。另外需要补充一点，希望样本能够作为 ϵ 和 ψ 的函数多项式增加。对于一个原始问题，该条件可以放宽一些，但是足以理解，一个需要无限多样本而误差仍然达不到 0 的问题是 PAC 不可学习的问题。

这个描述正确解释了定义中“近似”一词的含义，即如果无法用数学完全定义清楚，就会导致错误理解。实际上很少有机会处理确定性问题，这些问题一般并不需要机器学习算法。应该知道，得到小误差的概率总会大于一个预设阈值。即使理论更复杂更困难，也可以回避所有理论细节（前面提到的 Valiant 的论文涉及这些细节），只需掌握概念的具体含义即可。

每个问题一般都能找到一个模型去学习相关的概念并得到一个超过最小接受值的准确率。也就是说，概念是 PAC 可学习的。这是一个没有证明的但在大多数现实场景下可以假定是正确的条件。因此，认定 PAC 可学习性，对一个特定场景而言，就能得到预期的准确率。

但是，付出的代价却难以评价。当需求越加强烈时，就需要更大的训练集和更强大的模型，但这足以得到最优的结果吗？而且，是否能够用一个测度去量化结果是如何的好？下节将介绍一些定义或评价机器学习模型时必须评价的要素。

1.2.2 模型能力

如果将监督学习模型看作参数化函数的集合，就可以定义**表征能力**（representational capacity）为某个通用函数表现相对大量数据分布的内在能力。为了理解这一概念，考虑一个允许无限求导的函数 $f(x)$，将其在起点 x_0 处进行泰勒展开：

$$f(x) = f(x_0) + \frac{f'(x_0)}{1!}(x - x_0) + \frac{f''(x_0)}{2!}(x - x_0)^2 + \cdots = \sum_{n=0}^{\infty} \frac{f^{(n)}(x_0)}{n!}(x - x_0)^n$$

只保留前 n 项，以便得到在起点 $x_0 = 0$ 处的 n 次多项式函数：

$$f(x) \approx \theta_0 + \theta_1 x + \cdots + \theta_n x^n$$

考虑带有 6 个函数（第一个是线性函数）的简单的二元问题。如图 1.12 所示，利用少量的数据点便可看到不同的行为。

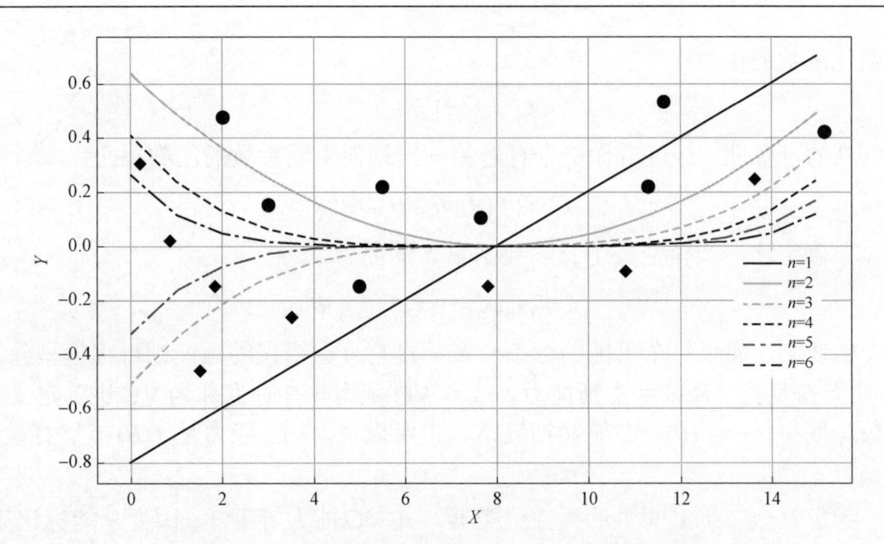

图 1.12　六个多项式分离曲线所产生的不同行为

快速改变曲率的能力与多项式的次数成正比。如果选择一个线性分类器的话，只能改变其斜率（只考虑二维空间的例子）和截距。

其实，更高次的函数必要时更可能改变曲率。图 1.12 中的 $\boldsymbol{n}=\mathbf{1}$ 和 $\boldsymbol{n}=\mathbf{2}$（图 1.12 中右上角）代表第一个和第二个函数。第二个函数可以包含对应 $x=11$ 的那个点，但这样选择的话，就会对 $x=5$ 的那个点产生负面影响。

只有参数化的非线性函数才能有效地解决上述问题。原因在于，这个简单的问题需要比线性分类器所能提供的更大的表征能力。另一个经典的例子是 XOR 函数。长久以来，一些研究人员排斥**感知机**（线性神经网络），因为感知机无法对由 XOR 函数产生的数据集进行分类。

万幸的是，**多层感知机**（multilayer perceptrons，MLP）带有非线性函数，可以解决上述问题，以及其他很多复杂程度超过任何经典机器学习模型的问题。为了更好地理解这个概念，介绍一下有助于了解不同的模型如何处理相同问题，从而得到更好或更差准确率的形式化表达。

VC 能力

分类器能力的通用数学形式化描述由**万普尼克－泽范兰杰斯理论**（Vapnik-Chervonenkis theory，简称 VC 理论）给出。为了解释这个定义，首先需要介绍**打散**（shattering）概念。给定一类集合 C 和一个集合 M。如果下式成立，就称 C 打散 M：

$$\forall m_i \subseteq M, \exists c_j \in C \Rightarrow m_j = c_i \cap M$$

换句话讲，给定 M 的任一子集，它都可以是 $C(c_j)$ 的一个实例与 M 自身的交集。考虑一个作为参数化函数的模型：

$$C = f(\theta), \theta \in R^p$$

考虑到θ的可变性，C可看作一个有着相同结构但不同参数的函数集合：

$$C = \{f(\theta), \theta \in \theta \subseteq R^p\}$$

这里需要确定这一类模型关于有限数据集X的能力：

$$X = \{x_0, x_1, \cdots, x_N\}, x_i \in R^k$$

根据 VC 理论，如果每个可能的标签分派都没有分类错误的话，则可称模型族C打散了X。因此，将**万普尼克－泽范兰杰斯能力**，或者 **VC 能力**（有时也称为 **VC 维**）定义为 X 子集的最大基数，使得任一$f(\theta) \in C$能够打散X。也可以说，VC 能力是$f(\theta)$能够打散的数据点的最大数量。

例如，考虑一个二维空间里的线性分类器。其 VC 能力等于 3，因为总能标记三个样本，使得$f(\theta)$能够打散它们。然而，这在所有$N>3$的情况下是行不通的。XOR 问题是一个需要 VC 能力大于 3 的例子，如图 1.13 所示。

这种标签选择使得集合非线性可分。解决这个问题的唯一方法是采用高阶函数或非线性函数。属于 VC 能力大于 3 的分类器的曲线从剩余空间既可以分离出左上区也可以分离出右下区。但是，直线虽然能够将某一点与其他三点分离出来，却无法做到区域分离。

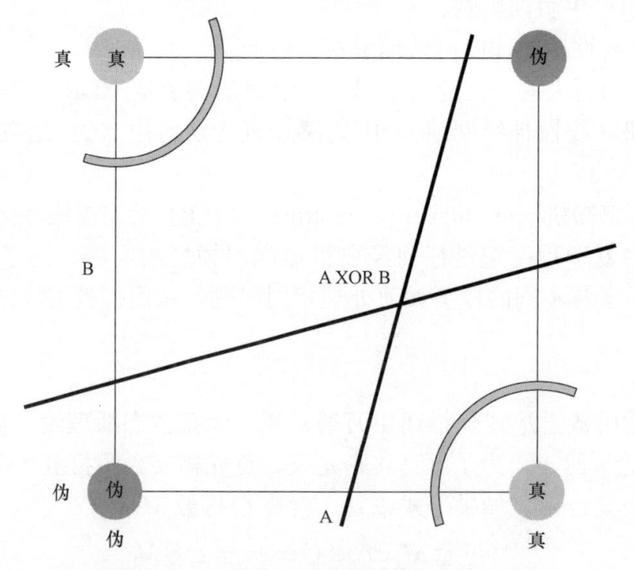

图 1.13　带有不同分离曲线的 XOR 问题

能力的定义是非常严格的（对理论方面的内容有兴趣的读者可参阅：Mohri M.，Rostamizadeh A.，Talwalkar A.，*Foundations of Machine Learning*，Second edition，The MIT Press，2018），但有助于理解数据集复杂性与合适的模型族之间的关系。根据**奥卡姆剃刀**（Occam's razor）定律，必须选择拥有最佳准确率（也就是量化算法性能高低的测度最佳集合）的最简单的模型。本书将会多次提及奥卡姆剃刀定律。但是，等到介绍估计器的偏差和方差的概念之后，该定律（与 PAC 学习的非正式定义密切相关）的意义才会凸显出来。

1.2.3 估计器的偏差

这里考虑一个带有单向量参数的参数化模型。这并不是限制条件，仅仅是说明性的例子：

$$p(X;\bar{\theta}) \in C$$

学习过程的目的是估计参数 θ，以便最大化分类的准确率。现定义与参数 $\tilde{\theta}$ 相关的**估计器的偏差**（bias of an estimator）如下：

$$Bias[\tilde{\theta}] = E_{x|\bar{\theta}}[\tilde{\theta}] - \bar{\theta} \Rightarrow \left(\sum_{\bar{x}} \tilde{\theta} p(\bar{\theta})\right) - \bar{\theta}$$

换句话讲，$p(X;\theta)$ 的偏差就是估计的预期值与实际参数值的差异。记住，估计是 X 的函数，不能看作求和项的一个常量。

如果 $Bias[\tilde{\theta}] = 0 \Rightarrow E_{x|\bar{\theta}}[\tilde{\theta}] = \bar{\theta}$，则称一个估计器无偏差。

另外，如果 θ 的估计序列 $\{\theta_k\}$ 当 $k \to \infty$ 时按一定概率收敛于一个实数值（即**渐进无偏差**，asymptotically unbiased），估计器就被认为是稳定的：

$$\text{当 } k \to \infty \text{ 时，} \theta_k = \theta \Rightarrow \forall \epsilon > 0, P(|\theta - \theta_k| > \epsilon) \to 0$$

显然，这个定义不如上一个定义严格，因为如果样本数量无穷大时，只能确定可以实现无偏差。但是，实际上，很多渐进无偏差的估计器当 $k > N_k$ 时便可认为无偏差。也就是说，如果一个样本集有至少 N_k 个数据点的话，误差便可以忽略不计，而估计结果可认为是正确无误的。理论上讲，有些模型族是无偏差的（例如，利用普通最小二乘法优化的线性回归），但是，如果模型很复杂的话，确定一个模型无偏差与测试是完全不同的。

例如，一般认为，深度神经网络更容易实现无偏差，但是，正如本书将要讨论的，样本规模是得到良好结果的基本参数。给定一个样本来自 p_{data} 的数据集 X，估计器的准确率与其偏差成反比。低偏差（或无偏差）估计器可以高精度地映射数据集 X，而高偏差的估计器则往往因为能力太低而无法解决问题，因此，高偏差估计器检测整体行为动态的能力较弱。

这也意味着，很多情况下，如果 $k \ll N_k$，那么样本就没有足够的表现要素去重建数据生成过程，参数估计存在偏差的风险增大。训练集 X 来自 p_{data}，包含有限数量的数据点。因此，给定由相同数据生成过程得到的 k 个不同的数据集（$X_1, X_2, \cdots, X_k$），需要了解的是，最初的估计是否仍然正确。

如果 X 确实代表 p_{data}，而且估计不存在偏差，那么有望总是能够得到相同的带有合理容差的均值。这个条件确保，至少大体上估计器能得到分布在正确值周围的结果。两种极端情况可以考虑：模型的**欠拟合**（underfitting）和**过拟合**（overfitting）。

欠拟合

偏差大的模型容易欠拟合训练集 X（即无法学习 X 的完整结构）。图 1.14 是简单的二维情况。

尽管问题非常难，还是选用一个线性模型。训练过程结束时，分离线的斜率和截距是 1 和 −1，如图 1.14 所示。但是，如果要测定准确率，就会发现，由于在 1 类样本的区域里有太多的 2 类样本，所以准确率并非预期那么高，实际只有 0.65。

而且，200 个数据点的样本规模太小，所以，X 不能真实地代表基础数据生成过程。注意落在区域 $x_0 < 0$ 和 $1 < x_1 < 2$ 里的 2 类样本的密度，有理由认为，样本规模越大，由于被错误分类的 2 类点数量增加，准确率就越差。不管迭代多少次，模型都无法学习到 X 和 Y 的关联。

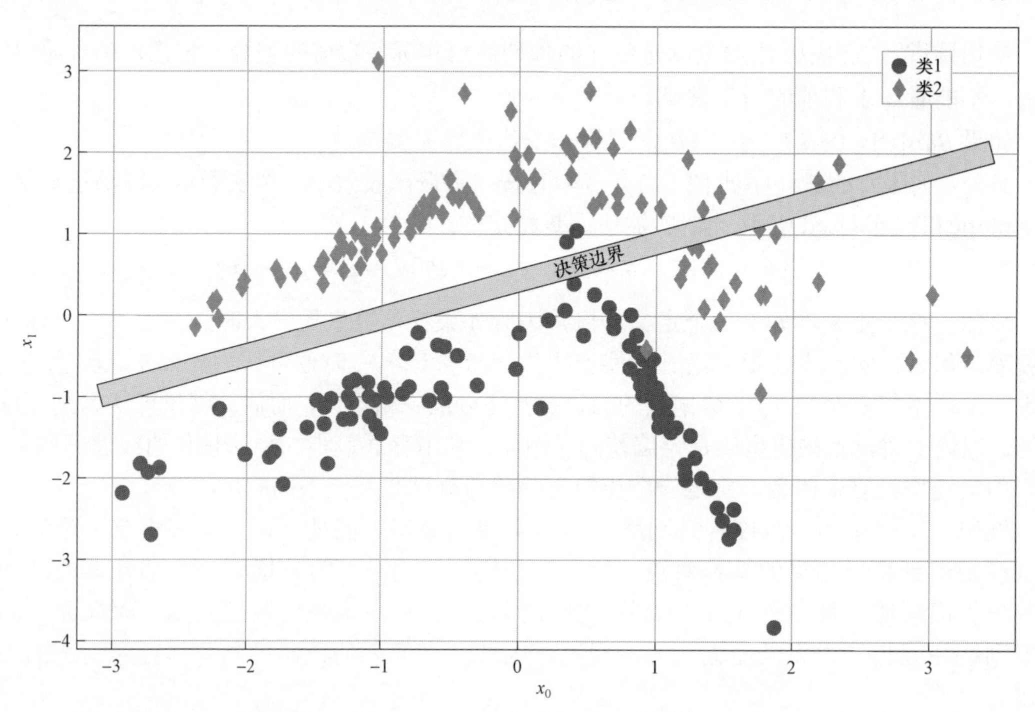

图 1.14　欠拟合分类器：曲线无法正确分离出两个数据类

这种情况就是所谓的**欠拟合**（underfitting）。欠拟合的主要标志就是非常低的训练准确率。很遗憾，即便有些数据预处理能够改善准确率，但是，如果一个模型是欠拟合的话，唯一正确的办法也只能是采用更高能力的模型。实际上，当参数的估计存在偏差时，其预期值总是不同于正确值。这个差异会导致无法改正的系统性的预测误差。

考虑之前提到的例子，线性模型（例如，逻辑回归）只能改变分离线的斜率和截距。读者也很容易看到，自由度太小而无法获得大于 0.95 的准确率。其实，如果采用多项式分类器（例如，二次抛物线分类器）的话，问题就轻而易举得以解决。引入另一个参数，二次项的系数，便可以定义一条分离曲线，得到更好的拟合。当然，需要付出加倍的代价。

- 能力更强的模型需要更高的计算力。这往往是一个次要问题。
- 额外的能力会减弱泛化能力，如果 X 不能完全代表 p_{data} 的话。该问题在下节讨论。

机器学习的目标是从训练集到验证集都获得最大的准确率。更正式的表述是，改善模型以便更接近**贝叶斯误差**（Bayes error），这是一个估计器能够得到的理论上的最小泛化误差。也可以表示为**贝叶斯准确率**（Bayes accuracy），这是最大可能获得的泛化准确率。图 1.15 是准确率变化图。

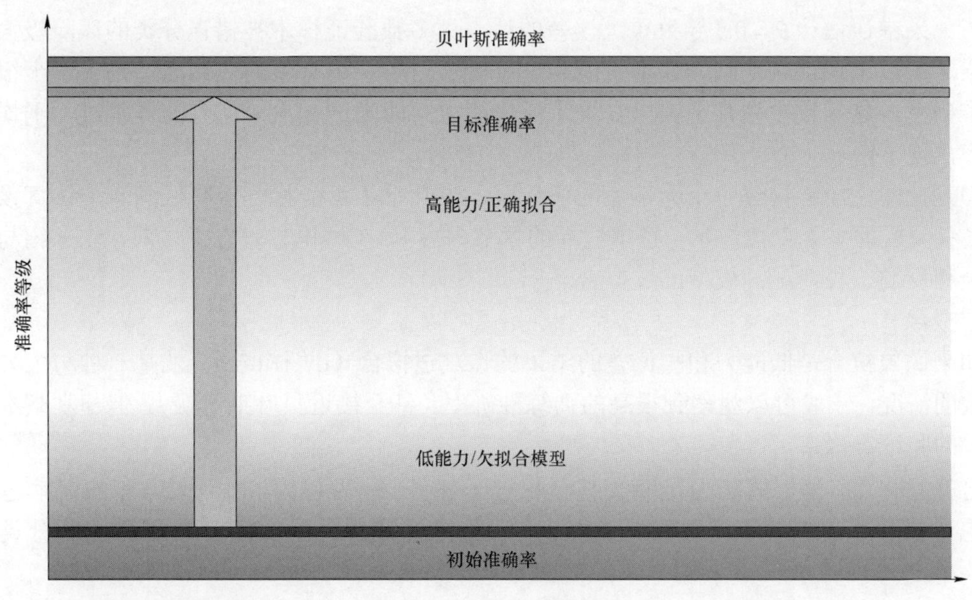

图 1.15　准确率等级图

贝叶斯准确率是纯理论意义的极限准确率，很多任务都不可能达到贝叶斯准确率，即使利用生物系统。但是，深度学习领域的研究进展已经建立了达到略低于贝叶斯准确率的目标准确率的模型。一般而言，没有任何方法能够确定贝叶斯准确率，所以，人的能力作为一个基准。

在前面提到的分类例子里，人类能够立即区分不同的数据类，但是对于一个能力有限的分类器而言却是一件难事。后面将要介绍的一些模型能够解决这样问题，还能得到很高目标准确率。但是，这里需要介绍估计器方差的概念以便更好地理解模型能力过大的结果。

1.2.4 估计器的方差

本章开篇定义了数据生成过程 p_{data}，并假定数据集 X 来自于该过程。但是，问题不是去学习受 X 所限的已有关系，而是希望模型能够正确地扩展应用于来自 p_{data} 的其他子集。这种能力的测度就是估计器的方差（variance of the estimator）：

$$Var[\theta] = Stderr[\tilde{\theta}]^2 = E\,[(\tilde{\theta} - E[\tilde{\theta}])^2]$$

方差也可以被定义为标准误差（standard error）的平方，类似于标准偏差（standard deviation）。方差越大，意味着选择新子集时，准确率变化越大。实际上，即使模型无偏差，参数的估计值在真平均值附近变动，也呈现较明显的可变性。

例如，假设一个估计参数 $\theta \sim N(0,2)$，而且真均值为 0，那么，概率 $P\,(-2 \leqslant \theta \leqslant 2) \approx 0.68$。因此，如果错误估计 $\theta = 0.5$ 导致重大误差的话，大多数验证样本被错误分类的风险极大。这个结果之所以出现，就是因为模型可能通过过度学习了一组有限的关系而达到了一个很高的训练准确率，这导致模型几乎完全丧失了泛化能力（即当测试从未遇到的样本时，平均验证准确率出现下降）。

但是，即使能够构建一个无偏差的估计器，也几乎不可能将方差降低到一个认真设定的阈值（参阅后面关于克拉梅尔－拉奥边界的章节内容）。在讨论方差含义之前，先介绍与欠拟合完全相反的一种情况：模型的过拟合。

过拟合

如果说欠拟合是低能力和大偏差的结果的话，**过拟合**（overfitting）就是一种与大方差密切相关的情况。一般可以观察到很高的训练准确率（甚至接近贝叶斯等级），但却观察不到一个较差的验证准确率。

这就意味着，模型的能力足够大甚至超过了任务（能力越大，出现大方差的概率越高），同时也意味着，训练集不能很好地代表 p_{data}。为方便理解，图 1.16 给出了不同的分类器的效果。

图 1.16 中左图是利用逻辑回归得到的结果，而右图是利用六次多项式核函数的 SVM 算法得到的结果。右图所用模型的决策边界看上去更为精确，一些样本正好在边界上。对比两个子集的形状，可以说非线性 SVM 能够更好地把握动态趋势。但是，如果从 p_{data} 再采样另一个数据集，而且对角线尾部更宽的话，逻辑回归仍能正确地分类数据点，而 SVM 的准确率

将急剧降低。

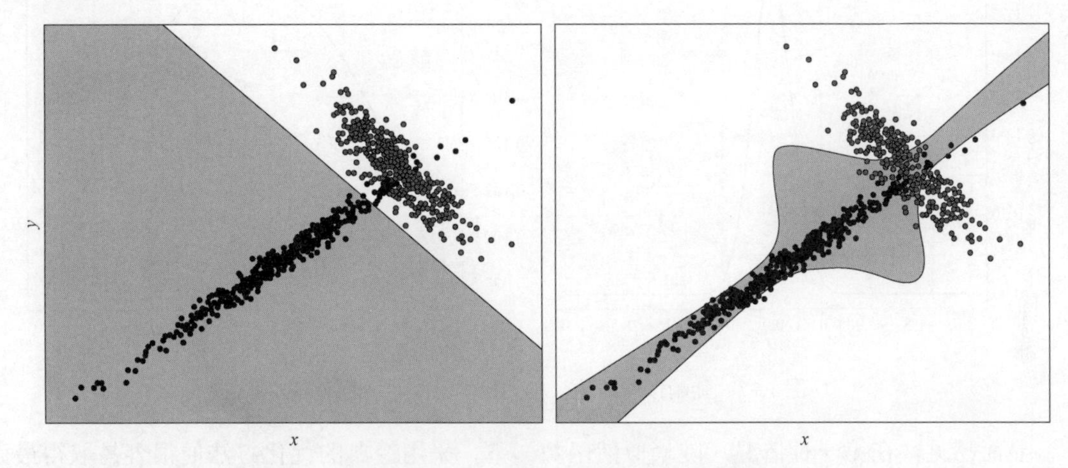

图 1.16　可接受的拟合分类器（左）和过拟合分类器（右）

图 1.16 中右图所示模型很容易过拟合，需要进行修正。当验证准确率远低于训练准确率时，最好的策略是增加训练样本数，即考虑真实的 p_{data} 。事实上，训练集往往是从一个假想的分布开始建立的，而这个假想的分布并不反映真实的情况，或者用于验证的样本太多，从而减少了剩余样本的信息量。

交叉验证可以评价数据集的质量，却无法正确分类全新的子集（例如，实际应用环境产生的子集），即使这些子集属于 p_{data} 。如果没办法扩大训练集，那么就应该进行数据增强（data augmentation）。数据增强可以利用存在于已知样本中的信息产生人为的样本，如果是图像的话，可以进行镜像、旋转或模糊化操作。

其他防止过拟合的方法采用下一章讨论的**正则化**（regularization）技术。正则化的效果类似于局部线性化，意味着使方差减小和容许偏差增大的能力弱化。

克拉梅尔 – 拉奥（Cramér-Rao）边界

理论上建立一个无偏差模型是可能的，即使是渐进无偏差，但是，无方差的模型是不可能的。为便于理解，有必要介绍一个重要的定义，**费希尔信息**（Fisher information）。假定现有一个参数化模型和一个数据生成过程 p_{data} ，那么可以定义一个带有以下参数的似然函数：

$$L(X) = p\,(X \mid \theta)$$

该函数用于测度模型描述原始数据生成过程的质量。似然函数的形状变化丰富，可以是明确定义的峰值曲线，也可以是近似平坦曲面。图 1.17 给出了两个单参数的似然函数。x 轴代表泛型参数值，y 轴则是对数似然函数值。

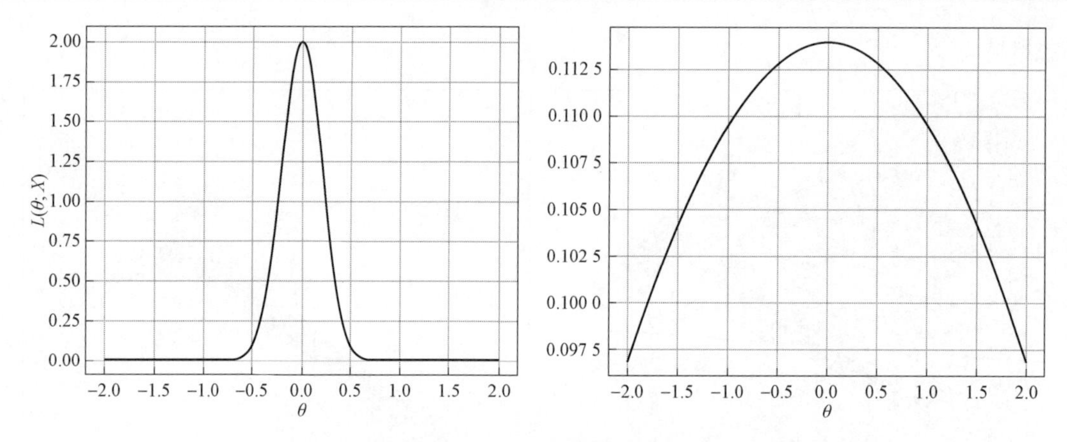

图 1.17 陡峭似然函数（左）和平坦似然函数（右）

显而易见，在第一种情况（陡峭似然函数）下，采用经典的优化方法便很容易取得最大似然值，因为曲面（曲线）非常陡峭。最大似然值就是模型生成训练集的最大概率，这将在特定章节加以讨论。在第二种情况（平坦似然函数）下，梯度幅值较小，极易在到达实际极值之前，由于数值不精确或容差而停止。最坏的情况是，曲面在非常大的范围里近似平面，使得对应的梯度接近于零。

毫无疑问，最好能够总是遇到陡峭似然函数，因为这种函数带有更多关于最大值的信息。形式上，费希尔信息就是这种信息的量化值。单参数的情况下，费希尔信息定义如下：

$$I(\theta) = E_{\bar{x}|\theta}\left[\left(\frac{\partial}{\partial\theta}\log p(\bar{x}|\theta)\right)^2\right]$$

费希尔信息是无界的非负数，与对数似然函数的信息量成正比。使用对数并不影响梯度趋势，只是将复杂的表达式由乘积简化为加和。

费希尔信息可以解释为函数即将达到极值时的梯度速度，因此，其值越大，意味着更近似，而零的渐进值意味着决定正确的参数估计的概率也趋于零。

如果涉及一个 k 个参数的集合，费希尔信息就是一个半正定矩阵：

$$I(\tilde{\theta}) = \begin{pmatrix} E_{\bar{x}|\bar{\theta}}\left[\left(\frac{\partial}{\partial\theta_0}\log p(\bar{x}|\bar{\theta})\right)\left(\frac{\partial}{\partial\theta_0}\log p(\bar{x}|\bar{\theta})\right)\right] & \cdots & E_{\bar{x}|\bar{\theta}}\left[\left(\frac{\partial}{\partial\theta_0}\log p(\bar{x}|\bar{\theta})\right)\left(\frac{\partial}{\partial\theta_k}\log p(\bar{x}|\bar{\theta})\right)\right] \\ \vdots & \ddots & \vdots \\ E_{\bar{x}|\bar{\theta}}\left[\left(\frac{\partial}{\partial\theta_k}\log p(\bar{x}|\bar{\theta})\right)\left(\frac{\partial}{\partial\theta_0}\log p(\bar{x}|\bar{\theta})\right)\right] & \cdots & E_{\bar{x}|\bar{\theta}}\left[\left(\frac{\partial}{\partial\theta_k}\log p(\bar{x}|\bar{\theta})\right)\left(\frac{\partial}{\partial\theta_k}\log p(\bar{x}|\bar{\theta})\right)\right] \end{pmatrix}$$

该矩阵是对称矩阵，还有另一特性：当值为零时，意味着对应的参数在最大似然估计里是正交的，可以另行考虑。在很多实际情况下，如果一个值接近为零，那么便可以确定参数之间的关联很弱。此时，即使数学上不够严格，参数还是可以解耦的。

现在引入**克拉梅尔－拉奥边界**（Cramér-Rao bound）概念。该概念的意思是，对于每个采用带有概率分布 $p(\bar{x};\bar{\theta})$ 的 $\bar{x}$ 作为测度集的无偏差估计器，参数 θ 的任意估计器的方差总是有下界的。如以下不等式所示：

$$Var[\tilde{\theta}] \geqslant \frac{1}{I(\theta)}$$

事实上，如果最初考虑一个通用估计器，利用带方差和费希尔信息（均为预期值）的柯西—施瓦茨不等式（Cauchy-Schwarz inequality），可以得到：

$$E_{\bar{x}|\theta}[(\tilde{\theta}-E_{\bar{x}|\theta}[\tilde{\theta}])^2]E_{\bar{x}|\theta}\left[\left(\frac{\partial \log p(\bar{x}\mid\theta)}{\partial\theta}\right)^2\right] \geqslant E_{\bar{x}|\theta}\left[(\tilde{\theta}-E_{\bar{x}|\theta}[\tilde{\theta}])\frac{\partial \log p(\theta)}{\partial\theta}\right]^2$$

现在，需要计算偏差关于 θ 的导数表达式：

$$\frac{\partial Bias[\tilde{\theta}]}{\partial\bar{\theta}} = \frac{\partial}{\partial\bar{\theta}}\left[\left(\sum_x \tilde{\theta}p(x\mid\bar{\theta})\right)-\bar{\theta}\right] = \left(\sum_x \tilde{\theta}\frac{\partial p(x\mid\bar{\theta})}{\partial\bar{\theta}}\right)-1 = \left(\sum_x \tilde{\theta}p(x\mid\bar{\theta})\frac{\partial p(x\mid\bar{\theta})}{\partial\bar{\theta}}\right)-1 = E_{x|\bar{\theta}}\left[\tilde{\theta}\frac{\partial \log p(x\mid\bar{\theta})}{\partial\mid\bar{\theta}}\right]-1$$

由于 θ 估计的预期值不依赖于 x，上一不等式的右边部分可以改写为：

$$E_{x|\theta}\left[(\tilde{\theta}-E_{x|\theta}[\tilde{\theta}])\frac{\partial \log p(\bar{x}\mid\theta)}{\partial\theta}\right]^2 = \left(\frac{\partial Bias[\tilde{\theta}]}{\partial\theta}+1\right)^2$$

如果估计器无偏差，那么右边的导数等于 0，因此，得到：

$$Var[\tilde{\theta}]\bullet I(\theta) \geqslant 1$$

换言之，可以减小方差，但是其下界总是费希尔信息的倒数。因此，给定一个数据集和一个模型，泛化能力总是有限的。

有时，这个测度不难确定，但是其真实值却是理论值，因为似然函数有另一特性：承载了估计最坏情况方差所需的全部信息。这一点并不奇怪。在上文讨论模型能力时，就知道不同的函数是如何导致或高或低的准确率的。如果训练准确率足够高，那么意味着模型能力正合适或者甚至超出解决问题所需的能力。但是，当时并未考虑似然函数 $p(X;\bar{\theta})$ 的作用。

能力强的模型，特别是小规模或信息量小的数据集能够得到具有比能力弱的模型更高概率的平坦似然曲面。因此，由于有越来越多的具有相似概率的参数集，费希尔信息趋向更小。最终，方差会更大，过拟合的风险更高。

至此，可能完全理解**奥卡姆剃刀**（Occam's razor）原理的经验规则的含义：如果一个简单模型能够以足够的准确率解释某种情形，那么再提高模型能力是没有意义的。

如果性能好，而且准确地表现具体特定问题，那么模型越简单就越受欢迎，因为，简单的模型一般在训练和推理阶段速度更快、效率更高。如果讨论的是深度神经网络，奥卡姆剃刀原理应用就更为精确，因为为了得到理想的准确率，增加或减少层数和神经元更为容易。

1.3 本章小结

本章讨论了一些几乎所有机器学习模型都涉及的基本概念。

本章前半部分介绍了作为有限数据集泛化的数据生成过程，讨论了好的数据集的结构和特性。讨论了一些通用的预处理策略及其特性，如缩放、归一化和白化。解释了将有限数据集分离成训练集和验证集的最通用策略，介绍了克服静态分离局限性的最好方法之一的交叉验证及其最重要的几个派生方法。

本章的后半部分讨论了机器学习模型的特征以及可学习性概念。讨论了估计器的主要特性，包括能力、偏差和方差。介绍了表征能力数学形式化的 Vapnik-Chervonenkis 理论，分析了大偏差和大方差的效果。特别讨论了欠拟合和过拟合情况，明确了大偏差和大方差之间的关系。

下一章将介绍损失函数和代价函数。这些函数进行最小化误差测度或最大化特定目标，是拟合机器学习模型的简单而有效的工具。

扩展阅读

- Darwiche A., *Human-Level Intelligence or Animal-Like Abilities?*, Communications of the ACM, Vol. 61, 10/2018.
- Crammer K., Kearns M., Wortman J., *Learning from Multiple Sources*, Journal of Machine Learning Research, 9/2008.
- Mohri M., Rostamizadeh A., Talwalkar A., *Foundations of Machine Learning, Second edition*, The MIT Press, 2018.
- Valiant L., *A theory of the learnable*, Communications of the ACM, 27, 1984.
- Ng A.Y., *Feature selection, L1 vs.L2 regularization, and rotational invariance*, ICML, 2004.
- Dube S., *High Dimensional Spaces*, Deep Learning and Adversarial Examples, arXiv: 1801.00634[cs.CV].
- Sra S., Nowozin S., Wright S.J. (edited by), *Optimization for Machine Learning*, The MIT Press, 2011.
- Bonaccorso G., *Machine Learning Algorithms*, *Second Edition*, Packt, 2018.

第 2 章　损失函数和正则化

损失函数用来测度机器学习模型的误差。损失函数定义拟解决问题的核心结构，并且提供旨在最大化或最小化损失的优化算法。该过程可以确保所有参数的选择都有利于尽量减少误差。本章将讨论基本的损失函数及其特性。同时，专门安排了一节介绍正则化概念。正则化的模型对过拟合更具有适应性，能够获得超出简单损失函数限制的结果。

具体讨论：

- 损失函数和代价函数的定义。
- 代价函数的实例，包括均方误差、胡贝尔代价函数（Huber cost function）以及合页代价函数（Hinge cost function）。
- 正则化。
- 正则化的实例，包括岭回归（Ridge）、Lasso 回归、弹性网络法（ElasticNet）和早停法（Early stopping）。

下面先从损失函数和代价函数相关的一些定义开始。

2.1　损失函数和代价函数的定义

很多机器学习问题都可以表达为测度训练误差的代理函数。隐含的假设是，通过减小训练和验证误差提高准确率，算法达到目标。

这里考虑监督学习场景（很多观点对半监督学习也成立），有两个有限数据集 X 和 Y:

$$X = \{\overline{x}_0, \overline{x}_1, \cdots, \overline{x}_N\}, \overline{x}_i \in \mathbb{R}^k$$

$$Y = \{\overline{y}_0, \overline{y}_1, \cdots, \overline{y}_N\}, \overline{y}_i \in \mathbb{R}^t$$

对单个数据点，可以定义通用损失函数为：

$$J(\overline{x}_i, \overline{y}_i; \overline{\theta}) = J(f(\overline{x}_i; \overline{\theta}), \overline{y}_i) = J(\tilde{y}_i, \overline{y}_i)$$

J 是整个参数集的函数，必须与真实标签和预期标签之间的误差成正比。

损失函数的一个重要特性是凸性。实际上，这几乎是一个不可能的条件。尽管如此，也要尽量找到凸损失函数，因为利用梯度下降方法很容易求得凸损失函数的最优值。关于这一点，将在第 10 章时序分析导论中讨论。

暂且可以将损失函数当作训练过程和纯数学优化之间的居间调解人。缺失的环节就是完整的数据。如前所述，X 来源于 p_{data}，所以应该代表实际的分布。因此，最小化损失函数意味着考虑的是点的某个可能子集，而不是整个实际数据集。

通常这并不算一个局限。如果没有偏差而且方差足够小，得到的模型就具有良好的泛化能力，有着较高的训练和验证准确率。但是，考虑到数据生成过程的话，就有必要引入另一个测度，**期望风险**（expected risk）：

$$E_{\text{Risk}}[f] = \int J(f(\bar{x};\bar{\theta}),\bar{y})p_{\text{data}}(\bar{x},\bar{y})\mathrm{d}\bar{x}\ \mathrm{d}\bar{y}$$

期望风险值可以解释为来自 p_{data} 的所有可能样本的损失函数平均值。但是，因为 p_{data} 一般是连续的，必须考虑一个期望值，并对所有可能的 $(\bar{x},\bar{y})$ 进行积分，这往往是一个非常难解的问题。期望风险最小化意味着全局准确率的最大化，对应着最优结果。

另外，在实际场景里，需要处理的是有限数量的训练样本。因此，更好的办法是定义**代价函数**（cost function），往往也称为损失函数。不要将其与对数似然混为一谈：

$$L(X,Y;\bar{\theta}) = \sum_{i=0}^{N} J(\bar{x}_i,\bar{y}_i;\bar{\theta})$$

这才是需要最小化的实际函数。除以样本数的 L 也称为**经验风险**（empirical risk）。之所以称为经验风险，是因为它只是基于有限样本 X 的期望风险的近似值。换言之，需要找到一组参数，使得：

$$\bar{\theta}^* = \underset{\bar{\theta}}{\operatorname{argmin}}\, L(X,Y;\bar{\theta})$$

当代价函数的参数超过 2 个时，理解其内部结构是非常困难的，甚至是不可能的。但可以采用二维图（见图 2.1）分析一些可能的条件。

从图 2.1 可以识别出不同的情况：

- **起点位置**（starting point）。由于有误差，此处代价函数值通常很高。
- **局部极小值**（local minima）。此处梯度为零，二阶导数为正值。局部极小值是最优参数集的候选，不过，遗憾的是，如果凹度不太大的话，惯性作用或噪声就很容易让这些点移位。
- **岭**（ridges，或**局部极大值**，local maxima）。此处梯度为零，二阶导数为负值。这些都是非稳定点，因为即使很小的扰动都会使它们移出到低代价区域。
- **平坦区**（plateau）。此区域的曲面（曲线）几乎是平的，梯度接近于零。离开平坦区的唯一方法是，保有一点残余动能。这将在第 18 章神经网络的优化介绍神经网络优化算法时进行讨论。

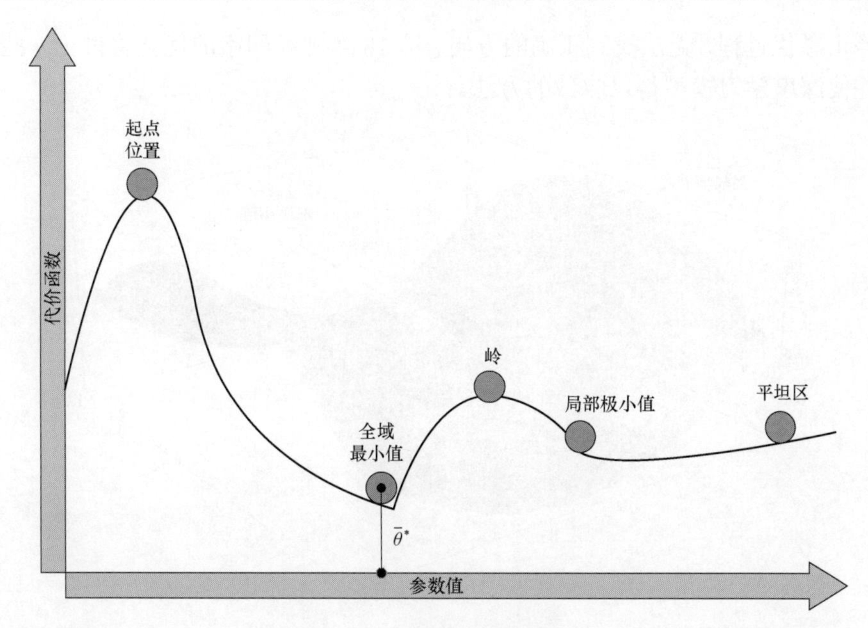

图 2.1　二维场景里的各种点

- **全局最小值**（global minimum）。该点就是优化代价函数要到达的位置。

如果模型的参数少，往往会得到局部极小值。但是，模型参数增多时，就很可能得不到局部极小值。实际上，一个 n 维点 $\bar{\theta}^*$ 是凸函数（这里假定 L 为凸）的局部极小值，当且仅当：

$$\nabla_{\bar{\theta}} L(\bar{x}^*) = 0\text{，且 }\mathcal{H}_{\bar{\theta}} L(\bar{x}^*)\text{ 是正定矩阵}$$

第二个条件涉及一个正定海塞矩阵（positive definite Hessian Matrix），即由前 n 行和 n 列组成的所有子式 $\mathcal{H}_n$ 都必须为正值。所以正定海塞矩阵的所有特征值 $\lambda_0, \lambda_1, \cdots, \lambda_n$ 都必须是正值。参数（$\mathcal{H}$ 是一个 $n \times n$ 方阵，有 n 个特征值）越多，特征值均为正值的概率就越低。在权重数量达到百万量级或更多的深度学习模型里，此概率会趋近于零。对完整的数学证明有兴趣的读者可参阅 Dube S.的《*High Dimensional Spaces, Deep Learning and Adversarial Examples*》(arXiv: 1801. 00634[cs.CV])。

实际上，需要考虑的一个更为通用的条件是**鞍点**（saddle point）的存在。鞍点处的特征值有不同的正负号，而且正交方向导数（orthogonal directional derivative）为零，即便这些点既非局部极小值点也非局部极大值点，例如，参见图 2.2。

图 2.2 中的曲面形同马鞍。如果将鞍点投影到正交平面上的话，*XZ* 面上的点是极小值点，而 *YZ* 面上的点则是极大值点。显而易见，鞍点十分危险，因为很多简单的优化算法在此处会

放缓甚至停止寻优过程，无法找到正确的方向。第 18 章神经网络的优化将讨论一些能够解决上述问题并使深度学习模型得以收敛的方法。

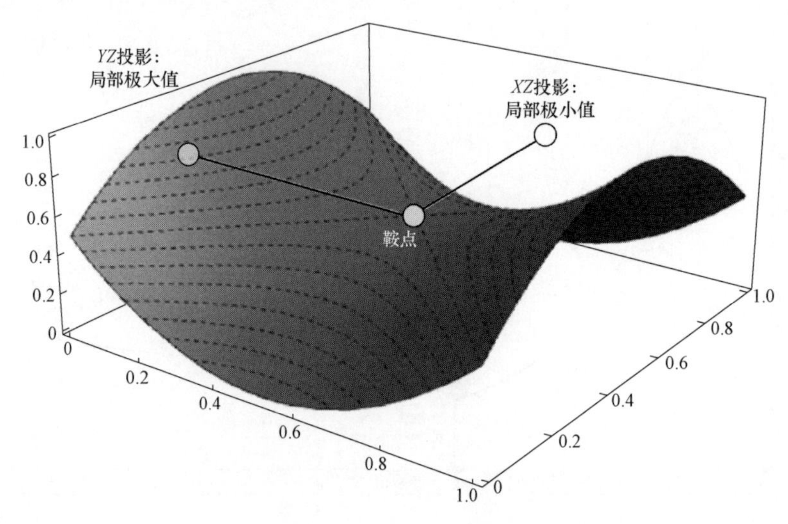

图 2.2 三维场景里的鞍点

代价函数实例

本节讨论一些用于分类和回归学习任务的通用**代价函数**。部分函数将在后面几章里，特别是当讨论普通和深度神经网络的训练过程时，被频繁使用。

均方误差

均方误差（Mean squared error）是最通用的回归代价函数之一。其一般表达式为：

$$L(X,Y;\bar{\theta})=\frac{1}{N+1}\sum_{i=0}^{N}[f(\bar{x}_i;\bar{\theta})-y_i]^2$$

该函数在其定义域处处可微，且为凸函数，所以，可以利用**随机梯度下降**（stochastic gradient descent，SGD）算法对其优化求解。该代价函数是利用普通最小二乘法或**广义最小二乘法**（generalized least square）的回归分析的基本工具，可以证明估计器总是无偏差的。

但是，将该函数用于带有异常值点的回归任务时存在问题。函数值总是二次方值，因此，当预期值和实际异常值相差太大时，相对误差会很大，最终导致不可接受的修正。

胡贝尔代价函数

上文解释过，均方误差遇到异常值点时是不鲁棒的，因为该函数始终是二次方的，无论实际值和预期值的差距多大。为了解决这个问题，可以使用胡贝尔代价函数（Huber cost function)。该函数基于阈值 t_{H}，对于小于 t_{H} 的差距，函数是二次方的；而当差距大于 t_{H} 时，函数是线性化的。如此，便能减小误差，从而降低异常值点的相对重要性。

解析表达式为：

如果 $\left|f(\bar{x}_i;\bar{\theta})-y_i\right| \leqslant t_{\mathrm{H}}$，那么

$$L(X,Y;\bar{\theta},t_{\mathrm{H}})=\frac{1}{2}\sum_{i=0}^{N-1}[f(\bar{x}_i;\bar{\theta})-y_i]^2$$

如果 $\left|f(\bar{x}_i;\bar{\theta})-y_i\right| > t_{\mathrm{H}}$，那么

$$L(X,Y;\bar{\theta},t_{\mathrm{H}})=t_{\mathrm{H}}\sum_{i=0}^{N-1}\left|f(\bar{x}_i;\bar{\theta})-y_i\right|-\frac{t_{\mathrm{H}}}{2}$$

合页代价函数（Hinge cost function）

该代价函数用于**支持向量机**（support vector machine，SVM）算法，旨在最大化支持向量所在分离界限之间的距离。其解析表达式为：

$$L(X,Y;\bar{\theta})=\sum_{i=0}^{N-1}\max(0,1-f(\bar{x}_i;\bar{\theta})y_i)$$

与其他代价函数相反，合页代价函数的优化并不采用经典的随机梯度下降法，因为当 $f(\bar{x}_i;\bar{\theta})y_i=1 \Rightarrow \max(0,0)$ 时，该函数不可微。

正因如此，支持向量机算法的优化求解需要采用二次规划（quadratic programming）方法。

分类交叉熵

分类交叉熵是逻辑回归和大多数神经网络架构最普遍采用的分类代价函数。其一般解析表达式为：

$$L(X,Y;\bar{\theta})=-\sum_{i=0}^{N-1}y_i\log f(\bar{x}_i;\bar{\theta})$$

该函数是凸函数，用随机梯度下降法便可优化。按照信息论，概率分布 p 的熵是该分布的不确定程度的测度，采用 $\log_2 x$ 时用比特（bit）表示，而采用自然对数时则用奈特（nat）表示。例如，抛投一次公平硬币，按照伯努利分布（Bernoulli distribution），P（正面）$=P$（反面）$=1/2$。因此，这样的离散概率分布的熵为：

$$H(p)=-\sum p_i\log_2 p_i=-\frac{1}{2}(-1)-\frac{1}{2}(-1)=1\text{bit}$$

不确定性测度等于 1bit，意味着任何实验开始之前，必有两个结果。但是，如果知道硬币被做了手脚，使得 P（正面）$=0.1$，而 P（反面）$=0.9$ 的话，情况会如何？此时的熵为：

$$H(p) = -0.1\log_2 0.1 - 0.9\log_2 0.9 \approx 0.47\text{bit}$$

因为上面例子的不确定性非常低（90%的结果是反面），熵值不足 0.5bit。熵的概念必须是一个连续测度，意味着很可能出现一个单值。极端的情况是，当 P（正面）$\to 0$，而 P（反面）$\to 1$ 时，只需要 0bit，因为已经不存在什么不确定性，概率分布已经退化。

熵的概念，包括交叉熵和其他信息论公式，借助积分而非加和操作便可以扩展到连续分布。例如，正态分布 $N(0, \sigma^2)$ 的熵是 $H(p) = \frac{1}{2}\log 2\pi e\sigma^2$。通常，熵与分布的方差或分散度成比例。

事实上，这个概念非常直观。方差越大，以相似概率被选择的结果所在区域就越大。因为当可能的候选结果增加时不确定性随之增大，所以消除不确定性而在比特或奈特上付出的价码也要加大。关于抛硬币的例子，机会平等的时候，需要支付 1bit。而当已知 P（反面）$= 0.9$ 时，则只支付 0.47bit。这样的不确定性相当低。

同样，交叉熵对两个分布 p 和 q 定义如下：

$$H(p, q) = -\sum_i p_i \log q_i$$

假定 p 是数据生成过程。$H(p, q)$ 的含义是什么呢？利用上面的表达式，需要做的无非就是计算期望值 $E_p[\log q]$，而熵则计算期望值 $-E_p[\log p]$。因此，如果 q 是 p 的近似，那么交叉熵测度的则是用模型 q 替代原来的数据生成过程 p 所额外增加的不确定性。不难理解，只用真实过程的近似替代，也会增加不确定性。

训练分类器的目的是建立一个分布尽可能与 p_{data} 相似的模型，这个条件通过最小化两个分布之间的 KL 散度（Kullback-Leibler divergence，库尔贝克－莱布勒散度，也称相对熵）得以实现：

$$D_{\text{KL}}(p_{\text{data}} \parallel \tilde{p}_{\text{M}}) = \sum_{i=0}^{N-1} p_{\text{data}}(\bar{x}_i, y_i) \log \frac{p_{\text{data}}(\bar{x}_i, y_i)}{\tilde{p}_{\text{M}}(\bar{x}_i, y_i; \bar{\theta})}$$

上式中的 p_{M} 是模型生成的分布。也可以改写散度公式为：

$$D_{\text{KL}}(p_{\text{data}} \parallel \tilde{p}_M) = \sum_{i=0}^{N-1} p_{\text{data}}(\bar{x}_i, y_i) \log p_{\text{data}}(\bar{x}_i, y_i) - \sum_{i=0}^{N-1} p_{\text{data}}(\bar{x}_i, y_i) \log \tilde{p}_{\text{M}}(\bar{x}_i, y_i; \bar{\theta}) = H(p_{\text{data}}) + H(p_{\text{data}} \parallel \tilde{p}_{\text{M}})$$

第一项是数据生成分布的熵，并不依赖模型参数，而第二项是交叉熵。因此，如果最小化交叉熵，也可以最小化 KL 散度，使模型重新生成一个与 p_{data} 非常相似的分布。这意味着，可以减小由于近似而导致的额外不确定性。这是关于为什么交叉熵代价函数对分类问题而言是有效方法的非常简洁的解释。

2.2 正则化

如果一个模型不够好或者容易过拟合，**正则化**（regularization）可以提供解决问题的有用工具。从数学角度，正则化工具是赋予代价函数的惩罚项，作为参数进化的额外条件：

$$L_R(X,Y;\bar{\theta}) = L(X,Y;\bar{\theta}) + \lambda g(\bar{\theta})$$

参数λ 控制正则化的强度（表示为函数$g(\bar{\theta})$）。$g(\bar{\theta})$的一个基本条件是，它必须可微，以便新的复合代价函数仍然可以利用随机梯度下降算法进行优化求解。一般情况下，可以利用任何正则函数。但是，通常需要能够控制参数无限增长的函数。

结合图 2.3 理解正则化原理。

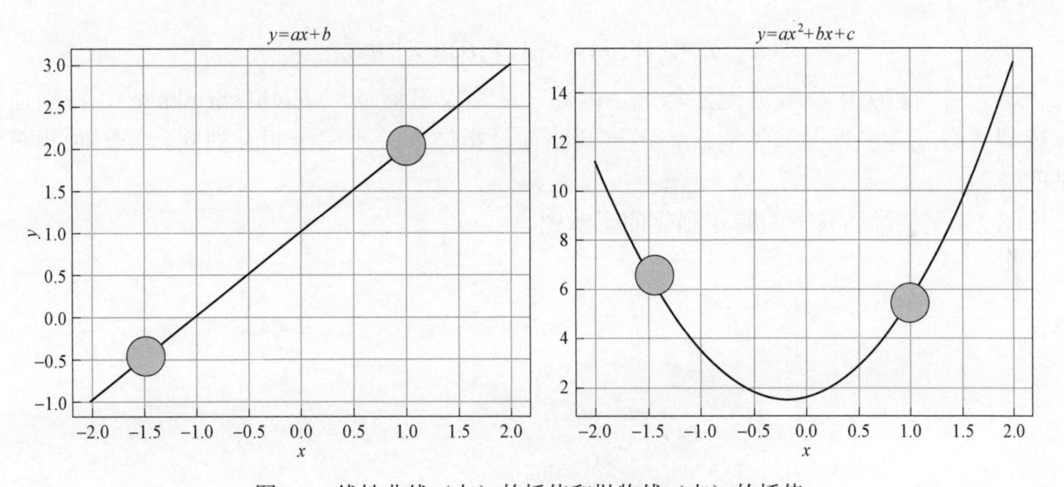

图 2.3　线性曲线（左）的插值和抛物线（右）的插值

图 2.3 左图的模型是线性的，有两个参数。而右图的模型是二次方的，有三个参数。第二个模型更容易过拟合。但是，如果增加一个正则化项，那么就可以避免第一个二次方参数的增大，并将模型变换为线性化模型。

当然，选择一个能力低的模型与施加正则化约束，两者是有区别的。前者放弃带有大偏差风险的额外能力所提供的概率，而后者保留原有模型但优化它，使得方差减小而偏差仅略微加大。有一点需要明确，正则化总是引导到次优模型M'。特别是如果原来的模型M是无偏差的话，M'的偏差就与λ成比例，而且还取决于使用的正则化方法。

一般而言，如果一个代价函数关于一个训练集的绝对最小值是c_{opt}，那么带有$c > c_{opt}$的模型就是次优的。这意味着训练误差更大，但泛化误差可能被更好控制。

事实上，已训练好的模型能够学习训练集的结构并得到最小损失。但是，当有新的样本参与时，性能将会变差。

尽管数学上不够严格，但是正则化往往扮演着避免完全收敛的刹车器的角色。如此，模型就可以处于泛化误差较低的区域，而这正是机器学习的主要目标。因此，在偏差与方差权衡问题上，这个新增的惩罚项是可接受的。

作为方差急剧减小（即更小的泛化误差）的结果的小偏差是允许的。但是，不能将正则化当作一项黑箱技术，而是应该确认（例如，采用交叉验证）哪些值作为权衡结果是最好的。

下面展开介绍最通用的正则化技术，讨论其特点。

L2 或岭正则化

L2 或岭正则化，又称**吉洪诺夫正则化**（Tikhonov regularization），基于参数向量的平方 L2 范式：

$$L_{\mathrm{R}}(X,Y;\bar{\theta})=L(X,Y;\bar{\theta})+\lambda\|\bar{\theta}\|_2^2$$

该惩罚项避免了参数的无限增加（因此，又称**权值缩减**，weight shrinkage），特别适用于模型病态或者多重共线性情况。多重共线性是指样本并不完全相互独立，是一种相对常见的情况。

图 2.4 是二维场景下的岭正则化的示意图。

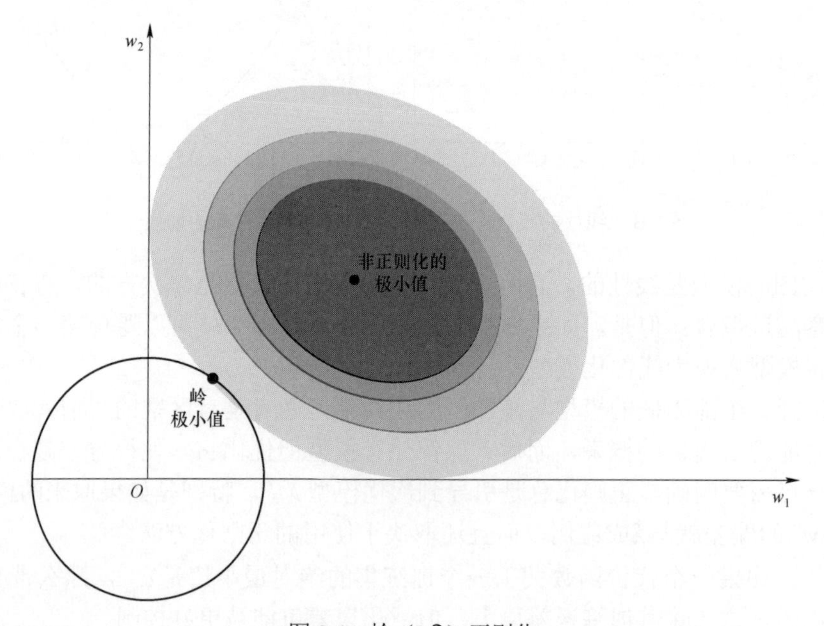

图 2.4 岭（L2）正则化

聚零圆表示岭边界，而阴影曲面是原始代价函数。如果没有正则化，极小值（w_1，w_2）的幅值（例如，到原点的距离）大约是另一个通过应用岭约束得到的幅值的两倍，从而确证了期望的缩减率。

当利用**普通最小二乘法**（ordinary least squares，OLS）算法解决回归问题时，可以证明，总是存在一个岭系数，使得权值关于 OLS 算法缩减。同样的结果在一定条件下对其他代价函数也成立。

此外，Andrew Ng（Ng A.Y.，*Feature selection*，*L1 vs.L2 regularization*，*and rotational invariance*，ICML，2004）已经证明，用于大多数分类算法的 L2 正则化可以得到旋转不变性。换言之，如果训练集被转置，正则化的模型将得到与原来一样的预期分布。需要记住的另一点是，L2 正则化缩减权值与数据范围无关。因此，如果特征有不同的范围，结果会比预期更糟糕。

可以考虑一个简单的两变量线性模型 $y = ax_1 + bx_2 + c$ 来理解 L2 正则化。因为 L2 有一个控制系数，不管对 a 还是 b（除了截距 c），效果都是一样的。如果 $x_1 \in (-1,1)$ 而且 $x_2 \in (0,100)$，权值缩减对 x_1 的影响将超过 x_2。

因此，在进行正则化之前，应该对数据集缩放。L2 正则化其他的特点将在本书涉及相关算法时再予以讨论。

L1 或 Lasso 正则化

L1 或 Lasso 正则化基于参数向量的 L1 范式：

$$L_{\mathrm{R}}(X,Y;\bar{\theta}) = L(X,Y;\bar{\theta}) + \lambda \|\bar{\theta}\|_1$$

岭正则化缩减所有反比例于重要性的权值，而 Lasso 正则化能够将最小的权值变成零，从而生成一个稀疏参数向量。

数学证明超出本书范围，但是可以通过图 2.5 直观地理解 Lasso 正则化。

以零点为中心的正方形表示二维场景下的 Lasso 边界（在 n 维场景下则是 $\mathbb{R}^2$ 里的超钻石形状）。考虑与正方形相切的一条普通的线，该线在正方形各角处与正方形相切的概率更高，至少一个参数为零（二维场景里只有一个参数为零）。一般，如果现有一个向量凸函数 $f(x)$（在第 7 章高级聚类和无监督模型中定义凸性），可以定义：

$$g(\bar{x}) = f(\bar{x}) + \|\bar{x}\|_p$$

由于任意 Lp 范式都是凸函数或者凸函数的加和，$g(\bar{x})$ 也是凸函数。正则化项总是非负，所以极小值对应零向量的范数。

$g(\bar{x})$ 的最小化需要考虑范式梯度对以原点为中心的球的作用，在这里没有偏导。如果增大 p 的值，范式在原点周围变得平滑，偏导接近零，因为 $|\bar{x}_i| \to 0$。

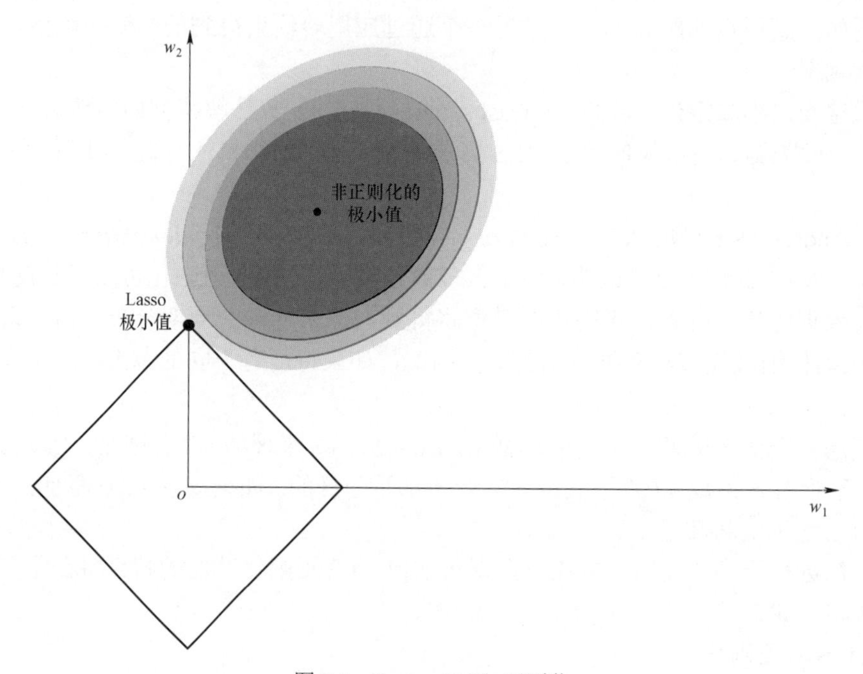

图 2.5 Lasso（L1）正则化

另外，除开 L0 范式，所有具有 $p \in (0,1)$ 的范式允许更明显的稀疏度，但要求是非凸（即使 L0 用于量子算法 QBoost）。$p=1$，那么，根据 x_i 的符号（$x_i \neq 0$），偏导总是+1 或者 -1。因此，L1 范式更容易将最小的要素转变为零，因为最小化方法（例如，梯度下降）与 x_i 无关，而 L2 范式当接近原点时则降低了速度。

这是利用 L1 范式得到的稀疏度的非严格解释。实际上，还需要考虑 $f(\bar{x})$ 项，它界定了全局最小值的范围，可以帮助读者对 Lasso 正则化形成直观的认识。更多严格的数学意义阐述可参阅：Sra S.，Nowozin S.，Wright S.J.（edited by），*Optimization for Machine Learning*，The MIT Press，2011。

Lasso 正则化在需要表现稀疏数据集时特别有用。例如，对应一组图像，希望能够找到特征向量。虽然希望能得到很多特征，但每张图像只包含其中一部分特征。Lasso 正则化可以将所有最小的系数变成零，从而抑制非主要特征的出现。

另外一个可能的应用是潜在语义分析（latent semantic analysis），目的是用有限的主题描述属于语料库的文档。所有这些方法都归类于一项所谓**稀疏编码**（sparse coding）的技术，其目标是通过提取最有代表性的元素，采用不同的达到稀疏度的方法，降低数据集的维度。

L1 正则化的另一特性是其完成由稀疏度引起的隐含**特征选择**（feature selection）的能力。一般情况下，数据集也可以包含无助于提高分类准确率的不相关的特征。原因在于，实际的数据集往往是冗余的，数据收集更关注数据的可读性而非数据的分析应用性。有很多技术（部分可参阅：Bonaccorso G.，*Machine Learning Algorithms*，Second Edition，Packt，2018）可以用来选择那些真正承载独特有用信息的特征，并放弃其他无关紧要的特征。但是，L1 是特别有用的一项技术。

首先，L1 是自动执行的，不需要预处理。这对于深度学习尤为有用。而且，正如前面提到的文章里 Andrew Ng 指出的，如果数据集包含 n 个特征，提高准确率使之超过预设阈值所需样本的最小数取决于冗余或不相关特征数量的对数。

举例说明。如果一个数据集 X 包含 1000 个点 $\bar{x}_i \in \mathbb{R}^p$，而且当所有特征都有有用信息时，这样样本规模的数据集得到最优准确率的话，那么，当 $k < p$ 个特征不相关时，则需要大概 $1000 + O(\log k)$ 个样本。这是原始结果的简化。例如，如果 $p = 5000$，而且 500 个特征不相关，最简单的情况，需要 $1000 + \log 500 \approx 1007$ 个数据点。

这样的结果很重要，因为通常获取大量的新样本既困难也代价昂贵，特别当这些数据通过实验（社会科学、药理研究等）获得时。这里考虑一个合成的数据集，包含 500 个点 $\bar{x}_i \in \mathbb{R}^{10}$，只有 5 个有用的特征：

```
from sklearn.datasets import make_classification
from sklearn.preprocessing import StandardScaler

X,Y  =  make_classification(n_samples=500,  n_classes=2,  n_features=10,
                            n_informative=5,
                            n_redundant=3,n_clusters_per_class=2,
                            random_state=1000)

ss = StandardScaler()
X_s = ss.fit_transform(X)
```

用整个数据集拟合两个逻辑回归实例：一个利用 L2 正则化，另一个利用 L1 正则化。两种情况的强度保持不变：

```
from sklearn.linear_model import LogisticRegression

lr_l2 = LogisticRegression(solver='saga', penalty='l2',C=0.25,random_state=1000)
```

```
lr_l1 = LogisticRegression(solver='saga', penalty='l1',C=0.25,random_state=1000)

lr_l2.fit(X_s, Y)
lr_l1.fit(X_s, Y)
```

两种情况的十折交叉验证得到几乎相同的平均准确率。但是，此时更应该关注确认 L1 的特征选择能力。因此，需要比较两个模型的作为实例变量 coef_的十个系数。结果如图 2.6 所示。

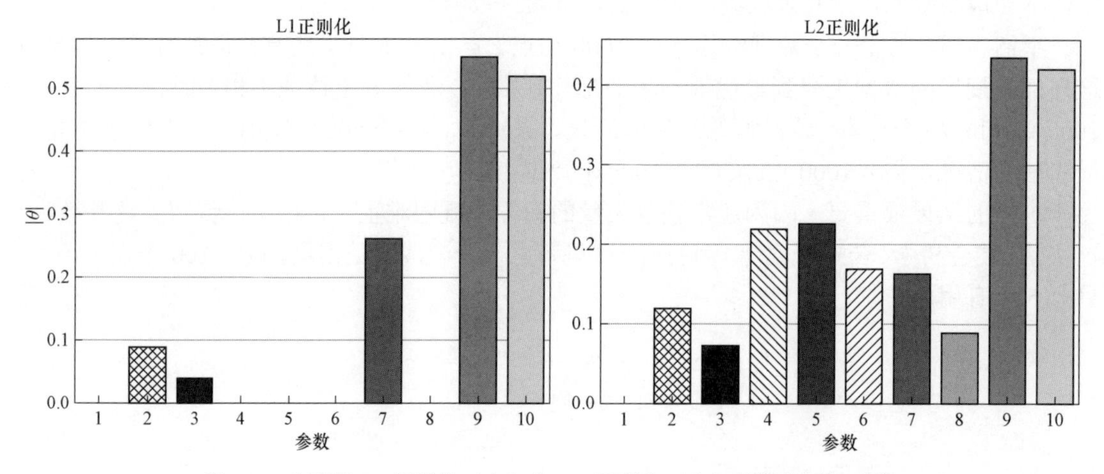

图 2.6 分别带 L1 正则化（左）和 L2 正则化（右）的逻辑回归系数

由图 2.6 可见，除了第 9 和 10 个系数具有主导权以外，L2 正则化几乎统一缩减所有系数，而 L1 正则化则进行了特征选择，只保留了 5 个非零系数。这个结果与数据集的结构是一致的，因为数据集只包含了 5 个有用信息的特征。因此，好的分类算法能够排除无有用信息的特征。

值得一提的是，建立的模型需要可解释。也就是说，需要建立从结果可立即追溯到原因的模型。如果参数很多，可解释模型就难以建立。Lasso 正则化可以排除那些对于主数据集不太重要的特征。如此处理过的模型更小，当然也就更具有可解释能力。

一般地，当涉及线性模型时，应该进行特征选择以便消除所有非确定性因素，L1 正则化就是这样一个避免多余预处理环节的不错选项。

在讨论 L1 正则化和 L2 正则化的主要特性之后，便可以介绍如何实现两者结合，更好地发挥各自优势。

弹性网络（elasticnet）

很多实际问题需要联合应用岭正则化和 Lasso 正则化以便实现权值缩减和全局稀疏。由此引出**弹性网络**（elasticnet）正则化，定义为：

$$L_{\mathrm{R}}(X,Y;\bar{\theta})=L(X,Y;\bar{\theta})+\lambda_1\|\bar{\theta}\|_2^2+\lambda_2\|\bar{\theta}\|_1$$

每个正则化的强度分别由参数 λ_1 和 λ_2 控制。对于减轻过拟合效应，增加稀疏度的情况，弹性网络都能取得好的结果。在本书后面章节讨论深度学习架构时，会用到所有这些正则化技术。

早停法（early stoping）

虽然也是纯粹的正则化技术，**早停法**（early stopping）常常在其他各种防止过拟合、提高验证准确率的方法无能为力时被当作终极手段。很多情况下，所有深度学习，即使是使用支持向量机和其他更简单的分类器进行的深度学习，都可能观察到同时考虑训练和验证代价函数的训练过程的典型行为，如图 2.7 所示。

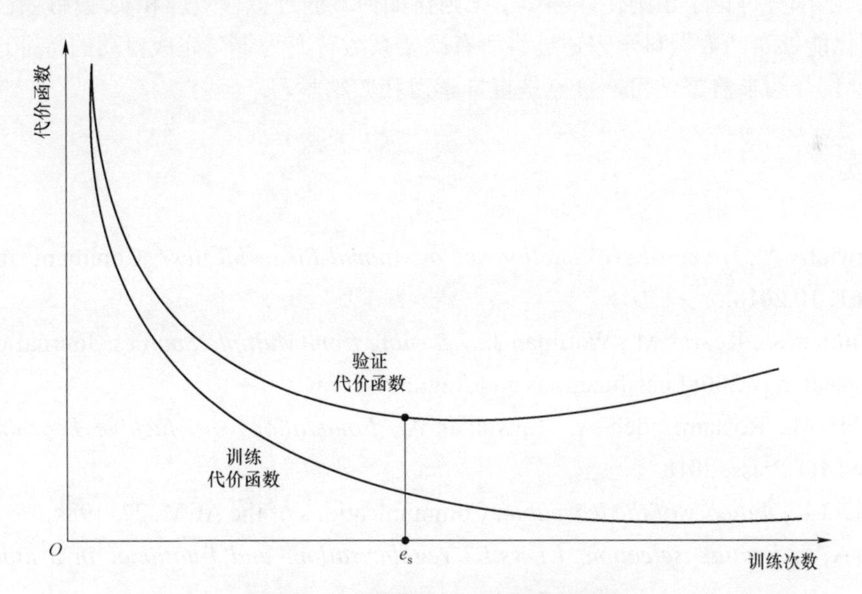

图 2.7　U 形曲线开始上升之前的早停

图 2.7 中，在前面开始的若干轮次训练中，两种代价均减小，但是，经过预设阈值训练轮次 e_s 后，验证代价开始增大。如果继续训练，就会导致训练集过拟合，方差增大。

因此，如果别无他法的话，应该提前终止训练过程。这时必须在新一轮迭代（iteration）开始之前存储最后的参数向量，并且如果没有改善或者准确率变差的话，停止训练过程，恢复最后的参数集。

由上可知，早停法并不是最佳选择，因为好的模型或改进的数据集才能得到更好的性能。应用早停法无法检验替代方案，所以，该法只能用于训练过程的最后阶段而非开始阶段。

很多深度学习框架，例如 Keras，提供早停回调函数。但是，重要的一点是要确认最终的参数向量是否是最后一轮训练之前存储的参数向量，或者是否是对应 e_s 的参数向量。如果是，那么可以重复训练过程，在获得最小验证代价的 e_s 之前的轮次停止训练。

2.3 本章小结

本章介绍了作为期望风险指标的损失函数和代价函数，接着，详细讨论了优化问题可能遇到的一些常见情况。同时，也介绍了一些常用代价函数及其主要特征和具体应用。

本章后半部分讨论了正则化，解释了正则化如何减弱过拟合效应和实现稀疏化。特别是，Lasso 正则化能够帮助数据科学家通过将所有次要系数转变为零，完成自动的特征选择。

下一章将介绍半监督学习，重点是直推学习和归纳学习。

扩展阅读

- Darwiche A., *Human-Level Intelligence or Animal-Like Abilities?*, Communications of the ACM, Vol.61, 10/2018.
- Crammer K., Kearns M., Wortman J., *Learning from Multiple Sources*, Journal of Machine Learning Research, 9/2008Loss functions and Regularization.
- Mohri M., Rostamizadeh A., Talwalkar A., *Foundations of Machine Learning, Second edition*, The MIT Press, 2018.
- Valiant L., *A theory of the learnable*, Communications of the ACM, 27, 1984.
- Ng A.Y., *Feature selection, L1 vs.L2 regularization, and rotational invariance*, ICML, 2004.
- Dube S., *High Dimensional Spaces, Deep Learning and Adversarial Examples*, arXiv: 1801.00634[cs.CV].
- Sra S., Nowozin S., Wright S.J.(edited by), *Optimization for Machine Learning*, The MIT Press, 2011.
- Bonaccorso G., *Machine Learning Algorithms, Second Edition*, Packt, 2018.

第 3 章　半监督学习导论

半监督学习是机器学习的分支之一，应用兼具聚类和分类方法特点的概念，解决同时包括标记数据和无标记数据的问题。

无标记样本随处可得，而庞大数据集难以正确标记。这就促使众多研究人员深入研究能够在保证不损失准确率的前提下，将标记样本所提供的相关知识扩展至更大的无标记样本总体的最优方法。本章将介绍这个机器学习分支，讨论：

- 半监督学习场景。
- 各种半监督学习方法。
- 半监督学习有效场景的假设条件。

接着介绍几种半监督学习算法并给出其 Python 实现的应用实例。这些算法包括：

- 生成式高斯混合算法。
- 自训练算法。
- 协同训练算法。

下面先介绍如何定义半监督学习场景及其与其他数据场景的区别。

3.1　半监督学习场景

典型的半监督学习场景与监督学习场景的区别并不太大。假定数据生成过程 p_{data} 为：

$$p_{\text{data}}(\bar{x},\bar{y}) = p(\bar{y}\mid\bar{x})p(\bar{x}) \text{或} p(\bar{x}\mid\bar{y})p(\bar{y})$$

但是，监督学习可以有一个全标记数据集，而半监督学习从 p_{data} 得到的数据点的一部分（N 个）才有标签：

$$X_{\text{L}} = \{\bar{x}_0^{\text{L}}, \bar{x}_1^{\text{L}}, \cdots, \bar{x}_N^{\text{L}}\}, \bar{x}_i^{\text{L}} \in \mathbb{R}^p$$

$$Y_{\text{L}} = \{\bar{y}_0^{\text{L}}, \bar{y}_1^{\text{L}}, \cdots, \bar{y}_N^{\text{L}}\}, \bar{y}_i^{\text{L}} \in \mathbb{R}^q$$

其他方法要求训练样本均匀得到以便不超出 p_{data} 的范围。如果满足该条件，便可以考虑取自于边缘分布 $p(\bar{x})$ 的更多数量（M 个）的无标记样本：

$$X_{\text{U}} = \{\bar{x}_0^{\text{U}}, \bar{x}_1^{\text{U}}, \cdots, \bar{x}_M^{\text{U}}\}, \bar{x}_i^{\text{U}} \in \mathbb{R}^p$$

半监督学习的样本集即为两个集合 $\{X_{\text{L}}, Y_{\text{L}}\}$ 和 X_{U} 的并集。关于无标记样本的一个重要假设是，它们的标签是**随机缺失**（missing at random）的，与实际的标签分布无任何关联。从类平衡角度看，无标记数据集的分布与标记数据集的分布并非截然不同。例如，不能要求 90% 无标记样本同属一类而其他无标记样本却分属其他各类。

一般的机器学习框架对 N 和 M 的取值并无严格限制。但是，如果无标记点的数量远远大于标记样本集的基数的话，通常就要视作半监督学习问题。如果从 p_{data} 能够得到 $N(\gg M)$ 个标记点的话，则无法将其当作半监督学习问题，经典的监督学习方法更可能是最佳选择。当 $M \gg N$，也就是无标记数据的数量很大而正确标记的样本数小得多的时候，复杂程度很高。

例如，获得数以百万计的免费图像并非难事，但是获得有详细标记的图像集则代价高昂，而且很可能只有有限的子集。

那么是否总能用半监督学习改善模型呢？回答是显而易见的：有时是不能的。

一个基本规则是，如果理解 X_U 有助于理解先验分布 $p(\bar{x})$ 的话，半监督学习算法会比纯粹的监督学习算法（只有 X_L）更有效。另外，如果无标记点取自于不同的分布或者 p_{data} 被训练过程排除在外的数据集的话，最后的结果将更差。

实际上，没有什么办法能够当即判断半监督学习是否是最佳选择。因此，评价某个场景时，交叉验证和比较仍是最好的手段。还有一点须知，监督学习场景直接考虑条件概率分布 $p(\bar{y}|\bar{x})$，可以不管 $p(\bar{x})$。而半监督学习场景则需要考虑 $p(\bar{x})$ 以便利用无标记样本。这样的问题也可以用别的方法进行分析，这也是半监督学习的另一个局限。

3.1.1 因果场景

正如 Peters 等人指出的（参阅：Peters J.，Janzing D.，Schölkopf B.，*Elements of Causal Inference*，The MIT Press，2017），半监督学习对于因果场景是无能为力的。事实上，考虑一个从原因 x 产生结果 y 的过程。能否假设理解 $p(\bar{x})$ 就能更好理解 $p(\bar{y}|\bar{x})$ 的知识？答案是显而易见的。如果给定一组原因，建立了结果的条件分布模型，那么，决定哪个是最可能原因所需的全部信息其实已经包含在模型之中。对 $p(\bar{x})$ 了解再多（包括从 $p(\bar{y}|\bar{x})$ 之外区域的密度）也不可能影响结果的选择，因为这样一个由因而果的过程只受控于触发所有训练结果（$\bar{y}$）的数据（$\bar{x}$）。

换言之，$p(\bar{x})$ 是否不同于训练阶段考虑的分布（通常，这是一个问题。但是解决这样的问题可以从实际数据生成过程采样更多的数据，并不涉及任何半监督学习方法），无关紧要。究其原因，结果的分布与原因的分布是独立的。

为了更简单明了地理解，考虑因果场景“按钮→亮灯”。为了开灯，需要以一定的频率多次按压开关按钮。该问题的建模需要收集一个包含 N 个观察的训练集（X，Y）。这里要关注的是容易确定的条件概率 p(亮灯 | 按钮=开)。如果有人告知他知道精确概率 p(按钮=开)，情况将如何？能否将这一信息考虑进因果场景，如图 3.1 所示。

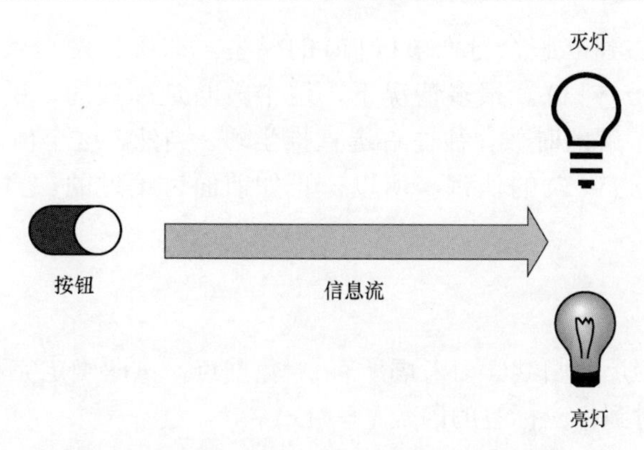

图 3.1　按钮的状态决定灯的状态（因果场景）

由于这里讨论的是半监督学习，所以，无法找到对应的结果（$\bar{y}$）。这意味着，无法利用 p（按钮=开）这一信息来完善模型，因为知道某频段的概率是 p_0，也不会影响基于观察事实的知识 p（亮灯｜按钮=开）。也就是说，结果已经确定为真实结果，这就是建立条件概率模型需要知道的全部信息。前面提到的 Peters 等人也认为，实际上，非因果场景与半监督学习是完全相配的。所谓非因果场景，其实是在建立 p（原因｜结果）模型，而且很清楚，p（结果）的知识可以影响条件概率。

在因果场景“按钮→亮灯”中，因为灯由按钮触发，所以，如果进行 N 次实验，便可以建立初始模型 p(按钮=开｜亮灯)。但是，并不确定已经考虑了所有可能的结果(亮灯/灭灯)。因此，第一次估计很可能有误差。p（亮灯）知识有助于减小这一误差，因为每当观察到灯亮的概率较大时，正确按钮的概率也较大（反之亦然）。

本章讨论的大多数实例都基于上述假设。通常将类当作原因，而属性当作结果。例如，如果一朵花属于鸢尾花卉数据集（Iris dataset）的某类，这朵花就具有相应的特征集，例如，花瓣长和萼片宽。不过，希望读者针对每个实例评价这一条件，顺带测试相关算法。

其他研究表明，通过改进使用较小标记数据集的分类准确率，半监督学习也会对因果场景的性能产生不可忽视的影响。因此，如果无法得到较大的标记数据集，半监督学习方法也可以发挥作用。当然，数据科学家处理因果模型时，也必须做好通过与标准监督学习方法比较，重新评价半监督学习方法的准备，以便确认是否有实际的成效。使用监督学习时，无标记点集是无用的，只有应用更大的标记训练集才能得到更好的准确率。

3.1.2　直推学习

如果一个半监督学习模型的目标是为无标记样本找到标签，那么这种方法称为直推学习（transductive learning）。

直推学习并不关注建立整个分布 $p(\bar{x}|\bar{y})$ 的模型，即确定两个数据集的密度，而是只关注为无标记点找到 $p(\bar{y}|\bar{x})$。很多情况下，这个策略是高效的，所以，当目标更聚焦于完善对无标记数据集了解的时候，往往首选直推学习。当然，这个情况意味着了解 $p(\bar{x})$ 越多，更有助于加深对 $p(\bar{y}|\bar{x})$ 的认识，所以，正如前面讨论过的，直推学习并不适合单纯的因果过程。

3.1.3 归纳学习

与直推学习正好相反，归纳学习考虑所有 X 数据点，试图确定完整的 $p(\bar{x}|\bar{y})$ 或能够将标记点和无标记点映射到相应标签的函数 $y=f(\bar{x})$。

这个方法一般更为复杂，需要花费更多的计算时间。因此，根据**万普尼克原理**（Vapnik's principle）（在解决一个具体问题时，不应该中途去解决一个更一般性的问题），如果不需要或不必要，最好选择最具实效的解决方案。如果问题还需要更多细节，那么就扩展这个解决方案。

3.1.4 半监督假设

如前节所述，半监督学习并不保证能够改善一个监督学习模型。错误的选择可能导致性能急剧恶化。但是，为了让半监督学习能正确地发挥作用，可以明确若干基本假设。这些假设并不总是数学证明了的定理，更可能是判断一种方法的其他完全任意选择的经验认识。

1. 平滑假设

考虑一个实数值函数 $f(x)$ 和对应的度量空间 X 与 Y。满足下列式子的函数被认为是利普希茨连续（Lipschitz-continuous）：

$$\exists K:\forall x_1,x_2\in X\Rightarrow d_Y(f(x_1),f(x_2))\leqslant Kd_X(x_1,x_2)$$

换言之，如果两个点 x_1 和 x_2 相距不远，对应的输出值 y_1 和 y_2 就不能相差任意大。这个条件是要求对训练样本间的点进行泛化的回归问题的基本条件。

例如，如果需要预测一个点 $x_t:x_1<x_t<x_2$ 的输出，而且回归器是利普希茨连续的，那么可以确定 y_t 将以 y_1 和 y_2 为界。这种情况通常称为一般平滑，而在半监督学习，还需要对其加以明确的限定（与簇假设相关）：如果两个点在一个高密度区域（簇）而且相近，那么对应的输出也必须相近。平滑假设更形式化地表达为：

$$\text{if } f(\bar{x}_c;\bar{\theta})=y_c,\exists\delta>0:\forall\bar{x}\in X:d(\bar{x},\bar{x}_c)<\delta\Rightarrow f(\bar{x};\bar{\theta})=y_c$$

上式中，$f(\bar{x};\bar{\theta})$ 是通用的参数化分类器。因此，给定一点 $\bar{x}_c$，被分类为 y_c，那么存在一个球，其上所有的点都将以相同方式被分类。这个定义对 δ 没有施加任何限制，但是，本文需要假设存在两个大于零的边界（δ_m 和 δ_M），给 δ 引入上限和下限（$\delta_m < \delta < \delta_M$）。如此一来，将合适的函数族限定为相对变化缓慢的函数集合。

在半监督学习里，平滑假设起到基本的作用，因为如果两个样本同在一个低密度区域，他们就可以属于不同的簇，有着非常不同的标签。虽然不一定总是正确，但是，加入这一约束使得在很多半监督学习模型的定义中能够考虑一些更高级的假设。

2. 簇假设

簇（cluster，也称集群）假设与上一个平滑假设密切相关，可能更容易接受。簇假设可以表达为相互依赖的条件链。簇是高密度区域，因此，如果两个点相近，它们很可能属于相同的簇，那么它们的标签必须相同。低密度区域是分离空间，因此，属于低密度区域的样本很可能是边界点，它们的类可能是不同的。为了更好地理解这个概念，可以考虑一下监督支持向量机：只有支持向量应该处于低密度区域里。考虑图 3.2 给出的二维实例。

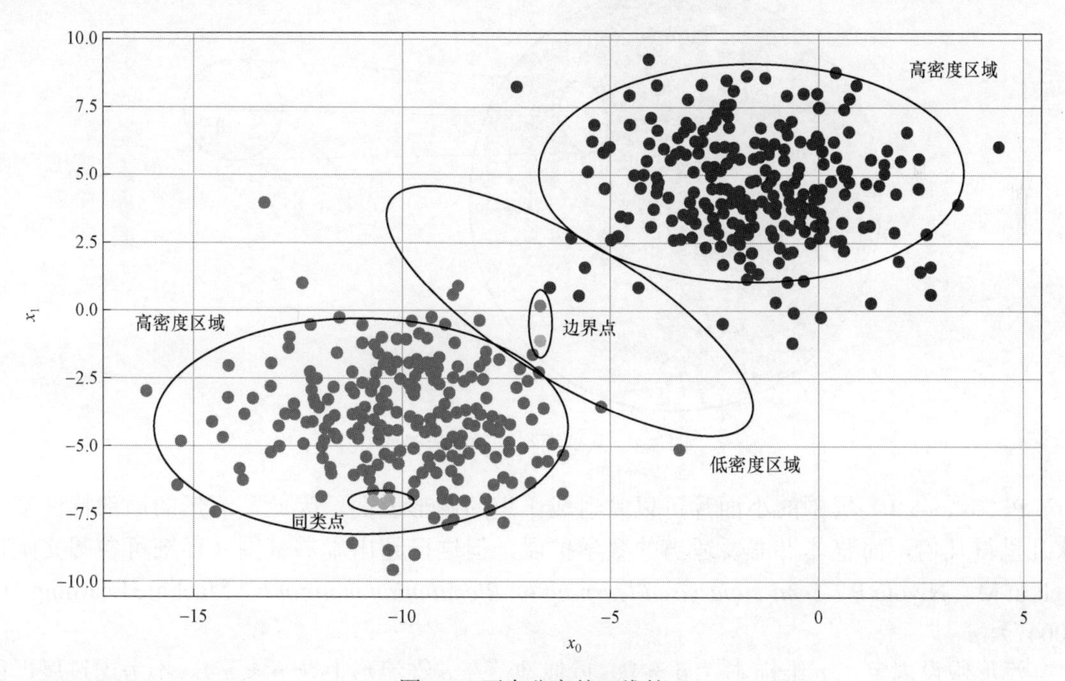

图 3.2　两个分离的二维簇

在半监督学习场景里，不可能知道属于高密度区域的一个点的标签，但是，如果这个点足以接近一个标记点，而且可以建立一个球，上面的所有点都有相同的平均密度的话，那么就可以预测测试样本的标签。而如果转向低密度区域，事情会变得更麻烦，因为两个点可能很相近却有着不同的标签。下一章将继续讨论半监督低密度分离问题，将会分析不同的半监督支持向量机。

3. 流形假设

流形假设是最不直观的假设，但对于降低很多问题的复杂程度却很有用。首先，需要给出流形的非严格定义。n 维流形是一个整体弯曲状但局部是 n 维欧几里得空间同胚的拓扑空间。换言之，可以选择一个充分小的区域，使其变形为标准欧几里得平坦空间。但是，这在考虑整个空间时并不成立。

例如，如果从太空看地球，可以认为生命体均匀地分布在整个地球上。但这是不对的，实际上，可以用表达成二维流形的地图或地图册描述地球。用三维向量去表达人所处的位置，并无意义。更简单的办法是利用投影，同时标明经度和纬度。

图 3.3 显示了一个流形示例，即 $\mathbb{R}^3$ 空间里的球面。

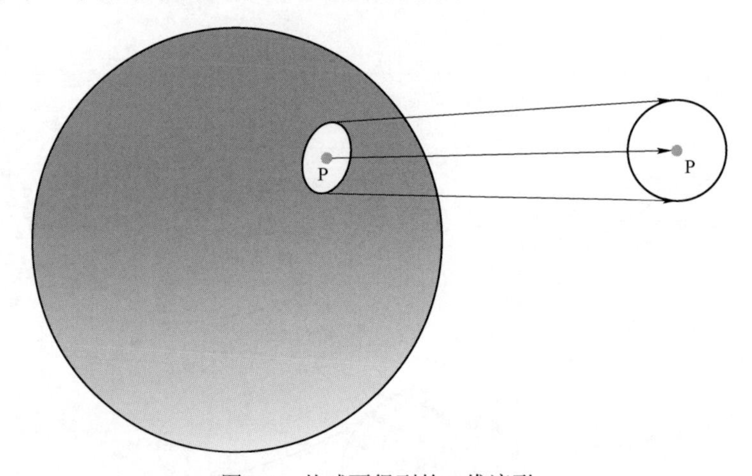

图 3.3 从球面得到的二维流形

P（当 $\epsilon \to 0$）周围的小面片可以映射成平坦的圆形表面。因此，流形的局部特性基于欧几里得几何，而整体上需要适当的数学扩展，但这已超出本书范围（详细可参阅文献：Belkin M.，Niyogi P.，*Semi-supervised learning on Riemannian manifolds*，Machine Learning 56，2004"）。

流形假设规定，p 维样本（$p \gg 1$）近似地落在 q 维流形上（$p \ll q$）。不考虑过度严密的数学定义的话，可以举例理解为，如果有 N 个 1000 维有界向量，那么它们将被装入一个边长为 r 的 1000 维超立方体里。相应的 n 维体积是 $r^p = r^{1000}$，所以，填满整个空间的概率很小（p 越大概率越小）。实际上，这就是低维流形上的高密度。

流形假设允许应用降维方法以避免贝尔曼提出的维数灾难（curse of dimensionality），详细内容可参阅：Howard R.A.，*Dynamic Programming and Markov Process*，The MIT Press，1960。在机器学习领域，维数灾难的结果就是，当样本的维数增加时，为了获得高准确率，必须使用更多的样本。

Hughes 也观察到（后来以他名字命名观察到的现象，参阅文献：Hughes G.F.，*On the mean accuracy of statistical pattern recognizers*，IEEE Transactions on Information Theory，14/1，1968），统计分类器的准确率与样本维数成反比。这意味着，每当面对低维流形（特别是半监督学习场景）时，都具有两点优势：

- 更少的计算时间和存储量。
- 更高的分类准确率。

在分析相关算法之前，用一个虚拟的例子说明流形假设的重要性。设想有一张 2000×1000 RGB 的 Canvas 图像库。每个像素用 24 位编码，因此，有 $2^{24}=16\,777\,216$ 个可能的值。如果 Canvas（2 000 000）中所有像素都是独立无关的话，图像的总数可达到 $16\,777\,216^{2\,000\,000}$。毫无疑问，这是个天文数字，远远超出运行深度学习应用所需的计算能力。转而考虑一个手写数字的数据库（例如将会多次提到的 MNIST），假设分辨率是 100×100，8 位灰度编码。有 10 类数字，所以，如果样本是均匀采集的话，那么对于每个数字可以得到 250 000 个例子。因为不允许重复，可以通过数值近似，排除差异小的例子，使得每个图像必须差异显著。即使假定有了这样差异最小的高分辨率数据库，相对可能图像的总数而言，手写数字的数量绝对是微不足道的。如果用智能手机或计算器计算的话，结果会是 0，因为需要的计算精度非常高。

更复杂的例子是脸部识别应用。有效地泛化一个拥有 1 000 000 个图像的数据集没有任何问题。其他所有的组合又将如何？多数是随机噪声，但是，由于都是可能的组合，如果拍张桌子的照片，将分辨率降低到 2000×1000，然后检索庞大的数据集，那么最终总能找到这张桌子的图像。蒙娜丽莎头像、个人肖像等，穷尽想象，只要设置合理的质量损失的话，都将如此！看起来很令人惊奇，但这就是基本组合的正常结果。

在后面所有涉及随机数的例子里，种子都设为 1000（np.random.seed(1000)）。其他值，或者随后未重置种子的实验会得到略有不同的结果。

总之，流形假设规定，一个总类（如图像）的所有实例都会聚类到分离的子空间。有些实例语义上是正确的，而其他大多数实例则是有噪声的、不重要的。值得关注的是那些正确的实例集，幸好，这些实例集结构相当规范，具有合理的数量和维数。在定义了半监督学习场景相关的主要概念之后，即将介绍若干应用标记数据集和无标记数据集去进行更准确分类的实用算法。

3.2 生成式高斯混合

首先讨论的第一个模型是生成式高斯混合（generative gaussian mixture）模型，它用加权高斯分布的加和来描述数据生成过程 p_{data}。由于该模型是生成式的，不仅可以将已有数据集归集到定义明确的区域（表达为高斯分布），而且可以输出任意新数据点属于每个类的概率。该模型具有相当的柔性，可用于解决所有同时需要进行聚类和分类的问题，得到确定由特定高斯分布产生的某个数据点的似然的分配概率向量。

3.2.1 生成式高斯混合理论

生成式高斯混合是半监督分类和聚类的归纳学习算法，其目的是给定标记数据集和无标记数据集，建立条件概率 $p(\bar{x},\bar{y})$ 模型。这里认为，了解 $p(\bar{x})$ 是有用的，因为将用贝叶斯定理推导 $p(\bar{y}\mid\bar{x})$。

当需要找到一个解释已有数据集结构的模型，而且这个模型能够输出新的数据点的概率的时候，生成式高斯混合就非常有用。例如，异常检测系统的建模可以从正常和异常的活动的数据集开始。生成式高斯混合能够区分正常和异常数据，并以提供两种情况的概率的方式回答诸如“新数据表示正常活动还是异常活动？”等问题。

假定现有一个包含来自同一数据生成过程 p_{data} 的 N 个数据点的标记数据集 $\{X_1,Y_1\}$，和一个包含来自边缘分布 $p(\bar{x})$ 的 M（$\gg N$）个数据点的无标记数据集 X_{U}。其实，$M \gg N$ 不是必需的，只是为了创造一个真实的、只拥有一些标记样本的半监督学习场景。另外，假设所有无标记样本与 p_{data} 一致。看上去这是一个恶性循环，但是如果没有这个假设，就会失去坚实的数学基础。

目标是要利用生成式模型确定完整的 $p(\bar{x},\bar{y})$ 分布，从而得到条件分布 $p(\bar{y}\mid\bar{x})$。一般可以用其他不同的方法，这里采用多元高斯来建模数据：

$$f(\bar{x};\bar{\mu};\Sigma)=\frac{1}{\sqrt{\det 2\pi\Sigma}}\mathrm{e}^{-\frac{(\bar{x}-\bar{\mu})^{\mathrm{T}}\Sigma^{-1}(\bar{x}-\bar{\mu})}{2}}$$

如此，模型参数就是所有高斯分布的均值和协方差矩阵。也可以采用二项式分布或多项式分布，但是，处理流程没有变化。因此，假设可以用参数化分布 $p(\bar{x}\mid\bar{y};\bar{\theta})$ 近似 $p(\bar{x}\mid\bar{y})$，通过最小化两个分布之间的 KL 散度（Kullback-Leibler divergence，库尔贝克–莱布勒散度）达到这一目的：

$$\underset{\bar{\theta}}{\operatorname{argmin}}\, D_{\text{KL}}(p(\bar{x}\mid y)\,\|\,p(\bar{x}\mid y;\bar{\theta}))=\sum_i p(\bar{x}_i\mid y_i)\log\frac{p(\bar{x}_i\mid y_i)}{p(\bar{x}_i\mid y_i;\bar{\theta})}$$

第 12 章最大期望算法将说明，最小化两个分布之间的 KL 散度等同于数据集似然函数的最大化。为了得到似然，必须定义期望高斯（由标记样本可知）的数量和表示特定高斯边缘概率的权重向量 $\overline{w}$：

$$\overline{w}=(p\,(y=1),p\,(y=2),\cdots,p\,(y=M))$$

根据贝叶斯定理，可得：

$$p\,(y_i\,|\,\overline{x}_j;\overline{\theta},\overline{w})\sim w_i p\,(\overline{x}_j\,|\,y_i;\overline{\theta})$$

类似地，给定参数向量 $\overline{\theta}$ 和权重向量 $\overline{w}$，可以得到点集 X 的条件分布的表达式：

$$p\,(\overline{x}_j\,|\,y_i;\overline{\theta})=\sum_i w_i p\,(\overline{x}_j\,|\,\overline{y}_i;\overline{\theta})$$

由此，容易理解每个高斯分布在确定新数据点的概率时的作用。利用圆框图（plate notation，一种表现重复变量的图示模型）可以快速对该模型可视化，如图 3.4 所示，图中，长方形代表重复块（这里重复 M 次），圆形代表有条件被箭头连接起来的变量（更多详细内容请参阅：Koller D.，Friedman N.，*Probabilistic Graphical Models*，The MIT Press，2009）。

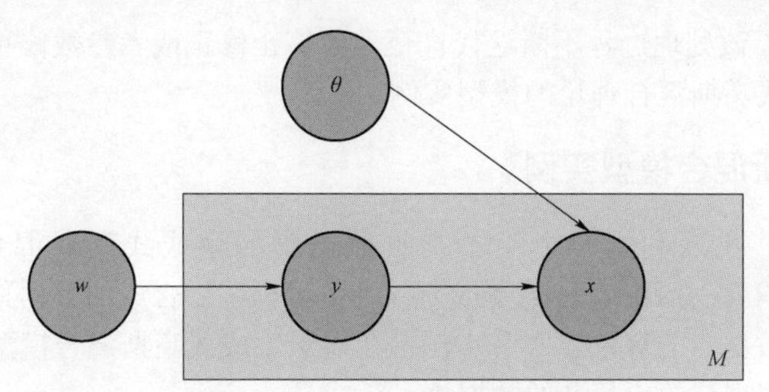

图 3.4　生成式高斯混合模型的圆框图

$p\,(y_i\,|\,\overline{x}_j;\overline{\theta},\overline{w})$ 的完整表达式为：

$$p\,(y_i\,|\,\overline{x}_j;\overline{\theta},\overline{w})=\frac{w_i p\,(\overline{x}_j\,|\,y_i;\overline{\theta})}{\sum_i w_i p\,(\overline{x}_j\,|\,y_i;\overline{\theta})}$$

因为处理的既有标记样本也有无标记样本，上式有双重解释：

- 对于无标记样本，计算第 i 个高斯权重与相对于第 i 个高斯分布的概率 $p(\overline{x}_i)$ 的乘积。
- 对于标记样本，可以表达为向量 $\overline{p}=(0,0,\cdots,1,\cdots,0,0)$，1 是第 i 个要素。这样能够使模型相信无标记样本以便找到最大化整个数据集似然的最佳参数值。

有了这样的区别，就可以考虑单个对数似然函数，其中的 $f_{\mathrm{w}}(y_i\,|\,\overline{x}_j)$ 被各自样本的权重所替代：

$$L(\bar{\theta};\bar{w}) = \sum_j \log \sum_i f_w(y_i \mid \bar{x}_j) p(\bar{x}_j \mid y_i;\bar{\theta}) = \sum_j \log \sum_i w_i p(\bar{x}_j \mid y_i;\bar{\theta})$$

可以用最大期望 EM 算法（参阅第 12 章最大期望算法）最大化这个对数似然函数。这里直接给出优化步骤：

- 根据前面解释的方法计算 $p(y_i \bar{x}_j;\bar{\theta},\bar{w})$。
- 用下列规则更新高斯参数：

$$\begin{cases} w_i = \dfrac{\sum_j p(y_i \mid \bar{x}_j;\bar{\theta},\bar{w})}{N} \\ \bar{\mu}_i = \dfrac{\sum_j [p(y_i \mid \bar{x}_j;\bar{\theta},\bar{w})\bar{x}_j]}{\sum_j p(y_i \mid \bar{x}_j;\bar{\theta},\bar{w})} \\ \sum_i = \dfrac{\sum_j [p(y_i \mid \bar{x}_j;\bar{\theta},\bar{w})(\bar{x}_j - \bar{\mu}_i)(\bar{x}_j - \bar{\mu}_i)^{\mathrm{T}}]}{\sum_j p(y_i \mid \bar{x}_j;\bar{\theta},\bar{w})} \end{cases}$$

N 是样本总数。该处理过程不断迭代直至参数停止修正或者参数修正低于设定阈值。下面将介绍基于生成式高斯混合理论的模型实例。

3.2.2 生成式高斯混合模型实例

本节用 Python 实现利用一个简单二维数据集的生成式高斯混合模型。数据集由 scikit-learn 提供的 `make_blobs()` 函数生成。该函数可以产生合成的数据集，用于测试需要从一组正态分布获取数据点的算法。本节实例旨在展示生成式高斯混合模型的机理，因此，有意识地摒弃了不易可视化的更复杂的数据集。

但是，读者可以使用下面的程序代码于任何学习场景，无需修改：

```
from sklearn.datasets import make_blobs
import numpy as np
nb_samples = 250
nb_unlabeled = 200

X, Y = make_blobs(n_samples=nb_samples, n_features=2, centers=2,
cluster_std=1.25, random_state=100)

unlabeled_idx = np.random.choice(np.arange(0, nb_samples, 1),
```

```
    replace=False, size=nb_unlabeled)
    Y[unlabeled_idx] = -1
```

事先已经产生了分属两类的各 200 个样本。随机选取 250 个数据点组成无标记数据集（对应的类被设定为－1）。接着通过定义均值、协方差和权重，初始化两个高斯分布。可以使用随机值，这是最简单的方法，而且不需要任何前期计算。上述算法已被证明在所有情况下都可以收敛，但是，过程步数是初始状态与最终状态间差距的函数：

```
import numpy as np

m1=np.random.uniform( - 7.5,10.0,size=2)
c1=np.random.uniform(5.0,15.0,size=(2,2))
c1=np.dot(c1,c1.T)
q1=0.5

m2=np.random.uniform( - 7.5,10.0,size=2)
c2=np.random.uniform(5.0,15.0,size=(2,2))
c2=np.dot(c2,c2.T)
q2=0.5
```

协方差矩阵必须是半正定矩阵。从数学的观点，如果$\forall \bar{v} \in \mathbb{R}^n$且$\bar{v} \neq \bar{0}, \bar{v}^{\mathrm{T}} A \bar{v} \geqslant 0$，那么矩阵$A \in \mathbb{R}^{n \times n}$是半正定矩阵。而且，所有特征值总是非负值。方差是平方值，所以也是非负值。协方差矩阵是方差概念的扩展，具有方差的所有相同的特性。特别是，当高斯分布对齐坐标轴时，所有非对角项均为零。对角线上是关于每个元素的方差，这些也是特征值。显而易见，所有这些项都非负。

如果相同的高斯被转置，非对角元素可能不为零，但是，其特征值应该仍然保持非负，因为，两个高斯分布只有转置才可能不同。这一条件只有当矩阵为半正定矩阵时才能得以确保。因此，最好通过用相应的转置乘以每个矩阵来调整随机值或设定硬编码的初始参数。由于在训练模型之前不知道数据集的结构，也就无法定义一个准则去以无需复杂计算的最优方式初始化所有参数。

一个简单的折中办法是将权重设定为 $1/N_{\text{classes}}$，同时设定协方差矩阵和均值等于样本协方差和均值。如此，所有高斯开始时部分重叠，而算法将改变它们以便与输入分布相匹配。

下面列举一例，$m_{1/2}$ 是均值向量，$c_{1/2}$ 是协方差矩阵，而 $q_{1/2}$ 是权重：

```
m1=np.array([-2.0,-2.5])
c1=np.array([[1.0,1.0],
             [1.0,2.0]])
q1=0.5

m2=np.array([1.0,3.0])
c2=np.array([[2.0,-1.0],
             [-1.0,3.5]])
q2=0.5
```

如果将高斯投影到 xy 平面，并通过限制独立变量的范围加以删减，那么这些投影就会变成椭圆。为了确定这些椭圆的结构和方向，需要注意观察：

- 长轴 $\overline{v}_{M1/2}$ 与协方差矩阵最大特征值相关的特征向量一致。同样，短轴 $\overline{v}_{M1/2}$ 与协方差矩阵最小特征值相关的特征向量一致。多维情况下，应按照降序取特征值。
- 偏心率 e 等于两个特征值的比率。$e=1$时，椭圆为正圆，因为两轴长度相等；$e\neq 1$时，椭圆在其中一个轴向拉长。

首先，求取椭圆长轴 $\overline{v}_{M1/2}$ 的方位角 $\alpha_{1/2}$。如果 $\overline{e}_x$ 是 x 单位四元数（versor，也称为规范化四元数，描述三维空间转动的量），可得：

$$\overline{v}_{M1/2} \bullet \overline{e}_x = \| \overline{v}_{M1/2} \| \bullet \| \overline{e}_x \cos \alpha_{1/2} \Rightarrow \alpha_{1/2} = \arccos \frac{\overline{v}_{M1/2} \bullet \overline{e}_x}{\| \overline{v}_{M1/2} \| \bullet \| \overline{e}_x \|}$$

执行上面操作的 Python 代码如下段所示：

```
w1,v1=np.linalg.eigh(c1)
w2,v2=np.linalg.eigh(c2)

nv1=v1/np.linalg.norm(v1)
nv2=v2/np.linalg.norm(v2)

a1=np.arccos(np.dot(nv1[:,1],[1.0,0.0])/np.linalg.norm(nv1[:,1]))* 180.0/ np.pi
a2=np.arccos(np.dot(nv2[:,1],[1.0,0.0])/np.linalg.norm(nv2[:,1]))* 180.0/ np.pi
```

结果如图 3.5 所示，图中，叉号代表无标记点，点号和菱形代表属于已知类的样本。

用没获得数据集实际结构的同心椭圆表示两个高斯模型。现在执行训练流程。首先为前次迭代所计算的参数定义临时占位符，并且定义计算当前与前次值之间所有差异的范数之和的函数：

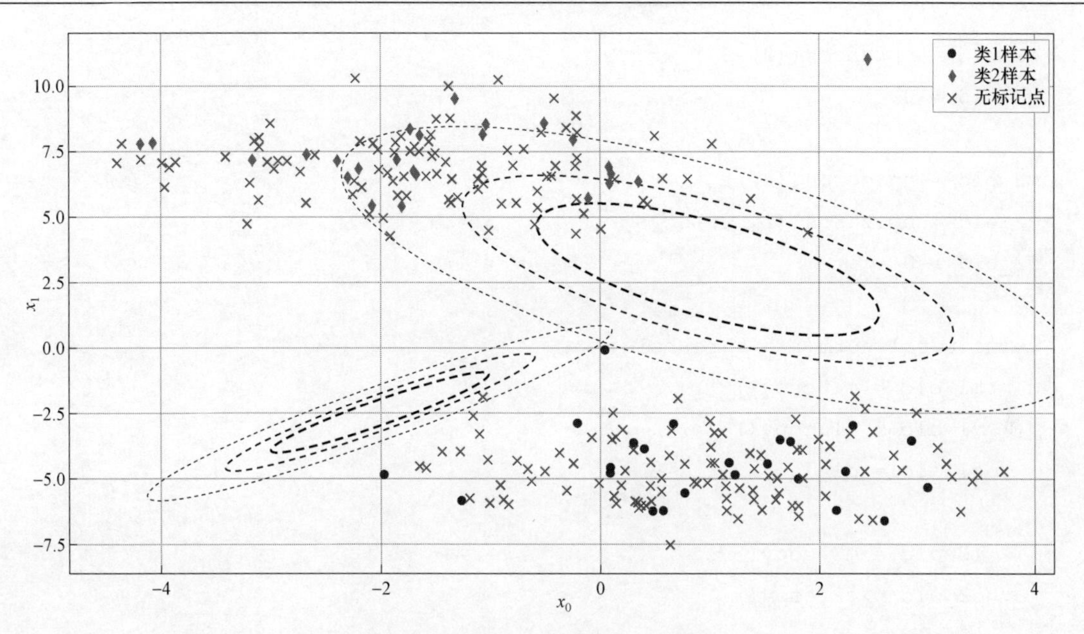

图 3.5 高斯混合模型的初始配置

```
from scipy.stats import multivariate_normal

threshold = 1e-4

def total_norm():
    global m1, m1_old, m2, m2_old, c1, c1_old, c2, c2_old, q1, q1_old,
q2, q2_old
return np.linalg.norm(m1 - m1_old) + \
np.linalg.norm(m2 - m2_old) + \
np.linalg.norm(c1 - c1_old) + \
np.linalg.norm(c2 - c2_old) + \
np.linalg.norm(q1 - q1_old) + \
np.linalg.norm(q2 - q2_old)
```

接着定义实际的训练流程。该流程不断迭代直到参数稳定不变[即范数之和 `total_norm()` 小于阈值 `threshold`]:

```
m1_old = np.zeros((2,))
```

```
    c1_old = np.zeros((2, 2))
    q1_old = 0

    m2_old = np.zeros((2,))
    c2_old = np.zeros((2, 2))
    q2_old = 0

    while total_norm() > threshold:
        m1_old = m1.copy()
        c1_old = c1.copy()
        q1_old = q1

        m2_old = m2.copy()
        c2_old = c2.copy()
        q2_old = q2

        Pij = np.zeros((nb_samples, 2))

        # E Step
        for i in range(nb_samples):
            if Y[i] == -1:
                p1 = multivariate_normal.pdf(X[i], m1, c1, allow_
singular=True) * q1
                p2 = multivariate_normal.pdf(X[i], m2, c2, allow_
singular=True) * q2
                Pij[i] = [p1, p2] / (p1 + p2)
        else:
                Pij[i, :] = [1.0, 0.0] if Y[i] == 0 else [0.0, 1.0]

        # M Step
        n = np.sum(Pij, axis=0)
        m = np.sum(np.dot(Pij.T, X), axis=0)

        m1 = np.dot(Pij[:, 0], X) / n[0]
```

```
m2 = np.dot(Pij[:, 1], X) / n[1]

q1 = n[0] / float(nb_samples)
q2 = n[1] / float(nb_samples)

c1 = np.zeros((2, 2))
c2 = np.zeros((2, 2))

for t in range(nb_samples):
    c1 += Pij[t, 0] * np.outer(X[t] - m1, X[t] - m1)
    c2 += Pij[t, 1] * np.outer(X[t] - m2, X[t] - m2)

c1 /= n[0]
c2 /= n[1]
```

每次循环开始第一步是初始化用于存储 $p(y_i|\bar{x}_j;\bar{\theta},\bar{w})$ 值的 *Pij* 矩阵。然后，针对每个样本，考虑它是否是标记数据，相应计算 $p(y_i|\bar{x}_j;\bar{\theta},\bar{w})$。再用 SciPy 函数 `multivariate_normal.pdf()` 计算高斯概率。当整个 *Pij* 矩阵被填满时，便可以更新高斯和相对权重的参数（均值和协方差矩阵）。该算法收敛很快：经过大概 5 次迭代后，便得到如图 3.6 所示的稳定状态。

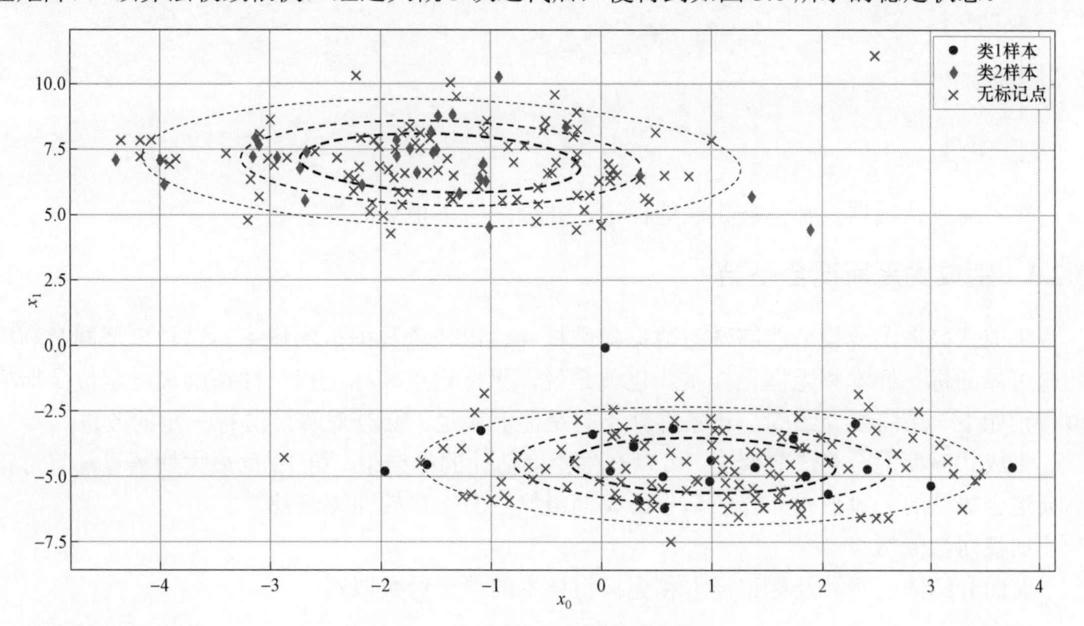

图 3.6　高斯混合模型的最终配置

通过设定参数，覆盖高密度区域，两个高斯模型完美地建立了空间映射。此时，可以检查一些无标记点：

```
print(np.round(X[Y==-1][0:5],3))
```

上述程序段的输出为：

```
[[-1.37 10.07]
 [0.398-3.857]
 [-1.866 7.496]
 [-0.752-4.314]
 [0.145-5.932]]
```

在图 3.6 中很容易确定这些输出。相应的类可以由最后的 *Pij* 矩阵获得：

```
print(np.round(Pij[Y==-1][0:10],3))
```

输出为：

```
[[0.1.]
 [1.0.]
 [0.1.]
 [1.0.]
 [1.0.]]
```

很容易确认数据点都已被正确地标记，并分配给了正确的类簇。

3.2.3 生成式高斯混合小结

生成式高斯混合模型能够学习数据集结构并输出任意数据点的概率。这种模型同时利用同样可靠的标记样本和无标记样本。也就是说，无标记点和标记点一样帮助最终定位高斯模型。正如下一节将要介绍的，该条件并不总是能够满足，必须对算法进行一定的改进。

生成式高斯混合算法效率高，可以产生密度估计的好结果。第 12 章最大期望算法将讨论高斯混合算法的一般形式，介绍基于最大期望算法的完整的训练流程。

加权对数似然

前面介绍的实例涉及标记样本和无标记样本的单个对数似然：

$$L(\bar{\theta};\bar{w})=\sum_{j}\log\sum_{i}f_{w}(y_i\mid\bar{x}_j)\,p(\bar{x}_j\mid y_i;\bar{\theta})=\sum_{j}\log\sum_{i}w_i p(\bar{x}_j\mid y_i;\bar{\theta})$$

这等于说，无标记点与标记点一样可信。但是，有时这个假设会导致完全错误的估计，如图 3.7 所示。

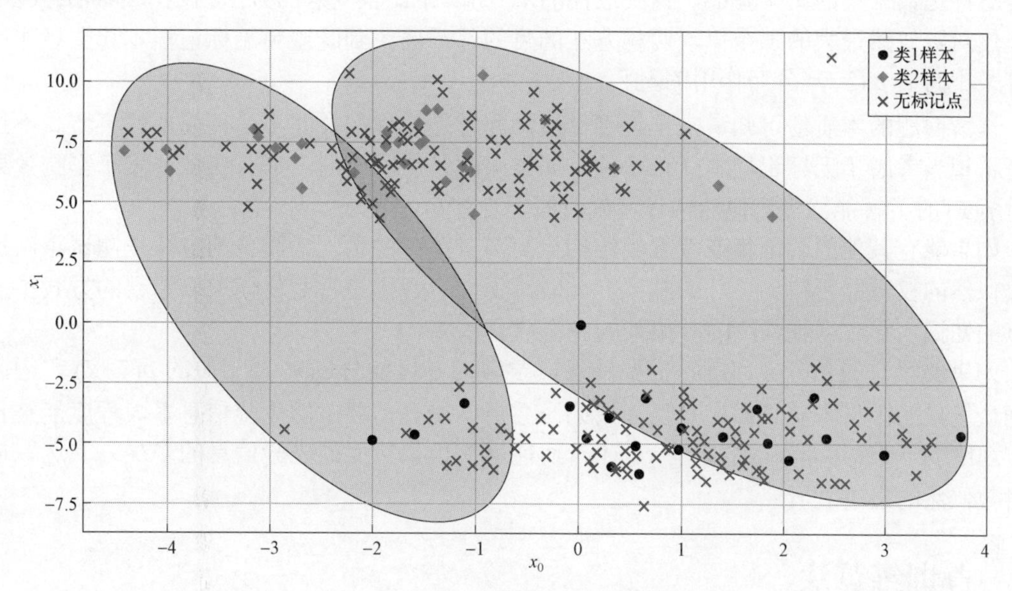

图 3.7　有偏差的最终高斯混合配置

这里，两个高斯分布的均值和协方差矩阵由于无标记点的存在而出现了偏差，密度估计结果很明显是错误的。因为标记点被假定取自于高斯分布，训练只包含标记样本的模型是没有问题的。如果无标记点分布合理，均值向量和协方差矩阵也是相对一致的。例如，差异的范数期望小于预设阈值，而该阈值设定为最大值的十分之一。而且，可以比较协方差矩阵的非对角要素，检查方位是否极不相同。无论如何，大的差异凸显无标记样本主导着标记样本，最终的对数似然往往小于预期值。这是高斯误定位的自然结果，在无标记点所在区域，其概率密度更小。

一旦遇到这种情况，最好考虑双重加权对数似然。如果前 N 个样本有标签，而后 M 个样本无标签，那么对数似然表达如下：

$$L(\bar{\theta};\bar{w})=\sum_{j=1}^{N}\log\sum_{i}p(y_i\mid\bar{\theta})p(\bar{x}_j\mid y_i;\bar{\theta})+\lambda\sum_{j=N+1}^{N+M}\log\sum_{i}w_i p(\bar{x}_j\mid y_i;\bar{\theta})$$

式中，λ 如果小于 1，可以减弱无标记项的权重，强化标记数据集的作用。由于每个无标记点的权重需要根据λ进行调整，减小了无标记项的估计概率，所以无需对算法进行大的修正。了解更多关于如何选择λ的详细讨论可参阅文献：Chapelle O.，Schölkopf B.，Zien A.，（edited by），*Semi-Supervised Learning*，The MIT Press，2010。

上文解释过，有很多办法可以确定无标记样本对标记样本的影响。其中，一种策略是，根据对标记数据集的交叉验证，找到最佳的λ。另一个比较复杂的方法则是，不断加大λ值，选择使对数似然最大的那个值。两种方法的目的都是要找到既避免无标记样本起主导作用，同时又不高估$p(\bar{x},\bar{y})$分布作用的λ值。

认清问题的本质便可知道，理解哪个最终配置是最优配置并不是件简单的事情。不过，还是希望当考虑了无标记样本（特别是，如果问题是反因果的，那么变量x_i表示影响效果）和对$p(\bar{x})$的了解能够提高似然估计精确度时，性能更好。

如果能有其他的验证集或者聚类结构至少部分清楚的话，最简单的方法是测试重新调整对数似然的权重能否得到更好的结果。此时，无标记数据集将驱使模型以错误的方式扩展标记点的知识，导致得到最终的有偏差的完全联合概率。

如果要解决的是分类问题，需要注意，学习的是可能与$p(\bar{x})$弱相关的$p(\bar{y}|\bar{x})$。因此，在确认场景的因果本质（假定是反因果的）之后，最好需要了解先验信息多大程度能被正确地传递给$p(\bar{y}|\bar{x})$（即不改变已有$p(\bar{y}|\bar{x})$而能够被模型接受的先验信息的多少）并选取最大化对数似然的最小λ。

3.3 自训练算法

自训练是一种全面应用平滑假设和簇假设的、很直观的半监督分类方法。当标记数据集拥有足够的关于基础数据生成过程的信息（即交叉验证呈现相对高的准确率）而且无标记样本确定只负责算法微调的时候，自训练往往就是当然的正确选择。如果上述条件不满足，就不能选用自训练方法，因为它特别依赖标记样本的完整性。

3.3.1 自训练理论

假定有一个标记样本数据集$\{X_L, Y_L\}$，而且该数据集均匀取自于数据生成过程p_{data}。还有一个无标记数据点集X_U，其分布当然也要求与X_L相同。另外，再假定用标记数据集（即只包括预标记点的初始数据集）训练分类器，而且最终准确率足够高，可以认为分类器的预测是可靠的。分类器的泛化能力确保所有预测与训练数据一致，除非样本取自于不同的过程。如此，**自训练**（self-training）算法可以用一个简单的迭代流程将无标记数据集纳入标记数据集。

（1）评价所有的点$\bar{x}_u \in X_U$，并用置信度向量$\bar{p}(\bar{x}_u) = (p_1, p_2, \cdots, p_m)$（假设有$m$个类）表达每个预测。

（2）选择具有最大置信度的前 k 个值，将其移出 X_U，转而添加到标记数据集。

（3）用新的训练集再次训练分类器。

上述过程重复迭代直至所有无标记点被标记，已无必要再次训练分类器。这个方法非常简单直观，但问题是，是否可信。第一个基本假设是，所有 X 的点取自于同一分布。因此，如果训练样本不太少的话，分类器可以开始学习数据生成过程的结构，并提高离散泛化能力。第二个需要考虑的因素是，平滑假设和簇假设的作用。尤其是，需要假定相似样本很可能得到相似结果，除开实际可能的突变。

在有限个类的情况下，如果两点间距（采用合适的度量，例如欧几里得距离或曼哈顿距离）$d(\bar{x}_i,\bar{x}_j) < \epsilon$，这两点应该趋向收敛于同一个类。

因此，如果初始分类器利用均匀取自于基础数据生成过程的样本经过充分训练的话，就会得到一些置信度足够高，能够判别是否已包含在新训练集里的预测。数据点的数量 k 或者可以事先设定，或者根据情况相应确定。第一种情况，由于总是选择最前面的 k 个样本，所以 k 必须足够小以便确保最大准确率，但同时也必须大到不至于过度减缓训练过程。第二种情况，如果根据情况适当确定 k 的话，则可以考虑一个最低置信度，只选择那些满足此要求的样本。按照已有经验，这时，每次迭代的数据点的最大数量也应该予以限制。能力低的分类器有时会给一个相当大的子集输出非常大的置信度，即使数据集预期的标签与实际正确的标签不同。

相对于本章讨论的其他方法，必须在整个训练过程中仔细监控自训练算法，尤其是标记数据集特别小的时候。例如，如果 $\{X_L,Y_L\}$ 只取自 p_{data} 的有限区域的话，那么只能正确识别出那些相近的无标记点。但是，如果没有其他更多帮助的话，自训练算法将继续标记剩下的那些尽管是错误的却越来越被相信的点。造成这样的后果，原因在于新的扩展训练集是根据簇假设产生的。试想一些新的数据点加在初始训练集的边界区域附近。分类器识别出与 $\bar{x}_i \in X_L$ 很相似的一个 k 点子集，并相应地加以标记。因为这些点确实离边界非常近，所以预测是正确的，新的训练集也是一致的。但是，继续执行训练过程的话，就会发现有其他的点靠近由前面子样本集扩展得到的新边界。置信度也许没受到影响，但错误的概率毫无疑问逐步增大。有些特别的情况下，这样的过程没有问题。但是，一般情况下，往往得

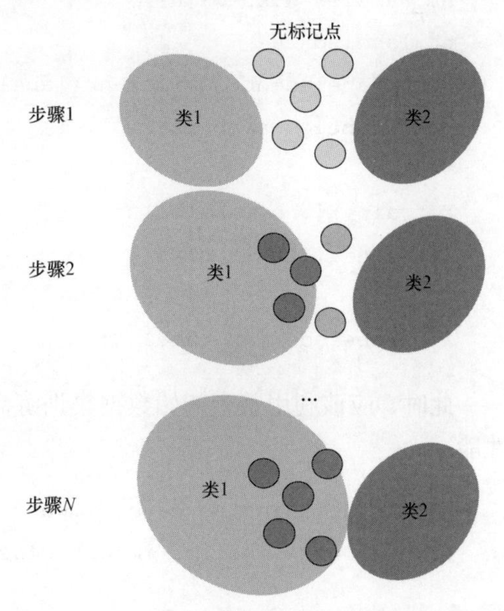

图 3.8　自训练算法的边界扩大导致产生错误分类

到完全错误的结果，如图 3.8 所示。

消除这种风险的一种可能的办法是，分析整个数据集以及初始决策曲面的非线性降维（如果 $n > 3$）。如果数据集不是特别复杂，这种办法可以突出基本假设的正确性（即 $\{X_L, Y_L\}$ 均匀覆盖整个数据生成过程，而且 $X_U \sim p(X_L)$）。如果违背这些基本假设的话，必须重新分析问题或者找到更可靠的标记样本。下面举例说明应用到带鸢尾属植物数据集的高斯朴素贝叶斯算法的自学习能力。

3.3.2 鸢尾属植物数据集的自训练实例

首先，载入数据集并打乱数据排序以满足随机缺失无标记样本的要求：

```
from sklearn.datasets import load_iris
from sklearn.utils import shuffle

iris=load_iris()
X,Y=shuffle(iris['data'],iris['target'],random_state=1000)
```

假定此时只有 20（总数 150）个标记样本。因为数列 X 和 Y 已被打乱顺序，所以可以直接分离它们：

```
nb_samples=X.shape[0]
nb_labeled=20
nb_unlabeled=nb_samples-nb_labeled
nb_unlabeled_samples=2

X_train=X[:nb_labeled]
Y_train=Y[:nb_labeled]

X_unlabeled=X[nb_labeled:]
```

此时，应该利用整个初始数据集训练高斯朴素贝叶斯分类器（取默认参数），然后评价其性能：

```
from sklearn.naive_bayes import GaussianNB
from sklearn.metrics import classification_report
```

```
nb0=GaussianNB()
nb0.fit(X,Y)

print(classification_report(Y,nb0.predict(X),target_
names=iris['target_names']))
```

上述程序段的输出为：

```
                precision   recall    f1-score   support
setosa          1.00        1.00      1.00       50
versicolor      0.94        0.94      0.94       50
virginica       0.94        0.94      0.94       50
micro avg       0.96        0.96      0.96       150
macro avg       0.96        0.96      0.96       150
weighted avg    0.96        0.96      0.96       150
```

平均起来，分类器的精确率和召回率都约为0.96，表示存在很少的假正例（false positive）和假负例（false negative）。本文将这些值当作基准，当然并不意味着，其他分类器就不能有更好的性能。现在用自训练算法训练半监督模型：

```
import numpy as np

from sklearn.naive_bayes import GaussianNB

while X_train.shape[0] <= nb_samples:
    nb = GaussianNB()
    nb.fit(X_train, Y_train)

    if X_train.shape[0] == nb_samples:
        break

    probs = nb.predict_proba(X_unlabeled)
    top_confidence_idxs = np.argsort(np.max(probs, axis=1)). astype (np.int64)
[::-1]
    selected_idxs = top_confidence_idxs[0:nb_unlabeled_samples]
```

```
X_new_train = X_unlabeled[selected_idxs]
Y_new_train = nb.predict(X_new_train)

X_train = np.concatenate((X_train, X_new_train), axis=0)
Y_train = np.concatenate((Y_train, Y_new_train), axis=0)

X_unlabeled = np.delete(X_unlabeled, selected_idxs, axis=0)
```

训练过程直截了当：用部分数据集训练高斯朴素贝叶斯分类器。如图 3.9 所示，部分数据集增量式建立。从区块 M_2 到 M_n，部分数据集的生成方式与 M_1 相同，都是在前一区块的数据集里增加由前一区块建成的模型所标记的 k 个点。

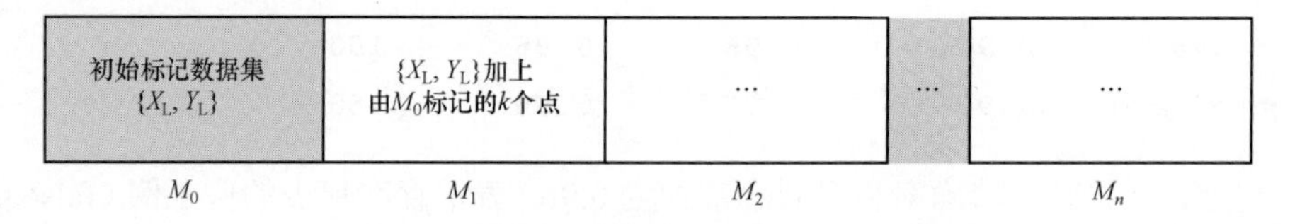

图 3.9　自训练中数据集的增量式顺序构建过程

每步训练之后，利用 predict_proba() 方法选择具有最高置信度的 nb_unlabeled_samples 个点（建议谨慎而为，这里限定个数为 2）。这些点用以前训练成的分类器予以标记，并添加到训练集里。下一次迭代，新的训练集也就包含了这些加入的、用于找到更新的分离超曲面的点。重复上述步骤直至所有无标记点都被标记并被加入训练集为止。根据半监督学习的所有假设，可以认为，只需 20 个点便可足以定义高密度区域使得第一个分类器能够正确标记（即具有高置信度）至少 k 个无标记点。一旦这些新标记点加入到训练集，新的分类器就可以利用新增信息改善其性能。这样，就可以用初始的完整数据集评估最终分类器的性能：

```
from sklearn.metrics import classification_report

print(classification_report(Y,nb.predict(X),target_
names=iris['target_names']))
```

相应的输出为：

```
                 Precision  recall    f1-score   support
setosa           1.00       1.00      1.00       50
```

```
versicolor       0.95      0.70      0.80      50
virginica        0.76      0.96      0.85      50

micro avg        0.89      0.89      0.89      150
macro avg        0.90      0.89      0.88      150
weighted avg     0.90      0.89      0.88      150
```

不出所料，最终的性能比监督学习方法差，平均精确率和召回率约等于 0.9。但是，如果考虑到仅用了 20 个标记样本（原始数据集的 13%），而前面的基准值又是用整个数据集训练得到的话，此例结果还是相当合理的。

这个结果证实，簇假设和平滑假设都是正确的，一旦簇的矩心大致确定，剩下的数据点可以高置信度地被标记。当然，付出的代价则是要多次训练分类器。本实例的训练次数为：

$$N_{\text{训练}}=1+\frac{N_{\text{所有点}}-N_{\text{标记点}}}{N_{\text{无标记点}}}=1+\frac{150-20}{2}=66$$

增加每次迭代添加的无标记点，可以减少训练次数。但是，这样会导致更差的最终性能。一般而言，减少无标记点，相应就要增加迭代次数，但能得到更高的准确率。反之，增加无标记点，训练速度会大大提高。

当训练过程必须周期性重复时，最好从由仅用标记样本训练的分类器得到的基线准确率和一定数量的标记样本（例如，总样本的 1/5）开始。每完成一轮训练，标记点减少 50%，重新评价准确率。无标记点的最佳数量就是对应于准确率不再改变时的最大值。读者可以试试找到这个问题的最佳值。出乎意料，这个值只略大于 2。这就证实，数据集的有信息的内容聚集在一个均匀采集的小样本中。尤其是，主要信息不是相对于单个数据点，而是数据集。

给定 X 的一个随机采集的子集，如果数据点足够多，初始分类器便拥有定义高密度区域所需的所有要素。也就是，随机采样的话，样本来自所有簇的概率就非常大，所以可以断定，鸢尾属植物数据集（Iris dataset）本质上是聚集性的，每簇的一些代表性数据足以将新的样本分配给正确的类。

3.3.3　自训练小结

自训练是一个简单有效的、调整标记数据集以便找到合适分离超曲面的算法。自训练完成后，需要评价无标记样本，而以足够高置信度分类出来的数据点被添加到新的训练集中。这个流程反复执行直至所有数据点都被成功分类。如果簇假设成立而且仅有少数点在边界区域里，自训练算法效果就会相当好。另外，该算法要求分类器输出概率（或其他置信度测度）

以便决定哪些点是被添加到更新的训练集里的最佳点。

下节将分析另一个简单的分类算法。该算法与自训练算法相反，同时利用作用在分离特征子集上的两个不同模型。

3.4 协同训练算法

协同训练是另外一个非常简单但有效的半监督学习方法，由 Blum 和 Mitchell 提出（请参阅：Blum A.，Mitchell T.，*Combining Labeled and Unlabeled Data with Co-Training*，11th Annual Conference on Computational Learning Theory，1998）。如果数据集是多维数据集，而且除了特殊方面外不同的特征组刻画每个类的不同，可以采用协同训练策略。协同训练方法适合的应用场景是，数据点只需部分特征（即使损失一点性能）理论上就能被分类。正如下文，如果存在无标记样本，那么需要一定的冗余度以便弥补单个分类器可能的知识缺失。相反，如果每个数据点包含不能被分离到两个独立自治组的特征的话，协同训练方法是无效的。

3.4.1 协同训练理论

假定有标记数据集 $\{X_{\mathrm{L}}, Y_{\mathrm{L}}\}$，且 $\bar{x}_i \in \mathbb{R}^n$。**协同训练**（co-training）方法的主要思想是，很多情况下，特征的子集 $\bar{n}_0 = \{n_i, n_{i+1}, \cdots, n_k\}$（$n_i$ 表示一般特征索引）能为一个特定的分类器所用，以便描述实现类分配的具体行为。同样，在基于双分类器的情况下，其余剩下的特征则被另一个分类器所用，得到的结论将与第一个分类器相同。这意味着，两个分类器都必须正确地将一个样本分配给相同的类。如果结果不一致，就说明训练集没有足够的信息做出正确的决策。协同训练的主要假设是，两个分类器必须能够只从单一特定数据集的角度分配正确的标签（这并非总是可能）。

例如，数据集可能包括代表不同个体的收益与支出水平的数据点。公平起见，假设一个分类器只能处理收入数据，另一个分类器只能处理支出数据，而两个分类器可以得到相同的结果。如果这个要求因为需要所有特征参与正当的分类而无法满足，此方法则无用。

假定数据点能够很容易地分成两个不同的组，分别用于两个分类器 $c_0(\bar{x})$ 和 $c_1(\bar{x})$。需要找到最优参数使得对于所有标记点 $\bar{x}_i \in X_{\mathrm{L}}$，$c(\bar{x}_{i0}) = c_1(\bar{x}_{i1})$（$\bar{x}_{i0}$ 和 $\bar{x}_{i1}$ 代表 $\bar{x}_i$ 的视角）。另外，需要利用无标记数据集 X_{U} 以便更好地理解 $p(\bar{x})$。

正如 Chapelle 等人指出的（参阅：Chapelle O.，Schölkopf B.，Zien A.（edited by），*Semi-Supervised Learning*，The MIT Press，2010），上述问题可在贝叶斯框架里加以分析。换言之，从对分类器先验理解出发，应用贝叶斯定理去找到一个也考虑无标记样本的后验概率分布。

因此，分类问题就可以表达为一个涵盖整个数据生成过程 $p_{\mathrm{data}}(X)$ 的代理分布 $X_{\mathrm{t}} \subseteq X$，

使得在概率不为零的情况下，$\forall \bar{x}_i \in X_t$，$c_0(\bar{x}_{i0}) = c_1(\bar{x}_{i1})$。也就是说，给定各自视角，两个分类器标签分配结果是一致的。此时，可以定义 $p(c_0, c_1 | X_t)$ 为关于分类器的先验知识。这一表述可能有所误导，但是，实际上正在定义的是给定 X_t 的联合参数集 $\{\bar{\theta}_0, \bar{\theta}_1\}$ 的概率，并且隐含地为两个分类器设定了结构 $c_i(\bar{x}; \theta_i)$。利用贝叶斯定理，可以推导后验分布 $p(c_0, c_1 | X_L, Y_L X_U)$：

$$p(c_0, c_1 | X_L, Y_L X_U) \propto p(c_0, c_1 | X_t) p(X_t | X_L, X_U)$$

不难理解，如果两个分类器都能给标记数据集分配相同的标签，而且 X_t 与 $X_L \cup X_U$ 交叉重叠的话，后验概率分布就可以融合由无标记数据集导出的知识。这一过程通过排除那些结果不一（即 $p(c_0, c_1 | X_t) = 0$）的分类器和限制那些给定 $X_L \cup X_U$ 时概率最大的分类器的参数集（因此，无标记样本的知识直接影响模型选择），隐含地完成模型选择。Blum 和 Mitchell 提出了一个简单的协同训练模型实现方案，主要包括如下步骤：

（1）将 X_L 分成 X_{L0} 和 X_{L1} 两部分，X_U 保持不变或下采样（subsampled）。

（2）用 $\{X_{L0}, Y_L\}$ 训练分类器 $c_0(\bar{x})$。

（3）用 $\{X_{L1}, Y_L\}$ 训练分类器 $c_1(\bar{x})$。

（4）给定一个无标记样本子集，用两个分类器标记 n 个正点和 m 个负点（本节放宽此规定，选择最高置信度水平的 k 个点进行标记）。

（5）将新标记的样本加入训练集。重复第 2～5 步，直到所有无标记样本被处理完毕。

如前所述，协同训练有着很严格的前提条件：$c_0(\bar{x}_{i0}) = c_1(\bar{x}_{i1})$，但很多现实应用却无法满足。另外，当特征无法直接分成两个相关的组时（例如，从不同传感器获得的表现同类测量结果的数据），可能很难识别出同一数据集的不同组。

还需牢记的是，无标记数据集只有在这个假设下才能提供有价值的信息，因为在其他情况下，后验分布会由于未经任何分类器改正的错误分类而产生偏差。换言之，应该至少有一个分类器总能确保实现正确的标签分配，而另一个分类器也不能已实现稳定的配置。

因此，协同训练主要适用于数据集自然可分离的场景，在其他情况下可能变得不可靠，因为没有分类器能够找到正确的标签分配。为了更好理解协同训练过程，以葡萄酒数据集为例进行实验并得出结论。

3.4.2　葡萄酒数据集的协同训练实例

与自训练算法实例一样，首先载入数据集并打乱数据排序：

```
from sklearn.datasets import load_wine
from sklearn.utils import shuffle


wine=load_wine()
```

```
X,Y=shuffle(wine['data'],wine['target'],random_state=1000)
```

葡萄酒数据集包含不同葡萄酒的化学数据（178 个数据点）。特别是，有 13 个属性，其表现并不确定。例如，不知道这些属性如何影响酒的口感。因此，由于这只是一个示教练习，所以假设可以分成只包括前 7 个特征和其余 6 个特征的两个子集。这里，化学意义是否正确并不重要，但实际上，数据科学家从来不会随意划分特征，因为只有领域专家才具有做出反常但却合理的选择所需的专业意识。另外，这里还假设有 20 个标记点和 158 个无标记点：

```
nb_samples=X.shape[0]
nb_labeled=20
nb_unlabeled=nb_samples-nb_labeled
nb_unlabeled_samples=2
feature_cut=7

X_unlabeled=X[-nb_unlabeled:]

X_labeled=X[:nb_labeled]
Y_labeled=Y[:nb_labeled]

X_labeled_1=X_labeled[:,0:feature_cut]
X_labeled_2=X_labeled[:,feature_cut:]
```

数列 X_labeled_1 和 X_labeled_2 包含训练集，共享 Y_labeled 数列。与自训练实例一样，使用两个高斯朴素贝叶斯分类器。读者可以测试其他模型，例如，逻辑回归或核支持向量机。第一步只利用标记数据集训练监督学习模型以便获得一个参照基准：

```
from sklearn.naive_bayes import GaussianNB
from sklearn.metrics import classification_report

nb0=GaussianNB()
nb0.fit(X_labeled,Y_labeled)

print(classification_report(Y,nb0.predict(X),target_
names=wine['target_names']))
```

运行程序段，得到输出为：

```
              Precision   recall   f1-score   support
class_0       1.00        0.51     0.67       59
class_1       0.68        1.00     0.81       71
class_2       1.00        0.92     0.96       48

micro avg     0.81        0.81     0.81       178
macro avg     0.89        0.81     0.81       178
weighted avg  0.87        0.81     0.81       178
```

以上结果证实，即使小样本也能得到良好性能，加权精确率均值为 0.87，召回率稍差。接着，继续验证协同训练算法。每个分类器每次迭代选择 n_unlabeled_samples 个具有最高置信度的数据点：

```
import numpy as np

from sklearn.naive_bayes import GaussianNB

nb1 = None
   nb2 = None

   while X_labeled_1.shape[0] <= nb_samples:
       nb1 = GaussianNB()
       nb1.fit(X_labeled_1, Y_labeled)

       nb2 = GaussianNB()
       nb2.fit(X_labeled_2, Y_labeled)

       if X_labeled_1.shape[0] == nb_samples:
           break

       probs1 = nb1.predict_proba(X_unlabeled[:, 0:feature_cut])
       top_confidence_idxs1 = np.argsort(np.max(probs1, axis=1))[::-1]
```

```
        selected_idxs1=top_confidence_idxs1[0:nb_unlabeled_samples]

        probs2 = nb2.predict_proba(X_unlabeled[:, feature_cut:])
        top_confidence_idxs2 = np.argsort(np.max(probs2, axis=1))[::-1]

        selected_idxs2=top_confidence_idxs2[0:nb_unlabeled_samples]

        selected_idxs = list(selected_idxs1) + list(selected_idxs2)

        X_new_labeled = X_unlabeled[selected_idxs]
        X_new_labeled_1 = X_unlabeled[selected_idxs1, 0:feature_cut]
        X_new_labeled_2 = X_unlabeled[selected_idxs2, feature_cut:]

        Y_new_labeled_1 = nb1.predict(X_new_labeled_1)
        Y_new_labeled_2 = nb2.predict(X_new_labeled_2)

        X_labeled_1 = np.concatenate((X_labeled_1, X_new_labeled[:,0:feature_
cut]), axis=0)
        X_labeled_2 = np.concatenate((X_labeled_2, X_new_labeled[:,feature_cut:]),
axis=0)
        Y_labeled = np.concatenate((Y_labeled, Y_new_labeled_1, Y_new_labeled_2),
axis=0)

        X_unlabeled = np.delete(X_unlabeled, selected_idxs, axis=0)
```

协同训练流程与自训练流程并无太大差别，只是在最后，得到两个不同的分类器。先评价第一个分类器：

```
print(classification_report(Y,nb1.predict(X[:,0:feature_cut]),
target_names=wine['target_names']))
```

输出结果为：

```
              precision   recall   f1-score   support
class_0       1.00        0.75     0.85       59
class_1       0.77        0.97     0.86       71
class_2       0.95        0.88     0.91       48

micro avg     0.87        0.87     0.87       178
macro avg     0.91        0.86     0.87       178
weighted avg  0.89        0.87     0.87       178
```

可见，该分类器已经取得了较好的平均精确率，只是针对第二类数据的性能最差。但是，结果还是比参照基准好，一定程度证实了最初的仅用一个特征子集就可以完成分类的假设。毫不奇怪，至少对于半监督学习场景，特征少也能得到更准确的预测。

考虑到每次迭代过程中，两个分类器都以高置信度完成了标签分配，上述结果也不足为奇。如果平滑假设成立，找到至少一个非常接近标记簇的点的概率相当高。因为两个分类器至少直到有了足够的剩余点，都没被强迫标记低置信度的点（这与监督学习方法相反），协同训练避免了有风险的决策，标记数据集的扩大仍能保持最好的置信度水平（当然，一旦加入最难的点，该水平将降低）。上述过程如图 3.10 所示。危险点在置信度超过最小允许阈值之前不被标记。

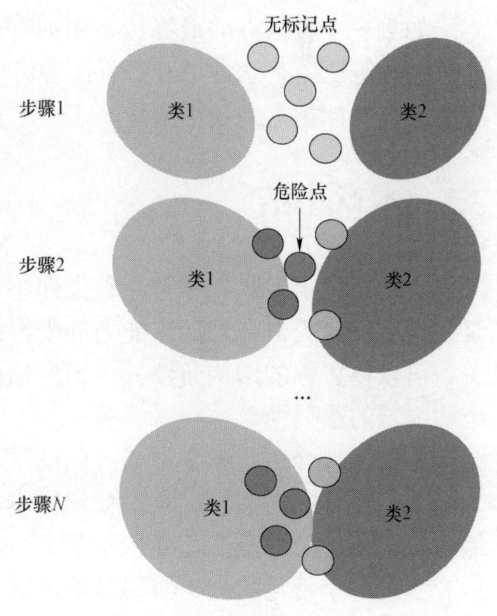

图 3.10　协同训练标记过程示例

继续评价第二个分类器：

```
print(classification_report(Y,nb2.predict(X[:,feature_cut:]),
target_names=wine['target_names']))
```

程序段的输出为：

```
              precision   recall   f1-score   support
class_0       1.00        0.71     0.83       59
class_1       0.78        0.97     0.87       71
class_2       0.96        0.96     0.96       48
```

```
micro avg       0.88       0.88       0.88      178
macro avg       0.91       0.88       0.89      178
weighted avg    0.90       0.88       0.88      178
```

同样，最终的性能非常好，明显优于参照基准。可以断定，第二类遇到的问题更大（有少数假负例）。原因在于，多达 71 个点使得分类器错误地将更多的点分到第二类。但是，这里并不讨论结果的内在结构，其他算法也不可能对所有的类都有良好性能。

3.4.3 协同训练小结

如果一个数据点的最终标签由拥有最大置信度的标签分配决定的话，基于有限无标记点的协同训练比监督学习更有效。读者可以测试其他模型，以确定达到等于或大于 0.85 平均精确率所需的标记点的最小数量。

3.5 本章小结

本章介绍了半监督学习。首先介绍了用来证实方法有效性的场景和假设。讨论了保证监督和半监督分类器合理泛化能力的平滑假设的重要性。另外，还介绍了与数据集结构密切相关、可以以更强的结构条件处理密度估计问题的簇假设。最后，讨论了流形假设及其对避免维数灾难的重要性。

本章接着介绍了一个生成式归纳学习模型：生成式高斯混合模型。该模型基于先验概率为多元高斯分布的假设，实现标记样本和无标记样本的聚类。另外，介绍了自训练和协同训练方法。前者权衡簇假设和平滑假设，通过迭代流程为无标记数据集调整初始的分离超曲面。后者利用两个特定的分类器同时确定同一数据集的两个不同的类。

第 4 章高级半监督分类将继续讨论一些更复杂的半监督分类算法，包括 CPLE、S3VM 以及直推支持向量机。这些模型能够解决非常复杂的问题，而这些问题用本章的基本算法则无法解决。读者可以掌握算法各自特点并利用 Python 实现这些复杂算法，应用于实际问题场景。

扩展阅读

- Chapelle O., Schölkopf B., Zien A.(edited by), *Semi-Supervised Learning*, The MIT Press, 2010.
- Peters J., Janzing D., Schölkopf B., *Elements of Causal Inference*, The MIT Press, 2017.
- Howard R.A., *Dynamic Programming and Markov Process*, The MIT Press, 1960.

- Hughes G.F., *On the mean accuracy of statistical pattern recognizers*, IEEE Transactions on Information Theory, 14/1, 1968.
- Belkin M., Niyogi P., *Semi-supervised learning on Riemannian manifolds*, Machine Learning 56, 2004.
- Blum A., Mitchell T., *Combining Labeled and Unlabeled Data with Co-Training*, 11th Annual Conference on Computational Learning Theory, 1998.
- Loog M., *Contrastive Pessimistic Likelihood Estimation for Semi-Supervised Classification*, arXiv:1503.00269, 2015.
- Joachims T., *Transductive Inference for Text Classification using Support Vector Machines*, ICML Vol.99/1999.
- Koller D., Friedman N., *Probabilistic Graphical Models*, The MIT Press, 2009.
- Bonaccorso G., *Machine Learning Algorithms, Second Edition*, Packt Publishing, 2018.

第 4 章　高级半监督分类

本章将介绍更高级的、能够解决其他简单算法无法胜任问题的半监督分类算法。重点讨论：

- **对比悲观似然估计**（contrastive pessimistic likelihood estimation，CPLE）。
- **半监督支持向量机**（semi-supervised support vector machine，S3VM）。
- **直推支持向量机**（transductive support vector machine，TSVM）。

关于每种算法，解释其背后的理论，给出 Python 编程实现的实际应用案例。首先介绍对比悲观似然估计算法 CPLE。

4.1　对比悲观似然估计

正如第 3 章讨论过的，对于很多实际问题，找到无标记样本比找到正确标记样本容易得多。因此，很多研究致力于探索比监督学习更好的半监督分类的最佳策略。基本思路是，用少量的标记样本训练分类器，然后增加一些加权无标记样本改进分类器的准确率。最好的成果之一就是 Loog 提出的 CPLE 算法（参阅：Loog M.，*Contrastive Pessimistic Likelihood Estimation for Semi-Supervised Classifcation*，arXiv：1503.00269，2015）。

详细介绍算法之前，有必要定义普拉特缩放（Platt scaling）。假定有包含 N 个样本的标记数据集 (X,Y)，可以定义一个通用估计器的对数似然代价函数为：

$$L(\bar{\theta};\bar{x},\bar{y})=\sum_{i}\log p(\bar{x}_i,\bar{y}_i;\bar{\theta})$$

完成模型训练后，就应该能够确定样本 x_i 被标记的概率 $p(y_i\,|\,x_i,\theta)$。但是，有些分类器并不采用这种方法（例如，支持向量机 SVM），而是通过检查参数化函数 $f(x_i,\theta)$ 的符号评价正确的类。因为 CPLE 是一个可以用于任意无法得知概率的分类算法的通用框架，所以应该采用所谓**普拉特缩放**（Platt scaling）技术。该技术能够利用参数化 sigmoid 函数将决策函数变换为概率函数。对二元分类器而言，普拉特缩放可以表达为：

$$p(y_i=+1\,|\,\bar{x}_i;\theta)=\frac{1}{1+\mathrm{e}^{\alpha f(\bar{x}_i;\bar{\theta})+\beta}}$$

α 和 β 是为了似然最大化而必须学习的参数。好在 scikit-learn 提供方法 `predict_proba()`，返回所有类的概率。普拉特缩放可以自动或根据需要执行。例如，SVM 分类器需要参数

`probability = True` 以便计算概率映射。建议在解决具体实际问题前确认相关文档资料。

4.1.1　对比悲观似然估计理论

考虑一个由标记样本和无标记样本构成的完整数据集。简单起见，重构该数据集使得其前 N 个样本为标记样本，其余的 M 个样本为无标记样本：

$$X_t = \{(\bar{x}_1, \bar{y}_1), (\bar{x}_2, \bar{y}_2), \cdots, (\bar{x}_N, \bar{y}_N), \bar{x}^u_{N+1}, \cdots, \bar{x}^u_{N+M}\}$$

因为不知道所有 x^u 样本的标签，所以决定采用在训练过程中被优化的 M 个 k 元（k 为类的数量）软标签 q_i：

$$Q = \{\bar{q}_1, \bar{q}_2, \cdots, \bar{q}_M\}, \bar{q}_i \in \mathbb{R}^k \text{ 且 } \sum_k \bar{q}_i^{(k)} = 1$$

式中，第二个条件目的是要保证每个 q_i 表示一个离散概率（所有概率之和为 1.0）。因此，完整的对数似然代价函数可以表达如下：

$$L(\bar{\theta}; X_{\mathrm{t}}, Q) = L(\bar{\theta}; \bar{x}, \bar{y}) + \sum_{i=N+1}^{N+M} \sum_k \bar{q}_i^{(k)} \log p(\bar{x}_i^u, \bar{y}_i^u = k; \bar{\theta})$$

式中，第一项表示监督学习部分的对数似然，第二项则负责无标记点。如果需要训练一个只有标记样本的分类器，取掉第二项，便可以得到参数集 θ_{sup}。CPLE 相比于监督学习方法，定义了一个改进由半监督学习方法给出的总体代价函数的、也是对数似然的对比条件：

$$CL(\bar{\theta}, \bar{\theta}_{\mathrm{sup}}, X_{\mathrm{t}}, Q) = L(\bar{\theta}; X_{\mathrm{t}}, Q) - L(\bar{\theta}_{\mathrm{sup}}; X_{\mathrm{t}}, Q)$$

这决定了半监督学习方法必须优于监督学习方法，实现性能最优化。一方面增加第一项，另一方面减小第二项，从而使得对比似然 CL（“对比”是机器学习领域的常用词，通常是指两个相反约束的差距能够达到的一个条件）成比例增大。如果 CL 不增加，可能就意味着无标记样本并非取自 p_{data} 的边缘分布 $p(x)$。

前面曾提及软标签，但是，这些软标签起初都是被随机选取的，并没有确切的依据支持其取值，所以不必太过相信这些软标签。因此，增加一个悲观条件（作为另一个对数似然）：

$$CPL(\bar{\theta}, \bar{\theta}_{\mathrm{sup}}, X_{\mathrm{t}}, Q) = \min_{\bar{q}} CL(\bar{\theta}, \bar{\theta}_{\mathrm{sup}}, X_{\mathrm{t}}, Q)$$

通过增加这个约束，试图找到最小化对比对数似然的软标签。这就是为什么称之为悲观方法的原因。看上去似乎有点矛盾，但是，相信软标签是危险的，因为半监督对数似然即使在错误分类显著的情况下也可能增大。因此，这里的目标是找到最优参数集（即利用标记样本，参数集保证监督学习基准的最高准确率），并在考虑标记样本提供的结构特征的情况下改进参数集。

因此，最终目标可以表达如下：

$$\overline{\theta}_{\text{semi}} = \max_{\theta} CPL(\overline{\theta}, \overline{\theta}_{\text{sup}}, X_t, Q)$$

下面提供一个完整的 Python 实例，说明对比悲观似然估计算法的实际能力。

4.1.2 对比悲观似然估计实例

本小节用 Python 实现 CPLE 算法，利用取自 MNIST 数据集的一个子集。简单起见，只用代表数字 0 和 1 的样本：

```
from sklearn.datasets import load_digits

import numpy as np

X_a,Y_a = load_digits(return_X_y=True)

X = np.vstack((X_a[Y_a == 0],X_a[Y_a == 1]))
Y = np.vstack((np.expand_dims(Y_a,axis=1)[Y_a==0],np.expand_
dims(Y_a,axis=1)[Y_a==1]))

nb_samples = X.shape[0]
nb_dimensions = X.shape[1]
nb_unlabeled = 150
Y_true = np.zeros((nb_unlabeled,))

unlabeled_idx = np.random.choice(np.arange(0,nb_samples,1),
replace=False,size=nb_unlabeled)
Y_true = Y[unlabeled_idx].copy()
Y[unlabeled_idx] = -1
```

先产生一个包含 360 个样本的有限数据集 (X,Y)，随机从中选取 150 个样本（大约 42%）当作无标记样本（对应的 y 为 -1），如此便可以评估仅用标记数据集训练的逻辑回归的性能：

```
from sklearn.linear_model import LogisticRegression

lr_test = LogisticRegression(solver="lbfgs",max_iter=10000,
multi_class="auto",n_jobs=-1,(),random_state=1000)
```

```
lr_test.fit(X[Y.squeeze() != -1],Y[Y.squeeze() != -1].squeeze())
unlabeled_score = lr_test.score(X[Y.squeeze() == -1],Y_true)

print(unlabeled_score)
```

输出为：

```
0.573333333333
```

可见，逻辑回归在对无标记样本分类时的准确率为 57%。同样，可以利用删除一些随机标签之前的总数据集，评价交叉验证分数：

```
from sklearn.model_selection import cross_val_score

total_cv_scores=cross_val_score(LogisticRegression(solver="lbfgs",
max_iter=10000,multi_class="auto",random_state=1000),
   X,Y.squeeze(),cv=10,n_jobs=-1)

print(total_cv_scores)
```

上述程序段的输出为：

```
[0.41666667 0.58333333 0.63888889 0.19444444 0.44444444 0.27777778 0.44444444
0.38888889 0.5 0.41666667]
```

可见，如果已知所有标签，采用 10 折交叉验证（每个测试集包含 36 个样本）时，分类器取得了平均 43%的准确率。

现在开始实现 CPLE 算法。首先，初始化 `LogisticRegression` 实例和软标签：

```
lr = LogisticRegression(solver="lbfgs",max_iter=10000,multi_
class="auto",random_state=1000)

q0 = np.random.uniform(0,1,size=nb_unlabeled)
```

q0 是取值于半开区间（0,1）的随机数列，所以，需要将 q_i 变换为实际的二元标签：

$$y(q)=\begin{cases}0, & \text{如果 } q<0.5\\ 1, & \text{其他}\end{cases}$$

上述变换可以利用 NumPy 函数 `np.vectorize()` 予以实现，该函数可对一个向量的所有元素进行变换：

```
trh = np.vectorize(lambda x:0.0 if x < 0.5 else 1.0)
```

为了计算对数似然，还需要一个加权对数损失，类似 scikit-learn 的函数 `log_loss()`，不过这个函数只计算负对数似然而不支持权重：

```
def weighted_log_loss(yt,p,w=None,eps=1e-15):

if w is None:
    w_t = np.ones((yt.shape[0],2))
else:
    w_t = np.vstack((w,1.0 - w)).T

Y_t = np.vstack((1.0 - yt.squeeze(),yt.squeeze())).T
L_t = np.sum(w_t * Y_t * np.log(np.clip(p,eps,1.0 - eps)),axis=1)

return np.mean(L_t)
```

该函数计算下列表达式：

$$L(\bar{y}_i,\bar{p},\bar{w})=\frac{1}{N}\sum_i[y_{t_i}\log p_i+(1-y_{t_i})\log(1-p_i)]$$

另外还需要一个函数，用于创建带可变软标签 q_i 的数据集：

```
def build_dataset(q):
    Y_unlabeled = trh(q)

    X_n = np.zeros((nb_samples,nb_dimensions))
    X_n[0:nb_samples - nb_unlabeled] = X[Y.squeeze()!=-1]
    X_n[nb_samples - nb_unlabeled:] = X[Y.squeeze()==-1]

    Y_n = np.zeros((nb_samples,1))
    Y_n[0:nb_samples - nb_unlabeled] = Y[Y.squeeze()!=-1]
    Y_n[nb_samples - nb_unlabeled:]= np.expand_dims(Y_unlabeled,axis=1)
```

```
    return X_n,Y_n
```

现在可以定义对比对数似然：

```
def log_likelihood(q):
    X_n,Y_n = build_dataset(q)
    Y_soft = trh(q)

    lr.fit(X_n,Y_n.squeeze())

    p_sup = lr.predict_proba(X[Y.squeeze() != -1])
    p_semi = lr.predict_proba(X[Y.squeeze() == -1])

    l_sup = weighted_log_loss(Y[Y.squeeze() != -1],p_sup)
    l_semi = weighted_log_loss(Y_soft,p_semi,q)

    return l_semi - l_sup
```

该方法将由优化器调用，每次传递不同的向量 q。第一步是构建新的数据集并计算对应 q 的标签 `Y_soft`。第二步用数据集训练逻辑回归分类器。因为 `Y_n` 是一个 $(k,1)$ 数列，必须予以压缩以避免报警提示。当将 Y 用作布尔指示符时也需进行同样处理。第三步用 `predict_proba()` 计算 p_{sup} 和 p_{sem} 。最终，可以计算半监督和监督对数损失，即需要最小化的 q_i 的函数。训练逻辑回归时，θ 的最大化也一并完成。

优化器采用 SciPy 实现的**拟牛顿优化（布罗伊登 – 弗莱彻 – 古德法勃 – 香诺**，Broyden-Fletcher-Goldfarb-Shanno，BFGS）算法：

```
from scipy.optimize import fmin_bfgs
q_end=fmin_bfgs(f=log_likelihood, x0=q0, maxiter=1000,disp=False)
```

这是一个非常高效的算法，但鼓励读者使用相关方法或库进行实验。上例需要的两个参数是需要最小化的函数 `f` 和独立变量的初始条件 `x0`。优化结果无法得到改进（非凸问题通常如此）时，使用 `Maxiter` 以避免过多的迭代。一旦优化结束，`q_end` 便包含最优的软标签。因此，可以重建数据集：

```
X_n,Y_n = build_dataset(q_end)
```

利用最终构建的数据集，可以重新训练逻辑回归模型，检查交叉验证准确率：

```
final_semi_cv_scores = cross_val_score(
        LogisticRegression(solver="lbfgs",max_iter=10000,multi_
class="auto",random_state=1000),
        X_n,Y_n.squeeze(),cv=10,n_jobs=-1)


print(final_semi_cv_scores)
```

CPLE 交叉验证输出结果为：

```
[0.97297297 0.86486486 0.94594595 0.86486486 0.89189189
0.88571429  0.48571429 0.91428571 0.88571429 0.48571429]
```

基于 CPLE 算法的半监督学习方法取得了平均 81%的准确率，不出所料，性能优于监督学习方法。

4.1.3 对比悲观似然估计小结

CPLE 能够以一定的计算代价获得优于标准分类方法的结果，这种计算代价相对较大，主要因为需要利用优化函数重新评价对数似然。但是，半监督学习普遍具有相当的复杂性，因此，这种计算代价还是合理的。当然，最好尽量利用小规模的标记数据集。读者可以用不同的分类器，例如 SVM 或决策树，试试其他实例，验证什么条件下 CPLE 能够得到高于其他监督学习算法的准确率。

4.2 半监督支持向量机（S^3VM）

第 3 章讨论簇假设时，将低密度区域定义为边界，对应的问题为低密度分离问题。基于这一概念的常用监督分类器是**支持向量机**（support vector machine，SVM），其目标是样本所在密集区域之间距离的最大化。

4.2.1 S^3VM 理论

关于线性核基支持向量机的全面介绍，请参阅：Bonaccorso G.，*Machine Learning Algorithms*，*Second Edition*，Packt Publishing，2018。但是，有必要了解带松弛变量 ξ_i 的线性支持向量机的基本模型：

$$\begin{cases}\min\limits_{\overline{w},b,\xi}\dfrac{1}{2}\overline{w}^{\mathrm{T}}\overline{w}+C\sum\limits_{i}\xi_i\\ y_i(\overline{w}^{\mathrm{T}}\overline{x}_i+b)\geqslant 1-\xi_i \text{ 且 } \xi_i\geqslant 0\quad \forall i\in(1,N)\end{cases}$$

该模型假设 y_i 或者是 -1 或者是 1。松弛变量 ξ_i 或软间隔（soft-margin）都是变量，每个样本一个，用来减弱原始条件（$\min\|w\|$）的强度。原始条件是建立在将所有错位的样本错误分类的硬间隔基础上的。松弛变量用合页损失定义如下：

$$\xi_i=\max(0,1-y_i(\overline{w}^{\mathrm{T}}\overline{x}_i+b))$$

只要点仍然处于由相应松弛变量控制的距离之内，松弛变量允许这些点突破不被错误分类的限制。松弛变量在训练阶段也被极小化以便避免不加控制的变化。图 4.1 给出了该过程的图示。

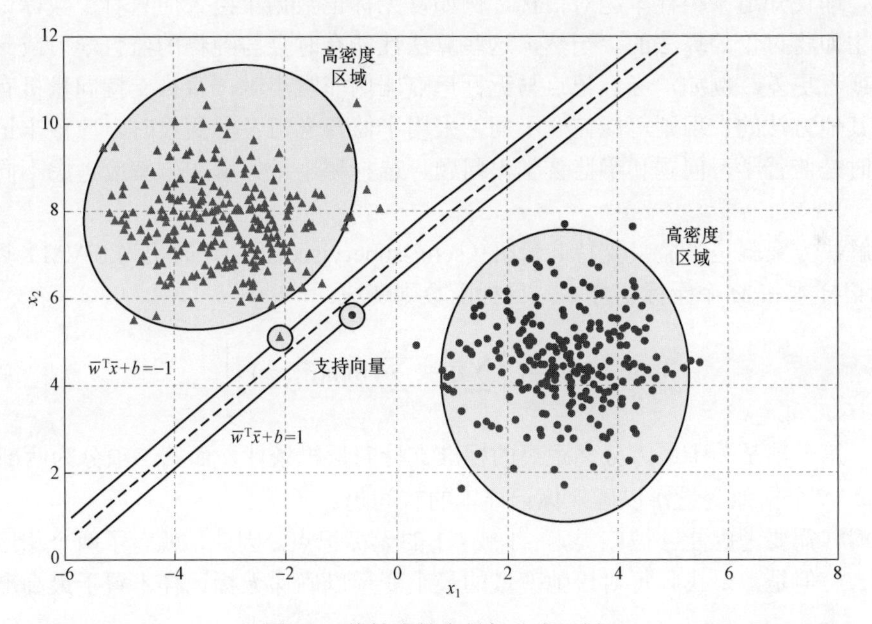

图 4.1　线性支持向量机分类示例

每个高密度区域的最外边的要素是支持向量。它们之间是低密度区域（有时也可能是零密度），而分离超平面即落在此区域。

第 2 章损失函数和正则化中定义经验风险概念来替代期望风险。因此，可以将支持向量机问题转化为合页代价函数的经验风险最小化问题，无论是否有关于 w 的岭正则化：

$$L(X,Y;\overline{w},b)=\frac{1}{N}\sum_{i}\max(0,1-y_i(\overline{w}^{\mathrm{T}}\overline{x}_i+b))$$

理论上，始终由两个包含支持向量的超平面划界的函数都是好的分类器，但是需要使经验风险（也是期望风险）最小化。因此，需要确定高密度区域的最大间隔。这种模型可以用不规则边界分离出两个高密度区域。选择一个核函数，该模型也适用于非线性场景。此时，很自然地会关心，如果需要解决半监督学习场景的此类问题的话，应该如何更好地组织标记样本和无标记样本。

首先要考虑样本比例。如果无标记点占比较低，问题基本就属于监督学习问题，利用训练集习得的泛化能力应该足以正确对所有无标记点进行分类。而如果无标记样本数量过多，那么就应当作几乎纯粹的聚类场景，正如在生成式高斯混合一节所讨论的。这意味着，为了更好地将半监督学习方法应用于低密度分离问题，应该考虑标记样本与无标记样本比例大致为 1.0 的情况。

但是，即使知道某类样本绝对占优，例如，无标记数据集巨大而只有少数标记样本，也是可以应用即将讨论的算法的。当然，这些算法性能有时会与纯粹的监督学习或聚类算法的性能一样或者更差。例如，当标记点与无标记点比例非常小时，直推支持向量机有较高的准确率，而其他方法的表现则可能完全不同。采用半监督学习及其假设时，应该牢记，任何问题可以同时是监督学习问题和半监督学习问题，选择哪个最好解决方案应考虑不同具体情况评价而定。

一个解决方案就是半监督支持向量机（semi-supervised sVM，简记为 S^3VM）算法。假定有 N 个标记样本和 M 个无标记样本，目标函数则变成：

$$\min_{\bar{w},\bar{b},\bar{\eta},\bar{\xi},\bar{z}}\left[\|\bar{w}\|+C\left(\sum_{i=1}^{N}\eta_i+\sum_{j=N+1}^{N+M}\min(\xi_j,z_j)\right)\right]$$

式中，第一项是关于最大分离距离的标准支持向量机条件，而第二项分为两部分：

- 加入 N 个松弛变量 η_i 以确保标记样本的软间隔。
- 同时，需要考虑能够被归类为 +1 或 –1 的无标记点。因此，就有了两个相应的松弛变量集 ξ_i 和 z_i。但是，要找到每对松弛变量的最小变量以确保无标记样本置于最高准确率的子空间里。

求解目标函数所需约束条件包括：

$$\begin{cases}y_i(\bar{w}^{\mathrm{T}}\bar{x}_i+b)\geqslant 1-\eta_i\text{且}\eta_i\geqslant 0 & \forall i\in(1,N)\\(\bar{w}^{\mathrm{T}}\bar{x}_i-b)\geqslant 1-\xi_j\text{且}\xi_j\geqslant 0 & \forall j\in(N+1,N+M)\\-(\bar{w}^{\mathrm{T}}\bar{x}_i-b)\geqslant 1-z_j\text{且}z_j\geqslant 0 & \forall j\in(N+1,N+M)\end{cases}$$

第一项约束条件只针对标记点，与监督支持向量机相同。而其余两项约束条件其实是关于一个无标记样本能够被分类为 +1 或 –1 的可能性的。例如，假设样本 x_j 的标签 y_i 应

为 +1，而且第二个不等式的第一项是正数 K（第三个不等式的第一项则为 $-K$）。显然，第一个松弛变量为 $\xi_i \geqslant 1-K$，而第二个松弛变量为 $z_j \geqslant 1+K$。因此，目标中的 ξ_i 被选中进行最小化。

选择超参 C 应该遵从标准支持向量机采用的相同准则。特别是，当 $C \to 0$ 时，支持向量的数量减少至最小，而 C 越大（例如 $C=1$），则意味着，边界柔性增大。即使该模型结构上是支持向量机，但是，无标记样本的出现会影响优化过程。当 C 从 0 逐渐增大至 1 时，所得到的结果大不一样。

读者谨记，该算法试图为无标记样本找到最小松弛变量值，但是因为没有任何引导性标签，最终选择有可能与问题并不匹配。考虑到簇假设和平滑假设，无标记样本应该获得最密切相关密度区域的标签。当然，从改变 C 值而得到的结果可知，上述结论并不总是正确的，因为为了最大程度减小松弛误差，算法可能会给样本赋予几何上并不匹配的标签。

例如，紧邻边界一点的最近区域可能是一个有固定标签的簇。这种情况下，自然希望该点拥有同样的标签。

但是，如果由于赋予了不同标签而目标函数得以最小化的话，算法就会做出错误的决策，因为对违反簇假设没有任何惩罚。因此，作为一条一般规则，建议从较大值（例如，$C=1$）开始，只有在将结果与类似的监督分类器结果比较之后再减小其取值。大多数情况下，当 S³VM 的性能测度（例如，AUC、F1 分数或准确率）超过基准参照方法的相应测度时，只需几次迭代便可得到最优值。

S³VM 算法是归纳算法，通常能够得到良好（即使不算优异）性能。但是，其计算成本很高，需要利用优化（已有）的库进行求解。不过，即便如此，算法计算成本问题是个非凸问题，没有能够完美解决的方法。这也意味着，优化也可能得不到最优配置。

下面用 Python 实现 S³VM，并评价结果。

4.2.2　S³VM 实例

S³VM 的实现采用 Python 编程，具体利用 SciPy 计算库提供的优化方法。优化方法主要采用 C 语言和 FORTRAN 语言编程实现。读者也可以利用其他库，例如，NLOpt 和 LIBSVM，再做结果对比。

NLOpt 是 MIT 开发的完整的优化算法库，适用于不同操作系统和编程语言。网站地址：https://nlopt.readthedocs.io。

LIBSVM 是面向 SVM 问题的优化算法库，与 LIBLINEAR 一起被 scikit-learn 采用。该库也适用于不同计算环境。主页地址：https://www.csie.ntu.edu.tw/~cjlin/libsvm/。

Bennet 和 Demiriz 的一个建议是，w 采用 L1 范式，以便将目标函数线性化。但是，这个方案似乎只针对小数据集，才产生好结果。本节采用基于 L2 范式的原始定式，利用**线性近似约束优化**（constrained optimization by linear approximation，COBYLA）算法优化目标函数。

首先，创建二维数据集，标记样本和无标记样本各占 50%：

```
from sklearn.datasets import make_classification

nb_samples = 100
nb_unlabeled = 50

X,Y = make_classification(n_samples=nb_samples,n_features=2,n_
redundant=0,random_state=1000)
Y[Y==0] = -1
Y[nb_samples - nb_unlabeled:nb_samples] = 0
```

简单起见（没有任何影响，因为样本将被打乱顺序），将后 50 个样本当作无标记样本（$y=0$）。对应的布局如图 4.2 所示。

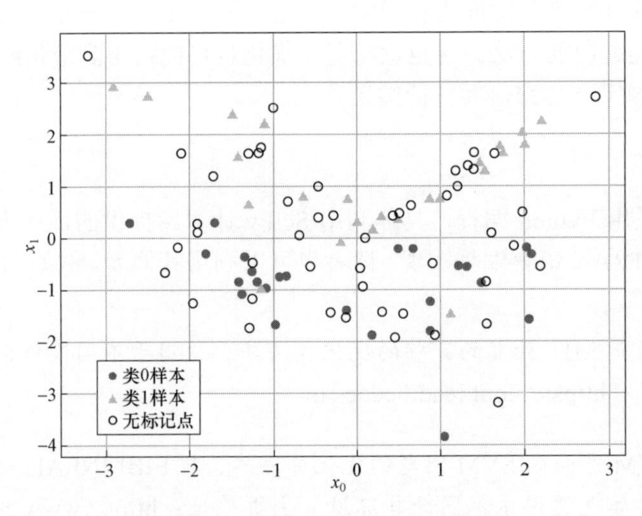

图 4.2　原始的标记和无标记数据集

空心圈代表无标记点，散布在整个数据集。实心圈和三角符代表的点则分别分配给类 0（$y=-1$）和类 1（$y=1$）。接着，需要初始化优化问题所需的所有变量：

```
import numpy as np

w = np.random.uniform(-0.1,0.1,size=X.shape[1])
eta = np.random.uniform(0.0,0.1,size=nb_samples - nb_unlabeled)
xi = np.random.uniform(0.0,0.1,size=nb_unlabeled)
zi = np.random.uniform(0.0,0.1,size=nb_unlabeled)
b = np.random.uniform(-0.1,0.1,size=1)
C = 1.0

theta0 = np.hstack((w,eta,xi,zi,b))
```

因为优化算法要求提供单个数组，所以事先利用 `np.hstack()`函数将所有向量叠成一个水平数组 `theta0`。另外，还要将 `min()`函数向量化以便将其应用到数组：

```
vmin = np.vectorize(lambda x1,x2:x1 if x1 <= x2 else x2)
```

这里，定义目标函数：

```
def svm_target(theta,Xd,Yd):
    wt = theta[0:2].reshape((Xd.shape[1],1))

    s_eta = np.sum(theta[2:2 + nb_samples - nb_unlabeled])
    s_min_xi_zi = np.sum(vmin(theta[2 + nb_samples - nb_unlabeled:2
                                    + nb_samples],
                                    theta[2 + nb_samples:2
                                    + nb_samples + nb_unlabeled]))
return C *(s_eta + s_min_xi_zi) + 0.5 * np.dot(wt.T,wt)
```

参元是当前的 `theta` 向量以及整个数据集 `Xd` 和 `Yd`。`w` 的点积已乘以 0.5 以保留用于监督支持向量机的传统标记符号。常量没有影响，可以忽略。这里，需要定义所有约束条件，因为它们是基于松弛变量的条件。每个函数（共有目标函数的相同参数）用指标 `idx` 得以参数化。标记点的约束条件如下：

```
def labeled_constraint(theta,Xd,Yd,idx):
    wt = theta[0:2].reshape((Xd.shape[1],1))

    c = Yd[idx] *(np.dot(Xd[idx],wt) + theta[-1]) + \
    theta[2:2 + nb_samples - nb_unlabeled][idx] - 1.0

    return(c >= 0)[0]
```

无标记点的约束条件如下：

```
def unlabeled_constraint_1(theta,Xd,idx):
    wt = theta[0:2].reshape((Xd.shape[1],1))
    c = np.dot(Xd[idx],wt) - theta[-1] + \
        theta[2 + nb_samples - nb_unlabeled:2 + nb_samples][idx - nb_samples
+ nb_unlabeled] - 1.0

    return(c >= 0)[0]

def unlabeled_constraint_2(theta,Xd,idx):
    wt = theta[0:2].reshape((Xd.shape[1],1))

    c = -(np.dot(Xd[idx],wt) - theta[-1]) + \
        theta[2 + nb_samples:2 + nb_samples + nb_unlabeled][idx - nb_samples
+ nb_unlabeled] - 1.0

    return(c >= 0)[0]
```

这些约束条件都用当前的 theta 向量、Xd 数据集和指标 idx 得以参数化。另外，还要加上对每个松弛变量（≥0）的约束条件。

```
def eta_constraint(theta,idx):
    return theta[2:2 + nb_samples - nb_unlabeled][idx] >= 0

def xi_constraint(theta,idx):
    return theta[2 + nb_samples - nb_unlabeled:2 + nb_samples][idx -nb_samples
```

```
+ nb_unlabeled] >= 0

    def zi_constraint(theta,idx):
        return theta[2+ nb_samples:2 + nb_samples+nb_unlabeled][idx -nb_samples
+ nb_unlabeled] >= 0
```

接着用 SciPy 语句设置问题：

```
    svm_constraints = []

    for i in range(nb_samples - nb_unlabeled):
        svm_constraints.append({
                'type':'ineq',
                'fun':labeled_constraint,
                'args':(X,Y,i)
            })
        svm_constraints.append({
                'type':'ineq',
                'fun':eta_constraint,
                'args':(i,)
            })

    for i in range(nb_samples - nb_unlabeled,nb_samples):
        svm_constraints.append({
                'type':'ineq',
                'fun':unlabeled_constraint_1,
                'args':(X,i)
            })
        svm_constraints.append({
                'type':'ineq',
                'fun':unlabeled_constraint_2,
                'args':(X,i)
            })
```

```
    svm_constraints.append({
            'type':'ineq',
            'fun':xi_constraint,
            'args':(i,)
        })
    svm_constraints.append({
            'type':'ineq',
            'fun':zi_constraint,
            'args':(i,)
        })
```

每个约束条件编入词典，`type` 设为 `ineq` 以表明约束条件是不等式，`fun` 指向可调用对象，args 包含所有额外的参元（`theta` 是主要的 x 变量，可被自动添加）。可以利用 SciPy 的**序列化最小二乘规划算法**（sequential least squares programming，SLSQP）或**线性近似约束优化算法**（constraint optimization by linear approximation，COBYLA），优化目标函数。这里选择后者，但读者可随意选择任何其他方法或库。为了限制迭代次数，设定可选词典参数`'maxiter': 5000`：

```
from scipy.optimize import minimize

result = minimize(fun=svm_target,
                  x0=theta0,
                  constraints=svm_constraints,
                  args=(X,Y),
                  method='COBYLA',
                  tol=0.0001,
                  options={'maxiter':5000})
```

训练过程结束后，可以计算无标记点的标签：

```
theta_end = result['x']
w = theta_end[0:2]
b = theta_end[-1]

Xu= X[nb_samples - nb_unlabeled:nb_samples]
```

```
yu = -np.sign(np.dot(Xu,w) + b)
```

在图 4.3 中，可以将初始配置（左）与所有点被分配标签的最终配置（右）进行比较。

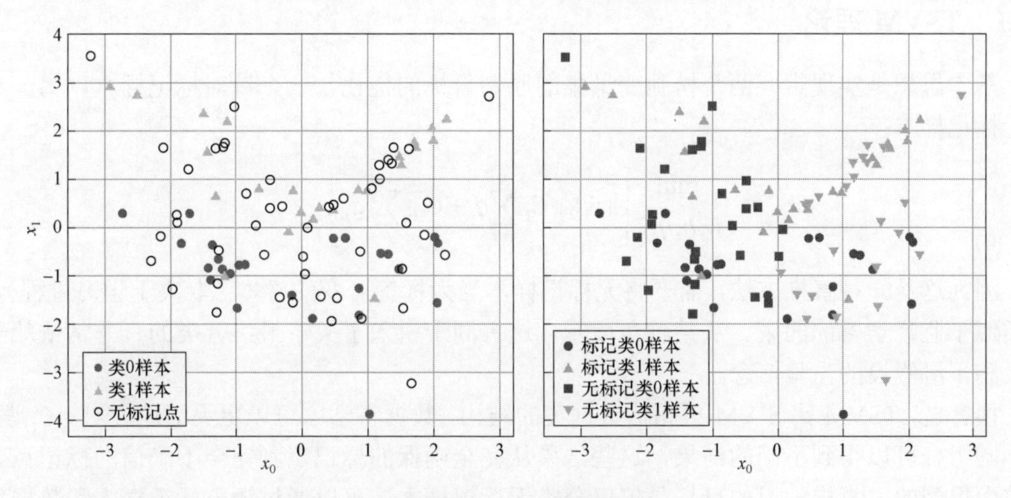

图 4.3　原始数据集（左）和训练结果（右）

结果可见，S^3VM 成功地为大多数无标记点找到了正确的标签，而且相当有效地抑制了虚假点产生的噪声干扰。遗憾的是，该问题并不是线性可分离的，无法得到最大准确率。最终配置趋向于惩罚对角分离线以下的类 1 样本，主导簇在右上象限被拉长。但是，结果是可信的，值得用不同的超参数和优化算法开展进一步研究（COBYLA 常常会陷在局部极小值处）。读者应该进行尝试，以便深化对这种方法的认识。

4.2.3　S^3VM 小结

S^3VM 是一种很有效的适应性大的方法，可以应对不同场景。该方法特别适合无标记样本的结构不完全（甚至完全不）知道，标记的主要责任在于标记样本的情况。

4.3　直推支持向量机（TSVM）

另外一种半监督分类方法是 T.Joachims 提出的**直推支持向量机**（transductive support vector machine，TSVM），参阅：Joachims T.，*Transductive Inference for Text Classifcation using Support Vector Machines*，ICML Vol. 99/1999。TSVM 特别适用于无标记样本不太噪杂、数据集整体结构可信的情况。TSVM 一般用于数据点来自于相同的数据生成过程（例如，利用相同测试设备收集到的医学图片），但由于成本等原因只有部分数据被标记的数据集的分类。因为所有图片都是真实可信的，TSVM 利用数据集的结构，可以获得比监督分类器更好的准确率。

4.3.1 TSVM 理论

基本思想是实现带有两个松弛变量集的原始目标的优化，一个针对标记样本，另一个针对无标记样本：

$$\min_{\overline{w},b,\overline{\eta},\overline{\epsilon}}\left[\|\overline{w}\|+C_{\mathrm{L}}\sum_{i=1}^{N}\eta_i+C_{\mathrm{U}}\sum_{j=N+1}^{N+M}\xi_j\right]$$

因为这是一种直推方法，需要将无标记样本当为标签可变的样本（取决于学习过程），施加类似于监督学习的约束。从某种角度看，这等同于引入了关于最终分类的、非常依赖于簇假设和平滑假设的先验信念。

换言之，TSVM 比 S^3VM 更相信数据集的结构，数据科学家可以更灵活地应对。C_{L} 与 C_{U} 的不同组合可以得到不同的结果，这些结果从完全确保的标记点到完全不确信的标记点。正如前面提到的，直推学习的目标是仅仅分类无标记样本，可以通过调整标记样本和数据集结构达成目标。但是，与归纳方法不同，标记样本所施加的约束可被弱化，以利于得到几何更相关的解。

对前面的算法，假定有 N 个标记样本和 M 个无标记样本。因此，条件变为：

$$\begin{cases}y_i(\overline{w}^T\overline{x}_i+b)\geqslant 1-\eta_i \text{ 且 } \eta_i\geqslant 0 \quad \forall i\in(1,N)\\ y_j^{(u)}(\overline{w}^T\overline{x}_i+b)\geqslant 1-\xi_j \text{ 且 } \xi_j\geqslant 0 \quad \forall j\in(N+1,N+M)\\ y_j^{(u)}\in(-1,1)\end{cases}$$

第一项约束条件是经典 SVM 的约束条件，只作用于标记样本。第二项约束条件利用带有相应松弛变量 ξ_j 的变量 $y_j^{(u)}$，给无标记样本施加与第一项相似的条件。第三项约束条件限定标签等于 −1 或 1。

与半监督 SVM 一样，此算法非凸，可以用不同方法对其进行优化。而且，本节开头提到的文献作者指出，当测试集（无标记样本）较大且训练集（标记样本）相对较小时，TSVM 的性能超出标准监督 SVM。另外，对于大训练集而小测试集的情况，更推荐监督 SVM（或其他算法），因为这些算法求解更快并能得到更好的准确率。

下面给出 Python 实现的完整的 TSVM 实例，对其结果进行评价。

4.3.2 TSVM 实例

在 Python 实现的实例中，采用了与前面方法采用过的数据集相似的二维数据集。但是，本例从总共 200 个数据点中取出 150 个无标记样本：

```
from sklearn.datasets import make_classification

nb_samples = 200
nb_unlabeled = 150

X,Y = make_classification(n_samples=nb_samples,n_features=2,n_
redundant=0,random_state=1000)
Y[Y==0] = -1
Y[nb_samples - nb_unlabeled:nb_samples] = 0
```

数据分布情况如图 4.4 所示。

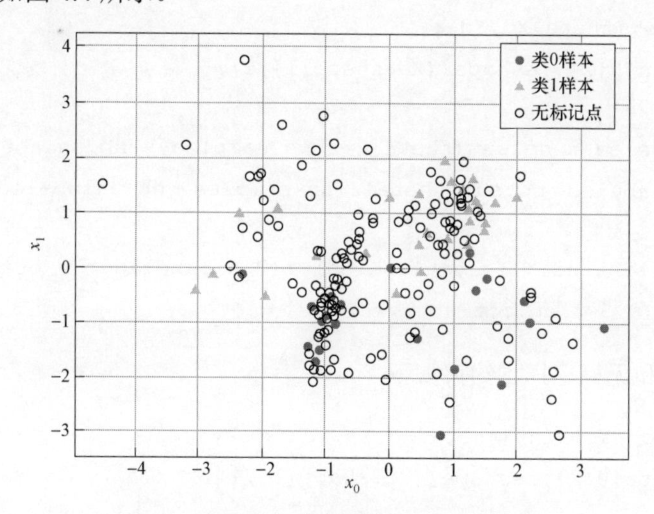

图 4.4　原始标记数据集和无标记数据集

算法流程与前面的流程相似。首先，需要对变量初始化：

```
import numpy as np

w = np.random.uniform(-0.1,0.1,size=X.shape[1])
eta_labeled = np.random.uniform(0.0,0.1,size=nb_samples - nb_unlabeled)
eta_unlabeled = np.random.uniform(0.0,0.1,size=nb_unlabeled)
y_unlabeled = np.random.uniform(-1.0,1.0,size=nb_unlabeled)
```

```
b = np.random.uniform(-0.1,0.1,size=1)

C_labeled = 2.0
C_unlabeled = 0.1

theta0 = np.hstack((w,eta_labeled,eta_unlabeled,y_unlabeled,b))
```

接着还需要为可变标签定义向量 `y_unlabeled`。同时建议设置两个常量 C（`C_labeled` 和 `C_unlabeled`）以便能够为标记样本和无标记样本的错误分类赋予不同的权重。分别为 `C_labeled` 赋值 2.0，为 `C_unlabeled` 赋值 0.1，如此，相对于无标记样本能够更多地接受标记样本的引导。通过另一个例子，将与相反情况进行比较。

优化目标函数如下：

```
def svm_target(theta,Xd,Yd):
    wt = theta[0:2].reshape((Xd.shape[1],1))

    s_eta_labeled = np.sum(theta[2:2+nb_samples - nb_unlabeled])
    s_eta_unlabeled =np.sum(theta[2+nb_samples - nb_unlabeled:2 +nb_samples])

    return(C_labeled * s_eta_labeled) +(C_unlabeled * s_eta_
unlabeled) +(0.5 * np.dot(wt.T,wt))
```

标记样本约束和无标记样本约束如下：

```
def labeled_constraint(theta,Xd,Yd,idx):
    wt = theta[0:2].reshape((Xd.shape[1],1))

    c = Yd[idx] *(np.dot(Xd[idx],wt) + theta[-1]) + \
    theta[2:2 + nb_samples - nb_unlabeled][idx] - 1.0

    return int((c >= 0)[0])

def unlabeled_constraint(theta,Xd,idx):
    wt = theta[0:2].reshape((Xd.shape[1],1))

    c = theta[2 + nb_samples:2 + nb_samples + nb_unlabeled][idx- nb_
```

```
samples + nb_unlabeled] * \
        (np.dot(Xd[idx],wt) + theta[-1]) + \
        theta[2 + nb_samples - nb_unlabeled:2 + nb_samples][idx- nb_
samples + nb_unlabeled] - 1.0

    return int((c >= 0)[0])
```

本例应用 SLSQP 算法优化目标函数。该算法计算所有约束条件（包括布尔约束）的雅克比矩阵（即包含一阶偏导数的矩阵）。NumPy 1.8+中，布尔数组之间的差运算已被取消，取而代之的是逻辑 XOR 运算。

但是，这样将导致与 SciPy 的不一致。因此，这种情况下，需要将所有的布尔输出转换为整数 0 和 1。这种替换不会影响算法性能或最终结果。这里引入标记样本和无标记样本的约束条件：

```
def eta_labeled_constraint(theta,idx):
    return int(theta[2:2 + nb_samples - nb_unlabeled][idx]>= 0)


def eta_unlabeled_constraint(theta,idx):
    return int(theta[2 + nb_samples - nb_unlabeled:2 + nb_samples][idx -
nb_samples + nb_unlabeled] >= 0)
```

正如上一节的例子，可以创建 SciPy 需要的约束条件词典：

```
svm_constraints = []


for i in range(nb_samples - nb_unlabeled):
    svm_constraints.append({
            'type':'ineq',
            'fun':labeled_constraint,
            'args':(X,Y,i)
        })
    svm_constraints.append({
            'type':'ineq',
            'fun':eta_labeled_constraint,
            'args':(i,)
```

```
        })

for i in range(nb_samples - nb_unlabeled,nb_samples):
    svm_constraints.append({
            'type':'ineq',
            'fun':unlabeled_constraint,
            'args':(X,i)
        })
    svm_constraints.append({
            'type':'ineq',
            'fun':eta_unlabeled_constraint,
            'args':(i,)
        })
```

所有约束条件定义完成后，便可以用 `method = 'SLSQP'`和词典选项`'maxiter':2000` 来最小化目标函数。一般情况下，经过较少次迭代即可收敛。不过，假定正在应对更一般的情况：

```
from scipy.optimize import minimize

result = minimize(fun=svm_target,
                  x0=theta0,
                  constraints=svm_constraints,
                  args=(X,Y),
                  method='SLSQP',
                  tol=0.0001,
                  options={'maxiter':2000})
print(result['message'])
```

上面这段程序代码的输出是：

`Optimization terminated successfully.`(优化成功完成)

该输出信息确认 SLSQP 成功找到了最小值。通常需要仔细检查一下优化函数的输出结果以便确信没有任何计算流程的错误。特别是，当采用 COBYLA 等方法时，所有约束条件都应该是可导的。如果其中有些约束条件不可导的话，算法就会停止正常运行，因为雅克比矩阵的逼近已变得不可靠。

一旦正确完成优化，可以给无标记样本计算标签并进行对比：

```
theta_end = result['x']
w = theta_end[0:2]
b = theta_end[-1]


Xu= X[nb_samples - nb_unlabeled:nb_samples]
yu = -np.sign(np.dot(Xu,w) + b)
```

对比分布图如图 4.5 所示。

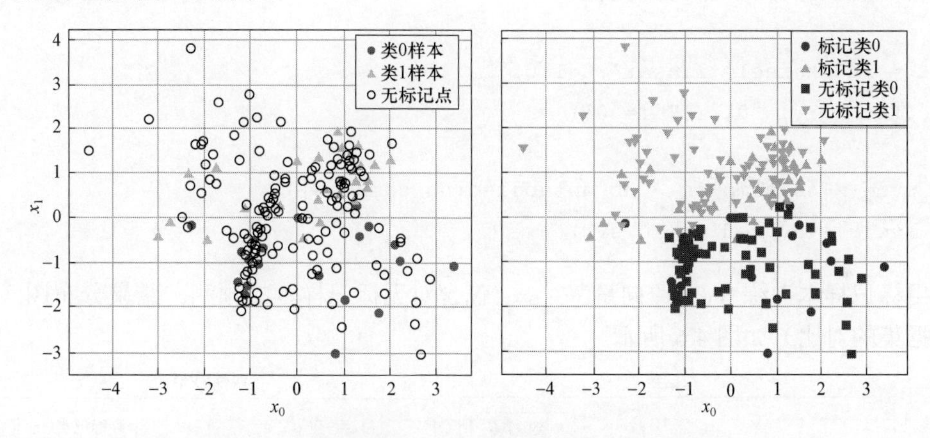

图 4.5　原始数据集（左）和最终标记数据集（右）

错误分类（基于密度分布）略少于 S^3VM，因为更倾向于信任标记样本。当然，也还可以改变 C 值和更换优化方法以便得到期望结果。监督 SVM 作为一个好的对标基准，训练集足够大（并正确表示整体数据生成过程 p_{data} ）时可以得到更好的性能。但是，考虑到原始数据集里的簇类，可以断定 TSVM 已经获得了期望结果。

特别是，如果考虑存在分离区域的话，就会注意到，斜率的微小修正将使得位于 $x_0 \in [-1.5,-0.5]$ 的类 0 密集块至少部分被赋予标签 1。与 S^3VM 不同，分离的松弛变量集使得分离边界更为平滑，其最终结果类似于非线性方法所能得到的结果。

各种 TSVM 配置的分析

从标准的监督线性 SVM 出发，评价不同 C 参数组合的 TSVM 是有意义的。数据集更小，无标记样本数量更大：

```
nb_samples = 100
```

```
nb_unlabeled = 90

X,Y = make_classification(n_samples=nb_samples,n_features=2,
n_redundant=0,random_state=100)
Y[Y==0] = -1
Y[nb_samples - nb_unlabeled:nb_samples] = 0
```

首先，考虑 scikit-learn（`SVC()`类）提供的标准 SVM 的实现版本，采用线性核函数，而且 `C = 1.0`:

```
from sklearn.svm import SVC

svc = SVC(kernel='linear',C=1.0)
svc.fit(X[Y != 0],Y[Y != 0])

Xu_svc= X[nb_samples - nb_unlabeled:nb_samples]
yu_svc = svc.predict(Xu_svc)
```

利用标记样本训练 SVM，向量 `yu_svc` 包含对无标记样本的预测。结果分布图（以及与原始数据集的对比）如图 4.6 所示。

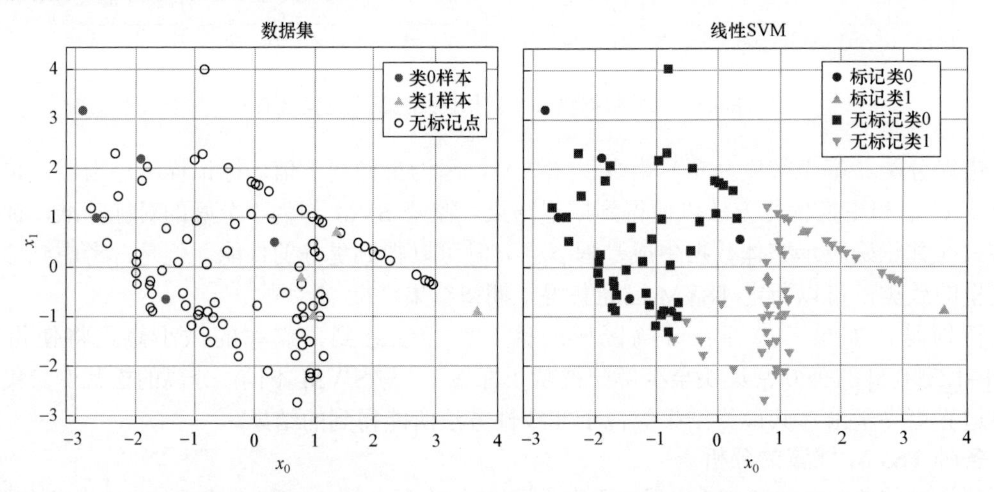

图 4.6　原始数据集（左）和 C=1.0 时的最终标记数据集（右）

所有标记样本用较大的方框和圆表示。结果达到预期，但是在区域 $(X[-1,0]-Y[-2,-1])$，即使无标记点接近一个方框（标记点），SVM 也将其归为了圆类（类 0）。根据平滑假设，这种情况并不总是能够被接受。

其实，高密度区域里有属于两个类的样本。利用 $C_L = 1$ 和 $C_U = 10.0$ 的 TSVM 也能得到相似的结果（读者可以当作练习予以确认），如图 4.7 所示。

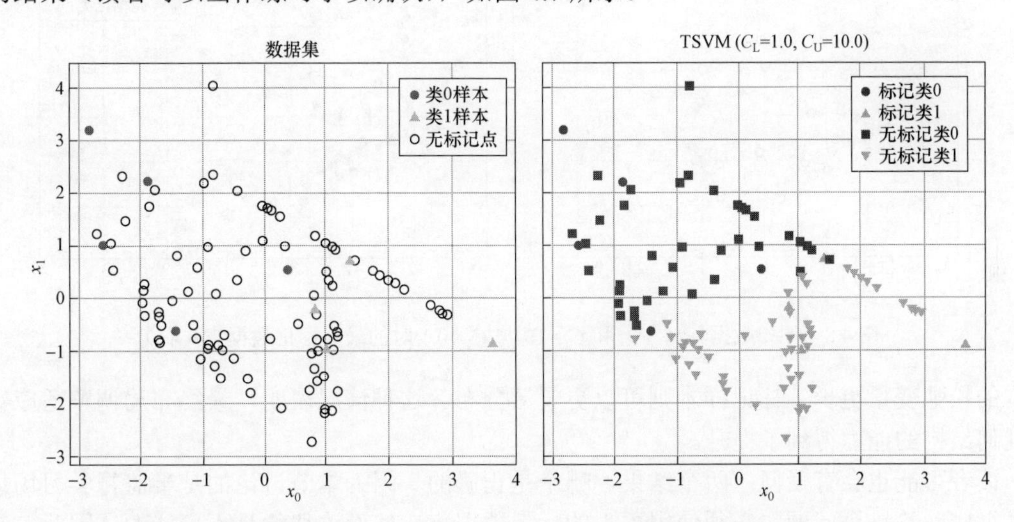

图 4.7　原始数据集（左）和 C_L=1.0 与 C_U=10.0 时的最终标记数据集（右）

此时，采信所有标记样本以便确定最终结果。如同所见，边界位置比 SVM 稍差。例如，区域 $x_0 \in [1,2]$ 和 $x_1 \in [0.75,1]$ 里的类 1 点与其他点依序排列。该结构可以看作一个狭长条块，具有很强的方向性聚合特征。标准 SVM 将其分成两个区域，分离线经过中间的空白区域。这应该是考虑整体数据集的最合理的选择。

另外，采用 TSVM 需要更重视标记样本，即无标记的松弛变量可以有更大的可变范围以便布局能够更容易满足标记样本约束。这一选择将使算法减小分离线的斜率。结果虽然与 SVM 的结果相似，但是簇的一致性更为明显，两个类更为均衡。需要提醒的是，在半监督学习场景里，并没有其他关于类均衡性的保障条件，类均衡性只取决于数据集的几何特性。本节例子最初给定的就是一个均衡的数据集。但是，如果该数据集本身不具有均衡性的话，TSVM 为了达到均衡性所具有的唯一资源就是簇假设和平滑假设。通过给无标记样本设定更大的权重值，可以隐含地强化该条件。换言之，要求模型根据数据集的集簇结构找到最合适的标签，并尽可能减少突变。

这里，通过设定 $C_L = 10$ 和 $C_U = 0.1$，实现角色转换，结果如图 4.8 所示。

在这个例子中，标记样本可以利用更灵活的间隔，而无标记样本则被几乎限制在一个硬间隔里。分离线为对角线，错误分类的误差更低或者与以前的布局相当。然而，这个例子充分体现了 TSVM 的效率。从图 4.8 可见，几何分离线更为一致。所有的簇更为紧凑，无标记

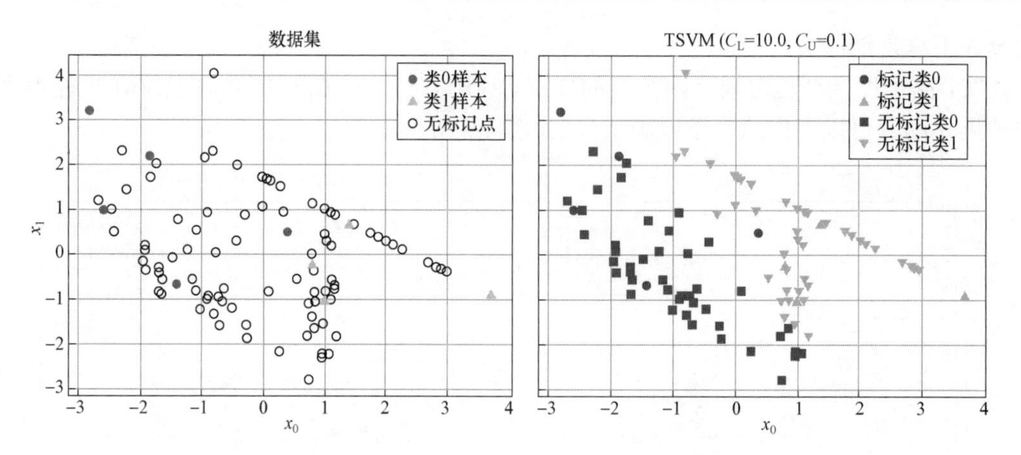

图 4.8 原始数据集（左）和 C_L=10 与 C_U=0.1 时的最终标记数据集（右）

样本的松弛变量更少，标记样本则可以更灵活分布。这种情况表明，最终布局调整适应数据集几何结构的能力得到了提升。

读者可能也会有疑问：两个结果，哪个是正确的。因为本节讨论的是半监督学习场景，为了彻底回答这个问题，必须使用更大的标记数据集，然而这往往是不可能的。因此，在做出最终结论前，最好测试多个布局（针对子样本数据集）。只要标记样本点被要求是可信的，不仅因为这些样本点已经被正确地预分类，而且因为这些样本点位于几何重要位置（例如，这些样本点是特定样本群的质心），都应该确定一个与标准 SVM 相似的布局。

相反，如果数据集的结构确实能够更好地反映基础数据生成过程的话，TSVM 就可以更加重视无标记样本，利用标记样本去找到与密集区域位置一致的合理的分类。最后一点需要记住的是，平滑假设是建立在极少存在突变这一条件之上的。通过对比前面的两个实例，读者会注意到，在第二种布局里，分离边界比第一种布局的边界稍微平滑一点点。

其实，在第一种布局里，至少有两个明显的类的突变，而且所有中间空白区域具有相同的行为特征。而在第二种布局里，从一个类过渡到另一个类，更为灵活和平滑，只有一个突然（不可避免的）分离。由此可知，第二种布局更为可取。

Chapelle O.、Schölkopf B.、Zien A. 等人编著的《*Semi-Supervised Learning*》（The MIT Press，2010）一书更深入地讨论了可能的优化策略，各有所长。建议对研究其他更复杂的问题与解决策略有兴趣的读者进一步阅读。

4.3.3 TSVM 小结

TSVM 是有效的半监督学习模型，特别适合数据集几何结构可信而且所有数据点来自同一数据生成过程的情况。如果这些条件能够满足，TSVM 就能借助数据集的结构优势为无标记样本找到最合适的标签。如果无标记样本存在噪声，或者数据集来自于多个数据生成过程，那么 TSVM 并非合适选项，可能会产生非常不准确的结果。

4.4　本章小结

本章介绍的算法一般都比前些章节介绍分析的算法更具效力，不过，这些算法也各有差异，需要注意。CPLE 和 S^3VM 属于归纳方法。

CPLE 是一个基于统计学习概念的、归纳式的半监督分类框架，可以与其他任何监督分类器并用。CPLE 的主要思想是，定义一个基于同时考虑标记和无标记样本的软标签（soft-label）的对比对数似然。突出无标记样本的重要性直接影响到对数似然的最大化，因此，CPLE 算法并不适用于需要精准控制的任务。

另一种归纳式分类方法就是 S^3VM 算法，它是经典 SVM 方法的扩展，考虑了两个关于无标记样本的优化约束条件。S^3VM 算法比较有效，不过由于是非凸模型，所以对那些用来最小化目标函数的算法特别敏感。不管是 S^3VM 算法还是 CPLE，对无标记样本要求的可信度相对都较低，分类质量主要取决于标记样本质量。

S^3VM 的另外一个选择是 TSVM，它试图根据可变标签条件来最小化目标函数。因此，问题分成两个部分：监督部分与标准 SVM 完全相同，半监督部分虽然结构类似但没有固定的标签。这个问题也是一个非凸问题，所以需要评价不同的优化策略以便找到准确率和计算复杂度之间的最佳权衡。TSVM 非常依赖数据集的结构，所以，如果标记样本和无标记样本都已知来自同一数据生成过程的话，才是一个合理的选择。

扩展阅读里列举的一些有用的文献资源可供读者深度验证所有上述问题，为每个特定场景找到合适的解决方案。

第 5 章将继续讨论一些基于数据集结构的重要算法。特别是，应用图论实现将标签传播给无标记样本，降低非线性场景中数据集的维数。

扩展阅读

- Chapelle O., Schölkopf B., Zien A.(edited by), *Semi-Supervised Learning*, The MIT Press, 2010.
- Peters J., Janzing D., Schölkopf B., *Elements of Causal Inference*, The MIT Press, 2017.
- Howard R. A., *Dynamic Programming and Markov Process*, The MIT Press, 1960.
- Hughes G. F., *On the mean accuracy of statistical pattern recognizers*, IEEE Transactions on Information Theory, 14/1, 1968.

- Belkin M., Niyogi P., *Semi-supervised learning on Riemannian manifolds*, Machine Learning 56, 2004.
- Blum A., Mitchell T., *Combining Labeled and Unlabeled Data with Co-Training*, 11th Annual Conference on Computational Learning Theory, 1998.
- Loog M., *Contrastive Pessimistic Likelihood Estimation for Semi-Supervised Classification*, arXiv:1503.00269, 2015.
- Joachims T., *Transductive Inference for Text Classification using Support Vector Machines*, ICML Vol. 99/1999.
- Bonaccorso G., *Machine Learning Algorithms, Second Edition*, Packt Publishing, 2018.

第 5 章　基于图的半监督学习

本章继续讨论半监督学习，具体是一组基于图的半监督学习算法。图描述数据集以及样本间关系。讨论两类主要问题：一是将类的标签传播给无标记样本，二是利用基于流形假设的非线性技术对原始数据集进行降维。本章具体包括以下传播算法：

- 基于权重矩阵的标签传播。
- scikit-learn 的基于传递概率的标签传播。
- 标签扩散。
- 拉普拉斯矩阵正则化。
- 基于马尔可夫随机游走的标签传播。

关于流形学习的讨论内容包括：

- 等距特征映射算法和多维尺度变换方法。
- 局部线性嵌入算法。
- 拉普拉斯谱嵌入算法。
- t 分布随机邻域嵌入算法（t-SNE）。

每个算法都从数学角度加以描述并提供实例代码。首先介绍标签传播算法，包含若干利用数据集结构寻找缺失标签的算法。

5.1　标签传播算法

标签传播（label propagation）是一类借助数据集的图表达形式，利用图节点关系将标签传播给无标记点的半监督算法。如果有 N 个标记点（带有双极标签 $+1$ 和 -1）和 M 个无标记点（记作 $y=0$），就可以建立一个基于样本间几何亲和度的无向图。图 5.1 给出一个无向图示例。

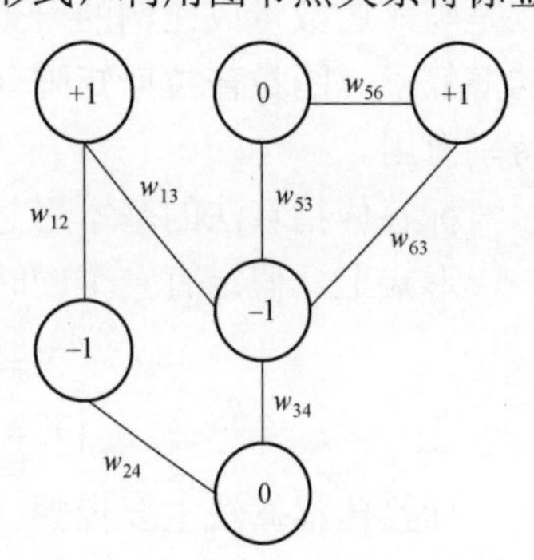

图 5.1　二值图示例

图定义为包含两个集合的结构，$G=\{V,E\}$。V 是顶点（或节点）集合，包含所有样本标签，$V=\{-1,+1,0\}$。而边集合 E 则是代表两个节点关系密切程度的亲和度的集合。通常在实际应用时引入一个矩阵 W，其要素 w_{ij} 包括：

- 边（i，j）的实际权重 $w_{ij}\in\mathbb{R}$。此时，W 称为亲和度

矩阵（affinity matrix），而要素 w_{ij} 则用实际距离测度定义。$w_{ij} > w_{iz}$ 意味着，节点 i 与 j 的关联度比与 z 的关联度更强。

- 集合 $K=\{0,1\}$ 的值。1 表示存在关联，0 代表无关联。所以，W 又常常称为**邻接矩阵**（adjacency matrix）。与前一例子相反，当图不是全连接（例如，如果异值点偏离太远以至于不与任何节点相连时，它们的行为空行而且 W 的行列式为 0）时，W 也可以是奇异矩阵。如果算法需要求 W 的逆矩阵或者它的导出矩阵（也是奇异矩阵）的话，必须予以重视。

图 5.1 示例有四个标记点（两个 $y=+1$，两个 $y=-1$）和两个无标记点（$y=0$）。亲和度矩阵 W 一般是一个 $(\boldsymbol{N}+\boldsymbol{M})\times(\boldsymbol{N}+\boldsymbol{M})$ 的对称方阵。建立该方阵有不同方法，最通用的方法就是 scikit-learn 采用方法。

- K **最近邻算法**（该算法在第 6 章聚类和无监督学习模型做进一步介绍）产生邻接矩阵：

$$w_{ij}=\begin{cases}1, & \text{如果}\bar{x}_i \in \text{近邻}s_k(\bar{x}_j)\\ 0, & \text{其他}\end{cases}$$

- **径向基函数核**输出一个非空的亲和度矩阵：

$$w_{ij}=\mathrm{e}^{-\gamma\|\bar{x}_i-\bar{x}_j\|_2^2}$$

有时，径向基函数核的参数 γ 表示成 $2\sigma^2$ 的倒数。但是，对应大偏差的小 γ 值会增大半径，包括更远的点并且平滑含有一定数量样本的类。而 γ 值越大，就越会限制一个子集范围趋于某一单点。实际上，KNN 核里的参数 k 控制着当作近邻的样本数量。

为了介绍基本的标签传播算法，需要引入**度矩阵** D（degree matrix）：

$$D=\operatorname{diag}\left(\left|\sum_j w_{ij}\right|\forall i\in(1,N+M)\right)=\begin{pmatrix}\deg v_1 & \cdots & 0\\ \vdots & \ddots & \vdots\\ 0 & \cdots & \deg v_{N+M}\end{pmatrix}$$

度矩阵是一个对角矩阵，每个非零要素代表对应顶点的度。度可以是入边的数量，也可以是与入边数量成比例的一个测度（例如，基于径向基函数的 W）。度矩阵用于定义一个特定的演算子，**图拉普拉斯矩阵**（graph Laplacian，$L=D-W$）。该算子在后面讨论的很多算法中特别有用。

标签传播算法的基本思想是，让每个节点将其标签传播给近邻节点，重复迭代直至收敛。

形式上，假定有一个同时包含标记样本和无标记样本的数据集：

$$\begin{cases}X=\{\bar{x}_0,\bar{x}_1,\cdots,\bar{x}_N,\bar{x}_{N+!},\cdots,\bar{x}_{N+M}\},\bar{x}_i\in\mathbb{R}^k\\ Y=\{y_0,y_1,\cdots,y_N,0,0,\cdots,0\},y_i\in\{0,+1,-1\}\end{cases}$$

标签传播算法主要步骤（参考文献：Zhu and Ghahramani in Zhu X.，Ghahramani Z.，*Learning from Labeled and Unlabeled Data with Label Propagation*，CMU-CALD-02-107，

2002）是：

（1）选择亲和度矩阵类型（KNN 或 RBF），计算 W；

（2）计算度矩阵 D；

（3）定义 $\tilde{Y}^{(0)}=Y$；

（4）定义 $Y_{\mathrm{L}}=\{y_0,y_1,\cdots,y_N\}$；

（5）重复迭代直至下一步骤收敛：

$$\begin{cases}\tilde{Y}^{(t+1)}=D^{-1}W\tilde{Y}^{(t)}\\ \tilde{Y}_{\mathrm{L}}^{(t+1)}=Y_{\mathrm{L}}\end{cases}$$

第一轮次执行带有标记点和无标记点的传播步骤。每个标签从一个节点通过其外出边向外扩散，相应的权重（规正为度）增强或减弱每个扩散的效果。第二轮次为标记样本重置所有 y 值。最终的标签可依下式得到：

$$Y_{\mathrm{Final}}=\mathrm{sign}(\tilde{Y}^{(t_{\mathrm{end}})})$$

收敛性证明显而易见。如果将矩阵 $D^{-1}W$ 按照标记样本和无标记样本（分别用下标 L 和 U 加以标识）间的关系加以分割，可得：

$$D^{-1}W=\begin{pmatrix}A_{\mathrm{LL}} & A_{\mathrm{LU}}\\ A_{\mathrm{UL}} & A_{\mathrm{UU}}\end{pmatrix}$$

如果只有 Y 的前 N 个要素非零，而且在每次迭代结束时得以确定，矩阵可以重写为：

$$D^{-1}W=\begin{pmatrix}A_{\mathrm{LL}} & A_{\mathrm{LU}}\\ A_{\mathrm{UL}} & A_{\mathrm{UU}}\end{pmatrix}=\begin{pmatrix}I & 0\\ A_{\mathrm{UL}} & A_{\mathrm{UU}}\end{pmatrix}$$

值得关注的是无标记样本（标记样本已确定）相关部分的收敛性证明。所以，定义更新规则为：

$$\tilde{Y}_{\mathrm{U}}^{(t+1)}=A_{\mathrm{UL}}Y_{\mathrm{L}}+A_{\mathrm{UU}}\tilde{Y}_{\mathrm{U}}^{(t)}$$

将递归转换为迭代过程，上式则变成：

$$\tilde{Y}_{\mathrm{U}}^{(t+1)}=\sum_{k=1}^{t+1}((\mathrm{A}_{\mathrm{UU}})^{k-1}\mathrm{A}_{\mathrm{UL}}\mathrm{Y}_{\mathrm{L}})+(\mathrm{A}_{\mathrm{UU}})^{t+1}\mathrm{Y}_{\mathrm{U}}$$

$D^{-1}W$ 的第二项是零，所以需要证明第一项收敛。然而，显而易见，这是一个截断矩阵几何级数（诺伊曼级数，Neumann series）。如果矩阵 $(I-A)$ 是可逆矩阵的话，该几何级数就有极值：

$$\sum_{i=0}^{\infty} A^i = (I - A)^{-1}$$

上述 A_{UU} 的所有特征值 $|\lambda_i| < 1$，所以，$(I - A_{\mathrm{UU}})$ 是可逆矩阵，而级数收敛于：

$$\tilde{Y}_{\mathrm{U}}^{(\infty)} = \lim_{t \to \infty} \sum_{k=1}^{t+1} (A_{\mathrm{UU}})^{k-1} A_{\mathrm{UL}} Y_{\mathrm{L}} = (I - A_{\mathrm{UU}})^{-1} A_{\mathrm{UL}} Y_{\mathrm{L}}$$

因此，最终的标签是唯一的（当 $t \to \infty$ 时），而且依赖于已有的标签和图拉普拉斯矩阵无标记部分。从数学的角度看，已标记部分负责给模型设定起始条件，而无标记部分则根据图结构决定传播过程。

5.1.1 标签传播算法实例

针对一个测试用的二维数据集，用 Python 实现标签传播算法：

```
from sklearn.datasets import make_classification

nb_samples = 100
nb_unlabeled = 75

X,Y = make_classification(n_samples=nb_samples,n_features=2,
n_informative=2,n_redundant=0,random_state=1000)
Y[Y==0] = -1
Y[nb_samples - nb_unlabeled:nb_samples] = 0
```

在另一个示例中，对所有无标记样本（100 个样本中的 75 个）设定 $y=0$。相应的数据分布如图 5.2 所示。

标识有交叉的点是无标记点。两种方法可以利用，这里先定义亲和度矩阵：

```
from sklearn.neighbors import kneighbors_graph

nb_neighbors = 2

W_knn_sparse = kneighbors_graph(X,n_neighbors=nb_neighbors,
mode='connectivity',include_self=True)
W_knn = W_knn_sparse.toarray()
```

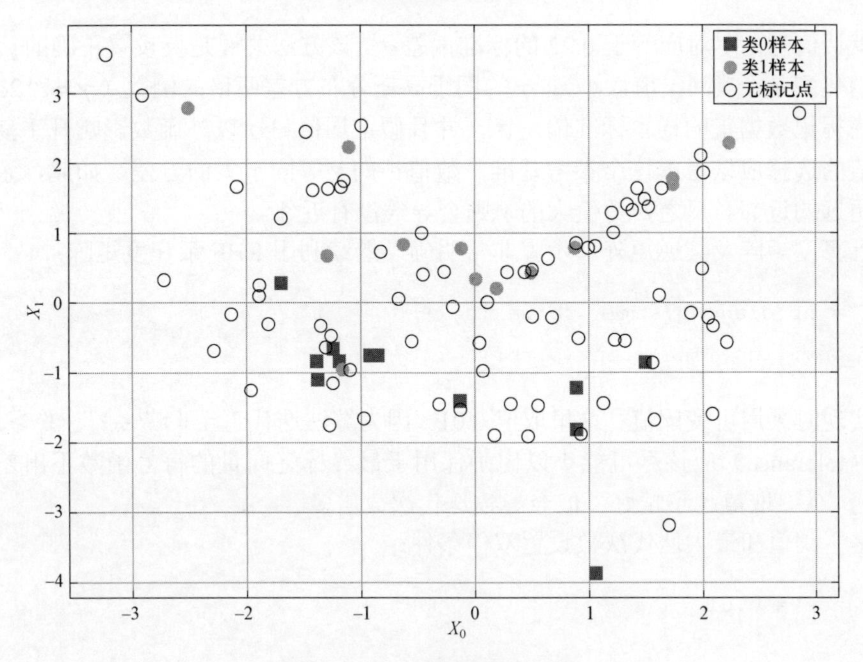

图 5.2　部分被标记的数据集

利用 scikit-learn 函数 `kneighbors_graph()`建立 KNN 矩阵，函数的参数是 `nb_neighbors = 2` 和 `mode = 'connectivity'`。候选参数是 `distance`，返回距离值而非只表示边存在与否的 0 和 1 值。参数 `include_self = True` 用于使 $W_{ii}=1$。

建立 RBF 矩阵则需要手工定义：

```
import numpy as np


def rbf(x1,x2,gamma=10.0):
    n = np.linalg.norm(x1 - x2,ord=1)
    return np.exp(-gamma * np.power(n,2))


W_rbf = np.zeros((nb_samples,nb_samples))


for i in range(nb_samples):
    for j in range(nb_samples):
        W_rbf[i,j] = rbf(X[i],X[j])
```

γ的默认值为 10，对应等于 0.22 的标准偏差σ。该方法关键是要设置正确的γ值。否则，传播就会退化到某个类（γ值太小）。γ等同于高斯分布方差两倍的倒数（$\gamma=1/2\sigma^2$），其计算需要考虑标记数据集的样本标准偏差σ，并且假定均值 3σ 以外函数影响几乎荡然无存。因此，γ值的选择应该考虑这个参考基准。数值小的γ等同于大的方差，如此，亲和度矩阵就能考虑更远的近邻。反之，数值大的γ则会导致没有近邻。

现在计算度矩阵及其逆矩阵。步骤非常明确，继续利用 RBF 亲和度矩阵：

```
D_rbf = np.diag(np.sum(W_rbf,axis=1))
D_rbf_inv = np.linalg.inv(D_rbf)
```

算法实现时采用可变阈值。这里取值 0.01。因为算法迭代直至$\|Y^{(t)}-Y^{(t-1)}\|_1 > \text{tolerance}$，所以容差（tolerance）应该尽可能小以便确保用于最终标签向量的符号函数不出差错。建议将容差设为 1/*N*。取值越小越好，但会导致迭代次数增多。

最好基于阈值和最大迭代次数设置双停条件：

```
tolerance = 0.01

Yt = Y.copy()
Y_prev = np.zeros((nb_samples,))
iterations = 0

while np.linalg.norm(Yt - Y_prev,ord=1) > tolerance:
    P = np.dot(D_rbf_inv,W_rbf)
    Y_prev = Yt.copy()
    Yt = np.dot(P,Yt)
    Yt[0:nb_samples-nb_unlabeled]=Y[0:nb_samples-nb_unlabeled]

Y_final = np.sign(Yt)
```

最终结果如图 5.3 所示。

如图 5.3 可示，原始数据集中有一个圆点被位于（−0.9，−1）的方形所包围。由于算法保留原始标签，所以标签传播之后，原始标签依然不变。即使平滑假设和簇假设相矛盾，上述条件也是可以接受的。如果初始标记是可变的而且没有明确的约束的话，可以对算法进行修正如下：

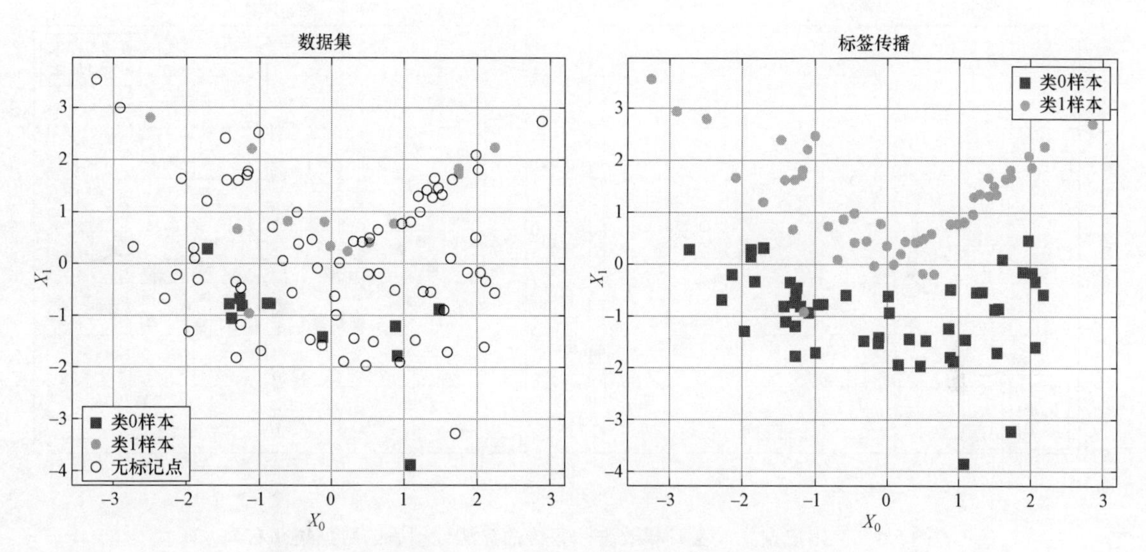

图 5.3　原始数据集（左）和完成标签传播后的数据集（右）

```
tolerance = 0.01

Yt = Y.copy()
Y_prev = np.zeros((nb_samples,))
iterations = 0

while np.linalg.norm(Yt - Y_prev,ord=1) > tolerance:
    P = np.dot(D_rbf_inv,W_rbf)
    Yt = np.dot(P,Yt)
    Y_prev = Yt.copy()

Y_final = np.sign(Yt)
```

经过上述修正，原始标签不再是固定不变的。传播算法可以更改与近邻不一致的所有样本的标签。结果如图 5.4 所示。

如图 5.4 可示，标记过程如愿完成，（−1，−1）的近邻点被重新标记，与其他附近点标签一致。下面利用 scikit-learn 接口 API 分析一个实例，与前面讨论的算法有所不同。

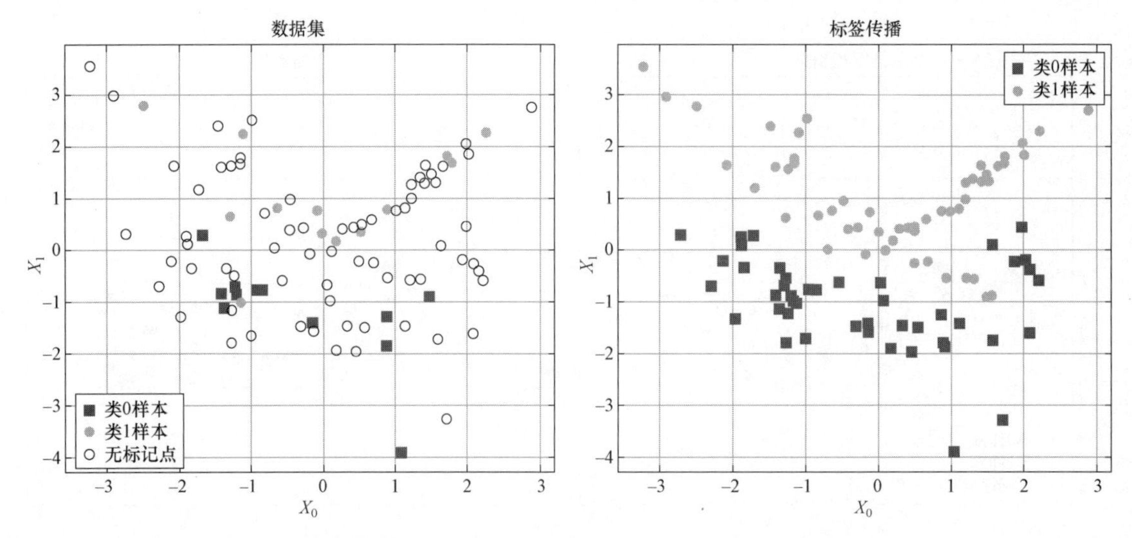

图 5.4　原始数据集（左）和改进标签传播算法处理后的数据集（右）

5.1.2　scikit-learn 的标签传播算法

scikit-learn 实现了 Zhu 和 Ghahramani 提出的一个有所不同的算法（参阅上文列出的论文），该算法能得到相同的结果，但采用了一个略有不同的内部机制，即对图实现马尔可夫随机游走直到找到一个稳定配置（即标签不再变化）。

亲和度矩阵 W 可以用 KNN 和 RBF 方法求得，但也可以归一化为一个概率转移矩阵（probability transition matrix）：

$$P_{ij}(i \to j) = \frac{w_{ij}}{\sum_k w_{kj}}$$

算法的机理类似马尔可夫随机游走，其流程（假设有 Q 个不同标签）如下：

（1）定义矩阵 $Y_i^{\mathrm{M}} = [P(lable = y_0), P(lable = y_1), \cdots, P(label = y_Q)]$，其中，$P(lable = y_i)$ 是标签 y_i 的概率，每行归一化以便所有要素之和为 1；

（2）定义 $\tilde{Y}^{(0)} = Y^{\mathrm{M}}$；

（3）迭代直至下式收敛：

$$\begin{cases} \tilde{Y}_{\mathrm{M}}^{(t+1)} = P\tilde{Y}_{\mathrm{M}}^{(t)} \\ \tilde{Y}_{\mathrm{M}}^{(t+1)}(i,j) = \dfrac{\tilde{Y}_{\mathrm{M}}^{(t+1)}(i,j)}{\sum_k \tilde{Y}_{\mathrm{M}}^{(t+1)}(k,j)} \\ \tilde{Y}_{\mathrm{ML}}^{(t+1)} = Y_{\mathrm{L}} \end{cases}$$

第一次更新执行标签传播。由于概率的存在，第二步就必须重新归一化各行使之所有要素之和为 1。最后的更新则对所有标记样本重置初始标签。这意味着将 $P(label = y_i) = 1$ 加给相应的标签并将其他的设为 0。收敛性证明与标签传播算法非常相似，在 Zhu 和 Ghahramani 的论文（Zhu X.，Ghahramani Z.，*Learning from Labeled and Unlabeled Data with Label Propagation*，CMU-CALD-02-107）里进行了介绍。最重要的结果是，最终解可以通过下式无需迭代而求得：

$$Y_{\mathrm{U}} = (I - P_{\mathrm{UU}})^{-1} P_{\mathrm{UL}} Y_{\mathrm{L}}$$

I 是泛化几何序列的和，P_{UU} 是转移矩阵 P 的无标记点－无标记点部分，而 P_{UL} 则是 P 的无标记点－标记点部分。

为了 Python 示例，需要建立不同的数据集，因为 scikit-learn 将 $y = -1$ 的样本当作无标记点：

```
from sklearn.datasets import make_classification

nb_samples = 1000
nb_unlabeled = 750

X,Y = make_classification(n_samples=nb_samples,n_features=2,
n_informative=2,n_redundant=0,random_state=100)
Y[nb_samples - nb_unlabeled:nb_samples] = -1
```

这里用 RBF 核函数和 gamma＝10.0 训练 LabelPropagation 实例：

```
from sklearn.semi_supervised import LabelPropagation

lp = LabelPropagation(kernel='rbf',gamma=10.0)
lp.fit(X,Y)

Y_final = lp.predict(X)
```

结果如图 5.5 所示。

不出所料，传播算法收敛到的解满足平滑假设和簇假设。事实上，标签分派考虑了数据集的聚类结构（即区域总是连贯的），而且转移相对平滑，除了那些标记样本的转移。

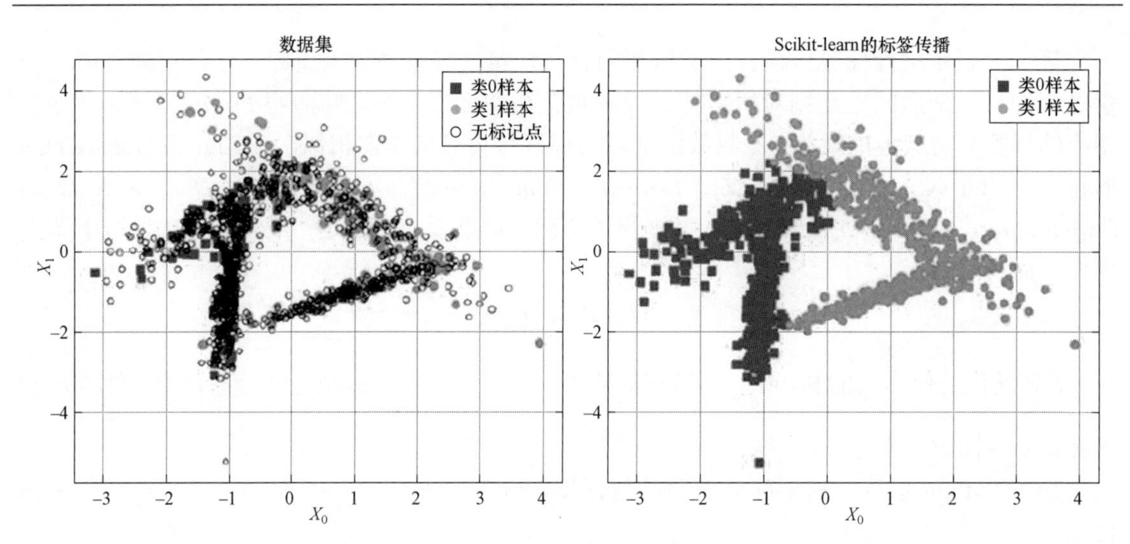

图 5.5 原始数据集（左）和 scikit-learn 标签传播算法处理后的数据集（右）

5.2 标签扩散算法

另一个需要分析的算法是 Zhang 等人提出的**标签扩散**（label spreading）。对于噪声较大或较密集的数据集，该算法具有更好的稳定性。相比而言，由于不同标签的点过于密集，标准标签传播算法的精度会打折扣。相反，标签扩散更为鲁棒是因为拉普拉斯矩阵被归一化而且突变将受到更严重的惩罚。数学细节非常复杂，有兴趣的读者可参阅：Biyikoglu T.，Leydold J.，Stadler P. F.，*Laplacian Eigenvectors of Graphs*，Springer，2007。

标签扩散算法基于归一化的拉普拉斯矩阵 L，该矩阵定义如下：

$$L = D^{\frac{1}{2}} W D^{-\frac{1}{2}}$$

从矩阵角度看，如果 L 的对角元素的度 $\deg L_{ii} > 0$，那么 L_{ii} 等于 1，否则为 0。其他元素则等于：

$$L_{ij} = -\frac{1}{\sqrt{\deg v_i}\sqrt{\deg v_j}}, \quad v_i \in \text{neighbors}(v_j)$$

演算子是一般图拉普拉斯矩阵的一个特例：

$$L = D - W$$

该算子的功能与离散拉普拉斯算子类似，后者的实数值形式是所有扩散方程（diffusion equation）的基本要素。假设有如图 5.6 所示的一个小子图。

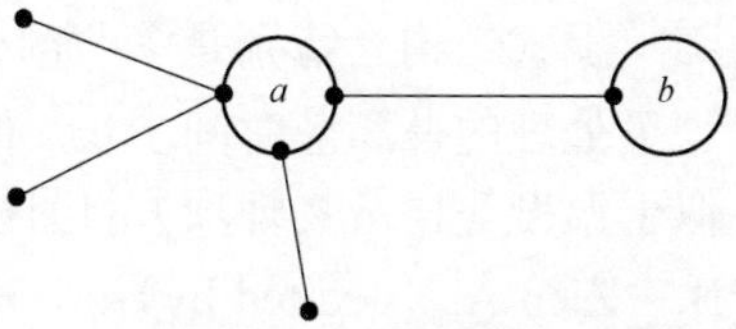

如果节点 ***a*** 或 ***b*** 没有其他连接，则度为：deg$a$ = 4，deg$b$ = 1。接着考虑边 (a,b) 的拉普拉斯值。因为节点相连，而且 D 是对角矩阵，所以，$L_{ab} = -1$，而 $L_{aa} = 4$，$L_{bb} = 1$。

如果有一条路径遍历该图（即各边仅经过一次的欧拉路径），转移 $a \to b$ 的发生可以有三个不同的前序状态。因此，比节点 a 只有一个连接的情况（单连接图）会有更多可能的流向（flow）。不难理解，这与函数的二阶导数相关，或在多变量情况下与拉普拉斯－贝尔特拉米算子（Laplace-Beltrami operator）$L = \nabla \cdot \nabla$ 相关。例如，考虑一般的热方程：

图 5.6　拥有两个节点的子图

$$\frac{\partial Q}{\partial t} = \rho \nabla^2 Q$$

该方程描述室内某一点突然受热时室温的变化过程。根据基本的物理知识可知，热量会扩散直至温度达到某个平衡点，扩散速率与拉普拉斯分布成比例。如果考虑平衡状态（与时间相关的导数变为零）时的二维热量网格，并将考虑增量比的拉普拉斯算子 $\nabla^2 = \nabla \cdot \nabla$ 离散化处理，便可得到：

$$\rho(Q(x+1,y)+Q(x-1,y)+Q(x,y+1)+Q(x,y-1)-4Q(x,y)) = 0 \Rightarrow$$
$$Q(x,y) = \frac{Q(x+1,y)+Q(x-1,y)+Q(x,y+1)+Q(x,y-1)}{4}$$

因此，在热平衡状态时，每个点的值都是其直接近邻的均值（用图表示的话，就是将近邻数当作一个节点的度）。可以证明，有限差分方程有一个固定点，该点可从任意初始条件出发通过多次迭代求得。因此，图拉普拉斯矩阵既表示图的结构，也最终描述在图中移动时图的动态行为。

除了上述基本思路，标签扩散方法为标记样本选择夹持因子（clamping factor）α。如果 $\alpha = 0$，算法始终将标签重置为原始值（与标签传播算法相同）。如果 α 在区间 $(0,1]$ 取值，被夹持的标签逐渐减少直至 $\alpha = 1$，此时，所有标签被重写。

标签扩散算法的完整步骤如下：

（1）选择亲和度矩阵类型（KNN 或 RBF），计算 W；

（2）计算度矩阵 D；

（3）计算归一化图拉普拉斯矩阵 L；

（4）定义 $\tilde{Y}^{(0)} = Y$；

（5）从 $(0,1)$ 区间取 α 值；

（6）重复以上步骤直至下式收敛：

$$\tilde{Y}^{(t+1)} = \alpha L \tilde{Y}^{(t)} + (1-\alpha)\tilde{Y}^{(0)}$$

上式结构（特别是第一部分）直接明了，很像一个标准的扩散微分方程，主要区别在于这里处理的是离散时间步长。但是，此例中的偏差$\Delta\tilde{Y}$（类似于时间导数）与应用于标签（类似于温度等标量物理项）的图拉普拉斯矩阵成正比。可以证明（参阅：Chapelle O.，Schölkopf B.，Zien A.，(edited by)，*Semi-Supervised Learning*，The MIT Press，2010），该算法与结构如下的二次代价函数最小化算法等效：

$$L(\tilde{Y}) = \| \tilde{Y}_L - Y_L \|^2 + \| \tilde{Y}_U \|^2 + \mu \left(D^{-\frac{1}{2}} \right)^T (D - W) \left(D^{-\frac{1}{2}} \tilde{Y} \right)$$

右边第一项决定标记样本的原始标签与预期标签的一致性。第二项作用是归一化因子，使无标记点减少至零。第三项可能不太直观，用于保证平滑度代表的几何连贯性。如前所述，采用严格的标签夹持，将会违背平滑假设。通过最小化第三项（μ与α成正比），高密度区域的快速变化将受到惩罚。同样，收敛性证明与标签传播算法的证明非常类似，此处不再赘述。有兴趣的读者可以参阅：Chapelle O.，Schölkopf B.，Zien A.，(edited by)，*Semi-Supervised Learning*，The MIT Press，2010。

5.2.1 标签扩散算法实例

利用 scikit-learn 测试标签扩散算法。首先，创建高密度数据集：

```
from sklearn.datasets import make_classification

nb_samples = 5000
nb_unlabeled = 1000

X,Y = make_classification(n_samples=nb_samples,n_features=2,
n_informative=2,n_redundant=0,random_state=100)
Y[nb_samples - nb_unlabeled:nb_samples] = -1
```

接着训练 LabelSpreading 实例，设夹持因子 `alpha = 0.2`。目标是要保留 80%的原始标签，但是同时要求得到平滑解：

```
from sklearn.semi_supervised import LabelSpreading

ls = LabelSpreading(kernel='rbf',gamma=10.0,alpha=0.2)
ls.fit(X,Y)
```

```
Y_final = ls.predict(X)
```

结果如图 5.7 所示，仍然附带原始数据集。

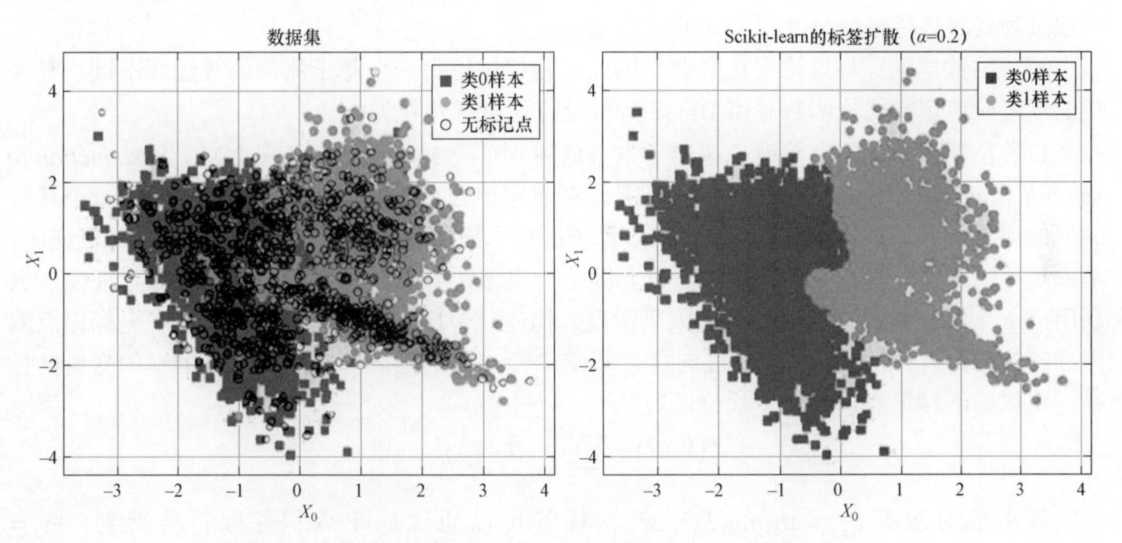

图 5.7　原始数据集（左）和标签扩散处理后的数据集（右）

如图 5.7 的左图可见，簇类的中心部分（$x \in [-1,0]$）有一个圆点区。采用严格标签夹持的话，该区域不会有变化，但这违背了平滑假设和簇假设。如果设定 $\alpha > 0$ 的话，可以避免这个问题。当然，α 取值正确与否，很大程度取决于每个具体问题。如果已知原始标签绝对正确，却还要求算法改变这些标签的话，只能适得其反。

遇到这种情况，最好对数据集进行预处理，清除掉违背半监督学习假设的那些所有样本。其实，如果无法确定所有样本来自于同一数据生成过程 P_{data}，而且可能存在错误样本的话，α 取大值可以使数据集平滑而无需其他额外处理。

5.2.2　拉普拉斯矩阵正则化提升平滑度

标准标签传播算法的一个问题是容易产生标签突变，这是不符合平滑假设的。限制标签突变有很多措施（参考文献：Belkin M.，Niyogi P.，Sindhwani V.，*Manifold Regularization：A Geometric Framework for Learning from Labeled and Unlabeled Examples*，Journal of Machine Learning Research 7，2006），一般都是给代价函数引入二次惩罚项。与用于标签扩散的代价函数类似，上述文献的作者提出了形式如下的代价函数：

$$L(\tilde{Y}) = \| \tilde{Y}_{\text{L}} - Y_{\text{L}} \|^2 + \alpha \tilde{Y}^{\text{T}} L \tilde{Y} + \beta \| \tilde{Y} \|^2$$

$\alpha\tilde{Y}^{\mathrm{T}}L\tilde{Y}$ 用于惩罚相同近邻的标签突变。由于拉普拉斯矩阵直接与亲和度矩阵相关，二次惩罚项 $\tilde{Y}^{\mathrm{T}}L\tilde{Y}$ 的作用类似于岭正则化。当两个点有较大的亲和度而算法倾向于赋予不同的标签时，惩罚项通过选择更平滑的转移迫使模型减小损失。对于一般的分类器而言，这就等同于通过隐式线性化避免分离超曲面的过度变化。

算法的数学推导与理论有点复杂。因此，建议讨论另一个基于流形的算法（不过，有兴趣的读者应该定义代价函数并用 BFGS 等标准方法进行优化）。

拉普拉斯正则化的完整理论超出了本书范围（更多内容可参阅：Lee J. M.，*Introduction to Smooth Manifolds*，Springer，2012），但是，读者应该知道，图拉普拉斯矩阵定义了一个基础流形的演算子。根据该理论，可以对该演算子进行本征分解以便求得特征函数基。可以证明，基本函数的平滑度与相关特征值成正比。因此，应该计算并选择 L 的前 k 个最小特征值，只利用前 k 个特征函数（以便获得最大平滑度）构建一个标记函数（即为标记点和无标记点编码标签的函数）。给定前 k 个特征向量 $V_{\mathrm{L}}=\{\bar{v}_1,\bar{v}_2,\cdots,\bar{v}_k\}$ 的矩阵和一个待优化处理的变量向量 $\bar{\theta}$，可以基于标记点构建一个代价函数：

$$L(Y_{\mathrm{L}};\bar{\theta})=\sum_i(y_i-\bar{\theta}\bullet V_{\mathrm{L}}^{\mathrm{T}})^2$$

最小值对应着 $\bar{\theta}_{\mathrm{opt}}=\arg\min L(Y_{\mathrm{L}};\bar{\theta})$，标签可以通过规定点积并取符号得到：$\tilde{y}_i=\mathrm{sign}(\bar{\theta}_{\mathrm{opt}}\bullet V_{\mathrm{L}}^{\mathrm{T}})$。

这里使用一个包含 200 个点（其中 150 个无标记点）的数据集验证方法：

```
from sklearn.datasets import make_classification


nb_samples=200
nb_unlabeled=150
X,Y = make_classification(n_samples=nb_samples,n_features=2,
n_informative=2,n_redundant=0,random_state=1000)
Y[Y == 0] = -1
Y[nb_samples - nb_unlabeled:nb_samples] = 0
```

原始数据集如图 5.8 所示。

利用 RBF 亲和度矩阵构建图拉普拉斯矩阵。选择 $\gamma=0.1$。建议读者选其他不同的值并对比结果：

```
import numpy as np
k = 50
```

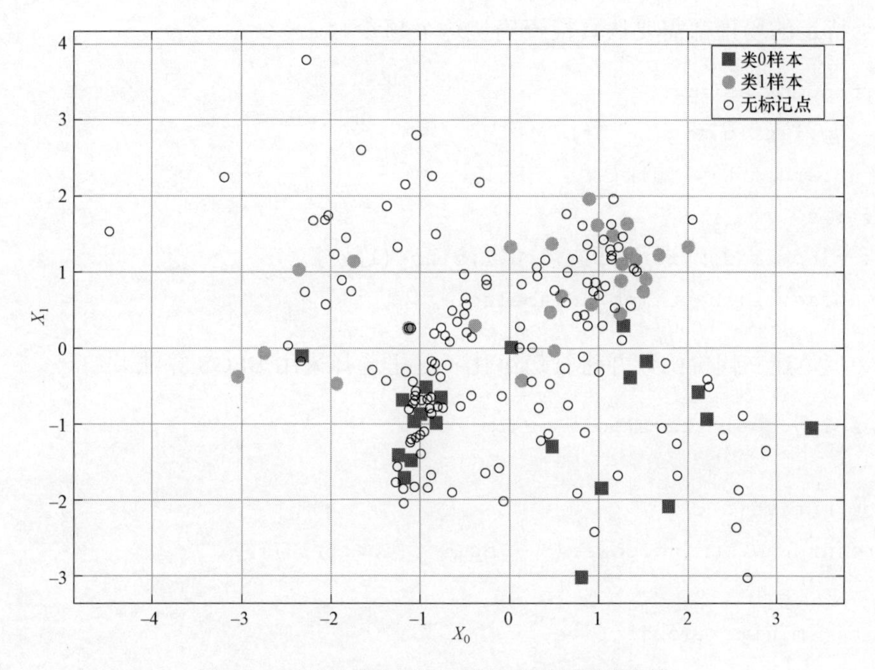

图 5.8　用于拉普拉斯正则化示例的原始数据集

```
def rbf(x1,x2,gamma=0.1):
    n = np.linalg.norm(x1 - x2,ord=1)
    return np.exp(-gamma * np.power(n,2))
W_rbf = np.zeros((nb_samples,nb_samples))

for i in range(nb_samples):
    for j in range(nb_samples):
        if i == j:
            W_rbf[i,j] = 0.0
        else:
            W_rbf[i,j] = rbf(X[i],X[j])

D_rbf = np.diag(np.sum(W_rbf,axis=1))
L_rbf = D_rbf - W_rbf
```

一旦准备好拉普拉斯矩阵，便可对其本征分解并选择前 k 个特征向量（本例选取 $k=50$，不过，对于特定的场景都需要认真检查确认这个超参）：

```
import numpy as np
w,v = np.linalg.eig(L_rbf)
sw = np.argsort(w)[0:k]
V = v[:,sw]
theta = np.random.normal(0.0,0.1,size=(1,k))
Yu = np.zeros(shape=(nb_unlabeled,))
```

最后一步是建立代价函数并进行最小化（这里选择采用 BFGS 算法）：

```
from scipy.optimize import minimize

def objective(t):
    return np.sum(np.power(Y - np.dot(t,V.T),2))

result = minimize(objective,
                  theta,
                  method="BFGS",
                  options={
                      "maxiter":500000,
                  })
```

对优化结果应用符号函数，便可得到最终标记结果：

```
Y_final = np.sign(np.dot(result["x"],V.T))
```

整个过程的结果如图 5.9 所示。

由图 5.9 显而易见，标记非常平滑。但是，与标准标签传播类似，该算法并没有固定标签从而导致有些变化（读者可以尝试修改代码，固定原始标签）。另外，主要的簇类保持结构不变，而且将它们的标签赋给了近邻。如果数据集夹杂噪声数据而且只相信密集区域的话，这种情况算是理想的。但是，如果无标记点被专家所控制的话，情况则并不如意。位于（2.7, –3）的点是一个异值点，算法并没有成功地对其进行标记（实际上标记成了类 1）。这个问题的根源在于参数 γ 的取值。图 5.9 的示例存在高密度区域和低密度区域。虽然算法对于高密度区域效果良好，但遇到异值点（离群点）时还是出了问题。一个可能的弥补措施是提高 γ 值，检查有多少正确标记的点更换了标签。有时需要试着找到略有不同的 γ 值以避免异值点

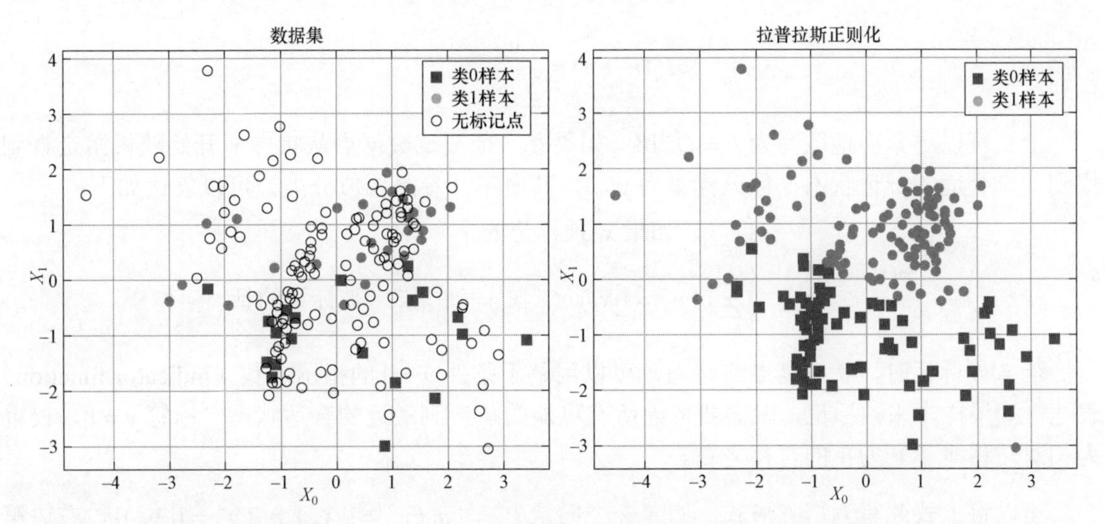

图 5.9　原始数据集（左）和利用拉普拉斯正则化算法进行标记后的数据集（右）

的错误标记，同时保持正确的标签不变。

改变特征函数数量和参数 γ 值，可以控制平滑程度。上例中，由于数据集比较简单，RBF 起了更大作用，因为它决定了近邻的结构，或者限制或者促进了标签的传播。

希望读者尝试利用更复杂的数据集（可以是二维的，但可能是非线性的）来测试这种方法，将结果与标准的标签传播算法的结果进行对比。一般情况下，数据集越复杂（维数越高），效果更为明显。读者还可以用本章后续介绍的方法将高维数据集投影到二维平面上，通过结果的可视化处理，更好地理解算法的基本机理。

5.3　基于马尔可夫随机游走的标签传播算法

Zhu 和 Ghahramani 提出的基于马尔可夫随机游走的标签传播算法旨在求得给混合数据集中无标记样本赋予目标标签的概率分布。实现方式是通过对随机过程的仿真，让每个无标记样本在图中遍历游走直到它达到一个稳定的最佳状态，即标记样本。此时，该样本不再获取相应的标签。与其他类似方法不同之处是，该算法考虑到达一个标记样本的概率。如此一来，问题迎刃而解。

第一步仍然是建立一个所有 N 样本的 k 最近邻图，利用 RBF 核定义一个权重矩阵 W:

$$W_{ij} = \mathrm{e}^{-\gamma\|\bar{x}_i - \bar{x}_j\|_2^2}$$

$W_{ij} = 0$ 意味着 $\bar{x}_i$ 和 $\bar{x}_j$ 不是近邻。另外，$W_{ii} = 0$ 。与 scikit-learn 的标签传播算法类似，构建转移概率矩阵：

$$P_{ij}(i \to j) = \frac{w_{ij}}{\sum_k w_{kj}}$$

上式可以更紧凑地改写为 $P = D^{-1}W$ 。如果有一个测试数据点从状态 $\bar{x}_i$ 开始随机游走直到找到一个合适的标记状态（称该标签为 y^∞ ），其概率（参照二值分类）可以表达如下：

$$p(y^\infty = 1|\bar{x}_i) = \begin{cases} I_{y_i=1}, \text{ 如果 } \bar{x}_i \text{ 被标记的话} \\ \sum_{k=1}^{N} p(y^\infty = 1|\bar{x}_k) p(\bar{x}_i|\bar{x}_k), \text{ 如果} \bar{x}_i \text{未被标记的话} \end{cases}$$

当 $\bar{x}_i$ 被标记时，状态是最终状态，可以用基于条件 $y_i = 1$ 的指示函数（indicator function）表达。如果样本未被标记，就需要考虑所有可能的从 $\bar{x}_i$ 到最近的合适状态（标签 $y = 1$ ，权重为相对转移概率）为止的转移之和。

可以将上式改写为矩阵形式。构建一个向量 $P^\infty = [p_{\mathrm{L}}(y^\infty = 1|X_{\mathrm{L}}), p_{\mathrm{U}}(y^\infty = 1|X_{\mathrm{U}})]$ ，右边第一项基于标记点而第二项基于未标记点，得到：

$$P^\infty = D^{-1}WP^\infty$$

进一步展开该矩阵，可得：

$$P^\infty = \begin{pmatrix} D_{\mathrm{U}}^{-1} & 0 \\ 0 & D_{\mathrm{UU}}^{-1} \end{pmatrix} \begin{pmatrix} W_{\mathrm{U}} & W_{\mathrm{LU}} \\ W_{\mathrm{UL}} & W_{\mathrm{UU}} \end{pmatrix} P^\infty = \begin{pmatrix} D_{\mathrm{U}}^{-1} W_{\mathrm{U}} & D_{\mathrm{U}}^{-1} W \\ D_{\mathrm{UU}}^{-1} W_{\mathrm{UL}} & D_{\mathrm{UU}}^{-1} W_{\mathrm{UU}} \end{pmatrix} P^\infty$$

因为只关注未标记点，所以只考虑第二个方程：

$$p_{\mathrm{U}}(y^\infty = 1|X_{\mathrm{U}}) = D_{\mathrm{UU}}^{-1} W_{\mathrm{UL}} p_{\mathrm{L}}(y^\infty = 1|X_{\mathrm{L}}) + D_{\mathrm{UU}}^{-1} W_{\mathrm{UU}} p_{\mathrm{U}}(y^\infty = 1|X_{\mathrm{U}})$$

简化上式便可以得到线性式：

$$(D_{\mathrm{UU}} - W_{\mathrm{UU}}) p_{\mathrm{U}}(y^\infty = 1|X_{\mathrm{U}}) = W_{\mathrm{UL}} p_{\mathrm{L}}(y^\infty = 1|X_{\mathrm{L}})$$

$(D_{\mathrm{UU}} - W_{\mathrm{UU}})$ 是非归一化图拉普拉斯矩阵 $L = D - W$ 的无标记点－无标记点部分。求解上式便可以得到所有无标记点的类 $y = 1$ 的概率。通过设置概率的阈值（一般为 0.5），就可以将软标记变成硬标记。

基于马尔可夫随机游走的标签传播算法实例

为了用 Python 实现基于马尔可夫随机游走的标签传播算法，准备了一个二维数据集，包含 50 个属于两个不同类的标记点以及 1950 个无标记点：

```
from sklearn.datasets import make_blobs

nb_samples = 2000
```

```
nb_unlabeled = 1950
nb_classes = 2

X,Y = make_blobs(n_samples=nb_samples,
                 n_features=2,
                 centers=nb_classes,
                 cluster_std=2.5,
                 random_state=1000)

Y[Y == 0] = -1
Y[nb_samples - nb_unlabeled:nb_samples] = 0
```

数据集分布如图 5.10 所示（空心圆圈代表无标记样本）。

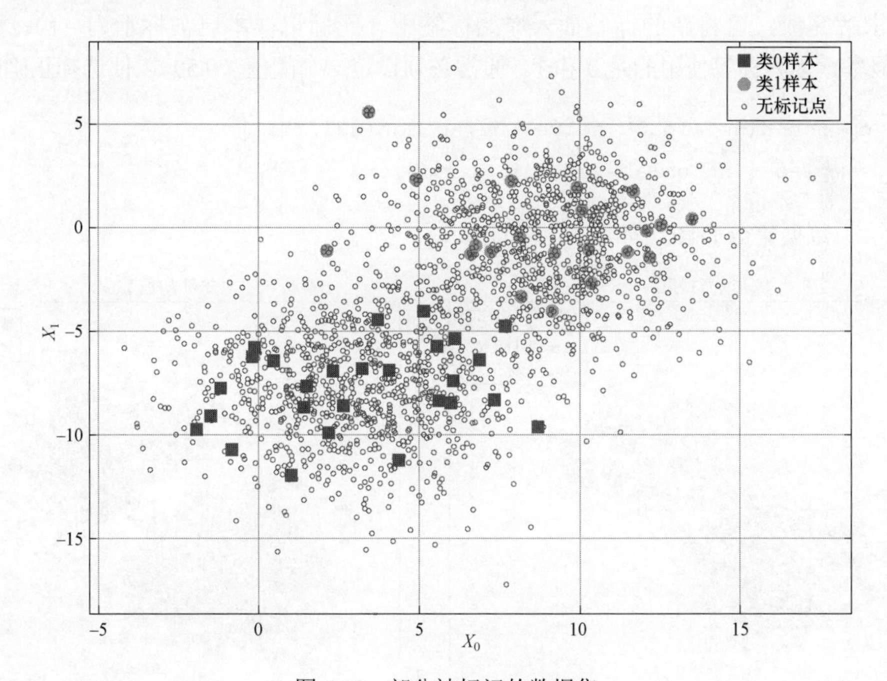

图 5.10　部分被标记的数据集

首先，创建图矩阵（`n_neighbors = 15`）和权重矩阵：

```
from sklearn.neighbors import kneighbors_graph
```

```
W = kneighbors_graph(X,n_neighbors=15,mode='connectivity',
include_self=True).toarray()
```

其次，计算非归一化图拉普拉斯矩阵的无标记部分和矩阵 W 的无标记 – 标记点部分：

```
D = np.diag(np.sum(W,axis=1))
L = D - W
Luu = L[nb_samples - nb_unlabeled:,nb_samples - nb_unlabeled:]
Wul = W[nb_samples - nb_unlabeled:,0:nb_samples - nb_unlabeled,]
Yl = Y[0:nb_samples - nb_unlabeled]
```

可以用 NumPy 的函数 `np.linalg.solve()`求解线性系统，该函数以构成一般线性系统 $A\bar{x}=\bar{b}$ 的矩阵 A 和向量 $\bar{b}$ 作为参数。矩阵 A 较大时，系统可能会呈现病态。因此，求解系统前应检查条件数 ρ。如果过大（例如，$\rho \gg 1$），那么最好改用上面介绍的其他方法。

一旦求解完成，可将新的标签插入原始标签中（无标记样本已被标示为 – 1）。此时并不需要改变概率，因为标签使用的是 0 和 1。通常必须设定一个阈值（0.5）以便选择正确的标签：

```
Yu = np.round(np.linalg.solve(Luu,np.dot(Wul,Yl)))
Y[nb_samples - nb_unlabeled:] = Yu.copy()
```

重新绘制数据集分布图，如图 5.11 所示。

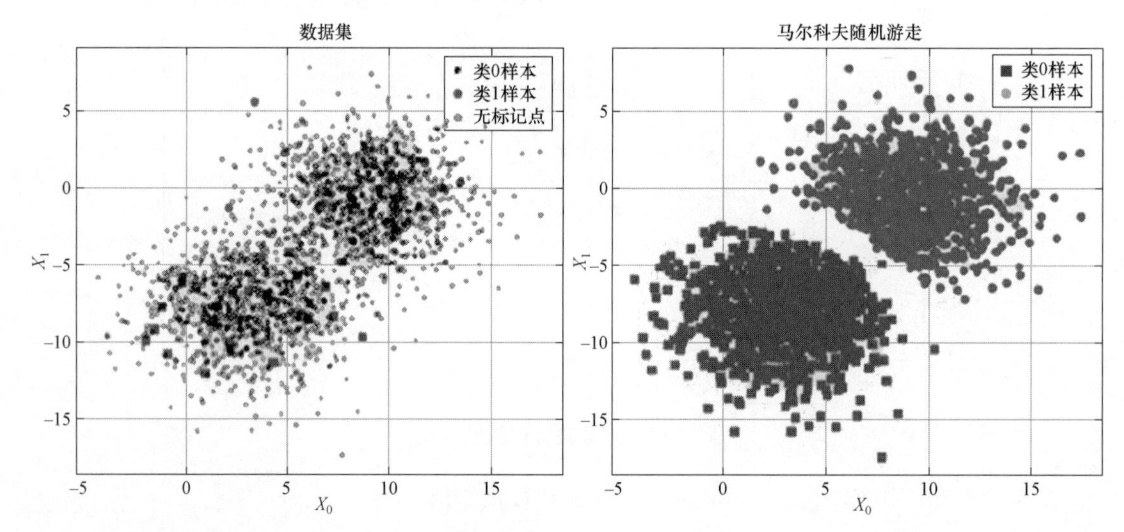

图 5.11　原始数据集（左）和马尔可夫随机游走标签传播算法产后处理后的数据集（右）

如愿，无需迭代，标签成功地传播至所有数据点，满足了簇假设的要求。该算法和标签传播算法都采用解析方式（闭式解）求解，所以即使样本数量大，效率也很高。但是，有一个基本问题涉及为 RBF 核选择σ / γ。正如 Zhu 和 Ghahramani 所言，没有标准解，但是可以考虑$\sigma \to 0$和$\sigma \to \infty$时的情况。前者只有最近邻点受到影响，而后者影响则波及整个样本空间，所有无标记点都会得到相同的标签。

Zhu 和 Ghahramani 建议考虑所有样本的熵（无序状态）以便确定使熵值最小的最优σ值。这样处理会很有效，但有时最小熵可能对应着这些算法无法实现的标签配置。最好的方法应该是尝试不同的值（属于不同量级），然后选择能够得到具有最低熵值的正确配置的值。本例可以利用下式计算无标记样本的熵值：

$$H(X_{\mathrm{U}}) = -\sum_{i=N+1}^{N+M} p(\bar{x}_i)\log p(\bar{x}_i)$$

执行计算的 Python 代码如下：

```
Pu = np.linalg.solve(Luu,np.dot(Wul,Yl))
H = -np.sum(Pu * np.log(Pu + 1e-6))
```

增加了一项 1e－6 以避免概率为零引发的数值问题。对不同的σ值重复上述计算，便可找到候选值集合，最终确定一个值从而实现标记准确率的直接评价。例如，如果没有关于实际分布的精确信息，就可以认为每簇以及簇间界限是连贯的。

另一种方法是**类平衡**（class rebalancing），其思想是重新设定无标记样本的概率，以便当数据集增加新的无标记样本时，实现各类样本点的数量再平衡。假定现有 N 个标记点和 M 个无标记点，分属 K 类。类 j 的权重因子 w_j 可由下式求得：

$$w_j = \frac{\frac{1}{N}\sum_{t=1}^{N} y_t^{(j)}}{\frac{1}{M}\sum_{t=N+1}^{N+M} \tilde{y}_t^{(j)}}$$

式中的分子项是针对类 k 所有标记样本计算得到的均值，而分母项是针对预估属于类 k 的无标记样本计算得到的均值。最终决定属于哪一类不再仅仅考虑最大概率，而是基于：

$$\tilde{y}_t^{(j)} = \underset{j}{\operatorname{argmax}}(w_j p(y_t = j))$$

本节讨论了不同场景下实现有效标签传播的一些一般策略。下节将应用流形假设，实现复杂数据集的非线性降维。

5.4 流形学习

第 3 章半监督学习导论讨论过流形假设，认为高维数据一般取决于低维流形。虽然不是一个定理，但是在很多实际情况下，该假设被证明是正确的。这样就可以采用一般情况下不可用的非线性降维算法。本节将分析这些算法。算法均在 scikit-learn 得以实现，用它们处理复杂数据集并非难事。

5.4.1 等距特征映射流形学习算法

等距特征映射流形学习算法（Isomap）是最简单的算法之一，其思想是，在保持输入数据所在原始流形上测得的测地距离（流形上两点间最短路径长度）不变的情况下实现降维。算法包括三步。

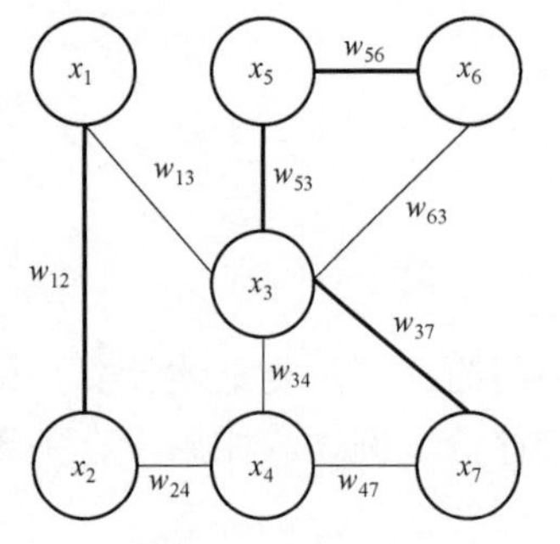

图 5.12 带有被标识最短距离的图例

第一步是 KNN 聚类和图构建。图的顶点是样本，边表示最近邻间的连接，而边的权重与到对应近邻的距离成正比。

第二步采用**狄克斯特拉算法**（Dijkstra’s algorithm，详见文献：Cormen T. H.，Leiserson C.E.，Rivest R. L.，*Introduction to Algorithms*，The MIT Press，2009）计算所有样本对的图上最短成对距离。图 5.12 中，一些较短的距离用粗线予以标识。

例如，x_3 是 x_5 和 x_7 的一个近邻。应用狄克斯特拉算法可以确定最短路径 $d(x_3,x_5)=w_{53}$ 和 $d(x_3,x_7)=w_{73}$。这一步的计算复杂性约为 $O(n^2\log n+n^2k)$，如果 $k\ll n$（通常可以满足的条件），低于 $O(n^3)$。但是，对于大图（$n\gg 1$）而言，这一步往往是整个算法计算量最大的部分。

第三步称为**度量多维尺度分析**（metric multidimensional scaling），该方法在保持样本内积不变的情况下找到一个低维表达。假定有一个 P 维数据集 X，算法必须通过最小化下列函数找到一个 Q 维数据集 $\boldsymbol{\Phi}$，其中 $Q<P$：

$$L_{\text{MDS}}=\sum_{(i,j)}(\bar{x}_i\cdot\bar{x}_j-\bar{\phi}_i\cdot\bar{\phi}_j)^2$$

文献已经证明（Chapelle O.，Schölkopf B.，Zien A.，*Semi-Supervised Learning*，The MIT Press，2010），利用格拉姆矩阵（Gram matrix）$G_{ij}=\bar{x}_i\cdot\bar{x}_j$（矩阵形式为 $G=XX^{\mathrm{T}}$，当 $X\in\mathbb{R}^{n\times M}$）的前 Q 个特征向量，可以完成优化。但是，由于 Isomap 算法涉及成对距离，所以需要计算平方距离矩阵 D：

$$D_{ij}=\|\bar{x}_i-\bar{x}_j\|^2$$

如果数据集 X 聚零，按照 M.A.A.Cox 和 T.F.Cox 的观点，可以从 D 导出简化的格拉姆矩阵：

$$G_{\mathrm{D}} = -\frac{1}{2}(I - \overline{v} \cdot \overline{v}^{\mathrm{T}})D(I - \overline{v} \cdot \overline{v}^{\mathrm{T}}), \overline{v} \in \mathbb{R}^{P}, \overline{v} = \left(\frac{1}{\sqrt{P}}, \frac{1}{\sqrt{P}}, \cdots \frac{1}{\sqrt{P}}\right)$$

Isomap 计算 G_{D} 的前 Q 个特征值 $\lambda_1, \lambda_2, \cdots, \lambda_Q$ 和对应的特征向量 $\overline{v}_1, \overline{v}_2, \cdots, \overline{v}_Q$，并确定 Q 维向量为：

$$\overline{\phi}_i = \left(\lambda_1^{\frac{1}{2}}\overline{v}_1, \lambda_2^{\frac{1}{2}}\overline{v}_2, \cdots, \lambda_Q^{\frac{1}{2}}\overline{v}_Q\right)$$

正如将在第 13 章成分分析与降维讨论的（Saul L. K.，Weinberger K. Q.，Sha F.，Ham J.，and Lee D. D.，*Spectral Methods for Dimensionality Reduction*，UCSD，2006），这种投影也被**主成分分析法**（principal component analysis，PCA）所采纳。该方法找到具有最大方差的方向，对应协方差矩阵的前 k 个特征向量。

如果用 SVD 处理数据集 X，可以得到：

$$X = U\Lambda V^{\mathrm{T}}, U \in \mathbb{R}^{M \times M}, \Lambda = \mathrm{diag}(n \times n), V \in \mathbb{R}^{n \times n}$$

对角矩阵 Λ 包括 XX^{T} 和 $X^{\mathrm{T}}X$ 的特征值，所以，G 的特征值 λ_{G_i} 等于 $M\lambda_i^{\Sigma}$，λ_i^{Σ} 是协方差矩阵 $\Sigma = M^{-1}X^{\mathrm{T}}X$ 的特征值。最终，Isomap 将数据集投影到由一组特征向量决定的子空间上，既保留了成对距离又实现了降维，同时得到了最大解释方差（maximum explained variance）。按照信息论的观点，该条件保证了有效降维的最小损失。

scikit-learn 还实现了效率稍差的 Floyd-Warshall 算法。更多内容可参阅：Cormen T.H.，Leiserson C. E.，Rivest R. L.，*Introduction to Algorithms*，The MIT Press，2009。

等距特征映射流形学习算法实例

本节用 Olivetti 人脸数据集（由 AT&T Laboratories 提供）测试 scikit-learn 实现的 Isomap 算法。该数据集由属于 40 位不同的前职员的 400 张 64 × 64 灰度头像构成。部分图像示例如图 5.13 所示。

图 5.13　Olivetti 人脸数据集子集

原始维数是 4096，但可视化的数据集是二维的。重要的一点是，用欧几里得距离测度图像相似性并非最佳选择。令人惊讶的是，Isomap 如此简单的一个算法居然能够很好地对样本进行了聚类。

首先，载入数据集：

```
from sklearn.datasets import fetch_olivetti_faces

faces = fetch_olivetti_faces()
```

词典 faces 包括三个主要元素：

- images：规模 400×64×64 的图像数列。
- data：规模 400×4096 的扁平数列。
- target：包含标签（0，39）的规模 400×1 的数列。

接着，初始化 scikit-learn 提供的 Isomap 类，设定 n_components = 2 和 n_neighbors = 5（读者也可尝试其他设定），然后拟合模型：

```
from sklearn.manifold import Isomap

isomap = Isomap(n_neighbors=5,n_components=2)
X_isomap = isomap.fit_transform(faces['data'])
```

由于有 400 个点的数据集非常密集，图 5.14 只显示了前 100 个样本的分布。

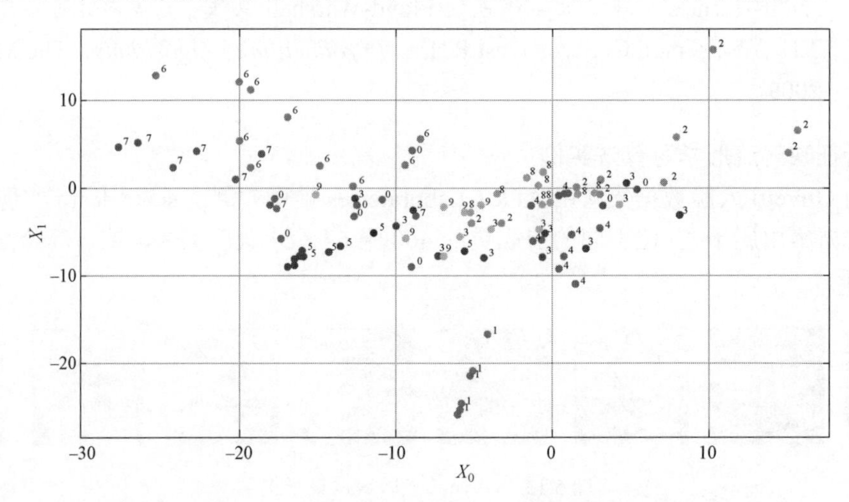

图 5.14 用 Isomap 处理取自 Olivetti 人脸数据集的 100 个样本

从图 5.14 中可见，同类的样本（或子类，例如，同一个人有不同的表情或有无戴眼镜）被归在相当密集的团组里。

看上去分离更清楚的类是 7 和 1。关注类 7 对应的人脸，得到图 5.15。

      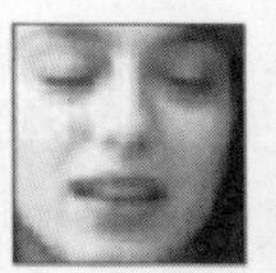 

图 5.15　属于类 7 的样本

图 5.15 的样本集是一位皮肤白皙年轻女子的人像，明显与其他大多数人不同。而类 1 则如图 5.16 所示。

    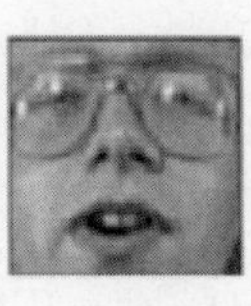   

图 5.16　属于类 1 的样本

图 5.16 是一位戴着大眼镜、嘴型特别的男士。整个数据集里只有少数戴眼镜的人，其中一人还留着黑胡须。由此可以断言，Isomap 确实形成了与原始测地距离一致的低维表达。有时，通过增加维度或采用更复杂的策略，可以消除部分聚类重叠现象。

5.4.2　局部线性嵌入算法

与利用成对距离的 Isomap 不同，**局部线性嵌入算法**（locally linear embedding，LLE）的前提假设是，平滑流形上的高维数据集在降维过程中可以保持拥有局部线性结构。与 Isomap 一样，该算法包括三步。

第一步，利用 KNN 算法产生一个有向图（Isomap 中则是一个无向图），图的顶点是输入样本而边表示近邻关系。由于是有向图，点 $\bar{x}_i$ 是 $\bar{x}_j$ 的近邻，但反之可能并不成立。这意味着权重矩阵是非对称矩阵。

第二步基于局部线性假设，如图 5.17 所示。

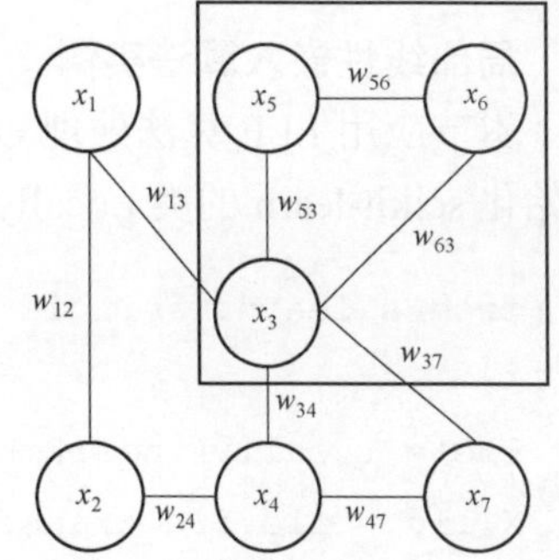

图 5.17　用阴影矩形标识近邻图

矩形圈限了一小块近邻区域。以点 x_5 为例，根据局部线性假设，可以忽略循环关系而认为 $x_5 = w_{56}x_6 + w_{53}x_3$。对所有 N 个 P 维点，该问题可以形式化为下列函数的最小化：

$$L_W = \sum_{i=1}^{N} \left\| \bar{x}_i - \sum_{k \in \text{neighbors}(\bar{x}_i)} W_{ik} \bar{x}_k \right\|^2 \text{，满足} \sum_{k \in \text{neighbors}(\bar{x}_i)} W_{ik} = 1$$

为了处理低秩近邻矩阵（参照上例，近邻数量等于 20），scikit-learn 实现了正则化算法，该算法将一个很小的任意积分常数加在局部权重上（称为修正 LLE 或 MLLE）。这一步最后选择更匹配近邻线性关系的矩阵 W 用于后续处理。

第三步，LLE 确定能够最好地重建最近邻间原始关系的低维（$Q < P$）表达，通过下列函数的最小化得以实现：

$$L_\Phi = \sum_{i=1}^{N} \left\| \bar{\phi}_i - \sum_{k \in \text{neighbors}(\bar{\phi}_i)} W_{ik} \bar{\phi}_k \right\|^2 \text{，满足} \sum_i \bar{\phi}_i = 0 \text{且} Cov(\bar{\phi}_i, \bar{\phi}_j) = 1, \forall i, j$$

采用**瑞利—里茨法**（Rayleigh-Ritz method）求解。该方法从超大稀疏矩阵提取特征向量和特征值的子集。更多细节可参阅文献：Schofield G. Chelikowsky J.R.；Saad Y.，*A spectrum slicing method for the Kohn-Sham problem*，Computer Physics Communications. 183，2012。最后一步首先确定矩阵 D：

$$D = (I - W)^{\mathrm{T}} (I - W)$$

可以证明，最后的特征向量（如果特征值降序排序，该向量就是最底下的向量）的所有要素 $\bar{v}_1^{(N)}, \bar{v}_2^{(N)}, \cdots, \bar{v}_N^{(N)} = \bar{v}$，对应的特征值为零。Saul 和 Roweis（文献：Saul L. K.，RoweisS. T.，*An introduction to locally linear embedding*，2001）指出，所有其他 Q 个特征向量（自底向上）都是正交向量，它们可以拥有零均值嵌入。因此，最后的特征向量被舍弃，其余 Q 个特征向量确定嵌入向量 $\bar{\varphi}_i$。

关于 MLLE 的更多介绍，请参阅：Zhang Z.，Wang J.，*MLLE：Modified Locally Linear Embedding Using Multiple Weights*，NIPS，2006。

局部线性嵌入算法实例

本节应用 LLE 算法处理 Olivetti 人脸数据集，用 `n_components = 2` 和 `n_neighbors = 15` 初始化 scikit-learn 的类 LocallyLinearEmbedding：

```
from sklearn.manifold import LocallyLinearEmbedding


lle = LocallyLinearEmbedding(n_neighbors=15,n_components=2)
X_lle = lle.fit_transform(faces['data'])
```

结果（取前 100 个数据点）如图 5.18 所示。

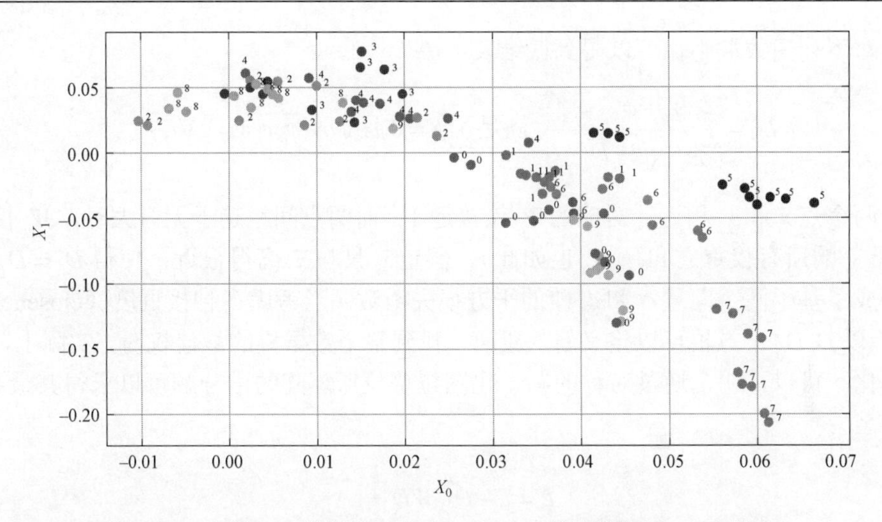

图 5.18　应用 LLE 算法处理取自 Olicetti 人脸数据集的 100 个样本

尽管 LLE 与 Isomap 的策略不同，仍然能够确定一些正确的簇。这里的相似性是通过小的线性分组的结合得到的。对于人脸而言，这些小的线性分组表示特定的微特征。如同鼻子的轮廓或眼镜的有无，同一个人不同头像里的这些微特征是不变的。因此，LLE 一般更适合原始数据集本质上是局部线性而数据点又可能落在平滑流形上的情况。

换言之，如果给定近邻和权重，样本的某些部分能够保证点的重构得以实现的话，LLE 是合理的选择。对于图像而言，上述结论往往是正确的。但是，对于一般的数据集，其实不然。如果结果不能重建原始聚类，可能就需要采用接下来介绍的拉普拉斯谱嵌入算法（laplacian spectral embedding）或者 t-SNE，这是最高级的算法之一。

5.4.3　拉普拉斯谱嵌入算法

基于图拉普拉斯谱分解的拉普拉斯谱嵌入算法的目的是，实现非线性的降维以便维持 P 维流形上的点映射到 Q 维子空间（$Q<P$）时的密接性。

算法的流程与其他算法非常类似。第一步是 KNN 聚类，产生顶点（假定有 N 个）是样本、边被 RBF 核赋予权重的图：

$$W_{ij} = \mathrm{e}^{-\gamma\|\bar{x}_i - \bar{x}_j\|_2^2}$$

得到的图是无向的对称图。定义一个伪度矩阵 D：

$$D = \mathrm{diag}\left(\sum_j W_{1j}, \sum_j W_{2j}, \cdots, \sum_j W_{Nj}\right)$$

通过对下列函数最小化可以得到低维表达$\boldsymbol{\Phi}$:

$$L_{\Phi}=\sum_{(i,j)}\frac{W_{ij}\|\bar{\phi}_i-\bar{\phi}_j\|^2}{\sqrt{D_{ii}D_{jj}}},\text{满足}\sum_i\bar{\phi}_i=0\text{ 且 }Cov(\bar{\phi}_i,\bar{\phi}_j)=1,\forall i,j$$

如果两个点$\bar{x}_i$和$\bar{x}_j$相近，对应的W_{ij}就接近1。而两点间距趋于无穷大时，W_{ij}接近于0。D_{ii}是源于$\bar{x}_i$的所有权重之和（D_{jj}也如此）。假定$\bar{x}_i$只与$\bar{x}_j$离得很近，使得$D_{ii}=D_{jj}\approx W_{ij}$。上式就变成了基于两个向量$\bar{\phi}_i$和$\bar{\phi}_j$差的平方损失函数。当考虑多种接近度（closeness）关系时，W_{ij}除以$D_{ii}D_{jj}$平方根可以定义新的距离，找到整个数据集的最佳权衡。实际上，L_{Φ}并不直接最小化。可以证明，通过对称的归一化图拉普拉斯矩阵的谱分解可以求得其最小值（算法由此得名）：

$$L=I-D^{-\frac{1}{2}}WD^{-\frac{1}{2}}$$

恰如LLE算法，拉普拉斯谱嵌入算法也适用于后面的$Q+1$个特征向量。最后一步的数学原理都是基于瑞利一里茨方法的应用。去除最后一项，剩下的Q个特征向量决定了低维表达$\bar{\phi}_i$。

拉普拉斯谱嵌入算法实例

本节利用scikit-learn的类SpectralEmbedding实现拉普拉斯谱嵌入算法并处理上文的人脸数据集，其中，`n_components = 2`，`n_neighbors = 15`:

```
from sklearn.manifold import SpectralEmbedding

se = SpectralEmbedding(n_components=2,n_neighbors=15,random_state=1000)
X_se = se.fit_transform(faces['data'])
```

结果如图5.19所示。由于存在高密度区域，特意进行了放大处理。

仍然可见，一些类被组成了很小的簇，同时，也有很多混杂样本集结成团。拉普拉斯谱嵌入算法和LLE算法都处理局部信息，试图找到能够保留细微特征几何结构的低维表达。

这就要求一种映射使得相近的点分享局部特征（对于图像而言几乎不言而喻，但是对于其他更一般样本而言，却难以得到验证）。因此，一方面，小簇包含属于同类的样本，而另一方面，也有一些在原始原流形上的明显的异值点，即使共有相同的局部区域，总体上还是不同的。事实上，Isomap或t-SNE等方法考虑整体分布，试图通过考虑初始数据集整体特性，确定与初始数据集几乎等距的表达。

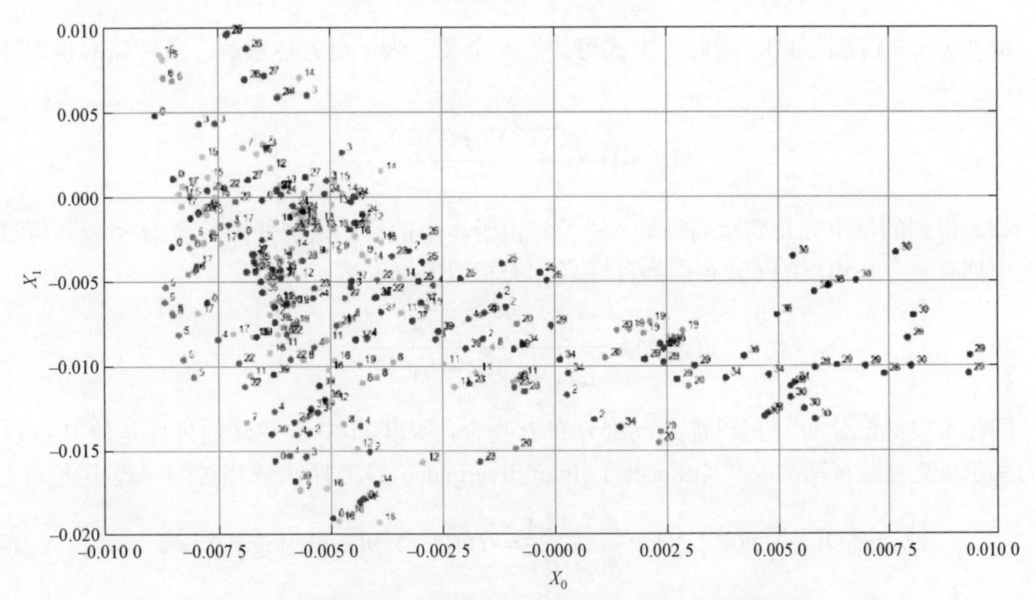

图 5.19　应用拉普拉斯谱嵌入算法处理 Olicetti 人脸数据集

5.4.4　t-SNE

Van der Mateen 和 Hinton 提出的 t-SNE 算法，正式名称是 t 分布随机邻域嵌入（t-distributed stochastic neighbor embedding）算法，是最有效的流形降维技术之一。与其他方法不同，t-SNE 算法考虑一个基本假设：两个 N 维点 $\bar{x}_i$ 和 $\bar{x}_j$ 的相似度可以表示为条件概率 $p(\bar{x}_j|\bar{x}_i)$，而每个点都可以用以 $\bar{x}_i$ 为中心、方差为 σ_i^2 的高斯分布表达。方差从期望的困惑度（perplexity，评价语言模型优劣的测度）选起，定义为：

$$\text{Perplexity}(p)=2^{H(p)}$$

困惑度越小，意味着不确定性越低，因此，通常希望困惑度越小越好。在一般的 t-SNE 任务中，可接受的困惑度值为 5～50。

关于条件概率的假设可以解释为：如果两个样本非常相似，那么与第一个样本相关的作为第二个样本条件的概率就很大。而不相似的点，得到的条件概率小。以图像为例，瞳孔中心点可以将属于眼睫毛的一些点当作近邻点。借用概率术语表述就是，概率 p(眼睫毛|瞳孔) 相当高，而 p(鼻子|瞳孔) 明显低。T-SNE 将这些条件概率表示为：

$$p(\bar{x}_j|\bar{x}_i)=\frac{\mathrm{e}^{-\frac{\|\bar{x}_i-\bar{x}_j\|^2}{2\sigma_i^2}}}{\sum_{k\neq i}\mathrm{e}^{-\frac{\|\bar{x}_i-\bar{x}_k\|^2}{2\sigma_i^2}}}$$

概率 $p(\bar{x}_i|\bar{x}_i)$ 设定为 0，因此，上式可扩展至全图。为了更方便求解，条件概率也对称简化为：

$$p(\bar{x}_j|\bar{x}_i)=\frac{p(\bar{x}_i|\bar{x}_j)+p(\bar{x}_j|\bar{x}_i)}{2N}$$

如此得到的概率分布表示高维输入关系。由于本章的目的是降低维数至 $M<N$，可以考虑采用拥有一个自由度的 t 分布作为目标点 $\bar{\phi}_i$ 的相似概率表达：

$$q(\bar{\phi}_j|\bar{\phi}_i)=\frac{(1+\|\bar{\phi}_i-\bar{\phi}_j\|^2)^{-1}}{\sum_{k\neq j}(1+\|\bar{\phi}_k-\bar{\phi}_j\|^2)^{-1}}$$

同时希望低维分布 Q 尽可能与高维分布 P 吻合，所以，t-SNE 算法的目标是使 P 和 Q 之间的库尔贝克－莱布勒散度（Kullback-Leibler divergence，KL 距离或相对熵）最小化：

$$D_{\mathrm{KL}}(P\|Q)=\sum_{(i,j)}p(\bar{x}_j\mid\bar{x}_i)\log\frac{p(\bar{x}_j\mid\bar{x}_i)}{q(\bar{\phi}_j\mid\bar{\phi}_i)}=H(P)-\sum_{(i,j)}p(\bar{x}_j\mid\bar{x}_i)\log q(\bar{\phi}_j\mid\bar{\phi}_i)$$

式中的第一项是初始分布 P 的熵，第二项则是要被最小化以便解决问题的交叉熵 $H(P,Q)$。上式最小化的最好方法是利用梯度下降算法（详细分析参见第 17 章神经网络的建模与优化），也有其他可用的方法可以进一步改进求解效能（参阅：Van der Maaten L.J.P.，Hinton G.E.，*Visualizing High-Dimensional Data Using t-SNE*，Journal of Machine Learning Research 9（Nov），2008）。

t 分布随机邻域嵌入算法实例

本节利用 scikit-learn 的类 TSNE 实现强力的 t-SNE 算法并处理相同的 Olivetti 人脸数据集，其中，`n_components = 2`，`n_neighbors = 20`：

```
from sklearn.manifold import TSNE

tsne = TSNE(n_components=2,perplexity=20,random_state=1000)
X_tsne = tsne.fit_transform(faces['data'])
print("Final KL divergence:{}".format(tsne.kl_divergence_))
```

程序运行结果为：

```
Final KL divergence:0.5993183851242065
```

最终的 KL 散度大约为 0.6，属于低值（困惑度为 20 情况下可以得到的最小值），但是在有些任务中，可能还是不够低。图 5.20 给出所有 400 样本点的图示结果。

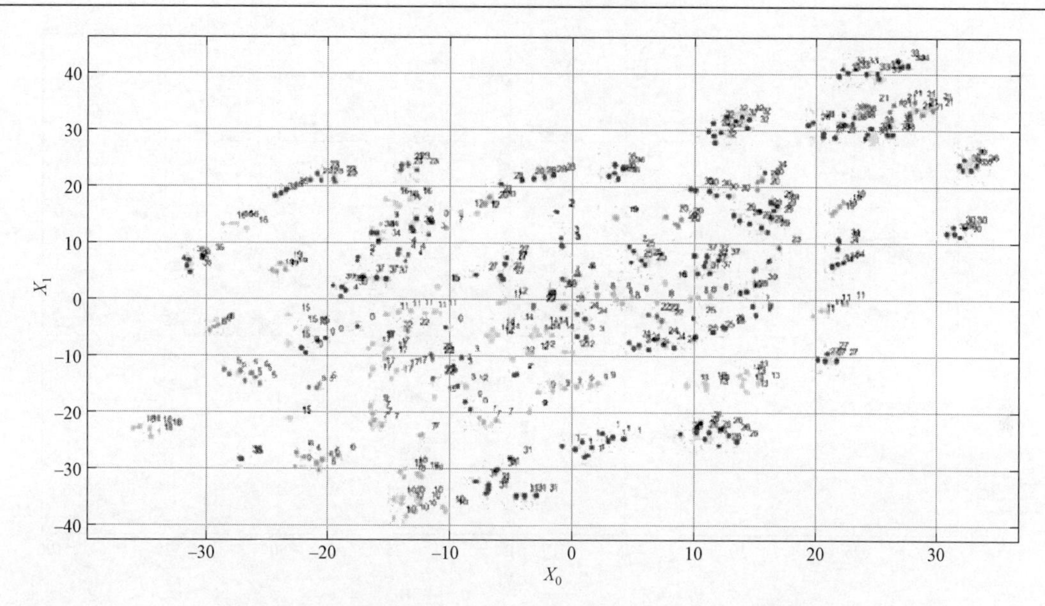

图 5.20　应用困惑度为 20 的 t-SNE 处理 Olicetti 人脸数据集

检查图 5.20 的标签分布情况可知，t-SNE 算法已经根据原始的高维分布重建了一个非常好的聚类结构。可以合理假定属于相同区域的点相近，但也相对分离。不过还是想通过降低困惑度到 2，验证算法的极限效果：

```
from sklearn.manifold import TSNE

tsne = TSNE(n_components=2,perplexity=2,random_state=1000)
X_tsne = tsne.fit_transform(faces['data'])
print("Final KL divergence:{}".format(tsne.kl_divergence_))
```

得到结果为：

```
Final KL divergence:0.37610241770744324
```

显然，新的分布重叠现象严重，很难得到更好的结果。再次检查图 5.21 所示的数据集分布情况。

图 5.21 中，簇更为紧凑（但是，标签多有重叠），证实了原始数据集是自然聚集的，而高密度区域分解成了多个表示同一人但有细微特征差异的特定图像集的低密度组（其实密度仍然很高）。由于 t-SNE 高度依赖簇假设和平滑假设，困惑度越大，可以得到越平滑的分离效果。

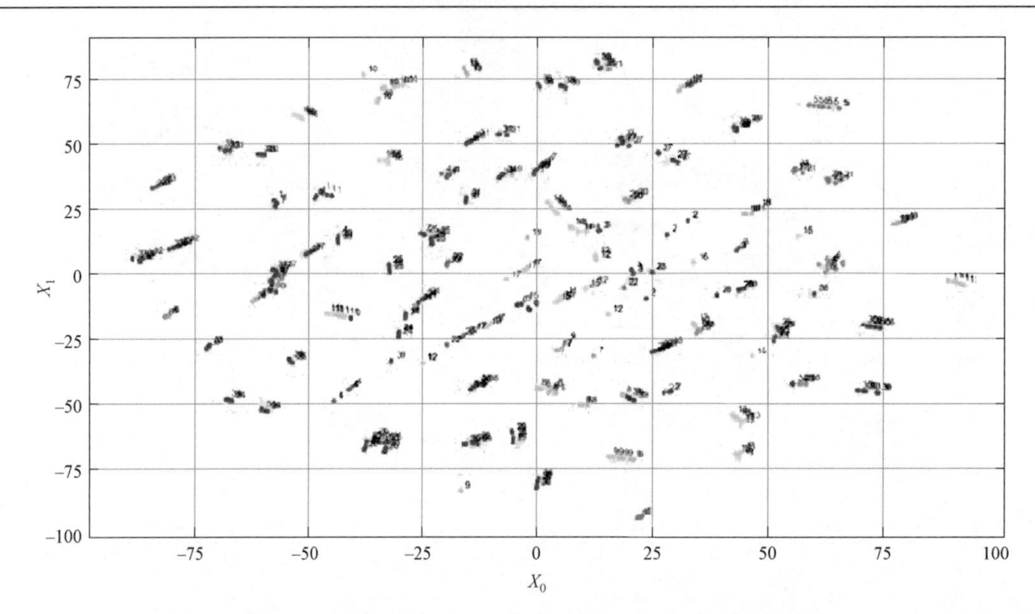

图 5.21 应用困惑度为 2 的 t-SNE 处理 Olicetti 人脸数据集

有必要再次思考数据生成过程的实质。在本章的特定事例中，使用了一个图像集合，该图像集显然可以看作与椅子图片密切相关的类。另外，更关注相同主体图像所处的子流形。因此，需要某种程度弱化平滑假设而更依赖于簇假设以便实现更好的数据分离。这个原理具有一般性，适用于所有必须从局域层面分析不同数据生成过程的情况。

子流形的平滑度往往不如整体分布所在的完整流形（想想橘子的表面）。

粒度更细而类的分离更明显，这与原来初始的假设并不矛盾。原因在于，这是在一个已经非常平滑的区域上执行了一个变焦操作。只是这个区域还有一些斑痕，表示具有非常相似特征的子簇。

t-SNE 算法可用于多种非线性降维任务，例如图像、词嵌入或复杂特征向量。其主要优势隐藏在可将相似度当作概率这一假设中，无需给成对距离（无论全局还是局部）增加任何约束限定。某种程度上，可以将 t-SNE 看成基于交叉熵代价函数的多类别逆分类问题。目的是找到给定初始分布和关于输出分布的假设情况下的标签（低维表达）。

这时，可以回答一个很自然的问题：哪个算法必须用到？明确的回答是，因问题而定。如果要求降维处理而且保留向量的全局相似性（当样本是没有局部特性的长特征向量，例如词嵌入或数据编码时），最好选择 t-SNE 或 Isomap。而如果必须尽可能保持与原始表达相近的局部距离（例如，能够被属于不同类的不同样本所共享的图形图像结构），则推荐用 LLE 或谱嵌入算法。

5.5 本章小结

本章介绍了最重要的标签传播技术。特别是介绍了如何基于加权核构建数据集图以及如何利用无标记样本提供的几何信息确定最可能的类。方法的基本原理是不断重复标签向量与权重矩阵的乘积直至到达一个稳定点。已证明，按照简单的假设，稳定点总是能够得到的。

另一种已在 scikit-learn 实现的方法基于状态（用样本代表）转移概率，收敛到一个标记点。概率矩阵可由归一化权重矩阵得到，促进邻近点的转移，抑制所有的跳远（long jump）。这两种方法的主要缺点是标记样本难以固定。如果数据集可信的话，转移概率还是有用的。但是，如果存在被错误赋予标签的异值点的话，反而成为局限。

标签扩散算法通过引入决定固定标签百分率的夹持因子解决上述问题。算法与标签传播算法非常相似，但它是基于图拉普拉斯矩阵的，可用于所有数据生成分布不太理想而且噪声概率高的问题。

基于马尔可夫随机游走的传播算法非常简单，能够利用随机过程预估无标记样本的类分布。可以想象成一个测试样本穿过整个图直到抵达一个最终标记状态（即获得相应的标签）。该算法效率很高，通过求解线性系统可以得到一个闭式解析解。

还有一个话题是流形学习的 Isomap 算法。该算法基于 KNN 算法构建的图（大多数这类算法共同的第一步），简单而有效。应用多维尺度分析技术处理原来的成对距离，得到样本间距离被保留的低维表达。

局部线性嵌入和拉普拉斯谱嵌入是两种基于局部信息的不同方法。前者试图保留原始流形上的局部线性特征，而后者基于归一化图拉普拉斯的谱分解，试图保留原始样本的相近关系。两种方法都适用于不必介意整个原始分布而关注小数据区片相似性的任务。

本章最后讨论了 t-SNE。这种算法试图建模尽可能与原先高维分布相似的低维分布，具体通过两种分布之间的 KL 散度最小化而实现。t-SNE 是目前非常有效的算法，特别适用于需要考虑整体原始分布和所有样本间相似度的情况。

下一章将介绍一些聚类和模式发现的常用无监督算法。有些要用到的概念已在本章讨论。因此，在继续进入下一章之前，最好复习一下本章所有内容。

扩展阅读

- Zhu X., Ghahramani Z., *Learning from Labeled and Unlabeled Data with Label Propagation*, CMU-CALD-02-107, 2002.
- Chapelle O., Schölkopf B., Zien A.(edited by), *Semi-Supervised Learning*, The MIT Press,

2010.

- Saul L. K., Weinberger K. Q., Sha F., Ham J., and Lee D. D., *Spectral Methods for Dimensionality Reduction*, UCSD, 2006.
- Cormen T. H., Leiserson C. E., Rivest R. L., *Introduction to Algorithms*, The MIT Press, 2009.
- Schofield G. Chelikowsky J. R.;Saad Y., *A spectrum slicing method for the Kohn-Sham problem*, *Computer Physics Communications*. 183, 2012.
- Saul L. K., Roweis S. T., *An introduction to locally linear embedding*, 2001.
- Zhang Z., Wang J., *MLLE:Modified Locally Linear Embedding Using Multiple Weights*, NIPS, 2006.
- Belkin M., Niyogi P., Sindhwani V., *Manifold Regularization:A Geometric Framework for Learning from Labeled and Unlabeled Examples*, Journal of Machine Learning Research 7, 2006.
- Van der Maaten L.J.P., Hinton G. E., *Visualizing High-Dimensional Data Using t-SNE*, Journal of Machine Learning Research 9(Nov), 2008.
- Biyikoglu T., Leydold J., Stadler P. F., *Laplacian Eigenvectors of Graphs*, Springer, 2007.
- Lee J. M., *Introduction to Smooth Manifolds*, Springer, 2012.

第 6 章　聚类和无监督学习模型

本章将介绍若干基本的聚类算法，讨论各自优缺点。无监督学习和其他机器学习方法都必须遵循奥卡姆剃刀（Occam's razor）原理。只要模型的性能能够满足要求，简约性永远是第一位的。

然而，此时正确标记的真实数据（ground truth）可能无从知晓。利用聚类算法作为研究工具，也只能假定数据集代表一个精确的数据生成过程。如果这个假设是正确的，最好的办法就是确定簇的个数以便使内部关联（密集度，denseness）更紧密、外部分离更显著。这意味着，需要找到一些数据块（或岛），其样本拥有一些共同的但部分独有的特征。

具体地，本章将要分析讨论的算法和话题是：

- 基于 **k 维**（k－dimensional，k－d）树和球树的 **k 最近邻**（k－nearest neighbors，KNN）算法。
- k 均值聚类算法（k－means clustering）和 k－means++。
- 聚类模型的评价。

首先分析一种最简单的数据聚类方法，讨论它的优缺点以及如何用于改进数据聚类。

6.1　k 最近邻（KNN）算法

该算法是一种基于实例的算法，其方法论被称为基于实例的学习方法。

该算法与其他方法不同之处是，它并不处理实际的数学模型。相反，通过直接比较新样本与已有样本（定义为实例）来完成推理。KNN 解决聚类、分类以及回归等问题都简单易用，但是本章只讨论聚类应用。聚类算法的主要思想非常简单。考虑数据生成过程 p_{data} ，并确定源于该过程的数据集：

$$X = \{\bar{x}_1, \bar{x}_2, \cdots, \bar{x}_n\}, \bar{x}_i \in \mathbb{R}^N$$

每个点的维度为 N。现引入距离函数 $d(\bar{x}_1, \bar{x}_2)$ 。大多数情况下，该函数可泛化为闵可夫斯基距离（Minkowski distance）：

$$d_{\text{p}}(\bar{x}_1, \bar{x}_2) = \left(\sum_{j=1}^{N} | \bar{x}_1^{(j)} - \bar{x}_2^{(j)} |^p \right)^{\frac{1}{p}}$$

当 $p=2$ 时，$d_p(\bar{x}_1,\bar{x}_2)$ 表示经典的欧几里得距离，这一般也是几乎所有情况下的默认选项。在有些特定的具体情况下，可以选用其他选项，例如，$p=1$（也称为曼哈顿距离，Manhattan distance）或 $p>2$。即使度量函数（距离函数）的所有特性保持不变，选取不同的 p 值，都会得到语义不同的结果。例如，考虑以点 $\bar{x}_1=(0,0)$ 和点 $\bar{x}_2=(15,10)$ 的距离作为 p 的函数，如图 6.1 所示。

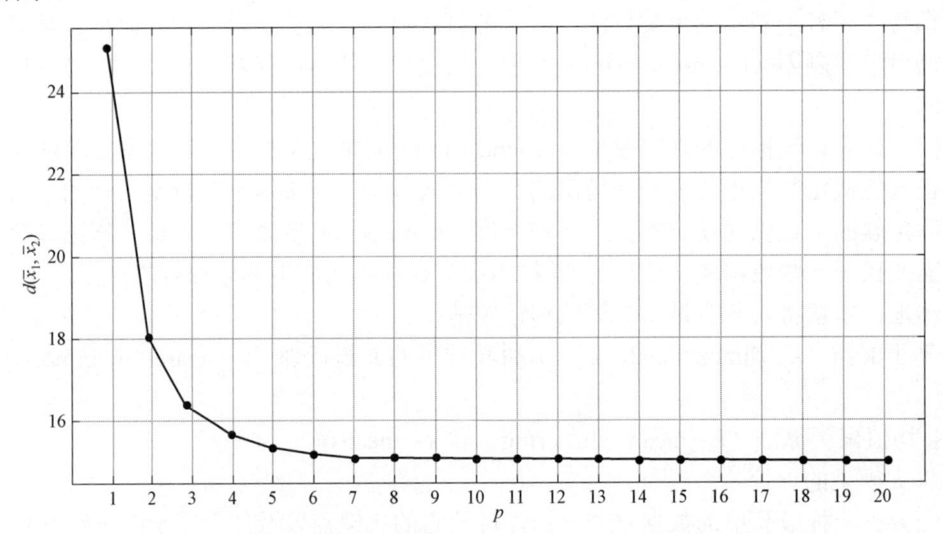

图 6.1　作为参数 p 函数的点（0,0）和（15,10）间的闵可夫斯基距离

距离随参数 p 单调减小，当 $p\to\infty$ 时，收敛于最大分量绝对差 $|\bar{x}_1^{(j)}-\bar{x}_2^{(j)}|$。因此，如果需要以同样方式加权所有分量以便获得一致度量的话，推荐选取较小的 p 值（例如，$p=1$ 或 $p=2$）。Aggarwal 等人对此开展了相关研究，证明了基本的不等式（具体可参阅：Aggarwal C. C.，Hinneburg A.，Keim D. A.，*On the Surprising Behavior of Distance Metrics in High Dimensional Space*，ICDT，2001）。

设 M 个点 $\bar{x}_i\in(0,1)^d$ 的一般分布为 G，给定基于 Lp 范式的距离函数、取自分布 G 的两点 $\bar{x}_j$ 和 $\bar{x}_k$ 之间的最大距离 $D_{\max}^p$ 和最小距离 $D_{\min}^p$（利用 Lp 范式计算得到）以及原点 $O\in\mathbb{R}^d$，下列不等式成立：

$$C_p\leqslant\lim_{d\to\infty}E\left[\frac{D_{\max}^p-D_{\min}^p}{d^{\frac{1}{p}-\frac{1}{2}}}\right]\leqslant(M-1)C_p, C_p\geqslant 0$$

显然，当输入维度很高而且 $p\gg 2$ 时，期望值 $E[D_{\max}^p-D_{\min}^p]$ 的上下限为两个常量，$k_1\left(C_pd^{\frac{1}{p}-\frac{1}{2}}\right)$ 和 $(M-1)k_2\left(C_pd^{\frac{1}{p}-\frac{1}{2}}\right)\to 0$，减弱了几乎所有距离的实际影响。事实上，给定源于

G 分布的两个一般点对 $(\bar{x}_1,\bar{x}_2)$ 和 $(\bar{x}_3,\bar{x}_4)$，上述不等式的结果就是，当 $p\to\infty$ 时，$d_p(\bar{x}_1,\bar{x}_2)\approx d_p(\bar{x}_3,\bar{x}_4)$，这与它们的相对位置无关。这一重要结果证实了根据数据集的维度选择正确度量的重要性，也证实了当 $d\gg1$ 时，$p=1$ 是最佳选择，而由于度量的无效性，$p\gg1$ 会产生不一致的结果。为了直接确认上述结论，可以运行下面的程序段。该程序利用 100 个数据集，每个数据集包含 100 个服从均匀分布 $G\sim U(0,I)$ 的数据点，计算最大距离与最小距离的平均差值。该程序分析了 $d=5,10,15,20$ 等四种情况，采用闵可夫斯基距离度量，$p=1,2,5,10$（最终值取决于随机种子和实验重复次数）：

```
import numpy as np
from scipy.spatial.distance import pdist

nb_samples = 100
nb_bins = 100

def max_min_mean(p=1.0,d=2):
    Xs = np.random.uniform(0.0,1.0,
         size=(nb_bins,nb_samples,d))

    pd_max = np.zeros(shape=(nb_bins,))
    pd_min = np.zeros(shape=(nb_bins,))

    for i in range(nb_bins):
    pd = pdist(Xs[i],metric='minkowski',p=p)
    pd_max[i] = np.max(pd)
    pd_min[i] = np.min(pd)

return np.mean(pd_max - pd_min)
```

图 6.2 显示根据度量值 p 组合在一起的不同的距离值。

上述不等式直接结果的一个具体例子是，当分量之间最大绝对差值确定距离的最重要因子时，p 可以取大值。例如，考虑有三个点，$\bar{x}_1=(0,0)$、$\bar{x}_2=(15,10)$ 和 $\bar{x}_3=(15,0)$，那么，$d_2(\bar{x}_1,\bar{x}_2)\approx18$、$d_2(\bar{x}_1,\bar{x}_3)=15$。如果设定阈值在以 $\bar{x}_1$ 为中心 $p=16$ 处，那么点 $\bar{x}_2$ 就落在边界之外。如果换作 $p=15$，那么两个距离都接近 15，而且两个点，$\bar{x}_2$ 和 $\bar{x}_3$，均在边界之内。如果需要考虑距离不均一性的话，p 必须取大值。例如，某些特征向量可以表示一群人的年龄

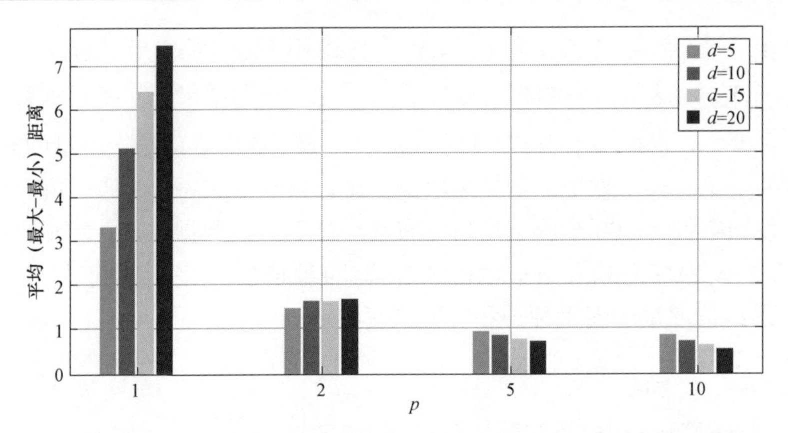

图 6.2 按照 p 值组合在一起的最大最小闵可夫斯基距离的平均差值

和身高。现有一位测试人 $\bar{x}=(30,175)$，如果 p 取大值，x 与其他两个样本（(35,150) 和 (25,151)）的距离几乎相等（大约为 25.0），而且，唯一的主导因子是身高的高度差，与年龄无关。

KNN 算法为每一个训练点确定 k 个最邻近的样本。当出现一个新样本时，重复一下处理流程，这里有两种可能的操作。

- 给定一个预定义的 k 值，计算 KNN。
- 给定一个预定义的半径阈值 r，计算距离小于或等于半径的所有近邻。

KNN 的观点是相似的样本共享特征。例如，推荐系统可以采用 KNN 算法实现用户聚类，而且，给定一位新用户，可以找到最相似的用户（例如，根据他们购买的产品）以便推荐同类物品。通常，将相似度函数定义为距离的倒数（也有余弦相似度这样的例外，它对任何 p 值都是有效的）：

$$s(\bar{x}_1,\bar{x}_2)=f(d_p(\bar{x}_1,\bar{x}_2))=\frac{1}{d_p(\bar{x}_1,\bar{x}_2)}, \text{对于} d_p(\bar{x}_1,\bar{x}_2)\neq 0$$

两位被归为近邻的不同用户，A 和 B，从某种角度说是不同的，但同时，他们又都有一些共同的特殊特征。这种说法意味着要通过指出差异来增加均匀性。例如，如果 A 喜欢书 b1 而 B 喜欢 b2，那么就可以将 b1 推荐给 B 而 b2 给 A。如果这个说法是正确的话，A 和 B 之间的相似度就会增大。否则，两个用户将被归于其他更好表现他们行为的类簇。

遗憾的是，遇到大量样本时，标准算法（在 scikit-learn，称为蛮力算法，brute-force algorithm）运算会变得特别慢，因为需要计算所有的成对距离以便回答任何查询。假设有 M 个样本点，计算次数就是 M^2，这是无法接受的（如果 $M=1000$，每个查询就需要计算上百万个距离值）。更确切地讲，因为 N 维空间里的距离计算需要 N 次计算，总计算复杂度为 $O(M^2N)$。只有在 M 和 N 同时为小数值的时候，该计算复杂度才是可接受的。正因为如此，需要一些重要的策略，例如 k-d 树和球树，降低计算复杂度。

6.1.1　k-d 树

所有 KNN 查询都可以当作搜索问题，而减低整体复杂度的最有效方法之一就是重组数据集使之成为树状结构。二叉树（一维数据）查询的平均计算复杂度是 $O(\log M)$，因为假定每个分支上的元素数量几乎相等。如果二叉树根本不均衡的话，所有元素顺序插入，结果就是树结构只有一条分支，其复杂度为 $O(M)$。一般来说，由于树并不均衡，实际复杂度略大于 $O(\log M)$，但运算还是比普通搜索算法（复杂度为 $O(M^2)$）有效得多。

但是，实际上需要处理的往往是 N 维数据，以前的结构无法直接适用。k-d 树针对二维以上多维数据扩展了二叉树的概念。这种情况下，无法直接进行数据分离，必须考虑不同的策略。最简易的解决方法是，每层（$1,2,\cdots,N$）选择一个特征，重复此过程直至到达预想的深度。图 6.3 是三维数据点的 k-d 树示例。

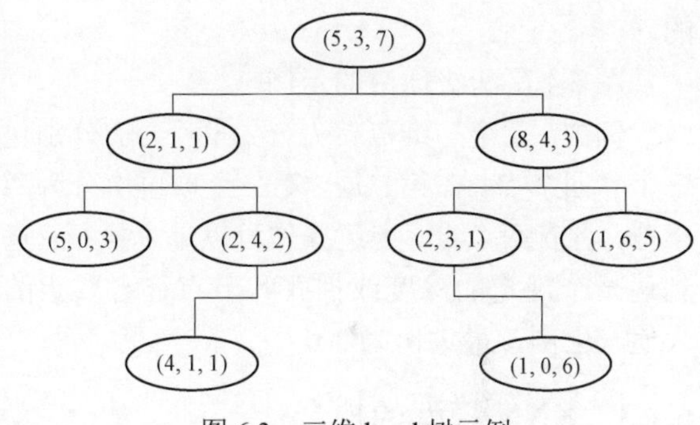

图 6.3　三维 k-d 树示例

根节点是 $(5,3,7)$。考虑第一个特征进行第一次数据分离，结果得到两个子节点 $(2,1,1)$ 和 $(8,4,3)$。根据第二个特征进行第二次分离，依次继续。平均计算复杂度是 $O(N\log M)$，但是，如果分布很不对称的话，大概率会得到一棵不均衡的树。为了避免这种情况，应该选择对应数据集（子集）中值的特征，遵循这一准则进行数据分离。这样就能确保生成的树具有均衡性。然而，平均复杂度总是正比于维度，这将大大影响数据查询效果。

例如，如果 $M=10\,000$，$N=10$，采用 $\log_{10} x$，那么，$O(N\log M)=O(40)$。而如果 $N=1000$ 的话，复杂度则是 $O(40\,000)$。一般来说，k-d 树受维度灾难影响程度大，N 更大时，平均复杂度大约是 $O(MN)$。虽然好于普通算法，但对于实际应用而言仍然显得代价太大。因此，k-d 树只是在维度不太高的情况下才真正有效。否则，生成不均衡树的可能性很高，计算复杂度很大，需要采用其他不同的方法。

6.1.2　球树

可以采用球树替代 k-d 树。基本思想是，采用一种对高维样本几乎不敏感的方式进行数据集重组。球定义为一个数据集，所有数据与作为中心的样本的距离均小于或等于一个规定的半径：

$$B_R(\overline{x}_c) = \{\overline{x}_i : d_p(\overline{x}_i, \overline{x}_c) \leqslant R\}$$

从第一个主球开始，可以构建一些嵌套于父球里的更小的球，直到到达预期的深度时停止。基本条件是一个点始终属于一个球。如此，考虑 N 维距离的代价，计算复杂度是 $O(N\log M)$，但并不会遭受 $k-$d 树的维度灾难。数据集的结构以超球面为基础，超球面的边界定义为如下方程（给定球心 $\overline{x}$ 和半径 R_i）：

$$\overline{x}_{(1)}^2 + \overline{x}_{(2)}^2 + \cdots + \overline{x}_{(N)}^2 = R_i^2$$

因此，找到正确的球，唯一需要做的就是测度一个样本与最小球球心的距离。如果一个点在球外，那么必须上移检查其父球，直到找到包含该点的球。

图 6.4 是两级球树的示例。

例中，七个二维点首先分入两个球，分别包含三个和四个点。在第二层，第二个球再次分为两个小球，各有两个点。上述操作可以重复执行，直至到达一个规定的深度或拥有叶节点包含要素的最大值（上例该最大值为 3）。

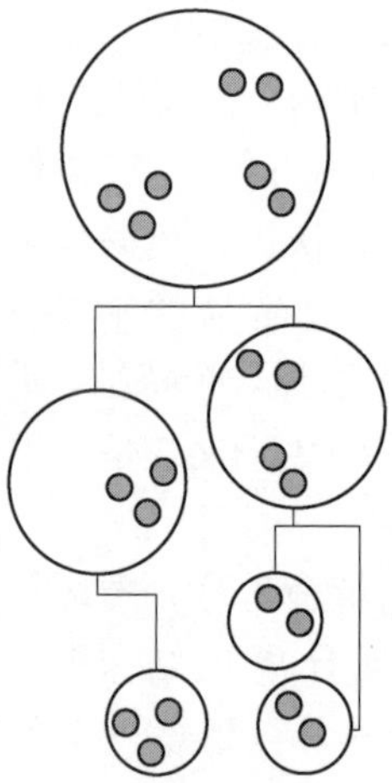

图 6.4 有着七个二维点和两层级的球树示例

6.1.3 KNN 模型的拟合

k－d 树和球树都是能降低 KNN 查询复杂度的有效结构。但是，拟合模型重要的是，要考虑参数 k（一般表示查询时需要计算的近邻的平均或标准数）和最大树深。这些特定的结构并不用于一般的任务（例如分类排序）。如果在相同的子结构（规模为 $K \ll M$ 以便避免退化为普通算法）里能够找到所有请求近邻的话，特定结构的效率是最大化的。换句话说，树结构可以通过将搜索空间分割成合理小区域来实现降维。

与此同时，如果叶节点里的样本数量较小的话，树节点的数量就会增加，复杂度也会随着增大。因为一般需要搜索更多的树节点，负面影响更大。如果 k 远大于节点里的样本点数的话，就必须合并属于不同节点的样本。另外，每个节点里的样本非常多的话，便无异于普通算法。

例如，如果 $M=1000$，且每个节点包含 250 个点，那么一旦计算了正确的节点的话，需要计算的距离的数量与初始数据集规模相当，这时即使采用树结构也无任何优势可言。实践证明，叶节点的数量最好 k 的均值的 5～10 倍，从而能够最大可能地找到属于同一叶节点的所有近邻。但是，特定问题需要特定分析（也要确定性能基准），以便确定最合适的值。如果

需要 k 取不同的值，就应该考虑查询的相对频度。例如，如果一个程序需要 10 个 5-NN 查询和 1 个 50-NN 查询，可能最好将叶节点数量设为 25，尽管 50-NN 查询会更费时。事实上，为第二个查询（50-NN 查询）设定好的数值（例如，200），将会大大增加前十次查询的复杂度，结果导致性能低下。

在这种情况下，KNN 被当作无监督算法。但是，KNN 也可用于回归与分类。前面章节讨论过的大多数概念也适用于需要采用监督方法的问题。特别是，因为近邻区域表达均匀领域，近邻数量少，偏差就非常低，因为给定一个测试样本，用于计算标签（或者是类别标签或者是连续标签）的值就是最相似样本点的值。显而易见，偏差如此小，就是固有过拟合（intrinsic overfitting）的结果，它自然会导致大的方差。通过选择更大的近邻区域可以避免上述问题。

这是一种正则化处理，因为精确度的损失直接关系到数据集隐式的受控线性化。另外，近邻越多，计算更费时，所以近邻数往往（也是错误地）会减少。此处并不考虑偏差–方差的权衡，因为所讨论的情况属于无监督场景。但是，读者应该记住，基于实例的方法往往比参数化方法更难管理，因为，无法得到一个综合模型，而且预测严重受到数据集结构（包括噪声点和异值点）的影响。

下面利用 scikit-learn API 开发一个完整的 Python 实例。

6.1.4 scikit-learn 的 KNN 实例

为了测试 KNN 算法性能，采用 scikit-learn 直接提供的 MNIST 手写数字数据集。该数据集包括 1797 张表示 0～9 数字的 8×8 灰度的图像。

首先载入数据集，然后将所有值归一为 0～1 区间值：

```
import numpy as np

from sklearn.datasets import load_digits

digits = load_digits()
X_train = digits['data'] / np.max(digits['data'])
```

词典“digit”既包括图像集，`digits ['images']`，也包括扁平化的 64 维数组，`digits ['data']`。scikit-learn 准备了可为 KNN 所用（例如，聚类、分类以及回归算法）的不同的类（例如，可以直接用类 `KDTree` 和 `BallTree` 处理 k–d 树和球树）。但是，下文将利用主类 `NearestNeighbors`，这样可以基于近邻数量或基于以某样本为中心的球半径完成聚类和查询：

```
from sklearn.neighbors import NearestNeighbors

knn = NearestNeighbors(n_neighbors=50,
                       leaf_size=30,
                       algorithm='ball_tree')
knn.fit(X_train)
```

这里，设置近邻数量的默认值为 50，选择基于球树的算法。参数叶节点数量（`leaf_size`）取默认值 30。默认的距离度量是欧几里得距离，也可以改用其他距离度量和参数 p（闵可夫斯基距离的阶次）。scikit-learn 支持 SciPy 实现的 `scipy.spatial.distance` 包（因为并非所有度量距离都适用于 k-d 树和球树，读者需要对正式的 scikit-learn 说明文档进行确认）里的所有度量距离。不过，大多数情况下，采用闵可夫斯基距离即可。如果结果不为所有近邻所接受的话，只需调整 p 值。如果相似度不是必须要用欧几里得距离度量，而仅仅考虑指向样本点的两个向量夹角的话，也可采用其他度量，例如余弦距离。采用余弦距离度量的应用包括自然语言处理的深度学习模型，单词嵌入特征向量中，而特征向量的语义相似度与向量的余弦距离成正比。

维度高的情况下，余弦距离是有效果的。不过，读者在实际选择度量距离时，需要仔细地评价实际场景以便做出最合适的选择。

图 6.5 用于查询 KNN 模型的样本数字

现在考虑查询模型以便找到某个样本的 50 个近邻。为此选择图 6.5 所示索引号为 100 的样本，它表示数字 4。虽然图像的分辨率很低，但还是可以识别出数字。

采用可指定近邻数（参数 `n_neighbors`，其默认值是类实例化时选择的值）以及是否需要计算每个近邻距离（参数 `return_distance`）的实例方法 `kneighbors` 进行查询。本例另一个关注点是，评价近邻离中心有多远，为此设定 `return_distance = True`:

```
distances,neighbors=(knn.kneighbors(X_train[100].reshape(1,-1),
                     return_distance=True))

print(distances[0])
```

上段程序的输出为：

```
[0.  0.91215747  1.16926793  1.22633855 ...
```

第一个近邻总是中心点，所以其距离为 0。其他近邻的距离为 0.9～1.9。这种情况下，最大的可能距离是 8（64 维向量 $\overline{a}=(1,1,\cdots,1)$ 与零向量之间），因此，上述结果是可接受的。为进一步确认，将近邻排成 8×8 的二维数组（返回的数组 `neighbors` 包含样本的索引号）。图 6.6 给出结果。

图 6.6　KNN 模型选出的 50 个近邻

可见，结果没有错误，但所有形状都细微不同。特别是最后一个，也是最远近邻的图像带有很多白色像素（对应值 1.0），说明了为什么距离约等于 2.0。读者也可以测试 `radius_neighbors` 方法，直到结果中出现错误值。也可以以 Olivetti 人脸数据集为对象来测试算法，该数据集维度更高，有更多的影响相似度的几何参数。

本节讨论了 KNN 相关的主要概念，聚焦其优缺点分析。下面转向另一个常用聚类算法——k 均值，将讨论其局限以及如何调整超参以获得最优性能。

6.2　k 均值

早前讨论高斯混合算法时，将其定义为软 k 均值法。原因就是，每个簇用三元素组表示：均值、方差和权重。每个样本总是属于有着高斯分布提供的概率的所有簇。如果能够将概率当作权重，这种方法非常有用。但是，其他很多情况，更希望一个样本只属于某一簇。

这样的方法称为硬聚类（hard clustering），而 k 均值则可以视作硬版高斯混合算法。其实，当所有方差$\Sigma_i \to 0$时，分布便退化成狄拉克函数$\delta(x-x_0)$，该函数表示以某特定点为中心的完美的单位脉冲，尽管它们不是实际的函数而是分布。这种情况下，确定最合适簇的唯一可能是要找到样本点与所有中心（后面统称为质心）的最小距离。这种方法也是基于一个所有聚类算法均应考虑的重要的双重原理。簇的以下量必须最大化：

- 簇内聚合度。
- 簇间分离度。

这意味着要对相互明确分离的高密度区域进行标记。如果无法保证，那么就必须对样本与质心间的簇内平均距离进行最小化。簇内平均距离也称为惯性，定义为：

$$S=\sum_{j=1}^{k}\sum_{\bar{x}_j\in C_j}\|\bar{x}_i-\bar{x}_j\|^2$$

惯性大意味着内聚度低，因为可能有很多的点属于质心太远的簇。解决该问题就必须减小惯性。但是，求取最小惯性需要的计算复杂度达到指数级（k 均值属于 NP 难问题）。k 均值采用的另外一种方法，即劳埃德算法（Lloyd's algorithm），这是一种迭代求解算法，首先随机选择 k 个质心（下节将分析更有效的方法），不断调整质心位置直到质心位置不再改变。

聚类的数据集（M 个数据点）可以表示为：

$$X=\{\bar{x}_1,\bar{x}_2,\cdots,\bar{x}_{\mathrm{M}}\},\bar{x}_i\in\mathbb{R}^N$$

质心的初始位置可能是：

$$M^{(0)}=\{\bar{\mu}_0^{(0)},\bar{\mu}_1^{(0)},\cdots,\bar{\mu}_k^{(0)}\},\bar{\mu}_i^{(0)}\in\mathbb{R}^N\text{(例如，}\mu_i^{(0)}\sim N(0,Var(X)))$$

对初始值并无特别的限制。但是，选值会影响收敛速度和能够找到的最小值。

迭代流程针对整个数据集，计算$\bar{x}_i$和每个$\bar{\mu}_j$之间的欧几里得距离，并基于下列原则分派簇：

$$C^{(t)}(\bar{x}_i)=\underset{j}{\operatorname{argmin}}\,d(\bar{x}_i,\bar{\mu}_j^{(t)})$$

一旦所有点均被聚类，便可计算新的质心：

$$\bar{\mu}_j^{(t)}=\frac{1}{N_{C_j}}\sum_{\bar{x}_i\in C_j}\bar{x}_i,\forall j\in(1,k)$$

N_{C_j}表示属于簇j的点数。这里，需要重新计算惯性，并与前值进行比较。迭代过程的停止条件是，或者达到一定的迭代次数，或者惯性变化量小于预设阈值。劳埃德算法非常像 EM 算法（最大期望算法）的一种特殊形式。事实上，每次迭代的第一步就是计算期望值（质心位置），而第二步则是通过惯性最小化实现簇内聚合度的最大化。

有必要理解惯性的结构以及 k 均值方法因此而具有的限制性。假设现有一个非常密集的区域块和另一个不太密集（可能方差较大）的区域块。惯性 S 的总和限定在被分派给每个簇的点。计算公式变成：

$$S=\sum_{\bar{x}_j \in C_{\text{dense}}} \|\bar{x}_i-\bar{\mu}_{\text{dense}}\|^2+\sum_{\bar{x}_j \in C_{\text{sparse}}} \|\bar{x}_i-\bar{\mu}_{\text{sparse}}\|^2$$

因为 C_{dense} 比 C_{sparse} 拥有更多的点，所以上式的第一项决定了总和。所以，最小化 S 时，很可能会找到 $\bar{\mu}_{\text{dense}}$ 的最优位置，却不太可能得到一个全局最优解。实际上，因为稀疏区域而对 S 进行修正的情况少之又少。在获得所有可能结果之前，算法就可能停止了。遇到这种情况的话，可以通过引入相同点的 n 个复制点对稀疏区域进行上采样。这种方法等同于在计算 S 时引入一组类权重 $\bar{w}=\{w_1,w_2,\cdots,w_k\}$，从而充分利用关于几何结构的先验知识：

$$S=\sum_{j=1}^{k} w_j \sum_{\bar{x}_j \in C_j} \|\bar{x}_i-\bar{x}_j\|^2$$

例如，在上例中，$w_1=1$，而 w_2 可以选取 C_{dense} 的点与 C_{sparse} 的点的数量比率（当然，如果最早训练时点数未知的话，可在完成结果分析之后再行确定）。

k 均值法也可以以渐进方式实现，这称为微小批量 k 均值法（mini-batch k－means）。如果数据集太大而无法一次性存储，而且也没有其他可行办法（例如大数据处理框架 Dask 或 Spark 也无能为力）时，可以对算法略加修改，采用相同策略处理小批量数据集。本书不介绍所有细节内容（可参阅：Bonaccorso G.，*Hands-On Unsupervised Learning with Python*，Packt Publishing，2019），但是不难理解，主要问题是无法及时得到部分样本而导致样本配置不正确。因此，微小批量 k 均值法引入了一个参数化重配置策略，根据预设灵敏度阈值（较小值会引起波动，而较大值则得到次优的最终配置）重新指派样本点。尽管微小批量 k 均值法不如标准 k 均值法精确，但是其实际性能损失通常却非常小，因此适用于无风险的大批量数据处理。

完整的标准 k 均值算法（即没有经过任何优化或改进的标准算法）主要步骤包括：

- 设定最大迭代次数 $N_{\max}$。
- 设定容差 Thr。
- 设定 k 值（期望的簇数量）。
- 利用随机数初始化向量 $C^{(0)}$。可以是属于数据集的点也可以是从合适分布得到的采样。
- 计算初始惯性 $S^{(0)}$。
- 设定 $N=0$。
- 当 $N<N_{\max}$ 或 $\|S^{(t)}-S^{(t-1)}\|>Thr$：
    - 当 $N=N+1$。
    - 对于 $\bar{x}_i \in X$：根据 $\bar{x}_i$ 和 $\bar{\mu}_j$ 之间最短距离，将 $\bar{x}_i$ 分配给一个簇。

○ 考虑新的分派，重新计算质心向量 $C^{(t)}$。
○ 重新计算惯性 $S^{(t)}$。

算法相当简单直观，很多实际应用都采用该算法。但是，需要认真考虑两点。第一个是收敛速度。

每个初始探索都通往一个收敛点，但是，初始选择很大程度影响着迭代次数，而且无法保证能够找到全局最优结果。如果初始质心接近最终质心，那么算法只需要几步便能得到正确的值。但是，如果初始选择完全是随机的话，往往需要很多次迭代。假定有 N 个数据点和 k 个质心，那么每次迭代都需要计算 N^k 个距离，效率非常低下。下面将介绍如何初始化质心以便缩短收敛时间。

另一个要点是，与 KNN 不同，k 均值法需要预先定义期望簇的数量。有时，这并不重要，因为已经知道了最合适的 k 值。例如，簇数由外部约束定义，类似市场细分。但是，如果数据集很大而且知识有限的话，簇数选择不当就会很麻烦。解决此问题的办法是分析不同簇数的最终惯性。因为目的是使簇内聚合度最大化，簇数越小，惯性就增大。可以选取最大允许值下的最大数量的点。理论上，也可以选择 $k=N$。此时，惯性变为 0，因为每个点都表示所属簇的质心。但是，k 值过大的话，聚类问题就会变成细粒度分割问题，而这并不是获取一个点群特征的最好策略。虽然无法确定关于上限 k_{max} 的规则，但是，可以认为该值总是远小于 N。最好是所选择的 k 能使惯性更小，具体应该在一个区间里，例如 2 与 k_{max} 之间，取 k 值。

尽管标准算法相当有效，但是，簇的初始位置选择更恰当的话，计算效率仍然能够提升。这就是另一种改进 k 均值法（称为 k 均值++方法）的目标。

6.2.1 k 均值++方法

前文说过，初始质心选择得当，有助于提高收敛速度，得到更接近全局最优的极小惯性。Arthur 和 Vassilvitskii 提出了 k 均值++方法（参阅：Arthur D.，Vassilvitskii S.，*The Advantages of Careful Seeding，k−means++：Proceedings of the Eighteenth Annual ACM-SIAM Symposium on Discrete Algorithms*，2006），该方法可以通过考虑最可能的最终配置，提高初始质心预测准确率。

为了更好地了解该算法，引入函数 $D(\bar{x},i)$，定义为：

$$D(\bar{x},i)=\min_i d(\bar{x},\bar{\mu}_i),\forall i\in(1,p\leqslant k)$$

$D(\bar{x},i)$ 定义每个样本与已选质心之间的最短距离。因为处理流程是渐进式的，完成所有步骤后必须重新计算函数 D。本节另外还定义了一个辅助的概率分布（简单起见，省去索引变量）：

$$G(\bar{x})=\frac{D(\bar{x})^2}{\sum_{j=1}^{M}D(\bar{x}_j)^2}$$

第一个质心 $\bar{\mu}_0$ 采样自正态分布的 X。接下来的步骤是：

- 考虑已选择质心，针对所有 $\bar{x}\in X$，计算 $D(\bar{x},i)$。
- 计算 $G(\bar{x})$。
- 以概率 $G(\bar{x})$ 从 X 选择下一个质心 $\bar{\mu}_i$。

Arthur 和 Vassilvitskii 的论文提到了算法的一个非常重要的性质。定义 S^* 为 S 的全局最优，k 均值++方法的初始化需要确定实际惯性期望值的上限：

$$E[S]\leqslant 8S^*(\log k+2)$$

这个条件往往用来说明 k 均值++方法的计算复杂度是 $O(\log k)$。如果 k 充分小，找到接近全局最小值的局部极小值的概率增大。但是，k 均值++方法毕竟还是一种概率方法，相同数据集的不同初始化会产生不同的初始配置。最好是运行若干次初始化（例如，10 次），选择与最小惯性相关的初始化。如果训练复杂性不是主要问题的话，初始化次数可以增大，但是实验表明，相比实际耗费的计算量，大量的试行所能得到的改进往往是微不足道的。scikit-learn 的默认值是 10，建议大多数情况下采用该值。如果结果仍然不理想，最好选用其他方法。

另外，有些问题是 k 均值法不能解决的（即使选择了最好的初始化），因为算法的一个假设是，每个簇都是一个超球面，而且距离采用欧几里得函数测度。第 7 章将分析其他不受限于上述假设的、采用非对称簇几何便能简单解决聚类问题的算法。

6.2.2 scikit-learn 的 k 均值算法实例

本实例仍然利用 MNIST 数据集（数组 `X_train` 与前面 KNN 章节定义得相同），但还要分析不同聚类评价方法。首先进行不同数量簇的惯性的可视化。使用 `KMeans` 类，该类以 `n_clusters` 为参数，k 均值++初始化作为默认方法。正如前文解释，为了找到最优初始配置，scikit-learn 进行多次尝试，然后选择具有最小惯性的配置。通过参数 `n_iter`，可以调整尝试次数：

```
import numpy as np

from sklearn.cluster import KMeans

min_nb_clusters = 2
```

```
max_nb_clusters = 20

inertias =np.zeros(shape=(max_nb_clusters-min_nb_clusters + 1,))

for i in range(min_nb_clusters,max_nb_clusters + 1):
    km = KMeans(n_clusters=i,random_state=1000)
    km.fit(X_train)
    inertias[i - min_nb_clusters] = km.inertia_
```

假定分析范围［2，20］。每次训练后，可以用实例变量 inertia_ 查询最终惯性。图 6.7 绘制了作为簇数函数的惯性的梯度变化曲线，该曲线利用 NumPy 函数 np.gradient() 得到。

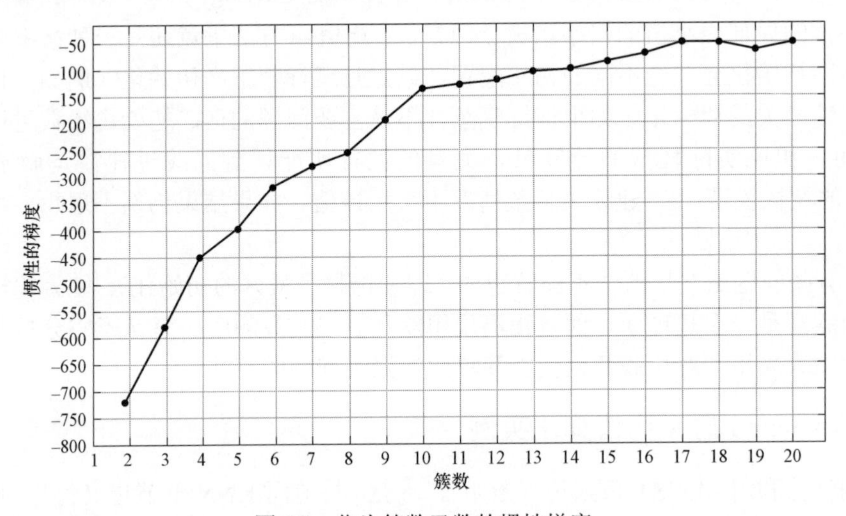

图 6.7　作为簇数函数的惯性梯度

正如所料，函数递减（梯度为负），但 $k \to \infty$ 时，斜率趋向 0。本例已知簇的实际数量为 10，但是，通过趋势观察，也能发现其实际数量。斜率的绝对值在 10 之前相当高，但超过该值后开始越来越慢地减小。这意味着，有些簇并未明确地分离出来，尽管它们的内聚度很高。为了证实这一判断，设置 n_clusters = 10，并在训练过程结束时确认质心：

```
km = KMeans(n_clusters=10,random_state=1000)
Y = km.fit_predict(X_train)
```

通过变量 cluster_centers_instance 可以得到质心。图 6.8 所示截屏图片给出了相应的二维数组。

图 6.8　训练结束时的 k 均值质心

所有的数字清晰呈现，而且没有重复。结果证明，算法成功地对数据集进行了分离，但最终惯性（大约 4500）则说明可能存在错误的分配。为方便确认，采用 t-SNE 等降维方法处理数据集（细节参阅第 5 章基于图的半监督学习）：

```
from sklearn.manifold import TSNE

tsne = TSNE(n_components=2,perplexity=10.0,
        random_state=1000)
X_tsne = tsne.fit_transform(X_train)
```

此时便可绘制带有相应簇标签的二维数据集，如图 6.9 所示。

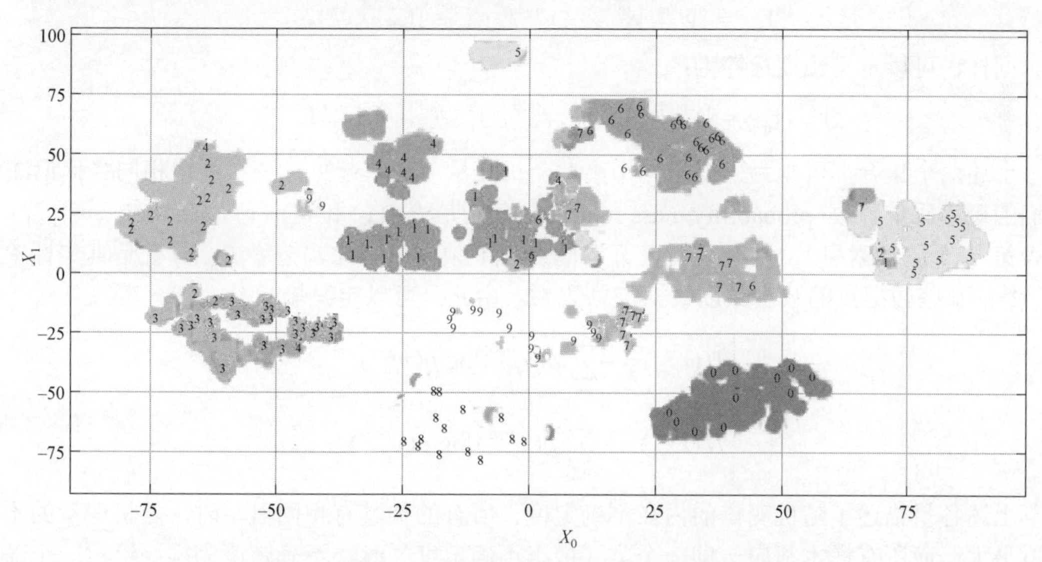

图 6.9　MNIST 数据集的 t-SNE 降维表示（标签对应簇）

图 6.9 证实，数据集由明确分离的若干区域组成，但是有些数据点被分配给了错误的簇。考虑到一些数字对的相似度，这一点并不奇怪。另一重要的发现进一步解释了惯性的变化趋势。这个发现就是斜率急剧变化的点对应大约 10 个簇。由 t-SNE 数据集图，原因一目了然：

对应数字 7 的簇实际上分成了 3 块。最大块包含了大部分样本，而另外较小的两块则错误地归到了簇 1 和簇 9。这是因为，数字 7 看上去和变形的 1 或 9 很相似。但是，这两个误判的区域往往处于错误簇的边缘（记住，几何结构是超球面），进一步说明度量距离成功地检测出了低相似度。如果一组错误分派的样本位于簇的中间，则意味着分离的失败，需要采用其他方法。

由此，需要引入一些通用的评价指标，无论标定过的真实数据是否已知，都可采用。

6.3 评估指标

通常仅通过观测是无法评价聚类算法性能的。重要的是，应该采用标准而客观的指标，比较不同的方法。

接下来将介绍一些基于已标记真实数据知识（即每个数据点均被正确分派）的方法和一种正确标记未知时采用的通用策略。

在讨论评分函数之前，需要介绍标准记号。如果有 k 个簇，可定义正确标签为：

$$Y_{\text{true}} = \{y_1^{\text{true}}, y_2^{\text{true}}, \cdots, y_M^{\text{true}}\}, y_i^{\text{true}} \in \{1,2,\cdots,k\}$$

同样，可以定义预期标签为：

$$Y_{\text{pred}} = \{y_1^{\text{pred}}, y_2^{\text{pred}}, \cdots, y_M^{\text{pred}}\}, y_i^{\text{pred}} \in \{1,2,\cdots,k\}$$

上述两个集合都可视为采样自两个离散随机变量（简单起见，变量采用相同名称记法），它们的概率质量函数(probability mass function)分别是 $P_{\text{true}}(y)$ 和 $P_{\text{pred}}(y)$，$y \in \{y_1, y_2, \cdots, y_k\}$（$y_i$ 代表第 i 个簇的索引）。这两个概率可近似为一个频度，因此，概率 $P_{\text{true}}(1)$ 就是真实标签是 $n_{\text{true}}(1)$ 的那些数据点的数量除以数据点总数 M。由此，可以定义熵：

$$\begin{cases} H(Y_{\text{true}}) = -\sum_{i=1}^{k} p(y_i^{\text{true}}) \log p(y_i^{\text{true}}) \\ H(Y_{\text{pred}}) = -\sum_{i=1}^{k} p(y_i^{\text{pred}}) \log p(y_i^{\text{pred}}) \end{cases}$$

上述各量描述了随机变量的内在不确定度。所有的类具有相同概率时，随机变量的不确定度最大，而所有样本都属于同一个类（最小不确定度）时，不确定度为零。给定一个随机变量 X，需要知道另一随机变量 Y 的不确定度，这其实就是条件熵 $H(Y|X)$ 。这时，需要计算联合概率 $p(\bar{x}, y)$，因为 $H(Y|X)$ 的定义为：

$$H(Y|X) = -\sum_{\bar{x}} \sum_{y} p(\bar{x}, y) \log \frac{p(\bar{x}, y)}{p(\bar{x})}$$

为了近似处理上式，定义函数 $n(i_{\text{true}}, j_{\text{pred}})$。该函数统计分派给簇 j 的带有真实标签 i 的样本的数量。

如果有 M 个样本，那么近似的条件熵计算式变为：

$$\begin{cases} H(Y_{\text{true}} \mid Y_{\text{pred}}) = -\sum_{i_{\text{true}}=1}^{M}\sum_{j_{\text{pred}}=1}^{M} \frac{n(i_{\text{true}}, j_{\text{pred}})}{M} \log \frac{n(i_{\text{true}}, j_{\text{pred}})}{n_{\text{pred}}(j_{\text{pred}})} \\ H(Y_{\text{pred}} \mid Y_{\text{true}}) = -\sum_{i_{\text{pred}}=1}^{M}\sum_{j_{\text{true}}=1}^{M} \frac{n(i_{\text{pred}}, j_{\text{true}})}{M} \log \frac{n(i_{\text{pred}}, j_{\text{true}})}{n_{\text{true}}(j_{\text{true}})} \end{cases}$$

利用上述测度值，便可以计算一些覆盖聚类结果不同方面的评分。这些评分往往一并计算，因为任一评分都具有特定含义。

6.3.1　一致性评分

一致性评分用于确认聚类算法是否满足一项重要要求，即簇应该只包含属于同类的样本。该评分定义为：

$$h = 1 - \frac{H(Y_{\text{true}} | Y_{\text{pred}})}{H(Y_{\text{true}})}$$

该评分上下限为 1 和 0，值越小，表明一致性越低。其实，当 Y_{pred} 减小 Y_{true} 的不确定度时，$H(Y_{\text{true}}|Y_{\text{pred}})$ 会变得更小（$h \to 1$），反之亦然。计算一致性评分的程序如下：

```
from sklearn.metrics import homogeneity_score

print(homogeneity_score(digits['target'],Y))
```

输出结果为：

```
0.739148799605
```

数组 `digits['target']` 包含真实标签，Y 则包含预测（将要用到的所有函数都以真实标签作为第一个参数，预测作为第二个参数）。一致性评分可以确定簇具有相当的一致性，但是仍然存在一定的不确定度，因为部分簇包含不正确的分派。

该方法可以结合其他方法，搜索簇的合适数量，调整其他超参（例如，迭代次数或度量函数）。

6.3.2　完整性评分

该评分与一致性评分相辅相成，其目的是提供关于同类样本分派的信息。更准确地说，好的聚类算法应该将具有相同真实标签的所有样本分派给同一簇。从之前的分析已知，例如，数字 7 错误地被分派给簇 9 和簇 1。因此，需要考虑非完美的完整性评分，其定义与一致性评分正好对照。

$$c = 1 - \frac{H(Y_{\text{pred}}|Y_{\text{true}})}{H(Y_{\text{pred}})}$$

道理显而易见。$H(Y_{\text{pred}}|Y_{\text{true}})$ 值较小（$c \to 1$），意味着已标记真实样本知识降低了预测的不确定度。因此，如果知道子集 A 的所有样本都有相同的标签 y_i 的话，可以肯定无疑的是，所有相应的预测都已被分给同一簇。完整性评分计算程序为：

```
from sklearn.metrics import completeness_score


print(completeness_score(digits['target'],Y))
```

输出结果为：

```
0.747718831945
```

这一结果再次证实了假设。由于完整性不足，尚存一点不确定度，因为一些具有相同标签的样本被分离成不同的点块，继而被分到错误的簇。显而易见，一个好场景的特点是一致性和完整性评分均为 1。

6.3.3 调整兰德指数（相似性）

该评分在比较初始标签分布和聚类预测时有用。最好能够复制精确的已标记真实数据分布，但是，往往在解决现实问题时很难做到。调整兰德指数提供了一种测度这种差异的方法。

为了计算该评分值，需要定义其他变量：

- a：有相同真实标签并分派给相同簇的样本对 (y_i, y_j) 的数量；
- b：具有不同真实标签并分派给不同簇的样本对 (y_i, y_j) 的数量。

兰德指数定义为：

$$R = \frac{a+b}{\begin{pmatrix} M \\ 2 \end{pmatrix}}$$

调整兰德指数是修正的兰德指数，定义为：

$$R_{\text{A}} = \frac{R - E[R]}{\max R - E[R]}$$

R_A 值介于 −1 和 1 之间，接近 −1，意味着错误分派过多；而接近 1 则意味着聚类算法正确地复制了已标记真实点分布。本节采用的计算调整兰德指数评分的程序为：

```
from sklearn.metrics import adjusted_rand_score

print(adjusted_rand_score(digits['target'],Y))
```

输出结果为：

```
0.666766395716
```

输出结果证实，算法正常执行（因为是正值），但是还可以通过减少不正确的分派而进一步优化。如果已标记真实点已知，调整兰德指数评分是非常有用的工具，而且可以用作优化所有超参的单一方法。

6.3.4　轮廓系数

该评分并不需要知道已标记真实数据，可用于同时检查簇内聚合度和簇间分离度。定义轮廓系数需要先引入两个辅助函数。第一个是属于簇 C_j 的点 $\bar{x}_i$ 的平均簇内距离：

$$a(\bar{x}_i)=\frac{1}{n(j)}\sum_p d(\bar{x}_i,\bar{x}_p),\forall\bar{x}_p\in C_j$$

式中的 $n(k)$ 是分派给簇 C_j 的样本数，$d(\bar{a},\bar{b})$ 是标准的距离函数（大多数情况下，欧几里得距离是最合理的选项）。另外，还需要定义最小簇间距离，可以解释为平均最近簇距离。对于样本 $\bar{x}_i\in C_j$，称 C_t 为它的最近簇。因此，该函数定义为：

$$b(\bar{x}_i)=\frac{1}{n(t)}\sum_t d(\bar{x}_i,\bar{x}_t),\forall\bar{x}_t\in C_t$$

样本 $\bar{x}_i$ 的轮廓系数则为：

$$s(\bar{x}_i)=\frac{b(\bar{x}_i)-a(\bar{x}_i)}{\max[a(\bar{x}_i),b(\bar{x}_i)]}$$

与调整兰德指数一样，$s(\bar{x}_i)$ 的值以 1 和 −1 作为上下限。其值接近 −1，意味着 $b(\bar{x}_i)\ll a(\bar{x}_i)$，平均簇内距离远大于平均最近簇距离，样本 $\bar{x}_i$ 分派错误。相反，其值接近 1，意味着算法得到了较好的内部聚合度和簇间分离度（因为 $a(\bar{x}_i)\ll b(\bar{x}_i)$）。与其他评分测度不同，轮廓系数并不是一个累积函数，必须对每个样本进行计算。一种可行的办法是分析平均值，但这样无法确定哪些簇对结果影响最大。另一种，也是最常用的办法是利用轮廓图。该图以降序方式给出每个簇的评分。利用下段程序，可以得到参数 n_clusters 的 4 种不同取值

（3、5、10和12）的轮廓图：

```
import matplotlib.pyplot as plt
import matplotlib.cm as cm
import seaborn as sns

import numpy as np

from sklearn.cluster import KMeans
from sklearn.metrics import silhouette_samples

sns.set()

fig,ax = plt.subplots(2,2,figsize=(15,10))

nb_clusters = [3,5,10,12]
mapping = [(0,0),(0,1),(1,0),(1,1)]

for i,n in enumerate(nb_clusters):
    km = KMeans(n_clusters=n,random_state=1000)
    Y = km.fit_predict(X_train)

    silhouette_values = silhouette_samples(X_train,Y)

    ax[mapping[i]].set_xticks(
              [-0.15,0.0,0.25,0.5,0.75,1.0])
    ax[mapping[i]].set_yticks([])
    ax[mapping[i]].set_title("{} clusters".format(n),
                            fontsize=16)
    ax[mapping[i]].set_xlim([-0.15,1])
    ax[mapping[i]].grid(True)
    y_lower = 20

    for t in range(n):
```

```
    ct_values = silhouette_values[Y == t]
    ct_values.sort()

    y_upper = y_lower + ct_values.shape[0]

    color = cm.Accent(float(t) / n)
    ax[mapping[i]].fill_betweenx(
        np.arange(y_lower,y_upper),0,
        ct_values,
        facecolor=color,
        edgecolor=color)

   y_lower = y_upper + 20
```

结果如图 6.10 所示。

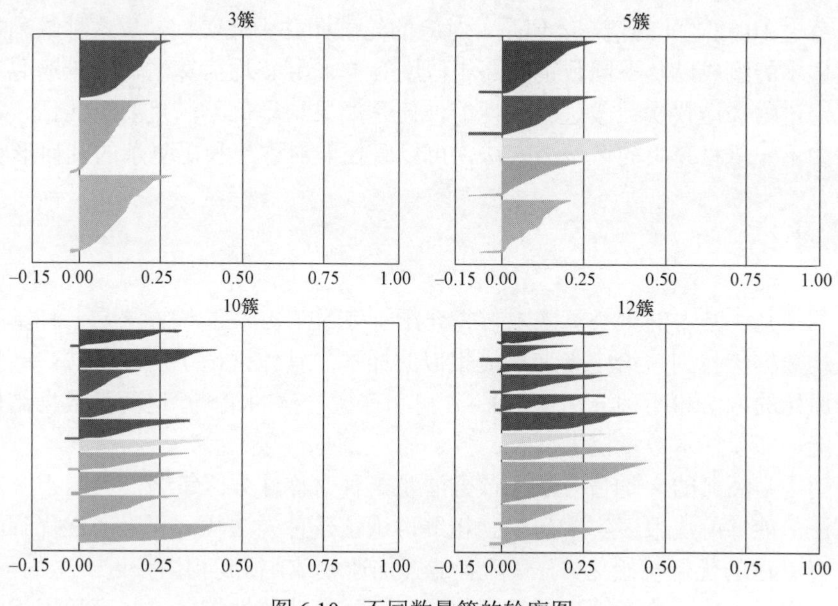

图 6.10　不同数量簇的轮廓图

分析轮廓图应遵循一些通用原则：

- 每个块的宽度必须与有望属于对应簇的样本的数量成正比。如果标签均匀分布，所有块的宽度必须相差无几。如果簇的分布原本就是均衡的，那么结果不对称就说明分派有错误。当然，如果样本类本质上就是不均衡的话，结果对不对称，就说明不了什么问题。例如，本例中，已知正确的簇数是 10，但有两块比其他块都窄。这说明，有的簇包含的样本比预期少，而其他的样本被错误地分派给了其他的簇。相反，如果数据集的 50%都为零点，轮廓越大，结果才会更好。正确解释轮廓图需要了解数据生成过程的背景知识。如果缺乏这种知识（可能是因为遇到从未研究过的问题），最好借鉴类似的轮廓图，特别是当其他评分证实了结果是正确的时候。

- 块的形状不应尖锐如刀，因为这意味着很多样本的轮廓系数评分低。理想的（也是现实的）情况是，块应该形似雪茄烟卷，粗细一致，最高值与最低值差距极小。遗憾的是，这并非总能做到。但是，如果形状如同图 6.10 中的第一张图（3 簇）的话，建议最好调整算法。
- 轮廓系数评分最大值应该接近 1。值越小（本例），意味着出现了部分重叠和错误分派。绝对要避免得到负值（或者只限于极少的样本），因为这意味着聚类过程是失败的。另外，可以证明，凸簇（例如 k 均值超球面）的轮廓系数评分值较高。这是常用距离函数（例如欧几里得距离）的性质所决定的，也意味着簇的形状为凹（对比圆和半月）的话，内部聚合度较低。这种情况下，将形状嵌入凸函数的过程会导致密度降低，负面地影响轮廓系数评分。

本例不考虑 10 簇之外的情况。但是，对应的轮廓图并不完美。导致这种缺陷的原因是明确的，包括样本的组成以及不同数字的高相似度等。采用 k 均值算法，很难避免这些问题。读者可尝试通过增加迭代次数改进算法性能，但是如果结果仍不满足要求的话，最好换用其他方法，例如下一章将介绍的谱聚类方法，可以管控非对称簇和更复杂的几何形状。

6.4 本章小结

本章介绍了几种基本的聚类算法。首先介绍了 KNN 方法，该方法是一种基于实例的方法，通过重构数据集找到与给定查询点最相似的样本。具体讨论了三种方法：一种计算复杂度最大的最原始的方法和两种分别基于 k－d 树和球树构建的策略。这两种数据结构能够显著改善算法性能，即使样本数量巨大。

第二个话题是经典的 k 均值方法，该方法是一种对称性分区策略，类同于方差接近 0 的高斯混合方法，能够解决很多实际问题。相继讨论了一种无法找到正确的次优解的标准算法和称为 k 均值++法的优化初始化方法，后者能够加速收敛，得到相当接近于全局最小值的解。

本章还介绍了一些评价方法，用于评估通用聚类算法的性能。这些度量指标包括测度簇间和簇内分离度的一致性评分和完整性评分。还讨论了一个更综合性的测度指标，即调整兰德指数，以及一个非常实用的图形化工具，即轮廓图。轮廓图显示聚类结果的结构，帮助数据科学家确认异常簇和重叠簇。

第 7 章高级聚类和无监督学习模型将介绍更复杂的方法，例如谱聚类和基于密度的聚类。这些方法能够轻而易举地解决 k 均值等算法束手无策的问题。

扩展阅读

- Aggarwal C. C., Hinneburg A., Keim D. A., *On the Surprising Behavior of Distance Metrics in High Dimensional Space*, ICDT, 2001.
- Arthur D., Vassilvitskii S., *The Advantages of Careful Seeding*, k-means++:Proceedings of the Eighteenth Annual ACM-SIAM Symposium on Discrete Algorithms, 2006.
- Pedrycz W., Gomide F., *An Introduction to Fuzzy Sets*, The MIT Press, 1998.
- Shi J., Malik J., *Normalized Cuts and Image Segmentation*, IEEE Transactions on Pattern Analysis and Machine Intelligence, Vol. 22, 08, 2000.
- Gelfand I. M., Glagoleva E. G., Shnol E. E., *Functions and Graphs Vol.* 2, The MIT Press, 1969.
- Biyikoglu T., Leydold J., Stadler P. F., *Laplacian Eigenvectors of Graphs*, Springer, 2007.
- Ester M., Kriegel H. P., Sander J., Xu X., *A Density-Based Algorithm for Discovering Clusters in Large Spatial Databases with Noise*, Proceedings of the 2nd International Conference on Knowledge Discovery and Data Mining, AAAI Press, pp. 226 – 231, 1996.
- Kluger Y., Basri R., Chang J. T., Gerstein M., *Spectral Biclustering of Microarray Cancer Data:Co-clustering Genes and Conditions*, Genome Research, 13, 2003.
- Huang, S., Wang, H., Li, D., Yang, Y., Li, T., *Spectral co-clustering ensemble. Knowledge-Based Systems*, 84, 46 – 55, 2015.
- Bichot, C., *Co-clustering Documents and Words by Minimizing the Normalized Cut Objective Function*. Journal of Mathematical Modelling and Algorithms, 9(2), 131 – 147, 2010.
- Agrawal R., Srikant R., *Fast Algorithms for Mining Association Rules*, Proceedings of the 20th VLDB Conference, 1994.
- Li, Y., *The application of Apriori algorithm in the area of association rules*.Proceedings of SPIE, 8878, 88784H-88784H-5, 2013.
- Bonaccorso G., *Hands-On Unsupervised Learning with Python*, Packt Publishing, 2019.

第 7 章　高级聚类和无监督学习模型

本章将继续分析聚类算法，聚焦于能够解决 k 均值法无能为力问题的更复杂的模型。这些算法在特定领域（例如地理分区）特别有用，这些特定领域的数据高度非线性，任何近似都会导致性能的重大损失。

将要分析的具体算法和主题包括：

- 模糊 c 均值法。
- 基于 Shi-Malik 算法的谱聚类法。
- DBSCAN，包括 Calinski-Harabasz 和 Davies-Bouldin 评分。

第一个模型是模糊 c 均值，该方法是针对软标记情况的 k 均值法的扩展。与生成式高斯混合方法相同，该方法帮助数据科学家理解属于所有已定义簇的某个数据点的伪概率（与实际概率相似的测度）。

7.1　模糊 c 均值

上一章已提及硬聚类和软聚类的区别，并将 K 均值法与高斯混合法进行了比较。与该问题相关的另外一种方法则基于 1965 年由 Lotfi Zadeh 首次提出的模糊逻辑（详细内容请参阅：Pedrycz W., Gomide F., *An Introduction to Fuzzy Sets*, The MIT Press, 1998）。经典逻辑遵循排中律（law of excluded middle），在聚类问题上，可以表述为，点 $\bar{x}_i$ 可以且仅属于单个簇 C_j 。

一般来说，如果将万事万物分成若干标记区域，那么硬聚类方法将为每一个样本分派一个标签，而模糊（软）聚类方法则允许隶属度（membership degree，在高斯混合法里就是实际的概率）w_{ij} 存在，用于表示点 $\bar{x}_i$ 与簇 C_j 之间的关联强度。

与其他方法相反，利用模糊逻辑，可以定义无法用连续函数（例如梯形）表达的非对称集合。这样更具有柔性和针对更复杂几何的适应能力。图 7.1 给出模糊集的例子。

图 7.1 显示不同从业年限雇员的层级。为了将所有雇员聚类为三组（初级、中级和高级雇员），设计了三个模糊集。假定一位年轻雇员热爱本职工作，经过最开始的学徒适应期就能够很快达到初级。有机会处理复杂问题能够让他们得到更多锻炼，具备了从初级向中级升迁的本事。10 年后，雇员们开始认为自己已经成为师兄师姐，而 25 年后，雇员们积累的经验足以使他们胜任高级职位，直到退休。

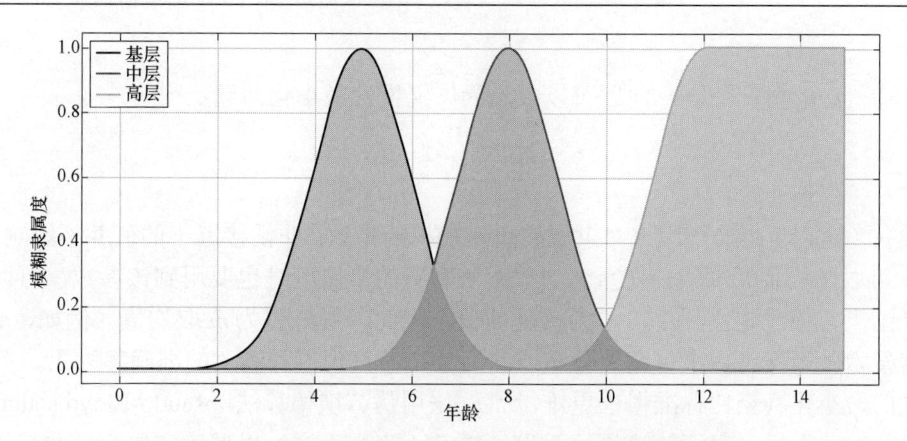

图 7.1 表示雇员不同从业年限的层级水平的模糊集示例

因为这只是一个想象事例，没有对数值进行过任何调整。但是，很容易做一些比较，例如，7 年工龄的雇员 A 和 18 年工龄的雇员 B。前者大约 25%处于初级阶段（很小斜率的下降），25%处于中级阶段（达到顶点），而 0%处于高级阶段（上升）。后者 0%处于初级阶段（结束停滞），大约 0%处于中级阶段（下降），而几乎 100%处于高级阶段（结束停滞）。

上述事例中，结果值都没有归一化使得加和为 1，因为更值得关注的是过程和比例。在极端情况下，模糊度较低，而当两个集合交叉时，模糊度则较高。例如，低级在 15%左右，中级和高级约为 50%。正如下面将要讨论的，当对数据集进行聚类时，应该避免模糊度过高，因为模糊度过高会导致精度缺失、边界不清，最终彻底模糊化。

模糊 c 均值法是标准 k 均值法的一般化形式，实现软性分派和柔性聚类。要进行聚类的数据集（包含 M 个样本）表示为：

$$X=\left\{\bar{x}_1,\bar{x}_2,\cdots,\bar{x}_M\right\},\bar{x}_i\in\mathbb{R}^N$$

如果有 k 个簇，那就需要定义一个包含所有样本隶属度的矩阵 $W\in\mathbb{R}^{M\times k}$：

$$W=\begin{pmatrix} w_{11} & \cdots & w_{1k} \\ \vdots & \ddots & \vdots \\ w_{M1} & \cdots & w_{Mk} \end{pmatrix}$$

隶属度 $w_{ij}\in(0,1)$，所有行必须归一化以便加和总是为 1。如此，隶属度可以看作概率（语义相同），便于进行预测结果的决策。如果需要硬分派，可以采用与高斯混合法相同的常规办法：通过应用 argmax 函数（求取函数最大值时的参数）选取优胜簇。但是，当管理向量输出时最好只用软聚类。例如，可以将概率/隶属度加入分类器以便得到更复杂的预测。

和 k 均值法的情况一样，问题可以表示为广义惯性最小化问题：

$$S_{\mathrm{f}}=\sum_{j=1}^{k}\sum_{\bar{x}_i\in C_j}w_{ij}^{m}\left\|\bar{x}_i-\bar{\mu}_j\right\|^2$$

常量 m（$m>1$）是一个用来对隶属度重新加权的指数。非常接近 1 的值并不影响实际值。较大的 m 可以降低隶属度值。在重新计算质心和新的隶属度时也要用到该参数，可以得到不同的聚类结果。很难定义一个可广为接受的值，因此，最好先为 m 取均值（例如，1.5），再进行网格搜索（采样可以来自高斯分布或均匀分布）直到得到满意的准确率为止。

上式的最小化甚至比标准惯性更难，所以，采用伪劳埃德算法(pseudo-Lloyd's algorithm)。完成随机初始化之后，算法轮流执行两步（与 EM 流程一样）以便确定质心，并重新计算隶属度，实现内部聚合度的最大化。质心用加权均值来确定：

$$\bar{\mu}_j=\frac{\sum_{i=1}^{M}w_{ij}^{m}\bar{x}_i}{\sum_{i=1}^{M}w_{ij}^{m}}$$

与 k 均值法不同，上式中的加算并不限于某特定簇的点，因为权重因子可以让最远的点（$w_{ij}\approx 0$）形成接近 0 的分布。同时，因为这是一个软聚类算法，没有规定要求一个样本应该属于几个不同隶属度的簇。一旦重新计算了质心，隶属度也必须按照下式更新：

$$w_{ij}=\frac{1}{\sum_{p=1}^{k}\left(\frac{\left\|\bar{x}_i-\bar{\mu}_j\right\|}{\left\|\bar{x}_i-\bar{\mu}_p\right\|}\right)^{\frac{2}{m-1}}}$$

该公式作用与相似度相同。实际上，当样本 x_i 非常接近质心 $\bar{\mu}_j$（并且相对远离 $\bar{\mu}_p$，$p\neq j$）时，分母变小而 w_{ij} 增大。指数 m 直接影响模糊分类，因为当 $m\approx 1$（$m>1$）时，分母是准平方项之和，而且取决于最近的质心，导致更依赖于某个特定簇。当 $m\gg 1$ 时，所有加和项趋于 1，得到平缓的权重分布，并没有特别明确的偏重。

需要着重理解的是，即使进行软聚类时，模糊度太大也会导致决策失误，因为没有办法将一个样本明确地归属到某个特定簇。这意味着，问题或者是不适当的（解不存在，或解不唯一，或解不稳定），或者预期的簇数量太大，无法把握数据结构性质。了解该算法与硬聚类方法（例如 k 均值法）的相似程度，可以采用归一化邓恩分区（Dunn's partitioning）系数：

$$P_{\mathrm{C}}=\frac{w_{\mathrm{C}}-\frac{1}{k}}{1-\frac{1}{k}}\text{，这里 }w_{\mathrm{C}}=\frac{1}{M}\sum_{i=1}^{M}\sum_{j=1}^{k}w_{ij}^{2}$$

P_C 取值介于 0 和 1 之间。P_C 接近 0，意味着隶属度平坦分布而模糊度最高。另一方面，如果 P_C 接近 1，W 的每行都有一个决定值，而其他可忽略不计。这看上去像一种硬聚类方法。一般而言，P_C 值越大越好，因为即使没有提供模糊度，这些值也能保证作出更精确的决策。

在上面的雇员层级水平示例中，当数据集不相交时，P_C 趋近 1。而如果，例如，选出的三个高级层级相同而且交叠的话，P_C 变为 0（彻底模糊）。当然，值得关注的是，需要通过限制边界数来避免出现这种极端情况。网格搜索建立在分析不同数量的簇和 m 值（后面将用 MNIST 手写数字数据集进行实验）的基础之上。经验之谈，P_C 取值最好高于 0.8，但有时这是不可能的。如果确认是适定问题，那么最好的办法是，选用能最大化 P_C 的配置。但是，须知取值小于 0.3～0.5，将会导致不确定性很高，因为簇交叠得非常严重。

完整的模糊 C 均值算法如下：

（1）设定最大迭代次数 $N_{\max}$。

（2）设定容差 Thr。

（3）设定 k 值（预期簇的数量）。

（4）利用随机数初始化矩阵 $W^{(0)}$ 并对各行进行归一化处理（各行除以行中要素之和）。

（5）设 $N=0$。

（6）当 $N<N_{\max}$ 或 $\|W^{(t)}-W^{(t-1)}\|>Thr$，执行：

　　$N=N+1$；

　　从 $j=1$ 到 k，执行：

　　　　计算质心向量 $\bar{\mu}_j$；

　　重新计算权重矩阵 $W^{(t)}$；

　　归一化 $W^{(t)}$ 的行。

在讨论相关理论之后，下面将利用 scikit-fuzzy 的 Python 包分析模糊 c 均值算法应用的具体事例，并将其结果与经典的硬聚类方法进行对比。

scikit-fuzzy 的模糊 c 均值实例

SciKit-Fuzzy (http://pythonhosted.org/scikit-fuzzy/)是一个基于 SciPy（可利用命令“`pip install-U scikit-fuzzy`”进行安装）的 Python 包。更详细介绍，可访问 http://pythonhosted.org/scikit-fuzzy/install.html，并可以得到所有最重要的模糊逻辑算法（包括模糊 c 均值算法）。

本节实例仍然利用在前面章节用过的 MNIST 数据集，但是更关注模糊分割。为进行聚类，SciKit-Fuzzy 实现了 `cmeans` 方法（在 `skfuzzy.cluster` 包里），它需要几个必需的参数，包括必须以数组形式 $D\in\mathbb{R}^{N\times M}$（$N$ 是特征数，因此，scilit-learn 使用的数组必须是转置数组）给出的数据 `data`、簇数 `c`、系数 `m`、最大容差 `error` 以及最大迭代次数 `maxiter`。另一个有用的但非必需的参数是种子，通过指定随机种子可以更容易地重复实验。更多信息可参照相关的正式文档。

本实例的第一步，完成聚类：

```
from skfuzzy.cluster import cmeans

fc, W, _, _, _, _, pc = \
    cmeans(X_train.T, c=10, m=1.25,
           error=1e-6, maxiter=10000, seed=1000)
```

cmeans 函数返回很多值，但最重要的是：包含簇质心的数组、最终隶属度矩阵以及分割系数。为了分析结果，先讨论分割系数：

```
print('Partition coeffiecient: {}'.format(pc))
```

输出为（分割系数）：

```
Partition coeffiecient: 0.6320708707346328
```

该值说明聚类结果与硬分派相差并不大，但是仍然带有模糊度。本实例出现这样的结果也是可理解的，因为很多数字图像多少都有些变形或失真，看上去与其他数字很相似（1、7、9很容易混淆）。但是建议尝试设定不同的 m 值，确认分割系数会如何变化。质心如图 7.2 所示。

图 7.2　采用模糊 c 均值法确定的质心

虽然成功地找到了所有不同的数字类，但是，与 k 均值法不同，还可以确定问题样本（用索引 7 表达 7）的模糊度，如图 7.3 所示。

图 7.3　选取样本（7）测试模糊度

样本的隶属度为：

```
print('Membership degrees: {}'.format(W[:, 7]))
```

输出（隶属度）为：

```
Membership degrees:[0.00373221 0.01850326 0.00361638
                    0.01032591 0.86078292 0.02926149
                    0.03983662 0.00779066 0.01432076
                    0.0118298]
```

相应结果如图 7.4 所示。

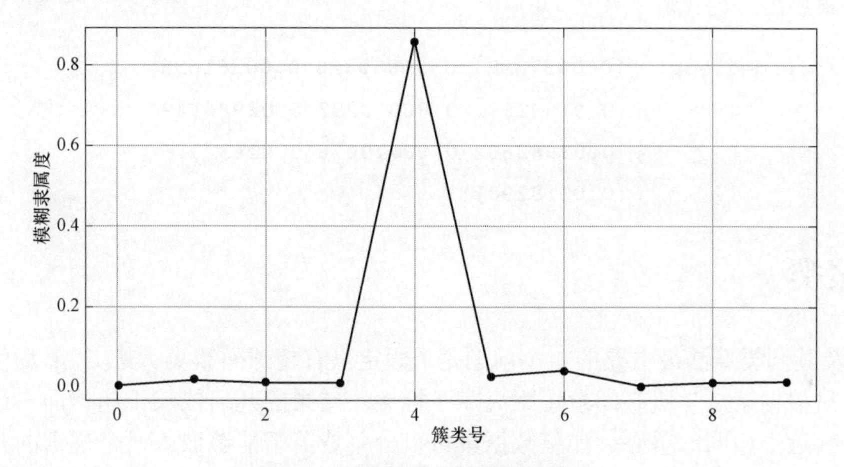

图 7.4　对应数字 7 的模糊隶属度

本实例选择的系数 *m* 已经使算法降低了模糊度。但是，还是存在三个较小的尖峰，对应着分别以数字 1、8 和 3（注意：簇类索引号 –1、6 和 8 分别对应着图 7.2 所示的数字）为中心的簇。可以分析其他不同数字的模糊分割，选用不同的系数 *m* 重新绘制模糊隶属度图。将会看到，*m* 值越大，模糊度（也对应较小的分割系数）越大。这是因为簇类间的重叠程度更大，从质心图也可得到证实。这有助于检测样本的失真。其实，即使最高尖峰代表着正确的簇类，其余尖峰则说明如果样本包含其他子集特征的话，该样本会与其他质心是多么相似。

与 scikit-learn 不同，Scikit-Fuzzy 采用 `cmeans_predict` 方法进行预测。该方法需要的参数与 `cmeans` 的相同，只是 `c` 不是簇类数而是最终质心数组（参数名为 `cntr_trained`）。`cmeans_predict` 函数首先返回对应的隶属度矩阵（其他返回值与 `cmeans` 的相同）。下列程序段重复预测相同的样本数字（表示 7）：

```
import numpy as np

from skfuzzy.cluster import cmeans_predict
```

```
new_sample = np.expand_dims(X_train[7], axis=1)
Wn, _, _, _, _, _ = \
    cmeans_predict(new_sample, cntr_trained=fc, m=1.25,
                   error=1e-6, maxiter=10000, seed=1000)


print('Membership degrees: {}'.format(Wn.T))
```

输出（隶属度）为：

```
Membership degrees: [[0.00373221 0.01850326 0.00361638
                      0.01032591 0.86078292 0.02926149
                      0.03983662 0.00779066 0.01432076
                      0.0118298]]
```

7.2 谱聚类

k 均值及其同类算法最主要的一个问题是，假定只有超球面簇类。其实，k 均值法对角度并不敏感，只根据某点与质心间最短距离赋予标签。结果的几何依赖于超球面，该球面上所有的点都更接近于相同的质心。如果数据集可以分割成若干能够嵌入一个规则的几何结构的数据块的话，上述条件尚可接受。但是，如果数据集不能用规则几何形状进行分割的话，条件便不成立。例如，考虑图 7.5 所示的两维数据集。

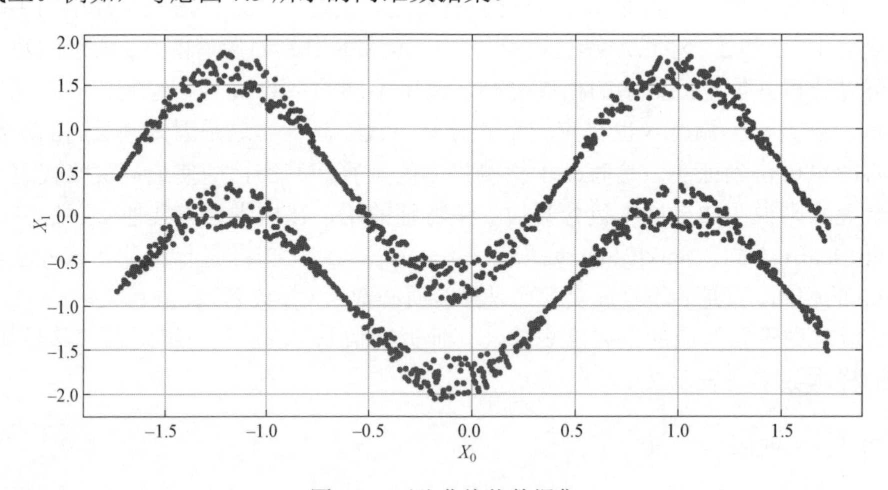

图 7.5 正弦曲线状数据集

如图 7.5 示例所示，无论如何，采用 k 均值法都无法将上下两条正弦曲线分离。原因很清楚，包含上方曲线数据集的圆也必然包含下方曲线的一部分或全部。考虑到 K 均值法所采用的原则，针对两个簇，通过对应于 $x_0 = 0$ 的正交分离使得惯性最小化。因此，得到的簇是完全混合的，只有一维决定着最后的配置。但是，两个正弦曲线状数据集本来是完全分离的，而且不难证明，从下方数据集选取一点 x_i，总能找到一个球，其只包含同样属于下方数据集的样本。前面讨论标签传播算法时提到过这个问题，谱聚类背后的逻辑本质上也是相同的（更多细节可回顾第 5 章基于图的半监督学习）。

假设有一个采样于数据生成过程 p_{data} 的数据集 X：

$$X = \{\bar{x}_1, \bar{x}_2, \cdots, \bar{x}_M\}, \bar{x}_i \in \mathbb{R}^N$$

可构建图 $G = \{V, E\}$，顶点为数据点，边由亲和度矩阵 W 确定。每个元素 w_{ij} 表达点 $\bar{x}_i$ 与 $\bar{x}_j$ 的亲和度。W 的构建一般采取两种不同的方法。

● **k 最近邻（k-nearest neighbor，KNN）**：为每个点 $\bar{x}_i$ 建立多个需要考虑的近邻。如果采取下列原则，W 就构建为连接矩阵（只表达两个样本之间是否有联系）：

$$w_{ij} = \begin{cases} 1, \text{ 如果} \bar{x}_j \in \text{neighborhood}_k(\bar{x}_i) \\ 0, \text{ 否则} \end{cases}$$

另外，也可以构建为距离矩阵：

$$w_{ij} = \begin{cases} d(\bar{x}_i, \bar{x}_j), \text{如果} \bar{x}_j \in \text{neighborhood}_k(\bar{x}_i) \\ 0, \text{否则} \end{cases}$$

● **径向基函数（radial basis function，RBF）**：k 最近邻法会得到不完全连接图，因为有的样本可能没有近邻。为了构建全连接图，可以采用径向基函数（该方法已经用于科霍宁映射算法（Kohonen map algorithm），将在第 15 章集成学习基础介绍）：

$$w_{ij} = \mathrm{e}^{-\gamma\|\bar{x}_i - \bar{x}_j\|^2}$$

式中，参数 γ 用于控制高斯函数的振幅，减少或者增加权重大（实际近邻）的样本数量。但是，权重赋给所有数据点，最终的图总是连接的，尽管很多元素接近零。

无论哪种方法，W 的元素都表示点和点之间的亲和度（或紧密度），对整体几何结构没有任何限制（这点与 k 均值法不同）。特别是，利用 KNN 连接矩阵，可以隐式地将原始数据集分割成更小的具有较高内聚度的区域。现在需要解决的是，找到一种办法，将属于相同簇的所有区域拼合起来。

本节采用 Shi 和 Malik 提出的方法（参阅：Shi J., Malik J., *Normalized Cuts and Image*

Segmentation, IEEE Transactions on Pattern Analysis and Machine Intelligence, Vol. 22, 08, 2000”）。该方法基于归一化的图拉普拉斯矩阵：

$$L_n = I - D^{-1}W$$

矩阵 D，称为度矩阵，与第 5 章基于图的半监督学习里的相同，定义为：

$$D = \mathrm{diag}\left(\left[\sum_j w_{ij}\right]\forall i \in (1, M)\right)$$

下列性质可以证实（这里省去证实过程，可参阅：Gelfand I. M., Glagoleva E. G., Shnol E. E., *Functions and Graphs Vol. 2*, The MIT Press, 1969 或 Biyikoglu T., Leydold J., Stadler P. F., *Laplacian Eigenvectors of Graphs*, Springer, 2007）：

- 通过求解问题 $L\bar{v} = \lambda D\bar{v}$，可以得到 L_n 的特征值 λ_i 和特征向量 $\bar{v}_i$。L 是非归一化的图拉普拉斯矩阵，$L = D - W$。
- L_n 总有一个特征值为 0（重数为 k），对应的特征向量为 $v_0 = (1,1,\cdots,1)$。
- 因为 G 是无向图而且所有 $w_{ij} \geqslant 0$，所以 G 的连接元素的数量 k 等于零特征值的重数。

也就是说，归一化的图拉普拉斯矩阵记载了连接元素数量信息，提供了一个新的参考系。在该参考系中，可以用规则的几何形状（一般是超球面）对簇进行分割。为了更好地理解该方法如何无需严格的数学理论也可发挥作用，还需要揭示 L_n 的另一个性质。

根据线性代数理论可知，矩阵 $M \in \mathbb{R}^{n\times n}$ 的每个特征值 λ 构成一个对应的特征空间，该空间是 $\mathbb{R}^n$ 的子集，包含与 λ 相关的所有特征向量以及零向量。另外，给定集合 $S \subseteq \mathbb{R}^n$ 和可数子集 C（该定义可以扩展至一般子集，但本文要求数据集总是可数的），可以定义向量 $\bar{v} \in \mathbb{R}^n$ 作为指示向量。如果向量 $c_i \in S$，$\bar{v}^{(i)} = 1$，否则 $\bar{v}^{(i)} = 0$。如果考虑 L_n 的零特征值并假设有 k 个零特征值（对应零特征值的重数），可以证明，对应的特征向量就是由它们构建的特征空间的指示向量。

如上所述，特征空间对应着图 G 中互联的要素。因此，进行常规的聚类（例如 K 均值法或 K 均值++法），将数据点投影到特征空间里，可以很容易实现利用对称形状的数据分离。

因为 $L_n \in \mathbb{R}^{M\times M}$，所以，其特征向量 $\bar{v}_i \in \mathbb{R}^M$。选择前 k 个特征向量，可以构建矩阵 $A \in \mathbb{R}^{M\times k}$：

$$A = \begin{pmatrix} v_1^{(1)} & \dots & v_k^{(1)} \\ \vdots & \ddots & \vdots \\ v_1^{(M)} & \dots & v_k^{(M)} \end{pmatrix}$$

矩阵 A 的各行，$\bar{a}_j \in \mathbb{R}^k$，可以看作是原始点 $\bar{x}_j$ 在由与 L_n 的零特征值相关的特征向量构成的低维子空间里的投影。此时，新数据集 $A=\{\bar{a}_j\}$ 是否可分离只取决于图 G 的结构，特别是近邻的数量或 RBF 的参数 γ。毫无例外，不可能定义一个适合所有问题的标准值，尤其当维数大到无法进行可视化检测的时候。正确的做法是，从少数近邻（例如 5～10 个）或者 $\gamma=1.0$ 着手，逐步增大数值直到性能指标（例如调整兰德指数）达到最大值。

遗憾的是，每个问题需求各异，很难为数据科学家们提供绝对可靠的默认值。所有算法工具集一般取参数的中档值，允许用户选择最合适的配置。例如，应用 KNN 时，如果基本拓扑结构是兼容的话，5 个、10 个或 100 个近邻都是合理的。必须指出的是，近邻规模应该始终相对较小。更准确地讲，用户可以将一个点的近邻想象成一个积木块（其实是作为拓扑理论的基础），用来构造数据集所在的整个超曲面（或流形曲面）。选定一个度量函数，近邻的最小数量可根据样本数量 S 确定。一方面，如果密度足够大，对应 S 的 0.1%～0.5%的值应该是较好的默认值。另一方面，粒度过大的话，由于连接的要素数量过多，也可能得不到正确的结果。

另一重要事项是，KNN 往往导致非连接的亲和度矩阵。最常用的算法库可以解决数值不稳定问题（例如，如果度矩阵有 $\mathrm{Det}(D)=0$，该矩阵就是不可逆矩阵，需要采用更有效的解决办法），但在一些具体情况下，分离图可能会失去重要的结构信息。

所以，应该认真评价 W 的计算策略，并在软件提示连接性缺失时，认真检查结果。例如，scikit-learn 会给出明确的提示，必须认真予以考虑。

考虑到问题的本质，有必要评价上一章讨论的一致性和完整性，因为这两项指标对不规则几何结构更为敏感，更易于说明何时聚类没有正确地分离数据集。如果不知道真实数据的话，轮廓系数可用来评价作为所有超参（簇的数量、近邻的数量或者 γ）函数的簇内聚合度和簇间分离度。

完整的 Shi-Malik 谱聚类算法如下：

（1）选择 KNN 或 RBF 作为图构建方法：

　　选择参数 k；

　　选择参数 γ。

（2）选择预期的簇数量 N_k。

（3）计算矩阵 W 和 D。

（4）计算归一化图拉普拉斯矩阵 L_n。

（5）计算 L_n 的前 k 个特征向量。

（6）构建矩阵 A：

　　用 k 均值++法（或其他对称算法）聚类 A 的行。

算法输出结果是簇集：$C_{km}^{(1)},C_{km}^{(2)},\cdots,C_{km}^{(N_k)}$。下面介绍一个 scikit-learn 实例，目的是比较 k 均值法与谱聚类。

scikit-learn 的谱聚类实例

此实例采用前文介绍过的正弦曲线状数据集。第一步就是产生该数据集（有 1000 个样本）：

```
import numpy as np

from sklearn.preprocessing import StandardScaler
nb_samples = 1000

X = np.zeros(shape=(nb_samples, 2))

for i in range(nb_samples):
    X[i, 0] = float(i)

    if i % 2 == 0:
        X[i, 1] = 1.0 + (np.random.uniform(0.65, 1.0) *
                        np.sin(float(i) / 100.0))
    else:
        X[i, 1] = 0.1 + (np.random.uniform(0.5, 0.85) *
                        np.sin(float(i) / 100.0))


ss = StandardScaler()
Xs = ss.fit_transform(X)
```

接着用 k 均值法（`n_clusters=2`）对数据集进行聚类：

```
from sklearn.cluster import KMeans

km = KMeans(n_clusters=2, random_state=1000)
Y_km = km.fit_predict(Xs)
```

结果如图 7.6 所示。

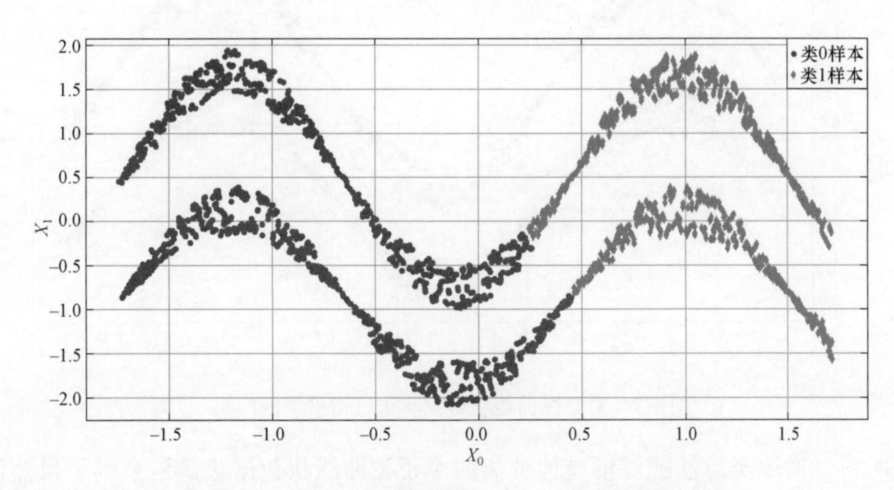

图 7.6　对正弦曲线状数据集进行 k 均值法聚类的结果

不出所料，k 均值法不能分离两条正弦曲线。即使改用不同的参数值，结果都是不可接受的，因为 k 均值法的两维簇都是圆（在 $\mathbb{R}^n$ 中，结果就是超球面，但是结构关系还是一样的），不存在正确的配置。可想而知，完整性和一致性都很低，因为每个数据类都包含其他数据类的一半左右的样本。

接着利用基于 KNN 算法的亲和度矩阵进行谱聚类（scikit-learn 会给出提示，因为图并非全连接，但是这一般情况下并不影响结果）。scikit-learn 应用 `SpectralClustering` 类，其最重要的参数是预期的簇数量 `n_clusters`、亲和度矩阵（可以是 `rbf` 或 `nearest_neighbors`）、γ（只对 RBF）和 `n_neighbors`（只对 KNN）。本实例测试选用 20 个近邻：

```
from sklearn.cluster import SpectralClustering

sc = SpectralClustering(n_clusters=2,
                        affinity='nearest_neighbors',
                        n_neighbors=20,
                        random_state=1000)
Y_sc = sc.fit_predict(Xs)
```

谱聚类的结果如图 7.7 所示。

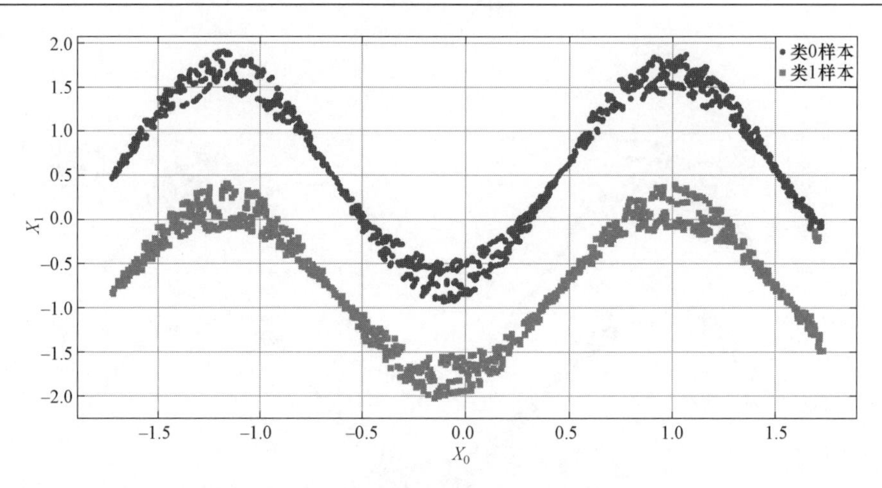

图 7.7 对正弦曲线状数据集进行谱聚类的结果

不出所料，谱聚类算法能够清楚地分离两个正弦曲线状数据集。这个例子虽然很简单，但仍然很好地展示了将数据集投影到特征空间的好处。这适用于无法直接得到理想的分离结果的情况。各种方法的核函数计算代价各不相同（RBF 更快，因为其计算可以采用并行计算架构），但一般而论，除了介绍 KNN 时已经讨论过的，没有特别的限制。根据经验，谱聚类算法的主要问题是其内部结构。特征空间和核函数都非常有用，但是都要求几何具有规则性。有时，这是无法保证的（即使采用很复杂的投影），最终结果也可能不会特别准确。

建议读者尝试同时采用 RBF（取不同的 γ 值）和 KNN（选取不同数量的近邻），验证 MNIST 数据集的谱聚类效果。同时，可以绘制 t-SNE 图，比较各种算法的分派误差。由于簇是严格非凸的，所以轮廓系数值不会太高。其他还值得一试的包括，绘制轮廓系数图来检查结果、赋予真实数据标签以及评价一致性和完整性。这里，需要提醒的是，对高维数据集的二维呈现必须加以认真评价，特别是针对采用非线性降维算法（例如 t-SNE 或 LLE）得到的结果。只呈现两个而排除其他特征的结果往往是不正确的，例如，本来完美分离的簇看上去却是交叠的，反之亦然。

下节将讨论一种完全不考虑几何但能比其他方法更有效分割不规则数据集的方法。

7.3 DBSCAN

大多数已讨论过的聚类方法对数据集的几何结构都有假设条件。例如，k 均值法能够找到超球面区域的质心。一方面，谱聚类法虽然未做任何限制（特别是采用 KNN 亲和矩阵时），但要求知道想要的簇数，而这会限定结果。另一方面，谱聚类以及 **DBSCAN**（density-based spatial clustering of applications with noise，具有噪声的基于密度的空间数据聚类方法）能够实现非凸聚类，而 k 均值法则要求是凸数据集。

Ester 等人提出的 DBSCAN 算法旨在克服所有这些限制（参阅：Ester M., Kriegel H. P., Sander J., Xu X., *A Density-Based Algorithm for Discovering Clusters in Large Spatial Databases with Noise*, Proceedings of the 2nd International Conference on Knowledge Discovery and Data Mining, AAAI Press, pp. 226-231, 1996）。

主要假设是，X 表示取自于多峰分布的样本，数据密集区域被几乎空白的区域充分地分离开来。这里只是说“充分地”是因为 DBSCAN 也假定有一些噪声点位于边界因而会被分派给多个簇。这种情况下，k 均值等算法硬性规定两种分派形式：

- $\exists \bar{\mu}_j : d(\bar{x}_i, \bar{\mu}_j) < d(\bar{x}_i, \bar{\mu}_\mathrm{p}), \forall p \in (1, 2, j-1, j+1, \cdots, k)$。此时，有一簇，其质心最近，可直接分派。
- $d(\bar{x}_i, \bar{\mu}_j) = d(\bar{x}_i, \bar{\mu}_\mathrm{p}), \forall j, p \in (1, k)$。此时（非常少），所有距离相等，因此，算法通常选取第一个簇（即使是完全随机的选择）。

相反，DBSCAN 并不要求指定期望的簇数，而是要找到将高密度高聚合区域与隔离区域分离所需的所有拓扑约束。基本过程是对每个点进行分类，然后自然地将数据点聚集到已标记簇和噪声点集。

给定点 $\bar{x}_i \in X \subseteq \mathbb{R}^n$ 和预定的距离度量（例如，欧几里得距离），DSBCAN 算法确定属于球 $B_\epsilon(\bar{x}_i) = \{\bar{x} \in \mathbb{R}^n : d(\bar{x}, \bar{x}_i) \leqslant \epsilon\}$ 的点集。如果 $B_\epsilon(\bar{x}_i)$ 的点比 $n_{\min}$ 多（不包括 $\bar{x}_i$），$\bar{x}_i$ 就被标为核心点。其他点 $\bar{x} \in B_\epsilon(\bar{x}_i) \cap X$ 则被标为核心点的直接密度可达（directly density-reachable）点。直接密度可达点与核心点同等重要，因为从拓扑角度看，关系是对称的。也就是，当球心为直接密度可达点时，核心点也成为直接密度可达点。

现在考虑一有序点集 $\bar{x}_i, \bar{x}_{i+1}, \cdots, \bar{x}_t, \cdots, \bar{x}_j$。如果 $\bar{x}_{i+1}$ 是 $\bar{x}_i \quad \forall i \in (i+1, j)$ 的直接密度可达点，那么 $\bar{x}_j$ 被标为 $\bar{x}_i$ 的密度可达点。

密度可达点比直接密度可达点弱，取决于半径 ϵ 和个数 $n_{\min}$。密度可达点的概念如图 7.8 所示。

可以验证，当 $n_{\min} \geqslant 4$ 时，通过序列 $\bar{x}_i, \bar{x}_t, \bar{x}_j$，从 $\bar{x}_i$ 到 $\bar{x}_j$ 是密度可达的。其实，如果有四个近邻点，那么，有三个是核心点，而且这些核心点也是近邻的直接密度可达点，因此，序列通向一个密度可达点。

给定三个点，$\bar{x}_i, \bar{x}_j, \bar{x}_t \in X$，如果 $\bar{x}_i$ 和 $\bar{x}_j$ 都是 $\bar{x}_t$ 的密度可达点，它们也标记为通过 $\bar{x}_t$ 的密度连接（density-connected）点。密度连接是一项更弱的条件，而且是非对称的。事实上，如果 $\bar{x}_i$ 是 $\bar{x}_j$ 的密度可达点，就可以找到密度连接的三点组 $\bar{x}_i, \bar{x}_j, \bar{x}_t$。但反过来并不成立。如果按照预定的方向遍历一个点序列，连接点 $\bar{x}_t$ 可以是直接密度可达点（因此，隐含地也是一个核心点)，当且仅当该点的近邻包含足够多的点。

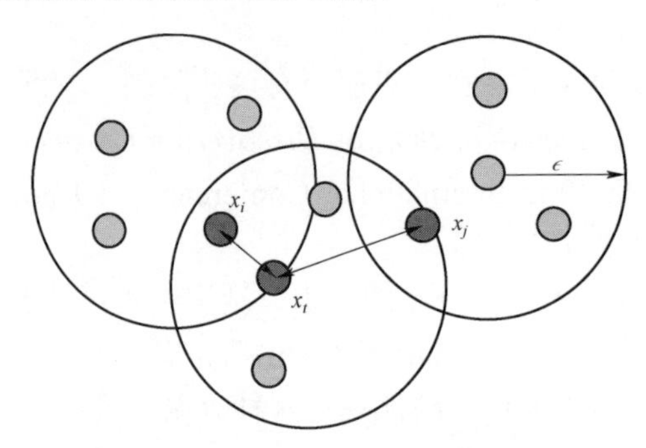

图 7.8 当 $n_{\min} \geqslant 4$ 时，$\bar{x}_j$ 是 $\bar{x}_i$ 的密度可达点

记 $N(\bullet)$ 为球体上的点的计数函数。可以考虑 $N(\bar{x}_i) > n_{\min} + k$ 和 $N(\bar{x}_t) \ll N(\bar{x}_i)$ 这样一种情况，并定义 $B_\epsilon(\bar{x}_i)$，使得 $\bar{x}_t \in B_\epsilon(\bar{x}_i)$。如此，便可以建立密度可达条件，确保进入与 $\bar{x}_t$ 和 $\bar{x}_j$ 相关的下一步。相反，如果 $k \gg 0$，$N(\bar{x}_t)$ 就小于 $n_{\min}$，可达关系便不复存在，就无法沿着 $\bar{x}_t \to \bar{x}_i$ 方向前进。密度连接关系是 DBSCAN 的一个中心概念，调整超参的大部分工作都与正确选择 ϵ 和 $n_{\min}$ 相关，以便最大限度减少噪点，让必须属于相同簇的所有点都具有密度连接关系。算法根据以下条件定义簇 C_{p}。

- 所有点对 $(\bar{x}_i, \bar{x}_j) \in X$ 是密度连接的。
- 如果 $\bar{x}_t \in C_{\mathrm{p}}$，所有点 $\bar{x}_{\mathrm{q}} \in X$ 是 $\bar{x}_t$ 的密度可达点。

上述过程完成后，所有密度可达点均被分派给一个簇。其余点（形式上是 $\bar{x}_i \in X$ 的非密度可达点）则被标记为噪点，归属于另外一个虚簇（virtual cluster）。

正如所期待的，DBSCAN 并不要求有任何几何约束，只是完全依赖每个点的近邻。该特性能够确保非凸区域的可分离性，只是简单假设这些非凸区域为低密度的超体所分离（这种情况司空见惯）。因此，DBSCAN 特别适合不规则性复杂的空间应用（例如，地理或生物医学领域）。不仅如此，DBSCAN 对于很多简单算法无法处理的问题同样表现优异。值得考虑的最重要一点是算法的计算复杂度，按照 KNN 策略，大致在 $O(N \log N)$ 到 $O(N^2)$ 的范围。由于近邻一般采用球树或 k-d 树得到，前几章考虑的所有问题仍然存在，所以在选择最合适的叶规模以便减少比较次数和避免二次复杂度（对大规模数据集而言过于费时）时需注意。

在介绍实例之前，有必要提醒，对于每个具体任务，正确选择距离度量极为重要。如果数据集维度高，采用闵可夫斯基距离（$p \geqslant 2$），很难辨识各数据点。由于 DBSCAN 依赖距离函数发现所有密度连接链，在选择最佳聚类算法时需要对高维数据集进行认真评价分析。另外，最好考虑采用曼哈顿距离（最灵敏的距离函数）得到的结果，并与采用默认的欧几里得距离得到的结果进行比较。有时，高辨识能力足以避免太多的噪点，检测出大多数密度连接链。当然，并没有什么诀窍捷径，数据科学家的任务就是要对结果进行检查（采用合适的评价指标，例如卡林斯基-哈拉巴斯指数或轮廓系数），与专业领域专家一起确认结果的正当性。

7.3.1　scikit-learn 的 DBSCAN 实例

本实例将构建一个二维数据集，每个数据点都是一个标准化建筑群。目标是找到所有数据群并予以分类。

首先，利用 11 个部分重叠的二元高斯分布创建一个数据集：

```
import numpy as np

mus = [[-5, -3], [-5, 3], [-1, -4], [1, -4], [-2, 0],
       [0, 1], [4, 2], [6, 4], [5, 1], [6, -3], [-5, 3]]
Xts = []

for mu in mus:
    n = np.random.randint(100, 1000)
    covm = np.diag(np.random.uniform(0.2, 3.5, size=(2, )))
    Xt = np.random.multivariate_normal(mu, covm,
                                       size=(n, ))
    Xts.append(Xt)

X = np.concatenate(Xts)
```

数据集分布如图 7.9 所示。

由图 7.9 可见，数据集表示一个区域。该区域有一些主要中心区（大的聚集区）、次要中心区（较小的聚集区）和低密度区域（郊区）。这里，采用 DBSCAN 确定表示相同区域的簇的最佳个数。

需要明确的是，密度连接点构成了内在相同的区域，因为其具有的拓扑本质（即因为球有半径 ϵ，所以所有密度连接区域具有与所有子区域平均密度相同的密度）。但是，由于不知道真实数据，在进入具体分析之前，介绍两个新的评价指标：卡林斯基-哈拉巴斯指数（Calinski-Harabasz index，CHI）和戴维斯 – 堡丁指数（Davies-Boulding index，DBI）。

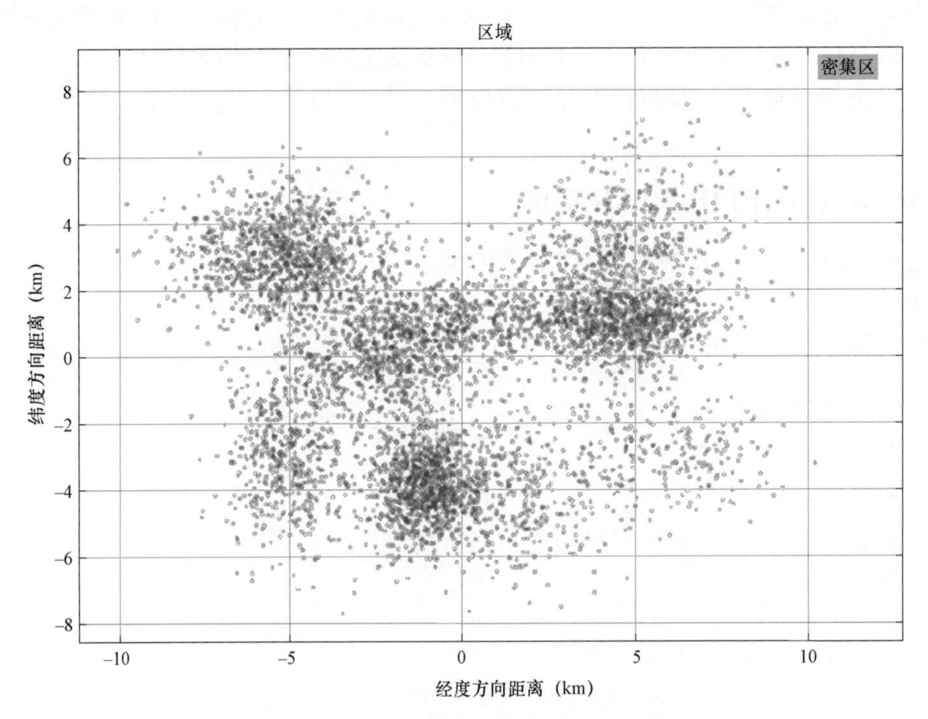

图 7.9 表达某地建筑物二维空间分布的数据集

卡林斯基-哈拉巴斯指数（Calinski-Harabasz index，CHI）

该指数不需要真实数据，而是按照最大聚合度和最大分离度原理评价聚类结果。一个合理的聚类结果应该具有较低的簇内方差以及较大的簇与分离区域间方差。量化这种特性，需要引入两个补充性的测度指标。

假定数据集 X 已经聚类为 k 个簇，各具有质心 $\bar{\mu}_i$，$\forall i \in (1,k)$。**簇内散度（within-cluster-dispersion，WCD）**定义为：

$$WCD_k = Tr\left(\sum_{i=1}^{k}\sum_{\bar{x}_j \in C_i}(\bar{x}_j - \bar{\mu}_j)(\bar{x}_j - \bar{\mu}_j)^{\mathrm{T}}\right)$$

该测度指标透露了分派给每个簇的数据点在各自质心周围分布散度的信息。在理想的情况下，该测度的值接近其理论最小值，表示算法达到了最大可能的内聚度。

通过引入对分派给 C_i 的数据点计数的函数 $N(C_i)$ 以及平均全局质心 $\bar{\mu}$（对应包含所有 $\bar{\mu}_i$ 的系统的质量几何中心），可以定义**簇间散度（between-cluster-dispersion, BCD）**：

$$BCD_k = Tr\left(\sum_{i=1}^{k} N(C_i)(\bar{\mu}_j - \bar{\mu})(\bar{\mu}_j - \bar{\mu})^{\mathrm{T}}\right)$$

该测度指标代表簇的分离程度。BCD_k 值大，表明密集区域相互相对远离，所谓的“远离”是指簇的质心并不接近全域质心。当然，光有这个测度指标并没有用，因为一个簇即使质心很远（由 $\bar{\mu}$ 测度），它的散度也很大。

因此，对于有 N 个点的数据集，卡林斯基－哈拉巴斯指数的计算式如下：

$$CH = \frac{N-k}{k-1} \bullet \frac{BCD_k}{WCD_k}$$

式中的第一项是归一化项，而第二项同时测度分离度和聚合度。CH 值没有上限（尽管给定数据集 X 的结构，会有一个理论上限），所以，CH 值越大，表示聚类结果更好，即 $BCD_k \gg WCD_k$，也就是大的分离度和低的内部散度。

戴维斯－堡丁指数（Davies-Boulding index，DBI）

有时评价簇的分离度比评价内部聚合度更有用。例如，更关注找到数据聚合块，尽管它们因为城市管理限制，相对而言聚合度较低。

假定现有 k 个簇 $C_i \forall i \in (1,k)$，可以先求得各簇的直径，这些直径与所有可能的数据点所处超体积成比例。如果用质心 $\bar{\mu}_i$ 代表 C_i，$N(C_i)$ 为分派给 C_i 的数据点的数量，那么，直径定义为：

$$d_i = \frac{1}{N(C_i)} \sum_{\bar{x} \in C_i} d(\bar{x}, \bar{\mu}_i)$$

此时，可以构建一个伪距离矩阵 $D \in \mathbb{R}^{k \times k}$，其元素 D_{ij} 定义为 $D_{ij} = (d_i + d_j) / d_{ij}$，其中，$d_{ij} = d(\bar{\mu}_i, \bar{\mu}_j)$。由此，可以得到一个真距离矩阵，其所有元素 $D_{ij} \geqslant 0$ 而且 $D_{ij} = D_{ji}$。每个 D_{ij} 值表示 C_i 和 C_j 之间的分离程度。D_{ij} 值大，意味着直径之和大于质心距离，因此，簇间有部分重叠。相反，D_{ij} 值小，则意味着，最好的情况是 $d_{ij} > d_i + d_j$，因此，C_i 和 C_j 的最远点（对直径影响更大）被一个空白区域隔离开来。为了阐述更清楚，假定两个直径都等于 d。问题是要证明两个半径（都等于 $d/2$）之和大于质心距离。其实，如果 $d_{ij} > d$，而且假设考虑的是凸簇，一般而言，C_i 和 C_j 之间总是存在一个分离区，因为这两个超球并不相交。

戴维斯－堡丁指数定义为：

$$DB = \frac{1}{k} \sum_{i=1}^{k} \max_{i \neq j} D_{ij}$$

很清楚，DB在考虑(C_i, C_j)间最大可能距离的前提下，量化了簇间的平均分离程度。这样，便有了最坏情况的测度，必须使其最小化从而获得最优结果。

至此，可以借助地域数据集对 DBSCAN 进行评价。

7.3.2 DBSCAN 结果的分析

数据集X平均拥有 5000 个数据点，分散在$20 \times 15 = 300\text{km}^2$区域范围。如果不考虑单位，那么每单元面积区域有$5000 \div 300 \approx 17$个数据点。由于分布是不均匀的，可以假设每个数据点必须拥有至少$[17 \div 2] = 8$个近邻点。不必着急先确定半径ϵ，因此，暂且假定$\epsilon \in (0.1, 0.5)$，采用卡林斯基–哈拉巴斯指数和戴维斯–堡丁指数，以及一定数量的噪点，找到最优配置：

```
from sklearn.cluster import DBSCAN
from sklearn.metrics import calinski_harabasz_score
from sklearn.metrics import davies_bouldin_score
import numpy as np

ch = []
db = []
no = []

for e in np.arange(0.1, 0.5, 0.02):
    dbscan = DBSCAN(eps=e, min_samples=8, leaf_size=50)
    Y = dbscan.fit_predict(X)
    ch.append(calinski_harabasz_score(X, Y))
    db.append(davies_bouldin_score(X, Y))
    no.append(np.sum(Y == -1))
```

结果如图 7.10 所示。

首先讨论噪点个数。显然，函数单调递减，因为ϵ值越大，得到的簇的聚合度越小。但是，需要考虑两点重要事项。第一，应根据地图的地理结构（即中心附近总是存在郊区或低密度区域）合理设定噪点个数。第二，函数在$(0.2, 0.3)$范围斜率明显减小。这意味着，一方面，超过某个阈值，噪点个数几乎稳定在一个有限值，该值对应着可以归属于极度重叠的簇的数据点的总数。这一点已被戴维斯–堡丁指数所证实，该指数在范围$(0.2, 0.3)$内急剧增大。

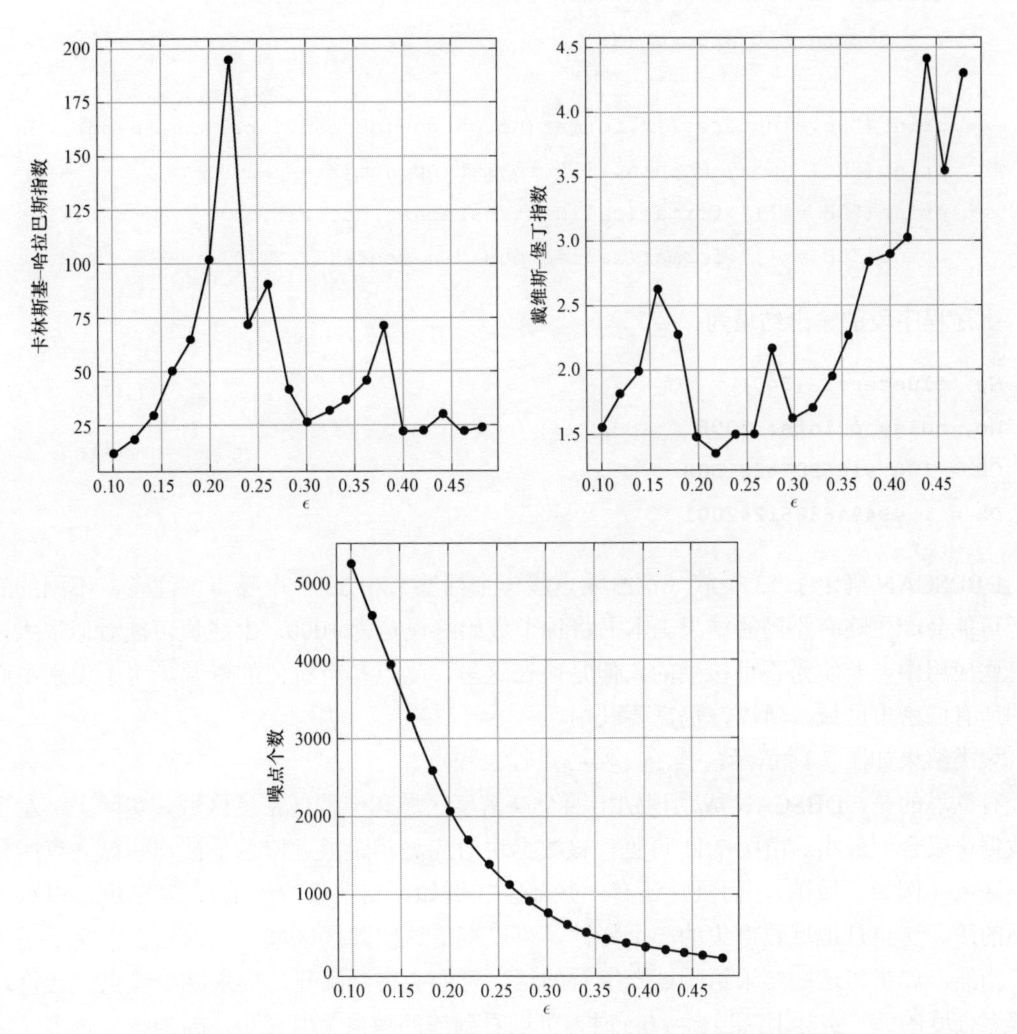

图 7.10　卡林斯基－哈拉巴斯指数、戴维斯－堡丁指数和噪点个数

另一方面，当 $\epsilon = 0.2$ 时，卡林斯基－哈拉巴斯指数达到最大值，而戴维斯－堡丁指数则达到最小值。因此，考虑噪点的存在，可以取 $\epsilon = 0.2$ 作为最优值，进行 $n_{\min} = 8$ 而且叶点规模为合理值 $N(X) \div 100 = 50$ 的聚类（也可以尝试取其他值，进行性能对比）：

```
from sklearn.cluster import DBSCAN
```

```
dbscan = DBSCAN(eps=0.2, min_samples=8, leaf_size=50)
Y = dbscan.fit_predict(X)


print("No.clusters:{}".format(np.unique(dbscan.labels_).shape))
print("No. noisy points: {}".format(np.sum(Y == -1)))
print("CH = {}".format(calinski_harabasz_score(X, Y)))
print("DB = {}".format(davies_bouldin_score(X, Y)))
```

上述程序段的输出结果为：

```
No. clusters: (54,)
No. noisy points: 2098
CH = 100.91669074221588
DB = 1.4949468861242001
```

DBBSCAN 确定了 53 个簇（留给噪点簇一个标签）和 2098 个噪点。注意，不同的随机种子可能会产生略有不同的结果。本书将种子数始终设定为 1000。上述值可能看似很大，但在有些应用中，其实是不可接受的。但是，在这里，噪点是有价值的资源，用于识别中心周围的所有低密度区域，所以，仍需要利用。

聚类结果如图 7.11 所示，其中，实心点代表噪点。

有意思的是，DBSCAN 成功识别出四个高密度区域和一群低密度区域。实际上，左下角的数据块聚合度最小。由图 7.11 可见，该数据块对应着相距很近但总是被一些孤立点所分离的小区域（例如，城镇）。而且，还有一些郊区（例如，左上簇的周围），其密度足以被当作较小的簇。这也是地域数据集的一个特性，可以接受这些郊区区域，因为它们语义上是正确的。当然，如果将这些结果给领域专家看的话，可能会得到回复，要求减少噪点。代价是得到低聚合度的簇。实际上，当 $\epsilon \to 0.5$ 时，可以看到簇的数量大幅减少，因为越来越多的区域变得密度连接，最终聚合在同一个数据块中。

至此，可以比较采用不同参数集（包括默认值为欧几里得距离的距离度量）得到的结果，并揭示 DBSCAN 原理特性。例如，可以增加后处理步骤，聚合不代表有正确含义实体的最小的簇。因此，通常从较小的 ϵ（调高 $n_{\min}$ 值）开始，去理解哪些数据块应该被合并而不是去处理内部聚合度低的大的数据簇。读者可以试试找到少于 10、20、30 个簇的最佳配置，比较结果，领悟如何根据数据集 X 的结构选择相关参数。

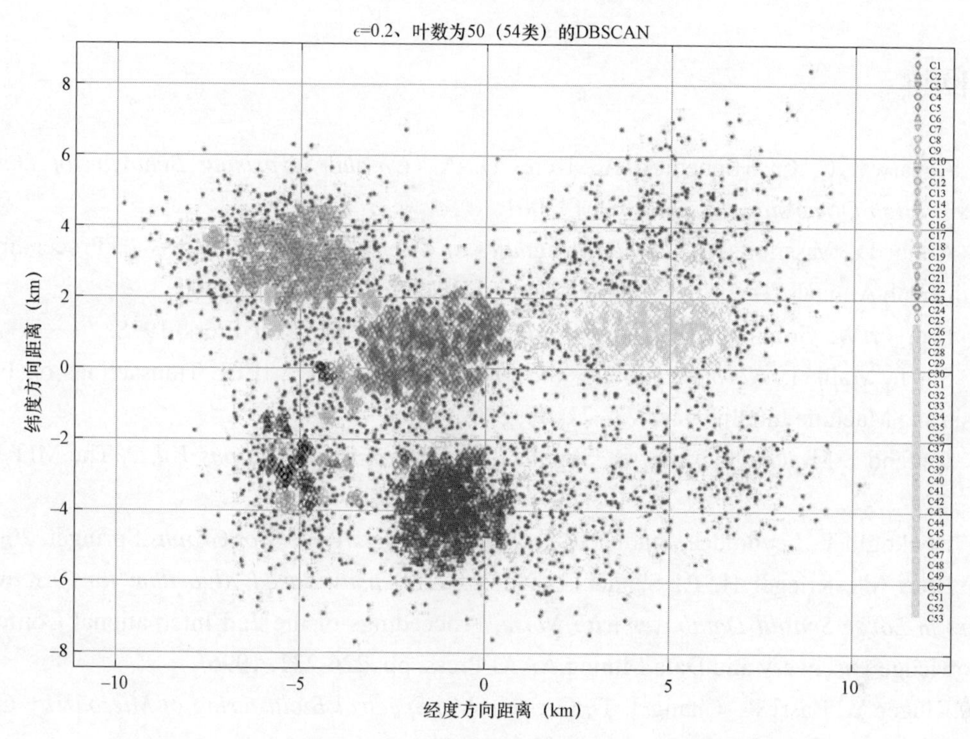

图 7.11　应用 DBSCAN 处理地域数据集的结果（实心点代表噪点）

7.4　本章小结

本章介绍了一种称为模糊 c 均值的软聚类方法，该方法看上去与标准 k 均值法的结构相似，但也能管理表示一个样本与所有簇心相似度的隶属度（类似于概率）。这种方法可以以更复杂的方式处理隶属度向量，而聚类结果提供给分类器。

k 均值法及其类似算法的最重要的局限之一是要求簇具有对称结构。可以采用谱聚类方法解决这一局限，谱聚类方法借助数据集图，非常有效，也与非线性降维非常相似。分析了 Shi 和 Malik 提出的算法后，发现该算法很容易分离非凸数据集。

本章还讨论了一个完全几何无关的算法：DBSCAN。该算法适合发现一个复杂数据集中的所有密集区域。另外还讨论了两个新的评价测度，卡林斯基 – 哈拉巴斯指数和戴维斯 – 堡丁指数。

第 8 章面向营销的聚类和无监督学习模型，将涉及有效用于市场细分和推荐（特别是双聚类）的若干无监督模型，能够更好地理解顾客行为（apriori），根据顾客买方画像推荐产品。

扩展阅读

- Aggarwal C. C., Hinneburg A., Keim D. A., *On the Surprising Behavior of Distance Metrics in High Dimensional Space*, ICDT, 2001.
- Arthur D., Vassilvitskii S., *The Advantages of Careful Seeding, k-means++*:Proceedings of the Eighteenth Annual ACM-SIAM Symposium on Discrete Algorithms, 2006.
- Pedrycz W., Gomide F., *An Introduction to Fuzzy Sets*, The MIT Press, 1998.
- Shi J., Malik J., *Normalized Cuts and Image Segmentation*, IEEE Transactions on Pattern Analysis and Machine Intelligence, Vol. 22, 08, 2000.
- Gelfand I. M., Glagoleva E. G., Shnol E. E., *Functions and Graphs Vol. 2*, The MIT Press, 1969.
- Biyikoglu T., Leydold J., Stadler P. F., *Laplacian Eigenvectors of Graphs*,Springer, 2007.
- Ester M., Kriegel H. P., Sander J., Xu X., *A Density-Based Algorithm for Discovering Clusters in Large Spatial Databases with Noise*, Proceedings of the 2nd International Conference on Knowledge Discovery and Data Mining,AAAI Press, pp. 226-231, 1996.
- Kluger Y., Basri R., Chang J. T., Gerstein M., *Spectral Biclustering of Microarray Cancer Data: Co-clustering Genes and Conditions*, Genome Research, 13, 2003.
- Huang, S., Wang, H., Li, D., Yang, Y., Li, T., *Spectral co-clustering ensemble*. Knowledge-Based Systems, 84, 46-55, 2015.
- Bichot, C., *Co-clustering Documents and Words by Minimizing the Normalized Cut Objective Function*. Journal of Mathematical Modelling and Algorithms,9(2), 131-147, 2010.
- Agrawal R., Srikant R., *Fast Algorithms for Mining Association Rules*,Proceedings of the 20th VLDB Conference, 1994.
- Li, Y., *The application of Apriori algorithm in the area of association rules*.Proceedings of SPIE, 8878, 88784H-88784H-5, 2013.
- Bonaccorso G., *Hands-On Unsupervised Learning with Python*, Packt Publishing, 2019.

第 8 章　面向营销的聚类和无监督学习模型

本章将介绍在市场营销领域特别有用的两种机器学习方法。在优化促销活动、推荐或营销策略等领域需要组织顾客相关业务的知识，无监督学习在其中有很多有效的应用。本章介绍如何应用一种具体的聚类方法发掘顾客群和商品群之间的相似性，以及如何抽取描述并综合顾客从产品目录选择商品行为的逻辑规则。根据这些规则，商家可以明确如何优化促销活动，如何重新摆放商品，以及在顾客购买商品时如何能够成功地推荐哪些其他商品。

具体分析的算法和主题包括：

- 基于谱双聚类算法的双聚类。
- 利用 Apriori 算法的购物篮分析。

第一个分析的算法是一种具体的聚类算法，该算法同时在两个层面进行聚类。通常这两层通过某种形式互相关联（例如，顾客与商品可以借助评级关联起来）。双聚类的目的是通过重新安排两层（或视角）结构，找到这种中间形式最为一致（例如，评级高或低）的区域。

8.1　双聚类

双聚类（biclustering）是一类作用在矩阵 $A \in \mathbb{R}^{n \times m}$ 上的方法，这些矩阵的行和列表示根据某种明确关系连接起来的不同特征。例如，行可以表示顾客，而列代表商品。每个元素 $a_{ij} \in A$ 可以表明评级，或者如果是零的话，表明某个特定商品 p_j 没被买过或没有顾客 c_i 的评价。由于顾客的行为往往可以分成专门类别，那么可以假定 A 具有基础棋盘结构，而该结构里的紧凑区域（称为双簇）表示具有特定性质的子矩阵。

这些性质取决于具体情况，但是结构的特征是相同的，即双簇与其他区域明显分离。本实例中，双簇可以是顾客与相应评级商品集合的混合体（这一点在实际例子中会更清楚），但更一般的是，重新安排矩阵 A 的行和列可以更加突出不易测出的关联区域。

在这种情况下，本节将介绍 Kluger 等人开发的、最早应用于生物信息问题的算法：谱双聚类（参阅：Kluger Y., Basri R., Chang J. T., and Gerstein M., *Spectral Biclustering of Microarray Cancer Data: Co-clustering Genes and Conditions*, Genome Research, 13, 2003）。所谓协同聚类

（co-clustering）通常作为双聚类（biclustering）的同义词，不过涉及不同算法时还是要避免混淆。该算法主要基于**奇异值分解**（singular value decomposition，SVD）原理，在成分分析与归约方面得到广泛应用。

算法第一步称为双随机处理（bistochatization），是一个迭代的预处理，调整 a_{ij} 以便所有行和与列的加和都等于一个常值（一般为 1）。该名称源于随机矩阵（换言之，所有行或列要素值之和为 1）定义，因而结果使得 A 和 A^{T} 随机取决于矩阵的列。这一步骤可以减少不同尺度引起的干扰，突出或大或小方差的区域。

接着，利用 SVD 分解双随机矩阵 A_{b}（更多细节将在第 13 章成分分析与降维予以讨论）：

$$\begin{cases} A_{\mathrm{b}} = U\Sigma V^{\mathrm{T}} \\ U \in \mathbb{R}^{m\times m}, V \in \mathbb{R}^{n\times n}, \Sigma \in \mathrm{diagonal}(\mathbb{R}^{n\times n}) \end{cases}$$

$A_{\mathrm{b}}A_{\mathrm{b}}^{\mathrm{T}}$ 和 $A_{\mathrm{b}}^{\mathrm{T}}A_{\mathrm{b}}$ 的特征向量分别称为 A_{b} 的左奇异值向量和右奇异值向量。矩阵 U 以左奇异值向量作为列，而 V 以右奇异值向量为列。

Σ 的对角线上的值是奇异值，是 $A_{\mathrm{b}}A_{\mathrm{b}}^{\mathrm{T}}$（和 $A_{\mathrm{b}}^{\mathrm{T}}A_{\mathrm{b}}$）的特征值的平方根。SVD 一般按照降序排列奇异值，奇异值向量按照此规则重新排列。

双聚类的目标是突出棋盘结构，该结构可以用具体的指示向量 $\overline{v}_{\mathrm{b}}$ 表示，该向量是分值向量，例如：

$$\overline{v}_{\mathrm{p}} = (0,0,\cdots,0,1,1,\cdots,1,\cdots,n,n,\cdots,n)^{\mathrm{T}}$$

不难理解，分段常值向量分成多个同质要素段，在一维投影上可以表示寻找的双簇。算法通过分析这些同质要素段与 $\overline{v}_{\mathrm{p}}$（其结构也取决于矩阵 A 的维度）的相似度，对奇异值向量进行评级。将双簇的期望个数记为 k，投影矩阵 P_k 便由前 k 个奇异值向量构成。数据集 A 可以投影到由 P_k 的列向量构建的子空间上。如此，便容易发现底层棋盘结构，因为在新的子空间里，双簇由那些相近的点组成。换言之，这些点组成了被空白区域隔开的密集区域。

为更清楚地阐明上述概念，可以考虑 P_k 的第一列 c_1。根据定义，c_1 包含与 $\overline{v}_{\mathrm{p}}$ 最相似的奇异值向量。投影之后，原来的第一个要素转置以便与 c_1 交叉重叠。对所有其他要素重复以上处理。在新的参考系里，用代表原来的点与某具体双簇的相似度的坐标（特征）将原来的点关联起来。

算法最后应用 k 均值法找到 k 个簇的标签。该处理针对所有行和列，得到两个标签向量 $\overline{r}$ 和 $\overline{c}$。可以证明，通过求取排序向量 $\overline{r}_{\mathrm{s}}$ 和 $\overline{c}_{\mathrm{s}}$（简单而言，就是要素已按升序排序的原始向量）

的外积，得到具有底层棋盘结构的重置矩阵 A_c：

$$A_c = \overline{r}_s \otimes \overline{c}_s = \begin{pmatrix} \overline{r}_s^{(1)} \\ \vdots \\ \overline{r}_s^{(m)} \end{pmatrix} \bullet \left(\overline{c}_s^{(1)} \cdots \overline{c}_s^{(n)} \right) = \begin{pmatrix} \overline{r}_s^{(1)}\overline{c}_s^{(1)} & \cdots & \overline{r}_s^{(1)}\overline{c}_s^{(n)} \\ \vdots & \ddots & \vdots \\ \overline{r}_s^{(m)}\overline{c}_s^{(1)} & \cdots & \overline{r}_s^{(m)}\overline{c}_s^{(n)} \end{pmatrix}$$

下面介绍一个完整的 Python 实例，解决包含若干采购合同的市场数据集分析问题。

scikit-learn 的谱双聚类实例

以下两个实例均考虑包含 100 个采购合同（形式为 $\{p_i, p_j, \cdots p_k\}, k \sim U(2,60)$，100 种商品）的综合交易数据集。该数据集附带一个评级矩阵 $R \in \{0,10\}^{100\times100}$，其中，0 表示没有评级，而 $R_{ij}>0$ 是明确的评级。本实例的目的是用双聚类方法找到底层棋盘结构。

首先创建数据集：

```
import numpy as np

nb_users = 100
nb_products = 100

items = [i for i in range(nb_products)]

transactions = []
ratings = np.zeros(shape=(nb_users, nb_products),
                   dtype=np.int)

for i in range(nb_users):
        n_items = np.random.randint(2, 60)
        transaction = tuple(
            np.random.choice(items,
                        replace=False,
                        size=n_items))
        transactions.append(
            list(map(lambda x: "P{}".format(x + 1),
```

```
                transaction)))

        for t in transaction:
            rating = np.random.randint(1, 11)
            ratings[i, t] = rating
```

初始评级矩阵的热力图如图 8.1 所示。

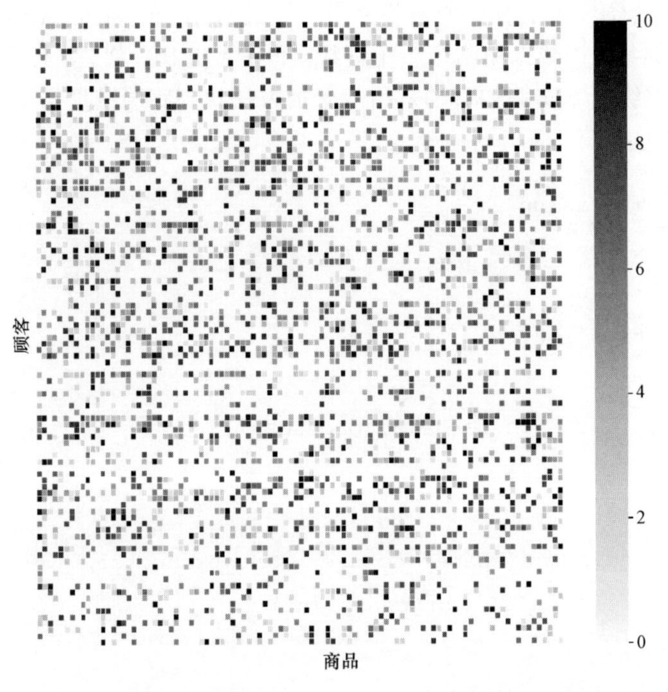

图 8.1　评级矩阵热力图（黑元表示没有评级）

图 8.1 所示矩阵是稀疏矩阵（如果维度更大的话，建议应用 SciPy 稀疏矩阵以节约存储空间），但每位用户都对至少两种商品给出评级，平均给出了大约 30 个评级。现在需要发现具有相同评级的用户-商品分区。因为每个评级在范围（1，10）内，加上无评级分区，那么就有 10 个可能的具有明确含义的双簇。

现在，可以用 n_best=5 训练模型，希望将数据集投影到前五个奇异值向量。而且采用 svd_solver="arpack"，这是一个适合中小规模矩阵的、非常精确的 SVD 算法：

```
from sklearn.cluster.bicluster import SpectralBiclustering
```

```
sbc = SpectralBiclustering(n_clusters=10, n_best=5,
                           svd_method="arpack",
                           n_jobs=-1,
                           random_state=1000)
sbc.fit(ratings)

rc = np.outer(np.sort(sbc.row_labels_) + 1,
              np.sort(sbc.column_labels_) + 1)
```

正如前述理论部分提到的，最终的矩阵利用排序行和列指标的外积求得。

给出最终结果之前，介绍如何求顾客-商品组合。假定需要确定为 8 种商品 $\{p_i, p_j, \cdots, p_t\}$ 评级的顾客群 $\{u_i, u_j, \cdots, u_t\}$ 以便定期给他们发送包含专门推荐的简报。该处理通过选择与索引为 8 的双簇相关的所有行和列（0 代表没有评级）得以实现：

```
import numpy as np

print("Users: {}".format(
      np.where(sbc.rows_[8, :] == True)))
print("Product: {}".format(
      np.where(sbc.columns_[8, :] == True)))
```

前一段程序（随机种子数设为 1000）的输出如下：

```
Users: (array([30, 35, 40, 54, 61, 86, 87, 91, 94], dtype=int64),)
Product: (array([49, 68, 93], dtype=int64),)
```

因此，最终可以确定商品 $\{49, 68, 93\}$，选择与其类似的商品，以简报推荐建议的形式发送给顾客 $\{30, 35, 40, 54, 61, 86, 87, 91, 94\}$。最终得到的具有棋盘结构的矩阵如图 8.2 所示。

由图 8.2 可见，评级矩阵分成了对应相同评级的区域。在实际应用中，选出评级 $r_{ij} \geqslant 8$ 的顾客商品组合，便可以推荐类似商品，而找出组合 $\{u_i, r_{ij} < 6\}$ 则是为了谋求低评级的理由反馈。这两种情况请读者自行练习。

介绍双聚类之后，下面将分析一个简单但有效的购物篮分析问题，并在给定一组交易后挖掘关联规则。

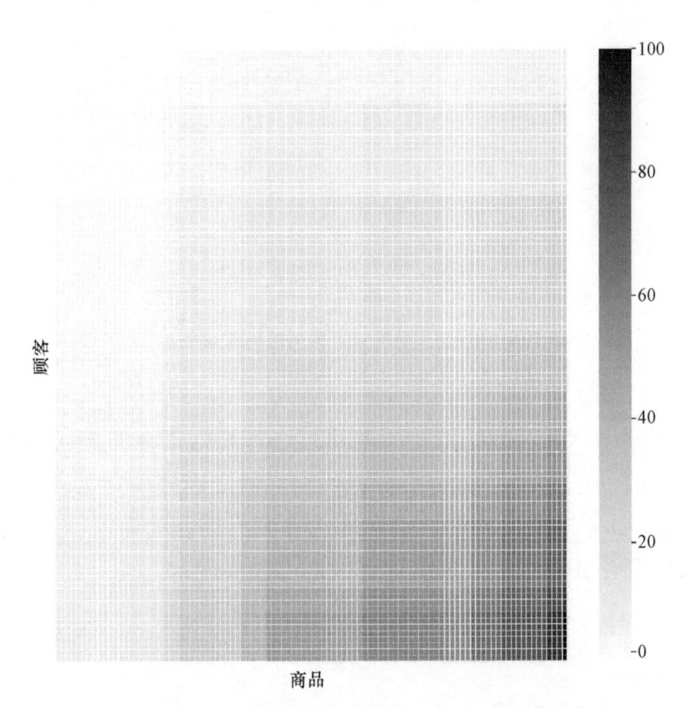

图 8.2　经过双聚类处理后的评级矩阵热力图

8.2　利用 Apriori 算法的购物篮分析

前面的例子分析了不同顾客给出的评级以便进行组合分区。但是，商家有时只知道顾客买了什么商品。该问题可以定义如下。给定商品集合 $P=\{p_1,p_2,\cdots,p_n\}$，那么交易 T_i 就是 P 的子集：

$$P\supseteq T_i=\{p_i,p_j,\cdots,p_k\}$$

一组交易（常称为数据库）是 T_i 的集合：

$$C=\{T_1,T_2,\cdots,T_n\}$$

购物篮分析的主要目的是要挖掘所有的关联规则，这些关联规则的一般形式为：

$$\text{如果}\ (p_i,p_j,\cdots,p_k)\in T_{\mathrm{g}}\Rightarrow P(p_t)>\pi$$

为了避免混淆，上式意味着，给定一次包含物品（商品）集的交易，找到其中某物品 p_t 的概率大于判定阈值 π（例如，取 0.75）。这样的处理是有用的，因为商家可以根据实际交易情况优化调整其供货。例如，零售商会发现，购买某型号智能手机的顾客也会买手机壳，从而配套供货以吸引更多顾客。

遗憾的是，所有可能的交易总数 N_T 等于 P 的幂集基数。如果只考虑物品是否存在的话，那么 $N_T = 2^n$，这就很容易成为棘手的问题。例如，即使只有 1000 种商品，N_T 也是 300 数位的大数字。因此，Agrawal 和 Srikant 提出了一个称为 Apriori 的算法（参阅：Agrawal R., Srikant R., *Fast Algorithms for Mining Association Rules*, Proceedings of the 20th VLDB Conference, 1994），其目的是实现在合理时间内对较大数据库的挖掘（论文发表在 1994 年，可想而知现在看来会觉得多么的简单）。

给定集合 D 的离散概率分布，满足 $P(x)>0 \quad \forall x \in G$ 的区域 $G \subseteq D$ 称为该分布的支持度（support of the distribution）。一个一般规则 $A \Rightarrow B$ 的概率置信度就是 $P(A,B)$ 的支持度与 $P(A)$ 的支持度的比值。后面在定义 Apriori 算法的策略时将会用到并进一步分析这些概念。

Apriori 算法的主要假设是，概率空间只有一小部分概率大于零（$P(\bullet)>0$），也就是说，P 的支持度 $S(P) \ll N_T$。尤其在处理大规模数据库时，正确组合只是幂集的很小一部分，所以没有必要考虑全联合概率分布。

由于现在考虑的是离散变量，所以，可以用频繁数（frequency count）来计算一个物品 p_i 或物品集合 $\{p_i, p_j, \cdots p_k\}$ 的支持度。给定一次交易所涉及物品的最大数量，Apriori 算法首先计算所有商品的支持度 $S(p_i)$，然后删除 $S(p_i)<\tau$（$\tau>0$）的物品。其实，销量小的商品并不是关心的重点，首要考虑的是所有最常见的交易发生在哪个区域。Apriori 算法接着分析所有的两元组、三元组，以此类推，并且应用相同的过滤处理。每步操作的结果就是那些可以分离到无交集的子集从而构造关联规则的物品集。例如：

$$\{p_i, p_j, \cdots, p_k\} \Rightarrow \text{如果}\{p_i, p_j\}，\ \text{那么}\{p_t, \cdots, p_k\}$$

规则采用逻辑蕴含（logical implication）的标准格式，$A \Rightarrow B$。A 是前件，B 是后件。当然，在命题逻辑里，该逻辑蕴含式是确定无疑的，而在购物篮分析里，则总是概率性的。因此，有必要引入一个评价每条规则正当性的测度。按照逻辑的方式，可以扩展假言推理（modus ponens）的概念。假言推理认为：

$$\text{如果 } A \Rightarrow B \text{ 且 } A \text{ 为真，那么 } B \text{ 也为真}$$

在考虑概率的情况下，需要度量当整个规则是真时，后件究竟多大程度为真。换句话说，给定原始物品集（分拆前）的支持度 $S(I)$，并且假设 I 被分拆为 $\{A,B\}$，那么，常用的测度是规则的置信度 $C(I)$（通常用物品集表示），如下：

$$C(I) = \frac{S(I)}{S(A)}$$

因为阈值 $\tau>0$，置信度必定能够算出，所以，上式的分子和分母都不能为零。如果规则可用，那么 $S(I)=S(A)$ 而且 $C(I)=1$。区间（0,1）里所有的值则表示规则越来越不常用。因为置信度可以随即算出（每步的所有数据均可获得），Apriori 算法可以设定另一个阈值，而不考虑其他$C(I)<\gamma$（$\gamma\in(0,1)$）的规则。

Aporiori 算法非常简单有效，但也有明显的不足。最大的问题就是对于很大的数据库需要设定大阈值。大多数 B2C 企业都拥有数百万计的顾客，而这些顾客只对一小部分物品感兴趣。采用标准的 Aporiori 算法可能会排除掉大量符合特定顾客情况的规则。因此，任何情况下，都应该先对顾客进行初步分类，然后再应用 Aporiori 算法处理相应的交易子集。另一可行办法是交易泛化，将交易T_i转换为一个特征向量，包含也代表物品大规模子集的虚构商品：

$$T_i=\{p_i,p_j,\cdots,p_k\}\Rightarrow\{f_1,f_2,\cdots,f_m\}$$

f_i不是现实的商品，而是包含相似物品的类。交易泛化的优点是，可以实现基于规则的联合支持度或者，在更高级的情况下基于交易激活的最新 k 个规则的联合子集（即顾客最新购买的商品比那些以前交易涉及的商品具有更高的优先度）的快速推荐。

Python 实现的 Apriori 算法实例

现在利用 Python 库 `efficient-apriori`（可从 https://pypi.org/ project/efficient-apriori/下载并利用命令 `pip install-U efficient-apriori` 进行安装）挖掘前面已构建的交易数据集，检测出所有物品集长度不超过 3 的规则。由于该数据集很小，所以设定 `min_support = 0.15`。但是，为了确保发现可靠的规则，最小置信度设定为 0.75。此外设定参数 `verbosity=1` 以便显示学习全过程的相关信息：

```
from efficient_apriori import apriori


_, rules = apriori(transactions,
                   min_support=0.15,
                   min_confidence=0.75,
                   max_length=3,
                   verbosity=1)
```

上述程序段的输出为：

```
Generating itemsets.
 Counting itemsets of length 1.
  Found 100 candidate itemsets of length 1.
  Found 100 large itemsets of length 1.
 Counting itemsets of length 2.
  Found 4950 candidate itemsets of length 2.
  Found 1156 large itemsets of length 2.
```

```
 Counting itemsets of length 3.
  Found 6774 candidate itemsets of length 3.
  Found 9 large itemsets of length 3.
Itemset generation terminated.

Generating rules from itemsets.
  Generating rules of size 2.
  Generating rules of size 3.
Rule generation terminated.
```

读者应该很容易识别出理论部分介绍过的步骤。特别是，该算法不断定义物品集合（首先从单个物品的集合，直至规定物品数量的集合），并排除那些支持度低于最小阈值（0.5）的物品集。现在看看被发现的规则：

```
print("No. rules: {}".format(len(rules)))

for r in rules:
print(r)
```

输出为：

```
No. rules: 22
{P31, P79} -> {P100} (conf: 0.789, supp: 0.150, lift: 2.024, conv: 2.897)
{P100, P79} -> {P31} (conf: 0.789, supp: 0.150, lift: 2.134, conv: 2.992)
{P66, P68} -> {P100} (conf: 0.789, supp: 0.150, lift: 2.024, conv: 2.897)
{P100, P68} -> {P66} (conf: 0.750, supp: 0.150, lift: 2.419, conv: 2.760)
{P11, P97} -> {P55} (conf: 0.750, supp: 0.150, lift: 2.143, conv: 2.600)
{P11, P55} -> {P97} (conf: 0.789, supp: 0.150, lift: 2.024, conv: 2.897)
{P21, P7} -> {P15} (conf: 0.789, supp: 0.150, lift: 2.134, conv: 2.992)
{P15, P7} -> {P21} (conf: 0.750, supp: 0.150, lift: 2.206, conv: 2.640)
{P15, P21} -> {P7} (conf: 0.750, supp: 0.150, lift: 2.027, conv: 2.520)
{P46, P83} -> {P15} (conf: 0.789, supp: 0.150, lift: 2.134, conv: 2.992)
{P15, P83} -> {P46} (conf: 0.750, supp: 0.150, lift: 1.974, conv: 2.480)
{P15, P46} -> {P83} (conf: 0.789, supp: 0.150, lift: 2.322, conv: 3.135)
```

```
{P59, P65} -> {P15} (conf: 0.750, supp: 0.150, lift: 2.027, conv: 2.520)
{P15, P65} -> {P59} (conf: 0.789, supp: 0.150, lift: 2.078, conv: 2.945)
{P55, P68} -> {P36} (conf: 0.750, supp: 0.150, lift: 2.419, conv: 2.760)
{P36, P68} -> {P55} (conf: 0.789, supp: 0.150, lift: 2.256, conv: 3.087)
{P36, P55} -> {P68} (conf: 0.789, supp: 0.150, lift: 2.024, conv: 2.897)
{P4, P97} -> {P55} (conf: 0.842, supp: 0.160, lift: 2.406, conv: 4.117)
{P4, P55} -> {P97} (conf: 0.800, supp: 0.160, lift: 2.051, conv: 3.050)
{P56, P79} -> {P47} (conf: 0.762, supp: 0.160, lift: 2.116, conv: 2.688)
{P47, P79} -> {P56} (conf: 0.842, supp: 0.160, lift: 2.216, conv: 3.927)
{P47, P56} -> {P79} (conf: 0.842, supp: 0.160, lift: 2.477, conv: 4.180)
```

由此可知，Apriori 算法找到了物品集长度为 2 的规则 22 条。置信度的范围在（0.75,0.84），而支持度都接近于 0.15（正好是数据集的基数）。高置信度有助于排除低概率的规则。但是，高置信度也并不总是足以确定规则来自于多大规模的交易。

除了支持度，算法还输出了提升度（lift），其定义为：

$$L(I)=\frac{C(I)}{S(B)}=\frac{S(I)}{S(A)S(B)}$$

提升度是规则的联合概率（即 $P(I)\sim S(I)$）与规则前件后件概率乘积（即 $P(A)P(B)\sim S(A)S(B)$）之比，而比值 $L(I)/C(I)=S(B)^{-1}$。考虑到 $S(B)\in(0,1)$，即 $S(B)^{-1}\in(1,\infty)$，提升度总是大于或等于置信度。而且，由于 $C(I)=L(I)S(B)$，如果置信度不变，那么，$S(B)$ 越小，$L(I)$ 必然就越大。理论上希望提升度等于 1，这意味着所有交易都包含 B 的元素。而实际上这几乎是不可能的，因此，提升度一般都大于 1。

例如，一条规则，其 $C(I)=0.75$，$L(I)=2$，那么规则后件的支持度 $S(B)=0.375$。本例中，所有后件都是单值（购物篮分析的标准）。

因此，很容易将提升度与在一次随机交易中找到商品的概率联系起来。大多数情况下，提升度在范围（1.5,2.5）里取值都是非常合理的，而提升度对应 $S(B)<0.05$ 之类的规则反而不足为信，尽管置信度很高。

另外，接近 1 的支持度 $S(B)$ 意味着规则是不重要的，因为大多数交易都包含被关注的那个商品。例如，某家便利店可能偶尔提供购物袋，所以交易的提升度往往接近 1。但是，推荐购物袋实际上是没有什么意义的。提升度的最佳阈值需视情况而定，与置信度不同，最好定义一个区间范围，因为太低值和太高值都对相关规则有影响。

例如，B2C 公司可能将他们的简报分为两类。第一类简报包含具有高置信度（$C(I)>0.8$）

和接近 2 的提升度（一般对应 $S(B) \approx 0.5$）的商品。这些商品的推荐是得到大量顾客肯定的，因此，具有较高的转化率。而第二类简报则包括较小 $S(B)$（即较大提升度）的商品，这些商品只被极少部分顾客认可。

8.3 本章小结

本章介绍了两个很适合市场营销领域的算法。双聚类是一种综合两个不同视角的、针对矩阵数据集的聚类方法。该方法发现数据集的棋盘结构，适用于发现具有相同关联因子的组成元素（例如，顾客或商品）的分区。其典型应用是构建推荐系统，能够快速识别一组顾客和商品之间的相似性，帮助商家针对性推介，获得更高的转化率（推销成功）。

Apriori 是大宗交易数据集购物篮分析的有效办法，能够发现数据集中存在的最重要的关联规则，支持制订最佳营销策略。典型应用是商品细分、促销企划以及物流规划等。其实，Aporiori 算法可用于各种交易数据集，甚至可以重新安排物品位置以便最大可能减少最重要交易完成所需时间。

第 9 章广义线性模型和回归，将介绍广义线性模型和时间序列的概念，重点是可以用于处理复杂问题的相关技术和模型。

扩展阅读

- Aggarwal C. C., Hinneburg A., Keim D. A., *On the Surprising Behavior of Distance Metrics in High Dimensional Space*, ICDT, 2001.
- Arthur D., Vassilvitskii S., *The Advantages of Careful Seeding, k-means++*.Proceedings of the Eighteenth Annual ACM-SIAM Symposium on Discrete Algorithms, 2006.
- Pedrycz W., Gomide F., *An Introduction to Fuzzy Sets*, The MIT Press, 1998.
- Shi J., Malik J., *Normalized Cuts and Image Segmentation*, IEEE Transactions on Pattern Analysis and Machine Intelligence, Vol. 22, 08, 2000.
- Gelfand I. M., Glagoleva E. G., Shnol E. E., *Functions and Graphs*, Vol. 2,The MIT Press, 1969.
- Biyikoglu T., Leydold J., Stadler P. F., *Laplacian Eigenvectors of Graphs*,Springer, 2007.
- Ester M., Kriegel H. P., Sander J., Xu X., *A Density-Based Algorithm for Discovering Clusters in Large Spatial Databases with Noise*. Proceedings of the 2nd International Conference on Knowledge Discovery and Data Mining,AAAI Press, pp. 226-231, 1996.

- Kluger Y., Basri R., Chang J. T., Gerstein M., *Spectral Biclustering of Microarray Cancer Data: Co-clustering Genes and Conditions*, Genome Research, 13, 2003.
- Huang, S., Wang, H., Li, D., Yang, Y., Li, T., *Spectral Co-clustering Ensemble*. Knowledge-Based Systems, 84, 46-55, 2015.
- Bichot, C., *Co-clustering Documents and Words by Minimizing the Normalized Cut Objective Function*. Journal of Mathematical Modelling and Algorithms,9(2), 131-147, 2010.
- Agrawal R., Srikant R., *Fast Algorithms for Mining Association Rules*,Proceedings of the 20th VLDB Conference, 1994.
- Li, Y., *The application of the apriori algorithm in the area of association rules*.Proceedings of the SPIE, 8878, 88784H-88784H-5, 2013.
- Bonaccorso G., *Hands-On Unsupervised Learning with Python*,Packt Publishing, 2019.

第 9 章　广义线性模型和回归

本章将介绍**广义线性模型**（generalized linear models，GLMs）和回归，在计量经济学、流行病学领域有着很多重要的应用。本章解释基本概念，扩展这些方法，讨论优缺点，同时也聚焦于不同的回归方法如何有效地解决实际问题。

具体将讨论以下方法：

- 广义线性模型。
- 线性回归：最小二乘法和加权最小二乘法。
- 其他回归技术和应用，包括：
  - 岭回归及其应用。
  - 多项式回归及其代码示例。
  - 保序回归（isotonic regression）。
  - 利用 Lasso 回归和逻辑回归的风险建模。

首先讨论的概念是本章分析的所有算法的核心，将一个因变量描述为不同预测器的线性组合。这个概念就是广义线性模型 GLM。

9.1　广义线性模型

在分析回归模型之前，先明确相关背景。回归是一个将输入向量 $\bar{x} \in \mathbb{R}^m$ 与一个或多个连续因变量 $y \in \mathbb{R}$ 关联起来的模型（简单起见，只考虑单输出情况）。尽管回归模型往往用于时间序列建模，但一般情况下，并不明确地依赖时间。主要区别在于，一方面，时序模型里的数据点的顺序不能改变，因为往往存在相互依赖关系。另一方面，一般的回归可以建模时间无关问题。利用广义线性模型，一般考虑无状态关联问题，其输出值只取决于输入向量。这种情况下，调整数据集并不会改变最终结果。当然，如果某时间点 t 的输出依赖于前一个时间点的 $\bar{x}_{t-1}$ 的函数 y_{t-1} 的话，该结论并不成立。

假设现有一个数据集 $X \in \mathbb{R}^{N \times m}$，包含从同一数据生成过程 p_{data} 得到的 N 个 m 维的观察数据。每个观察数据都与 $Y \in \mathbb{R}^N$ 中的对应的连续标签相关联。广义线性模型将 y 和 $\bar{x}$ 之间的关系建模如下：

$$y = \bar{\theta}^{\mathrm{T}} \cdot \bar{x} + \bar{\epsilon}, \bar{\epsilon} \sim N(0, \Sigma)$$

$\bar{x}$ 称为回归元，并且称 y 在 $\bar{x}$ 变量集上得到回归。噪声项 $\bar{\epsilon}$ 表示特定情况的内在不确定性，是不能忽略的基本项，除非纯线性关系（即所有点 $\bar{x}$ 都在同一超平面上）。但是，有两种可能的情况与噪声项有关。一是噪声项要适应 X，即 $E[\bar{\epsilon} \mid X]=0$。二是通常并不知道 $E[\bar{\epsilon}]$ 的值。这意味着，没有办法直接估计噪声大小，但可以通过调整输入样本予以确定。

根据中心极限定理（central limit theorem），可以利用正态分布对噪声进行建模。均值可以保持为 0，因为其他值只表明存在变动。协方差矩阵 Σ 可以有两种不同形式：

$$\Sigma = E[\overline{\epsilon_l}\,\overline{\epsilon_j} \mid X] = \begin{cases} \sigma^2 I \\ Q\text{对角正定矩阵，} Q_{ii} \neq Q_{jj} \end{cases}$$

这里没有考虑一般的正定矩阵，因为假定噪声是非自相关噪声，$E[\overline{\epsilon_l}\,\overline{\epsilon_j} \mid X]=0\ \forall i \neq j$。换言之，每个回归元都受到一个自主噪声元的影响，该噪声元并不依赖于其他项。这是一个大多数情况下都合理的假设。如果 $\Sigma=\sigma^2 I$，噪声被称为同方差噪声。

此时，所有输入变量受到具有相同方差的噪声影响。因此，往往认为输入变量受噪声影响的程度相当。如果不满足这个条件，各回归元 $\bar{x}_i$ 的噪声影响程度就各不相同。因此，在模型训练之前，应该明确 X 的结构，如有必要，进行变量的标准化处理。

其实，如果 Σ 是一般的对角正定矩阵（即 $\bar{v}^{\mathrm{T}}\Sigma\bar{v}>0, \forall \bar{v} \in \mathbb{R}^m$，而且所有特征值为正值），噪声就是异方差噪声，各有各自的方差。下节将给出两种情况的解决方法，不过，简单起见，很多结果都是异方差噪声情况。

9.1.1　最小二乘估计

估计参数向量 $\bar{\theta}$ 的最简单方法是**最小二乘法**（ordinary least squares，OLS）。与输入向量 $\bar{x}_i$ 关联的估计 $\tilde{y}_i$ 也受到未知噪声项的影响。因此，需要考虑期望值：

$$\tilde{y}_i = E[y_i \mid \bar{x}_i] = E[\bar{\theta} \bullet \bar{x}_i + \bar{\epsilon} \mid \bar{x}_i] = E[\bar{\theta} \bullet \bar{x}_i \mid \bar{x}_i] + E[\bar{\epsilon} \mid \bar{x}_i] = E[\bar{\theta} \bullet \bar{x}_i \mid \bar{x}_i]$$

上式最后一项包含有噪声情况下的真参数向量的估计。简单起见，下面继续用 $\bar{\theta}$ 表示估计，但必须清楚，其实际值并不知道。因此，上式可改写为：

$$\tilde{y}_i = \bar{\theta} \bullet \bar{x}_i$$

此时，可以计算整个训练集的平方差：

$$L = \sum_{i=1}^{N} (y_i - \tilde{y}_i)^2 = \sum_{i=1}^{N} (y_i - \bar{\theta} \bullet \bar{x}_i)^2$$

显然，噪声的估计可以转换成残差，定义为：

$$e_i = y_i - \bar{\theta} \bullet \bar{x}_i$$

e_i 的含义值得一说。e_i 不是 $\bar{\epsilon}_i$，因为这里用的是真参数向量的估计。但是，e_i 确实代表了真噪声。不失一般性，它将作为模型主要的扰动部分。

采用向量表达方式，L 的表达式可以重写为：

$$L=(Y-X\bullet\bar{\theta})^{\mathrm{T}}(Y-X\bullet\bar{\theta})=Y^{\mathrm{T}}Y+\bar{\theta}^{\mathrm{T}}\bullet X^{\mathrm{T}}X\bullet\bar{\theta}-2Y^{\mathrm{T}}X\bullet\bar{\theta}$$

一阶导数等于：

$$\frac{\partial L}{\partial\bar{\theta}}=2X^{\mathrm{T}}X\bullet\bar{\theta}-2Y^{\mathrm{T}}X$$

二阶导数则为：

$$\frac{\partial^2 L}{\partial\bar{\theta}\partial\bar{\theta}^{\mathrm{T}}}=2X^{\mathrm{T}}X$$

可见，当 $\bar{\theta}=(X^{\mathrm{T}}X)^{-1}X^{\mathrm{T}}Y$ 时，一阶导数不复存在。而且，为了获得最小值，$X^{\mathrm{T}}X$ 必须是正定矩阵。这是广义线性模型的基本假设之一，后面将继续讨论，但现在至少可以说 $X^{\mathrm{T}}X$ 必须是可逆的。因此，行列式必须非空。如果数据集 X 满秩（关于列），这是没有问题的。如果 $\mathrm{rank}(X)=m$，那么回归元线性独立，而 $X^{\mathrm{T}}X$ 的行或列相互无关（$\det(X^{\mathrm{T}}X)=0$ 的前提条件）。其实，可以考虑一个简单的模型，有两个变量和两个观测项：$y=ax_1+bx_2$。矩阵 X 为：

$$X=\begin{pmatrix}x_{11} & x_{12}\\ x_{21} & x_{22}\end{pmatrix}$$

所以，$X^{\mathrm{T}}X$ 为：

$$X^{\mathrm{T}}X=\begin{pmatrix}x_{11} & x_{21}\\ x_{12} & x_{22}\end{pmatrix}\begin{pmatrix}x_{11} & x_{12}\\ x_{21} & x_{22}\end{pmatrix}=\begin{pmatrix}x_{11}^2+x_{21}^2 & x_{11}x_{12}+x_{21}x_{22}\\ x_{12}x_{11}+x_{22}x_{21} & x_{12}^2+x_{22}^2\end{pmatrix}$$

如果 $x_2=kx_1$，那么，$X^{\mathrm{T}}X$ 为：

$$X^{\mathrm{T}}X=\begin{pmatrix}(1+k^2)x_{11}^2 & (1+k^2)x_{11}x_{12}\\ (1+k^2)x_{12}x_{11} & (1+k^2)x_{12}^2\end{pmatrix}=(1+k^2)\begin{pmatrix}x_{11}^2 & x_{11}x_{12}\\ x_{12}x_{11} & x_{12}^2\end{pmatrix}$$

因此，$\det(X^{\mathrm{T}}X)=(1+k^2)\left(x_{11}^2x_{12}^2-x_{11}^2x_{12}^2\right)=0$，结果，$X^{\mathrm{T}}X$ 是不可逆的。无论维度多少，该原理都是成立的，说明需要高度关注。后面在分析正则化技术时还将进一步讨论。

前面的讨论假定处理的是同方差噪声(即 $\Sigma=\sigma^2I$)。如果是异方差噪声(表示为 $\Sigma=\sigma^2Q$)的话，参数向量的估计很相似，但必须应用**加权最小二乘法**（weighted least squares，WLS）。这种情况下，代价函数为：

$$L=(Y-X\bullet\bar{\theta})^{\mathrm{T}}Q^{-1}(Y-X\bullet\bar{\theta})$$

同样，可以得到最优估计：

$$\overline{\theta}=(X^{\mathrm{T}}Q^{-1}X)^{-1}X^{\mathrm{T}}Q^{-1}Y$$

矩阵 Q 为正定矩阵，所以总是可逆的。

观察线性回归的一种非常好的方法是正交分解，将 $\overline{y}_i$ 看成有 m 个元素的输出向量。首先，用 $\overline{y}_i=\tilde{y}_i+\overline{e}_i$ 表达回归。再用参数估计来计算残差：$\overline{e}_i=\overline{y}_i-X(X^{\mathrm{T}}X)^{-1}X^{\mathrm{T}}\overline{y}_i=(I-X(X^{\mathrm{T}}X)^{-1}X^{\mathrm{T}})\overline{y}_i$。

代入回归表达式后，可以得到：

$$\overline{y}_i=\tilde{y}_i+\overline{e}_i=X(X^{\mathrm{T}}X)^{-1}X^{\mathrm{T}}\overline{y}_i+(I-X(X^{\mathrm{T}}X)^{-1}X^{\mathrm{T}})\overline{y}_i$$

简约写为：

$$\overline{y}_i=P\overline{y}_i+E\overline{y}_i$$

为了得出结论，需要分析矩阵 P 和 E。首先，可知：

$$\begin{aligned}PE&=X(X^{\mathrm{T}}X)^{-1}X^{\mathrm{T}}(I-X(X^{\mathrm{T}}X)^{-1}X^{\mathrm{T}})=X(X^{\mathrm{T}}X)^{-1}X^{\mathrm{T}}-X(X^{\mathrm{T}}X)^{-1}(X^{\mathrm{T}}X)(X^{\mathrm{T}}X)^{-1}X^{\mathrm{T}}\\&=X(X^{\mathrm{T}}X)^{-1}X^{\mathrm{T}}-X(X^{\mathrm{T}}X)^{-1}X^{\mathrm{T}}=0\end{aligned}$$

对于乘积 EP，结果同样成立。因此，两个矩阵是正交的。如果再注意矩阵 E，可以发现 $EX=0$。其中：

$$EX=(I-X(X^{\mathrm{T}}X)^{-1}X^{\mathrm{T}})X=X-X(X^{\mathrm{T}}X)^{-1}(X^{\mathrm{T}}X)=X-X=0$$

可见，残差与输入向量 $\overline{x}$ 所在的子空间正交。而且，根据分解式 $\overline{y}_i=P\overline{y}_i+E\overline{y}_i$ 可知，向量 $\overline{y}_i$ 被分解为两项，一项（即残差）与 X 正交，另一项（即估计）必须在 X 里（因为 P 和 E 正交）。二维空间 X 的结果如图 9.1 所示。

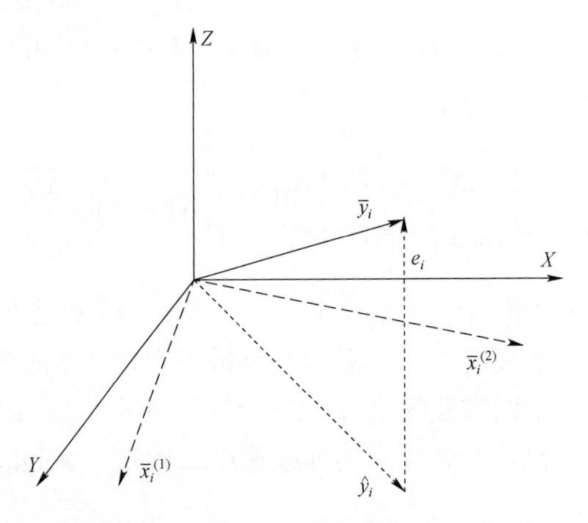

图 9.1 回归分解为残差和估计输出向量

通过上述分解，可以对线性回归的原理进行更全面地刻画。估计输出向量是 $\bar{x}_i$ 的线性组合，因此，处于 X 的相同子空间。原始点 $\bar{y}_i$ 需要新的维度，用残差代替。显然，如果 $e_i = 0$，目标向量 $\bar{y}_i$ 本来就是回归元的线性组合（例如，单变量情况下，所有的点在一条直线上），就没有必要进行回归处理。因此，实际应用中，增加新的维度是描述均值附近点的散度的必要不可少的条件。

9.1.2　最小二乘估计的偏差和方差

最小二乘估计特别容易得到，因为有封闭解（解析解），所以甚至不需要训练过程。尽管如此，还是需要讨论其偏差和方差。

省略证明过程（留给读者完成），利用最小二乘法得到的参数向量估计（避免混淆起见，记为 $\tilde{\theta}$ ）具有以下特性：

$$\begin{cases} E[\tilde{\theta}] = \bar{\theta} \\ Var[\tilde{\theta}] = \sigma^2 (X^{\mathrm{T}} X)^{-1} \end{cases}$$

因此，该估计是无偏差的，按照高斯 – 马尔可夫定理，也是所有线性模型可以得到的**最佳线性无偏线性估计**（best linear unbiased estimation，BLUE）。这意味着，当因变量被表达为回归元的线性组合时，方差 $\sigma^2 (X^{\mathrm{T}} X)^{-1}$ 不能小于该估计量。为了具有上述方差的有用估计，需要知道通常未知的 σ^2 。t 自由度（参数个数）的无偏估计为：

$$\tilde{\sigma}^2 = \frac{(Y - \tilde{\theta}^{\mathrm{T}} \bullet X)^{\mathrm{T}} (Y - \tilde{\theta}^{\mathrm{T}} \bullet X)}{N - t}$$

因此，可以说，估计参数向量的条件分布是正态的：

$$(\tilde{\theta} | X) \sim N(\bar{\theta}, \tilde{\sigma}^2 (X^{\mathrm{T}} X)^{-1})$$

前面讨论相关假设时提到，矩阵 $X^{\mathrm{T}} X$ 必须是满秩矩阵。现在增加另一项重要要求，即要求估计也是渐进一致的。换言之，需要更大的样本改进估计。可以证明，当 $(X^{\mathrm{T}} X)^{-1}$ 序列总是满秩矩阵时，样本协方差矩阵 $\tilde{\sigma}^2$ 以一定的概率收敛于 σ^2 ，因此：

$$EVar[\tilde{\theta}] = \tilde{\sigma}^2 (X^{\mathrm{T}} X)^{-1}$$

式中，$EVar$ 代表协方差的估计。这个结果非常重要，因为它确保信息量更丰富的样本总是为估计带来好的影响。但是，与此同时也说明无法克服的方差是有下限的。

9.1.3　Python 实现的线性回归实例

首先展示针对一个拥有 100 个点的一维数据集 X 的简单实例得到的结果：

```
import numpy as np

x_ = np.expand_dims(np.arange(0, 10, 0.1), axis=1)
y_ = 0.8*x_ + np.random.normal(0.0, 0.75, size=x_.shape)
x = np.concatenate([x_, np.ones_like(x_)], axis=1)
```

可见，X 增加了一列 $(1,1,\cdots,1)$（即每个点表示为 $\bar{x}_i=(x_i,1)$）。理由是要计算截距（常量项）。scikit-learn 等软件包将此操作作为默认项，当然也可以取消此选项。但是，这里因为要进行手工计算，所以增加了这一常量列。

参数集的估计为：

```
theta = (np.linalg.inv(x.T @ x) @ x.T) @ y_
```

因此，拟合模型可用下列方程表示：

```
print("y = {:.2f} + {:.2f}x".
        format(theta[1, 0], theta[0, 0]))
```

上面的程序段产生以下输出：

```
y = -0.04 + 0.82x
```

实际斜率为 0.8，而截距为 0。因此，估计完全正确，均值 $E[\tilde{\theta}]=(0,0.8)$，而方差（不包括截距）则计算如下：

```
sigma2 = (1. / float(x_.shape[0] - 1)) * \
    np.sum(np.power(np.squeeze(y_) - np.squeeze(x_) *
    theta[0, 0], 2))
variance = np.squeeze(
    np.linalg.inv(x_.T @ x_) * sigma2)
```

参数集的渐近分布（无截距）为：

```
print("theta ~ N(0.8, {:.5f})".
         format(variance))
```

输出结果如下：

```
theta ~ N(0.8, 0.00019)
```

方差很小，所以有望得到线性模型的最优拟合。拟合结果以及原始数据集如图9.2所示。

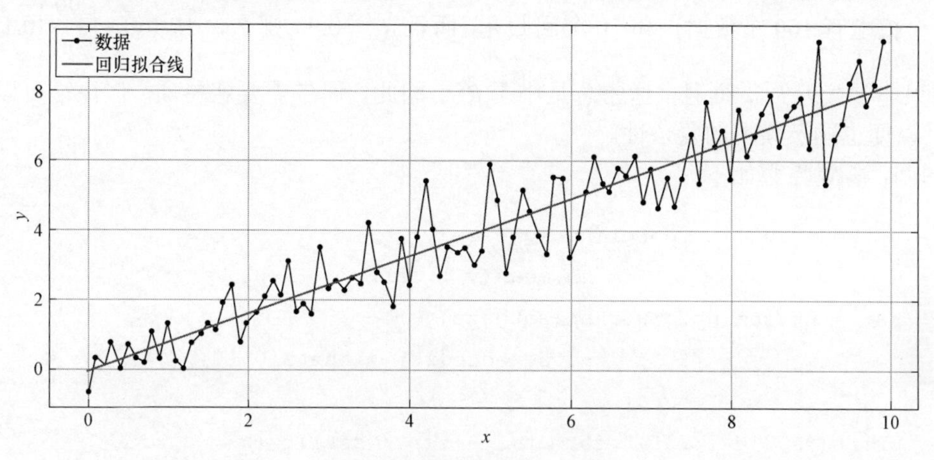

图9.2　数据集和回归拟合线

挑选了一个噪声数据集来说明残差对最终估计的影响效果。特别值得关注的是估计值质量的测度以便与其他基于大样本数据的线性回归方法进行比较。常用的测度是 R^2 系数（也称为可决系数或测定系数），定义为：

$$R^2 = 1 - \frac{SSR}{SST} = 1 - \frac{\sum_{i=1}^{N}(y_i - \tilde{y}_i)^2}{\sum_{i=1}^{N}(y_i - \text{Mean}[Y])^2}$$

式中，SSR 是残差的平方和，反映预测的变动。SST 是 Y 的特性值，表示原始数据集整体的变动程度。两者之差 $SSR - SST$，则是模型可以解释的变动。因此，当 $R^2 \to 0$ 时，$SSR \approx SST$。由于模型是线性的，满足该条件的唯一可能就是 Y 没有偏离均值。当 $R^2 \in (0,1)$ 时，该值与拟合程度成正比。其实，如果 $R^2 \to 1$，$SSR \to 0$。此时，模型可以解释所有变化。但是，$R^2 = 1$ 通常是无意义的，因为它意味着 $y_i = \tilde{y}_i, \forall i$。这只有一种可能，所有点排列成线，噪声为零。而这种情况是不需要进行任何回归处理的。

另一个问题则关系到 R^2 的一个特性（这里不予证明，请参阅：Greene W. H., *Econometric Analysis (Fifth Edition)*, Prentice Hall, 2002），R^2 从不减小，而且通过增加新的回归元，其值增大。其实，增加新的回归元，拟合结果更好，偏差就会减小。显然，这并非好事，因此，提出了一个改进版的 R^2：

$$AR^2 = 1 - \frac{N-1}{N-t}(1 - R^2)$$

这个测度（当$t=1$时，等同于R^2）不再以 0 和 1 作为上下限，而是考虑了模型的自由度t。而且，当$N \gg 1, t \ll N$时，$AR^2 \approx R^2$。因此，AR^2适合于处理小数据集和多预测器。例如，如果一个模型有 100 个数据点和 10 个回归元，而且$R^2 = 0.9$，那么，$AR^2 = 1 - \left(\frac{99}{90}\right)0.1 = 0.89$。这个结果非常接近$R^2$，而且，通常总是小于$R^2$。因此，偶尔需要惩罚项，但往往可以用$AR^2$替代$R^2$以便也顾及模型的复杂性。

可以计算R^2系数如下：

```
sst = np.sum(np.power(np.squeeze(y_) -
                      np.mean(y_), 2))
ssr = np.sum(np.power(np.squeeze(y_) -
                      np.squeeze(x_) * theta[0, 0], 2))


print("R^2 = {:.3f}".format(1 - ssr / sst))
```

输出结果（不包括截距）为：

```
R^2 = 0.899
```

这里没有考虑截距，因为它等于 0，不起任何作用。但是，一般考虑截距时，必须同时计算R^2和AR^2，否则，计算结果可能没有意义，也不可预测。这里不做详细解释，但这个结论是R^2和AR^2的代数推导的结果。不难理解，截距的作用是将超平面沿着某个轴平移（例如，二维情况下，一根直线前后平移），因此，$\mathrm{Mean}[Y]$可以大于或小于对应零截距的值，而且，如果估计项不考虑截距的话，SSR就是残余变异的有偏测度。

上面得到的R^2值肯定是可接受的结果，证实了拟合的正确度。但是，缺失的 10%也表明噪声项不可忽视，有些残差量级相对较大。因为这是一个线性的无偏模型，不需要进一步优化性能。但是，R^2评价必须当作一个决策性工具。一方面，如果R^2值太小（例如，$R^2 \leqslant 0.5$），模型准确率（均方差或绝对误差）可能是不可接受的，这时必须用非线性模型。另一方面，R^2值过大，就不可能得到好的模型，当然，至少能够保证数据集大部分的变异得到了说明。

9.1.4 利用 Statsmodels 计算线性回归的置信区间

采用最小二乘法拟合线性模型时，要为每个参数预估置信区间。在介绍如何预估之前，需要先理解置信区间的定义。置信区间是找到参数真值的概率大于或等于预设阈值（例如，95%）的范围。反之是不成立的。即估计落在区间内的概率。

置信区间计算很简单，主要取决于样本规模。给定一个估计参数$\tilde{\theta}$，对应真值θ（简单起见，考虑标量参数），那么，$(\tilde{\theta}|X) \sim N(\theta, \tilde{\sigma}^2 (X^{\mathrm{T}} X)^{-1})$。因此，可以定义相关的标准分数（z-score）为：

$$z = \frac{\tilde{\theta} - \theta}{\sqrt{\sigma^2 D}}$$

式中，D是对应于$\tilde{\theta}$的$(X^{\mathrm{T}} X)^{-1}$的对角元素。

新变量z呈正态分布，而θ的 95%置信区间为：

$$P(\theta \in [\tilde{\theta} \pm 1.96\sqrt{\sigma^2 D}]) = 0.95$$

上面这个有名的公式只有当样本数量大到足以判定正态性假设（读者不必更深入了解）时才能成立。大多数情况下，该公式能够给出准确估计。但是，如果N较小的话，中心极限定理的条件不再满足，标准分数就会呈$N-t$自由度的 t 分布（t-student distribution），t等于自由参数的个数（包括截距）。

因此，β双尾置信区间变为：

$$P(\theta \in [\tilde{\theta} \pm t_{N-t}^{\beta/2}\sqrt{\sigma^2 D}]) = \beta$$

计算这样的区间非常简单，但是，这里还是介绍一下如何用 Statsmodels（也用于其他算法的实现）拟合模型，得到完整的结果。

首先利用前面定义好的数据集创建 Python 的数据分析包 pandas 的数据结构 DataFrame。该数据结构有助于简化数据处理：

```
import pandas as pd


df = pd.DataFrame(data=np.concatenate((x_, y_), axis=1),
                  columns=("x", "y"))
```

这里没有考虑截距，因为 Statsmodels 本身已经自动包含了它。因此，下面拟合线性模型：

$$y = a + bx + \epsilon$$

采用 Statsmodels 支持的标准 R 语言（Statsmodels 的 Patsy 是实现类 R 公式的库），上述条件表示为：

$$y \sim x$$

此时，等号变成了～，意味着左侧y是关系的因变量，而右侧则包含所有的自变量。关于 R 语言的详细讨论超出本书范围（可参阅公开正式的 Patsy 内容出版物）。但是，需要记住的是，字符“+”并不是算数加号。它是指，给因变量集合增加新的变量。也支持基于 NumPy

的复杂表达式，例如，$y \sim$ np.power$(x,2)+x$ 是二次回归式。

接着，完成最小二乘模型拟合，并打印完整的信息汇总表：

```
import statsmodels.formula.api as smf

slr = smf.ols("y ~ x", data=df)
r = slr.fit()

print(r.summary())
```

上面程序段的输出如图 9.3 所示。

```
                            OLS Regression Results
==============================================================================
Dep. Variable:                      y   R-squared:                       0.900
Model:                            OLS   Adj. R-squared:                  0.899
Method:                 Least Squares   F-statistic:                     879.1
Date:                Sat, 14 Sep 2019   Prob (F-statistic):           9.78e-51
Time:                        09:42:00   Log-Likelihood:                -118.02
No. Observations:                 100   AIC:                             240.0
Df Residuals:                      98   BIC:                             245.3
Df Model:                           1
Covariance Type:            nonrobust
==============================================================================
                 coef    std err          t      P>|t|      [0.025      0.975]
------------------------------------------------------------------------------
Intercept     -0.0427      0.158     -0.270      0.787      -0.356       0.271
x              0.8173      0.028     29.650      0.000       0.763       0.872
==============================================================================
Omnibus:                        0.798   Durbin-Watson:                   2.145
Prob(Omnibus):                  0.671   Jarque-Bera (JB):                0.484
Skew:                           0.161   Prob(JB):                        0.785
Kurtosis:                       3.115   Cond. No.                         11.6
==============================================================================

Warnings:
[1] Standard Errors assume that the covariance matrix of the errors is correctly specified.
```

图 9.3　Statsmodels 给出的最小二乘拟合的信息汇总表

该信息汇总表内容相当详细（部分测度在后面章节予以介绍），不过，应该更关注包含参数估计的中间部分的内容。不出所料，截距的标准差大于系数 x 的标准差。原因是噪声更影响纵向平移，而对斜率的影响不大（如果样本足够多的话）。置信区间在最后两列。同样，真系数落在区域 $(0.763, 0.872)$ 里的概率为 95%，该区域包含实际的真值 (0.8)，而且均值等于 0.817，符合估计。

相反，截距的置信区间更大。即使估计是正确的（≈ 0），这也说明，微小的噪声变化也可能会导致纵向平移。建议读者尝试改变噪声分布，看看标准差和置信区间相应地会作何种变化。

9.1.5　利用胡贝尔损失（Huber loss）提高应对异值点的鲁棒性

到目前为止，一直隐含地认为，数据集不包含任何离群点（异值点）。这等于说，被估计的协方差矩阵反映了模型中的实际噪声，不允许存在其他外部噪声源。但是，实际上很多样本都包含受到无所料及的噪声影响的点（例如，仪器设备突然不正常工作）。遗憾的是，最小二乘法无法区分正常点和异值点，而且，平方损失本身会给大的残差赋予更强的权重，反而强化了异值点的作用。

解决的方法就是胡贝尔损失函数，该函数取代均值平方误差，定义为：

$$L=\begin{cases}\frac{1}{2}\left\|Y-\tilde{\theta}^{\mathrm{T}}\cdot X\right\|_2^2,\ \forall y{:}\left\|y-\tilde{\theta}^{\mathrm{T}}\cdot X\right\|_1\leqslant\epsilon\\ \epsilon\left\|Y-\tilde{\theta}^{\mathrm{T}}\cdot X\right\|_1-\frac{1}{2}\epsilon^2,\ \text{其他}\end{cases}$$

胡贝尔损失函数有两种形式。绝对残差小于预设阈值（$\epsilon>1$）时，损失函数是二次函数，等效于最小二乘法。但是，如果绝对残差大于ϵ，数据点就被当作可能的异值点，损失函数就是线性函数，减小了误差的权重。如此一来，接近正常点的异值点就比远离其他数据点的、更像是假的数据点的异值点更有用。常数ϵ的最优值取决于数据集。简单的办法是取能够使**平均绝对误差**（mean absolute error，MAE）最小的最大值。例如，以 1.5 作为起始基线，拟合模型，计算 MAE。不断减小ϵ，重复上述过程直至 MAE 稳定在其最小值。

现在修正一下前面定义的数据集，来测试胡贝尔损失函数：

```
x = np.expand_dims(np.arange(0, 10, 0.1), axis=1)
y = 0.8 * x + np.random.normal(0.0, 0.75, size=x.shape)
y[65:75] *= 5.0
```

该数据集有系统误差，影响了范围 (65,75) 里的数据点。因为并不清楚这些点是正常点还是异值点，可以先拟合线性回归，并评价 MAE。当然，这里不能用R^2，因为它很受异值点导致的不明变动的影响。其实这时并不需要解释变动：

```
from sklearn.linear_model import LinearRegression
from sklearn.metrics import mean_absolute_error
lr = LinearRegression()
```

```
lr.fit(x, y)

print("Linear: {:.2f}".
      format(mean_absolute_error(y, lr.predict(x))))
```

程序段的输出为：

```
Linear: 3.66
```

如果要分析前 50 个数据点的分布情况，假定线性拟合没有截距且系数为 0.8，那么，可以得到：

```
print("Mean Y[0:50] = {:.2f}".
       format(np.mean(y[0:50] - 0.8*x[0:50])))
print("Std Y[0:50] = {:.2f}".
       format(np.std(y[0:50] - 0.8*x[0:50])))
```

输出结果如下：

```
Mean Y[0:50] = 0.01
Std Y[0:50] = 0.63
```

因此，假定均值为零，范围$(\theta x \pm 1.2)$外的所有值都可以看作异值点，因为两个标准偏差之外，概率已经降低到 5%以下（正态分布）。因此，可以设定$\epsilon = 1.2$，然后训练胡贝尔回归元：

```
from sklearn.linear_model import HuberRegressor

hr = HuberRegressor(epsilon=1.2)
hr.fit(x, y.ravel())

print("Huber: {:.2f}".
      format(mean_absolute_error(y, hr.predict(x))))
```

得到输出为：

```
Huber: 2.65
```

因此，胡贝尔回归元将 MAE 减小了约 72%，增强了针对异值点的鲁棒性。这一点也可以由图 9.4 确认。

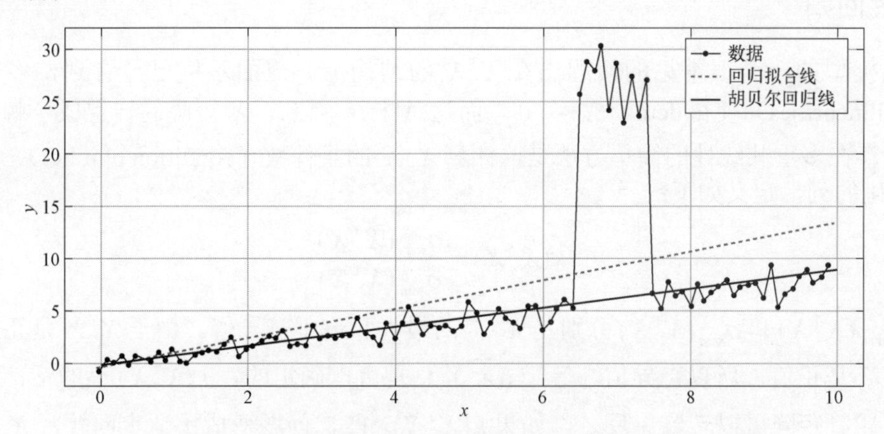

图 9.4 标准线性回归与胡贝尔回归的对比

从图 9.4 可见，应用简单的线性回归时，异值点的影响可能是相当负面的。而胡贝尔损失函数则保持回归拟合线非常接近均值，受到那些比周围数据点大 10 倍左右的数据点的影响很小。当然，ϵ 的影响是决定性的，所以，读者可以重复多次练习，改变 ϵ 值并找到异值点较多时的最佳权衡。

需要提醒的是，时刻要清楚多大的 R^2 值会是危险的。对于线性回归而言，R^2 值可以大些，因为斜率趋近异值点时，*SSR* 较小。原因很简单：*SSR* 是二次方测度，平均量级为 30 的 10 个异值点的影响轻而易举超出均值为 5 的 70 个正常点的影响。实际应用中，如果数据集太复杂而无法即刻识别出异值点的话，建议采用鲁棒缩放对特征进行预处理。这个预处理不会影响结果，但可以避免没被发现的异值点影响模型做出完全错误的估计。

9.2 其他回归方法

本节将简单介绍其他回归方法，说明为什么可能需要用这些方法而不是最小二乘法。主要内容包括：

- 岭回归及其 scikit-learn 实例。
- Lasso 回归与逻辑回归。
- 多项式回归及其示例。
- 保序回归。

线性回归最主要的问题是模型的病态（问题的条件数非常大,从而比较难以优化，或者说需要更多迭代次数来达到同样精度），导致解的不稳定。引入岭回归，可以解决这个问题。

9.2.1 岭回归

回归模型的一个很常见的问题出在 $X^{\mathrm{T}}X$ 的结构上。前面示例已经看到，多重共线性（multi-collinearities）使得 $\det(X^{\mathrm{T}}X)\to 0$ 。而这意味着，该 $X^{\mathrm{T}}X$ 矩阵的转置成了棘手问题。检查是否存在多重共线性的简单方法是，计算 $X^{\mathrm{T}}X$ 的条件数（condition number），即长度为 1 的正则化的列，定义如下：

$$\kappa(X^{\mathrm{T}}X)=\frac{\sigma_{\max}(X^{\mathrm{T}}X)}{\sigma_{\min}(X^{\mathrm{T}}X)}$$

式中，$\sigma_{\max}(X^{\mathrm{T}}X)$ 和 $\sigma_{\min}(X^{\mathrm{T}}X)$ 分别是 $X^{\mathrm{T}}X$ 的最大和最小奇异值。由于 $X^{\mathrm{T}}X$ 是正定矩阵，其特征值 λ_i 是正值，所以奇异值（等于 $\sqrt{\lambda_i}$ ）总是可以确定的。$\kappa(X^{\mathrm{T}}X)$ 小的话，对应的就是正常问题，矩阵可以转置。反之，如果 $\kappa(X^{\mathrm{T}}X)>15$ ，问题变成不适定问题，X 的细微变化都会导致结果大为改变。

解决这个问题简单有效的办法是，应用基于参数向量 L2 范式的岭（或吉洪诺夫）正则化。考虑同方差噪声，最小二乘损失函数变成：

$$L=(Y-X\bullet\bar{\theta})^{\mathrm{T}}(Y-X\bullet\bar{\theta})+\alpha\|\bar{\theta}\|_2=(Y-X\bullet\bar{\theta})^{\mathrm{T}}(Y-X\bullet\bar{\theta})+\alpha\bar{\theta}^2\bar{\theta}$$

参数 α 决定正则化的力度，根据下式，其作用一目了然：

$$\bar{\theta}=(X^{\mathrm{T}}X+\alpha I)^{-1}X^{\mathrm{T}}Y$$

岭回归需要转置 $X^{\mathrm{T}}X+\alpha I$ ，即使 $X^{\mathrm{T}}X$ 是奇异矩阵，$X^{\mathrm{T}}X+\alpha I$ 也可以变为非奇异矩阵。而且，因为 α 加给了所有对角元素，结果系数就会变小（第一项等同于除式里的分母）。α 越大，缩小率越大。正如在第 1 章机器学习基础讨论的，岭正则化主要防止过拟合，但在线性回归里，它的主要效果是偏移模型以便减小方差。本章前面解释过偏差-方差权衡的概念，其必要性在这里体现得很明确。而且，因为 $X^{\mathrm{T}}X$ 与协方差矩阵 Cov[X] 成正比，α 是常量，它对低方差部分影响更大。因此，岭正则化通过进一步减小那些与不太明确的特征相关的系数，完成最小特征选择。

scikit-learn 的岭回归实例

现在利用 scikit-learn，评价岭回归的效果。数据集是 scikit-learn 自带的糖尿病数据集（diabetes dataset），包含 442 项男女糖尿病患者的观测项，包括年龄、体重指数（body-mass index，BMI）、各种血压值（平均血压以及其他 6 项指标）等信息。输出是反映糖尿病病情的数值指示。没有其他更多的信息，可以假定输入的只是患者信息而不包括时间信息（例如，有的数据库可能包括不同时期同一患者的多项输入信息）。因此，需要确证，线性回归是否能成功地拟合数据。

首先，上载数据并计算条件数（各列已经正则化处理）：

```
import numpy as np

from sklearn.datasets import load_diabetes

data = load_diabetes()

X = data['data']
Y = data['target']

XTX = np.linalg.inv(X.T @ X)
print("k = {:.2f}".format(np.linalg.cond(XTX)))
```

程序段的输出为：

```
k = 470.09
```

输出值很大，说明存在多重共线性。如果只是为了说明岭回归的话，此结果足矣，可以进行下一步。但是，为了进行完整的对比分析，这里转而计算特征间的皮尔森关联系数。矩阵 $R \in \mathbb{R}^{m \times m}$ 的元素为：

$$R_{ij} = \frac{\sum_{k=1}^{N}\left(\overline{x}_k^{(i)} - \text{Mean}[\overline{x}^{(i)}]\right)\left(\overline{x}_k^{(j)} - \text{Mean}[\overline{x}^{(j)}]\right)}{\sqrt{\left(\sum_{k=1}^{N}(\overline{x}_k^{(i)} - \text{Mean}[\overline{x}^{(i)}])^2\right)\left(\sum_{k=1}^{N}(\overline{x}_k^{(j)} - \text{Mean}[\overline{x}^{(j)}])^2\right)}}$$

每个系数 $R_{ij} \in (-1,1)$ 有着明确的含义：

- 如果 X 的第 i 个特征与 X 的第 j 个特征正相关，那么 $R_{ij}>0$。
- 类似地，如果 X 的第 i 个特征与 X 的第 j 个特征负相关，那么 $R_{ij}<0$。
- 如果两个特征完全无关，那么 $R_{ij}=0$。

当然，如果绝对值 $\left|R_{ij}\right|$ 接近 1，那么可以判定两个特征相关，但问题就会变为不适定问题。不同情况的阈值不同。但是，$\left|R_{ij}\right|>0.5$ 时，就需要谨慎考虑。

为了更深入了解，可以计算相关矩阵：

```
cm = np.corrcoef(X.T)
```

输出采用热力图表示，如图 9.5 所示。

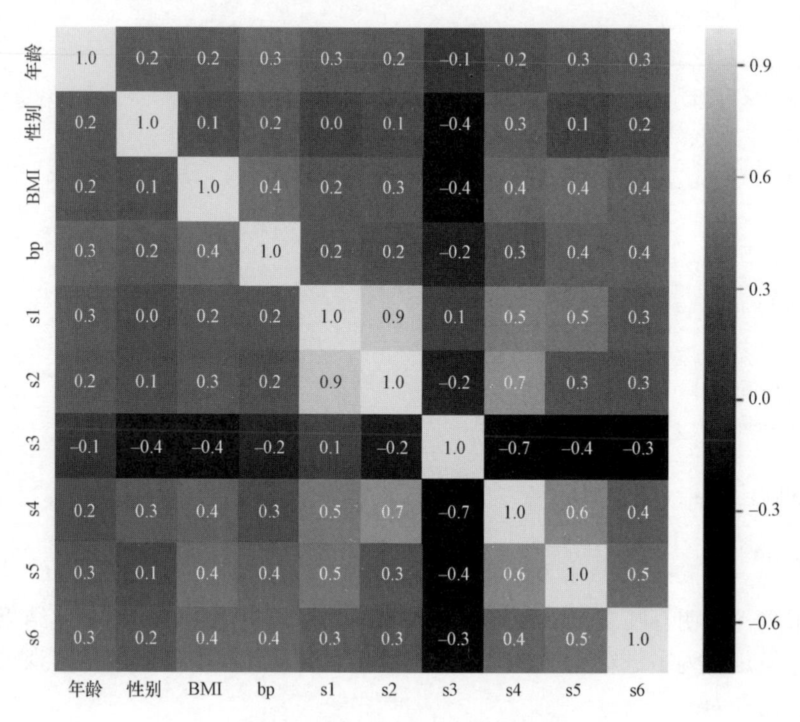

图 9.5　糖尿病数据集的相关矩阵

值得一提的是，存在不同的较强相关性，特别是血压值之间（并不奇怪，因为患者按照要求监控自己的血压）。接着，可做的事包括：

- 评价岭回归。
- 移除相关特征（每组特征只保留其中一项特征）。
- 更换另一个回归方法。

即将看到，简单的线性回归并非很有效。因此，需要采用更复杂的方法。但是，评价应用 L2 惩罚项的效果还是有用的。

首先用 `RidgeCV` 类和默认 R^2 值进行交叉验证，找到范围 (0.1,1.0) 里的最佳α系数：

```
from sklearn.linear_model import RidgeCV

rcv = RidgeCV(alphas=np.arange(0.1, 1.0, 0.01),
              normalize=True)
```

```
rcv.fit(X, Y)

print("Alpha: {:.2f}".format(rcv.alpha_))
```

程序段的输出为：

```
Alpha: 0.10
```

交叉验证的网格搜索确认最小的 α 给出了最佳的 R^2 值。但是，因为岭回归会加大偏差，所以，可以检测对应 α 的条件数，例如，$\alpha = \{0.1, 0.25, 0.5\}$：

```
print("k(0.1): {:.2f}".format(
        np.linalg.cond(X.T @ X +
                       0.1 * np.eye(X.shape[1]))))
print("k(0.25): {:.2f}".format(
        np.linalg.cond(X.T @ X +
                       0.25 * np.eye(X.shape[1]))))
print("k(0.5): {:.2f}".format(
        np.linalg.cond(X.T @ X +
                       0.5 * np.eye(X.shape[1]))))
```

输出结果为：

```
k(0.1): 37.99
k(0.25): 16.53
k(0.5): 8.90
```

条件数的确有了提高。因为对应 $\alpha = 0.25$ 的条件数较好地权衡了惩罚（即偏差）和方差，所以用它替代 0.1，并用 R^2 和 MAE 评价岭回归：

```
from sklearn.linear_model import Ridge
from sklearn.metrics import r2_score, mean_absolute_error

lrr = Ridge(alpha=0.25, normalize=True,
            random_state=1000)
lrr.fit(X, Y)
```

```
print("R2 = {:.2f}".format(
        r2_score(Y, lrr.predict(X))))
print("MAE = {:.2f}".format(
        mean_absolute_error(Y, lrr.predict(X))))
```

输出结果为:

```
R2 = 0.50
MAE = 44.26
```

很遗憾，性能并不优异。特别是，输出Y有：$\text{Mean}[Y] \approx 152$，$\text{Std}[Y] \approx 77$。因此，平均绝对误差 MAE 大约为 44，这是有问题的。R^2值证实，回归能够解释一部分变化，而且，选用不同的参数可以得到最小变化。因此，是时候将非线性模型的优点引入广义线性模型，当然要假定样本集足够大。

9.2.2 采用 Lasso 回归和逻辑回归的风险建模

一方面，岭回归实现全局参数缩减，但是，正如第 1 章机器学习模型基础所述，约束曲面是以原点为中心的超球面。无论维度多少，该曲面是光滑的，因此，参数不会为零。

另一方面，L1 范式惩罚项擅长自动特征选择，因为约束超立方体的边缘被赋予了最小权重。Lasso 回归形式上等同于岭回归，但是它用 L1 替代了 L2:

$$L = (Y - X \bullet \bar{\theta})^{\mathrm{T}}(Y - X \bullet \bar{\theta}) + \alpha \|\bar{\theta}\|_1$$

参数α控制着正则化的力度，这里对应着零值参数所占比例。Lasso 回归有很多与岭回归相同的性质，但它的主要应用是特征选择。特别是，给定一个有大量参数的线性模型，可以考虑这样的关联:

$$effect \sim cause_1 + cause_2 + \cdots + cause_m$$

当$m \gg 1$而且所有系数不为零时，很难确定哪个原因为主要原因，也不清楚效果是否互相抵消。这种情况必然导致模型无法解释，最终无助于解决需要追究原因的领域问题（例如，医疗卫生问题）。Lasso 回归无需任何外来干预就能解决这个问题。事实上，其中一个简单方法就是人为地移除领域专家认为是次要的或与结果不相关的那些特征。一方面，这种处理很耗时，容易受到人的认识的影响而产生偏差。另一方面，自动特征选择作用在那些单个的参数，不需要任何先验知识，而且更容易确认结果从领域专业角度看是否合理，因为参数集更小。

本例应用 Lasso 逻辑回归进行风险建模，同时确定主要因素。在讨论应用示例之前，先简要说明逻辑回归的主要思想。假设用两元随机变量描述需要建模的风险，结果 $risk = 1$ 代表存在风险，而 $risk = 0$ 表示不存在风险。算法基于分对数的线性描述，所谓分对数是比值比（odd ratio，或称相对危险度）的对数：

$$\log\left(\frac{P(risk=1)}{P(risk=0)}\right)=\log\left(\frac{P(risk=1)}{1-P(risk=1)}\right)=\text{logit}(risk)=\overline{\theta}^{\mathrm{T}}\bullet\overline{x}$$

分对数必须为非负值，而且单调增。满足这一要求的函数是 S 型函数（sigmoid）$\sigma(\overline{x})$。其实，用定义域为 $\mathbb{R}$ 的 $\sigma(\overline{x})\in(0,1)$ 来建模 $P(risk=1)$，可以得到：

$$P(risk=1)=\sigma(\overline{x})=\frac{1}{1+\mathrm{e}^{-\overline{\theta}^{\mathrm{T}}\bullet\overline{x}}}$$

代入分对数表达式，得到所需确定式：

$$\log\left(\frac{P(risk=1)}{1-P(risk=1)}\right)=\log\left(\frac{\frac{1}{1+\mathrm{e}^{-\overline{\theta}^{\mathrm{T}}\bullet\overline{x}}}}{1-\frac{1}{1+\mathrm{e}^{-\overline{\theta}^{\mathrm{T}}\bullet\overline{x}}}}\right)=\log\left(\frac{1}{\mathrm{e}^{-\overline{\theta}^{\mathrm{T}}\bullet\overline{x}}}\right)=\overline{\theta}^{\mathrm{T}}\bullet\overline{x}$$

如果假定所有数据点都是独立同分布的话，对数似然可表达为：

$$L=-\log\prod_{i=1}^{N}p\left(y_i|\overline{x}_i;\overline{\theta}\right)-\sum_{i=1}^{N}\log p\left(y_i|\overline{x}_i;\overline{\theta}\right)=-\sum_{i=1}^{N}\left[y_i\log\sigma\left(\overline{x}_i\right)+\left(1-y_i\right)\log\left(1-\sigma\left(\overline{x}_i\right)\right)\right]$$

最后一项是真标签 $p(y)$ 和预期标签 $q(y)$ 分布之间的二元交叉熵：

$$L=-\sum_{i=1}^{N}p(y_i)\log q(y_i)$$

因为 $y_i\in\{0,1\}$，所以如果 $y_i=0$，那么第一项 $y_i\log\sigma\left(\overline{x}_i\right)=0$，而第二项则变为 $\log\left[1-\sigma\left(\overline{x}_i\right)\right]$。反之，如果 $y_i=1$，第二项就不存在，而第一项则变成 $\log\sigma\left(\overline{x}_i\right)$。两种情况下，$L$ 的最大化都能让模型学习到实际的分布 $p(y)$。如果知道参数向量的相关性，并引入一个一般惩罚项的话，L 变成：

$$L=-\sum_{y\in Y,\overline{x}\in X}p(y)\log q(\overline{x};\overline{\theta})+\alpha\|\overline{\theta}\|_p$$

如果 p 范数是 L1，那么，对相对危险度建模时，模型将进行 Lasso 特征选择。

下面用 Python 和 scikit-learn 对患乳腺癌的风险进行建模。

采用 Lasso 回归和逻辑回归的风险建模实例

先讨论一个基于乳腺癌数据集的测试实例，数据集包含 569 个数据点和 30 个生物特征。每个数据点关联一个二元标签，$y_i \in \{0=\text{恶性}, 1=\text{良性}\}$。因为这仅仅是一个练习，所以不考虑此类研究的真实医学要求（有兴趣的读者请阅读流行病学书籍）。但是，由于医学专家可以确保标签真实正确，所以，如果逻辑回归能够成功地（合理的准确率）完成样本分类，那么风险的分对数也将是正确的。

首先，载入并用鲁棒缩放工具（robust scaler，使用中位数和四分位数确保每个特征的统计属性都位于同一范围的预处理方法）和四分位数区间（15,85）来正则化数据集。数据集基于**真实世界证据**（real-world evidence，RWE），而且不包含很离群的异值点：

```
from sklearn.datasets import load_breast_cancer
from sklearn.preprocessing import RobustScaler

data = load_breast_cancer()
X = data["data"]
Y = data["target"]

rs = RobustScaler(quantile_range=(15.0, 85.0))
X = rs.fit_transform(X)
```

这时可以评价 $\alpha = 0.1$ 的 Lasso 逻辑回归的性能。之所以选择 $\alpha = 0.1$，是因为已经测试了不同值的结果。读者可以练习一下：

```
import joblib

from sklearn.linear_model import LogisticRegression
from sklearn.model_selection import cross_val_score
cvs = cross_val_score(
    LogisticRegression(C=0.1, penalty="l1", solver="saga",
                       max_iter=5000, random_state=1000),
        X, Y, cv=10, n_jobs=joblib.cpu_count())

print(cvs)
```

可见，采用了 L1 惩罚项。所以，希望将参数个数从 31（截距和系数）减少到非常小的数。上面程序段的输出为：

```
[0.98275862 0.94827586 0.94736842 0.98245614 0.96491228 0.98245614  0.92982456
0.98214286 0.98214286 0.94642857]
```

结果显而易见不错。最差的准确率为 93%，最大准确率为 98%。因此，可以用完整的数据集训练模型，再用该模型进行预测（当然假定这些预测都来自同一数据生成过程，例如，采用相同的仪器设备采集数据）。

接着，训练模型并确认系数：

```
lr = LogisticRegression(C=0.05, penalty="l1",
                        solver="saga",
                        max_iter=5000,
                        random_state=1000)
lr.fit(X, Y)

for i, p in enumerate(np.squeeze(lr.coef_)):
    print("{} = {:.2f}".format(data['feature_names'][i], p))
```

程序段的输出为：

```
mean radius = 0.00
mean texture = 0.00
mean perimeter = 0.00
mean area = 0.00
mean smoothness = 0.00
mean compactness = 0.00
mean concavity = 0.00
mean concave points = -0.97
mean symmetry = 0.00
mean fractal dimension = 0.00
radius error = 0.00
texture error = 0.00
perimeter error = 0.00
```

```
area error = -0.90
smoothness error = 0.00
compactness error = 0.00
concavity error = 0.00
concave points error = 0.00
symmetry error = 0.00
fractal dimension error = 0.00
worst radius = -0.81
worst texture = -0.95
worst perimeter = -1.66
worst area = -0.16
worst smoothness = -0.08
worst compactness = 0.00
worst concavity = 0.00
worst concave points = -1.75
worst symmetry = -0.34
worst fractal dimension = 0.00
```

在总共30个系数里，只有9个非零系数。这些非零系数可被重新安排以便定义完整的关系。因为风险是可转换的（恶性=0），所以，为了符合一般的意义，也要转换所有系数的符号（sigmoid是对称函数，所以这就等同于互换标签）：

```
model = "logit(risk) = {:.2f}".format(-lr.intercept_[0])

for i, p in enumerate(np.squeeze(lr.coef_)):
if p != 0:
    model += " + ({:.2f}*{}) ".\
    format(-p, data['feature_names'][i])

print("Model:\n")
print(model)
```

此段程序的输出为：

```
Model:
logit(risk) = -1.64 + (0.97*mean concave points) + (0.90*area error) + (0.81*worst radius) + (0.95*worst texture) + (1.66*worst perimeter) + (0.16*worst area)+(0.08*worst smoothness) + (1.75*worst concave points) + (0.34*worst symmetry)
```

这个结果的表达式很简单，主导因素是什么，一目了然。还会看到一些冗余的特征已被剔除，因为这些特征的作用已经部分被其他特征所替代（换言之，有一些混杂因素）。这时，需要由领域专家对该模型进行评价，以便确认该模型是否能够用来完成诊断预测。但是，读者应该清楚，如果不必强求更大模型提供更强能力的话，线性模型也是很有用的。

读者还可以尝试去改变 α 值（scikit-learn 里的 C）直至非零参数个数保持稳定不变。而且，读者也可以在弹性网损失函数（elasticNet loss，参阅第 1 章机器学习模型基础）里添加 L2 惩罚项，以便减小多重共线性的影响效果。

9.2.3 多项式回归

线性回归是一个简单有效的算法，因为它可以高效地完成拟合，而且容易理解。例如，可以表达关系：

$$risk \sim \alpha Factor_a + \beta Factor_b + \epsilon$$

即使非专业人员也能立即理解影响风险值的各项因素的作用。更具体一些，设想，对于因变量 $risk \in (-k, k)$，两个因素均非负，而且：

$$risk \sim 5 \cdot Factor_a - 2 \cdot Factor_b$$

显而易见，$Factor_a$ 会增强风险，而 $Factor_b$ 能减弱风险。而且，如果 $Factor_b > 2.5Factor_a$，$Factor_a$ 的负面影响就可以被 $Factor_b$ 中和（换言之，风险减轻）。

虽然这种情况近乎理想，但实际上非线性问题更常见，处理线性模型所付出的代价就是损失了准确率。如果这样的权衡折中可以接受，那么线性模型还是首选（奥卡姆剃刀）。但是，如果线性模型不满足最低条件，必须寻找其他解决办法。简单有效的替代方案就是由线性数据集扩展的多项式回归。

假设有以下线性模型（排除了噪声项）：

$$\bar{y} = \bar{\theta}^{T} \cdot \bar{x} = \bar{\theta}_1 \bar{x}_1 + \bar{\theta}_2 \bar{x}_2 + \cdots + \bar{\theta}_m \bar{x}_m$$

每项 $\bar{x}_i$ 都是一个回归元，而 $\bar{y}$ 则是所有回归元的线性组合。实际上，这里考虑了关于 $\bar{x}_i$ 的本质的约束条件，可以是简单因素，但也可以是二次项因素或不同因素的乘积。严谨说来，要承认噪声项并不容易消除，只有ϵ具有回归元本质时，对线性组合的解释才是正确的。例如，如果用$\bar{x}_i^2$替换$\bar{x}_i$，噪声的影响也是二次方的，更复杂的变换（例如，对数线性模型）也是如此。一方面，实际上往往能够摆脱这一限制，因为通过残差可以间接地估计噪声，不必非得设置置信区间（取决于噪声的分布族）。另一方面，如果样本数量多到足以应用中心极限定理，就可以放宽正态性假设。因此，每个单噪声项不再是正态分布时，也可以继续采用前面描述的标准算法。

多项式回归实际上是基于原始特征集转换成多项式展开的线性回归。例如，二次回归可以通过下列转换而得到：

$$\bar{x}=(x_1,x_2)\Rightarrow(x_1^2,x_1,x_1x_2,x_2,x_2^2,1)\Rightarrow(z_1,z_2,z_3,z_4,z_5,z_6)=\bar{z}$$

遗憾的是，如果初始维度大的话，这种变换会很困难。其实，如果有多项式特征和交互特征的话，由于各次幂（degree）进行组合，总数会指数级增大。例如，变换糖尿病数据集（13 个原始特征，次幂为 3），得到 560 个特征，超过了样本数（506）。缺点显而易见：

- 由于维数灾难，样本数变得太少（例如，交叉验证会很困难，因为折数太小，而且一些区域很容易被从训练集剔除掉）。
- 估计器会过拟合（因此，建议用岭回归代替标准的线性回归）。
- 计算复杂性和存储量急剧增加。

这些情况就需要通过选择相互影响的交互特征来解决问题，但这样也无法克服非线性引发的不稳定。在很多实际应用里，主要问题就是无法管理交互影响。例如，在很多医疗卫生研究里，并发症（同时患有的不同但相关的疾病）很重要，不能将这些交互影响效果用线性组合进行建模。因此，数据集很大很复杂的时候，首先应该生成交互特征，然后核实结果是否可被接受。如果效果不好的话，可以增加次幂或者激活整个特征集。

另一个需要考虑的重要事项是交叉验证的应用。如果样本数很少，折数小（例如，小于 10）会导致训练集无法覆盖整个数据生成过程。最终，验证结果往往较差。解决这个问题的唯一办法是应用**留一法**（leave-one-out，LOO）（如果可以针对单个数据点评价度量的话）或者应用**留 P 法**（leave-P-out，LPO）。显然，两种方法都非常耗时，但也是有效管理交叉验证的唯一可行方法。

不管怎样，要记住，K 折交叉验证一般是最可靠的选择，因为它避免了 LOO 和 LPO 几乎不可避免的交叉关联。或者，也可以在合理地调整数据集之后，进行静态的训练和测试。显然，测试集的规模必须小到足以让训练集把握住p_{data}的整体动态。如果回归完全与时间无关，小的训练集可能会大到足以训练模型，但数据点随时间变化的话，那么训练就难以控制。这时，剔除一些数据点可能会导致得到有偏模型，因为参数被低估或高估。

因此，遇到时序问题时，往往推荐使用一些特定的模型（第 10 章将介绍），这些模型可以把握住内部动态以及时间点之间的相互依赖关系。如果推荐的是回归模型，那么必须核实训练集是否有足够多的、描述数据生成过程的数据点。

而且，采用多项式回归的话，自由度 t 可以很大，当然一般 $N \gg t$。相反，如果 $N \approx t$ 或者更糟的 $N < t$ 的话，模型部分不确定，性能会变得比线性模型还差。

多项式回归实例

第一个实例将说明岭回归如何适合管理非线性一维数据集：

$$Y = 0.1(X + \epsilon_1)^3 + 3(X - 2 + \epsilon_2)^2 + 5(X + \epsilon_3)$$

仍然有意地加入了噪声项的变换以便提高复杂程度，另外，也正则化了集合 Y 以避免区间太大：

```
import numpy as np

x = np.expand_dims(np.arange(-50, 50, 0.1), axis=1)
y = 0.1 * np.power(x +
    np.random.normal(0.0, 2.5, size=x.shape), 3) + \
    3.0 * np.power(x - 2 +                        np.random.normal(0.0,
1.5, size=x.shape), 2) - \
    5.0 * (x + np.random.normal(0.0, 0.5, size=x.shape))

y = (y - np.min(y)) / (np.abs(np.min(y)) + np.max(y))
```

这时可以训练一个标准的岭模型（$\alpha = 0.1$）：

```
from sklearn.linear_model import Ridge

lr = Ridge(alpha=0.1, normalize=True, random_state=1000)
lr.fit(x, y)
```

在继续并比较结果之前，先评价 R^2 和 MAE：

```
from sklearn.metrics import r2_score, mean_absolute_error
```

```
    print("R2 = {:.2f}".format(
            r2_score(y, lr.predict(x))))
    print("MAE = {:.2f}".format(
            mean_absolute_error(y, lr.predict(x))))
```

程序段的输出结果为：

```
R2 = 0.63
MAE = 0.10
```

结果可能出乎意料，因为数据集高度非线性。其实，读者应该关注两个重要因素。第一个是$Y \in (0,1)$。所以MAE为10%，对于这类数据集而言太大。结果对比可以说明原因，但是一般说来，误差的影响在斜率急剧变化的区域更大。本实例有两个这样的区域。最小二乘算法选择了一个与第一个曲线区域更搭配但对第二个区域并无效的斜率，从而有效地减小了误差。

第二个因素是R^2的信息量。很多人已经证实过，R^2与应用场景密切相关，有时，也会得到不一致的结果。特别是，R^2必须用于模型不同兼容版本的对比（例如，具有相同的数据集，但多项式次幂不同），因为R^2并不提供任何关于拟合效果好坏的信息。而且，R^2也不包含多项式曲线控制点的信息。对于线性模型而言，这不算什么。但是，使用多项式变换时，了解曲线是否正确地拟合出非线性结构的数据，则极为重要。更可靠的办法是u指数［也称为泰尔（Theil）指数］，该指数定义为：

$$\mu = \sqrt{\frac{\sum_{i=1}^{N}(y_i - \tilde{y}_i)^2}{\sum_{i=1}^{N} y_i^2}} \text{且} U\Delta = \sqrt{\frac{\sum_{i=1}^{N}(\Delta y_i - \Delta\tilde{y}_i)^2}{\sum_{i=1}^{N} \Delta y_i^2}}, \begin{cases} \Delta y_i = y_i - y_{i-1} \\ \Delta\tilde{y}_i = \tilde{y}_i - y_{i-1} \end{cases}$$

标准μ指数与R^2很相似，包含关于模型所能描述的整体变化的信息。其实，$U\Delta$是基于逐步差分的，能在开启时间测定模型。式中分子部分的第一项是两个连续输出的差值Δy_i，而第二项是预期输出$\tilde{y}_i$与前一真输出y_{i-1}的差值$\Delta\tilde{y}_i$。理想的模型应该有：$\Delta y_i = \Delta\tilde{y}_i$，因而$U\Delta = 0$。

这种情况意味着，控制点被成功预测，模型反映了数据的非线性结构。在实际应用中，要找到使两个指数（μ和$U\Delta$）都最小化的超参集合。指数可能也包括调整R^2以便考虑自由度，惩罚更复杂的模型。

首先，定义计算μ和$U\Delta$两个指数的函数：

```
import numpy as np
```

```
def u_scores(y_true, y_pred):
    a = np.sum(np.power(y_true - y_pred, 2))
    b = np.sum(np.power(y_true, 2))
    u = np.sqrt(a / b)

    d_true = y_true[:y_true.shape[0]-1] - y_true[1:]
    d_pred = y_pred[:y_pred.shape[0]-1] - y_true[1:]
    c = np.sum(np.power(d_true - d_pred ,2))
    d = np.sum(np.power(d_true, 2))
    ud = np.sqrt(c / d)

    return u, ud
```

然后，核实线性回归的μ和$U\Delta$：

```
print("U = {:.2f}, UD = {:.2f}"
          .format(*u_scores(y, lr.predict(x))))
```

输出为：

```
U = 0.37, UD = 3.38
```

因为μ指数也是相对测度，所以不与多项式回归的结果进行比较，无法得出结论。这里利用 PolynomialFeatures 类，基于 5、3、2 次幂，创建另外三个数据集，数据集有交叉：

```
from sklearn.preprocessing import PolynomialFeatures

pf5 = PolynomialFeatures(degree=5)
xp5 = pf5.fit_transform(x)

pf3 = PolynomialFeatures(degree=3)
xp3 = pf3.fit_transform(x)

pf2 = PolynomialFeatures(degree=2)
```

```
xp2 = pf2.fit_transform(x)
```

现在拟合各自的岭回归，保持$\alpha=1$：

```
lrp5 = Ridge(alpha=0.1, normalize=True, random_state=1000)
lrp5.fit(xp5, y)
yp5 = lrp5.predict(xp5)

lrp3 = Ridge(alpha=0.1, normalize=True, random_state=1000)
lrp3.fit(xp3, y)
yp3 = lrp3.predict(xp3)

lrp2 = Ridge(alpha=0.1, normalize=True, random_state=1000)
lrp2.fit(xp2, y)
yp2 = lrp2.predict(xp2)
```

接着评价μ指数：

```
print("2. U = {:.2f}, UD = {:.2f}".
        format(*u_scores(y, yp2)))
print("3. U = {:.2f}, UD = {:.2f}".
        format(*u_scores(y, yp3)))
print("5. U = {:.2f}, UD = {:.2f}".
        format(*u_scores(y, yp5)))
```

程序段的输出为：

```
2. U = 0.21, UD = 1.92
3. U = 0.10, UD = 0.93
5. U = 0.09, UD = 0.83
```

上述结果证实了前面的假设：次幂为 2 时，$U\Delta$ 快速减小，而次幂为 3 时，$U\Delta$ 看上去比较稳定。而μ指数在次幂 2 和 3 之间减小了 50%，次幂为 5 时，则几乎保持不变。这说明，次幂为 5 的模型更容易过拟合，而更大的自由度并不减小偏差而损失方差。事实上，更复杂的模型能够解释相同的变化，但是也有更多潜在的可能不必要的控制点。

所有模型如图 9.6 所示。

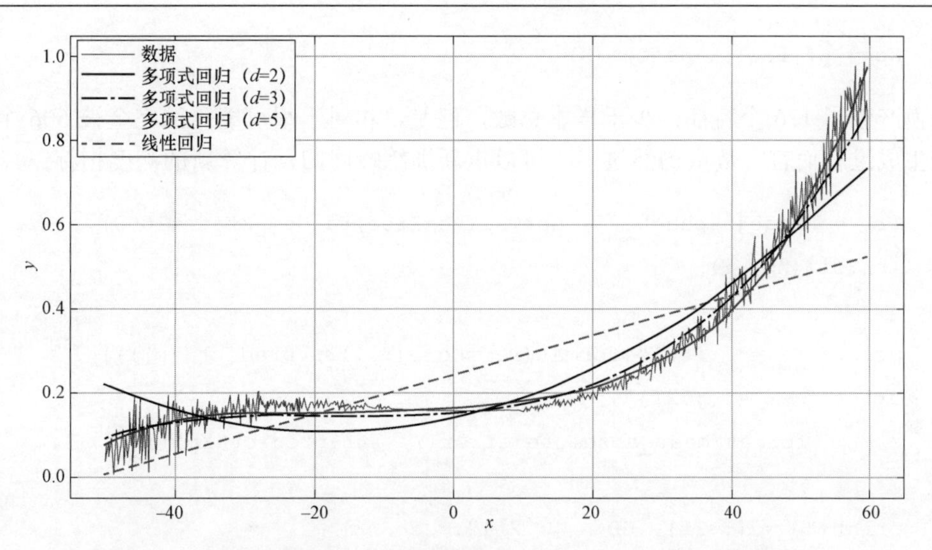

图 9.6　用线性回归和三个多项式回归拟合的非线性有噪声的数据集

由图 9.6 可见，线性回归（虚线）整体上不准确，可以立即放弃。给定数据集的结构，二次幂多项式也并非好的选择，因为它不考虑任何鞍点。数据集本有一个鞍点 $x\approx 0$（凹向改变了），但抛物回归（即二次幂多项式回归）只能顾及曲线的一侧。次幂为 3 和 5 的多项式是奇数次幂，所以，允许凹向变化，而且两条曲线几乎重叠（次幂 5 的多项式的预测稍微更精确）。

但是，结果并没有证明复杂性代价更大。因此，推荐用次幂 3 的模型。而且，谨记，数据集应该表现整个数据生成过程。这意味着，当 $x<-40$ 和 $x>60$ 时，趋势是相同的，即 $y\to\pm\infty$。很清楚，这在大多数实际应用中都是不现实的。因此，明确要求自变量 x 的定义域有限，该域完全被训练样本覆盖。

转回糖尿病数据集，对应 $\alpha=0.25$ 的岭回归的 μ 指数如下：

```
U = 0.32, UD = 0.51
```

这些值看上去并不差，但是由于 $R^2=0.5$，所以还不是很好的拟合。可以测试采用多项式特征的效果，但是，也必须考虑样本规模。原始的数据集有 506 个点和 13 个特征，所以，不能再进一步扩大规模，否则可能会导致一个不确定的系统。根据数据集的实际情况，可以假设精确度的欠缺主要是因为不能表现各因素的相互影响（这在医疗卫生领域很普遍）。因此，只考虑次幂为 3，包括如下相互影响关系：

```
pf = PolynomialFeatures(degree=3, interaction_only=True)
```

```
Xp = pf.fit_transform(X)
```

变换产生了 176 个特征，少于样本总数，但是，相对于很可能无法完全被 506 个点覆盖的数据生成过程而言，数量仍然过多。可以重新训练岭回归，计算新的测度指标：

```
lrr = Ridge(alpha=0.25, normalize=True,random_state=1000)
lrr.fit(Xp, Y)

print("R2 = {:.2f}".format(r2_score(Y, lrr.predict(Xp))))
print("MAE = {:.2f}".
      format(mean_absolute_error(Y, lrr.predict(Xp))))

print("U = {:.2f}, UD = {:.2f}".
format(*u_scores(Y, lrr.predict(Xp))))
```

输出为：

```
R2 = 0.60
MAE = 39.24
U = 0.29, UD = 0.46
```

所有测度指标都证实拟合有了改善，但显然样本数量越大，拟合越好。特别是，$U\Delta$ 的减小说明多项式模型已经涵盖了更多的控制点（MAE 更低，也证实了这一点）。遗憾的是，其他更高次幂的组合会产生比训练样本更多的特征，所以，是不可接受的。无论如何，多项式回归是解决那些或者原本就是非线性的或者带有关联特征的问题的非常有用的工具。

读者可以试试用其他简单的数据集，例如波士顿房价（Boston house pricing）数据集，测试上述模型，争取实现准确率、次幂和特征数之间的最佳权衡。

9.2.4 保序回归

有时，数据集由单调函数 $f(x):\forall x_1 > x_2 \Rightarrow f(x_1) \geqslant (\leqslant) f(x_2)$ 的样本组成。标准的线性回归容易获得斜率，但当曲线为非线性曲线时则无能为力。另外，多项式回归也能把握非线性动态，但由于需要高次幂，模型容易变得很复杂。而且，边界条件不易管理，当 $x \to \pm\infty$ 时，回归结果会发散至 $\pm\infty$ 。保序回归假设因变量的单调性，求取 N 个权重 w_i 的集合以便使加权最小二乘损失最小化：

$$L=\sum_{i=1}^{N}w_i\left(y_i-\tilde{y}_i\right)^2=\sum_{i=1}^{N}w_i(y_i-f(x_i;\bar{\theta}))^2$$

得到的函数是点集$\{(x_1,y_1),(x_2,y_2),\cdots,(x_N,y_N)\}$的实际约束插值函数，一般不能表达为自变量的线性组合。主要优点是，即使是有多个斜率变化的复杂非线性动态也能容易把握。但是，如果数据集噪声过多的话，插值可能会导致过拟合。为了解决这个问题（以及其他相关问题），在预处理时可以按照下节讨论的方法，对数据集进行平滑处理。假设噪声得到控制，采用渐近插值而非粗略近似。

保序回归实例

作为实例，考虑数据集有 600 个点，$y_{i+1}\geqslant y_i \quad \forall i$（这是保序回归需要的唯一条件）：

```
import numpy as np

x = np.arange(0, 60, 0.1)
y = 0.1 * np.power(x + np.random.normal(0.0, 1.0, size=x.shape), 3) + \
    3.0 * np.power(
    x - 2 + np.random.normal(0.0, 0.5, size=x.shape), 2) - \
    5.0 * (x + np.random.normal(0.0, 0.5, size=x.shape))

y = (y - np.min(y)) / (np.abs(np.min(y)) + np.max(y))
```

为了进行直接对比，同时拟合标准线性回归和保序回归：

```
from sklearn.linear_model import LinearRegression
from sklearn.isotonic import IsotonicRegression

lr = LinearRegression()
lr.fit(np.expand_dims(x, axis=1), y)

ir = IsotonicRegression()
ir.fit(x, y)
```

结果如图 9.7 所示。

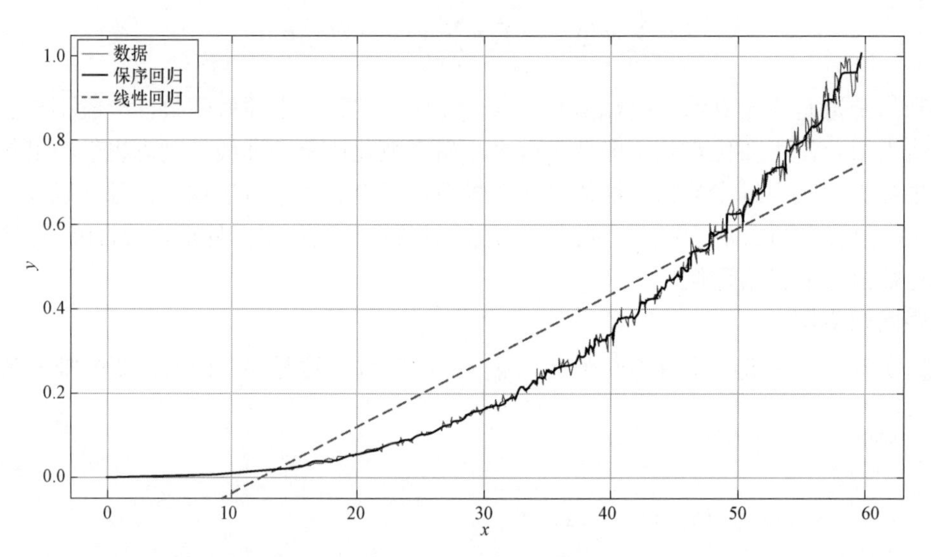

图 9.7　线性回归与保序回归的对比

数据集的内部结构是抛物线，所以可能会倾向于进行二次幂的多项式回归。但是，由于噪声的存在，二次幂的多项式回归无法把握局部动态，结果好坏不定。因为已经确信有噪声波动，所以保序回归采用使均方差最小的渐进插值方法得到最优结果。

读者可以尝试将保序回归结果与多项式回归结果进行对比（误差对比），选用能更好描述基础数据生成过程（有或无噪声）的模型。

9.3　本章小结

本章介绍了关于线性模型和回归的最重要的概念。首先，讨论了广义线性模型的特征，聚焦于如何拟合模型和如何避免最常见的问题。

本章也分析了如何将正则化惩罚加入岭回归和 Lasso 回归里，以及如何应用线性模型通过适当多项式变换处理非线性的数据集。另外，比较了线性回归结果和保序回归结果，分析了选择哪种回归的理由。本章讨论的另一重要话题是利用逻辑回归的风险建模，这个逻辑回归采用 Lasso 惩罚进行自动特征选择。

第 10 章将讨论时序分析的基本概念，重点是计量经济学和财务预测领域普遍应用的最重要模型（ARMA 和 ARIMA）的特性。

扩展阅读

- Greene W. H., *Econometric Analysis (Fifth Edition)*, Prentice Hall, 2002.
- Belsley D. A., Kuh E., Welsch R., *Regression Diagnostics: Identifying Influential Data and Sources of Collinearity*, Wiley, 1980.
- Chakravarti N., *Isotonic Median Regression: A Linear Programming Approach*, Mathematics of Operations Research, 14/2, 1989.
- Candanedo L. M., Feldheim V., Deramaix D., *Data-Driven Prediction Models of Energy Use of Appliances in a Low-Energy House*, Energy and Buildings,Volume 140, 04/2017.

第 10 章　时 序 分 析 导 论

本章简要介绍时间序列分析，这也是很多领域的中心话题。时间序列就是随机系统在不同时刻产生的数值的序列。与通常只涉及无状态系统的回归不同，时间序列代表基于潜在过程性记录的进化过程。例如，水箱里的水线可以表达为时间序列模型，因为只需知道初始条件，就完全可以描述清楚水线的变化。例如，如果水箱半满，那么原来就是空箱，然后半满，或者先是满箱，然后半空。本章将简要介绍时间序列建模和未来状态预测等技术。

具体将要讨论：

- 随机过程与时间序列的主要概念。
- 自相关（autocorrelation）与平滑处理。
- AR、MA、ARMA 和 ARIMA 模型。

首先定义与时间序列及其随机过程相关的主要概念。

10.1　时间序列

本节简要介绍时间序列和随机过程。相关主题内容很宽泛，所以只讨论几个基本问题，同时希望想了解更多知识的读者参阅专门书籍，例如：Shumway R. H., Stoffer D. S., *Time Series Analysis and Its Applications*, Springer, 2017。

本章主要概念涉及时间序列结构。本书假定处理一元时间序列，其形式为：

$$y_1, y_2, \cdots, y_t, \cdots$$

每个 y_i 隐含地依赖于时间（即 $y_i = y(i)$ ），所以，这些时间序列的重排序会导致信息损失。如果 y_t 可以用公式（例如 $y_t = t^2$ ）完全确定的话，那么，时间序列的基本过程就是确定的。很多物理定律都是如此，但是实际上几乎无用，因为未来总是充满不确定性。如果每个 y_i 都是随机变量的话，基本过程就是随机的，这时需要找到好的近似模型去预测没被包含在训练集里的值。

后面将要用到的随机过程有以下基本元素：

- 过程一般记作 y_t 或 $y(t)$ 。
- 设定 t，将过程变换为随机变量，简单定义为 $y_t \sim D$ 。分布 D 假定对于所有 y_t 都是相同的。

- 过程的时域均值是 $\mu_t = E[y(t)]$。同样，时域方差是 $\sigma_t^2 = E[(y(t) - E[y(t)])^2]$。
- 自协方差函数定义为：$c_y(t_1,t_2) = E[(y(t_1) - E[y(t_1)])(y(t_2) - E[y(t_2)])]$。
- 如果全联合概率分布与时间推移无关，那么过程是强平稳（strongly stationary）过程。这个条件极难满足与核实，所以，往往更多考虑弱平稳（weakly stationary）过程。弱平稳过程可以用常数时域均值和常数时域方差以及 $c_y(t_1,t_2) = c_y(t_2 - t_1) = c_y(\tau)$ 来表征。强平稳蕴含弱平稳，但反过来只对高斯过程成立，因为高斯过程完全由前两个时刻定义。
- 如果垂直均值（vertical mean，固定一个时刻后得到的均值）等于时域均值，那么过程是遍历过程。
- 白噪声过程是高斯过程（虽然这并不是一个基本要求），它有零均值、固定方差和无关联实现（即 $\mathrm{Cov}[y_t, y_q] = 0, \forall t,q$）。

本节更多考虑平稳过程，因为这些过程优点明显。但是，必须清楚，平稳过程并不是静态过程。后者是时域不变的，而前者遵守静态法则。换言之，平稳过程可以看作更简单的随机过程，因为一旦前两个时刻已知（弱平稳的情况），在控制不确定性的条件下，模型行为是可以预测的。

非平稳过程可能很难建模，除非非平稳性只依靠趋势成分。事实上，给定过程 y_t，总可以将其分解为：

$$y_t = t_t + s_t + \epsilon_t$$

式中，第一项是趋势成分（例如，标准线性回归的线性趋势）。第二项是季节性成分，表达周期性重复的影响（例如，长时间的温度测量）。ϵ_t 则是不可估计的纯随机成分。过程的均值为 $E[y_t] = E[t_t] + E[s_t] + E[\epsilon_t]$。不失一般性，可以假设 $E[s_t] = E[\epsilon_t] = 0$，因为季节性影响往往变化缓慢，需要很多时段，而且噪声通常是白噪声。

但是，如果趋势是线性的或二次的，$E[t_t]$就不可能是常量。因此，结果的过程就是非平稳过程。不过，这种非平稳过程还是很容易管理的。例如，消除线性模型的趋势只需拟合线性回归，减去各点的估计。遗憾的是，有些更复杂的模型由于不可测的原因不是平稳的，其建模不仅复杂而且性能较差。一个简单的非平稳例子是带有非常量均值的附加噪声存在的情况。例如，如果用一台仪器记录信号，其中一个部件慢慢地失调，那么得到的时间序列就是非平稳的。如果一个部件坏了，收到的信号总是受到相同噪声的影响，那么时间序列就是平稳的。下节介绍的方法将解决这个问题，实现时间序列处理。

平滑处理

时间序列建模常见的一个问题是噪声引发的非平稳性。讨论保序回归时也遇到过类似问题。如果时间序列里噪声较多，需要很多模型，才能找到最佳配置。而且，行为的解释往往受到微小波动的影响，结果掩盖了更重要的成分。解决办法就是平滑处理。想法很简单，而且基于一个假设，即 y_t 值更依赖于其前序值 $\{y_{t-1}, y_{t-2}, \cdots\}$ 而不是更远的值。因此，可以用代理序列 s_t 替代原来的时间序列 y_t：

$$s_t = (1-\lambda)y_t + \lambda s_{t-1}$$

整理上式，可以得到下式。该式子看起来像微分方程，其解是指数解。所以，该方法也称为指数平滑法（exponential smoothing）：

$$\frac{s_t - \lambda s_{t-1}}{1-\lambda} = y_t$$

每个 y_t 被当作 s_t 相邻两项的加权差，所以，大的变化被这个作为参数 λ 的函数的差值所吸收。如果 $\lambda \to 0$，那么，$s_t \to y_t$。相反，如果 $\lambda \to 1$，s_t 变得更保守，只有当 y_t 绝对值更大时才会变化。这种特性要求将波动大的时间序列变换为更平滑的时间序列，从而避免强烈噪声引起的各种问题。

以从加利福尼亚大学尔湾分校 UCI（网址：https://archive.ics.uci.edu/ml/datasets/Appliances+energy+prediction）获得的能耗数据集作为实例。该数据集包含关于房屋环境条件的若干时间序列，长达四个半月，每 10 min 采集数据。下面示例考虑的是在厨房记录的温度。

首先用 Pandas，在设定 CSV（comma-separated values，字符分隔值）文件正确路径之后，载入 CSV 数据集：

```
import pandas as pd


data_file = "energydata_complete.csv"
df = pd.read_csv(data_file, header=0, index_col="date")
```

时间序列 T1（以及其他所有时间序列）包含 19 735 个观测值，所以，如果 λ 太小的话，平滑序列会与原来的时间序列交叠。很难确定最优平滑参数 λ，需要考虑参数化的和方差（parameterized sum of square errors）$y_t - s_t^{\lambda}$，然后取能够使和方差最小的 λ 值。这种方法很有效，但需要增加并不简单的计算步骤。实际上可以先设定基准值，例如 λ=0.5，然后根据时间序列是否太精细还是太粗略，调大或调小 λ。

本节实例，关注 $\lambda = \{0.995, 0.999\}$，看上去都偏大，但是，由于时间序列较长，会得到很不同的结果。接着，构建平滑时间序列：

```
Y = df["T1"].values
l1 = 0.995
l2 = 0.999
```

```
skt = np.zeros((Y.shape[0], 2))
skt[0, 0] = Y[0]
skt[0, 1] = Y[0]

for i in range(1, skt.shape[0]):
skt[i, 0] = ((1 - l1) * Y[i]) + (l1 * skt[i - 1, 0])
    skt[i, 1] = ((1 - l2) * Y[i]) + (l2 * skt[i - 1, 1])
```

结果如图 10.1 所示。

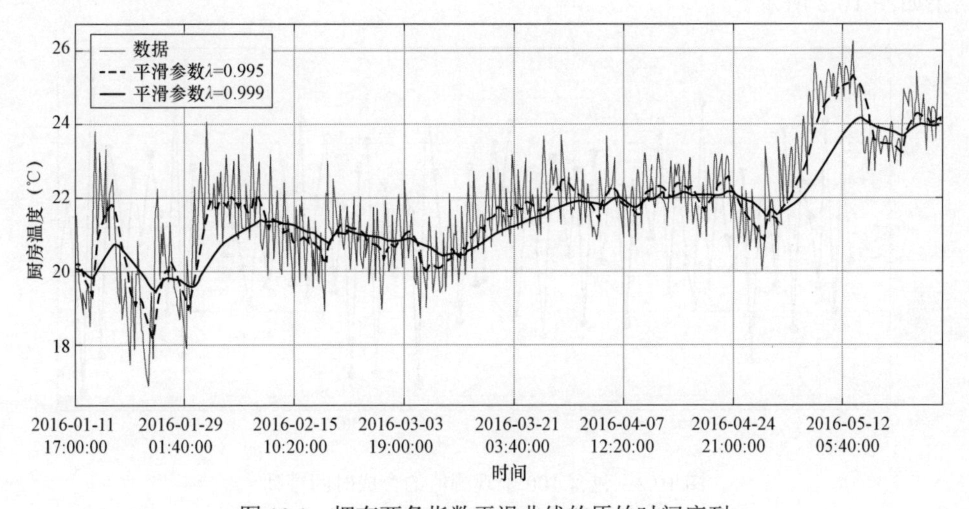

图 10.1　拥有两条指数平滑曲线的原始时间序列

由图 10.1 可见，两条平滑曲线比原始的时间序列少了很多噪声，$\lambda=0.995$ 的曲线和 $\lambda=0.999$ 的曲线差距明显。如果目标是建模整体趋势（允许局部波动）的话，上述参数 λ 的取值对于基于标准模型的时间序列建模都是非常有效的。这时，剔除错误的波动，可以简化训练过程，用不太复杂的模型就能得到好的结果。

10.2　时序的线性模型

本节将利用一个人为的时间序列讨论几个通用的时间序列线性模型。目的不是深入阐述（这可能需要完整的一本书），只是简要介绍这种建模方法。有兴趣的而且愿意掌握深厚数学基础的读者可以参阅：Shumway R. H., Stoffer D.S., *Time Series Analysis and Its Applications*,

Springer, 2017。

利用下面的程序段产生包含频次 0.5（每时间间隔采集 2 个观测值）的 100 个观测值的时间序列：

```
import numpy as np

x = np.expand_dims(np.arange(0, 50, 0.5), axis=1)
y = np.sin(5.*x) + np.random.normal(0.0, 0.5, size=x.shape)
y = np.squeeze(y)
```

结果如图 10.2 所示。

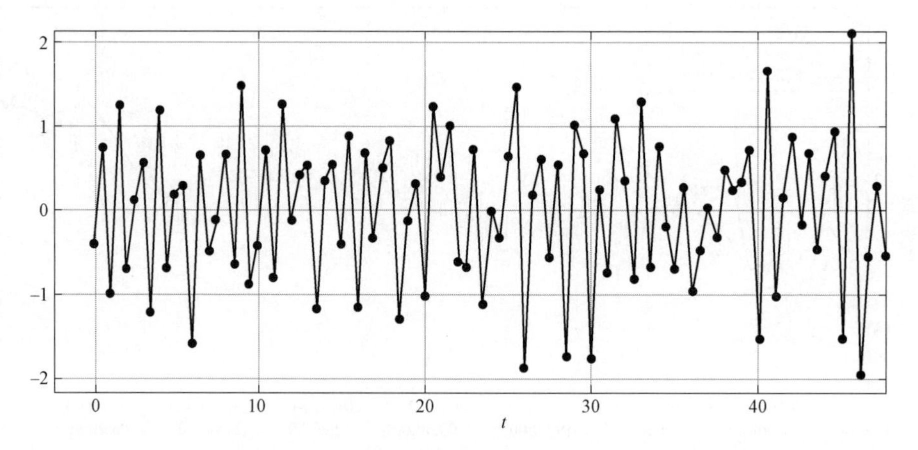

图 10.2 包含 100 个观测值的合成时间序列

该时间序列除了噪声循环波动外并无其他特征。本章刻意避免复杂的时间序列以便简化说明。当然，读者可以尝试建立更复杂的时间序列模型（例如能耗数据集里的那些时间序列）。

10.2.1 自相关

任何时间序列可以用到的基本诊断工具是自相关函数的评价。对于一般的随机过程 $y(t)$，自相关函数定义为：

$$r_y(t_1, t_2) = \frac{\mathrm{Cov}[y_1, y_2]}{\sqrt{\sigma_1^2 \sigma_2^2}}$$

式中假定 $y_i = y(t_i)$，$\sigma_i^2 = \sigma^2(t_i)$。如果过程是平稳的话，$\mathrm{Cov}[y_1, y_2]$ 只取决于 $\tau = t_2 - t_1$ 和 $\sigma_i^2 = \sigma^2 \quad \forall i$，所以，自相关函数可以简化为：

$$r_y(\tau) = \frac{\mathrm{Cov}[y_t, y_{t+\tau}]}{\sigma^2}$$

协方差$\mathrm{Cov}[y_t, y_{t+\tau}]$在变量$t$处处积分，所以，结果只是区间$\tau$的函数。顾名思义，当过程采样自时刻$t$和$t+\tau$时，自相关函数度量过程自身的相关程度。随机性越大，自相关性越小。而且，$r_y(\tau)$往往随着τ而衰减，因为假定短期内的关联程度更强，当$\tau \to \infty$，关联程度则更加弱化。

合成时间序列的自相关函数如图 10.3 所示。

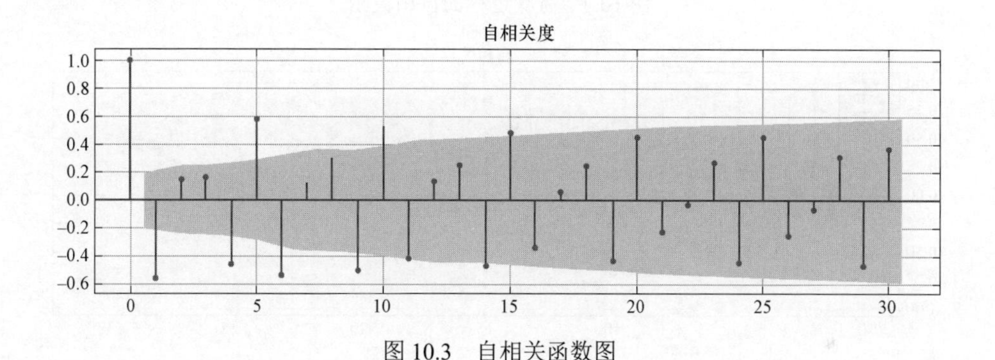

图 10.3　自相关函数图

由图 10.3 可见，第一次评价（$\tau = 0$）结果总是等于 1，因为显然任何y_i都与自身全相关。其他标记则按固定时间间隔布置。本例中，$r_y(1)$是负值，后面接着是两个较小的正相关。这意味着，时间序列y_i倾向于变更符号两次（在y_{t+1}和y_{t+2}处），在另一个滞后期处，振幅更大一点，然后再次变更符号。主要的正相关（$\tau = 0,5,10,\cdots$）被忽视，缓慢减小（这主要是因为周期循环）。

每个主要相关（$\tau = 4,6$）前后的两个负相关也是如此。这很好理解，自相关属于一个部分规则时域动态的过程，因为即使经过 30 个时间间隔，也能观测到相同的周期性行为。

图 10.4 为有噪过程的自相关图。

图 10.4 中，第一个时间间隔之后，相关度降至 0.2，当$\tau \to \infty$时，就不复存在。相关度更大，主要是由于变化以及内在随机的生成过程，这些过程很难产生纯粹的白噪声。但是，差距的确存在，所以$r_y(\tau)$可用于评价时间序列的行为。最后一个例子考虑非平稳的线性过程，因为它的趋势很自然，即均值明显依赖于时刻t_1和t_2：

$$y_t = t + \epsilon_t, \epsilon_t \sim N(0, 0.5)$$

此时的自相关图如图 10.5 所示。

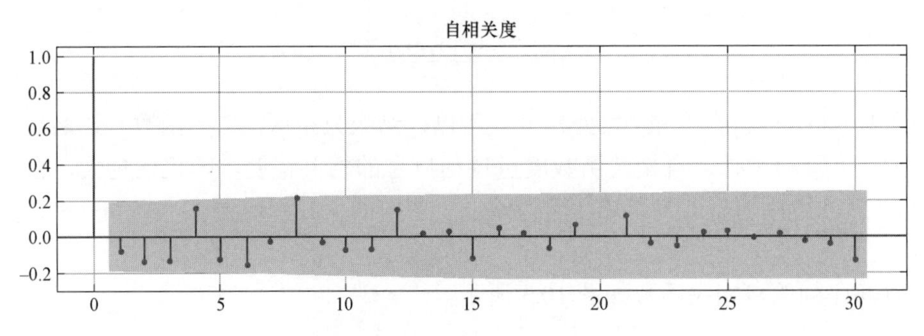

图 10.4　有噪过程的自相关图

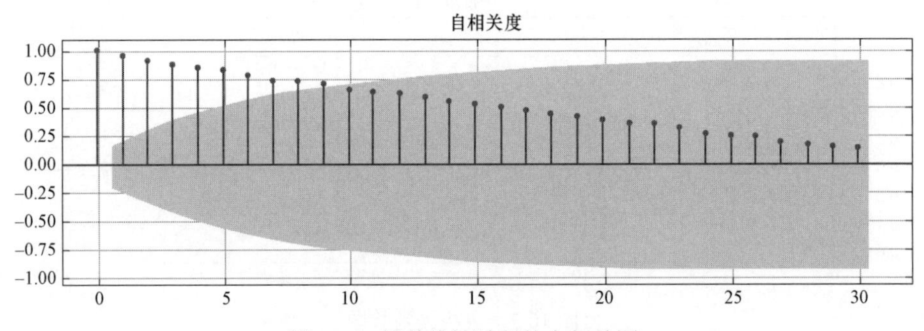

图 10.5　简单线性过程的自相关图

图 10.5 中的规律性一目了然。因为随后的两个时刻点，$y_t - y_{t-1} = \epsilon$，第一个差值近似为 0，随后因主要要素的幅值而越来越小。因此，可以说，最初的时间间隔主要受制于噪声成分，产生了很小的衰减。而当 $\tau \gg 0$ 时，自相关便由与时刻正比的成分项所左右。

无论如何，给定一个时间间隔，大的绝对自相关意味着过程倾向于保持内部相似性，而小的自相关则表示进化过程移除了大多数过程记录。另外，大的自相关意味着简单的前面时刻的预测，而小的自相关（正如有噪过程）则说明 y_t 略微受到了前值的影响。也就是，在白噪声过程中输出是不相关的，所以理论上预测是不可能的。

10.2.2　AR、MA 和 ARMA 过程

有理由设想，在时刻 $t(y_t)$，过程受到了多个前序时刻取值的影响。这可以表达为：

$$y_t = \alpha_1 y_{t-1} + \alpha_2 y_{t-2} + \cdots + \alpha_p y_{t-p} + \epsilon_t$$

这类过程被称为 AR(p) 或者 p 阶自回归（autoregressive），因为 y_t 由 p 的过去值决定（通过对自身的回归）。ϵ_t 是白噪声，所以，$\text{Cov}[\epsilon_t \epsilon_q] = 0 \ \forall t, q$。过程的平稳性取决于模型 z 变换（z-transform）的根，这等同于计算复杂多项式的根：

$$\alpha_p z^{-p} + \alpha_{p-1} z^{-p+1} + \cdots + 1 = 0$$

如果根在单位圆里，过程就是平稳的。理解这些概念所需理论已经超出本书范围，有兴趣的读者可参阅：Shumway R. H., D. S.,Stoffer, *Time Series Analysis and Its Applications*, Springer, 2017。

完全类似地，可以定义一个依靠以前 q 个时刻的过程，该过程可以表达为白噪声信号的线性组合。也就是，该模型表达为：

$$y_t = \epsilon_t + \alpha_1 \epsilon_{t-1} + \alpha_2 \epsilon_{t-2} + \cdots + \alpha_q \epsilon_{t-q}$$

此过程被称为 $\text{MA}(q)$ 或 q 阶移动平均线（moving average）。与 $\text{AR}(p)$ 不同，如果噪声项 ϵ_t 是白噪声，那么，$\text{MA}(q)$ 总是平稳的。原因不简单，但很直观。移动平均过程带有一种行为稳定性（behavioral stability），因为 y_t 始终依靠变化有限的相同组合。换言之，因为噪声项有限，它们不太可能具有大的绝对值，而且，y_t 倾向于具有常量均值和方差，因而它至少是个弱平稳过程。

相反，如果历史数据影响足够强的话，$\text{AR}(p)$ 过程可能改变其均值和方差。这等同于说，模型可以是稳定的（根在单位圆里），也可以是不稳定的（根在单位圆外）。后者的行为等同于线性过程 $y_t = \alpha t + \epsilon_t$，将发散至 $\pm\infty$。因此，即使简单易懂，$\text{AR}(p)$ 过程也需要认真调试，而 $\text{MA}(q)$ 过程总是安全的，最坏情况下，利用历史数据预测未来状态时，得到的只是糟糕预测而已。

$\text{ARMA}(p,q)$ 过程是 $\text{AR}(p)$ 和 $\text{MA}(q)$ 的集成，其基本形式（系数的符号是相反的）为：

$$y_t + \alpha_1 y_{t-1} + \alpha_2 y_{t-2} + \cdots + \alpha_p y_{t-p} = \epsilon_t + \alpha_1 \epsilon_{t-1} + \alpha_2 \epsilon_{t-2} + \cdots + \alpha_q \epsilon_{t-q}$$

$\text{ARMA}(p,q)$ 过程集成了 AR 和 MA 过程的优缺点，可以证明，如果 AR 部分是平稳的话，$\text{ARMA}(p,q)$ 过程就是平稳的。ARMA 过程相当灵活，可以建模很多平稳过程（特别是没有趋势的过程）。正因为集成了自回归和移动平均两部分，ARMA 模型可以利用以往的历史数据，包括 MA 部分的可变性。当然，$\text{MA}(q)$ 过程等同于 $\text{ARMA}(p,q)$，而 $\text{AR}(p)$ 等同于 $\text{ARMA}(p,0)$。

选择正确的模型（特别是 p 值和 q 值）取决于很多因素，这些因素既不是常规的也不是容易发现的。为了得到最佳模型，必须尝试不同的值，评价预测的均方差等。基本原理是相同的：必须选择具有优良性能的最简单的模型。因此，也可以评价类似后面实例将要讨论的 AIC 或 BIC 之类的特定指标。这些指标惩罚更复杂的模型，而且直接用于作出最合理的选择。本章只是介绍性的导论，所以不会讨论更复杂的技术，只聚焦于合成数据集相关的一些实例。

首先，创建一个包含前 90 个样本的训练集和一个包含余下样本的测试集：

```
y_train = y[0:90]
y_test = y[90:]
```

接着，用 statsmodels 训练 AR(15)、MA(15) 和 ARMA(6,4) 模型。虽然所有模型都有专门的类，这里推荐使用 ARMA 类，它提供了完整的特征集（包括绘图函数）：

```
from statsmodels.tsa.arima_model import ARMA

ar = ARMA(y_train, order=(15, 0), missing="drop").\
        fit(transparams=True, trend="nc")

arma = ARMA(y_train, order=(6, 4), missing="drop").\
        fit(transparams=True, maxiter=500, trend="nc")

ma = ARMA(y_train, order=(0, 15), missing="drop").\
        fit(transparams=True, maxiter=500, trend="nc")
```

对所有三个模型，都减少了缺失值（这里，该选项无关紧要）。如果模型不是平稳的（transparam=True）话，进行参数标准化。另外，没有考虑任何趋势，因为数据集本身并不包含趋势。

结束训练后，可以预测区间（90,99）的结果，并且计算均方值 MSE：

```
y_pred_ar = ar.predict(start=90, end=99)
y_pred_ma = ma.predict(start=90, end=99)
y_pred_arma = arma.predict(start=90, end=99)

print("MSE AR: {:.2f}".
      format(0.1*np.sum(np.power(y_test - y_pred_ar, 2))))
print("MSE MA: {:.2f}".
      format(0.1*np.sum(np.power(y_test - y_pred_ma, 2))))
print("MSE ARMA: {:.2f}".
      format(0.1*np.sum(np.power(y_test - y_pred_arma, 2))))
```

程序段的输出结果为：

```
MSE AR: 0.83
MSE MA: 1.32
MSE ARMA: 0.71
```

不出所料，ARMA 得到了最小误差，而 MA 是最差模型（原因不难理解，问题在于数据集本身，转置遵循精确的模式）。

对 AR 和 MA 模型的预测如图 10.6 所示。

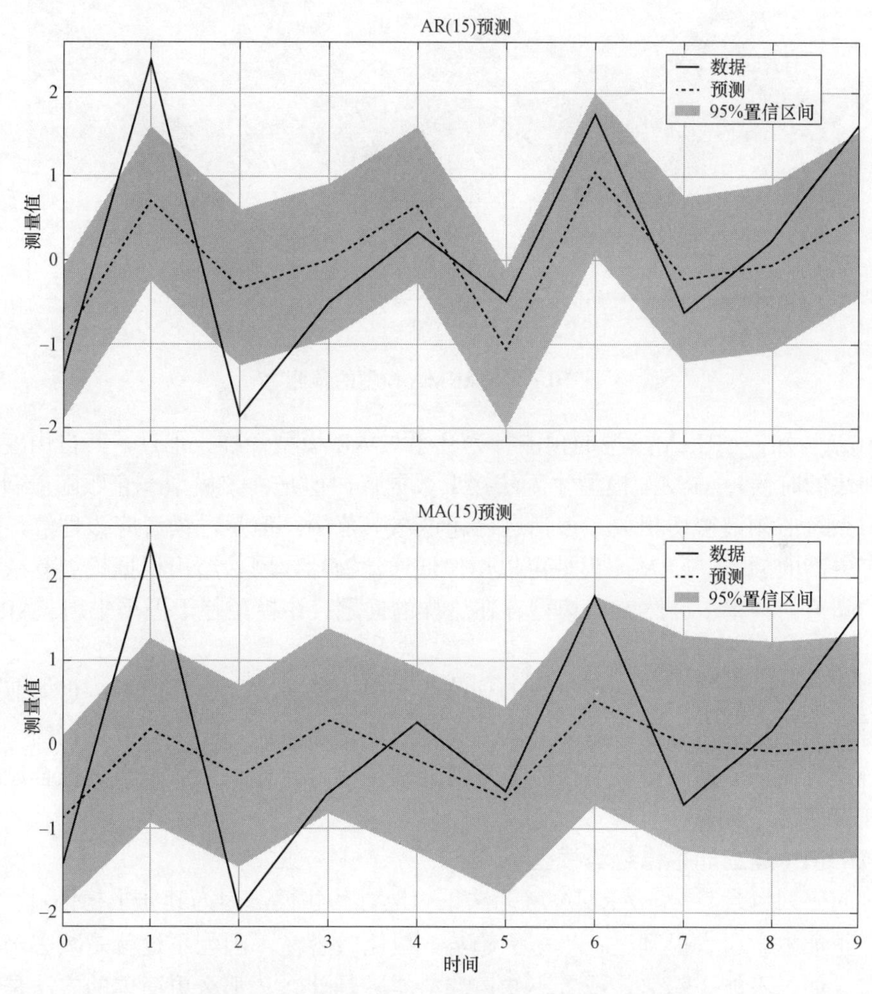

图 10.6　对 AR（上）和 MA（下）模型的预测

图 10.6 确认了误差。AR 能够平滑波动，而 MA 更慢而且无法把握快速的波动。AR 和 MA 评价都采用了 15 个时间间隔。

更复杂的模型可能得到更好的性能，但是，计算成本也许会太高。其实，ARMA 模型提供的组合能够得到更小的均方差，具有总共 10 个自由度。其结果如图 10.7 所示。

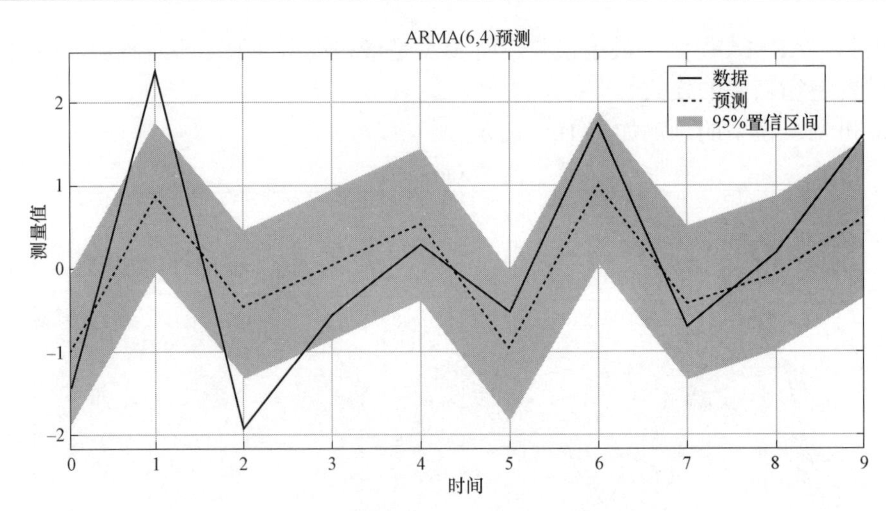

图 10.7 对 ARMA 模型的预测

由图 10.7 可知，ARMA 模型的预测行为几乎与 AR 模型一样，不过，其自由度较少。只有波动特别快的时候，ARMA 模型才无法接近数据点，但是，该模型一直跟随着斜率变化。这种行为与系统的频谱密切相关。该话题已超过本书范围，但是，读者应该理解，变化快的数据集具有更高的频率。ARMA 模型可以用作低通滤波器，剔除超出根据模型复杂程度和参数值确定的阈值的频率。显然 MA 模型存在这样的问题，该模型趋于近乎平坦。ARMA 模型也是如此。

要得到更准确的结果，就需要更大的训练集和更大的 p 、q 值。但是，正如前面解释过的，并不总是关注把握所有高频波动，因为高频波动是由附加的噪声信号引发的。因此，很多线性系统提供的低通滤波特征可以完成平滑处理和信号建模，从而减小过拟合风险，同时也不损失任何信息。

采用 ARIMA 建立非平稳趋势模型

如果时间序列包含趋势，ARMA 就无法正确地对其建模，因为其非平稳性。

但是，正如本章引言提到过，模型去趋势一般比较容易，因为不过就是减去一个与时刻成正比的值。如果不能去趋势，或者不知道趋势实际是什么，那么更简单的方法是差分时间序列。换言之，不是用 y_t ，而是用 d 阶差分，定义为：

$$\nabla_1 y_t = y_t - y_{t-1}$$

$$\nabla_2 y_t = \nabla_1 y_t - \nabla_1 y_{t-1}$$

$$\cdots$$

一阶差分可以去除模型的线性趋势。例如，如果 $y_t = at + \epsilon_t$ ，那么 $\nabla_1 y_t = at + \epsilon_t - a(t-1) - \epsilon_{t-1} =$

$a+\epsilon_t-\epsilon_{t-1}$。如果噪声均值为零，那么，$E[\nabla_1 y_t]=E[\epsilon_t]-E[\epsilon_{t-1}]=0$。同样，可以用二阶差分去除二次趋势，依此类推。ARIMA(p,d,q) 模型（字符 I 代表集成）实际上是一个在训练 ARIMA(p,q) 子模型之前进行了 d 阶差分的 ARMA 模型。

现在，用前面例子用过的合成数据集来测试 ARIMA 模型，只是已加入了一个线性趋势：

```
import numpy as np

x = np.arange(0, 50, 0.5)
y = np.sin(5.*x) + np.random.normal(0.0, 0.5, size=x.shape)
y += x/10.
```

ARIMA 模型的时间序列如图 10.8 所示。

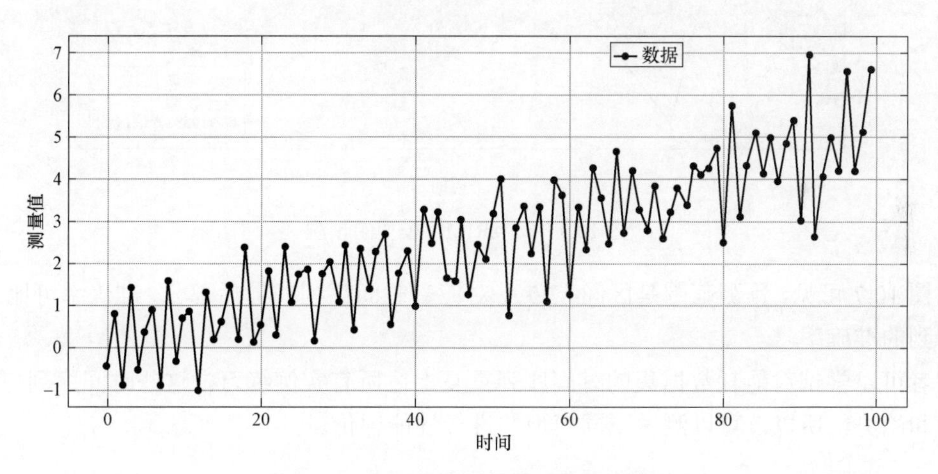

图 10.8　ARIMA 实例的非平稳时间序列

接着，可以跟前一个例子一样继续处理。因为已知趋势是线性的，所以可以用 ARIMA(6,1,2) 模型：

```
from statsmodels.tsa.arima_model import ARIMA

y_train = y[0:90]
y_test = y[90:]

arima = ARIMA(y_train, order=(6, 1, 2), missing="drop").\
```

```
        fit(transparams=True, maxiter=500, trend="c")

y_pred_arima = arima.predict(start=90, end=99)
```

此例明确加入了一个恒定趋势。预测结果如图 10.9 所示。

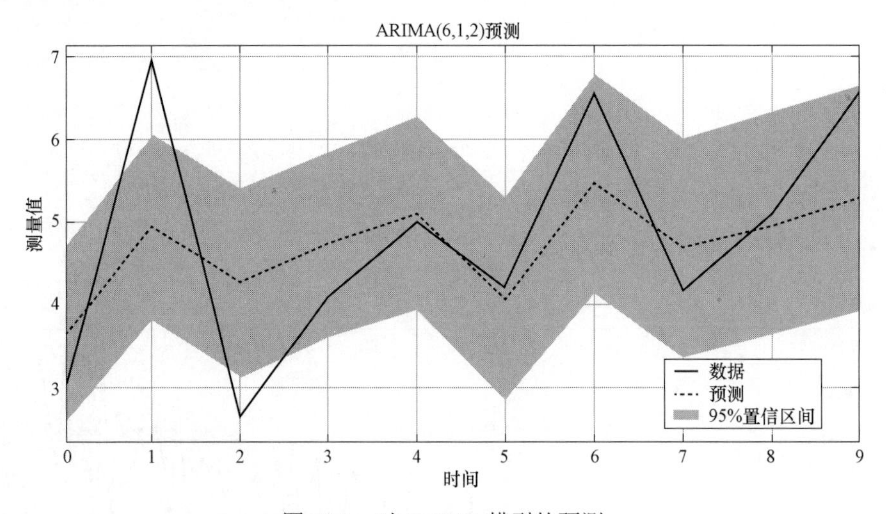

图 10.9 对 ARIMA 模型的预测

由图 10.7 可见，预测范围是区间（3,7），对应着时间序列的最后部分，准确率可比 ARMA 模型得到的准确率。

读者可以尝试对能耗数据集的时间序列重复上述所有实例练习。这些时间序列包含季节性成分和趋势，所以，可以测试不同模型并进行性能评价。

10.3 本章小结

本章介绍了时间序列概念，讨论了平稳过程的性质以及如何通过平滑处理数据集，消除不规则因素。时间序列严重受到白噪声影响时，平滑方法用于数据清洗。也可以用于发现不受噪声影响的趋势或季节性。本章比较了能够成功预测平稳时间序列的 AR、MA 和 ARMA 模型，并介绍了采用差分方法如何训练 ARIMA 模型以便也能预测非平稳时间序列。另一个基本概念是自相关，可以方便地了解时间序列的行为。这种分析帮助数据科学家选择最合适的模型。

第 11 章将开始讨论统计学习的若干基本内容，聚焦于贝叶斯网络和隐马尔可夫模型。

扩展阅读

- Greene W. H., *Econometric Analysis (Fifth Edition)*, Prentice Hall, 2002.
- Belsley D. A., Kuh E., Welsch R., *Regression diagnostics: Identifying Influential Data and Sources of Collinearity*, Wiley, 1980.
- Chakravarti N., *Isotonic Median Regression: A Linear Programming Approach*, Mathematics of Operations Research, 14/2, 1989.
- Shumway R. H., Stoffer D. S., *Time Series Analysis and Its Applications*,Springer, 2017.
- Candanedo L. M., Feldheim V., Deramaix D., *Data driven prediction models of energy use of appliances in a low-energy house*, Energy and Buildings, Volume 140, 04/2017.

第 11 章　贝叶斯网络和隐马尔可夫模型

本章将介绍贝叶斯模型的基本概念，这些概念有助于处理那些需要将不确定性视为系统结构组成部分的情况。重点讨论必要时可以用来建模时间序列的静态（时不变）和动态方法。

本章具体包括以下主题：

- 贝叶斯定理及其应用。
- 贝叶斯网络。
- 贝叶斯网络采样：
  - **马尔可夫链蒙特卡洛方法**（Markov chain Monte Carlo，MCMC），吉布斯采样（Gibbs），Metropolis-Hastings 采样。
- 利用 PyMC3 和 PyStan 的贝叶斯网络建模。
- 隐马尔可夫模型（Hidden Markov models，HMMs）。
- 利用 `hmmlearn` 库的实例。

在讨论更高级的话题之前，需要介绍贝叶斯统计推断的基本概念，重点是本章讨论的算法所使用到的概念。

11.1　条件概率与贝叶斯定理

如果有概率空间 Ω 以及两个事件 A 和 B，则给定 B 的情况下 A 发生的概率称为条件概率，其定义为：

$$P(A|B)=\frac{P(A,B)}{P(B)}$$

由于联合概率是可交换的，即 $P(A,B)=P(B,A)$，所以可以得到贝叶斯定理：

$$\begin{cases}P(A,B)=P(A|B)P(B)\\P(B,A)=P(B|A)P(A)\end{cases}\Rightarrow P(A|B)=\frac{P(B|A)P(A)}{P(B)}$$

贝叶斯定理将条件概率表示为相反的条件概率以及两个边缘概率 $P(A)$ 和 $P(B)$ 的函数。这个结果是很多机器学习问题的基础，因为，正如本章和下一章所述，通常利用条件概率[例如，$P(A|B)$]很容易求得其相反的条件概率[即 $P(B|A)$],而直接得到概率 $P(B|A)$ 却并非易事。贝叶斯定理的常见形式可以表达为：

$$P(A|B) \propto P(B|A)P(A)$$

假定已知一些观测值 B，需要估计事件 A 发生的概率，或者用标准符号，即 A 的后验概率。前面的公式表示该后验概率正比于 $P(A)$，即 A 的边缘概率（又称为先验概率），以及事件 A 发生下观测到 B 的条件概率 $P(B|A)$。$P(B|A)$ 被称为似然，并确定事件 A 会多大可能影响事件 B。因此，可以将该关系总结为：

$$\text{后验概率} \propto \text{似然} \cdot \text{先验概率}$$

该比例并不是限制，因为 $P(B)$ 始终是一项可以省略的归一化常数。当然，读者必须记住，要对 $P(A,B)$ 进行归一化，使该项的加和总是为 1。不直接利用先验概率，而是使用观测数据的似然对它进行重新加权，这是贝叶斯统计推断的核心要点。为了达到该目标，需要引入先验概率，该概率代表观测数据之前就拥有的先验知识。

导入先验概率非常重要，选择不同的先验分布族，会导致截然不同的结果。如果领域知识充足的话，那么精确的先验分布可以得到更准确的后验分布。相反，如果先验知识有限的话，一般最好避免利用特定的分布，而是默认利用所谓的低信息或无信息先验。

通常，概率集中在限定范围内的分布的信息大、熵值低，因为不确定性受到方差的限制。例如，如果利用先验的高斯分布 $N(1.0,0.01)$，那么后验概率就应该在均值附近峰值很大。在这种情况下，除非样本量很大，否则似然项很难改变先验信念。相反，如果已知在(0.5,1.5)范围内能找到后验均值，但是不能确定是否是真值的话，那么最好采用具有较大熵的分布，例如均匀分布。这种选择的信息量很低，因为所有值（对于连续分布而言，可以考虑任意小区间）具有相同的概率，并且似然项有更大的空间来找到正确的后验均值。

共轭先验

另一类重要的先验分布是关于特定似然的共轭先验（conjugate prior）。根据贝叶斯公式，如果 $Q \propto LP$，Q 和 P 属于同类分布，则称分布 P 为分布 Q 关于似然 L 的共轭先验。例如，如果 $L \sim N(\mu,\sigma^2)$，σ^2 已知，那么正态分布与其自身是共轭的，也就是说，似然在不改变方差的情况下只是将正态分布进行了平移。共轭先验很有用，理由很多。首先，共轭先验可以简化计算，因为在给定似然的情况下，无需进行积分运算就可以得到后验。此外，在某些领域，后验本身就与先验属于同类分布。例如，如果要想知道一枚硬币是不是质地均匀的，那么似然很明显服从伯努利分布。只有两种离散的结果，并且最佳的先验分布是 Beta 分布，其**概率密度函数**（probability density function，p.d.f）定义为：

$$Beta(x;\alpha,\beta) \propto x^{\alpha-1}(1-x)^{\beta-1}, \alpha,\beta>0$$

这种概率分布很容易描述任何二项式。实际上，如果 $\alpha=\beta=2$，分布的概率密度函数是完全对称的，而当一个参数大于另一个参数时，概率密度函数就会在极限位置达到峰值。对于一个均质的硬币，似然应该以相同的方式改变α与β。当$N \to \infty$，似然变为二项式（因为实验是独立的），并且$\alpha \to \infty$，$\beta \to \infty$。因此，分布退化为p=1/2 的完全平衡的伯努利分布。

如果硬币正面朝上的次数（在连续型分布中，此结果等于 1）比背面朝上的次数大得多的话，$\alpha \gg \beta$（反之亦然），而且 Beta 分布就会在接近极值 1 的局部区域出现明显的峰值。如果$N \to \infty \Rightarrow \alpha / \beta \to \infty$，分布退化为$p = 1$的伯努利分布（对应于硬币正面朝上），如图 11.1 所示。

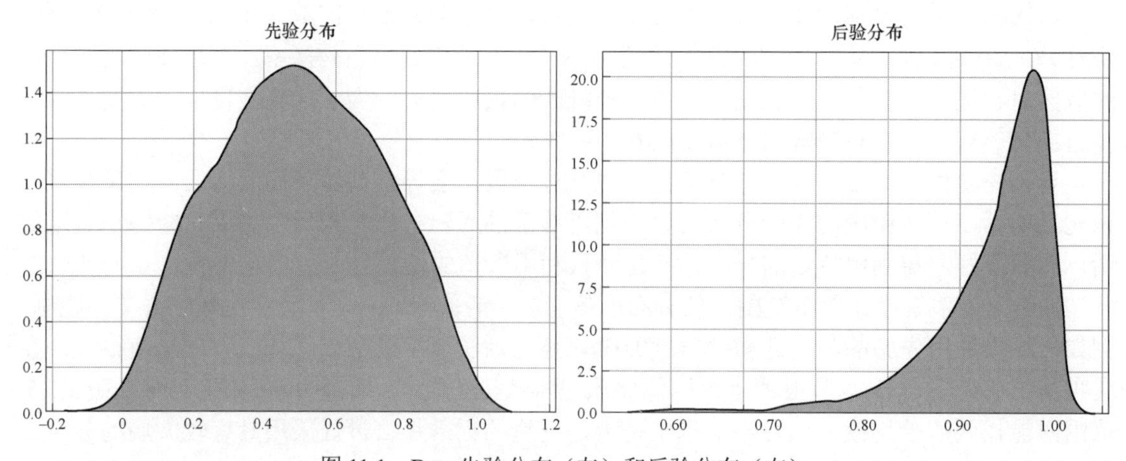

图 11.1 Beta 先验分布（左）和后验分布（右）

不难看出，当似然是伯努利或二项式分布时，共轭先验为 Beta 分布，而且显然，似然的作用就是改变了α和β，产生了实际的后验分布。

现在考虑抛掷硬币 10 次（事件 A）。如果硬币均质公平的话，$P(A)$应该等于 1/2。如果想要知道硬币正面朝上 10 次的概率的话，根据二项式分布可得到$P(k\text{次正面朝上}) = 1/2^k$。但是，假设并不知道硬币是否均质公平，只是怀疑硬币可能偏重，先验概率$P(\text{Coin} = \text{Loaded}) = 0.7$，即硬币容易出现反面朝上。利用指示函数，可以定义完整的先验概率$P(\text{Coin})$：

$$P(\text{Coin}) = P(\text{Coin} = \text{Loaded}) I_{\text{Coin=Loaded}} + P(\text{Coin} = \text{Fair}) I_{\text{Coin=Fair}}$$

式中，假设$P(\text{Coin} = \text{Fair}) = 0.5$和$P(\text{Coin} = \text{Loaded}) = 0.7$，指示函数$I_{\text{Coin=Fair}} = 1$，当且仅当硬币均质公平，否则指示函数值为 0。同理，当硬币有偏重的话，$I_{(\text{Coin=Loaded})}$为 1。现在的目标是，确定后验概率$P(\text{Coin} \mid B_1, B_2, \cdots, B_n)$来肯定或否定已提出的假设。

假设已观察到n=10 个事件，且$B_1 = \text{Head}$（硬币正面朝上），$B_2, \cdots, B_n = \text{Tail}$（硬币反面朝上）。可以利用二项式分布来表示每个结果发生的概率：

$$P(\text{Coin} \mid B_1, B_2, \cdots, B_n) \propto \left[\binom{10}{1} 0.5(1-0.5)^9 0.3 I_{\text{Coin=Fair}} + \binom{10}{1} 0.7(1-0.7)^9 0.7 I_{\text{Coin=loaded}} \right]$$

表达式可简化为：

$$P(\text{Coin}|B_1, B_2, \cdots, B_n) \propto 0.003 I_{\text{Coin=Fair}} + 0.08 I_{(\text{Coin=Loaded})}$$

接着通过用表达式后两项除以 0.083（后两项之和），进行表达式正则化处理，便可得到最终的后验概率 $P(\text{Coin} \mid B_1, B_2, \cdots, B_n) = 0.04 I_{\text{Coin=Fair}} + 0.96 I_{\text{Coin=Loaded}}$。这一结果证实并强化了之前的假设。由于观测到抛硬币 10 次，出现一次正面朝上而后 9 次反面朝上，所以硬币存在偏重的概率约为 96%。

该示例说明了如何将数据（观测值）融入贝叶斯框架中。如果读者有兴趣更深入了解这些概念，可参阅：Pratt J., Raiffa H., Schlaifer R., *Introduction to Statistical Decision Theory*, The MIT Press, 2008，从中可以找到许多有趣的实例与详细的解释。不过，在介绍贝叶斯网络之前，有必要定义另外两个重要的概念。

第一个是条件独立性。两个变量 A 和 B，均以第三个变量 C 为条件。如果满足以下条件，则称 A 和 B 在给定 C 的情况下有条件地独立：

$$P(A, B \mid C) = P(A \mid C) P(B \mid C)$$

假设事件 A 的发生以一系列原因事件 $C_1, C_2, \cdots, C_n$ 为条件。因此，条件概率就是 $P(A \mid C_1, C_2, \cdots, C_n)$。应用贝叶斯定理，可得：

$$P(A \mid C_1, C_2, \cdots, C_n) \propto P(C_1, C_2, \cdots, C_n \mid A) P(A)$$

如果存在条件独立性，上式可简化改写成：

$$P(A|C_1, C_2, \cdots, C_n) \propto P(C_1|A) P(C_2|A) \cdots P(C_n \mid A) P(A) = P(A) \prod_{i=1}^{n} P(C_i|A)$$

条件独立性是朴素贝叶斯分类器的基本性质，它假定一个原因产生的结果不影响其他原因。例如，在垃圾邮件检测器中，可以认为邮件的长度与某些特定关键词的出现是独立事件，不必考虑联合概率 P（长度，关键词|垃圾邮件）（$P(\text{Length,Keywords|Spam})$），只需分别计算 P（长度|垃圾邮件）（$P(\text{Length|Spam})$）和 P（关键词|垃圾邮件）（$P(\text{Keywords|Spam})$）。

第二个，也是本章将要分析的最后一个概念，是概率链式法则（chain rule of probabilities）。假设有联合概率 $P(X_1, X_2, \cdots, X_n)$，可以表示如下：

$$P(X_1, X_2, \cdots, X_n) = P(X_1 \mid X_2, \cdots, X_n) P(X_2, \cdots, X_n)$$

对右侧的联合概率重复进行同样的处理，可以得到：

$$P(X_1,X_2,\cdots,X_n)=P(X_1,X_2,\cdots,X_n)P(X_2\mid X_3,\cdots,X_n)\cdots P(X_n)$$
$$=\prod_{i=1}^{n}P(X_i\mid X_{i+1},\cdots,X_n)$$

如此，可以将全联合概率表示为层次条件概率的乘积，直到最后一项，即边缘分布为止。下节的贝叶斯网络将广泛用到概率链式法则。

11.2 贝叶斯网络

贝叶斯网络是用有向无环图 $G=\{V,E\}$ 表示的概率模型，图的顶点是随机变量 X_i，边表示顶点之间的条件依存关系。图 11.2 给出一个四变量的简单贝叶斯网络的示例。

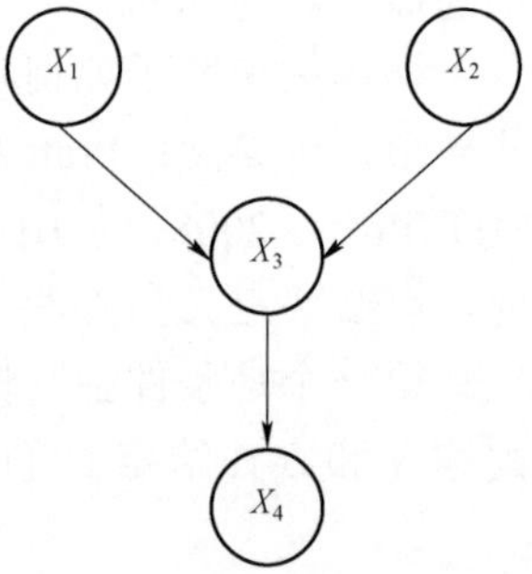

X_1 X_2 X_3 X_4

图 11.2 贝叶斯网络示例

变量 X_4 依赖于 X_3，而 X_3 依赖于 X_1 与 X_2。为了能够描述贝叶斯网络，需要知道边缘概率 $P(X_1)$ 和 $P(X_2)$，以及条件概率 $P(X_3\mid X_1,X_2)$ 和 $P(X_4\mid X_3)$。实际上，利用概率链式法则，可以求得全联合概率为：

$$P(X_1,X_2,X_3,X_4)=P(X_4\big|X_3)P(X_{3,}\big|X_{1,}X_2)P(X_2)P(X_1)$$

上式揭示了一个重要的概念：由于贝叶斯图是有向无环的，所以，给定前继节点（变量）的情况下，每个变量都有条件地与所有其他不是后继节点（变量）的变量相独立。为了形式化描述这个概念，可以定义函数 Predecessors(X_i)，该函数返回直接影响 X_i 的节点集合。例如，Predecessors$(X_3)=\{X_1,X_2\}$。利用这个函数，一个有 N 个节点的贝叶斯网络的全联合概率一般可以表示为：

$$P(X_1,X_2,\cdots,X_m)=\prod_{i=1}^{m}P(X_i\mid \text{Predecessors}(X_i))$$

建立贝叶斯网络的一般流程：从第一个原因节点开始，根据依赖关系依次逐个添加结果节点，直到最后一个节点添加入网络图。如果不遵从此规则，可能会导致贝叶斯网络图包含无用的关系，从而增加模型的复杂度。例如，如果 X_4 是由 X_1 和 X_2 间接引起的话，在网络图中添加边 $X_1\to X_4$ 和 $X_2\to X_4$，可能看起来建模没有问题。但是，最终影响 X_4 的只是 X_3 值，而 X_3 值出现的概率取决于 X_1 和 X_2。所以，才确信，$X_1\to X_4$ 和 $X_2\to X_4$ 是不存在的边，不需要加入图中。

11.2.1 从贝叶斯网络中采样

当贝叶斯网络有大量变量和边时，直接对贝叶斯网络进行统计推理，相当困难，因为全联合概率以及分布归一化需要的积分运算变得极其复杂。后验概率的求解需要计算归一化常数项。如果这步不可实现，就需要寻找其他方法来解决这个问题。目前学者们已经提出了几种采样方法。本节将介绍如何利用直接方法以及两种 MCMC 算法从网络上实现全联合概率采样。

首先，考虑一个具有两个连接节点 X_1、X_2 的简单网络，节点的分布为：

$$\begin{cases} X_1 \sim N(0.1,2) \\ X_2 \sim N\left(X_1, 0.5+\sqrt{|X_1|}\right) \end{cases}$$

现在，利用先前引入的链式法则，从网络上直接采样，估计全联合概率 $P(X_1,X_2)$。

直接采样

利用直接采样的目标是，通过从每个条件分布抽取一系列的样本，逼近全联合概率。如果假设贝叶斯网络图有良好的结构（没有冗余的边），并且有 N 个变量，则直接采样算法由以下步骤组成：

（1）初始化变量 N_{samples}。

（2）初始化维度为 (N,N_{samples}) 的向量 S。

（3）初始化维度为 (N,N_{samples}) 的频率向量 F_{samples}。最好利用 Python 的关键词为组合 $(x_1,x_2,\cdots,x_n)$ 的字典。

（4）for t=1 to N_{samples}:

for i=1 to N:

从 $P(X_i \mid \text{Predecessors}(X_i))$ 中采样。

将样本保存到 $S[i,t]$。

如果 F_{samples} 包含已采样元组 $S[:,t]$：

$F_{\text{samples}}[S[:,t]] += 1$。

else:

$F_{\text{samples}}[S[:,t]] = 1$（有了 Python 词典，两个操作立即生效）。

（5）创建维度为 $(N,1)$ 的向量 P_{samples}。

（6）设置 $P_{\text{samples}}[i,0] = F_{\text{samples}}[i]/N$。

从数学观点理解，首先创建了一个频率向量 $F_{\text{samples}}(X_1,X_2,\cdots,X_N;N_{\text{samples}})$，然后考虑 $N_{\text{samples}} \to \infty$，逼近全联合概率：

$$P(x_1, x_2, \cdots, x_N) = \lim_{N_{\text{samples}} \to \infty} F_{\text{samples}}(x_1, x_2, \cdots, x_N; N_{\text{samples}})$$

直接采样的示例

现在利用 Python 实现直接采样算法。首先利用 NumPy 的函数 `np.random.normal(u, s)` 定义采样方法，该函数从 $N(u,s^2)$ 分布抽取样本：

```
import numpy as np


def X1_sample():
    return np.random.normal(0.1, 2.0)


def X2_sample(x1):
    return np.random.normal(x1, 0.5 + np.sqrt(np.abs(x1)))
```

此时可以进入采样主环节。由于变量类型为布尔类型，概率的总数为 16，所以设 $N_{\text{samples}} = 10\,000$（也可以取更小的值）：

```
Nsamples = 10000

X = np.zeros((Nsamples, ))
Y = np.zeros((Nsamples, ))

for i, t in enumerate(range(Nsamples)):
    x1 = X1_sample()
    x2 = X2_sample(x1)

    X[i] = x1
    Y[i] = x2
```

完成采样后，便可可视化全联合概率的密度估计，如图 11.3 所示。

马尔可夫链的简单介绍

讨论马尔可夫链蒙特卡洛 MCMC 算法，必须介绍马尔可夫链（Markov chains）的概念。其实，虽然直接采样方法抽取样本没有特定的顺序，但是，MCMC 策略则是，根据一个样本到下一个样本的精确转移概率来抽取一系列的样本。

考虑一个时变随机变量（time-dependent random variable）$X(t)$，并假设有一个离散的时

间序列 $X_1, X_2, \cdots, X_t, X_{t+1}, \cdots$，其中，$X_t$ 表示时刻 t 的变量值。图 11.4 为此序列的示意图。

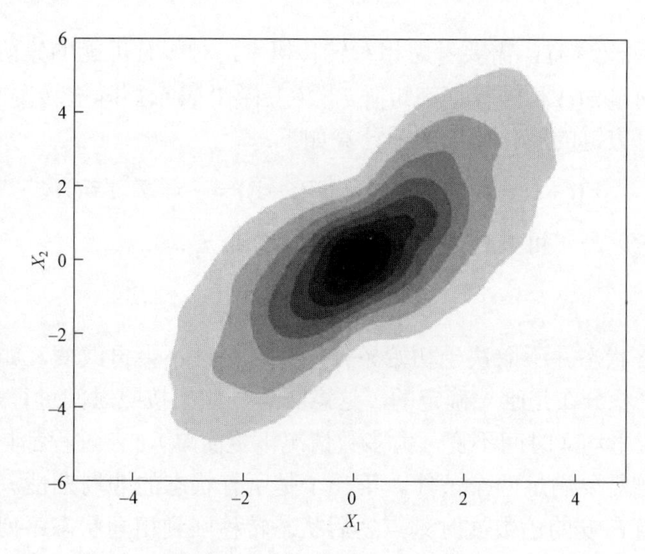

图 11.3　全联合概率的密度估计

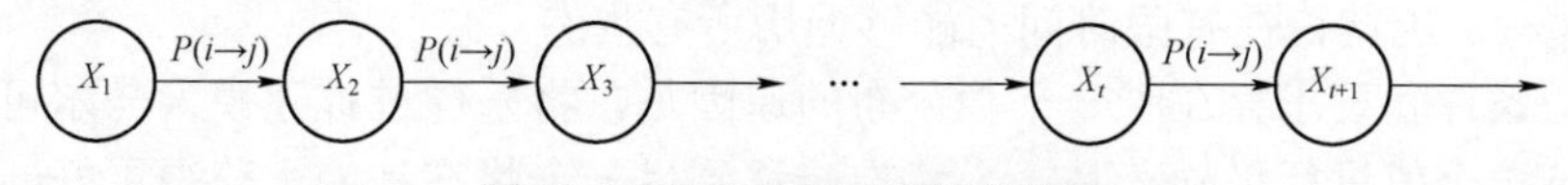

图 11.4　通用马尔可夫链的结构

假设有 N 个不同状态 s_i，$\forall i = (1, N)$。此时，可以考虑概率 $P(X_t = s_i \mid X_{t-1} = s_j, \cdots, X_1 = s_p)$。如果满足下面的条件，则 $X(t)$ 定义为一阶马尔可夫过程：

$$P(X_t = s_i \mid X_{t-1} = s_j, \cdots, X_1 = s_p) = P(X_t = s_i \mid X_{t-1} = s_j)$$

换言之，在马尔可夫过程中（下文将省略一阶这个表述，并假定处理的都是一阶马尔可夫链，即使有些情况需要考虑更多的先前状态），$X(t)$ 处于特定状态的概率只取决于上一个时间点的状态。因此，对于每一对 (i, j)，可以定义转移概率为：

$$P(j \to i) = P(X_t = s_i \mid X_{t-1} = s_j)$$

考虑所有 (i, j) 对，也可以建立一个转移概率矩阵 $T(i, j) = P(i \to j)$。利用标准符号，边缘概率 $X_t = s_i$ 定义为：

$$\pi_i(t) = P(X_t = s_i)$$

这时，根据查普曼-科莫高洛夫方程（Chapman-Kolmogorov equation），容易证明：

$$\pi_i(t+1)=\sum_k p(k\to j)\pi_k(t)\Rightarrow \overline{\pi}(t+1)=T^{\mathrm{T}}\overline{\pi}(t)$$

上式，为了计算$\pi_i(t+1)$，需要考虑相对转移概率，对所有可能的先前状态进行求和。利用包含所有状态的向量$\overline{\pi}(t)$和转移概率矩阵T^{T}（上标 T 表示矩阵被转置），这个操作可重写为矩阵形式。马尔可夫链的演化可以递归计算如下：

$$\overline{\pi}(t+1)=T^{\mathrm{T}}\overline{\pi}(t)=T^{\mathrm{T}}(T^{\mathrm{T}}\overline{\pi}(t-1))=\cdots=(T^{\mathrm{T}})^t\overline{\pi}(1)$$

而重要的是，考虑马尔可夫链能否收敛到平稳分布π_s：

$$\overline{\pi}_s=T^{\mathrm{T}}\overline{\pi}_s$$

换句话说，最终状态并不取决于初始条件$\overline{\pi}(1)$，并且不会再改变。如果对马尔可夫过程进行遍历的，那么平稳分布是唯一确定的。这意味着，如果按照时间进行平均（通常不可能）或按照状态进行垂直平均（时间不变，大多数情况下更简单），该过程都具有相同的特性。

遍历马尔可夫链需要满足两个条件。第一个是所有状态的非周期性。这意味着不存在正数p使得马尔可夫链在p的倍数次时刻点之后状态转移回到相同状态序列。第二个条件是所有状态必须为正递归。这表明给定一个描述回到状态s_j所需时刻点数量的随机变量$N_{\text{instants}}(i)$，$E[N_{\text{instants}}(i)]<\infty$。因此，在有限时间内能够遍历所有状态。

需要遍历条件和要求存在唯一平稳分布的原因是，将采样过程建模为马尔可夫链，根据当前状态对下一个值进行采样。从一个状态转移到另一个状态是为了获得更好的样本，正如将在 Metropolis-Hastings 采样器看到，也可以根据情况决定拒绝一个样本并将马尔可夫链维持状态不变。因此，需要保证算法可以收敛到唯一平稳分布（逼近贝叶斯网络的真实全联合分布）。如果下式成立，可以证明马尔可夫链总能收敛到平稳分布：

$$\forall i,j\Rightarrow P(i\to j)\pi_{si}=P(i\to j)\pi_{sj}$$

上式被称为细致平稳条件（detailed balance），表示马尔可夫链的可逆性。直观地，这意味着，找到处于状态A的马尔可夫链的概率乘以由A到B的转移概率等于找到处于状态B的马尔可夫链的概率乘以由B到A的转移概率。

对于下文将要讨论的两种采样算法，可以证明它们满足以上的条件，因此，可以保证它们的收敛性。

吉布斯采样

假设要获得贝叶斯网络的全联合概率$P(X_1,X_2,\cdots,X_N)$。但是，变量的数量大，无法求得问题的解析解（封闭解）。另外，假设需要得到边缘分布，例如$P(X_2)$，但是这需要对全联合概率进行积分，这是很难实现的。吉布斯采样可以通过迭代来逼近所有的边缘分布。如果有

N 个变量，算法流程如下：

- 初始化变量 $N_{\text{iterations}}$。
- 初始化维度为 $(N, N_{\text{iterations}})$ 的向量 S。
- 随机初始化 $x_1^{(0)}, x_2^{(0)}, \cdots, x_N^{(0)}$（上标对应于迭代次数）。
- for t=1 to $N_{\text{iterations}}$：
    - 从 $p(x_1 \mid x_2^{(t-1)}, x_3^{(t-1)}, \cdots x_N^{(t-1)})$ 采样 $x_1^{(t)}$ 并存储于 $S[0,t]$。
    - 从 $p(x_2 \mid x_1^{(t-1)}, x_3^{(t-1)}, \cdots x_N^{(t-1)})$ 采样 $x_2^{(t)}$ 并存储于 $S[1,t]$。
    - …
    - 从 $p(x_N \mid x_1^{(t-1)}, x_2^{(t-1)}, \cdots x_{N-1}^{(t-1)})$ 采样 $x_N^{(t)}$ 并存储于 $S[N-1,t]$。

迭代结束时，向量 S 包含每个分布的 $N_{\text{iterations}}$ 个样本。如果需要确定概率，必须像直接采样算法那样，统计单次发生的次数并除以 $N_{\text{iterations}}$ 进行归一化。如果是连续性变量，可以考虑小区间，统计每个区间所包含的样本数。

对于小型网络，此过程与直接采样非常类似，不同之处在于，处理大型网络时，采样过程可能会变慢。但是，引入 X_i 的马尔可夫毯（Markov blanket）的概念，算法可以得到简化。X_i 的马尔可夫毯为一组随机变量的集合（不包含 X_i），分别为 X_i 的前继节点、后继节点以及后继节点的前继节点（一些书籍用父节点与子节点来表示）。在贝叶斯网络中，给定 X_i 的马尔可夫毯，变量 X_i 有条件地独立于其他所有变量。因此，如果定义函数 $MB(X_i)$，该函数返回马尔可夫毯中的变量集合，则一般采样步骤可以改写为 $P(X_i \mid MB(X_i))$，不需要考虑其他变量。

为了可以理解这个概念，考虑图 11.5 所示网络。

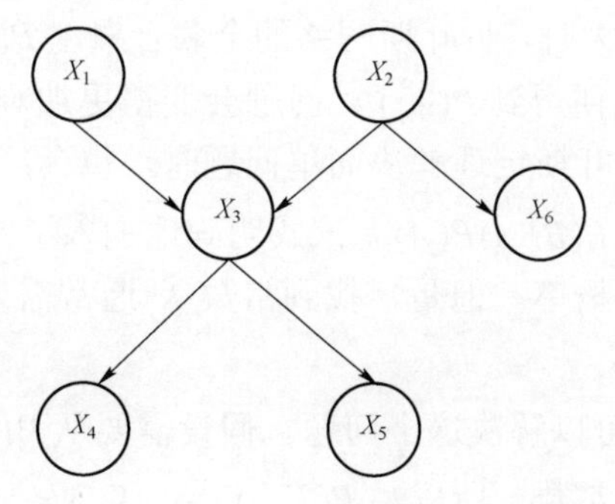

图 11.5　用于吉布斯采样的贝叶斯网络

变量的马尔可夫毯为：

- $MB(X_1) = \{X_3\}$。

- $MB(X_2)=\{X_1,X_3,X_6\}$。
- $MB(X_3)=\{X_1,X_2,X_4,X_5\}$。
- $MB(X_4)=\{X_3\}$。
- $MB(X_5)=\{X_3\}$。
- $MB(X_6)=\{X_2\}$。

通常，如果 N 很大，基数（cardinality）$|MB(X_i)| \ll N$，那么简化采样过程（标准的吉布斯采样过程对于每个变量需要 $N-1$ 个条件）。可以证明，吉布斯采样从服从细致平稳条件的马尔可夫链中获得样本：

$$
\begin{aligned}
P(i \to j)\pi_{si} &= P(x_j|x_1,x_2,\cdots,x_{j-1},x_{j+1},\cdots,x_N)P(x_i) \\
&= P(x_j,x_i|x_1,x_2,\cdots,x_{j-1},x_{j+1},\cdots,x_{i-1},x_{i+1},\cdots,x_N) \\
&= P(x_i|x_1,x_2,\cdots,x_{i-1},x_{i+1},\cdots,x_N)P(x_j) = P(j \to i)\pi_{sj}
\end{aligned}
$$

因此，该过程收敛到唯一的平稳分布。吉布斯采样算法相当简单，但它的性能并不是很好，因为不能调整随机游走以便探索状态空间的合理区域，而在这些区域找到好样本的概率很高。而且，其采样轨迹也可能回到原来不好的状态，从而减缓整个采样过程。无折返算法（No-U-Turn）是一种替代方法，该算法也由 Stan 针对连续型随机变量得以实现。本书不讨论无折返算法，对此主题感兴趣的读者可以参阅：Hoffmann M. D., Gelman A., *The No-U-Turn Sampler: Adaptively Setting Path Lengths in Hamiltonian Monte Carlo*, arXiv: 1111.4246, 2011。

Metropolis-Hastings 算法

如上所述，当变量数量很大时，贝叶斯网络的全联合概率 $P(X_1,X_2,\cdots,X_N)$ 的求解十分棘手。如果需要求解边缘概率以便得到 $P(X_i)$，问题会变得更加难以解决，因为需要对一个复杂函数进行积分。即使应用贝叶斯定理解决简单问题时，也会产生同样问题。

假设有表达式 $P(A|B)=KP(B|A)P(A)$。该式明确地加入了归一化常数 K，因为如果有了常数 K，就可以立刻求得后验概率。但是，找到常数 K 通常需要对 $P(B|A)P(A)$ 积分，而此操作是无法得到解析解的。

Metropolis-Hastings 算法可以解决这个问题。假设需要从 $P(X_1,X_2,\cdots,X_N)$ 采样，但是也知道该分布取决于一个归一化常数，所以，$P(X_1,X_2,\cdots,X_N) \propto g(X_1,X_2,\cdots,X_N)$。简单起见，下文将所有变量当作一个向量，所以，$P(\overline{x}) \propto g(\overline{x})$。

取另一个分布 $q(\overline{x}'|\overline{x}^{(t-1)})$，该分布称为候选生成分布（candidate-generating distribution）。对其没有什么特别的限制，唯一要求是 $q(\overline{x})$ 采样方便。有时，可以选择 q 作为与目标分布 $P(\overline{x})$

很相似的函数，而在其他情况下，可以选用均值为 $x^{(i-1)}$ 的正态分布。正如将要看到的，该函数充当了提议器（proposal-generator），但是也不必接受提议器产生的所有样本。因此，可以选择任何与 $P(\bar{x})$ 有相同域的分布。

接受样本之后，马尔可夫链转移到下一状态。否则，马尔可夫链维持当前状态。该决策过程的基本思想是，采样器必须探索最重要的状态空间区域，并放弃那些不太可能找到好样本的状态空间区域。

Metropolis-Hastings 算法主要包含以下步骤：

- 初始化变量 $N_{\text{iterations}}$。
- 随机初始化 $x^{(0)}$。
- for t=1 to $N_{\text{iterations}}$：
  - 从 $q(\bar{x}' \mid \bar{x}^{(t-1)})$ 抽取候选样本 x'。
  - 计算 $\alpha = \dfrac{g(\bar{x}')q(\bar{x}^{(t-1)} \mid \bar{x}')}{g\bar{x}^{(t-1)}q(\bar{x}' \mid \bar{x}^{(t-1)})}$。
  - if $\alpha \geqslant 1$：
    接受样本 $\bar{x}^{(t-1)} = \bar{x}'$。
  - else if $\alpha \in (0,1)$：
    以概率 α 接受样本 $\bar{x}^{(t-1)} = \bar{x}'$。
    or：
    以概率 $1-\alpha$ 拒绝样本 $\bar{x}'$，并令 $\bar{x}^{(t)} = \bar{x}^{(t-1)}$。

可以证明（证明省略，详见：Walsh B., *Markov Chain Monte Carlo and Gibbs Sampling*, Lecture Notes for EEB 596z, 2002），Metropolis-Hastings 算法的转移概率满足细致平稳条件（$\forall i, j \Rightarrow P(i \to j)\pi_{s_i} = P(j \to i)\pi_{s_j}$），所以，算法收敛至真实后验概率。

Metropolis-Hastings 采样示例

给定 $P(B \mid A)$ 和 $P(A)$ 的乘积，利用 Metropolis-Hastings 算法可以求得后验分布 $P(A \mid B)$，无需考虑如何通过复杂积分求解归一化常数的问题。

假设：

$$\begin{cases} P(A) \sim \text{Exponential}(\lambda = 0.1) \\ P(B \mid A) \sim \text{Laplace}(\mu = 0, \alpha = 0.2) \end{cases}$$

因此，所得的 $g(x)$（相对简单）为：

$$g(x)=\begin{cases}0.1\mathrm{e}^{-0.1x}\dfrac{1}{2}\mathrm{e}^{-|x|}, x\geqslant 0\\ 0, 其他\end{cases}$$

为了解决这个问题，采用随机游走 Metropolis-Hastings 算法，它包括 $q\sim N(x^{(t-1)},1)$ 的选择。如此可以简化 α，因为 $q(\overline{x}^{(t-1)}\,|\,\overline{x}')$ 和 $q(\overline{x}'\,|\,\overline{x}^{(t-1)})$ 这两项相等（以经过 x_{mean} 的垂直轴为对称）而被消去，因此，α 就成了 $g(\overline{x}')$ 与 $g\overline{x}^{(t-1)}$ 的比值。

首先，定义函数：

```
import numpy as np


def prior(x):
    return 0.1 * np.exp(-0.1 * x)


def likelihood(x):
    if x >= 0:
        return 0.5 * np.exp(-np.abs(x))
    return 0


def g(x):
    return likelihood(x) * prior(x)


def q(xp):
    return np.random.normal(xp)
```

接着，开始采样，迭代次数 100 000 次，$x^{(0)}=1$：

```
nb_iterations = 100000
x = 1.0
samples = []


for i in range(nb_iterations):
    xc = q(x)
```

```
    alpha = g(xc) / g(x)
    if np.isnan(alpha):
        continue

    if alpha >= 1:
        samples.append(xc)
        x = xc
    else:
        if np.random.uniform(0.0, 1.0) < alpha:
            samples.append(xc)
            x = xc
```

核密度估计和累积概率分布如图 11.6 所示。

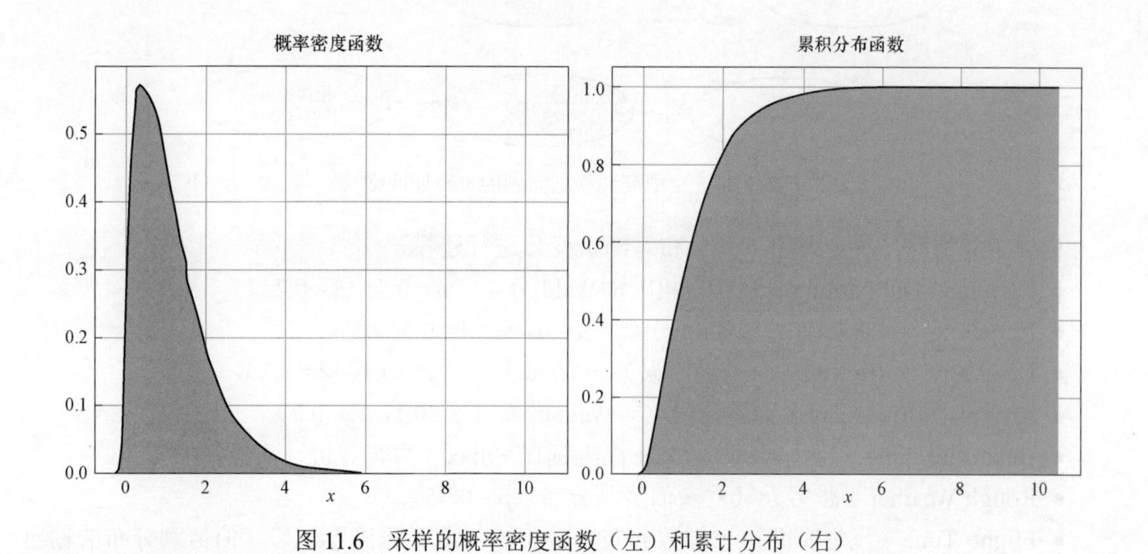

图 11.6　采样的概率密度函数（左）和累计分布（右）

11.2.2　PyMC3 采样

PyMC3 是强大的 Python 贝叶斯框架，它依赖 Theano 进行高速计算（单独用 Numpy 也能运行）。这个框架实现了所有重要的连续和离散分布，主要利用无折返算法和 Metropolis-Hastings 算法实现采样。

关于 PyMC3 应用编程接口的所有细节（分布、函数和绘图实用程序），请访问文档主页 http://docs.pymc.io/index.html，也可以找到一些非常直观的教程。

下面要建模和模拟的示例所基于的场景是，从伦敦到罗马的每日航班计划起飞时间为上午 12:00，标准飞行时间为 2h。需要为目标机场组织调度，但要避免在飞机降落前过早为其分配资源。因此，需要运用贝叶斯网络对该过程建模，并考虑一些会影响到达时间的常规因素。

特别是，乘客登机过程、飞机加油过程都可能比预期的时间要长，即使这两个过程并行开展。伦敦的空中交通管制可能会造成延误，同样，当飞机进入罗马时也会如此。另外，恶劣的天气也会导致航线被迫更改而造成更大的延误。以上因素可总结如图 11.7 所示。

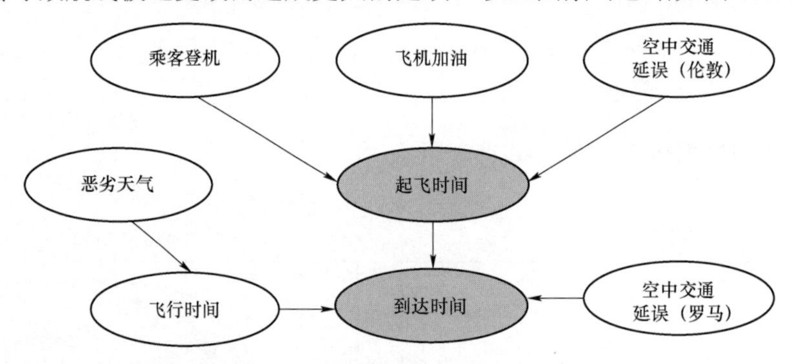

图 11.7 空中交通管制问题的贝叶斯网络

根据实际情况，决定采用下列分布对随机变量进行建模。

- Passenger Onboarding（乘客登机）～Wald 分布（μ=0.5，λ=0.2）。
- Refueling（飞机加油）～Wald 分布（μ=0.25，λ=0.5）。
- Departure Traffic Delay（离港延误）～Wald 分布（μ=0.1，λ=0.2）。
- Arrival Traffic Delay（到港延误）～Wald 分布（μ=0.1，λ=0.2）。
- Departure Time（起飞时间）= 12 + 离港延误 + max（乘客登机，飞机加油）。
- Rough Weather（恶劣天气）～伯努利分布（p=0.35）。
- Flight Time（飞行时间）～指数分布（λ=0.5 –（0.1 恶劣天气））（伯努利分布的输出是 0 或 1，分别对应假和真）。
- Arrival Time（到达时间）= 起飞时间 + 飞行时间 + 到港延误。

变量 Departure Time 和 Arrival Time 是随机变量的函数，Flight Time 的参数 λ 也是 Rough Weather 的函数。

尽管模型不算很复杂，但直接推理效率相当低。所以，可以利用 PyMC3 来模拟该过程。可以使用标准的 `pip/conda` 命令来安装该软件包，具体细节见 http://docs.pymc.io/index.html。

第一步，创建模型实例：

```
import pymc3 as pm

model = pm.Model()
```

接下来，必须使用模型变量提供的环境管理器来执行所有操作。这里设置贝叶斯网络的所有随机变量：

```
import pymc3.distributions.continuous as pmc
import pymc3.distributions.discrete as pmd
import pymc3.math as pmm

with model:
passenger_onboarding = \
            pmc.Wald("Passenger Onboarding",
                     mu=0.5, lam=0.2)
        refueling = \
            pmc.Wald("Refueling",
                     mu=0.25, lam=0.5)
         departure_traffic_delay = \
             pmc.Wald("Departure Traffic Delay",
                      mu=0.1, lam=0.2)

         departure_time = \
             pm.Deterministic(
                "Departure Time",
                 12.0 +
             departure_traffic_delay +
             pmm.switch(
                 passenger_onboarding >= refueling,
                 passenger_onboarding,
                 refueling))

       rough_weather = \
```

```
        pmd.Bernoulli("Rough Weather",
                      p=0.35)

    flight_time = \
        pmc.Exponential("Flight Time",
                        lam=0.5 - (0.1 * rough_weather))
    arrival_traffic_delay = \
        pmc.Wald("Arrival Traffic Delay",
                 mu=0.1, lam=0.2)

    arrival_time = \
        pm.Deterministic("Arrival time",
                         departure_time +
                         flight_time +
                         arrival_traffic_delay)
```

导入了两个命名空间 pymc3.distributions.continuous 和 pymc3.distributions.discrete，因为需要用这两种变量。Wald 分布和指数分布为连续型分布，而伯努利分布为离散型分布。前三行声明了变量 passenger_onboarding、refueling 和 departure_traffic_delay。结构始终相同：需要指定对应理想分布的类，传递变量名和所有必要参数。

变量 departure_time 声明为 pm.Deterministic 类型。在 PyMC3 中，这意味着，一旦所有的随机元素被设定，其值就被完全确定。其实，如果从 departure_traffic_ delay、passenger_onboarding 和 refueling 采样，就可以得到变量 departure_time 的确定值。声明中，还用到了效用函数（utility function）pmm.switch，该函数根据第一个参数进行二元选择。例如，如果 $A>B$，返回 A，否则返回 B。

其他变量非常相似，除了 flight_time，该变量是带有参数 λ 服从指数分布的随机变量，且是另一个变量（rough_weather）的函数。因为服从伯努利分布的变量以概率 p 输出 1，以概率 $1-p$ 输出 0，所以，如果天气恶劣，$\lambda=0.4$，否则为 0.5。

运行采样过程

模型一旦建立，就可以通过采样对其仿真。PyMC3 根据变量类型自动选择最优采样器。

由于模型不是很复杂，可以用默认的 4 条马尔可夫链将采样过程限制为 500 个样本。对于更复杂的情况，可以增加马尔可夫链数量。此外，作为默认设置，PyMC3 将跳过前 500 个样本（通过设置绘制参数），因为马尔可夫链可能尚未收敛至平稳分布。这个预热阶段非常重要，因为前面的样本并不可靠，使用它们会降低后验概率预测的准确性。相反，使用多条马尔可夫链可以降低方差。

因此，总共采样 $(500+500)\times 4=4000$ 个数据点：

```
nb_samples = 500

with model:
samples = pm.sample(draws=nb_samples,
                    random_seed=1000)
```

利用内置函数 `pm.traceplot()` 可以分析输出结果，该函数绘制每个样本的变量和每个链，如图 11.8 所示。

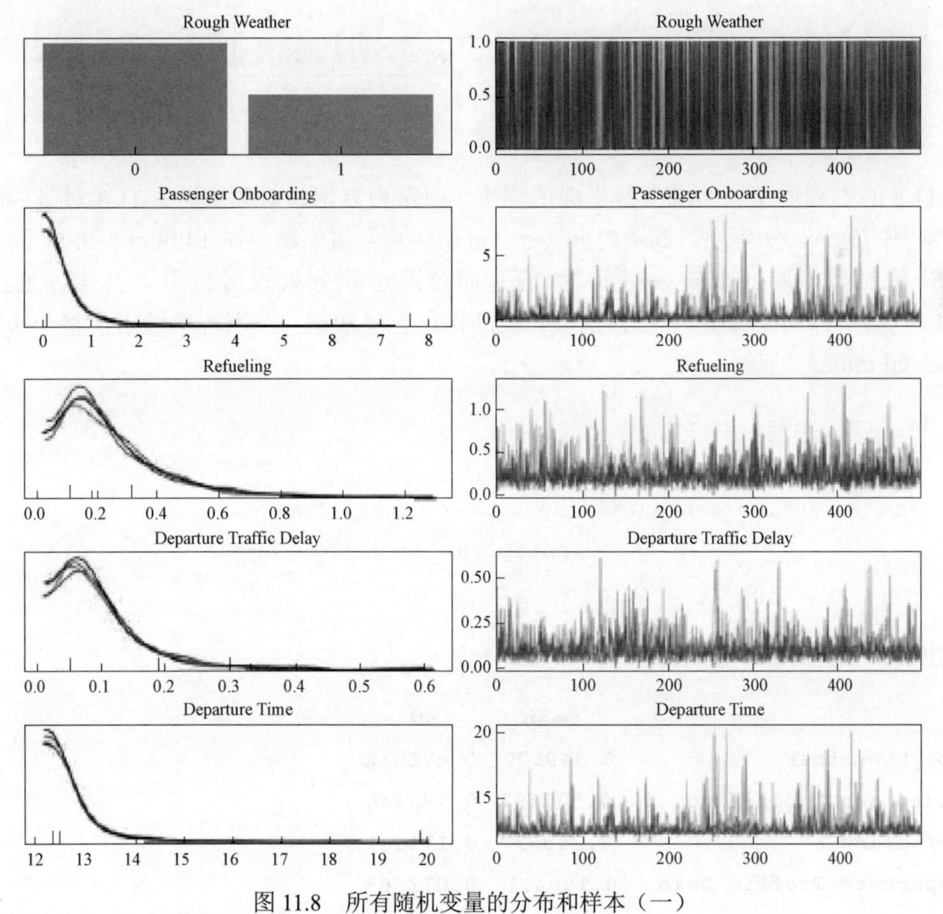

图 11.8　所有随机变量的分布和样本（一）

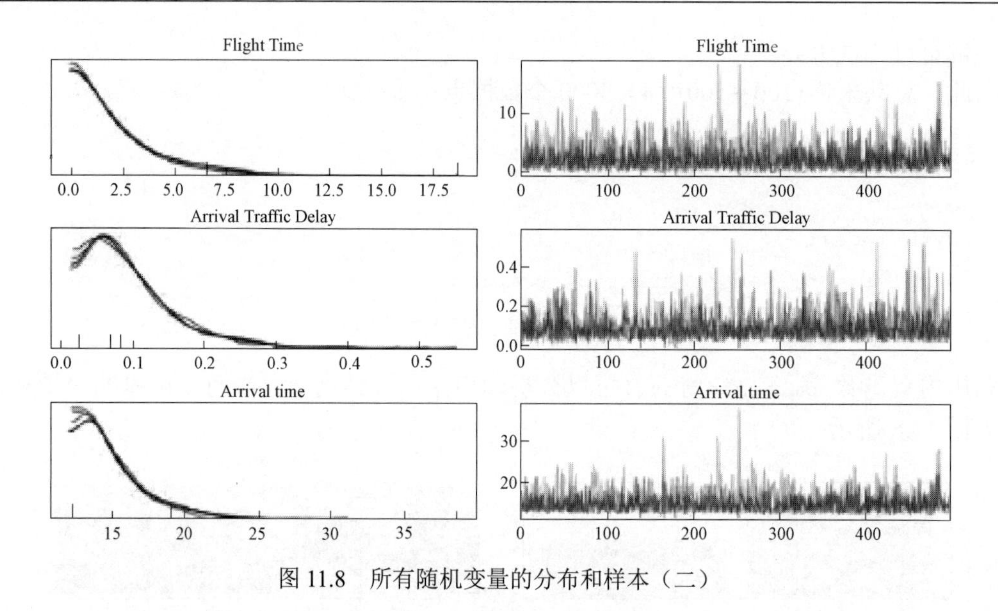

图 11.8 所有随机变量的分布和样本（二）

图 11.8 的右列展示了随机变量生成的样本，而左列显示相对频率。图 11.8 对最初的想法进行了直观的确认。实际上，到达时间（arrival time）大部分集中在 14:00～16:00（因为数字始终为十进制数，有必要转换时间）。但是应该通过积分来求得概率。其实，通过函数 pm.summary()，PyMC3 提供了统计摘要，辅助作出正确决策。下端程序给出了整个摘要（即 Pandas DataFrame）的输出：

```
import pandas as pd

with pd.option_context('display.max_rows', None,
                       'display.max_columns', None):
    print(pm.summary(samples))
```

输出为：

	mean	sd
Rough Weather	0.349500	0.476812
Passenger Onboarding	0.508697	0.792440
Refueling	0.248637	0.171351
Departure Traffic Delay	0.100411	0.073563
Departure Time	12.689327	0.775027

```
Flight Time              2.231149 2.264649
Arrival Traffic Delay    0.097987 0.066614
Arrival time            15.018463 2.410993
                      mc_error    hpd_2.5    hpd_97.5
Rough Weather           0.008015  0.000000   1.000000
Passenger Onboarding    0.021105  0.014012   1.933437
Refueling               0.003331  0.038644   0.596968
Departure Traffic Delay 0.001905  0.016522   0.239186
Departure Time          0.020998 12.102561  14.099915
Flight Time            0.053354   0.004454   6.763558
Arrival Traffic Delay  0.001526   0.015110   0.228818
Arrival time           0.057962  12.267486  19.823165
                         n_eff       Rhat
Rough Weather           3518.788680  0.999277
Passenger Onboarding    1607.397261  0.999506
Refueling               2032.614196  0.999326
Departure Traffic Delay 1588.997795  0.999700
Departure Time          1396.024578  0.999855
Flight Time              1800.353758  0.999524
Arrival Traffic Delay    1715.607331  0.999116
Arrival time              1787.109205  0.999169
```

每个变量都包含均值、标准差、蒙特卡洛误差、95%最高后验密度区间和后验分位数。最后两个参数（n_eff 和 Rhat）对于理解模型是否到达满意的收敛水平非常重要。在后续讨论结果时，将进一步解释这些概念。

如果有多于 k 条马尔可夫链，当然希望它们都能达到稳定分布，但是，也需要它们都产生相同的分布（即它们是混合的）。Stan 的创造者（参阅：A.Gelman，J.B.Carlin，H.S.Stern，*Bayesian Data Analysis*，CRC Press，2013）提出的这个目标，可以通过将序列分为两部分并检查每个部分是否与相应的一半以及所有其他一半混合来实现。

系数 $\hat{R}$（在大多数计算机软件包中被称为 Rhat）用来测度这种混合。具体方法是，求取每个估计参数 π（假设 N 个样本和观测值 p）的序列内方差 $V_{\text{in}}(\pi / p)$ 和序列间方差 $V_{\text{b}}(\pi / p)$ 的加权平均值：

$$\widetilde{var}(\pi \mid p)=\frac{V_{\mathrm{b}}(\pi \mid p)+(N-1)V_{\mathrm{in}}(\pi \mid p)}{N}$$

如果分布变成平稳分布，而且马尔可夫链被适当混合，那么期望$\widetilde{var}(\pi / p)$变得越来越接近$V_{\mathrm{in}}(\pi / p)$。可以直观地理解为，$V_{\mathrm{b}}(\pi / p)$效应导致高估了方差，但是，当$N \to \infty$时，如果模型已经正确建立，那么序列之间的方差应该接近序列内方差。因此，系数$\hat{R}$定义为：

$$\hat{R}(\pi \mid p)=\sqrt{\frac{var(\pi \mid p)}{V_{\mathrm{in}}(\pi \mid p)}}$$

特别地，当$N \to \infty$时，如果$\left|\hat{R}(\pi \mid p)-1\right|>0.1$，这意味着，序列没有被适当地混合（阈值 0.1 可以被认为是最佳值），而且估计可能也是不准确的。尽管理论上，当$N \to \infty$时，$\left|\hat{R}(\pi \mid p)\right| \to 1$，但是，收敛速度可能太低以至于无法保证得到准确结果。可以看到，本例的所有$\hat{R}(\pi \mid p) \approx 1$，所以，可以相信混合结果。

因为马尔可夫链不需要即刻混合，所以有效样本大小（通常表示为 n_eff）对应于可靠抽取样本的数量（即混合后获得的样本数量）。这个值的信息量不如$\hat{R}$，但是它有助于理解迭代次数是否足够，是否应该增加迭代次数。例如，如果预计至少有 1000 个样本，那么示例中获得的结果是令人满意的。

相反，如果后验分布的复杂性很高，而且希望至少有 2000 个样本，那么模拟过程必须扩大范围，否则混合时间无法为所有参数获得该值。

11.2.3 PyStan 采样

现在利用另一个流行框架（Stan）来完成一个稍微简单的例子。设想用三要素的线性组合，建立飞机到达时间的模型。

- Departure delay（离港延误）。
- Travel time（飞行时间）。
- Arrival delay（到港延误）。

给定已有观测集合，可以假设到达时间（arrival time）：

$$\text{arrival time} \sim N(\text{departure delay}+\text{travel time}+\text{arrival delay},\ \sigma_{\mathrm{a}}^{2})$$

但是，不能将自变量视为确定的变量，因为它们受到许多不可控因素的影响。例如，离港延误取决于始发机场。飞行时间受空中交通和天气状况的影响，此外，航空公司可能会限制飞行速度以减少油耗。最后，到港延误则取决于机场进港流量。简单起见，这里不考虑相互依赖性（但希望读者练习时考虑在内）。根据每个随机变量的性质，决定将其建模为：

$$\begin{cases} \text{departure delay} \sim \text{Exponential}(0.5) \\ \text{travel time} \sim N(2, 0.2) \\ \text{arrival delay} \sim \text{Exponential}(0.1) \end{cases}$$

因为航空公司的目标是最大程度减小离港延误，所以选择指数分布，其概率密度函数为：

$$f(x) = \beta e^{-\beta x}$$

该分布在 $x = 0$ 时有一个峰值，然后呈指数下降。因为离港延误时间越来越短，所以，使用指数分布是比较合理的。飞行时间通常稳定，在平均值附近变化有限，所以，正态分布是最合适的选择。

对于到港延误，与离港延误相同，采用了另外 β 较小的指数分布，因为飞机长时间飞行的可能性有限。

Stan 基于已转化为高度优化的 C++ 代码的元语言。因此，第一步是定义整个模型：

```
code = """
data {
    int<lower=0> num;
    vector[num] departure_delay;
    vector[num] travel_time;
    vector[num] arrival_delay;
    vector[num] arrival_time;
}
parameters {
    real beta_a;
    real beta_b;
    real mu_t;
    real sigma_t;
    real sigma_a;
}
model {
    departure_delay ~ exponential(beta_a);
    travel_time ~ normal(mu_t, sigma_t);
    arrival_delay ~ exponential(beta_b);
    arrival_time ~ normal(departure_delay +
                          travel_time +
```

```
                                arrival_delay,
                                sigma_a);
}
"""
```

代码主要分为 4 块：

● data，描述作为输入观测值进行传递的参数。元语言的详细信息可以从官方文档获取。但是，它们非常直观。在这种情况下，需要声明一个整数变量 num 来定义观测值的数量，另外声明四个变量来存储其值（实数－双精度数/浮点数－变量）。

● parameters，包含估计参数列表。该块中的每个值都将被视为必须利用蒙特卡洛算法来估计的变量。

● transformed parameters，在此例未予考虑，但是通常包含所有那些通过特定转换（例如函数）获得的参数。

● model，包含代码的主要结构，描述每个随机变量的性质以及它们如何组合产生期望的结果。本例中，已经声明了所有概率密度函数以及到达时间的结构，该结构均值确定，但标准偏差可变，需要进行估算。

因为这只是个示例，可以创建一些观察结果：

```
import numpy as np

nb_samples = 10

departure_delay =np.random.exponential(0.5, size=nb_samples)
travel_time = np.random.normal(2.0, 0.2, size=nb_samples)
arrival_delay = np.random.exponential(0.1, size=nb_samples)
arrival_time = np.random.normal(departure_delay +
                                travel_time +
                                arrival_delay,
                                0.5, size=nb_samples)
```

实际应用中，需要通过实际观察收集这些数据。一旦模型准备妥当，就可以利用 PyStan 编译模型。通常可以使用命令 pip install pystan 来安装 PyStan 包，读者可以从网页 https://pystan.readthedocs.io/en/latest/installation_beginner.html 找到详细操作说明：

```
import pystan
```

```
model = pystan.StanModel(model_code=code)
```

如此，PyStan 将代码转化为 C++ 模块以便获得最佳性能。一旦模型编译完后（该过程可能需要一些时间，具体取决于硬件），接着需要用已有的数据拟合模型。为此，首先需要创建一个字典，每个关键词都与代码数据部分声明的变量相对应：

```
data = {
    "num": nb_samples,
    "departure_delay": departure_delay,
    "arrival_time": arrival_time,
    "travel_time": travel_time,
    "arrival_delay": arrival_delay
}
```

字典创建完毕后，便可以拟合模型。需要执行 10 000 次迭代，利用 2 条马尔可夫链完成 1000 个样本准备：

```
fit = model.sampling(data=data, iter=10000,
                     refresh=10000, warmup=1000,
                     chains=2, seed=1000)
```

可以直接显示模型训练过程结果：

```
print(fit)
```

上面代码的输出为：

```
Inference for Stan model: anon_model_ba33d205f088c2a56ee1c983cd549ac9.
2 chains, each with iter=10000; warmup=1000; thin=1;
post-warmup draws per chain=9000, total post-warmup draws=18000.

           mean se_mean     sd   2.5%    25%    50%    75%  97.5%  n_eff   Rhat
beta_a     2.24  6.0e-3   0.66   1.12   1.76   2.18   2.65    3.7  12139    1.0
beta_b    10.63    0.03   3.22   5.35   8.32  10.31  12.63  17.74  11654    1.0
mu_t       1.98  5.4e-4   0.06   1.86   1.94   1.98   2.02    2.1  12721    1.0
sigma_t    0.19  6.5e-4   0.05   0.11   0.15   0.18   0.21   0.32   6551    1.0
sigma_a     0.5  2.0e-3   0.14   0.32   0.41   0.48   0.57   0.85   5069    1.0
lp__      24.14    0.03    1.8  19.76   23.2   24.5  25.48  26.53   5149    1.0

Samples were drawn using NUTS at Wed Oct  2 19:47:03 2019.
For each parameter, n_eff is a crude measure of effective sample size,
and Rhat is the potential scale reduction factor on split chains (at
convergence, Rhat=1).
```

信息汇总表包含每个估计参数的详细信息。最小有效样本大于 5000，对于所有参数，$\hat{R}=1$（此结果并不奇怪，因为数据集是人为创建的。读者可以利用不同分布来核实结果）。为了确认估计结果，可以要求模型从后验分布采样：

```
ext = fit.extract()
beta_a = ext["beta_a"]
beta_b = ext["beta_b"]
mu_t = ext["mu_t"]
sigma_t = ext["sigma_t"]
```

参数的密度估计如图 11.9 所示。

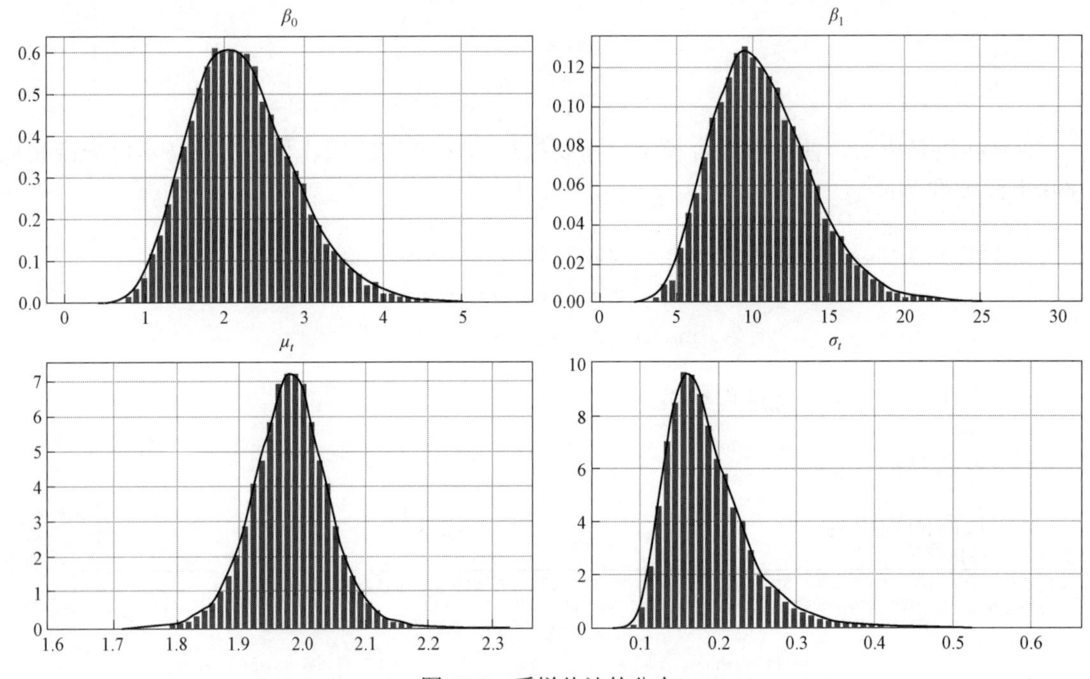

图 11.9 采样估计的分布

读者在处理指数分布时要注意 Stan 和 Numpy 之间的区别。实际上，Numpy 将参数 β 当作 β^{-1}，所以，图表是正确的，其峰值对应于真实值。关于飞行时间，μ_t 通常分布在真实均值附近，而 σ_t 是非对称的，表明较大的方差相比较小的方差更不容易出现。但是，因为 $\sigma_t>0$，所以，分布具有正的长尾。采用这些值，可以确定平均值，从而确定平均到达时间。所有不确定性都加在了此模型的先验分布中（还包括到达时间的标准差），但是，可以用与线性回归相同的方式对模型进行结构化，得到：

$$\text{arrival time} \sim N(\alpha_0 + \alpha_1 \text{departure delay} + \alpha_2 \text{travel time} + \alpha_3 \text{arrival delay}, \sigma_a^2)$$

此时，可以假定参数 α_i 服从正态分布，而观测值是确定的。不难理解，结果类似于具有正态分布残差的经典线性回归。

这种方法的优点是可解释性高，因为系数 α_i 的大小（例如，它们的均值和标准差）直接与每个因素对到达时间的影响相关。具体策略的选择取决于具体情况。但是，考虑到框架的灵活性和计算能力，如果存在无法控制的不确定来源的话，强烈建议避免使用确定性变量。

一方面，如果先验信息有限，则总是可以默认使用非信息先验（例如，均匀分布），让模型自己找到最佳参数。另一方面，如果观测数据集有限，则可以依靠领域专家确定最可靠的先验分布。例如，本例中，可能只观察了几次航班，但是，空管人员可以肯定到港延迟接近于 0，因为机场并没有多少入港流量。

当需要在先验知识和数据证据之间进行权衡时，贝叶斯方法的优势显而易见。有时，先验知识可能会带有偏差或受到限制，所以，最好充分依靠数据（假设收集了足够多的数据点）。相反，当专家可以提供准确的详细信息，而且数据点有限时，最好按预期对先验知识建模，然后让模型相应地调整参数。

11.3　隐马尔可夫模型

隐马尔可夫模型是概率算法，可以用于处理系统状态无法测量（只能用已知转移概率的随机变量描述系统状态），但是可以观测到一些与系统状态相关联数据的所有情况。例如，考虑由大量零件组成的复杂的发动机。可以定义一些内部状态并学习相应的转移概率矩阵（后面将介绍具体如何实现），但是只能得到特定传感器提供的测量数据。

考虑一个随机过程 $X(t)$，假设有 N 种不同状态 $s_1, s_2, \cdots, s_N$，并具有一阶马尔可夫链性质。另外，假设无法观测到 $X(t)$ 的状态，但可以观测到另一个与 $X(t)$ 相关的过程 $O(t)$，该过程产生可观测的结果（也称输出，emission）。过程 $X(t)$ 被称为**隐马尔可夫模型**（Hidden Markov model，HMM），其通用框架如图 11.10 所示。

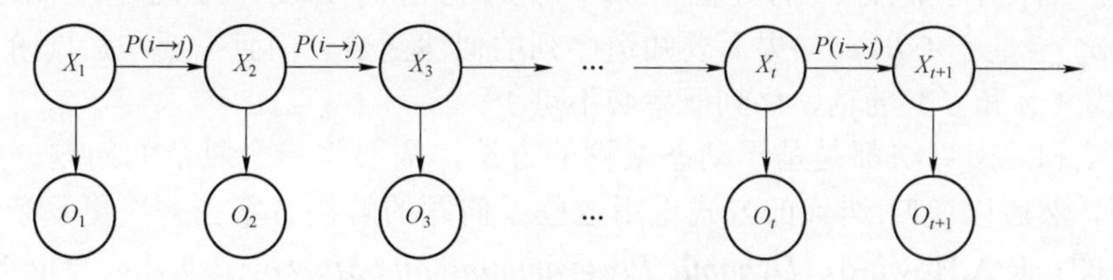

图 11.10　通用隐马尔可夫模型结构

对于每个隐状态，需要定义一个转移概率 $P(i \to j)$，如果变量是离散的，则通常表示为矩阵。对于马尔可夫假设，有：

$$P(j \to i) = P(X_t = S_i \mid X_{t-1} = S_j)$$

此外，给定一系列观测 $o_1, o_2, \cdots, o_M$，具有以下关于输出概率（emission probability）独立性的假设：

$$P(o_i | o_1, o_2, \cdots, o_k, x_1, x_2, \cdots, x_k) = P(o_i \mid x_i)$$

也就是说，观测到 o_i 的概率（这里是指 t 时刻的值）仅由 i 时刻隐变量的状态 x_i 决定。通常，不输出第一个状态 x_0 和最后一个状态 x_{ending}，所以，所有序列都从索引 1 开始，在对应于最终状态的额外时间步长处结束。

有时，即使这些假设不完全符合实际，模型还是有必要考虑马尔可夫假设和输出概率独立性。输出概率独立性之所以需要考虑，是因为可以采样所有对应精确状态的峰值输出，而且由于随机过程 $O(t)$ 隐式地依赖于 $X(t)$，将其视为 $X(t)$ 的跟随者是不无道理的。

马尔可夫假设适用于很多现实过程，如果这些过程本身是一阶马尔可夫过程，或者各个状态包含所有证明转移合理的历史。换言之，很多情况下，状态为 A，则有一个到 B 的转移过程，最终再到 C。假设在状态 C，系统已经离开了带有 A 提供的部分信息的状态（B）。

例如，如果要灌满一个水箱，那么可以在时刻 $t, t+1, \cdots$ 测量水位（系统状态）。如果因为没有稳压器而用随机变量对水流进行建模，那么可以求得在时刻 t 水箱里的水到达一定水位的概率 $P(L_t = x \mid L_{t-1})$。当然，检查所有先前状态是没有意义的，因为如果在时刻 $t-1$ 时水位为 80m，那么确定时刻 t 的新水位（状态）概率所需的信息已经包含在时刻 $t-1$ 的状态（80m）。

现在可以开始分析如何训练 HMM，以及给定一系列观察，如何确定最有可能的隐藏状态。简单起见，称 A 为概率转移矩阵，B 为包含所有 $P(o_i \mid x_t)$ 的矩阵。利用这些要素，可以确定模型：$HMM = \{A, B\}$。

11.3.1 前向－后向算法

给定观测序列 $o_1, o_2, \cdots, o_t$，前向－后向算法（forward-backward algorithm）是计算转移概率矩阵 T 的一种简单而有效的方法。第一步称为前向阶段，要确定观测序列的概率 $P(o_1, o_2, \cdots, o_{\text{sequence lenght}} | A, B)$。如果需要知道序列的似然函数，而且需要与后向阶段一起估计 HMM 的结构（A 和 B）的话，序列概率必不可少。

前向算法和后向算法都是基于动态编程的方法，需要将一个复杂的问题分解为容易解决的子问题，然后以递归/迭代的方式重用这些子问题的解决方案去解决更复杂的问题。更多内容请参阅：R.A.Howard，*Dynamic Programming and Markov Process*，The MIT Press，1960。

前向阶段

如果称 p_{ij} 为转移概率 $P(i \to j)$，定义一个考虑以下概率的递归过程：

$$f_t^i = P(o_1, o_2, \cdots, o_t, x_t = i \mid A, B)$$

变量 f_t^i 表示 t 次观测（从 1 开始）之后，HMM 处于时刻 t 的状态 i 的概率。根据 HMM 假设，可以认为，f_t^i 取决于所有可能的 f_{t-1}^i。更准确地说，有：

$$f_t^i = \sum_j f_{t-1}^j p_{ji} P(o_t \mid x_j)$$

前向阶段，HMM 在时刻 $t-1$（第一个 $t-1$ 观测）可以到达任何状态，并以概率 p_{ij} 在时刻 t 转移到状态 i。还需要考虑以每个可能的先前状态为条件的最终状态 o_t 的输出概率。

根据定义，初始状态和结束状态没有输出。这意味着，可以将观测序列写为 $0, o_1, o_2, \cdots, o_{\text{sequence lenght}}, 0$，其中第一个值和最后一个值都为零。该过程首先计算时刻 1 的前向概率：

$$f_1^i = p_{0i} P(o_1 \mid x_0)$$

另外，还必须考虑无输出的结束状态：

$$f_{\text{sequence length}}^{\text{ending}} = \sum_j f_{\text{sequence lenght}-1}^i \; p_{\text{iending}}$$

最终状态 x_{ending} 的表达式解释为 A 和 B 矩阵结束状态的索引。例如，将 p_{ij} 表示为 $A[i,j]$，代表在任意时刻从状态 $x_t = i$ 到状态 $x_{t+1} = j$ 的转移概率。同样，将 p_{iending} 表示为 $A[i,\text{ending}]$，代表从倒数第二个状态 $x_{\text{sequence length}-1} = i$ 到结束状态 $x_{\text{sequence length}-1} = \text{ending}$ 的转移概率。

因此，前向算法可归结为以下步骤。假设有 N 个状态，所以，需要安排 $N+2$ 个位置，包括初始状态和结束状态。

（1）初始化维度为 $(N+2, \text{Sequence length})$ 的前向向量(Forward)。

（2）初始化维度为 (N, N) 的概率转移矩阵 A。每个元素为 $P(x_i \mid x_j)$ 。

（3）初始化维度为 $(\text{Sequence length}, N)$ 的 B。每个元素为 $P(o_i \mid x_j)$ 。

（4）for $i=1$ to N：

　　设 $Forward[i,1] = A[0,i]B[1,i]$ 。

（5）for $t=2$ to Sequence length -1：

　　for $i=1$ to N：

　　　　设 $S=0$ 。

　　for $j=1$ to N：

　　　　设 $S = S + \text{Forward}[j,t-1]\,A[j,i]\,B[t,i]$ 。

设 Forward $[i,t]=S$ 。

（6）设 $S=0$ 。

（7）for $i=1$ to N：

设 $S=S+\text{Forward}\,[i,\text{Sequence length}]\,A\,[i,x_{\text{ending}}]$ 。

（8）设 Forward $[x_{\text{ending}},\text{Sequence length}]=S$ 。

很清楚，名字“Forward”来自将信息从上一状态传播到下一状态，直到无输出的结束状态的流程。

后向阶段

在后向阶段，给定时刻 t 的状态为 i ，需要计算从时刻 $t+1$ 开始的序列 $o_{t+1},o_{t+2},\cdots,o_{\text{sequence length}}$ 的概率。与前向阶段一样，定义以下概率：

$$b_t^i=P\left(o_{t+1},o_{t+2},\cdots,o_{\text{sequence length}}\,|\,x_t=i,A,B\right)$$

后向算法与前向算法非常相似，只是，假设知道时刻 t 的状态为 i ，那么需要朝相反的方向转移。需要考虑的第一个状态是最后状态 x_{ending} ，与初始状态一样没有输出。因此有：

$$b_{\text{sequence length}}^i=p_{\text{iending}}$$

递归止于初始状态：

$$b_1^0=\sum_i b_1^i p_{0i}P(o_1|\,x_i)$$

步骤如下：

（1）初始化维度为 $(N+2,\text{Sequence length})$ 的向量 Backward。

（2）初始化维度为 (N,N) 的概率转移矩阵 A。每个元素为 $P(x_i\,|\,x_j)$ 。

（3）初始化维度为 $(\text{Sequence length},N)$ 的 B。每个元素为 $P(o_i\,|\,x_j)$ 。

（4）for $i=1$ to N：

设 Backward $[x_{\text{ending}},\text{Sequence length}]=A\,[i,x_{\text{ending}}]$ 。

（5）for $t=\text{Sequence length}-1$ to 1：

for $i=1$ to N：

设 $S=0$。

for $j=1$ to N：

设 $S=S+\text{Backward}\,[j,t+1]\,A\,[j,i]\,B\,[t+1,i]$ 。

设 Backward $[j,t]=S$ 。

（6）设 $S=0$ 。

（7）for $i=1$ to N：

设 $S = S + \text{Backward}[i,1]\, A[0,i]\, B[1,i]$。

（8）设 $\text{Backward}[0,1] = S$。

定义了前向和后向算法之后，现在可以利用它们估计 HMM 的结构。

HMM 参数估计

估计隐马尔可夫模型参数是最大期望算法（expectation-maximization algorithm）的应用，而第 12 章将具体讨论最大期望算法。参数估计的目的简单而言就是，定义如何估计 A 和 B 的值。如果将 $N(i,j)$ 定义为从状态 i 到状态 j 的转移次数，$N(i)$ 表示从状态 i 开始的状态转移的总次数的话，可以用以下公式近似计算转移概率 $P(i \to j)$：

$$\tilde{a}_{ij} = \tilde{p}(i \to j) = \frac{\text{Mean}[N(i,j)]}{\text{Mean}[N(i)]}$$

同样，如果将 $M(i,p)$ 定义为状态 i 中观测到输出 o_p 的次数，那么，可以用以下公式近似地计算输出概率 $P(o_p | x_i)$：

$$\tilde{b}_{ip} = \tilde{P}(o_p | x_i) = \frac{\text{Mean}[M(i,p)]}{\text{Mean}[N(i)]}$$

首先估计转移概率矩阵 A。给定观测结果，考虑 HMM 模型在时刻 t 处于状态 i，在时刻 $t+1$ 处于状态 j 的概率，得到：

$$\tilde{\alpha}_{ij}^{t} = P(x_t = i, x_{t+1} = j \mid o_1, o_2, \cdots, o_{\text{sequence length}}, A, B)$$

给定观察序列 $o_1, o_2, \cdots, o_{\text{sequence length}}$，可以利用前向和后向算法，计算这个概率。其实利用的是前向消息 f_t^i 和后向消息 b_{t+1}^j。前向消息是 t 个观察之后 HMM 处于状态 i 的概率，而后向消息是给定 HMM 在 $t+1$ 时刻处于状态 j，序列 $o_{t+1}, o_{t+2}, \cdots, o_{\text{sequence length}}$ 在 $t+1$ 时刻出现的概率。当然，还需要考虑输出概率和正在估计的转移概率 p_{ij}。其实，前向算法从一个随机假设开始，不断迭代，直到 A 的值稳定。时刻 t 的估计值 $\tilde{a}_{ij}$ 等于：

$$\tilde{\alpha}_{ij}^{t} = \frac{f_t^i\, p_{ij}\, b_{t+1}^j\, P(o_{t+1} \mid x_j)}{f_{\text{sequence length}}^{\text{ending}}}$$

这里由于复杂性，省略了完整的证明，但是，读者可以参阅文献：Rabiner L.R.，*A tutorial on hidden Markov models and selected applications in speech recognition*，Proceedings of the IEEE 77.2，1989。

为了计算输出概率，在给定观测序列的情况下，首先计算时刻 t 处于状态 i 的概率：

$$\tilde{\beta}_i^t = P(x_t = i \mid o_1, o_2 \cdots, o_{\text{sequence length}}, A, B)$$

此时，可以直接计算出结果，因为可以将在相同时刻 t 和状态 i 算出的前向消息和后向消息相乘。谨记，根据观察结果，后向消息依赖于 $x_t = i$ ，而前向消息则计算与 $x_t = i$ 结合的观测值的概率。因此，乘积是时刻 t 时处于状态 i 的未归一化的概率。所以有：

$$\tilde{\beta}_i^t = \frac{f_t^i b_t^i}{f_{\text{sequence length}}^{\text{ending}}}$$

关于如何得到归一化常数的证明可以在前面提到的 Rabiner 的文章中找到。现在可以将这些表达式代入 a_{ij} 和 b_{ip} 的估计中：

$$\begin{cases} \tilde{a}_{ij} = \dfrac{\sum_{t=1}^{\text{sequence length}-1} \tilde{\alpha}_{ij}^t}{\sum_{t=1}^{\text{sequence length}-1} \sum_{j=1}^{N} \tilde{\alpha}_{ij}^t} \\ \tilde{b}_{ip} = \dfrac{\sum_{t=1}^{\text{sequence length}} \tilde{\beta}_i^t I_{\text{ot}=p}}{\sum_{t=1}^{\text{sequence length}} \tilde{\beta}_i^t} \end{cases}$$

第二个公式的分子中，仅在元素为 $o_t = p$ 时，采用指示函数（条件真时取 1，否则取 0）来限制总和。在第 k 次迭代期间， p_{ij} 根据上一次迭代 $k-1$ 找到的估计值 $\tilde{a}_{ij}$ 求得。

算法包括以下步骤：

（1）随机初始化矩阵 A 和 B。

（2）初始化容差变量 Tol（例如，$Tol=0.001$）。

（3）当 $\| A_k - A_{k-1} \| > Tol$ 且 $\| B_k - B_{k-1} \| > Tol$ （k 为迭代次数）时：

for $t=1$ to Sequence length -1：

for $i=1$ to N：

for $j=1$ to N：

计算 $\tilde{\alpha}_{ij}^t$ 。

计算 $\tilde{\beta}_i^t$ 。

计算估计 $\tilde{a}_{ij}$ 和 $\tilde{b}_{ip}$ 并存入 A_k 中。

也可以规定迭代次数，在满足第一个条件时终止进程，即使最佳解同时使用容差和最大迭代次数。

利用 hmmlearn 的 HMM 训练示例

本示例将利用 `hmmlearn`（可通过命令 `pip install hmmlearn` 安装），这是一个 HMM 计算包。有关详细信息，请参阅本节末尾的信息框。

简单起见，考虑在关于贝叶斯网络一节曾讨论过的机场示例，假设有一个表示天气的隐藏变量（当然，这不是真正的隐藏变量！），作为有两个分量（晴好和恶劣）的多项式分布的模型。

观察伦敦－罗马航班的到达时间（部分取决于天气状况），希望训练一个隐马尔可夫模型来推断未来状态，并计算对应给定序列的隐藏状态的后验概率。

示例框架如图 11.11 所示。

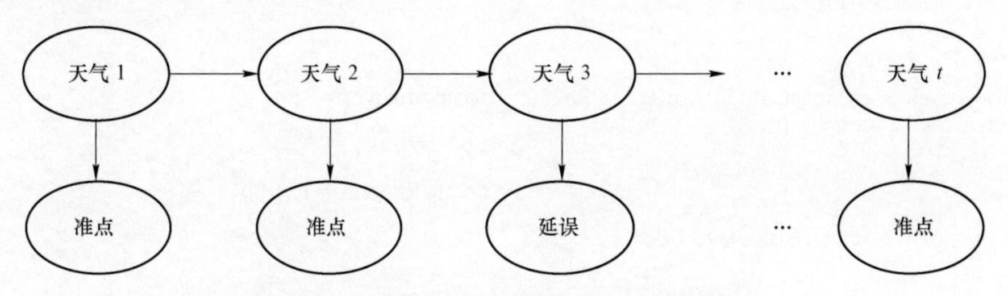

图 11.11　天气–抵达延误问题的 HMM 模型

首先，定义观察向量。因为有两个状态，其值分别是 0 和 1。假设 0 表示**准点**（On-time），1 表示**延误**（Delay）：

```
import numpy as np

observations = np.array([[0], [1], [1],
                         [0], [1], [1],
                         [1], [0], [1],
                         [0], [0], [0],
                         [1], [0], [1],
                         [1], [0], [1],
                         [0], [0], [1],
                         [0], [1], [0],
                         [0], [0], [1],
                         [0], [1], [0],
                         [1], [0], [0],
                         [0], [0], [0]],
                         dtype=np.int32)
```

现有 35 个连续的观测，其值或者是 0，或者是 1。

为了构建 HMM，将利用 `MultinomialHMM` 类，而且，`n_components=2`，`n_iter=100`，`random_state=1000`。务必使用相同的种子以避免结果的差异。迭代次数有时很难确定，所以，`hmmlearn` 提供了一个 `ConvergenceMonitor` 类，检查该类以确保算法已成功收敛。

现在，可以利用 `fit()` 方法训练模型，将观察列表当作参数传递，数组必须始终是二维数组，维度为Sequence length × $N_{components}$：

```
from hmmlearn import hmm

hmm_model = hmm.MultinomialHMM(n_components=2,
                               n_iter=100,
                               random_state=1000)
hmm_model.fit(observations)

print(hmm_model.monitor_.converged)
```

程序段的输出是：

```
True
```

训练过程很快，而且监视器（可用作实例变量监视器）确认了收敛。如果模型非常大，需要重新训练的话，可以取较小的迭代次数 n_niter）。一旦模型训练结束，就可以立即展示转移概率矩阵，而该矩阵可用作实例变量 transmat_：

```
print('\nTransition probability matrix:')
print(hmm_model.transmat_)
```

输出结果为：

```
Transition probability matrix:
[[0.0025384  0.9974616 ]
 [0.69191905 0.30808095]]
```

解读这些结果可知，从 0（晴好天气）转移到 1（恶劣天气）的概率比反向转移的概率高（p_{01} 接近 1），而且它更可能保持在状态 1 而非状态 0（p_{00} 几乎为零）。可以推断，观测数据是在冬季收集的！在下节介绍维特比算法（Viterbi algorithm）之后，还可以根据一些观察结果，确认最可能的隐藏状态序列是什么。

11.3.2 维特比算法

维特比算法是隐马尔可夫模型最常用的解码算法之一。其目标是找出与一系列观测值对应的最可能的隐藏状态序列。该算法的结构与前向算法的结构非常相似，但是，维特比算法并不计算与最后一个时刻的状态相连接的观测序列的概率，而是寻找：

$$v_t^i = \max_{x_j} P(o_1, o_2, \cdots, x_1, x_2, \cdots, x_{t-1}, x_t = i \mid A, B)$$

变量 v_t^i 表示给定观测序列与 $x_t = i$ 的最大联合概率，考虑了从时刻 1 到 $t-1$ 的所有可能的隐藏状态路径。可以通过评价所有乘以相应的转移概率 p_{ji} 和输出概率 $P(o_t \mid x_i)$ 的 v_{t-1}^j，而且总是选择 j 的最大可能值，递归计算 v_t^i：

$$v_t^i = \max_j v_{t-1}^j p_{ji} P(o_t \mid x_i)$$

算法基于回溯方法，利用返回指针 bp_t^i。指针的递归表达式与 v_t^i 相同，只是用 argmax 函数代替 max 函数：

$$bp_t^i = \operatorname{argmax}_j v_{t-1}^j p_{ji} P(o_t \mid x_i)$$

因此，bp_t^i 表示使 v_t^i 最大化的隐藏状态 $x_1, x_2, \cdots, x_{t-1}$ 的部分序列。在递归过程中，逐个添加时间戳，这样上一条路径可能会因为最后一次的观察而失效。这就是需要回溯部分结果，并替换在时刻 t 构建的、不再使 v_{t+1}^i 最大化的序列的原因。

维特比算法包括以下步骤。与其他情况一样，初始状态和结束状态都没有输出：

（1）初始化维度为（$N+2$，Sequence length）的向量 V。

（2）初始化维度为（$N+2$，Sequence length）的向量 BP。

（3）初始化维度为（N，N）的概率转移矩阵 A。每个元素都是 $P(x_i \mid x_j)$。

（4）初始化维度为（Sequence length，N）的 B。每个元素都是 $P(o_i \mid x_j)$。

（5）for $i = 1$ to N：

　　设 $V[i,1] = A[i,0]\, B[1,i]$。

　　$BP[i,1] = Null$（或任何其他不能解释为状态的值）。

（6）for $t = 1$ to Sequence length：

　　for $i = 1$ to N：

　　设 $V[i,t] = \max_j V[j,t-1]\, A[j,i]\, B[t,i]$。

　　设 $BP[i,t] = \operatorname{argmax}_j V[j,t-1]\, A[j,i]\, B[t,i]$。

（7）设 $V[x_{\text{ending}}, \text{Sequence length}] = \max_j V[j, \text{Sequence length}] A[j, x_{\text{ending}}]$。

（8）设 $B[x_{\text{ending}}, \text{Sequence length}] = \operatorname{argmax}_j V[j, \text{Sequence length}] A[j, x_{\text{ending}}]$。

（9）反转 BP。维特比算法的输出是一个最可能的序列 BP 和相应概率 V 的元组。

利用维特比算法和 hmmlearn 寻找最可能的隐藏状态序列

继续上例，利用已建立模型，在给定一组可能的观测值的情况下，找出最可能的隐藏状态序列。可以利用 `decode()` 方法或 `predict()` 方法。第一个方法返回整个序列的对数概率和序列本身。但是，两种方法都用维特比算法作为默认解码器：

```
sequence = np.array([[1], [1], [1],
                     [0], [1], [1],
                     [1], [0], [1],
                     [0], [1], [0],
                     [1], [0], [1],
                     [1], [0], [1],
                     [1], [0], [1],
                     [0], [1], [0],
                     [1], [0], [1],
                     [1], [1], [0],
                     [0], [1], [1],
                     [0], [1], [1]],
                     dtype=np.int32)

lp, hs = hmm_model.decode(sequence)
print('\nMost likely hidden state sequence:')
print(hs)

print('\nLog-propability:')
print(lp)
```

上面的代码的输出是：

```
Most likely hidden state sequence:
[0 1 1 0 1 1 1 0 1 0 1 0 1 0 1 1 0 1 1 0 1 0 1 0 1 0 1 1 1 1 0 1 1 0 1 1]

Log-propability:
-30.4899924688786
```

最可能隐藏状态序列与转移概率矩阵是一致的。事实上，它更有可能是持续性的恶劣天气（1），而不是相反。因此，从 1 到 0 的转换比从 0 到 1 的转换，可能性小。状态选择依据的是最大概率。但是，有时误差是最小的（本示例，可能恰好是 $p=(0.49, 0.51)$，这意味着存在很高的错误概率），所以，需要检查序列中所有状态的后验概率，如图 11.12 所示。

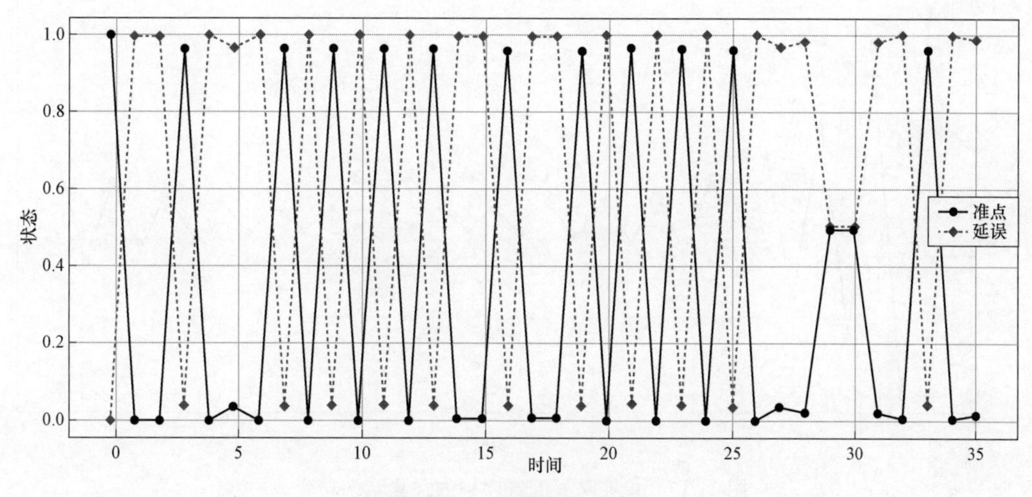

图 11.12　预测的状态转换

此例中，有一对状态，其转移概率为 $p \approx (0.49, 0.51)$，所以，即使输出状态是 1（恶劣天气），也有一定的概率可能观察到良好天气。一般而言，如果一个序列与先前学习（或手动输入）的转移概率一致的话，则那些情况并不常见。假设要评价一个天气总是好（0）的序列：

```
sequence0 = np.array([[0], [0], [0],
                      [0], [0], [0],
                      [0], [0], [0],
                      [0], [0], [0],
                      [0], [0], [0],
                      [0], [0], [0],
                      [0], [0], [0],
                      [0], [0], [0],
                      [0], [0], [0],
                      [0], [0], [0],
                      [0], [0], [0]],
                      dtype=np.int32)

pp0 = hmm_model.predict_proba(sequence0)
```

其实这种情况非常特殊，因为众所周知，从晴好天气到恶劣天气的转变是非常可能的（接近 1），所以，不能期望得到一个稳定的输出。状态转换的概率如图 11.13 所示。

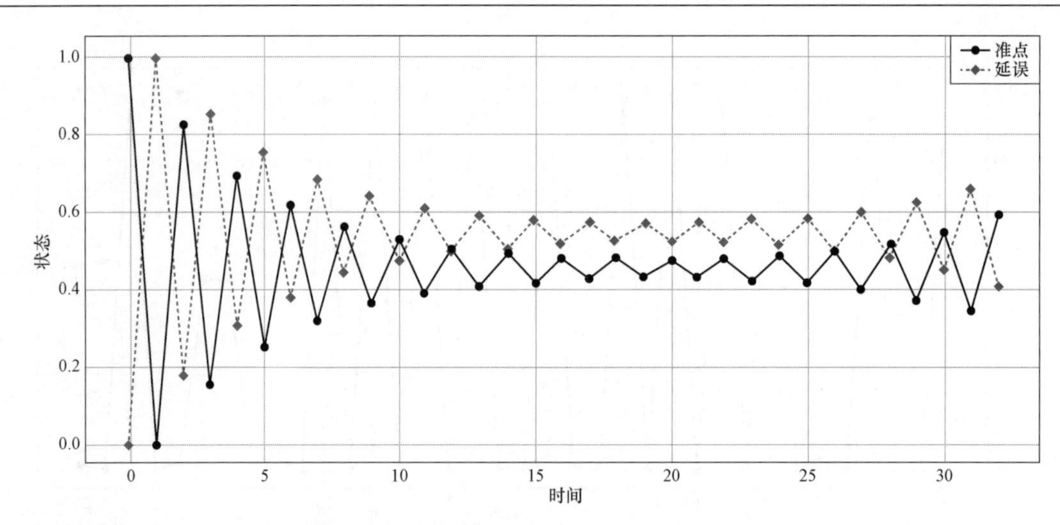

图 11.13 单纯晴好天气序列的预测状态转变

一开始，模型以高概率预测交替状态。这得益于先前获得的并融入概率转移矩阵中的知识。但是，若干步之后，概率趋近 1/2，不确定性增大。原因很简单。训练模型所利用的观测数据描述了这样一个场景：天气好的一天几乎总是紧接着恶劣天气的一天。因此，0 状态（好天气）的序列是模型无法正确管理的异常序列，而默认的最大熵序列则是两种状态等概率出现。这个例子有助于理解 HMM 是如何工作的，以及在哪里需要利用其他特殊序列来重新训练它们。

例如，在夏季，如果某个时期观察到 15～20 个晴天，考虑到 $\frac{15/20}{365}$ 的观察频次，那么应将这个时期纳入训练集中以避免模型出现偏差。如果这种方法由于好坏天气转变的普遍性而不够充分，那么对于每年的每个时期都可以训练更多的 HMM。一般而言，建议尝试不同的配置和观察序列，评估最不寻常情况的概率（如零秒序列）。此时，可以重新训练模型并重新检查新证据是否已被正确处理。

数据科学家有责任了解模型是否足够准确，或者它们是否需要更多的数据或采用其他替代方法。建议读者利用一组连续的好天气观测值，改变训练序列，并检查预测的不确定性是否变小（接近 0 或 1）。

11.4 本章小结

本章介绍了贝叶斯网络，描述了它们的结构和关系。介绍了如何建立一个网络，描述一些元素可以影响其他元素的概率场景。另外，还描述了如何利用最常见的抽样方法求得全联合概率，这些采样方法通过近似，降低计算复杂度。

最常见的抽样方法属于 MCMC 算法，它将从一个样本到另一个样本的转移概率建模为一阶马尔可夫链。特别是，吉布斯采样器基于这样一个假设，即从条件分布采样比直接利用全联合概率更容易。该方法易于实现，但是它有一些性能缺陷，可以采用更复杂的策略加以避免。

Metropolis-Hastings 采样器则涉及候选样本生成分布和一个接受或拒绝样本的准则。两种方法都满足细致平衡方程，收敛性得以保证（基础的马尔可夫链将达到唯一的平稳分布）。

本章的最后部分，介绍了 HMM，它根据对应一系列隐藏状态的观测值，对时间序列进行建模。事实上，HMM 的主要思想是，存在不可观测的状态，制约着特定观测（可观测）的输出。讨论了主要假设以及如何建立、训练模型和模型推理。特别是，当需要学习转移概率矩阵和输出概率时，可以采用前向–后向算法，而在给定一组连续观测值的情况下，采用维特比算法找到最可能的隐藏状态序列。

第 12 章最大期望算法将简要讨论最大期望算法，重点介绍基于**最大似然估计**（maximum likelihood estimation，MLE）方法的一些重要应用。

扩展阅读

- Pratt J.,Raiffa H., Schlaifer R., *Introduction to Statistical Decision Theory*, The MIT Press, 2008.
- Hoffmann M.D., Gelman A., *The No – U – Turn Sampler:Adaptively Setting Path Lengths in Hamiltonian Monte Carlo*, arXiv:1111.4246, 2011.
- A.Gelman, J.B.Carlin, H.S.Stern, *Bayesian Data Analysis*, CRC Press, 2013.
- Walsh B., *Markov Chain Monte Carlo and Gibbs Sampling*, Lecture Notes for EEB 596z, 2002.
- R.A.Howard, *Dynamic Programming and Markov Process*, The MIT Press, 1960.
- Rabiner L.R., *A tutorial on hidden Markov models and selected applications in speech recognition*, Proceedings of the IEEE 77.2, 1989.
- W.K.Hastings, *Monte Carlo sampling methods using Markov chains and their applications*, Biometrik, 57/1, 04/1970.
- Kevin B.Korb, Ann E.Nicholson, *Bayesian Artificial Intelligence*, CRC Press, 2010.
- Pearl J., *Causality*, Cambridge University Press, 2009.
- L.E.Baum, T.Petrie, *Statistical Inference for Probabilistic Functions of Finite State Markov Chains*, The Annals of Mathematical Statistics, 37, 1966.

第12章 最 大 期 望 算 法

本章将介绍一个适用于很多统计学习任务的非常重要的算法框架：**最大期望算法**（expectation maximization algorithm，EM）。与其名称暗示的相反，这并不是一种解决单个问题的算法，而是一种可以应用于多种情况的方法论。算法的目标是通过迭代灵活的方法学习数据生成过程的结构。例如，生成式模型（generative model）是极其强大的工具，可以帮助数据科学家描述现有数据并生成新数据。遗憾的是，直接优化生成式模型往往是不可能的。

最大期望算法简单易用。本章的目的是阐释该算法的原理，给出数学推导以及一些实例。具体将讨论以下主题：

- **最大似然估计**（maximum likelihood estimation，MLE）和**最大后验估计**（maximum a posterioriestimation，MAP）学习方法。
- 最大期望算法及其在未知参数估计中的简单应用。
- 高斯混合算法、评估方法和成分选择。

首先讨论 MLE 和 MAP 问题，这是大多数统计学习算法的基本组成部分。

12.1 MLE 和 MAP 学习

很多统计学习任务的目标是，根据极大化准则找到最优参数集合 $\bar{\theta}$ 。最常见的方法基于似然 $L(\bar{\theta};X)$ ，被称为 MLE。

实际上，给定一个用向量 $\bar{\theta}$ 参数化的统计模型 $p(X;\bar{\theta})$ ，似然可以解释为该模型生成训练数据的概率。因此，给定 $p(X;\bar{\theta})$ 合适的结构，MLE 可以提供一个简单但极其有效的工具，定义一个不会因为先验信念而产生误差的生成式模型。假设存在一个数据生成过程 p_{data} ，用于产生数据集 X：

$$X=\{\bar{x}_1,\bar{x}_2,\cdots,\bar{x}_N\},\bar{x}_i\in\mathbb{R}^k$$

使被 $\bar{\theta}$ 参数化了的通用统计模型 $p(X;\bar{\theta})$ 的似然最大化的最优解集 $\bar{\theta}_{\text{opt}}$ 由下式求得：

$$\bar{\theta}_{\text{opt}}=\arg\max_{\bar{\theta}}L(\bar{\theta};X)=\arg\max_{\bar{\theta}}p(X;\bar{\theta})$$

MLE 的优点是，不会因为不正确的前提条件而产生偏差，因为最优解 $\bar{\theta}_{\text{opt}}$ 完全取决于观测数据。但是，与此同时，该方法无法将值得相信的先验知识融入模型。该方法只是在更大的子空间中寻找最优解 $\bar{\theta}$ 以便极大化 $p(X;\bar{\theta})$ 。尽管该方法几乎无偏差，但还是很有可能会找到次优解，与利用合理的先验知识得到的解大相径庭。毕竟，一些模型过于复杂，而无法定义合适的先验概率。例如，强化学习策略涉及大量复杂状态。因此，MLE 提供了最可靠的解决方法。此外，也可以证明参数 $\bar{\theta}$ 的最大似然估计依概率收敛到实值：

$$\forall \in > 0 \quad p(|\bar{\theta}_k - \bar{\theta}| < \in) \to 1 \quad 当 k \to \infty$$

如果考虑贝叶斯定理，可以得出以下关系：

$$p(\bar{\theta} \mid X) = \alpha p(X \mid \bar{\theta}) p(\bar{\theta})$$

后验概率 $p(\bar{\theta} \mid X)$ 利用似然和先验概率 $p(\bar{\theta})$ 求得，所以考虑了先验概率 $p(\bar{\theta})$ 里的已有先验知识。$p(\bar{\theta} \mid X)$ 最大化称为 MAP 方法，当存在可靠的先验概率，或者，在隐狄利克雷分布（latent dirichlet allocation，LDA）这样的、模型有目的地带有某些特定先验假设的情况下，MAP 可以很好地替代 MLE。

遗憾的是，不正确或不完整的先验分布会使模型产生误差，得到不可接受的结果。因此，MLE 往往作为默认选项，即使可以对先验假设 $p(\bar{\theta})$ 的结构提出合理的假设。为了理解先验对估计的影响，假设已观测到 $n = 1000$ 的二项分布实验（θ 对应于参数 p），$k = 800$ 次成功地得到结果。似然为：

$$p(X \mid \theta) = \binom{n}{k} \theta^k (1-\theta)^{n-k}$$

简单起见，计算对数似然，这样可以将乘积运算转化为加和运算：

$$\log p(X|\theta) = \log \binom{n}{k} + k \log \theta + (n-k) \log(1-\theta)$$

计算 θ 的导数，并令其为 0，可以得到下式：

$$\frac{\partial}{\partial \theta} \log p(X|\theta) = \frac{k}{\theta} - \frac{n-k}{1-\theta} = 0 \Rightarrow \frac{\frac{1}{n-k}}{\frac{1}{k} + \frac{1}{n-k}} = \frac{k}{n}$$

因此，对于 θ 的 MLE 为 0.8，这与观测结果一致。可以说，观察了 1000 次实验，有 800 次成功，即 $p(X \mid \text{Success}) = 0.8$ 。如果只有数据 X，那么可以说成功比失败的概率更大，因为 1000 次实验有 800 次成功。

但是，关于这个简单练习，专家可能会说，考虑到最大可能样本总数，边缘概率 $p(\text{Success}) = 0.001$（伯努利分布，$p(\text{Failure}) = 1 - p(\text{Success})$），而且观测样本不具有代表性。如果专家是可信的话，需要应用贝叶斯定理计算后验概率：

$$p(\text{Success}|X)=\frac{p(X\mid\text{Success})\,p(\text{Success})}{p(X|\text{Success})\,p(\text{Success})+p(X|\text{Failure})\big(1-p(\text{Success})\big)}$$
$$=\frac{0.8\times0.001}{(0.8\times0.001)+(0.2\times0.999)}=\frac{0.000\,8}{0.000\,8+0.199\,8}\approx0.004$$

出乎意料，后验概率非常接近零，应该拒绝先前的假设。此时有两个选择：如果只依靠数据构建模型，MLE 是唯一合理的选择，因为考虑到后验概率，必须承认数据集非常不好（可能是，从数据生成过程 p_{data} 抽取样本时，出了纰漏）。

如果专家确实可信，有几种方法来解决问题：

- 检查采样过程以便评估采样质量（好的采样，k 值更低）。
- 增加样本数量。
- 计算 $\bar{\theta}$ 的 MAP 估计。

建议读者用简单模型来尝试这两种方法，以便能比较相对的准确率。本书当需要通过统计方法估计模型的参数时，总是采用 MLE。这一选择基于以下假设：从 p_{data} 中采集的数据集正确无误。如果做不到这一点（考虑一个图像分类器，需要区分马、狗和猫，所以数据集包含 500 张马的图片、500 张狗的图片和 5 张猫的图片），就应该扩展数据集，或者应用数据增强技术创建人工样本以便重新平衡各类样本数量。

假设有一个数据集是从定义明确的数据生成过程采样的，目标是通过似然的极大化，优化一个参数化的统计模型。下面将要介绍的最大期望算法，不需要对模型 $p(X;\bar{\theta})$ 的结构提出任何假设。介绍理论部分内容之后，介绍并讨论几个具体实例。

12.2 最大期望算法

最大期望算法（EM 算法）是一个通用框架，可用于生成式模型的优化。该算法最早由 Dempster 等人提出（参阅：Dempster A.P.，Laird N.M.，Rubin D.B.，*Maximum likelihood from incomplete data via the EM algorithm*，*Journal of the Royal Statistical Society*，B，39（1）：1–38，11/1977），作者还证明了各种情况下的算法收敛性。很多机器学习问题，目标都是找到一种灵活的方式表达数据集后面的数据生成过程。例如，给定一组代表人脸的图片 $X=\{\bar{x}_1,\bar{x}_2,\cdots,\bar{x}_n\}$，关注的是要找到分布 p_{data} 的至少一个近似，训练样本则取自该分布。

原因很简单，从无可能得到所有可能的数据点。而且，一个综合表达式（例如，神经网络或混合分布）可以抽取新样本或者评价其他数据集的似然。

最大期望算法可以找到最大化 $P(X;\bar{\theta}_{\text{opt}})$ 的最优参数集 $\bar{\theta}_{\text{opt}}$。这意味着，在没有先验知识的情况下，找到一个真实分布的替代分布。此时，$\bar{x}_i\sim P(X;\bar{\theta}_{\text{opt}})$ 都是与数据生成过程兼容的数据点。例如，如果 $P(\bar{x}_i;\bar{\theta}_{\text{opt}})\to1$，这意味着 $\bar{x}_i$ 是人脸的有效表示，即使该数据从未用于模型训练过程。

考虑一个数据集 X 和一组无法观测到的隐变量（latent variable）Z。它们可以是原始模型的一部分，也可以是人为引入的用于简化问题的变量。通常，集合 Z 有助于描述模型的隐藏行为，也就是那些需要假设但又过于复杂而无法在模型中表现的数学关系。例如，在隐马尔可夫模型（HMMs）中，隐变量是算法结构的一部分，对新序列进行描述和合成。现在分析最大期望算法的理论部分，重点介绍那些使该方法灵活实用的关键步骤。

用向量 $\bar{\theta}$ 参数化的通用生成式模型的对数似然为：

$$L(\bar{\theta}| X,Z) = \log P(X,Z|\bar{\theta})$$

当然，对数似然大意味着，模型能够生成误差小的原始分布。因此，目标就是要找到使边缘对数似然最大的最优参数集 $\bar{\theta}$（需要对隐变量求和或对连续型变量积分）：

$$\bar{\theta}_{\text{opt}} = \underset{\bar{\theta}}{\operatorname{argmax}} \log \sum_z L(\bar{\theta}| X, z) = \underset{\bar{\theta}}{\operatorname{argmax}} \log \sum_z P(X, z|\bar{\theta})$$

理论上，此操作是正确的，但遗憾的是，由于操作过于复杂而无法实现。特别是很难计算求和项的对数。但是，隐变量有助于找到便于计算而且最大化对应原始对数似然的最大化的替代方法。

根据链式法则重写似然函数的表达式：

$$\log \sum_z P(X,z|\bar{\theta}) = \log \sum_z P(X|z,\bar{\theta}) P(z|\bar{\theta})$$

如果考虑的是迭代过程，目标就是找到一个满足以下条件的迭代过程：

$$L(\bar{\theta}_{\text{opt}}|X,Z) > L(\bar{\theta}_t|X,Z) > L(\bar{\theta}_{t-1}|X,Z) > \cdots > L(\bar{\theta}_0|X,Z)$$

首先考虑一个通用步骤：

$$L(\bar{\theta}| X) - L(\bar{\theta}_t| X) = \log \sum_z P(X|z,\bar{\theta}) P(z|\bar{\theta}) - \log P(X|\bar{\theta}_t)$$

要解决的第一个问题是加和的对数。幸好，利用詹森不等式（Jensen's inequality），可以将对数移到求和中。

12.2.1　凸函数与詹森不等式

首先定义凸函数：如果满足以下条件，则在凸集 D 上定义的函数 $f(x)$ 是凸函数：

$$f(\lambda x_1 + (1-\lambda)x_2) \leqslant \lambda f(x_1) + (1-\lambda) f(x_2) \quad \forall x_1, x_2 \in D \text{ 且 } \lambda \in [0,1]$$

如果不等式严格成立，则称该函数严格凸。直观地，而且考虑单变量函数 $f(x)$，上面的定义指出该函数不会在过两点 $(x_1, f(x_1))$ 和 $(x_2, f(x_2))$ 的线段上方。如果函数是严格凸的，那么，函数 $f(x)$ 始终在线段下方。将定义反过来，就得到了函数为凹或严格凹的条件。图 12.1 给出了凸函数与非凸函数的示例。

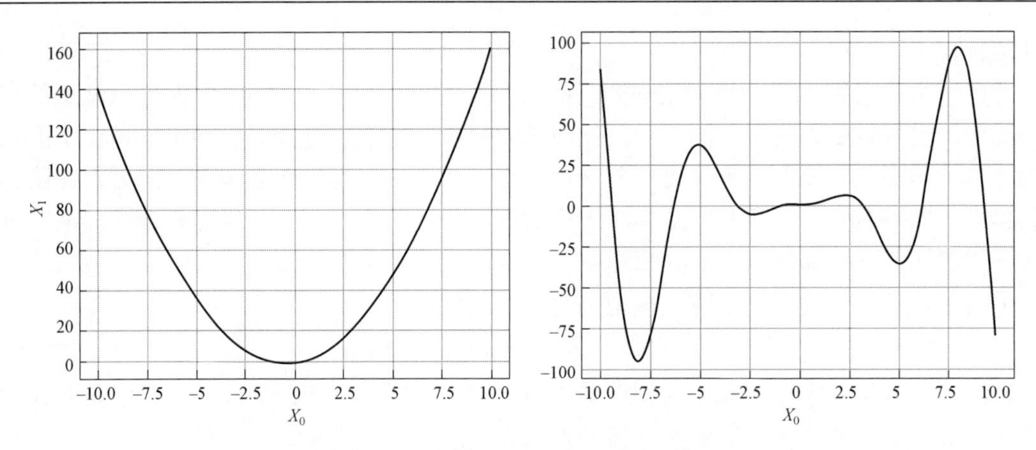

图 12.1 凸函数（左）和非凸函数（右）

凸函数不仅仅在本章有用。实际上，它们是各种机器学习分支（例如深度学习）的一个极其重要的概念。原因很简单：利用简单算法就能优化凸函数（即最大化或最小化），而非凸函数却有多个局部极大值和极小值。例如，考虑函数 $f(x)=-x^2+x$，其一阶导函数为 $f'(x)=-2x+1$，而且只有一个点，即 $x=1/2$，其 $f'(x)=0$。由于二阶导数为负值，所以可以确定该点是函数唯一的全局最大值。如果 $f'(x)$ 有多解，区分全局最优和局部最优并不容易，这时算法通常会卡在次优解。上述重要的题外讨论之后，继续分析与最大期望算法相关的问题，介绍一些重要的注意事项。

当（且仅当）函数 $f(x)$ 在集合 D 上是凸的，那么，函数 $-f(x)$ 在集合 D 上就是凹的。但是，如果 $f(x)$ 非凸，则无法保证 $-f(x)$ 是凸的，反之亦然。

因为函数 $\log x$ 单调增而且在 $[0,\infty)$ 为凹，所以，$-\log x$ 单调减而且在 $[0,\infty)$ 为凸，如图 12.2 所示。

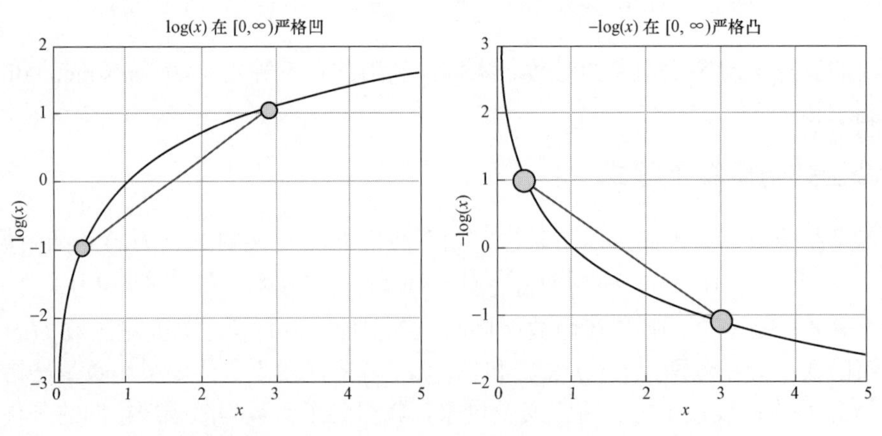

图 12.2 $\log x$ 为凹（左），而 $-\log x$ 为凸（右）

詹森不等式（证明从略，但详细内容可参阅：Hansen F.，Pedersen G.K.，*Jensen's Operator Inequality*，arXiv：math/0204049［math.OA］）说明，如果函数 $f(x)$ 是定义在凸集 D 上的凸函数，选择 n 个点 $x_1,x_2,\cdots,x_N\in D$ 以及 n 个常数 $\lambda_1,\lambda_2,\cdots,\lambda_N\geqslant 0$ 且满足 $\lambda_1+\lambda_2+\cdots+\lambda_N=1$，那么下式成立：

$$f\left(\sum_i \lambda_i x_i\right)\leqslant \sum_i \lambda_i f(x_i)$$

因此，考虑到 $-\log x$ 为凸，针对 $\log x$ 的詹森不等式变为：

$$\log\left(\sum_i \lambda_i x_i\right)\geqslant \sum_i \lambda_i \log x_i$$

因此，通用迭代过程可以重写为：

$$\Delta L=L(\bar{\theta}\mid X)-L(\bar{\theta}_t\mid X)=\log\sum_z P(z\mid X,\bar{\theta}_t)\frac{P(X\mid z,\bar{\theta})P(z\mid\bar{\theta})}{P(z\mid X,\bar{\theta}_t)}-\log P(X\mid\bar{\theta}_t)$$

12.2.2　詹森不等式在最大期望算法中的应用

应用詹森不等式，可以得到：

$$\Delta L\geqslant\sum_z P(z\mid X,\bar{\theta}_t)\log\frac{P(X\mid z,\bar{\theta})P(z\mid\bar{\theta})}{P(z\mid X,\bar{\theta}_t)P(X\mid\bar{\theta}_t)}$$

所有的条件均已满足，因为根据定义，$P(z\mid X,\bar{\theta}_t)$ 限于 $[0,1]$ 区间内，而且对所有 z 求和总等于 1（概率公理）。上式意味着下式成立：

$$L(\bar{\theta}\mid X)\geqslant L(\bar{\theta}_t\mid X)+\sum_z P(z\mid X,\bar{\theta}_t)\log\frac{P(X\mid z,\bar{\theta})P(z\mid\bar{\theta})}{P(z\mid X,\bar{\theta}_t)P(X\mid\bar{\theta}_t)}$$

因此，如果最大化不等式的右边，也要最大化对数似然。但是，考虑到只需优化参数向量 θ，而且可以去除与参数 θ 无关的项，就可以进一步简化问题。因此，定义 Q 函数（与第 24 章强化学习导论讨论的 Q 学习无关），其表达式如下：

$$Q(\bar{\theta}\mid\bar{\theta}_t)=\sum_z P(z\mid X,\bar{\theta}_t)\log P(X,z\mid\bar{\theta})=E_{z|x,\ \bar{\theta}_t}[\log P(X,\mid\bar{\theta})]$$

$Q(\bar{\theta}\mid\bar{\theta}_t)$ 是考虑了完整数据 $Y=(X,Z)$ 和当前迭代参数集合 $\bar{\theta}_t$ 的对数似然的期望值。每次迭代根据当前估计 $\bar{\theta}_t$，计算 $Q(\bar{\theta}\mid\bar{\theta}_t)$，并考虑变量 $\bar{\theta}$ 使 $Q(\bar{\theta}\mid\bar{\theta}_t)$ 最大化。显然，更理解为什么经常要人为引入隐变量：可以运用詹森不等式将原始表达式变换为易于评价和优化的期望值。这并不意味着，集合 Z 始终是人为引入用于解决实际问题的。在很多情况下，为更好地描述问题，隐变量是必不可少的。例如，本章后面将要介绍的高斯混合模型，需要用隐变量描述每个高斯对一般点生成过程的作用。因为不知道这些高斯分布是如何混合在一起的，所以，只能假设存在隐变量（因素），将其合并到模型中，当然要避免不必要的猜测。

最大期望算法具有一般性，优化整个参数集合（包括隐变量），实现似然函数最大化。整个流程完成后，可以合理地假设集合 Z 为最优解，而且每个 $\bar{z}_i \in Z$ 精确地描述了起初未知的行为。

最大期望算法可以形式化为：

- 设置阈值 Thr（例如，$Thr=0.001$）。
- 设置随机参数向量 $\bar{\theta}_0$。

当 $\left|L(\bar{\theta}_t \mid X,Z) - L(\bar{\theta}_{t-1} \mid X,Z)\right| > Thr$：

○ **E 步（期望）**：计算 $Q(\bar{\theta} \mid \bar{\theta}_t)$。通常，该步骤利用当前参数估计 $\bar{\theta}_t$ 计算条件概率 $P(z \mid X, \bar{\theta}_t)$ 或者条件概率矩（有时候统计量被限制为均值和方差）。

○ **M 步（最大化）**：求解 $\bar{\theta}_{t+1} = \arg\max_{\bar{\theta}} Q(\bar{\theta} \mid \bar{\theta}_t)$。通过 Q 函数的最大化计算新的参数估计。

当对数似然函数停止增值或超出规定迭代次数时，算法结束。此时，最大期望算法已经找到可以使模型 $P(X;\bar{\theta}_{\text{opt}})$ 似然函数最大化的最优参数集 $\bar{\theta}_{\text{opt}}$，而且可以使用该模型进行分类、聚类或新数据生成任务。接下来将分析一个简单的示例，最大期望算法用于估计部分未知分布的参数。

12.2.3 参数估计示例

此例说明，给定一组观测结果，如何应用最大期望算法得到未知参数的最大似然估计。此例受到论文中示例的启发：Dempster A.P.，Laird N.M.，Rubin D.B.，*Maximum likelihood from incomplete data via the EM algorithm*，Journal of the Royal Statistical Society，B，39（1）：1–38，11/1977。问题非常简单，但它有助于理解代理函数 $Q(\bar{\theta} \mid \bar{\theta}_t)$ 如何通过迭代找到最优解 $\bar{\theta}_{\text{opt}}$。

考虑用多项式分布表示的 n 个独立实验的序列，有三种可能的结果 x_1、x_2、x_3，对应的概率为 p_1、p_2、p_3。概率质量函数（probability mass function）可以表示为：

$$f(x_1, x_2, x_3; p_1, p_2, p_3) = \frac{n!}{\prod_{i=1}^{3} x_i!} \prod_{i=1}^{3} p_i^{x_i}$$

假设观测到 $z_1 = x_1 + x_2$ 和 x_3，但是无法直接观测到 x_1 和 x_2。因此，x_1 和 x_2 为隐变量，而 z_1 和 x_3 是观察变量。换句话说，集合 $Z=\{x_1, x_2\}$ 参与整个过程，但无法确定它们的精确行为。因此，此时，关于集合 Z 的知识不仅是功能性的，而且是解决该问题所必须满足的要求。

概率向量 $\bar{p}$ 参数化如下：

$$\bar{p} = (p_1\ p_2\ p_3)^{\mathrm{T}} = \left(\frac{\theta}{6} \quad 1-\frac{\theta}{4} \quad \frac{\theta}{12}\right)^{\mathrm{T}}$$

目标是计算给定 n、z_1、x_3 时 θ 的最大似然估计。先计算对数似然：

$$L(\theta \mid x_1, x_2,, x_3, z_1) = \log \frac{n!}{\prod_{i=1}^{3} x_i!} \prod_{i=1}^{3} p_i^{x_i} = c + \sum_{i=1}^{3} x_i \log p_i$$

$$= c + x_1 \log \frac{\theta}{6} + x_2 \log\left(1 - \frac{\theta}{4}\right) + x_3 \log \frac{\theta}{12}$$

利用期望值算子 $E[\bullet]$ 的线性性质，可以推导出相应 Q 函数的表达式：

$$Q(\bar{\theta} \mid \bar{\theta}_t) = E[x_1 \mid z_1, \bar{p}^{(t)}] \log \frac{\theta}{6} + E\left[x_2 \mid z_1, \bar{p}^{(t)}\right] \log\left(1 - \frac{\theta}{4}\right) + x_3 \log \frac{\theta}{12}$$

给定 z_1，变量 x_1 和 x_2，服从二项分布并且可以表示为 $\bar{\theta}_t$ 的函数（每次迭代都需要重新计算两个变量）。因此，$x_1^{(t+1)}$ 的期望值变为：

$$E[x_1 \mid z_1, \bar{p}^{(t)}] = z_1 \frac{p_1^{(t)}}{p_1^{(t)} + p_2^{(t)}} = z_1 \frac{\frac{\theta_t}{6}}{\frac{\theta_t}{6} + 1 - \frac{\theta_t}{4}} = z_1 \frac{2\theta_t}{12 - \theta_t}$$

而 $x_2^{(t+1)}$ 的期望值为：

$$E[x_2 \mid z_1, \bar{p}^{(t)}] = z_1 \frac{p_2^{(t)}}{p_1^{(t)} + p_2^{(t)}} = z_1 \frac{1 - \frac{\theta_t}{4}}{\frac{\theta_t}{6} + 1 - \frac{\theta_t}{4}} = z_1 \frac{3(4 - \theta_t)}{12 - \theta_t}$$

将这些表达式带入 $Q(\bar{\theta} \mid \bar{\theta}_t)$，计算其关于 θ 的导数，可以得到：

$$\frac{\partial Q}{\partial \theta} = 0 \Rightarrow \frac{E[x_1 \mid z_1, \bar{p}^{(t)}] + x_3}{\theta} + \frac{E[x_2 \mid z_1, \bar{p}^{(t)}]}{\theta - 4} = 0$$

因此，可以解出 θ 为：

$$\theta = \frac{4\left(E[x_1 \mid z_1, \bar{p}^{(t)}] + x_3\right)}{z_1 + x_3}$$

此时可以推导 θ 的迭代表达式：

$$\theta = \frac{4\left(z_1 \frac{2\theta_t}{12 - \theta_t} + x_3\right)}{z_1 + x_3} = \frac{8 z_1 \theta_t + 4 x_3 (12 - \theta_t)}{(z_1 + x_3)(12 + \theta_t)}$$

当 $z_1 = 50$ 和 $x_3 = 10$ 时，可以计算 θ：

```
def theta(theta_prev, z1=50.0, x3=10.0):
    num = (8.0 * z1 * theta_prev) + \
          (4.0 * x3 * (12.0 - theta_prev))
    den = (z1 + x3) * (12.0 - theta_prev)
    return num / den


theta_v = 0.01

for i in range(1000):
    theta_v = theta(theta_v)

print(theta_v)
```

输出结果为：

```
1.999999999999999
```

计算概率向量：

```
p = [theta_v / 6.0,
     (1 - (theta_v / 4.0)),
     theta_v / 12.0]

print("P=[{:.2f}, {:.2f}, {:.2f}]".
      format(p[0], p[1], p[2]))
```

输出结果为：

```
P=[0.33,0.50,0.17]
```

在示例中，对所有概率进行了参数化，而且考虑到 $z_1 = x_1 + x_2$，θ 的选择拥有一个自由度。读者可以通过设定 p_1 和 p_2 其中一个的值，而将其他概率当作 $\bar{\theta}$ 的函数，重复示例计算。计算结果几乎一样，但是，θ 没有自由度。

示例介绍完毕，就可以回到纯粹的机器学习应用，即高斯混合模型，充分理解如何推导用于优化参数的迭代过程。

12.3　高斯混合模型

第 3 章半监督学习导论在半监督学习的背景下讨论了生成高斯混合模型。本节将应用最大期望算法来推导参数迭代更新公式。

假设从数据生成过程 p_{data} 采样，得到数据集 X：

$$X = \{\bar{x}_1, \bar{x}_2, \cdots, \bar{x}_N\}, \bar{x}_N \in \mathbb{R}^m$$

假设整个分布由 k 个高斯分布叠加而成，那么每个样本概率可以表示为：

$$P(\bar{x}_i) = \sum_{j=1}^{k} P(N = j) N(\bar{x}_i \mid \bar{\mu}_i, \Sigma_j) = \sum_{j=1}^{k} w_j N(\bar{x}_i \mid \bar{\mu}_i, \Sigma_j)$$

式中，$w_j = P(N = j)$ 是第 j 个高斯分布的相对权重，而 $\bar{\mu}_j$ 和 Σ_j 为均值和协方差矩阵。为了与概率公理保持一致，还需要加上条件：

$$\sum_j w_j = 1$$

遗憾的是，如果要直接解决问题，就需要计算加和的对数，计算过程会变得很复杂。但是，可以利用隐变量简化问题。

考虑一个参数集合 $\bar{\theta} = (w_j, \bar{\mu}_j, \Sigma_j)$ 和一个隐变量指示矩阵 Z。当点 $\bar{x}_j$ 由第 j 个高斯产生时，Z 的相应元素 z_{ij} 等于 1，否则为 0。因此，每个 z_{ij} 服从参数为 $p(j \mid \bar{x}_i, \bar{\theta}_t)$ 的伯努利分布。此时，隐变量 Z 的作用更加明显。每个高斯都对点 $\bar{x}_i \in X$ 的整体概率有贡献，但没有更多的信息。因此，隐变量描述的，是已知的、起初过于复杂而无法进行数学描述的行为（尽管它必须包含在模型中）。

联合对数似然函数可以用指数指示符号来表示：

$$L(\bar{\theta}; X, Z) = \log \prod_i \prod_j p(\bar{x}_i, j \mid \bar{\theta})^{z_{ij}} = \sum_i \sum_j z_{ij} \log p(\bar{x}_i, j \mid \bar{\theta})$$

索引 i 对应于样本，而 j 对应于高斯分布。如果应用链式法则和对数函数的性质，表达式可表示为：

$$L(\bar{\theta}; X, Z) = \sum_i \sum_j z_{ij} \log p(\bar{x}_i, j \mid \bar{\theta}) + z_{ij} \log p(j \mid \bar{\theta})$$

第一项表示在第 j 个高斯下 $\bar{x}_i$ 发生的概率，第二项为第 j 个高斯的相对权重。现在可以利用联合对数似然函数计算 $Q(\bar{\theta} \mid \bar{\theta}_t)$：

$$Q(\bar{\theta} \mid \bar{\theta}_t) = E_{Z \mid X, \bar{\theta}_t}\left[\sum_i \sum_j z_{ij} \log p(\bar{x}_i, j \mid \bar{\theta}) + z_{ij} \log p(j \mid \bar{\theta})\right]$$

利用$E[\bullet]$的线性性质，上式变为：

$$Q(\bar{\theta}\mid\bar{\theta}_t)=\sum_i\sum_j p(j\mid\bar{x}_i,\bar{\theta}_t)\log P(\bar{x}_i,j\mid\bar{\theta})+p(j\mid\bar{x}_i,\bar{\theta}_t)\log p(j\mid\bar{\theta})$$

给定样本$\bar{x}_i$，$p(j\mid\bar{x}_i,\bar{\theta}_t)$对应于考虑完整数据的$z_{ij}$的期望值，而且表示第$j$个高斯的概率。根据贝叶斯定理可以简化为：

$$p(j\mid\bar{x}_i,\bar{\theta}_t)=\alpha p(\bar{x}_i\mid j,\bar{\theta}_t)p(j,\bar{\theta}_t)$$

第一项是在参数为$\bar{\theta}_t$的第j个高斯下$\bar{x}_i$出现的概率，而第二项是考虑相同参数集合$\bar{\theta}_t$的第j个高斯的权重。为了推导参数的迭代表达式，需要写出多元高斯分布的对数的完整表达式：

$$\log p(\bar{x}_i\mid j,\bar{\theta}_t)=\log\frac{1}{\sqrt{2\pi\det\Sigma_j}}\mathrm{e}^{-\frac{(\bar{x}_i-\bar{\mu}_j)^{\mathrm{T}}\Sigma_j^{-1}(\bar{x}_i-\bar{\mu}_j)}{2}}$$

$$=-\frac{m}{2}\log 2\pi-\frac{1}{2}\log\det\Sigma_j-\frac{1}{2}(\bar{x}_i-\bar{\mu}_j)^{\mathrm{T}}\Sigma_j^{-1}(\bar{x}_i-\bar{\mu}_j)$$

为了简化这个表达式，采用矩阵的迹。事实上，因为$(\bar{x}_i-\bar{\mu}_j)^{\mathrm{T}}\Sigma_j^{-1}(\bar{x}_i-\bar{\mu}_j)$为标量，可以利用$tr(AB)=tr(BA)$和$tr(C)=C$等性质，其中$A$和$B$为矩阵且$c\in\mathbb{R}$：

$$\log p(\bar{x}_i\mid j,\bar{\theta}_t)=-\frac{m}{2}\log 2\pi-\frac{1}{2}\log\det\Sigma_j-\frac{1}{2}tr\left(\Sigma_j^{-1}(\bar{x}_i-\bar{\mu}_j)(\bar{x}_i-\bar{\mu}_j)^{\mathrm{T}}\right)$$

首先考虑均值估计（$Q(\bar{\theta}\mid\bar{\theta}_t)$中只有第一项与均值和协方差有关）：

$$\frac{\partial Q}{\partial\bar{\mu}_j}=-\frac{1}{2}\sum_t p(j\mid\bar{x}_i,\bar{\theta}_t)tr\left(\Sigma_j^{-1}(\bar{x}_i-\bar{\mu}_j)\right)$$

令导数为0，可得：

$$\bar{\mu}_j=\frac{\sum_i p(j\mid\bar{x}_i,\bar{\theta}_t)\bar{x}_i}{\sum_i p(j\mid\bar{x}_i,\bar{\theta}_t)}$$

同样可以得到协方差矩阵的表达式：

$$\Sigma_j=\frac{\sum_i p(j\mid\bar{x}_i,\bar{\theta}_t)\left[(\bar{x}_i-\bar{\mu}_j)(\bar{x}_i-\bar{\mu}_j)^{\mathrm{T}}\right]}{\sum_i p(j\mid\bar{x}_i,\bar{\theta}_t)}$$

为了得到权重的迭代表达式，计算稍微复杂一些，因为需要利用拉格朗日乘子法。考虑到权重之和必须等于1，可以得到下列方程：

$$P=Q-\lambda\left(\sum_j w_j-1\right)\Rightarrow\frac{\partial P}{\partial w_j}=\frac{\partial Q}{\partial w_j}-\lambda\text{且}\frac{\partial P}{\partial\lambda}=\sum_j w_j-1$$

令两个导数都等于 0，考虑到 $w_j = p(j|\bar{\theta})$，根据第一个导数等于 0，可以得到：

$$w_j = \frac{\sum_i p(j|\bar{x}_i, \bar{\theta}_t)}{\lambda}$$

而从第二个导数等于 0，可以得到：

$$\frac{\partial P}{\partial \lambda} = \frac{\sum_i \sum_j p(j|\bar{x}_i, \bar{\theta}_t)}{\lambda} - 1 \Rightarrow \lambda = N$$

最后一步从基本条件可以导出：

$$\sum_j p(j|\bar{x}_i, \bar{\theta}_t) = 1$$

因此，权重的最终表达式为：

$$w_j = \frac{\sum_i p(j|\bar{x}_i, \bar{\theta}_t)}{N}$$

至此，可以将高斯混合算法形式化表达为：

- 为 $w_j^{(0)}$、$\bar{\mu}_j^{(0)}$、$\Sigma_j^{(0)}$ 设置随机初值。
- E 步：用贝叶斯定理计算 $p(j|\bar{x}_i, \bar{\theta}_t)$，$p(j|\bar{x}_i, \bar{\theta}_t) = \alpha w^{(t)} p(\bar{x}_i | j, \bar{\theta}_t)$。
- M 步：用前面提供的公式计算 $w_j^{(t+1)}$、$\bar{\mu}_j^{(t+1)}$、$\Sigma_j^{(t+1)}$。

该过程需要持续迭代直到参数稳定。最好同时利用阈值和最大迭代次数。

12.3.1　利用 scikit-learn 的高斯混合示例

利用 scikit-learn，可以实现高斯混合算法。第 3 章半监督学习导论已经介绍过如何使用 scikit-learn 库。生成的数据集有三个聚类中心，有一定的重叠，因为标准差为 1.5：

```
from sklearn.datasets import make_blobs

nb_samples = 1000
X, Y = make_blobs(n_samples=nb_samples,
                  n_features=2,
                  centers=3, cluster_std=1.5,
                  random_state=1000)
```

数据集如图 12.3 所示。

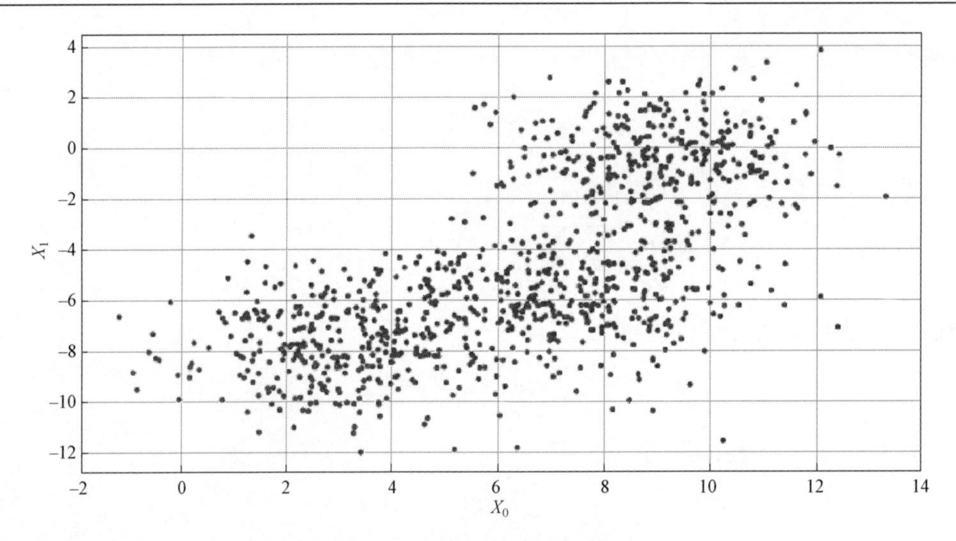

图 12.3 高斯混合的数据集

scikit-learn 利用 GaussianMixture 类实现高斯混合，该类接受高斯分布数量（n_components）和协方差矩阵的类型（covariance_type）作为参数。如果所有高斯分布都含有各自的协方差矩阵的话，协方差矩阵的类型为 full；如果协方差矩阵相同，则类型为 tied；如果所有高斯分布都有各自的对角矩阵，类型则为 diag（这表明特征之间是无关联的）；如果每个高斯分布在每个方向均为对称分布，类型则为 spherical。其他参数用于设置正则化和初始化因子（读者可以直接查阅文档了解更多信息）。

下面采用类型为 full 的协方差矩阵：

```
from sklearn.mixture import GaussianMixture


gm = GaussianMixture(n_components=3)
gm.fit(X)
```

完成模型拟合后，可以通过实例变量 weights_、means_和 covariances_获得学习到的参数：

```
print(gm.weights_)
```

输出结果为：

```
[0.33021183 0.32825195 0.34153622]
```

同样可以查看均值：

```
print(gm.means_)
```

最终结果为：

```
[[9.04405804 -0.37402889]
 [3.03380714 -7.69379648]
 [7.36636358 -5.77704133]]
```

最后，可以计算协方差矩阵：

```
print(gm.covariances_)
```

输出结果为：

```
[[[2.11018067 0.02628044]
  [0.02628044 2.21420326]]

 [[2.34039729 0.08198461]
  [0.08198461 2.36352386]]

 [[2.72613075 -0.00423492]
  [-0.00423492 2.40306437]]]
```

观察协方差矩阵，可以看到特征之间基本不相关，而且高斯分布几乎呈球形。利用 `Yp=gm.transform(X)` 命令，将每个点分配到相应的簇（高斯分布），便可得到最终结果，如图 12.4 所示。

读者应该已经注意到，高斯混合与在第 6 章聚类和无监督学习模型讨论过的 k 均值非常相似。特别说明，k 均值是协方差矩阵为 $\Sigma \rightarrow 0$ 的球形高斯混合的一个特例。这个条件将方法从软聚类（其中每个样本属于服从精确概率分布的所有簇）转化为硬聚类（通过考虑样本与质心或均值之间的最短距离完成分类）。因此，有些书籍也称高斯混合算法为软 k 均值。本章中介绍的概念上相似的方法是模糊 k 均值，它基于利用类似于概率分布的隶属度函数的分派。

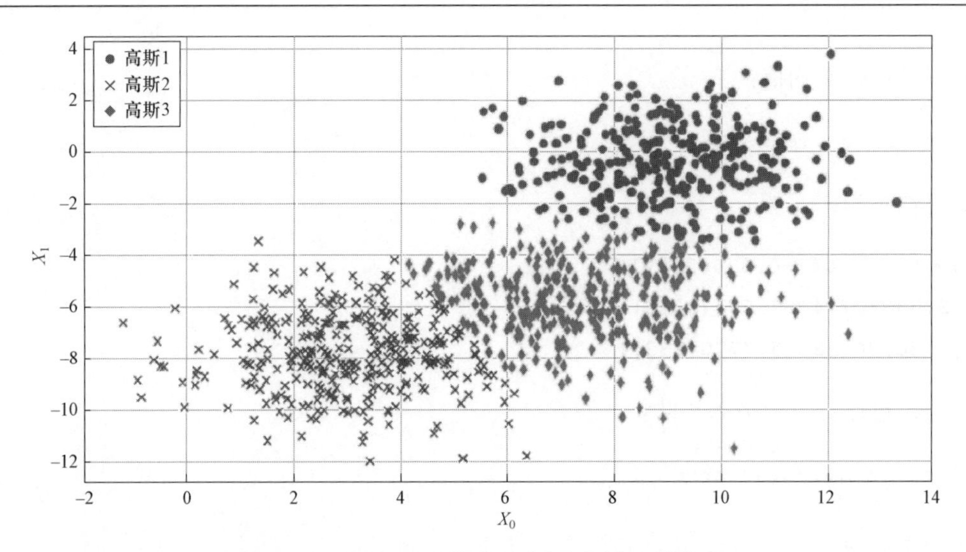

图 12.4 应用三个高斯的混合得到的标记数据集

12.3.2 利用 AIC 和 BIC 确定最佳的高斯分布数量

通常，高斯分布的最优数量是未知的，取决于数据生成过程的结构。本节将展示两种相对简单的方法（无数学证明），在权衡最大对数似然函数与模型复杂度的基础上，确定高斯分布数量最优值。第一种方法是 AIC（Akaike information criterion，赤池信息准则），定义如下：

$$\mathrm{AIC}(L_{opt}, n) = 2n - 2L_{opt}$$

式中，L_{opt} 是可以实现的最大对数似然，而 n 是参数数量（通常，n 是模型中包含的参数总数。但是，高斯分布的数量大多正比于 n，所以这里用 n 代替高斯分布数量）。AIC 的目标是衡量高斯分布数量对对数似然的影响程度，容易理解，AIC 值越小，解更优。实际上，L_{opt} 被认为是负对数似然。因此，AIC 值过大意味着模型复杂度过高，模型无法通过 MLE 的相应改进得到平衡。惩罚项 $2n$ 不一定合适，因为作为 n 的函数的线性不能惩罚那些以额外的计算复杂度为代价获得略好的 MLE 的模型。AIC 的一个替代方法是贝叶斯信息准则（Bayesian information criterion，BIC），它使用了更严格的惩罚项：

$$\mathrm{BIC}(L_{opt}, n) = n\log n - 2L_{opt}$$

这种情况下，比例关系不再是线性，高斯分布的数量必须带来更大的 MLE 才能被接受。在实际应用中，首选的通常是 AIC，但是因为 AIC 容易导致过拟合，所以必须保证数据足够多。当条件满足时（理论上，有必要考虑 $n \to \infty$ 的情况），BIC 的最小值对应于最小化库尔贝

克－莱布勒散度（KL 散度）（$D_{KL}(p_m \| p_{data}) \to 0$）模型 p_m。但是，由于这种情况需要非常大的样本量，所以，AIC 和 BIC 通常倾向于选择相同模型。

转回示例，已知真实数据 $n=3$，可以检查 AIC 和 BIC 的不同值以确保选择 $n=3$ 是正确的：

```
nb_components = [2, 3, 4, 5, 6, 7, 8]
aics = []
bics = []

for n in nb_components:
gm = GaussianMixture(n_components=n,
                                     max_iter=1000,
                                     random_state=1000)
    gm.fit(X)
aics.append(gm.aic(X))
bics.append(gm.bic(X))
```

结果如图 12.5 所示。

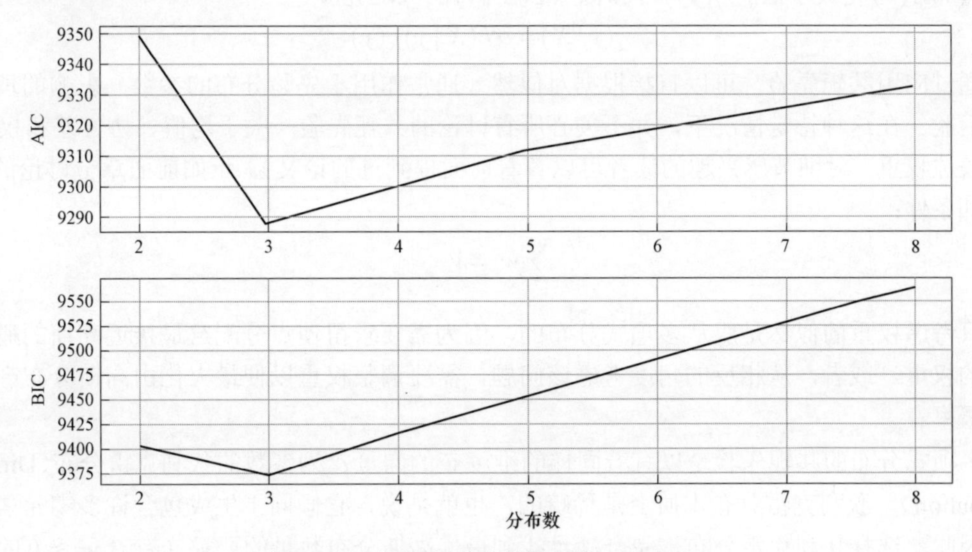

图 12.5　不同高斯分布数量下的 AIC 和 BIC

AIC 和 BIC 都确认 $n=3$ 是最优选择。但需要注意，$n=2$ 时的 AIC 和 BIC 的惩罚效果。

虽然前者有一个峰值，但后者比最优值稍大。这是惩罚 $n\log n$（大约等于 1.38）的结果，惩罚小于 4（$2n$）。相反，n 增加，BIC 的惩罚效果更强（趋势接近线性，但当 $n>5$ 时 AIC 斜率减小），两个指标很相似。一般建议同时分析 AIC 和 BIC，只有当 AIC 分数下降明显时，才选择 BIC（如果两个最小值不同）。例如，考虑两个相邻值，比较相对减少程度，只有当相对值大于预定义阈值，如 0.3 时，才选择 BIC。

12.3.3 利用贝叶斯高斯混合的自动分布选择

有时，需要确定最合适的分布数。解决方法是应用完整贝叶斯框架并在权重上施加先验分布。方法的详细介绍可参阅：Nasios N.，Bors A.G.，*Variational Learning for Gaussian Mixture Models*，IEEE Transactions on Systems，Man，and Cybernetics，36/4，2006。具体地，可以用下式推导权重的后验分布：

$$p(\bar{w} \mid X) \propto p(X \mid \bar{w}) p(\bar{w})$$

标准的最大期望算法最大化似然 $p(X \mid \bar{\theta})$。为避免混淆，采用记号 $\bar{\theta}$ 代表参数向量。但是，如果知道参数的先验信息，就可以尝试求得最大后验概率。遗憾的是，尽管最大期望算法采用了可以以封闭形式求解的 MLE，MAP 估计通常仍然十分复杂，因为需要求归一化系数，而且需要进行积分。应用共轭先验，可以简化问题。如果 $p(y)$ 和 $q(y \mid X)$ 属于同类分布，那么分布 $p(y)$ 是关于后验 $q(y \mid X)$ 和似然 $L(X \mid y)$ 的共轭先验：

$$q(y \mid X) = \alpha L(X \mid y) p(y)$$

通过应用共轭先验，可以直接根据对似然（通常作用于先验分布的参数）影响的理解，计算后验。在这种特定情况下，并不关心所有讨论的共轭先验（关于均值、协方差和权重），而是关注权重（对细节感兴趣的读者可以查看前面提到过的论文）。正如前面章节讨论的，需要增加条件：

$$\sum_j w_j = 1$$

只考虑权重的似然是服从多项式分布的，因为需要求得使点分配给最接近高斯的概率最大化的权重。或者，从相反的角度考虑该问题，需要调整权重以便最大化由高斯分布产生样本的概率。

多项式分布的共轭先验是以有着同样的维度 $\bar{w}$ 的向量 $\bar{\alpha}$ 为参数的狄利克雷分布(Dirichlet distribution)。狄利克雷分布本质上是稀疏的，也就是说，它倾向于生成包含许多零元素的样本。因此，选择狄利克雷分布，完全满足找到最优高斯分布数量的要求（有着 $w_i \approx 0$ 的高斯分布可认为不存在）。直接利用狄利克雷分布解决问题是可行的，但是仍然有过多的参数（向量 $\bar{\alpha}$ 的元素）需要处理。也可采用以单个权重集中系数 w_c 为参数的狄利克雷过程。如果稀释

度与 w_c 成正比，这样的过程输出概率分布。

对先前定义好的数据集，应用贝叶斯高斯混合算法，$n=8$，$w_c=1$：

```
from sklearn.mixture import BayesianGaussianMixture

gm = BayesianGaussianMixture(n_components=8,
                             max_iter=10000,
                             weight_concentration_prior=1,
                             random_state=1000)
gm.fit(X)

print("Weights (wc = 1):")
for w in gm.weights_:
    print("{:.2f}".format(w))
```

输出结果为：

```
Weights(wc=1):
0.00
0.35
0.00
0.32
0.00
0.00
0.00
0.32
```

可见，只选择了三个分布，所有其他的权重都变成 0。对于同一数据集，改变权重集中先验参数（weight concentration prior parameter），结果大为不同。这可能就是该算法的最大缺点。

因此，应该选择完全不同的值进行尝试（例如，$w_c=\{0.1,10,1000\}$），观察结果之间的差异，然后分析有效分布数量保持不变的范围。例如，前面的例子，由于数据集本质上是高斯混合（因为数据是从 3 个高斯分布采样得到的），权重集中系数（weight concentration coefficient）作用有限，$n=4$ 是自然选择。

相反，如果 p_{data} 有更加复杂的结构，低的 w_c 值趋向于减少有效成分的数量（根据 L1 范数的强度），而较大的值会使狄利克雷分布更为密集。但是，理想情况应该包括最优集中参数的网络搜索和 AIC 与 BIC 的连续性分析。当不确定性很高时，可以先利用 AIC 为 n 选择一个潜在范围，然后通过调整权重集中参数将其放大。此方法的更多细节可参阅：Bonaccorso G.，*Hands-On Unsupervised Learning with Python*，Packt Publishing，2018。

12.4 本章小结

本章介绍了最大期望算法，解释了它广泛应用于统计学习问题的原因。讨论了隐变量的基本作用，推导了易于优化的表达式：Q 函数。

应用最大期望算法解决了一个简单的参数估计问题，然后证明了高斯混合模型估计公式。利用 scikit-learn 库实现了整个过程，而不是从头开始编写程序（如第 3 章半监督学习导论）。

第 13 章将介绍和分析三种不同的成分提取方法：因子分析、PCA 和 FastICA。

扩展阅读

- Dempster A.P., Laird N.M., Rubin D.B., *Maximum likelihood from incomplete data via the EM algorithm*, Journal of the Royal Statistical Society, B, 39(1): 1–38, 11/1977.
- Hansen F., Pedersen G.K., *Jensen's Operator Inequality*, arXiv: math/0204049[math.OA].
- Rubin D., Thayer D., *EM algorithms for ML factor analysis*, Psychometrika, 47/1982, Issue 1.
- Ghahramani Z., Hinton G.E., *The EM algorithm for Mixtures of Factor Analyzers*, CRC – TG – 96 – 1, 05/1996.
- Hyvarinen A., Oja E., *Independent Component Analysis: Algorithms and Applications*, Neural Networks 13/2000.
- Luenberger D.G., *Optimization by Vector Space Methods*, Wiley, 1997
- Ledoit O., Wolf M., *A Well-Conditioned Estimator for Large-Dimensional Covariance Matrices*, Journal of Multivariate Analysis, 88, 2/2004.
- Minka T.P., *Automatic Choice of Dimensionality for PCA*, NIPS 2000.
- Nasios N., Bors A.G., *Variational Learning for Gaussian Mixture Models*, IEEE Transactions on Systems, Man, and Cybernetics, 36/4, 2006.
- Bonaccorso G., *Hands-On Unsupervised Learning with Python*, Packt Publishing, 2018.

第 13 章　成分分析和降维

本章将介绍成分分析和降维的最常见最重要的方法。使用大型数据集时，通常需要优化算法的性能，而达到此目标最合理的方法之一就是去除那些信息量无足轻重的特征。本章讨论的模型可以详细分析数据集的组成成分，选择那些对结果有重要贡献的成分。具体将讨论以下主题：

- 因子分析（factor analysis）。
- **主成分分析**（principal component analysis，PCA），核 PCA 和稀疏 PCA。
- **独立成分分析**（independent component analysis，ICA）。
- 考虑最大期望的隐马尔可夫模型前向－后向算法的简要介绍。

首先讨论一种非常灵活的算法，分析存在噪声项的数据集的组成成分。

13.1　因子分析

假设有一个服从高斯分布的数据生成过程 $p_{\text{data}} \sim N(0, \Sigma)$，以及从该过程抽取的 M 个 n 维聚零样本：

$$X = \{\bar{x}_1, \bar{x}_2, \cdots, \bar{x}_M\}, \bar{x}_i \in \mathbb{R}^n$$

如果 p_{data} 的均值 $\bar{\mu} \neq 0$，虽然可以使用此模型，但是必须考虑这个非零值给一些公式带来的改动。由于聚零往往没有缺点，所以可以移除均值以简化模型。

无监督学习最常见的问题之一是找到一个低维分布 p_{lower}，使得 p_{data} 的库尔贝克－莱布勒散度（KL 散度）最小化。**因子分析法**（factor analysis，FA）最早由 Rubin 等人提出，请参阅：Rubin D.，Thayer D.，*EM algorithms for ML factor analysis*，Psychometrika，47/1982，Issue 1，以及 Ghahramani Z.，Hinton G.E.，*The EM algorithm for Mixtures of Factor Analyzers*，CRC－TG－96－1，05/1996。假设可以将一般数据点 $\bar{x}$ 建模为高斯分布隐变量 $\bar{z}$ 的线性组合（其维度 p 通常为 $p<n$）与一个附加不相关的高斯噪声项 $\bar{v}$ 之和：

$$\bar{x} = A\bar{Z} + \bar{v}, \bar{z} \sim N(0, I) \text{ 且 } \bar{v} \sim N(0, \Omega)，\ \Omega = diag\,(\omega_0^2, \omega_1^2, \cdots, \omega_n^2)$$

矩阵 A 称为因子载荷矩阵（factor loading matrix），因为它确定每个隐变量（因子）对 $\bar{x}$ 重构的贡献。假设因子和输入数据统计上是独立的。其实，考虑最后一项，如果 $\omega_0^2 \neq \omega_1^2 \neq \cdots \neq \omega_n^2$，那么该噪声称为异方差（heteroscedastic），而如果方差相等，即 $\omega_0^2 = \omega_1^2 = \cdots = \omega_n^2$，则噪声称

为同方差。为了理解两种噪声的差别，可以想象一个信号 $\overline{x}$，它是在不同位置（例如，机场和树林）录制的两种相同声音的混合。在这种情况下，很容易想象，这些录音如何有了不同的噪声方差，也就是异方差噪声（考虑到不同噪声源的数量，机场环境的录音应该比树林环境的录音具有更高的方差）。如果两种声音都在一个隔音房间（或者在同一机场）录得，那么噪声肯定是同方差噪声（不考虑噪声幅值，只考虑方差的差异）。

相对其他方法（例如 PCA），因子分析法最重要的优势之一是其对异方差噪声的固有鲁棒性。实际上，给模型加上噪声项（仅限制为不相关），可以实现基于单个分量的部分降噪滤波，而 PCA 的前提条件之一是仅施加同方差噪声（很多情况下，等同于完全没有噪声）。关于前面的例子，可以假设第一个方差为 $\omega_0^2 = k\omega_1^2$，$k > 1$。这样的模型就可以理解，第一个成分的高方差很大可能被视为噪声的产物，而非该成分的固有属性。

13.1.1 线性关系分析

现在分析线性关系：

$$\overline{x} = A\overline{Z} + \overline{v}$$

根据高斯分布的性质可知，$\overline{x} \sim N(\overline{\mu}, \Sigma)$，而且很容易确定其均值和协方差矩阵：

$$\begin{cases} \overline{\mu} = E[X] = AE[Z] + E[\overline{v}] = 0 \\ \Sigma = E[X^{\mathrm{T}}X] = AE[Z^{\mathrm{T}}Z]A^{\mathrm{T}} + E[\overline{v}^{\mathrm{T}}\overline{v}] = AA^{\mathrm{T}} + \Omega \end{cases}$$

因此，为了解决该问题，需要找到最佳的 $\theta = (A, \Omega)$，使得 $AA^{\mathrm{T}} + \Omega \approx \Sigma$（对于聚零（零均值）的数据集，只估计输入协方差矩阵 Σ）。处理噪声变量的能力应该更强。如果 $AA^{\mathrm{T}} + \Omega$ 正好等于 Σ，而且 Ω 的估计是正确的，那么该算法将优化因子载荷矩阵 A，排除噪声项产生的干扰，所以，这些分量将被近似去噪。

为了利用最大期望算法，需要确定联合概率 $p(X,\overline{z};\overline{\theta}) = p(X \mid \overline{z};\overline{\theta})p(\overline{z} \mid \overline{\theta})$。因为 $\overline{x} - A\overline{z} \sim N(0, \Sigma)$，所以很容易确定右边第一项。因此可以得到：

$$P(X,\overline{z};\overline{\theta}) = \prod_{i=1}^{M}\left(\frac{1}{\sqrt{(2\pi)^n \det\Omega}}\mathrm{e}^{-\frac{(\overline{x}_i - A\overline{Z})^{\mathrm{T}}\Omega^{-1}(\overline{x}_i - A\overline{Z})}{2}}\right)\left(\frac{1}{\sqrt{(2\pi)^p}}\mathrm{e}^{-\frac{\overline{z}^{\mathrm{T}}\overline{z}}{2}}\right)$$

接着可以确定函数 $Q(\overline{\theta} \mid \overline{\theta}_t)$，去除常数项和 $\overline{z}^{\mathrm{T}}\overline{z}$，因为它们并不依赖于 $\overline{\theta}$（这个特例，不需要计算概率 $p(\overline{z} \mid X;\overline{\theta})$，因为它足以获得期望值和二阶矩的充分统计）。另外，需要扩展指数项的乘式：

$$\begin{aligned} Q(\overline{\theta} \mid \overline{\theta}_t) &= E_{Z|X;\overline{\theta}}[\log p(X \mid \overline{z};\overline{\theta})] \\ &= E_{Z|X;\overline{\theta}}\left[-\frac{M}{2}\log\det\Omega - \frac{1}{2}\sum_{i=1}^{M}(\overline{x}_i^{\mathrm{T}}\Omega^{-1}\overline{x}_i - 2\overline{x}_i^{\mathrm{T}}\Omega^{-1}A\overline{z} + \overline{z}^{\mathrm{T}}A^{\mathrm{T}}\Omega^{-1}A\overline{z})\right] \end{aligned}$$

对最后一项（标量）进行矩阵迹处理，可以将其重写为：

$$\bar{z}^{\mathrm{T}} A^{\mathrm{T}} \Omega^{-1} A\bar{z} = tr(\bar{z}^{\mathrm{T}} A^{\mathrm{T}} \Omega^{-1} A\bar{z}) = tr(A^{\mathrm{T}} \Omega^{-1} A\bar{z}\,\bar{z}^{\mathrm{T}})$$

利用算子 $E[\bullet]$ 的线性性质，可以得到：

$$Q(\bar{\theta} \mid \bar{\theta}_t) = -\frac{M}{2}\log\det\Omega - \frac{1}{2}\sum_{i=1}^{M}(\bar{x}_i^{\mathrm{T}}\Omega^{-1}\bar{x}_i - 2\bar{x}_i^{\mathrm{T}}\Omega^{-1}AE[\bar{z} \mid \bar{x}_i] + A^{\mathrm{T}}\Omega^{-1}E[\bar{z}\,\bar{z}^{\mathrm{T}} \mid \bar{x}_i])$$

这个表达式类似于在高斯混合模型中所看到的，但此时，需要计算条件期望和条件二阶矩 $\bar{z}$。遗憾的是，无法直接进行计算，但是可以利用 $\bar{x}$ 和 $\bar{z}$ 的联合正态性来计算。利用经典定理可以将全联合概率 $p(\bar{z},\bar{x})$ 分解为：

$$\bar{v} = \begin{pmatrix}\bar{z}\\ \bar{x}\end{pmatrix} \bar{\mu}^{*} = \begin{pmatrix}E[\bar{z}]\\ E[\bar{x}]\end{pmatrix} = 0 \quad \Sigma^{*} = \begin{pmatrix} I & A^{\mathrm{T}} \\ A & AA^{\mathrm{T}} + \Omega \end{pmatrix}$$

条件分布 $p(\bar{z} \mid \bar{x} = \bar{x}_i)$ 的均值等于：

$$E[\bar{z} \mid \bar{x} = \bar{x}_i] = E[\bar{z}] + E[\bar{z}\,\bar{x}^{\mathrm{T}}]E[\bar{x}\,\bar{x}^{\mathrm{T}}]^{-1}(\bar{x}_i - E[\bar{x}_i]) = A^{\mathrm{T}}(AA^{\mathrm{T}} + \Omega)^{-1}\bar{x}_i$$

条件方差为：

$$E[(\bar{z} - E[\bar{z} \mid \bar{x} = \bar{x}_i])^2] = E[\bar{z}\,\bar{z}^{\mathrm{T}} \mid \bar{x} = \bar{x}_i] - E[\bar{z} \mid \bar{x} = \bar{x}_i]E[\bar{z} \mid \bar{x} = \bar{x}_i]^{\mathrm{T}}$$

因此，条件二阶矩等于：

$$E[\bar{z}\,\bar{z}^{\mathrm{T}} \mid \bar{x} = \bar{x}_i] = I - A^{\mathrm{T}}(AA^{\mathrm{T}} + \Omega)^{-1}A + E[\bar{z} \mid \bar{x} = \bar{x}_i]E[\bar{z} \mid \bar{x} = \bar{x}_i]^{\mathrm{T}}$$

如果定义辅助矩阵 $K = (AA^{\mathrm{T}} + \Omega)^{-1}$，那么先前的表达式变为：

$$\begin{cases} E[\bar{z} \mid \bar{x} = \bar{x}_i] = A^{\mathrm{T}}K\bar{x}_i \\ E[\bar{z}\,\bar{z}^{\mathrm{T}} \mid \bar{x} = \bar{x}_i] = I - A^{\mathrm{T}}KA + A^{\mathrm{T}}K\bar{x}_i\bar{x}_i^{\mathrm{T}}K^{\mathrm{T}}A \end{cases}$$

利用上式，可以构建逆模型（有时称为识别模型，因为它从结果开始，重建原因），逆模型依然是高斯分布的：

$$\bar{z} = B \mid \bar{x} + \bar{\lambda}, p(\bar{z} \mid \bar{x};\theta) \sim N(A^{\mathrm{T}}K\bar{x}, I - A^{\mathrm{T}}KA)$$

现在可以对关于 A 和 Ω 的 $Q(\bar{\theta} \mid \bar{\theta}_t)$ 进行最大优化，考虑 $\bar{\theta}_t = (A_t, \Omega_t)$，条件期望和根据估计 $\bar{\theta}_{t-1} = (A_{t-1}, \Omega_{t-1})$ 计算得到的二阶矩。因此，推导过程并没有涉及它们。按照惯例，计算时刻 t 的被最大化的项，而所有其他项则通过先前的估计 $(t-1)$ 获得：

$$\frac{\partial Q}{\partial A} = -\sum_{i=1}^{M}\Omega_{t-1}^{-1}\bar{x}_i E[\bar{z} \mid \bar{x} = \bar{x}_i]^{\mathrm{T}} + \sum_{j=1}^{M}\Omega_{t-1}^{-1}A_t E[\bar{z}\,\bar{z}^{\mathrm{T}} \mid \bar{x} = \bar{x}_i] = 0$$

A_t 的表达式如下（Q 是聚零数据集的有偏输入协方差矩阵 $E[X^{\mathrm{T}}X]$）：

$$A_t = (QK_{t-1}^{\mathrm{T}}A_{t-1})(I - A_{t-1}^{\mathrm{T}}K_{t-1}A_{t-1} + A_{t-1}^{\mathrm{T}}K_{t-1}QK_{t-1}^{\mathrm{T}}A_{t-1})^{-1}$$

同样，通过计算关于 Ω^{-1} 的导数，得到 Ω_t 的表达式。这样可以简化计算而且不影响结果，因为必须设导数等于 0：

$$\frac{\partial Q}{\partial \Omega^{-1}} = \frac{M}{2}\Omega_t - \frac{1}{2}\sum_{i=1}^{M}(\overline{x}_i\overline{x}_i^{\mathrm{T}} - A_{t-1}E[\overline{z} \mid \overline{x} = \overline{x}_i]\overline{x}_i^{\mathrm{T}}) = 0$$

第一项的导数是实数对角矩阵的行列式，利用伴随矩阵 $\mathrm{Adj}(\Omega)$ 以及逆矩阵 $T^{-1} = \det(T)^{-1}\mathrm{Adj}(T)$ 的性质，还有性质 $(\det T)^{-1} = \det(T)^{-1}$ 与 $\det T^{\mathrm{T}} = \det T$ 求得：

$$\frac{\partial}{\partial \Omega^{-1}}\log\det\Omega = (\det\Omega)(\mathrm{Adj}(\Omega)^{\mathrm{T}})^{-1} = \Omega^{\mathrm{T}} = \Omega$$

Ω_t 的表达式（施加了对角约束）如下：

$$\Omega_t = \mathrm{diag}(Q - A_{t-1}A_{t-1}^{\mathrm{T}}K_{t-1}Q)$$

总结以上步骤，可以定义完整因子分析算法：

- 设置随机初值 $A^{(0)}$ 和 $\Omega^{(0)}$ 。
- 计算有偏输入协方差矩阵 $Q = E[X^{\mathrm{T}}X]$ 。
- E 步：计算 $A^{(t)}$ 、 $\Omega^{(t)}$ 、 $K^{(t)}$ 。
- M 步：利用先前估计和前面的公式计算 $A^{(t+1)}$ 、 $\Omega^{(t+1)}$ 、 $K^{(t+1)}$ 。
- 计算逆模型的矩阵 B 和 Ψ 。

必须重复该过程，直到 $A^{(t)}$ 、$\Omega^{(t)}$ 、$K^{(t)}$ 停止变化以及设置阈值时达到最大迭代次数限制。利用逆模型可以轻松获得这些因子。

13.1.2 利用 scikit-learn 的因子分析示例

利用 scikit-learn 编写因子分析示例的程序。利用的数据集是原始版本的 MNIST 手写数字数据集（70 000 张 28×28 灰度图像），另外加入了异方差正态噪声，在范围 (0,0.25) 里随机选取 ω_i 值。

第一步，载入原始数据集并对其零均值化处理（利用第 1 章机器学习模型基础定义的函数）：

```
import numpy as np

from sklearn.datasets import fetch_openml

def zero_center(X):
    return X - np.mean(X, axis=0)
```

```
digits = fetch_openml("mnist_784")
X = zero_center(digits['data'].
                astype(np.float64) / 255.0)
np.random.shuffle(X)

Omega = np.random.uniform(0.0, 0.25,
                          size=X.shape[1])
Xh = X + np.random.normal(0.0, Omega,
                          size=X.shape)
```

经过第一步，变量 *X* 将包含零均值化的原始数据集，而 *Xh* 是添加了噪声的数据集。图 13.1 所示截屏图显示了从两个版本数据集随机抽取样本的情况。

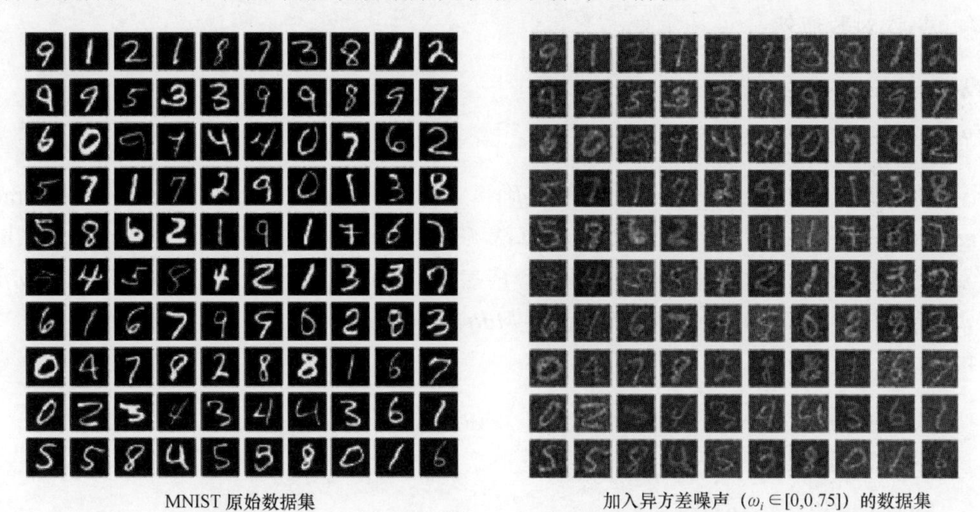

MNIST 原始数据集　　加入异方差噪声（$\omega_i \in [0,0.75]$）的数据集

图 13.1　MNIST 数据集（左）和加入噪声的数据集（右）

可以利用带有 `n_components=64` 参数的 scikit-learn 的 `FactorAnalysis` 类对两个数据集进行因子分析，检查指标得分情况（所有样本的平均对数似然）。如果已知噪声方差（或有精确的估计），那么，可以通过 `noise_variance_init` 参数添加起始点。如果噪声方差未知，将用单位矩阵对其进行初始化：

```
from sklearn.decomposition import FactorAnalysis
```

```
fa = FactorAnalysis(n_components=64,
                    random_state=1000)
fah = FactorAnalysis(n_components=64,
                     random_state=1000)

Xfa = fa.fit_transform(X)
Xfah = fah.fit_transform(Xh)

print('Factor analysis score X: {:.3f}'.
      format(fa.score(X)))
print('Factor analysis score Xh: {:.3f}'.
      format(fah.score(Xh)))
```

输出平均对数似然：

```
Factor analysis score X:1821.404
Factor analysis score Xh:311.249
```

不出所料，噪声的存在降低了最终的准确率（MLE）。采用 scikit-learn 文档中 Gramfort 和 Engemann 提供的示例，用 Ledoit-wolf 算法（一种改进条件协方差的缩小方法，超出了本书的范围）创建 MLE 的对比基准（更多内容请参阅：Ledoit O.，Wolf M.，*A Well-Conditioned Estimator for Large-Dimensional Covariance Matrices*，Journal of Multivariate Analysis，88，2/2004）：

```
from sklearn.covariance import LedoitWolf

ldw = LedoitWolf()
ldwh = LedoitWolf()

ldw.fit(X)
ldwh.fit(Xh)
```

平均对数似然为：

```
print('Ledoit-Wolf score X: {:.3f}'.
      format(ldw.score(X)))
```

```
print('Ledoit-Wolf score Xh: {:.3f}'.
      format(ldwh.score(Xh)))
```

输出结果为：

```
Ledoit-Wolf score X:1367.221
Ledoit-Wolf score Xh:346.825
```

对于原始数据集，因子分析的性能比基准算法的性能更好，而对于存在异方差噪声的数据集而言，前者的性能略差。读者可以利用具有不同数量成分和噪声方差的网格搜索，进行其他组合的尝试，并对省去零均值化处理的效果进行实验分析。可以用 components_instance 变量来绘制抽取的成分，如图 13.2 所示。

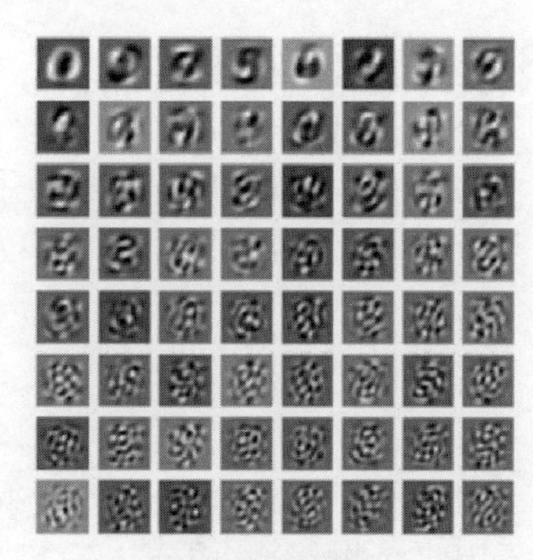

图 13.2　对原始数据集进行因子分析所提取的 64 个成分

经过仔细分析，发现这些成分是很多低级视觉特征的叠加。这是假设在成分（$\bar{z} \sim N(0, I)$）上有高斯先验分布的结果。实际上，这种分布的缺点之一是其固有的紧密度，即远离均值的采样值往往太大。而有时，最好有一个不允许接近均值的峰值分布，以便能够更有选择性地观察成分。

此外，分布 $p(Z \mid X; \bar{\theta})$ 的协方差矩阵 Ψ 可能不是对角矩阵（强加该约束可能会导致问题无解），导致产生通常不由独立成分组成的多元高斯分布。一般情况下，单个变量 $\bar{z}_i$（基于输入点 $\bar{x}_i$）是统计依赖的，而且几乎所有抽取的特征都参与 $\bar{x}_i$ 的重构。无论哪种情况，编码都很密集，特征字典不尽完整（成分的维度低于 $\dim \bar{x}_i$）。独立性的缺失对于应用于因子载荷矩阵 A 的任何正交变换 Q 不影响分布 $p(Z \mid X; \bar{\theta})$ 而言，也可能是个问题。事实上，由于 $QQ^{\mathrm{T}} = I$，下式成立：

$$AA^{\mathrm{T}} + \Omega = AQQ^{\mathrm{T}} A^{\mathrm{T}} + \Omega$$

换言之，任何特征旋转 $\bar{x} = AQ\bar{z} + \bar{v}$ 都是原始问题的解，无法确定哪个是真实的载荷矩阵。所有这些条件导致进一步的结论，即成分之间的互信息不等于零也不是最小值。每个成分都承载了一部分特定信息。主要目标是减小维度。既然如此，成分相互依赖也就不足为奇，因为旨在保留 $p(X)$ 包含的最大原始信息量。谨记，信息量与熵有关，而熵与方差成正比。

同样基于高斯假设的 PCA 也可以观察到同样的现象。接着将讨论 ICA（independent

component analysis，独立成分分析）方法，其目标是根据一组统计独立的特征，构造每个样本的表示（没有降维约束）。尽管具有特殊性，这种方法也属于称为稀疏编码的算法大类。如果相应字典有 $\dim\bar{z}_i > \dim\bar{x}_i$，则称字典过完备（当然，主要目标不是降维）。但是，仅考虑字典是最多完备 $\dim\bar{z}_i = \dim\bar{x}_i$ 情况，因为具有过完备字典的 ICA 需要更复杂的方法。当然，稀释度与 $\dim\bar{z}_i$ 成正比，但 ICA 只是将其作为次要目标来实现（首要目标是成分之间的独立性）。

13.2 主成分分析

高维数据集降维的另一种常用解决方法基于假设：并非所有成分都同等地看待总方差。如果 p_{data} 是协方差矩阵为 Σ 的多元高斯分布，那么，熵（分布包含的信息量的测度）表示如下：

$$H(p) = \frac{1}{2}\log\det 2\pi e\Sigma$$

因此，如果某些成分方差很小，那么它们对熵的贡献也有限，而且几乎提供不了什么信息。因此，去除这些成分并不会造成准确率的损失。

正如前面因子分析所为，考虑一个从 $p_{\text{data}} \sim N(0,\Sigma)$ 抽取的数据集（简单起见，假设该数据集为零均值，尽管可以不是）：

$$X = \{\bar{x}_1, \bar{x}_2, \cdots \bar{x}_M\}, \bar{x}_i \in \mathbb{R}^n$$

目标是定义一个线性变换，$\bar{z} = A^{\mathrm{T}}\bar{x}$（一个向量通常当作一列，所以，$\bar{x}$ 的维度为 $(n\times 1)$，例如：

$$\begin{cases}\dim\bar{z}_i \leqslant n \\ H(p(\bar{z})) \approx H(p(\bar{x}))\end{cases}$$

因为想要找到方差更大的方向，所以，可以从输入协方差矩阵 Σ（实对称正定矩阵）的特征值分解开始，构造变换矩阵 A。

$$\Sigma = V\Omega V^{\mathrm{T}}$$

V 是一个包含特征向量（作为列）的 $(n\times n)$ 矩阵，而 Ω 是一个包含特征值的对角矩阵。此外，V 也是正交矩阵，所以特征向量构成了基。另一种方法基于**奇异值分解**（singular value decomposition，SVD），该方法还有其他的变种。还有一些算法可以实现任意数量成分的分解，从而加速收敛（例如 scikit-learn 实现的 TruncatedSVD）。此时，样本协方差（如果 $M \gg 1$，

$M \approx M-1$，而且估计几乎无偏）为：

$$\Sigma_s = \frac{1}{M} X^T X, X \in \mathbb{R}^{M \times n} \text{ 且 } \Sigma_s \in \mathbb{R}^{n \times n}$$

如果将 SVD 应用于矩阵 X（每行代表一个维度为 $(1 \times n)$ 的数据点），可以得到：

$$X = U \Lambda V^T, U \in \mathbb{R}^{M \times M}, \Lambda \in \mathrm{diag}(n \times n) \text{ 且 } V \in \mathbb{R}^{n \times n}$$

U 是一个包含作为行的左奇异向量（XX^T 的特征向量）的酉矩阵（unitary matrix），V 也是一个包含作为行的右奇异向量（对应于 $X^T X$ 的特征向量）的酉矩阵，而 Λ 是一个包含 Σ_s 的奇异值（XX^T 和 $X^T X$ 特征值的平方根）的对角矩阵。通常，特征值按降序排列，特征值根据相应的位置进行重新排列。

因此，可以直接利用矩阵 Λ 选择最相关的特征值（开平方根是增函数，不改变顺序），利用矩阵 V 检索相应的特征向量（因子 $1/M$ 是比例系数）。如此，无需计算和特征分解协方差矩阵 Σ（包含 $n \times n$ 元素），而且可以应用一些高效的近似算法，这些算法仅适用于数据集（不需要计算 $X^T X$）。考虑到 U 和 V 都是酉矩阵（意味着 $UU^T = U^T U = I$，所以，共轭转置也是矩阵的逆），应用 SVD，可以直接变换矩阵 X：

$$Z = XA = U \Lambda V^T V = U \Lambda$$

X 仅投影到特征向量空间（简单地被旋转），而且其维数并没有改变。但是，根据特征向量的定义可知，下式成立：

$$\Sigma \bar{v} = \lambda \bar{v}$$

如果 λ 很大，$\bar{v}$ 的投影就将与对应特征向量方向的解释方差成比例地增大。因此，在投影完成之前，可以对特征值和相应的特征向量进行排序并重命名，得到下式：

$$\lambda_1 > \lambda_2 > \cdots > \lambda_n$$

如果选择前 k 个特征值，就可以基于将 X 投影到原特征向量空间的一个子空间上的相应的特征向量（主成分）构建变换矩阵：

$$A_k = \{\bar{v}_1, \bar{v}_2, \cdots \bar{v}_k\}, A_k \in \mathbb{R}^{n \times k}$$

利用 SVD 而不是 A_k，可以直接截取 U 和 Λ，构造只包含前 k 个特征向量的矩阵 U_k 和拥有前 k 个特征值的对角矩阵 Λ_k。

13.2.1　成分重要性评价

选择 k 值时，假设满足以下条件（Explained Variance 意为解释方差）：

$$\text{Explained Variance}[A_k] \approx \text{Explained Variance}[V]$$

为了实现该目标，通常需要对比在选择不同成分时的性能。图 13.3 中，方差比（成分 n 的解释方差/总方差）与累计方差以成分的函数形式显示：

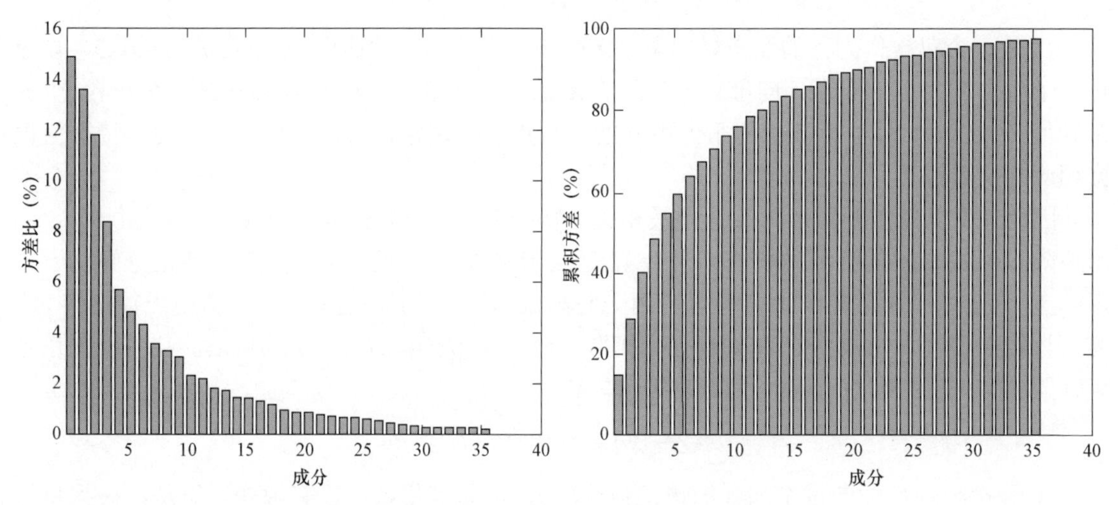

图 13.3　各成分的解释方差（左）和各成分的累积方差（右）

前 10 个成分可以解释 80%的总方差。其余 25 个成分的影响越来越小，可以去除。但是，考虑到信息丢失带来的价值损失，这种选择必须根据情况而定。

确定成分的正确数量，关键在于分析 X 的特征值。对这些特征值排序之后，可以考虑前后值的差，$d=\{\lambda_1-\lambda_2,\cdots,\lambda_{k-1}-\lambda_k\}$。最大差值 $\lambda_{k-1}-\lambda_k$ 决定潜在最优降维的索引号 k（显然，需要考虑对最小值的约束，因为通常 $\lambda_1-\lambda_2$ 是最大差值）。例如，如果 $d=\{4,4,3,0.2,0.18,0.05\}$，则原始维度是 $n=6$。但是，$\lambda_4-\lambda_5$ 是最小差值，所以，将维度减小到 $(n+1)-k=3$ 才算合理。原因很简单，特征值决定了每个成分的大小，但是由于尺度变化，所以需要相对测度。本例，最后三个特征向量所指方向上的解释方差，与前三个成分相比，可以忽略不计。

一旦定义了变换矩阵 A_k，就可以通过以下关系，实现原始向量向新子空间的投影：

$$\bar{z}=A_k^{\mathrm{T}}\bar{x}, \bar{z}\in\mathbb{R}^{k\times1}, A_k^{\mathrm{T}}\in\mathbb{R}^{n\times k} \text{ 且 } \bar{x}\in\mathbb{R}^{n\times1}$$

整个数据集的完整变换可以简单地得到：

$$Z=XA_k=U_k\Lambda_k$$

接着分析新的协方差矩阵 $E[Z^{\mathrm{T}}Z]$。如果原始分布是 $p_{\text{data}}\sim N(0,\Sigma)$，那么，$p(\bar{z})$ 也是高

斯分布，其均值与协方差如下：

$$\begin{cases}\bar{\mu}_z = E[Z] = A^{\mathrm{T}} E[X] = 0 \\ \Sigma_z = E[Z^{\mathrm{T}} Z] = A^{\mathrm{T}} E[X^{\mathrm{T}} X] A = A^{\mathrm{T}} \Sigma A = A^{\mathrm{T}} V \Omega V^{\mathrm{T}} A\end{cases}$$

由于 Ω 是对角矩阵，所以 Σ_z 也会是对角矩阵。这意味着，主成分分析 PCA 对变换后的协方差矩阵进行了解耦。同时，可以说，解耦输入协方差矩阵的每个算法都执行了主成分分析（无论有无降维）。例如，白化过程就是一种不降维的特殊主成分分析方法，而 Isomap（见第 5 章基于图的半监督学习）则以更为几何的方式对格拉姆矩阵（Gram matrix）执行了相同的操作。这一结果将用于第 14 章赫布学习，以展示一些特定的神经网络如何能在不对 Σ 进行特征分解的情况下完成主成分分析。

现在考虑一个具有同方差噪声的因子分析。已知，条件分布 $(X \mid Z; \bar{\theta})$ 的协方差矩阵等于 $AA^{\mathrm{T}} + \Omega$。在同方差噪声的情况下，协方差矩阵变为 $AA^{\mathrm{T}} + \omega I$。对于一般的协方差矩阵 Σ，可以证明，增加一个常数对角矩阵，$\Sigma + aI$ 不会改变原始特征向量，只是将特征值等量移动：

$$\Sigma + aI = V\Psi V^{\mathrm{T}} + aI = V\Psi V^{\mathrm{T}} + aVIV^{\mathrm{T}} = V(\Psi + aI)V^{\mathrm{T}}$$

因此，不失一般性，可以考虑没有噪声的情况。因子分析（$\Omega = 0$）的目标是找到矩阵 A 使得 $AA^{\mathrm{T}} \approx Q$（输入协方差）。因此，借助对称性和添加渐进等式，可以得到：

$$A_\infty A_\infty^{\mathrm{T}} = Q \Rightarrow A_\infty A_\infty^{\mathrm{T}} = V\Omega V^{\mathrm{T}} = \left[V(\Omega^{1/2})(\Omega^{1/2})^{\mathrm{T}} V^{\mathrm{T}}\right] \Rightarrow A_\infty = V\Omega^{1/2}$$

该结果表明，在存在异方差噪声的情况下，因子分析是更通用且可靠的降维方法，而主成分分析更适合同方差噪声问题。当对受异方差噪声影响的数据集进行主成分分析时，因为在不同层次上改变特征值大小的不同噪声成分可能倾向于选择那些只解释原始数据集低值方差的特征向量，MLE 会变差。在无噪声的情况下，这些特征向量通常会被丢弃，转向更重要的方向。

如果回头看上一段开头讨论的示例，就会知道噪声绝对是异方差噪声，但是，没有任何方法告诉主成分分析如何应对。这意味着，如果两个噪声源相同，第一成分的方差就会远高于预期。遗憾的是，现实中，噪声是相关的，当噪声很大时，因子分析和主成分分析都无法有效地解决问题。在所有这些情况下，必须采用更复杂的降噪技术。其实，无论何时，只要能够定义一个近似的对角噪声协方差矩阵，因子分析方法就一定比主成分分析方法更健壮高效。仅在无噪声或准无噪声的情况下才考虑主成分分析方法。在这两种情况下，结果永远都不会得到清楚分离的特征。因此，独立成分分析方法得到研究并设计了很多不同的策略。

13.2.2 利用 scikit-learn 的 PCA 示例

可以重复利用因子分析和异方差噪声做过的相同实验，以评估主成分分析的 MLE 评分。采用拥有相同数量成分（n_components=64）的 PCA 类。为了获得最大准确率，还设置了 svd_solver='full'参数以便让 scikit-learn 应用完整的 SVD 而不是截断版本。如此，在奇异值分解后只选择最大特征值，回避不精确估计的风险：

```
from sklearn.decomposition import PCA

pca = PCA(n_components=64,
              svd_solver='full',
              random_state=1000)
Xpca = pca.fit_transform(Xh)

print('PCA score: {:.3f}'.
        format(pca.score(Xh)))
```

输出结果为：

```
PCA score:162.927
```

结果不足为奇：相比于因子分析法，主成分分析的 MLE 更低，因为异方差噪声导致的错误估计。考虑到主成分分析的训练性能比因子分析好，读者可以比较不同数据集和噪声水平条件下的结果。因此，在处理大型数据集时，一定要做到权衡。与因子分析法一样，可以通过 components_ 实例变量检索成分。

通过成分实例数组 explained_variance_ratio_，可以检查总的解释方差（作为总输入方差的一部分）：

```
print('Explained variance ratio: {:.3f}'.
           format(np.sum(pca.explained_variance_ratio_)))
```

输出结果为：

```
Explained variance ratio:0.677
```

利用 64 个成分，解释了总输入方差的 68%。当然，也可以比较解释方差，如图 13.4 所示。

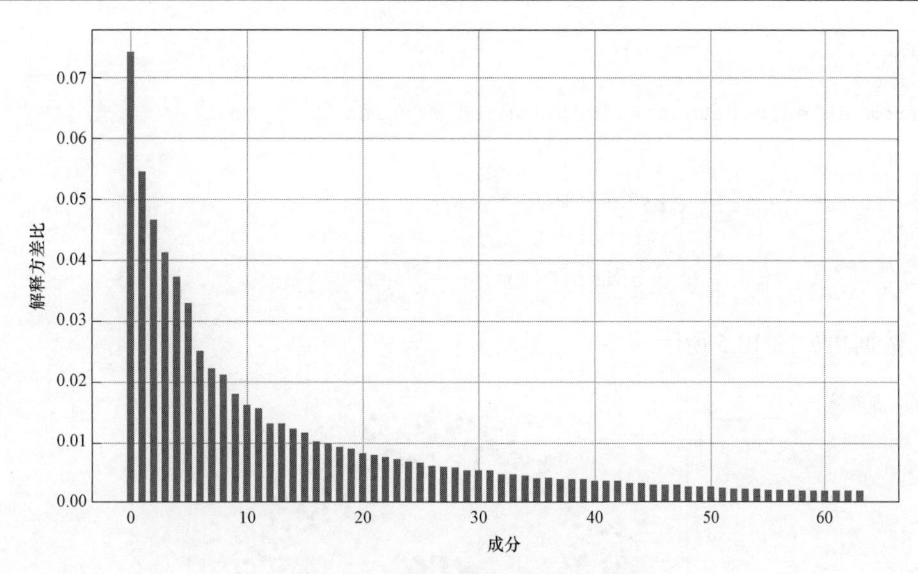

图 13.4　各成分解释方差的条形图

同样，第一个成分解释了方差的最大部分。但是，大约第二十个之后的成分的贡献都低于 1%（减小到大约 0%）。该分析有了两个观察结果：可以在可接受的误差范围内进一步减少成分个数（利用前面的程序代码，很容易扩展前 n 个成分的加和并比较结果）。同时主成分分析只要增加大量新成分就能超过更高阈值（例如 95%）。这种特殊情况下，由于数据集由手写数字组成，所以，可以假设尾部是由于二次微分（比平均线稍长的线，明显的笔划等）产生的。因此，可以删除 $n > 64$（或更少）的所有成分，而不会出现问题。利用 `inverse_transform()` 方法，可以很容易验证重建的图片。但是，最好在转至下一步处理之前进行完整的分析，尤其是在 X 的维度较高的时候。

Minka 提出了另一种有趣的方法来确定成分的最佳数量（参阅：Minka T.P.，*Automatic Choice of Dimensionality for PCA*，NIPS 2000），该方法基于贝叶斯模型选择。

其基本思想是，利用 MLE 优化似然函数 $p(X \mid k)$，其中 k 是表示成分数量的参数。换句话说，该方法并不分析解释方差，而是确定满足 $k < n$ 的 k 值，使似然函数的值最大（意味着，在 $k = k_{max}$ 的约束下 k 解释最大可能方差）。该方法的理论基础（涉及乏味的数学推导）在 Minka 的论文里有详细介绍。但是，可以通过设置 `n_components='mle'` 和 `vd_solver='full'` 参数，利用 scikit-learn 的该方法。

13.2.3　核 PCA

如果数据集是非线性可分离的话，可能无法正确检测出真正的主成分。例如，考虑以下径向数据集：

```
from sklearn.datasets import make_circles

X, _ = make_circles(n_samples=1000,
                    factor=0.25,
                    noise=0.1)
```

径向数据集如图 13.5 所示。

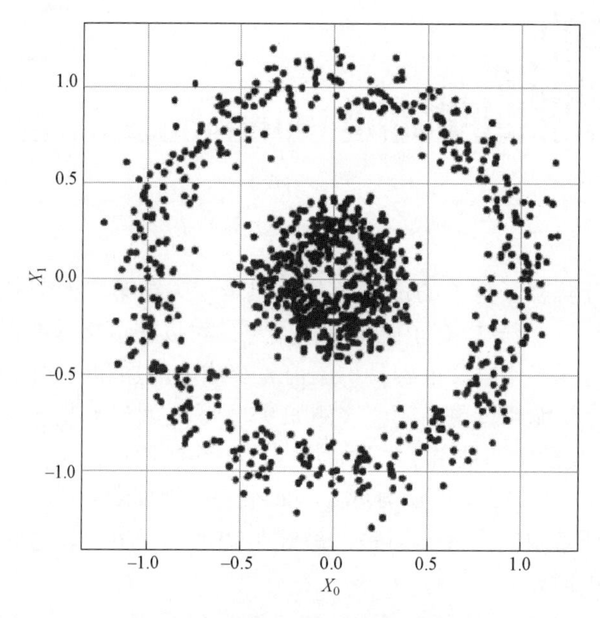

图 13.5 核 PCA 示例的径向数据集

径向数据集几乎是对称的，所以，标准的主成分分析可以很容易地检测出正交而且幅值大致相同的主成分。但是，这不足以实现考虑到数据集实际语义的降维。其实，这种情况下，内部的点块显然是一个被周围的数据点圈隔开的密集成分，必须突出这个特性以便了解哪些成分对解释方差影响更大。

为了解决这个问题，必须进行预处理转换。设想有一个函数 $\Psi(\bar{x})$：$D \subseteq \mathbb{R}^n \to G \subseteq \mathbb{R}^m$，$m$ 通常（但不是必须）大于 n。新点 $\bar{z}_i = \Psi(\bar{x}_i)$ 是原始点在特征空间 G 上的投影，在该空间中，非线性项被去除，成分能被线性分离。这样的空间非常常见，一般而言，付出的代价只是因为变换而增加了复杂性。但是，很多算法（例如支持向量机）都基于数据点间的点积

$\Psi(\bar{x}_i)^{\mathrm{T}}\Psi(\bar{x}_j)$，而且不需要显式变换。好在，应用所谓的核技巧，往往能够解决这些问题。不打算深入研究所有数学理论（需要更多的篇幅，并且超出了本书的范围），但是，可以说，给定一个特征映射$\Psi(\bar{x}_i)$，在一般情况下，可以找到一个核函数等于：

$$K(\bar{x}_i,\bar{x}_j)=\Psi(\bar{x}_i)^{\mathrm{T}}\Psi(\bar{x}_j)$$

换言之，特征空间中的点积就是为这两点评价的核函数。主成分分析基于协方差矩阵的特征分解。不难理解，处理由核引起的格拉姆矩阵就如同处理特征空间的协方差矩阵。事实上，格拉姆矩阵的元素是$G(i,j)=\bar{z}_i^{\mathrm{T}}\bullet\bar{z}_j=\Psi(\bar{x}_i)^{\mathrm{T}}\Psi(\bar{x}_j)=K(\bar{x}_i,\bar{x}_j)$。此时，考虑标准主成分分析变换$\bar{y}_i=\bar{x}_i^{\mathrm{T}}\mathrm{W}$，而且应用特征投影，得到$\psi(\bar{y}_j)=\Psi(\bar{x}_j)W_{\mathrm{G}}$。

矩阵W_{G}是核 PCA 投影矩阵，通过计算格拉姆矩阵的特征向量$\{\bar{v}_{\mathrm{G}}\}$和乘积$W_{\mathrm{G}}=\Psi(\bar{x})\bar{v}_{\mathrm{G}}$得到。因此，特征空间中的最终变换就是$\Psi(\bar{y}_j)=\Psi(\bar{x}_i)^{\mathrm{T}}\Psi(\bar{x}_j)\bar{v}_{\mathrm{G}}=K(\bar{x}_i,\bar{x}_j)\bar{v}_{\mathrm{G}}$。最后一步是核技巧本身，它允许不对所有点进行变换，直接在特征空间进行 PCA 投影。在讨论谱聚类时，已经分析了一些核函数，所以，不再加以介绍。但是，应该容易理解，本节的例子可以通过利用径向基函数（radial basis function，RBF）核进行求解：

$$K(\bar{x}_i,\bar{x}_j)=\mathrm{e}^{-\gamma\|\bar{x}_i-\bar{x}_2\|^2}$$

显然，对应的特征空间是径向的（因此与角度无关），而且，通过参数λ，可以控制高斯曲线的振幅以便把握或排除特定区域。

现在用 RBF 核函数实现核 PCA：

```
from sklearn.decomposition import KernelPCA

kpca = KernelPCA(n_components=2,
                 kernel='rbf',
                 fit_inverse_transform=True,
                 gamma=5,
                 random_state=1000)
X_kpca = kpca.fit_transform(X)
```

在这种情况下，选择$\gamma=5$，因为中心和边界之间的平均间隔约为 0.5，所以高斯分布的标准差为$\sigma=1/\gamma=0.2$。大约三个标准差之后，该值近似为 0，所以，应该能够完全将区域分离。结果如图 13.6 所示。

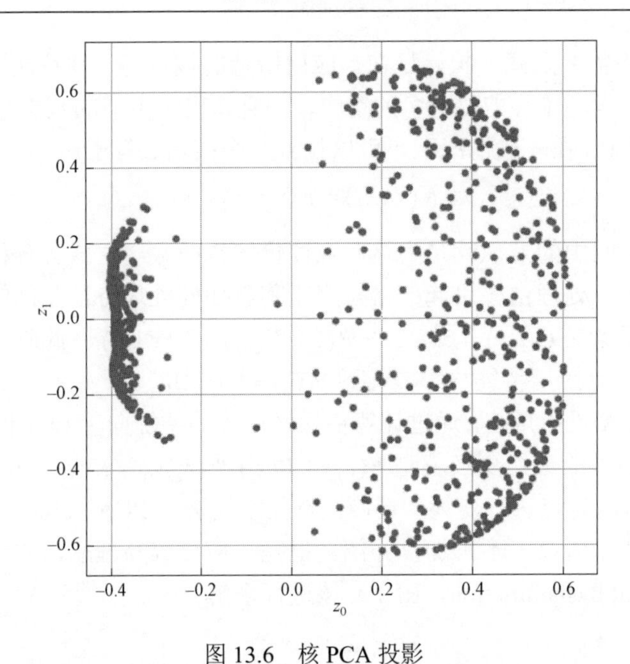

图 13.6 核 PCA 投影

可见，用单个成分（$\bar{z}_0$）可以分离数据集，而第二个成分（对应于角度）可以忽略不计，因为散度只由噪声引起。

13.2.4 稀疏 PCA

稀疏 PCA 是一种特殊的降维技术，也称为字典学习。目标是确定一个原子（即，可以组合起来形成任何其他已有数据点的独一无二的元素）字典，以便将每个训练集和新数据点 $\bar{x}_i$ 表示为原子的组合。正如在自然语言中，有限数量的单词可以组成无限多个文本，稀疏 PCA 的目标就是确定那些可重用的元素，使它们成为构成词典的最佳候选元素。为了达到这个目标，需要用更严谨的方式来表述这个问题。

给定一个数据集 $X=\{\bar{x}_1,\bar{x}_2,\cdots,\bar{x}_n\}$，其中 $\bar{x}_i\in\mathbb{R}^m$，需要确定一个包含 k 个（$k\ll n$）原子元素的字典 $D\in\mathbb{R}^{m\times k}$（注意每个原子元素都具有相同的数据点维数）和一组权重 $A=\{\bar{a}_1,\bar{a}_2,\cdots,\bar{a}_m\}$。利用这些元素，可以计算变换：

$$\bar{x}_i=D\bar{a}_i\ ,\forall i\in(1,n)$$

利用一个特定的代价函数可以解决这个问题，该代价函数最小化重构的均方误差和权重的 L1 范数（以产生稀疏性）：

$$L(D,A)=\frac{1}{n}\sum_{i=1}^{n}\|\bar{x}_i-D\bar{a}_i\|_2^2+\gamma\|\bar{a}\|_1$$

参数γ控制稀疏度的大小。显然，较高的稀疏度导致算法运行更长的时间，最优值可能无法获得高质量的重构。但是，当数据集本质上被分割成需要重用的元素（例如单词—这就是这种方法也被称为字典学习的缘故）时，通常采用这种技术。其实，该算法发现的成分在某种程度上是主要的，因为它们的重用意味着一个这些成分具有相当大方差的底层分布，但形式上，稀疏 PCA 并不是真正的 PCA，而是一种降维算法。另外，尽管稀疏性约束有助于避免（或限制）冗余，但是，代价函数并保证能够找到去相关的成分。

现将该算法应用于 MNIST 数据集，考虑到复杂性，只处理 10 张图片：

```
from sklearn.datasets import fetch_openml

digits = fetch_openml("mnist_784")
X = zero_center(digits['data'].
                astype(np.float64) / 255.0)
np.random.shuffle(X)
```

应用稀疏 PCA 获得 10 个成分，所以，$D\in\mathbb{R}^{784\times10}$，因为每张图像都有 $28\times28=784$ 个特征：

```
from sklearn.decomposition import SparsePCA

spca = SparsePCA(n_components=10,
                 alpha=0.1,
                 normalize_components=True,
                 n_jobs=-1,
                 random_state=1000)
X_spca = spca.fit_transform(X[0:10, :])

print('SPCA components shape:')
print(spca.components_.shape)
```

参数 alpha 对应于L1惩罚约束γ。另外还使用了库 joblib 进行并行计算，因为该算法运行可能非常慢。上一程序段的输出是：

```
SPCA components shape:
(10,784)
```

字典被调换了位置，但维度是正确的。10 个成分如图 13.7 所示。

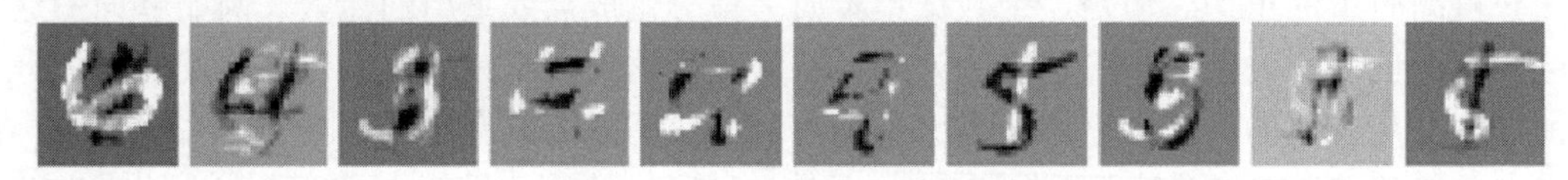

图 13.7 稀疏 PCA 发现的主成分

训练集很小，但需注意，这些主成分是如何组合起来生成不同的数字。但是，由于对数据集进行了二次采样，所以，生成的字典几乎过完备。因此，这些成分是强相关的。

读者可以用更多的数据点（可能是整个数据集）训练模型并检查最终结果。考虑到数字的几何结构，发现一个笔划几乎正交的字典，不足为奇。

13.3 独立成分分析

主成分分析法提取的成分是去相关的，但并不是独立的。典型例子是鸡尾酒会：各种声音交杂，试图区分开来。每个声音都可以表示为一个随机过程，而且可以假设它们在统计上是独立的（这意味着，联合概率可以利用每个声源的边缘概率进行因式分解）。利用因子分析或主成分分析，可以找到不相关的因子，但无法评估它们是否也是独立的（通常，它们不是）。本节将研究一个能够用一组统计上独立的成分生成稀疏表示（当字典不完备时）的模型。

假设有一个采样自 $N(0,I)$ 的零均质化的白化数据集 X 和无噪声线性变换：

$$\bar{x} = A\bar{z}, \bar{x} \sim N(0,I) \text{ 且 } p(\bar{z};\bar{\theta}) = \alpha \prod_k \mathrm{e}^{f_k(\bar{z})}$$

在这种情况下，$\bar{z}$ 的先验表示为自变量的乘积（α 是归一化因子），每个自变量都表示为一个泛化指数，函数 $f_k(\bar{z})$ 必须是非二次函数，即 $p(\bar{z};\bar{\theta})$ 不能是高斯函数。此外，假设 $\bar{z}_i$ 的方差为 1，所以，$p(\bar{x}\,|\,\bar{z};\bar{\theta}) \sim N(A\bar{z}, AA^T)$。联合概率 $p(X,\bar{z};\bar{\theta}) = p(X\,|\,\bar{z};\bar{\theta})p(\bar{z}\,|\,\bar{\theta})$ 等于：

$$P(X,\bar{z};\bar{\theta}) = \left(\prod_{i=1}^{M} \frac{1}{\sqrt{(2\pi)^n \det AA^{\mathrm{T}}}} \mathrm{e}^{-\frac{(\bar{x}_i - A\bar{z})^{\mathrm{T}}(AA^{\mathrm{T}})^{-1}(\bar{x}_i - A\bar{z})}{2}}\right)\left(\alpha \prod_k \mathrm{e}^{f_k(\bar{z})}\right)$$

如果 X 已被白化，那么，A 是正交矩阵（证明很简单）。因此，上式可作简化。但是，应用最大期望算法要求确定 $p(X\,|\,\bar{z};\bar{\theta})$，而这是相当困难的。先为 $\bar{z}$ 选择合适的先验分布 $f_k(\bar{z})$，这个过程可能会容易一点，但是，正如本章开头所讨论的，如果实际因子分布不同，这种假设可能会导致截然不同的结果。因此，也研究了其他一些策略。

需要强调的主要思想是，要得到因子的非高斯分布。特别是，希望得到一个重尾尖峰分布（获得稀疏度）。理论上，标准化的第四矩（Kurtosis/peakedness，也称为峰度或峰态系数）是一个完美的测度：

$$Kurt[X] = E_x\left[\left(\frac{x-\mu_x}{\delta_x}\right)^4\right]$$

对于高斯分布，$Kurt[X]$ 等于 3。这通常被视为参考点，确定所谓的超额峰度 $Excess\ Kurtosis[X] = Kurt[X]-3$。对于称为 Leptokurtotic 或超高斯分布（super-Gaussian）的尖峰重尾分布而言，$Kurt[X]$ 太大（$Kurt[X] < 3$ 的分布，称为低峰分布（Platykurtotic）或亚高斯分布（sub-Gaussian），是很好的候选者，但峰值较小，通常只考虑 super-Gaussian 分布）。但是，尽管准确，由于是四次方，这个测度对异常值特别敏感。例如，如果 $x \sim N(0,1)$ 且 $z = x + v$，v 是改变一些样本的噪声项，将它们的值增加到 2，那么，结果可以是 $super-Gaussian$（$Kurt[X] > 3$），即使过滤掉异常值后，分布有 $Kurt[X] > 3$（即高斯分布）。

为解决这个问题，Hyvarinen 和 Oja（参阅：Hyvarinen A.，Oja E.，*Independent Component Analysis: Algorithms and Applications*，Neural Networks 13/2000）提出了一种基于另一种测度－负熵（negentropy）的解决方案。熵与方差成正比，而且给定方差，高斯分布的熵最大。因此，可以定义负熵为：

$$H_N(X) = H(X_{\bar{x}\sim N(0,\Sigma)}) - H(X)$$

形式上，X 的负熵是协方差相同的高斯分布的熵与 X 的熵（假设两者都是零均值化分布）的差。容易理解，$H_N(X) \geqslant 0$，因此，负熵最大化的唯一方法就是减小 $H(X)$。如此，X 变得不那么随机，概率集中在均值附近，换言之，X 变成了超高斯分布。但是，由于 $H(X)$ 需要在 X 的整个分布上进行计算，必须对其进行估计，所以，上式不易进行闭式求解。因此，前文作者又提出了一种基于非二次函数的近似方法（记住，独立成分分析从不利用二次函数，因为它导致高斯分布），这种方法有助于推导一个称为 *FastICA* 的定点迭代算法（其实，它确实比最大期望算法快）。

利用 k 函数 $f_k(\bar{z})$，负熵的近似公式为：

$$H_N(X) \approx \sum_{i=1}^{k} \alpha_i \left(E[f_i(\bar{x})] - E[f_i(\bar{n})]\right)^2，\bar{n} \sim N(0.1)\text{且}\,\alpha_i > 0$$

很多实际问题，单个函数就足以达到合理的准确率，而 $f(x)$ 的最常见选择之一是：

$$f(x) = \frac{1}{a}\log\cosh ax = \frac{1}{a}\log\frac{e^{ax}+e^{-ax}}{2}$$

在前面提到的文章中，读者可以找到一些替代方法。当 $f(x)$ 不能保证成分之间的统计独立性时，可以采用这些替代方法。

如果反转模型，可得 $\bar{z} = W\bar{x}$ ，其中 $W = A^{-1}$ ，所以，考虑单个样本，负熵的近似公式变成：

$$H_N(X) \approx \left(E[f(\bar{w}^{\mathrm{T}}\bar{x})] - E[f(\bar{n})]\right)^2, \ \bar{n} \sim N(0.1)$$

显然，第二项并不依赖于 w（事实上，它也只是一个参考），可以不予优化。而且，考虑初始假设， $\mathrm{E}[Z^{\mathrm{T}}Z] = \mathrm{WE}[X^{\mathrm{T}}X]W^{\mathrm{T}} = I$ 的话， $WW^{\mathrm{T}} = I$ ，即 $\|\bar{w}\| = 1$ 。因此，目标是找到：

$$\bar{w}_{\mathrm{opt}} = \underset{\bar{w}}{\arg\max}\, E[f(\bar{w}_t^{\mathrm{T}}\bar{x})]^2, \text{要求} \|\bar{w}\|^2 = 1$$

通过这种方式，让矩阵 W 变换输入向量 $\bar{x}$ ，使得 $\bar{z}$ 的熵最小，所以，它是超高斯分布。最大化过程基于凸优化技术，超出了本书的范围（读者可以参阅：Luenberger D.G.，*Optimization by Vector Space Methods*，Wiley，1997，详细了解拉格朗日定理）。因此，这里直接给出必须执行的迭代步骤：

$$\bar{w}_{t+1} = E[\bar{x}f'(\bar{w}_t^{\mathrm{T}}\bar{x})] - E[\bar{x}f''(\bar{w}_t^{\mathrm{T}}\bar{x})]\bar{w}_t$$

当然，为了确保 $\|\bar{w}\|_2 = 1$ ，每步之后，必须对权重向量进行归一化（ $\bar{w}_{t+1} = \bar{w}_{t+1} / \|\bar{w}_{t+1}\|_2$ ）。

在更一般的情况下，矩阵 W 包含多个权重向量。如果应用前面的规则找出独立因子，则有些元素 $\bar{w}_i^{\mathrm{T}}\bar{x}$ 是相关的。避免这一问题的一种策略是，基于格拉姆－斯密特正交归一化，该过程将分量逐个去相关，减去当前成分 $(\bar{w}_n)$ 到之前所有成分 $(\bar{w}_1, \bar{w}_2, \cdots, \bar{w}_{n-1})$ 上的投影，直到 $\bar{w}_n$ 。如此， $\bar{w}_n$ 就与所有其他成分正交。

利用 scikit learn 的 FastICA 示例

利用相同的数据集，测试独立成分分析 ICA 的性能。但是，如前所述，需要对数据集进行零均值化和白化处理。幸好，这些预处理步骤可以由 scikit-learn 实现完成（如果省略了参数 `whiten=True`）。

为了对 MNIST 数据集进行独立成分分析，实例化 FastICA 类，传递参元 `n_components=64` 和最大迭代次数 `max_iter=5000`。也可以指定用哪个函数近似负熵，但是，默认函数是 $\log\cosh x$，这通常是一个合理的选择：

```
from sklearn.decomposition import FastICA


fastica = FastICA(n_components=64,
                  max_iter=5000,
                  random_state=1000)
```

```
fastica.fit(X)
```

此时，可以显示通过 components_uinstance 实例变量得到的成分，如图 13.8 所示。

仍然存在一些冗余（读者可以尝试增加成分的数量）和背景噪声。但是，现在可以区分一些很多数字共有的低级特征（例如定向条纹）。这个表示还不是很稀疏。实际上，与因子分析和主成分分析情况一样，用的都是 64 个成分，所以，字典不够完备（输入维度为 28×28=784）。为了看出差异，可以用一个十倍大的字典重复这个实验，设置 n_components=640:

```
fastica = FastICA(n_components=640,
                  max_iter=5000,
                  random_state=1000)
fastica.fit(X)
```

新成分（100）的子集如图 13.9 所示。

图 13.8　FastICA 算法提取的 MNIST 数据集的独立成分（64 个成分）

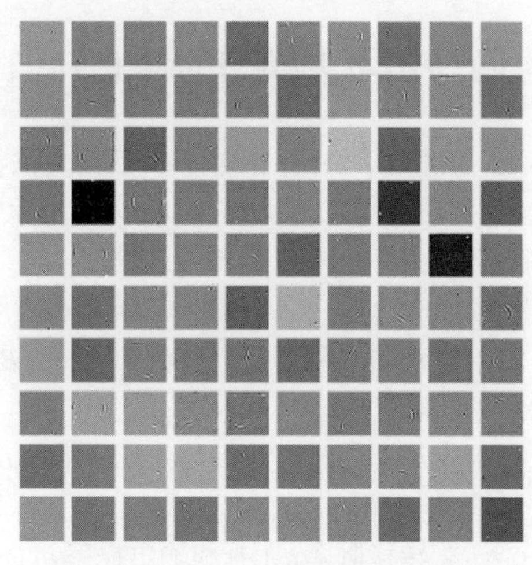

图 13.9　FastICA 算法提取的 MNIST 数据集的独立成分（640 个成分）

这些成分的结构几乎是最基本的。它们代表定向条纹和位置点。为了了解输入是如何重建的，可以考虑混合矩阵 A（由 mixing_实例变量提供）。考虑第一个输入样本，可以检查有多少因子的权重小于平均值的一半：

```
import numpy as np

M = fastica.mixing_
```

```
M0 = M[0] / np.max(M[0])

print(len(M0[np.abs(M0) < (np.mean(np.abs(M0)) / 2.0)]))
```

输出为：

```
233
```

利用大约 410 个成分便可以重建样本。稀疏度更高，但是考虑到因子的粒度，很容易理解，即使是有长线条的单个结构（例如数字 1 的图像），样本重建也需要很多成分。但是，这并不是一个缺点，因为如前所述，独立成分分析的主要目标是提取独立成分。通过与鸡尾酒会的例子的类比，可以认为，每个成分代表一个音节，而非一个单词或一个句子的完整发音。

读者可以测试不同数量的成分，并将结果与其他稀疏编码算法（如字典学习或稀疏 PCA）得到的结果进行比较。

13.4 隐马尔可夫模型的补充知识

第 12 章讨论了如何利用前向–后向算法训练 HMM，而且也知道它是最大期望算法的一个特殊应用。读者现在可以理解 E 和 M 步骤的内部行为。实际上，HMM 过程从随机初始化的 A 和 B 矩阵开始，并以交替方式进行：

- E 步骤：
  - 给定观测值和当前参数估计（A 和 B），估计 HMM 在 t 时刻处于状态 i，在时刻 $t+1$ 处于状态 j 的概率 a_{ij}^t。
  - 给定观测值和当前参数估计（A 和 B），估计 HMM 在 t 时刻处于状态 i 的概率 β_i^t。
- M 步骤：
  - 计算转移概率 $a_{ij}(A)$ 和输出概率 $b_{ip}(B)$ 的新估计。

重复上述过程，直到收敛。尽管没有 Q 函数的明确定义，E 步骤利用正向和反向算法，为给定观测值的模型的期望完全数据似然性，确定一个分割表达式，而 M 步骤则修正参数 A 和 B 以使该似然最大化。

13.5 本章小结

本章分析了三种不同的成分提取方法。因子分析法假设有少量的高斯隐变量和一个高斯去相关噪声项。对噪声的唯一限制是，要有一个对角协方差矩阵，所以可能有两种不同的情况。存在异方差噪声时，分析过程就是实际的因子分析。相反，如果噪声是同方差噪声，算法就等同于主成分分析法。在这种情况下，这个分析过程相当于检查样本空间，以便找到方差更大的方向。只选择最重要的方向，将原始数据集投影到一个低维子空间中，协方差矩阵就变得不相关。

因子分析法和主成分分析法共同的一个问题是，它们假设隐变量服从高斯分布。这个假设简化了模型，但同时也产生了密集表示，即单个成分在统计上是依赖的。因此，研究了如何使因子分布变得稀疏。提出的算法称为 FastICA，通常比 MLE 算法更快、更准确，其目标是利用最大化负熵近似，提取一组统计上独立的成分。

最后，对 HMM 的前向 – 后向算法（在第 12 章中讨论过）的 E 步骤和 M 步骤进行了简要说明，其他最大期望算法应用将在第 14 章讨论。

第 14 章将介绍基于神经心理学的赫布学习和自组织映射的基本概念，用于解决诸如主成分提取等很多具体问题。

扩展阅读

- Dempster A.P., Laird N. M., Rubin D.B., *Maximum likelihood from incomplete data via the EM algorithm*, Journal of the Royal Statistical Society, B, 39(1):1–38, 11/1977.
- Hansen F., Pedersen G.K., *Jensen's Operator Inequality*, arXiv:math/0204049[math.OA].
- Rubin D., Thayer D., *EM algorithms for ML factor analysis*, Psychometrika, 47/1982, Issue 1.
- Ghahramani Z., Hinton G.E., *The EM algorithm for Mixtures of Factor Analyzers*, CRC – TG – 96 – 1, 05/1996.
- Hyvärinen A., Oja E., *Independent Component Analysis:Algorithms and Applications*, Neural Networks 13/2000.
- Luenberger D.G., *Optimization by Vector Space Methods*, Wiley, 1997.
- Ledoit O., Wolf M., *A Well-Conditioned Estimator for Large-Dimensional Covariance Matrices*, Journal of Multivariate Analysis, 88, 2/2004.
- Minka T.P., *Automatic Choice of Dimensionality for PCA*, NIPS 2000.
- Nasios N., Bors A.G., *Variational Learning for Gaussian Mixture Models*, IEEE Transactions on Systems, Man, and Cybernetics, 36/4, 2006.
- Bonaccorso G., *Hands-On Unsupervised Learning with Python*, Packt Publishing, 2018.

第 14 章 赫 布 学 习

本章将介绍基于心理学家 Donald Hebb 定义方法的赫布学习（Hebbian learning）的概念。这些理论阐明，非常简单的生物法则如何能够描述多个神经元实现复杂目标的行为，而赫布学习则是将人工智能和计算神经科学领域的研究活动联系在一起的开创性策略。

具体讨论以下主题：

- 关于单个神经元的赫布法则，这是一个简单但生物学上合理的行为定律。
- 解决稳定性问题的赫布法则变形，例如奥佳法则（Oja's rule）和协方差法则（covariance rule）。
- 赫布神经元的最终结果，包括计算输入数据集的第一主成分。
- 提取一般数量主成分的两种神经网络模型，桑格网络（Sanger's network）和鲁布纳–塔万网络（Rubner-Tavan's network）。
- 自组织地图（self-organizing maps，SOM）的概念，重点是科霍宁网络（Kohonen network）

首先讨论赫布法则的基本概念及其在所有基于赫布原理的模型中的含义。

14.1 赫布法则

加拿大心理学家 Donald Hebb 于 1949 年提出了作为假说的赫布法则，用于描述自然神经元的突触可塑性。

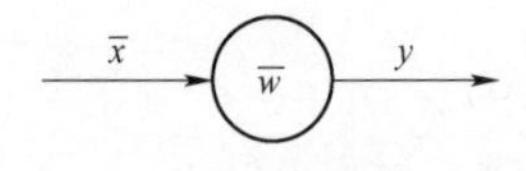

图 14.1 带有向量输入的通用赫布神经元

该法则提出几年后，就被神经生理学研究证实，而且很多研究也证明了它在人工智能的很多应用中的有效性。介绍赫布法则之前，有必要介绍赫布神经元，如图 14.1 所示。

神经元是一个简单的计算单元，它从突触前单元（其他神经元或感知系统）接收输入向量 $\bar{x}$，并输出单个标量值 y。神经元的内部结构用权重向量 $\bar{w}$ 表示，该权重向量描述每个突触的强度。对于单个多维输入，输出可以表示为：

$$y = \bar{w}^{\mathrm{T}} \cdot \bar{x}$$

假设模型的每个输入信号都编码为向量 $\bar{x}$ 的对应分量，所以，$\bar{x}_i$ 用突触权重 $\bar{w}_i$ 进行处理，依此类推。

赫布法则指出，当同一个链里的两个神经元（一个为突触前神经元，一个为突触后神经元）具有相同行为时，它们的连接强度就会越来越大。另一方面，如果它们具有不同的行为，那么，当一个神经元被刺激而另一个神经元被压制时，它们的连接就会减弱。

科学家 S.Löwel 通俗易懂地表达了这一概念，其名言是：一起激活的神经元连接在一起。

在赫布理论的原始版本中，输入向量表示神经激活速率，该速率始终为非负值。这意味着，突触权重只会强化［此现象的神经科学术语为**长期增强**（long-term potentiation，LTP）］。但是，这里，假设 $\bar{x}$ 是实值向量，$\bar{w}$ 也同样。此条件允许在不失一般性的情况下对更多的人为场景进行建模。

需要处理矩阵中的很多输入样本时，对单个向量执行的操作同样适用。如果有 N 个 m 维输入向量，则公式为：

$$\bar{y} = X\bar{w}^{\mathrm{T}}，X \in \mathbb{R}^{N \times m}，\bar{w} \in \mathbb{R}^{m} \text{且} \bar{y} \in \mathbb{R}^{N}$$

离散形式的赫布法则可以表示为（对于单输入）：

$$\Delta\bar{w} = \eta y \bar{x} = \eta(\bar{w}^{\mathrm{T}} \cdot \bar{x})\bar{x}$$

权重校正是与 $\bar{x}$ 同向的向量，其幅值等于 $|\bar{x}|$ 乘以被称为学习率的正的参数 η，而相应的输出 y 可以是正数也可以是负数。$\Delta\bar{w}$ 由 y 的符号决定，所以，在假设 $\bar{x}$ 和 y 为实数的情况下，由赫布法则可以产生两种不同的情况：

- 如果 $\bar{x}_i > 0(< 0)$ 且 $y > 0(< 0)$，那么，$\bar{w}_i$ 强化。
- 如果 $\bar{x}_i > 0(< 0)$ 且 $y < 0(> 0)$，那么，$\bar{w}_i$ 弱化。

容易理解考虑二维向量的情况：

$$\mathrm{sign}(y) = \mathrm{sign}(\bar{w}^{\mathrm{T}} \cdot \bar{x}) = \mathrm{sign}(|\bar{w}||\bar{x}|\cos\alpha)$$

因此，如果 $\bar{w}$ 和 $\bar{x}$ 之间的初始角度 $\alpha < 90^\circ (\pi / 2)$，$\bar{w}$ 将具有与 $\bar{x}$ 相同的方向。如果初始角度 $\alpha > 90^\circ$，$\bar{w}$ 将指向 $\bar{x}$ 的反向。在 $\alpha = 0$ 的情况下，余弦等于 1，y 的符号始终为正（假设 $\mathrm{sign}(0) = 1$）。此过程如图 14.2 所示。

可以用很简单的 Python 程序模拟此行为。首先是 $\alpha < 90^\circ$、迭代 50 次的情况：

```
import numpy as np


w = np.array([1.0, 0.2])
x = np.array([0.1, 0.5])
alpha = 0.0


for i in range(50):
```

```
        y = np.dot(w.T, x)
        w += x*y
        alpha = np.arccos(np.dot(w, x.T) /
                          (np.linalg.norm(w) *
                           np.linalg.norm(x)))
```

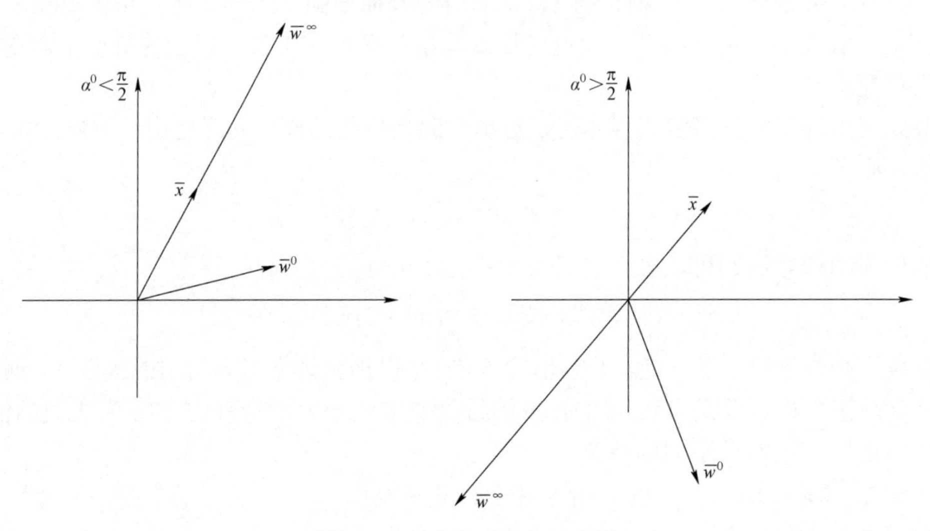

图 14.2 赫布法则的向量分析

测度最终值：

```
print(w)
print("{:.3f}".format(alpha * 180.0 / np.pi))
```

输出结果为：

```
[8028.48942243 40137.64711215]
0.001
```

不出所料，最终的角度α接近于零，$\bar{w}$与$\bar{x}$有相同的方向和意义。可以对$\alpha > 90°$的情况进行重复实验（只需改变$\bar{w}$的值，因为过程是相同的）：

```
w=np.array([1.0, -1.0])
```

最终值为：

```
[-16053.97884486 -80275.89422431]
179.999
```

此时，最终角度$\alpha \approx 180°$，当然，$\bar{w}$与$\bar{x}$反向。正如 S.Löwel 所说，一起激活的神经元连接在一起。

可以重新表述赫布法则（使其适合机器学习场景）：这种方法的主要假设基于一个基本思想，如果突触前单元和突触后单元连贯（它们的信号具有相同的符号）的话，神经元之间的连接会越来越强。如果单元不一致，那么相应的突触权重会减小。精确起见，如果$\bar{x}$是尖峰率，那么，应将其表示为实函数$\bar{x}(t)$和$y(t)$。

根据原始的赫布理论，必须用微分方程代替离散方程：

$$\frac{\mathrm{d}\bar{w}}{\mathrm{d}t} = \eta y \bar{x}$$

如果$\bar{x}(t)$和$y(t)$有相同的激活率，那么，突触权重与两个激活率的乘积成正比地被强化。如果突触前活动$\bar{x}(t)$和突触后活动$y(t)$之间存在相对较长的延迟的话，那么，相应的权重被弱化。这是“一起激活，一起连接”在生物学上更好的解释。

但是，即使该理论具有强大的神经生理学基础，也需要进行一些修改。实际上，很清楚，得到的系统往往是不稳定的。如果两个输入被重复利用（实值和激活率），向量的范数$\bar{w}$将无限增长，对于生物系统而言这并非合理的假设。其实，如果考虑离散迭代步骤的话，可以得到下列等式：

$$\bar{w}_{k+1} = \bar{w}_k + \eta(\bar{w}_k{}^{\mathrm{T}} \bullet \bar{x})\bar{x}$$

将所有项乘以$\bar{x}$，得到：

$$\bar{w}_{k+1} \bullet \bar{x} = \bar{w}_k \bullet \bar{x} + \eta(\bar{w}_k^{\mathrm{T}} \bullet \bar{x})\bar{x} \bullet \bar{x} \bullet y_{k+1} = y_k(1+\eta\,|\,\bar{x}\,|^2)$$

前一个输出y_k总是乘以一个大于 1 的因数（输入为空的情况除外），所以，它无限制地增长。因为$y = \bar{w}^{\mathrm{T}} \bullet \bar{x}$，所以，这个条件意味着$\bar{w}$的幅值每次迭代都会增加（或者如果$\bar{x}$为空，则保持不变）。考虑原来的微分方程，可以得到更严格的证明。

这种情况不仅在生物学上不可接受，在机器学习问题中也有必要对其进行适当管理，以免经过几次迭代后就出现数值溢出。下面将讨论一些可以解决此问题的常用方法。现在，可以继续分析而无需引入校正因子。

假设现有数据集X：

$$X = \{\bar{x}_1, \bar{x}_2, \cdots, \bar{x}_N\},\ \bar{x}_i \in \mathbb{R}^m$$

可以将法则迭代地应用于所有元素，但是对输入样本（索引现在指的是整个特定向量而不是单个分量）进行权重修改更加容易也更有用：

$$\Delta\bar{w} = \frac{\eta}{N}\sum_{i=1}^{N} y_i\bar{x}_i = \frac{\eta}{N}\sum_{i=1}^{N}(\bar{w}^{\mathrm{T}} \cdot \bar{x})\bar{x}_i = \frac{\eta}{N}\sum_{i=1}^{N}(\bar{x}_i^{\mathrm{T}} \cdot \bar{x})\bar{w} = \eta C\bar{w}$$

上式的 C 是输入相关矩阵：

$$C = \begin{pmatrix} \frac{1}{N}\sum_i x_1^i x_1^i & \cdots & \frac{1}{N}\sum_i x_1^i x_m^i \\ \vdots & \ddots & \vdots \\ \frac{1}{N}\sum_i x_m^i x_1^i & \cdots & \frac{1}{N}\sum_i x_m^i x_m^i \end{pmatrix} = \frac{1}{N}X^{\mathrm{T}}X$$

但是，对于输入向量，应该考虑一个基于阈值 θ 的、稍微不同的赫布法则（生物学上可以证明这一选择是合理的，但这超出了本书的范围。感兴趣的读者可以参阅：Dayan P.，Abbott F.L.，*Theoretical Neuroscience*，The MIT Press，2003）。

在原始理论中，$\bar{x}(t)$ 和 $y(t)$ 是激活率，这种改变导致出现一种与 LTP 相反的现象，称为**长期抑制**（long-term depression，LTD）。实际上，当 $\bar{x}(t) < \theta$ 且 $y(t)$ 为正，乘积 $(\bar{x}(t)-\theta)y(t)$ 是负的，突触权重弱化。

如果设 $\theta = \langle\bar{x}\rangle \approx E[X]$，基于通过贝塞尔校正消除偏差的输入协方差矩阵，可以推导与前面很相似的表达式：

$$\Delta\bar{w} = \frac{\eta}{N-1}\sum_{i=1}^{N} y_i(\bar{x}_i - \langle\bar{x}_i\rangle) = \frac{\eta}{N-1}\sum_{i=1}^{N}[\bar{w} \cdot (\bar{x}_i - \langle\bar{x}_i\rangle)](\bar{x}_i - \langle\bar{x}_i\rangle)$$
$$= \frac{\eta}{N-1}\sum_{i=1}^{N}(\bar{x}_i - \langle\bar{x}_i\rangle)^{\mathrm{T}}(\bar{x}_i - \langle\bar{x}_i\rangle)\bar{w} = \eta\Sigma\bar{w}$$

如果公式除以 N，样本（协）方差是有偏差的。为了避免偏差，必须除以 $N-1$。当然，当 $N \to \infty$ 时，这种差异趋于消失，但是考虑这种修正总是有益无害。想要了解贝塞尔修正更多细节的读者可以参阅：Warner R.，*Applied Statistics*，SAGE Publications，2013。

很显然，原始赫布法则的这种变种称为协方差法则（covariance rule）。也可以利用极大似然估计 MLE（或有偏）协方差矩阵（除以 N），但是，需要检查数学工具包用的是哪个版本的方法。如果工具包是 NumPy 的话，可以用 `np.cov()` 函数并设置 `bias=True/False` 参数（默认值为 `False`，所以要用贝塞尔校正），确定版本。但是，当 $N \gg 1$ 时，版本之间的差异会减小，经常可被忽略。本书采用无偏版本。

14.1.1　协方差法则分析

协方差矩阵 Σ 是实对称矩阵。如果进行特征值分解，可得（采用 V^{-1} 而不是简化版 V^{T}）：

$$\Sigma = V\Omega V^{-1}$$

V 是包含 Σ 的特征向量（作为矩阵的列）的正交矩阵（由于 Σ 是对称矩阵），而 Ω 是一个包含特征值的对角矩阵。假设对特征值 $(\lambda_1,\lambda_2,\cdots,\lambda_m)$ 和相应的特征向量 $(\overline{v}_1,\overline{v}_2,\cdots,\lambda_m)$ 进行排序，使得：

$$\lambda_1 > \lambda_2 > \dots > \lambda_m$$

此外，假设 λ_1 对所有其他特征值都占主导地位（只需满足 $\lambda_1 > \lambda_i$，$\forall i \neq 1$）。因为特征向量是正交的，所以，它们构成了基，而且可以用特征向量的线性组合表达向量 w：

$$\overline{w} = u_1\overline{v}_1 + u_2\overline{v}_2 + \cdots u_m\overline{v}_m = V\overline{u}$$

向量 $\overline{u}$ 包含新基里的坐标。对协方差法则进行修改：

$$\Delta\overline{w} = \eta\Sigma\overline{w} = \eta V\Omega V^{-1}\overline{u} = \eta\Sigma\overline{w} = \eta V\Omega\overline{u}$$

如果迭代地应用协方差法则，可以得到一个矩阵多项式：

$$\overline{w}^{(0)}$$

$$\overline{w}^{(1)} = \overline{w}^{(0)} + \eta\Sigma\overline{w}^{(0)}$$

$$\overline{w}^{(2)} = \overline{w}^{(1)} + \eta\Sigma\overline{w}^{(1)} = \overline{w}^{(0)} + 2\eta\overline{w}^{(0)} + \eta^2\Sigma^2\overline{w}^{(0)}$$

$$\overline{w}^{(3)} = \overline{w}^{(2)} + \eta\Sigma\overline{w}^{(2)} = \overline{w}^{(0)} + 3\eta\Sigma\overline{w}^{(0)} + 3\eta^2\Sigma^2\overline{w}^{(0)} + \eta^3\Sigma^3\overline{w}^{(0)}$$

$$\cdots$$

利用二项式定理并考虑到 $\Sigma^0 = I$，可以得到作为 $\overline{w}^{(0)}$ 的函数的 $\overline{w}^{(k)}$ 的一般表达式：

$$\overline{w}^{(k)} = \sum_{i=0}^{k}\binom{k}{i}\eta^i\Sigma^i\overline{w}^{(0)}$$

通过改变基，重写上式：

$$\overline{w}^{(k)} = \sum_{i=0}^{k}\binom{k}{i}\eta^i\Sigma^i\overline{w}^{(0)} = \sum_{i=0}^{k}\binom{k}{i}\eta^i V\Omega^i V^{-1}\overline{w}^{(0)} = \sum_{i=0}^{k}\binom{k}{i}\eta^i V\Omega^i\overline{u}^{(0)}$$

向量 $\overline{u}^{(0)}$ 包含 $\overline{w}^{(0)}$ 在新基里的坐标，所以，$\overline{w}^{(k)}$ 可以表示为多项式，其通项正比于 $V\Omega^i\overline{u}^{(0)}$。对角矩阵 Ω^k 为：

$$\Omega^k = \begin{pmatrix} \lambda_1^k & \cdots & 0 \\ \vdots & \ddots & \vdots \\ 0 & \cdots & \lambda_k^m \end{pmatrix} \approx \begin{pmatrix} \lambda_1^k & \cdots & 0 \\ \vdots & \ddots & \vdots \\ 0 & \cdots & 0 \end{pmatrix}$$

最后一步根据以下假设得出：λ_1 大于任何其他特征值，而且当 $k \to \infty$，所有 $\lambda_{j \neq i}^k \ll \lambda_i^k$。当然，如果 $\lambda_{j \neq i}^k > 1$，$\lambda_{j \neq i}^k$ 将随着 λ_i^k 增加。

但是，当 $k \to \infty$，第二特征值对 $\overline{w}^{(k)}$ 的贡献明显减弱。为了便于理解这种近似的有效性，考虑以下情况，其中 λ_1 略大于 λ_2：

$$\Omega = \begin{pmatrix} 1.1 & 0 \\ 0 & 1.05 \end{pmatrix} \Rightarrow \Omega^{1000} \approx \begin{pmatrix} 2.5 \times 10^{41} & 0 \\ 0 & 1.5 \times 10^{21} \end{pmatrix}$$

结果显示一个非常重要的特性：不仅近似是正确的，而且，如果特征值 λ_i 大于其他所有特征值的话，协方差法则终将收敛到相应的特征向量 v_i，不存在其他的稳定点。

如果 $\lambda_1 = \lambda_2 = \cdots = \lambda_m$，那么该假设不再成立。此时，总方差可以通过每个特征向量的方向加以解释（这意味着现实场景并不常见的对称性）。进行精度有限的算术时也会发生这种情况，但是，通常，如果最大特征值与第二特征值之间的差小于最大可达精度（例如，32 位浮点数）的话，则可以承认二者相等。

当然，假设数据集没有白化，因为目标是减小原来的维度，只考虑具有最高总可变性（与主成分分析法的相同，去相关必须是算法的结果，而不是前提条件）的成分子集。另外，数据集的零均值化有助于利用诸如 sigmoid 或双曲线正切之类的后处理函数的对称性。但是，不必保证这种算法的正确性。

如果考虑近似，重写 $\overline{w}^{(k)}$ 的表达式，将得到：

$$\overline{w}^{(k)} = \sum_{i=0}^{k} \binom{k}{i} \eta^i V \Omega^i \overline{u}^{(0)} \approx \sum_{i=0}^{k} \binom{k}{i} \eta^i \left[\begin{pmatrix} \overline{v}_1 & \cdots & \overline{v}_m \end{pmatrix} \begin{pmatrix} \lambda_1^k & \cdots & 0 \\ \vdots & \ddots & \vdots \\ 0 & \cdots & 0 \end{pmatrix} \begin{pmatrix} u_1^{(0)} \\ \vdots \\ u_m^{(0)} \end{pmatrix} \right] = \left[\sum_{i=0}^{k} \binom{k}{i} \eta^i \lambda_1^i \overline{u}_1^{(0)} \right] \overline{v}_1$$

因为 $a_1 \overline{v} + a_2 \overline{v} + \cdots + a_k \overline{v} \propto \overline{v}$，结果表明，当 $k \to \infty$，$\overline{w}^{(k)}$ 将正比于协方差矩阵 Σ 的第一个特征向量 $\overline{w}^{(k)}$（如果 $u_1^{(0)}$ 非空），而且如果不归一化，$\overline{w}^{(k)}$ 的幅值将无限增长。在有限次数的迭代后，由其他特征值引起的可能效应可以忽略不计（最重要的是，如果将 w 除以其范数，则长度始终为 $\|\overline{w}\|=1$）。

但是，在得出结论之前，必须添加一个重要条件：

$$\overline{w}^{(0)} \bullet \overline{v}_1 \neq 0$$

实际上，如果 $\overline{w}^{(0)}$ 正交于 $\overline{v}_1$，可得（特征向量互相正交）：

$$\overline{w}^{(0)} \bullet \overline{v}_1 = u_1^{(0)} \bullet \overline{v}_1 \bullet \overline{v}_1 + u_2^{(0)} \bullet \overline{v}_2 \bullet \overline{v}_1 + \cdots + u_m^{(0)} \bullet \overline{v}_m \bullet \overline{v}_1 = u_1^{(0)} \bullet \overline{v}_1 \bullet \overline{v}_1 = u_1^{(0)} \bullet |\overline{v}_1|^2 = 0 \Rightarrow u_1^{(0)} = 0$$

这个重要的结果显示，一个遵从协方差法则的赫布神经元如何实现仅限于第一个不需要特征分解 Σ 的成分的主成分分析。事实上，向量 $\overline{w}$（不考虑容易解决的增加幅值的问题）将快速收敛到输入数据集 X 最大方差的方向。第 13 章成分分析和降维讨论了主成分分析法的详细内容。下一段将讨论几种使用赫布法则变种确定前 N 个主成分的方法。正如即将看到的，一个主要的优点是，这些方法对内存需求不高，而且可以以迭代的方式轻而易举地对极其复杂的数据集进行主成分分析。此外，网络还可以利用基于 GPUs 的计算库，进一步提高运行速度。

协方差法则的应用示例

用一个简单的 Python 示例来模拟这种协方差法则行为。首先从方差非对称的二元高斯分布产生 1000 个采样值，然后，应用协方差法则找到第一个主成分（$\bar{w}^{(0)}$ 被选择，不与 $\bar{v}_1$ 正交）：

```
import numpy as np

rs = np.random.RandomState(1000)
X = rs.normal(loc=1.0, scale=(20.0, 1.0),
              size=(1000, 2))

w = np.array([30.0, 3.0])

S = np.cov(X.T)

for i in range(10):
    w += np.dot(S, w)
    w /= np.linalg.norm(w)
w *= 50.0
```

在训练阶段结束时，可以检测 $\bar{w}^{(\infty)}$：

```
print(np.round(w, 1))
```

输出为：

```
Final w:[50. 0.]
```

算法很简单，但是需要作一些解释。首先是每次迭代结束时向量 $\bar{w}$ 的归一化处理。这是避免 w 不受控制地增长所需的技术之一。第二个是最终的乘法，$\bar{w}\times 50$。因为乘以一个正标量，所以，$\bar{w}$ 的方向不受影响，但在完整的图中显示矢量更加容易。

结果如图 14.3 所示。

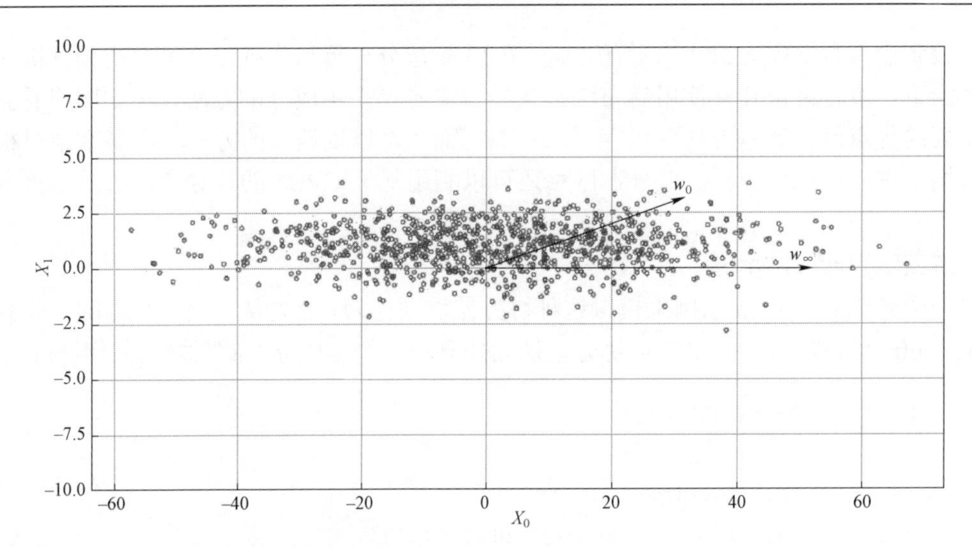

图 14.3 协方差法则的应用（w_∞ 与第一主成分成正比）

经过有限次迭代后，$\bar{w}^{(\infty)}$ 与主特征向量方向一致，平行于 x 轴。这取决于初始值 $\bar{w}^{(0)}$，但是，在主成分分析中，这并不是一个重要的因素。

14.1.2 权重向量稳定化与奥佳法则

稳定权重向量最简单的方法是每次更新后对其进行归一化。这样，权重向量的模长总是确保为 1。事实上，对这类神经网络感兴趣的不是它们的大小而是它们的方向（归一化后保持方向不变）。但是，一般并不提倡采用这种方法，有两个主要原因。

第一个原因是，这种方法是非局域方法。为了使向量 w 归一化，需要知道它的所有值，而这在生物学上是不合理的。一个真正的突触权重模型应该是自我限制的，不需要获取无法获得的外部信息。

第二个原因是，归一化必须在校正之后才能执行，需要两次迭代步骤。

很多机器学习问题并没有限制这些条件，可以任意采用。但是，涉及神经科学模型时，最好寻找其他解决方案。需要以离散形式为标准赫布法则确定一个修正项：

$$\Delta\bar{w} = \bar{w}_{k+1} - \bar{w}_k = \eta y\bar{x} - f(\bar{w}_k, y_k, \bar{x})$$

$f(\bullet)$ 函数可以作为局域和非局域归一化器。局域归一化器的一个例子是奥佳法则：

$$\Delta\bar{w} = \eta y_k \bar{x}_k - \alpha y_k^2 \bar{w}_k$$

参数 α 是一个正数，控制归一化的强度。考虑下列条件，可以得到该法则稳定性的非严格证明：

$$\bar{w}^{\mathrm{T}} \cdot \Delta\bar{w} \to 0 \Rightarrow y_k(\bar{w}^{\mathrm{T}} \cdot \bar{x}) - \alpha y_k^2(\bar{w}^{\mathrm{T}} \cdot \bar{w}) \to 0$$

非局域归一化器的表达式意味着：

$$y_k^2(1-\alpha|\bar{w}|^2) \to 0 \Rightarrow |\bar{w}|^2 \to \frac{1}{\alpha}$$

因此，当 $t \to \infty$ 时，权重校正的幅值接近于零，而权重向量 $\bar{w}$ 的模长将接近一个有限的极值：

$$\lim_{k\to\infty}|\bar{w}_k| = \frac{1}{\sqrt{\alpha}}$$

14.2　桑格网络

桑格网络（Sanger's network）是一种用于在线提取主成分的神经网络模型，是由 T.D.Sanger 提出的最优无监督学习方法（参阅：Sanger T.D.，*Single-Layer Linear Feedforward Neural Network*，Neural Networks，1989/2）。作者对赫布法则的标准版本进行了改进，使其能够按降序 $\lambda_1 \geqslant \lambda_1 \geqslant \cdots \geqslant \lambda_m$ 提取数量可变的主成分 $\{\bar{v}_1, \bar{v}_2, \cdots, \bar{v}_m\}$。这个改进的赫布法则是奥佳法则（Oja's rule）的自然扩展，被称为**通用赫布法则**（generalized Hebbian rule，GHR），有时也会称为**通用赫布学习**方法（generalized Hebbian learning，GHL）。桑格网络的结构如图 14.4 所示。

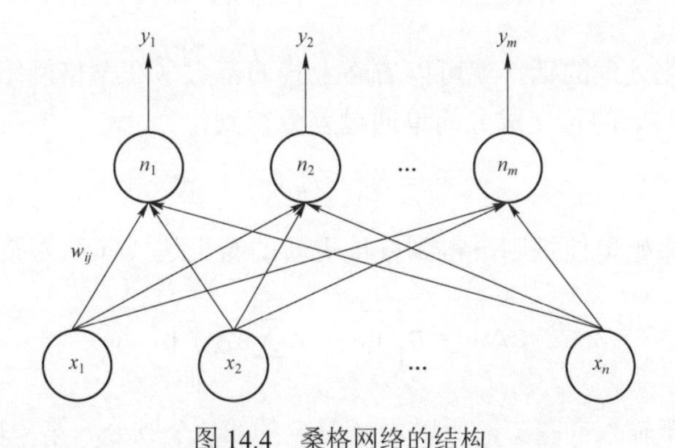

图 14.4　桑格网络的结构

网络利用从 n 维数据集提取的样本作为输入：

$$X = \{\bar{x}_1, \bar{x}_2, \cdots \bar{x}_N\}，\ \bar{x}_i \in \mathbb{R}^n$$

m 个输出神经元通过一个权重矩阵 $W = \{w_{ij}\}$ 与输入连接，第一个指标指输入成分（突触前单位），第二个指神经元。桑格网络的输出可以用标量积来计算。但是，此时，对输出并不感兴趣，因为与协方差（以及奥佳）法则一样，主成分是通过权值更新提取的。

奥佳法则出现的问题与多成分提取相关。实际上，如果将原始赫布法则应用于前面的桑格网络的话，所有权重向量（w 的行）都将收敛到第一个主成分。克服这一局限性的主要思想，格拉姆–施密特正交归一化方法，基于这样的观察结果：一旦提取了第一个成分 $\bar{w}_1$，第二个成分 $\bar{w}_2$ 就要求正交于 $\bar{w}_1$，那么，第三个成分 $\bar{w}_3$ 必须与 $\bar{w}_1$ 和 $\bar{w}_2$ 正交，依次类推。考虑图 14.5。

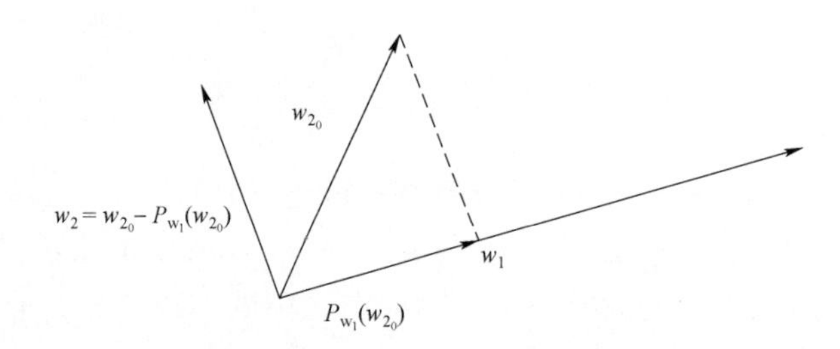

图 14.5　两个权重向量的正交化

假设 $\bar{w}_1$ 是稳定的，$\bar{w}_{2_0}$ 是另一个收敛到 $\bar{w}_1$ 的权重向量。$\bar{w}_{2_0}$ 在 $\bar{w}_1$ 上的投影如下：

$$P_{\bar{w}_1}(\bar{w}_{2_0}) = (\bar{w}_1^{\mathrm{T}} \cdot \bar{w}_{2_0})\frac{\bar{w}_1}{\|\bar{w}_1\|}$$

如果不需要归一化处理的话，就可以省略上式的范数（在桑格网络中，这个过程是在更新权重之后完成的）。$\bar{w}_{2_0}$ 的正交成分简单通过差分得到：

$$\bar{w}_2 = \bar{w}_{2_0} - P_{\bar{w}_1}(\bar{w}_{2_0})$$

将此方法应用于原始奥佳规则，得到权重更新的新表达式（称为桑格法则）：

$$\Delta w_{ij} = \eta\left(y_i x_i - y_i \sum_{k=1}^{i} w_{kj} y_k\right)$$

桑格法则针对单个输入向量 $\bar{x}$，所以，x_j 是 $\bar{x}$ 的第 j 个成分。第一项是经典的赫布法则，它使权重 $\bar{x}$ 与第一个主成分平行，而第二项的作用类似于格拉姆–施密特正交化，减去一个与 w 在连接前面后突触单位的所有权重上的投影成比例的项，同时考虑奥佳法则提供的归一化约束（与输出的平方成正比）。

事实上，扩展最后一项，得到以下结果：

$$y_i \sum_{k=1}^{i} w_{kj} y_k = y_i \sum_{k=1}^{i} w_{kj} (\bar{w}_k^{\mathrm{T}} \cdot \bar{x})$$
$$= (\bar{w}_i^{\mathrm{T}} \cdot \bar{x}) [(w_{1j} \bar{w}_1^{\mathrm{T}} \cdot \bar{x}) + w_{2j} (\bar{w}_2^{\mathrm{T}} \cdot \bar{x}) + \cdots + w_{ij} (\bar{w}_k^{\mathrm{T}} \cdot \bar{x})]$$

每个成分 w_{ij} 减去的项与索引 j 固定且第一个索引等于 $1,2,\cdots,i$ 的所有成分成比例。此过程不直接产生正交化，但是需要多次迭代才能收敛。证明是非平凡的，涉及凸优化和动态系统方法，但是，前面的文章给出了证明。桑格表明，如果学习速率 $\eta(t)$ 单调减小而且 $t \to \infty$ 时收敛到零的话，算法总是收敛到排序后的前 n 个主成分（从最大特征值到最小特征值）。即使对于形式证明是必要的，这个条件也可以放宽（稳定值 $\eta < 1$ 通常就足够）。在本例实现中，矩阵 W 在每次迭代后都被归一化，所以，在过程的最后，W^{T}（权重在行中）是正交的，并且构成了特征向量子空间的基础。

桑格法则的矩阵形式为：

$$\Delta W = \eta[\bar{y} \cdot \bar{x}^{\mathrm{T}} - Tril(\bar{y} \cdot \bar{y}^{\mathrm{T}})W]$$

$Tril(\cdot)$ 是一个矩阵函数，它将它的变元转换为一个下三角矩阵，而且 $\bar{y} \cdot \bar{y}^{\mathrm{T}}$ 等于 $W \bar{y} \cdot \bar{y}^{\mathrm{T}} W^{\mathrm{T}}$。

桑格网络的算法如下：

（1）用随机值初始化 $W^{(0)}$。如果输入维数为 n 且必须提取 m 个主成分，则矩阵维度为（$m \times n$）。

（2）设置学习率 η（例如 $\eta = 0.01$）。

（3）设置阈值 Thr（例如 $Thr = 0.001$）。

（4）设置计数器 $T = 0$。

（5）当 $\left\| w^{(t)} - w^{(t-1)} \right\|_F > Thr$：

　　设置 $\Delta W = 0$（与 W 维度相同）。

　　for each $\bar{x} \in \mathrm{X}$：

　　　　设置 $T = T + 1$；

　　　　计算 $\bar{y} = W(t)\bar{x}$；

　　　　计算并累加 $\Delta W += \eta[\bar{y} \cdot \bar{x}^{\mathrm{T}} - Tril(\bar{y} \cdot \bar{y}^{\mathrm{T}})W(t)]$。

　　更新 $W(t+1) = W(t) + (\eta / T)\Delta W$。

　　设置 $W(t+1) = \dfrac{W(t+1)}{\| W(t+1) \|_{\mathrm{rows}}}$（须按行计算范数）。

该算法也可以迭代固定次数（如示例）结束，或者同时使用两种停止方法。接着可以实现一个桑格网络评估其性能，并将结果与标准特征分解进行比较。

桑格网络示例

对于这个 Python 示例，考虑一个拥有 500 个数据点的二维零均值化数据集 X（采用第一章定义的函数）。初始化 X 之后，再计算特征分解，以便能够对结果进行复查：

```
import numpy as np

from sklearn.datasets import make_blobs

def zero_center(X):
    return X - np.mean(X, axis=0)

X, _ = make_blobs(n_samples=500, centers=2,
                  cluster_std=5.0, random_state=1000)
Xs = zero_center(X)

Q = np.cov(Xs.T)
eigu, eigv = np.linalg.eig(Q)
```

从评价初始协方差矩阵及其特征分解开始：

```
print('Covariance matrix:\n {}'.format(Q))
print('Eigenvalues:\n {}'.format(eigu))
print('Eigenvectors:\n {}'.format(eigv))
```

输出为：

```
Covariance matrix:
 [[34.94435892 12.10674377]
 [12.10674377 38.55858945]]
Eigenvalues:
 [24.5106037  48.99234467]
Eigenvectors:
 [[-0.75750566 -0.6528286 ]
 [ 0.6528286  -0.75750566]]
```

因为数据集经过零均值化，所以结果是一致的。执行训练过程：

```
n_components = 2
learning_rate = 0.01
nb_iterations = 5000
t = 0.0

W_sanger = np.random.normal(scale=0.5,
                            size=(n_components, Xs.shape[1]))
W_sanger /= np.linalg.norm(W_sanger, axis=1).\
        reshape((n_components, 1))

for i in range(nb_iterations):
dw = np.zeros((n_components, Xs.shape[1]))
      t += 1.0

     for j in range(Xs.shape[0]):
       Ysj = np.dot(W_sanger, Xs[j]).\
               reshape((n_components, 1))
       QYd = np.tril(np.dot(Ysj, Ysj.T))
       dw += np.dot(Ysj, Xs[j].
                   reshape((1, X.shape[1]))) - \
                np.dot(QYd, W_sanger)

W_sanger += (learning_rate / t) * dw
W_sanger /= np.linalg.norm(W_sanger, axis=1).\
           reshape((n_components, 1))

print('Final weights:\n {}'.format(W_sanger.T))
```

程序结束时的输出是:

```
Final weights:
 [[-0.6528286   0.75750566]
 [-0.75750566 -0.6528286 ]]
```

如同所料，W 已经收敛到输入相关矩阵的特征向量（与 w – 相关的符号“ – ”并不重要，因为只关心方向）。第二个特征值最高，所以，交换列。可视化结果如图 14.6 所示。

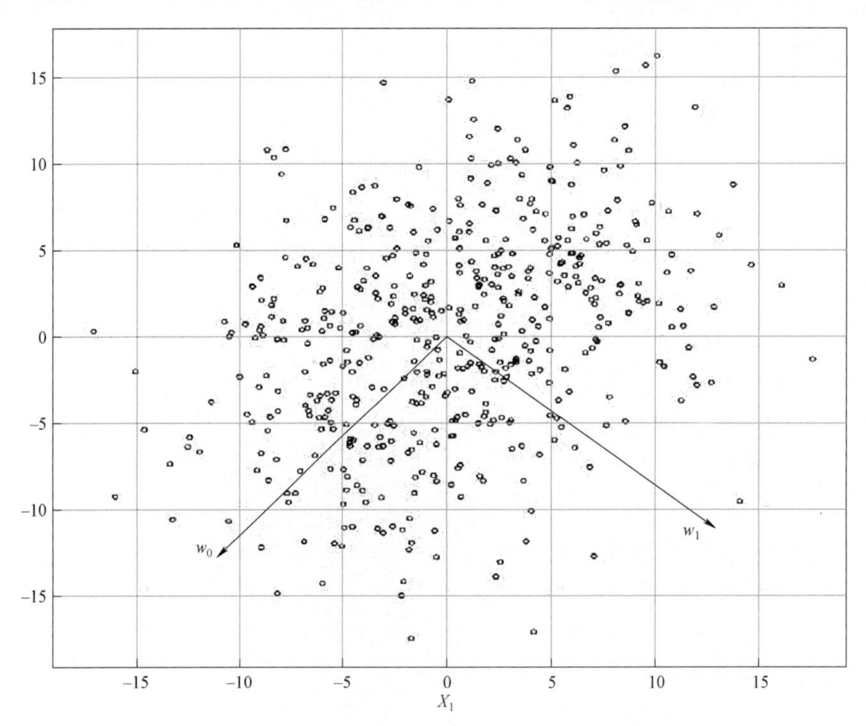

图 14.6　最终配置，$\bar{w}$ 已经收敛到两个主成分

两个成分完全正交（最终方向可以根据初始条件或随机状态改变），而且 $\bar{w}_0$ 指向第一主成分方向，而 $\bar{w}_1$ 指向第二成分方向。

考虑到这一优点，就不需要检查特征值的大小，所以，该算法不需要对输入协方差矩阵进行特征分解。尽管解释这一行为需要正式证明，但可以直观地理解。给定一个完整的特征向量子空间，每个神经元都收敛到第一个主成分。该性质始终保持不变，但是正交化之后，子空间隐式地减少了一个维数。第二个神经元总是收敛到第一个成分，对应于全局第二个成分，依次类推。

这种算法（以及下一种算法）的优点之一是，标准主成分分析方法通常是一个批量处理过程（即使有其他批处理算法），而桑格网络是一种在线的增量训练算法。一般而言，因为需要迭代，桑格网络的时间性能比直接法差。有些优化可以采用更多的矢量化手段、GPU 支持或 Numba 等优化库（http://numba.pydata.org/）加速循环，实现内部处理并行化。另外，当成分的数量小于输入维度（例如，$n=1000$ 的协方差矩阵有 10^6 个元素；如果 $m=100$，则权重

矩阵有 10^4 个元素）时，桑格网络更节省内存。

14.3　鲁布纳－塔万网络（Rubner-Tavan's network）

第 13 章成分分析和降维提到，任何对输入协方差矩阵进行去相关处理的算法都是在没有降维的情况下进行主成分分析的。从这一方法出发，鲁布纳和塔万提出了一种神经网络模型，其目标是对输出分量去相关化，使得低维子空间的输出协方差矩阵随之去相关（参阅：Rubner J.，Tavan P.，*A Self-Organizing Network for Principal-Components Analysis*，Europhysics，Letters，10（7），1989）。假设有一个零均值化数据集且 $E[y]=0$，m 个主成分的输出协方差矩阵如下：

$$Q=\begin{pmatrix} \frac{1}{N}\sum_i y_1^i y_1^i & \cdots & \frac{1}{N}\sum_i y_1^i y_m^i \\ \vdots & \ddots & \vdots \\ \frac{1}{N}\sum_i y_m^i y_1^i & \cdots & \frac{1}{N}\sum_i y_m^i y_m^i \end{pmatrix}$$

因此，可以实现近似的去相关，使 $y_i y_j$ $(\forall i \neq j)$ 接近于零。

与标准方法（例如白化或标准主成分分析）的主要区别是，该过程是局域的，而所有标准方法都是直接利用协方差矩阵进行全域操作的。鲁布纳等人提出的神经模型如图 14.7 所示。最初的模型是针对二元单元提出的，但对于线性单元也很有效。

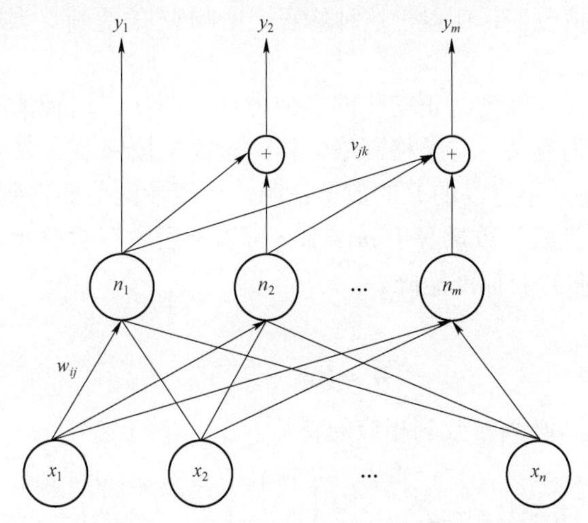

图 14.7　鲁布纳－塔万网络（连接 V_{jk} 基于反赫布法则）

该网络有 m 个输出单元，最后的 $m-1$ 个神经元有一个求和节点，该节点接收前一个单元的加权输出（分层侧向连接）。其原理很简单：第一个输出不被修改，第二个输出强制与第一个去相关，而第三个输出强制与第一个和第二个去相关，依此类推。这个过程必须迭代多次，因为输入是逐个提供的，而且在相关/协方差矩阵（很容易对数据集零均值化并利用相关矩阵）里的累加项必须隐式地拆分为它的加数。不难理解，收敛到唯一稳定不动点（作者已证明存在）需要若干迭代以便修正错误的输出估计。

鲁布纳–塔万网络的输出包括两部分：

$$\bar{y}^{(i)} = \sum_{j=1}^{m} w_{ij}\bar{x}^{(j)} + \sum_{k=1}^{i-1} v_{jk}\bar{y}^{(k)}$$

$y/x^{(i)}$ 表示 y/x 的第 i 个元素。第一个项仅基于输入产生部分输出，而第二个项利用层次化侧向连接来校正值并实现去相关。利用奥佳法则的标准版本更新内部权重 w_{ij}，奥佳法则主要负责每个权重向量收敛到第一个主成分：

$$\Delta w_{ij} = \eta y_i (x_j - w_{ij} y_i)$$

相反，利用反赫布法则（anti-Hebbian rule）更新外部权重 v_{jk}：

$$\Delta v_{jk} = -\eta y_i (y_k + v_{jk} y_j), \forall i \neq k$$

上式可以分为两部分：第一项 $-\eta y_i y_k$ 的作用与赫布法则标准版本的方向相反（这就是它被称为反赫布的原因）并实现去相关。第二项 $-\eta y_i v_{jk} y_j$ 则作为正则化器，类似于奥佳法则。$-\eta y_i y_k$ 作为奥佳法则的反馈信号，根据实际输出的新幅值重新适应更新。事实上，修正侧向连接之后，输出也会被迫改变，所以，这种修正会影响 w_{ij} 的更新。当所有输出去相关后，向量 $\bar{w}_{ij}$ 就不得不正交化。

可以想象一种格拉姆–施密特正交化的类似方法，即使在这种情况下，不同成分的提取和去相关之间的关系更为复杂。与桑格网络一样，该模型按降序提取前 m 个主成分（原因与直观解释相同），但完整（不容易的）的数学证明，还请参阅前面提到的文章。

如果输入维数为 n 且成分数量等于 m，那么可以利用所有对角元素都为 0 的下三角矩阵 V（$m \times m$）和 W（$n \times m$）的标准矩阵。

W 的结构如下：

$$W = (\bar{w}_1 \cdots \bar{w}_m)$$

因此，$\bar{w}_i$ 是列向量，必须收敛到相应的特征向量。V 的结构是：

$$V = Tril_{(i=j\,V(i,j)=0)}\begin{pmatrix} \bar{v}_1 \\ \vdots \\ \bar{v}_m \end{pmatrix} = \begin{pmatrix} 0 & \cdots & 0 \\ \vdots & \ddots & \vdots \\ v_{41} & \cdots & 0 \end{pmatrix}$$

输出则为：

$$y^{(t+1)}=W^{T}\overline{x}+V\overline{y}^{(t)}$$

因为输出基于重复性侧向连接，其值必须通过迭代上式固定次数或直到两个连续值之间的范数小于预定阈值稳定下来。本示例取固定迭代次数为 5 次。更新规则不能直接写成矩阵形式，但可以利用向量 $\overline{w}_i$（列）和 $\overline{w}_j$（行）：

$$\begin{cases}\Delta\overline{w}_i=\eta\overline{y}^{(i)}(\overline{x}-\overline{y}^{(i)}\overline{w}_i)\\ \Delta\overline{v}_i=-\eta\overline{y}^{(i)}(\overline{x}-\overline{y}^{(i)}\overline{v}_i)\end{cases}$$

这里，$\overline{y}^{(i)}$ 表示 $\overline{y}$ 的第 i 个分量。这两个矩阵必须用循环填充。

完整的鲁布纳 – 塔万网络算法为（$\overline{x}$ 的维数为 n，成分的数量记为 m）：

（1）随机初始化 $W^{(0)}$。维度是（$n\times m$）。

（2）随机初始化 $V^{(0)}$。维度是（$m\times m$）。

（3）设置 $V^{(0)}=Tril(V^{(0)})$。函数 $Tril(\bullet)$ 转换下三角矩阵中的输入参元。

（4）将 $V^{(0)}$ 的所有对角线成分设置为 0。

（5）设置学习率（$\eta=0.001$）。

（6）设置阈值 Thr（例如 $Thr=0.000\,1$）。

（7）设置循环计数器 $T=0$。

（8）设置最大迭代次数 N_{max}（例如，$N_{max}=1000$）。

（9）设置稳定循环次数 N_{stab}（例如，$N_{stab}=5$）：

当 $\|W^{(t)}-W^{(t-1)}\|_F > Thr$ 且 $T < N_{max}$：

设置 $T=T+1$。

for each $\overline{x}$ in X：

设置 $\overline{y}_{prev}$ 为 0。形状为（$m\times 1$）。

for $i=1$ to N_{stab}：

$\overline{y}=W^{T}\overline{x}+V\overline{y}_{prev}$。

$\overline{y}_{prev}=\overline{y}$。

为 W 和 V 计算更新：

创建两个空矩阵 $\Delta W(n\times m)$ 和 $\Delta V(m\times m)$。

for $t=1$ to m：

$\Delta\overline{w}^{(t)}=\eta\overline{y}^{(t)}(\overline{x}-\overline{y}^{(t)}\overline{w}_t)$。

$\Delta\overline{v}^{(t)}=-\eta\overline{y}^{(t)}(\overline{y}-\overline{y}^{(t)}\overline{v}_t)$。

更新 W 和 V：

$W^{(t+1)}=W^{(t)}+\Delta W$。

$V^{(t+1)} = V^{(t)} + \Delta V$ 。

设置$V = Tril(V)$并设置所有对角元素为0。

设置$W(t+1) = \dfrac{W(t+1)}{\| W(t+1) \|_{\text{columns}}}$（范数必须按列计算）。

选择了阈值和最大迭代次数，因为该算法一般收敛很快。另外，建议读者在进行点积计算时经常检查一下向量和矩阵的维度。

鲁布纳-塔万网络示例

Python示例将利用已为桑格网络创建的相同数据集（在变量*Xs*中可用）。在所有示例中，NumPy随机种子数设置为1000（np.random.seed（1000））。不同的值（或多次重复实验但未重置种子）会导致略有不同的结果（一般都是一致的）。

首先设置所有常量和变量：

```
import numpy as np

n_components = 2
learning_rate = 0.0001
max_iterations = 1000
stabilization_cycles = 5
threshold = 0.00001

W = np.random.normal(0.0, 0.5,
                     size=(Xs.shape[1], n_components))
V = np.tril(np.random.normal(0.0, 0.01,
                     size=(n_components, n_components)))
np.fill_diagonal(V, 0.0)

prev_W = np.zeros((Xs.shape[1], n_components))
t = 0
```

此时，可以开始训练循环：

```
while (np.linalg.norm(W - prev_W, ord='fro') >
           threshold and t < max_iterations):
prev_W = W.copy()
```

```
    t += 1

    for i in range(Xs.shape[0]):
        y_p = np.zeros((n_components, 1))
        xi = np.expand_dims(Xs[i], 1)
        y = None

        for _ in range(stabilization_cycles):
            y = np.dot(W.T, xi) + np.dot(V, y_p)
            y_p = y.copy()

        dW = np.zeros((Xs.shape[1], n_components))
        dV = np.zeros((n_components, n_components))

        for t in range(n_components):
            y2 = np.power(y[t], 2)
            dW[:, t] = np.squeeze((y[t] * xi) +
                (y2 * np.expand_dims(W[:, t], 1)))
            dV[t, :] = -np.squeeze((y[t] * y) +
                (y2 * np.expand_dims(V[t, :], 1)))
            W += (learning_rate * dW)
            V += (learning_rate * dV)

            V = np.tril(V)
            np.fill_diagonal(V, 0.0)

            W /= np.linalg.norm(W, axis=0).\
                reshape((1, n_components))
```

计算最终的 W：

```
print(W)
```

输出为：

```
[[-0.65992841 0.75897537]
 [-0.75132849 -0.65111933]]
```

可以利用以下代码段计算输出协方差矩阵：

```
Y_comp = np.zeros((Xs.shape[0], n_components))

for i in range(Xs.shape[0]):
y_p = np.zeros((n_components, 1))
      xi = np.expand_dims(Xs[i], 1)

      for _ in range(stabilization_cycles):
         Y_comp[i] = np.squeeze(np.dot(W.T, xi) +
                                np.dot(V.T, y_p))
         y_p = y.copy()

print(np.cov(Y_comp.T))
```

输出为：

```
[[ 48.9901765   -0.34109965]
 [ -0.34109965  24.51072811]]
```

正如所期，算法已经成功地收敛到特征向量（降序），输出协方差矩阵几乎完全去相关（非对角元素的符号可以是正的也可以是负的）。鲁布纳–塔万网络一般运行比桑格网络快，这要归功于反赫布法则产生的反馈信号，但是，重要的是选择正确的学习率值。一种可行的策略是增加一个时间延迟（如同桑格网络所为），开始可以是一个不大于 0.000 1 的值。但是，n 增加时，减少 η 很重要（例如，$\eta = \frac{0.0001}{n}$），因为当 $n \gg 1$ 时，侧向连接 v_{jk} 上的奥佳法则归一化强度往往不足以避免溢流和下溢。不建议对 V 进行任何额外的归一化（考虑到 V 是奇异的，必须仔细分析），因为这样会减慢运行过程，降低最终准确率。

14.4 自组织映射

Willshaw 和 Von Der Malsburg（参阅：Willshaw D.J.，Von Der Malsburg C.，*How patterned neural connections can be set up by self-organization*，Proceedings of the Royal Society of London，B/194，N.1117，1976）提出了**自组织映射**（self-organizing maps，SOMs），模拟从动物观察到的不同神经生物学现象。特别是，他们发现了，大脑的某些部位发展出不同的结构，每个部位对特定的输入模式都有很高的敏感性。这种行为背后的过程与目前为止所讨论的完全不同，因为它基于遵循赢家通吃原理的神经单元之间的竞争。在训练期间，所有神经单元都被同一信号激励，但只有一个单元会产生最大的响应。这个神经单位自动候选成为特定模式的感受池（receptive basin）。即将介绍的特定模型由 Kohonen 提出（参阅：Kohonen T.，*Self-organized formation of topologically correct feature maps*，Biological Cybernetics，43/1，1982），并以他的名字命名。

其主要思想是，实现渐进的赢者通吃模式以避免作为最后赢者的神经元的过早收敛，提升网络的可塑性。这个概念的可视化表现如图 14.8 所示。这里考虑的是神经元的线性序列。

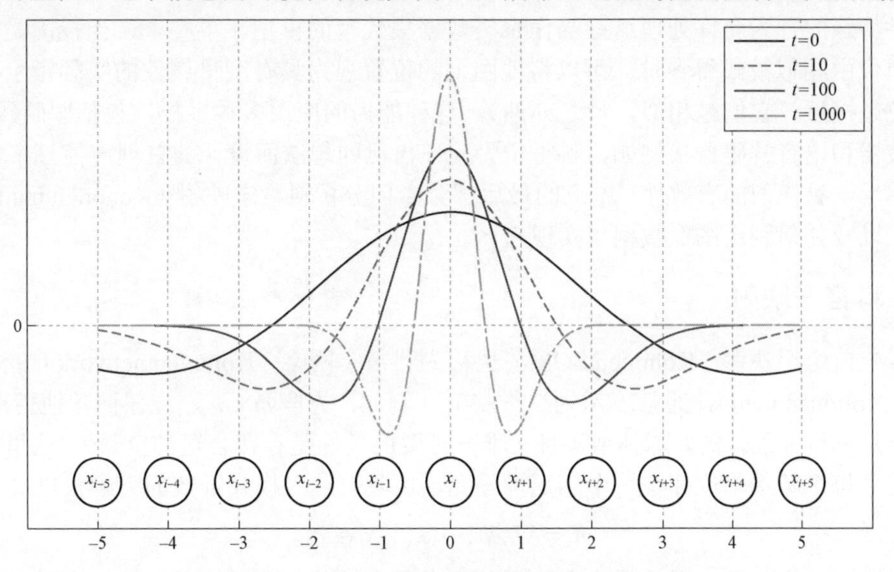

图 14.8　用科霍宁网络实现的墨西哥草帽动态

在这种情况下，相同的模式呈现给所有神经元。在训练过程开始时（$t=0$），在 $\bar{x}_{i-2}$ 到 $\bar{x}_{i+2}$ 中（在 $\bar{x}_i$ 有一个峰值）观察到一个积极的反应。潜在赢家显然是 $\bar{x}_i$，但是所有这些单元都按照它们离 $\bar{x}_i$ 的距离得到加强。换句话说，如果其他模式产生一个更强的激励，科霍宁网络还是会感受变化。如果 $\bar{x}_i$ 继续成为赢家，那么半径会稍微减小，直到唯一增强的单位是 $\bar{x}_i$。考虑到这个函数的形状，它在获胜单位周围形成一个峰值，这种状况通常被称为墨西哥草帽。利用这种方法，网络将保持可塑性，直到所有模式重复出现。例如，如果另一个模式在 $\bar{x}_i$ 中引起更强的响应，那么重要的是它的激活度仍然不太高，允许网络快速重新配置。同时，新的赢家很可能是$\bar{x}_i$的近邻，它得到部分加强，因而很容易地取代$\bar{x}_i$。

自组织映射在非线性降维中也表现出了一种非常有意思的行为。事实上，当数据集$X \in \mathbb{R}^n$被投影到$m \ll n$的m维空间（例如，图像被投影到二维矩阵上）时，获胜单元的作用如同特定循环模式开发的簇的伪质心。假设X位于一个低维流形上，投影将消除冗余，同时保持拓扑相似性。但是，与其他流形学习算法不同，自组织映射以不同的方式获得了这个结果。胜出的单位只有在经过一（长）系列的迭代后才变得稳定。在每次迭代过程中，半径将逐渐缩小。因此，最初，相同的拓扑结构由邻域共享。随着训练过程的顺利进行，流形距离一直保持训练过程结束。此时，相邻单元在拓扑上是相似的，而且特别在二维地图上，几乎不可能观察到突变。此外，由于每个数据点$\bar{x}_i \in X$只得到一个最大响应，自组织映射也是一个隐式聚类空间。但是，如果k均值法那样的算法通过最小化原始空间中测得的距离布置质心的话，自组织映射也会对数据集执行隐式投影。

这种特殊的行为允许处理这些当作聚类数据集代理的模型。事实上，当投影是稳定的而且相邻单位由相似模式得到时，可以将地图上的位置视为具有度量属性的实际指示器（即，两个单位越接近，它们越相似，反之亦然）。这种能力的应用多种多样，包括眼睛跟踪系统、去噪滤波器和语音解码器（例如，科霍宁为验证自己的想法而设计的首创声控打字机器）。

考虑后一种模型的有效性，本章的最后部分专门分析科霍宁映射（Kohonen map）是如何工作的，以及如何利用图像数据集实现它。

14.4.1 科霍宁映射

科霍宁自组织映射（Kohonen SOM）也称为科霍宁网络（Kohonen network）或简称科霍宁映射（Kohonen map），通常表示为二维映射（例如，方阵$m \times m$，或任何其他矩形矩阵），但也可以是三维曲面，例如球体或圆环（唯一必要的条件是存在合适的度量）。这里始终是指方阵，其中每个基本单位都是一个感受神经元，由具有输入模式维数的突触权重w刻画：

$$X = \{\bar{x}_1, \bar{x}_2, \cdots, \bar{x}_N\}, \bar{x}_i \in \mathbb{R}^n$$

在训练和工作阶段，根据样本和每个权重向量之间的相似性度量，确定获胜单元。最常见的度量是欧几里得距离，因此，如果考虑一个具有维度（$k \times p$）的二维映射W，使得$W \in \mathbb{R}^{k \times p \times n}$，那么获胜单位（根据其坐标）计算如下：

$$u^* = \underset{k,p}{\operatorname{argmin}} \left\| W(k,p) - \bar{x} \right\|_2$$

如前所述，避免过早收敛很重要，因为完整的最终配置可能与初始配置大不相同。因此，训练过程通常分为两个不同的阶段。第一个阶段大约占据总迭代次数的10%～20%（记该值为$t_{\max}$），对获胜单元及其相邻单元进行修正（采用衰减半径计算）。而第二个阶段，半径被设置为 1.0，而且修正只针对获胜单位。如此，可以分析更多可能的配置，自动选择错误最小的配置。邻域可以有不同的形状，它可以是方形的（在封闭的三维映射中，边界不再存在），或者，更容易的是，应用基于指数衰减距离权重的径向基函数：

$$n(i,j)=\mathrm{e}^{-\frac{\|u^*-(i,j)\|^2}{2\sigma(t)^2}},\sigma(t)=\sigma_0\mathrm{e}^{-\frac{t}{\tau}}$$

每个神经元的相对权重由 $\sigma(t)$ 函数决定。σ_0 是初始半径，τ 是必须视作确定衰减权重斜率的超参数的时间常数。合适的值是迭代总数的 5%～10%。采用径向基函数，不需要计算实际的邻域，因为乘法因子 $n(i,j)$ 在边界之外接近于零。缺点是，计算成本高于平方邻域，因为必须对整个映射计算径向基函数。但是，通过预先计算所有平方距离（分子）并利用诸如 NumPy 之类的包提供的矢量化特征（每次计算一个指数），可以加快该过程。

更新规则非常简单，基本想法是将获胜单元突触权重更接近模式 $\bar{x}_i$（对整个数据集 X 重复）：

$$\Delta\bar{w}_{ij}=\eta(t)n(i,j)(\bar{x}_i-\bar{w}_{ij})$$

$\eta(t)$ 函数是可被设定的学习率，但最好开始时取较高值 η_0，使其衰减至目标最终值 η_∞：

$$\eta(t)=\begin{cases}\eta_0\mathrm{e}^{-\frac{t}{\tau}}, & \text{如果}t<t_{\max}\\ \eta_\infty, & \text{如果}t\geqslant t_{\max}\end{cases}$$

这样，初次更改会让权重对齐输入模式，而所有后续更新都允许少量修改，以提高整体准确率。因此，每次更新都与学习率、邻域加权距离以及每个模式与突触向量之间的差异成比例。理论上，如果 $\Delta\bar{w}_{ij}$ 对于获胜单位等于 0，这意味着一个神经元已经成为特定输入模式的吸引子，而且它的近邻将感受噪声或更新版本。最有意思的是，完整的最终映射将包含所有模式的吸引子，这些吸引子组织起来实现相邻单元间相似性的最大化。如此，当一个新模式出现时，映射最相似形状的神经元区域将表现出更高的响应。例如，如果模式由手写数字组成，那么数字 1 和数字 7 的吸引子将比数字 8 的吸引子更接近。一个畸形的 1（可能被解释为 7）将引发前两个吸引子的响应，这时可以根据距离分配一个相对概率。正如将在示例中看到的，这个特性使得同一模式类的不同变种之间可以实现平滑过渡，从而可以避免强求二元决策的严格边界（如 k 均值聚类或硬分类器的情况）。

完整的科霍宁自组织映射算法如下：

（1）随机初始化 $W^{(0)}$（例如，$W_{ij}^{(0)}\sim N(0,1)$）。维度是（$k\times n\times p$）。

（2）初始化迭代总次数 $N_{\max}$ 和 $t_{\max}$（例如，$N_{\max}=1000$，$t_{\max}=150$）。

（3）初始化 τ（例如，$\tau=100$）。

（4）初始化 η_0 和 η_∞（例如，$\eta_0=1.0$，$\eta_\infty=0.05$）。

（5）for $t=0$ to $N_{\max}$：

如果 $t<t_{\max}$：

计算 $\eta(t)$。

计算 $\sigma(t)$。

否则：

设置 $\eta(t)=\eta_{\infty}$。

设置 $\sigma(t)=\sigma_{\infty}$。

for each $\bar{x}_i \in X$：

计算获胜单位 u^*（假设坐标为 (i,j)）。

计算 $n(i,j)$。

将权重校正 $\Delta \bar{w}_{ij}^{(t)}$ 应用于所有突触权重 $W^{(t)}$。

重新归一化 $W(t+1)=\dfrac{W(t+1)}{\|W(t+1)\|_{\text{columns}}}$（范数必须按列计算）。

在讨论了理论部分之后，将利用包含一群人不同照片的数据集，实现科霍宁映射。此例也有助于理解如何调整超参数以便加速收敛和提高准确率。

14.4.2 自组织映射示例

现在利用 Olivetti faces 人脸数据集实现自组织映射。由于过程可能非常长，本例将输入模式的数量限制为 100（使用 4×4 矩阵）。读者可以尝试利用整个数据集和更大映射。

第一步是载入并归一化数据，使所有值都限定在 0.0～1.0，并设置相关常量：

```
import numpy as np

from sklearn.datasets import fetch_olivetti_faces

faces = fetch_olivetti_faces(shuffle=True)

Xcomplete=faces['data'].astype(np.float64)/np.max(faces['data'])
np.random.shuffle(Xcomplete)
X = Xcomplete[0:100]
```

接着定义主要常数和初始矩阵：

```
nb_iterations = 5000
```

```
nb_startup_iterations = 1000
pattern_length = 64 * 64
pattern_width = pattern_height = 64
eta0 = 1.0
sigma0 = 2.0
tau = 80.0
matrix_side = 4

W = np.random.normal(0, 0.1,
                     size=(matrix_side,
                           matrix_side,
                           pattern_length))
```

现在，需要定义确定基于最小距离的获胜单位的函数：

```
def winning_unit(xt):
    global W
    distances = np.linalg.norm(W - xt, ord=2, axis=2)
    max_activation_unit = np.argmax(distances)
    return int(np.floor(max_activation_unit /
                        matrix_side)), \
           max_activation_unit % matrix_side
```

另外，还需要定义函数 $\eta(t)$ 和 $\sigma(t)$：

```
def eta(t):
    return eta0 * np.exp(-float(t) / tau)
def sigma(t):
    return float(sigma0) * np.exp(-float(t) / tau)
```

如前所述，与其计算每个单元的径向基函数，不如利用预计算的距离矩阵（本例为 4×4×4×4），该矩阵包含单元对之间所有可能的距离。这样，因为有了矢量化功能，NumPy 可以更快地完成计算：

```
precomputed_distances = np.zeros((matrix_side,
                                  matrix_side,
```

```
                                                    matrix_side,
                                                    matrix_side))
for i in range(matrix_side):
    for j in range(matrix_side):
        for k in range(matrix_side):
            for t in range(matrix_side):
                precomputed_distances[i, j, k, t] = \
                        np.power(float(i) - float(k), 2) + \
                            np.power(float(j) - float(t), 2)


def distance_matrix(xt, yt, sigmat):
    global precomputed_distances
    dm = precomputed_distances[xt, yt, :, :]
    de = 2.0 * np.power(sigmat, 2)
    return np.exp(-dm / de)
```

给定中心点（获胜单位）*xt*、*yt* 和 σ（sigmat）当前值，`distance_matrix` 函数返回整个映射的径向基函数值。现在，可以开始训练过程。为了避免相关性，最好在每次迭代开始时打乱输入序列：

```
sequence = np.arange(0, X.shape[0])
t = 0

for e in range(nb_iterations):
    np.random.shuffle(sequence)
    t += 1

    if e < nb_startup_iterations:
        etat = eta(t)
        sigmat = sigma(t)
    else:
        etat = 0.2
        sigmat = 1.0
```

```
    for n in sequence:
        x_sample = X[n]

        xw, yw = winning_unit(x_sample)
        dm = distance_matrix(xw, yw, sigmat)

        dW = etat * np.expand_dims(dm, axis=2) \
             * (x_sample - W)
        W += dW

    W /= np.linalg.norm(W, axis=2).\
        reshape((matrix_side, matrix_side, 1))
```

本例设置了$\eta_{\infty}=0.2$，但读者可以尝试不同的值并评估最终结果。经过 5000 轮次的训练，得到如图 14.9 所示的权重矩阵（每个权重被绘制成二维数组）。

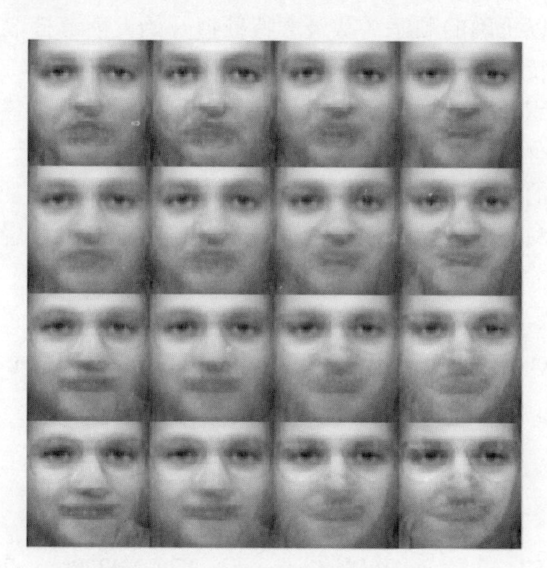

图 14.9　最终的自组织映射权重矩阵

可以看出，权重已经收敛到特征略有不同的人脸图像。特别是，观察脸部形状和表情，很容易注意到不同吸引子之间的过渡（有些脸在微笑，其他脸更严肃；有些戴着眼镜、留着八字胡、留着络腮胡等）。同样重要的是，要考虑矩阵大于最小能力（数据集中有 10 个不同的个体）。这样就可以映射更多不容易被正确神经元吸引的模式。

例如，一个人可以有留胡子和没留胡子的照片，这可能会导致混淆。如果矩阵太小，就有可能观察到收敛过程的不稳定性，而如果矩阵太大，则容易发现冗余。正确的选择取决于每个不同的数据集和内部方差，没有办法定义一个标准准则。好的出发点是选择一个容量是所需吸引子数量2～3倍的矩阵，然后增加或减小其大小，直到准确率最大。

最后要考虑的是标记阶段。在训练过程的最后，不知道获胜神经元的权重分布，所以有必要对数据集进行处理，并为每个模式标注获胜单元。这样，就可以提交新的模式来获得最有可能的标签。这个过程虽没有展示，但是很简单，读者可以针对不同的场景实现一下。

14.5 本章小结

本章讨论了赫布法则，展示了它如何实现输入数据集的第一个主成分的计算。当然这个法则是不稳定的，因为它导致突触权重的无限增长。还介绍了如何利用归一化或奥佳法则解决这个问题。

介绍了两种基于赫布学习的不同的神经网络（桑格网络和鲁布纳－塔万网络），它们的内部机理稍有不同，而且以正确的顺序（从最大特征值开始）能够提取前 n 个主成分，而无需对输入协方差矩阵进行特征分解。

最后，介绍了自组织映射的概念，提出了科霍宁网络模型，该模型能够将输入模式映射到一个曲面上，在该曲面上通过竞争学习过程放置一些吸引子（每个类一个）。这样的模型能够通过在与模式最相似的吸引子中引起强烈的响应来识别新的模式（属于同一分布）。如此，在完成标记过程之后，科霍宁模型可以被用作一个软分类器，可以轻松地管理噪声或改变的模式。

第15章将讨论集成学习（ensemble learning）的主要概念以及最重要和最广泛的装袋算法（引导聚集算法，bootstrap aggregating algorithm，缩写为bagging algorithm）和提升算法（boosting algorithm）。

扩展阅读

- Dayan P., Abbott F.L., *Theoretical Neuroscience*, The MIT Press, 2003.
- Warner R., *Applied Statistics*, SAGE Publications, 2013.
- Sanger T.D., *Single-Layer Linear Feedforward Neural Network*, Neural Networks, 1989/2.
- Rubner J., Tavan P., *A Self-Organizing Network for Principal-Components Analysis*, Europhysics, Letters, 10(7), 1989.

- Principe J.C., Euliano N.R., Lefebvre W.C., *Neural and Adaptive Systems:Fundamentals Through Simulation*, Wiley 1997/1999.
- Willshaw D.J., Von Der Malsburg C., *How patterned neural connections can be set up by self-organization*, Proceedings of the Royal Society of London, B/194, N.1117, 1976.
- Kohonen T., *Self-organized formation of topologically correct feature maps*, Biological Cybernetics, 43/1, 1982.
- Kohonen T., *Learning Vector Quantization, Self-Organizing Maps*.Springer Series in Information Sciences, vol 30.Springer, 1995.

第15章 集成学习基础

本章将讨论一些重要的算法，这些算法利用不同的估计器提高集成体或委员会的整体性能。这些技术要么通过在每个属于预定义集合的估计器中引入适当随机性，要么通过创建一系列估计器（每个新模型要求提高先前模型的性能）发挥作用。当利用容量有限或更容易过拟合训练集的模型时，这些技术可以减少偏差和方差，从而提高验证准确性。

本章具体涉及的主题如下：

- 集成学习简介。
- 决策树的简单预备知识。
- 随机森林和极端随机森林。
- AdaBoost（算法 M1、SAMME、SAMME.R 和 R2）。

首先讨论集成学习，包括讨论弱学习器和强学习器的基本概念，以及讨论如何组合简单的估计器创建更好执行委员会。

15.1 集成学习基础

集成学习背后的主要概念是区分强学习器和弱学习器。特别地，一个强学习器是一个分类器或回归器，它有足够的能力达到最高的潜在准确率，使偏差和方差最小化，从而也达到令人满意的泛化水平。

弱学习器是一个通常能够得到略高于随机猜测的准确率的模型，但其复杂性非常低。弱学习器的训练很快，但不能单独用于解决复杂的问题。

为了更正式地定义强学习器，考虑参数化二元分类器 $f(\bar{x};\bar{\theta})$，如果它满足下列条件，那么就可以将其定义为强学习器：

$$\forall \epsilon > 0 \text{ 且 } \delta \leqslant \frac{1}{2} \ \ \exists \bar{\theta}_c : p \geqslant 1-\delta \Rightarrow p[f(\bar{x}_i;\bar{\theta}_c) \neq y_i] \leqslant \epsilon$$

该表达式乍看晦涩难懂，其实很容易理解。它只是简单地表达了这样一个概念：一个强学习器理论上得到非零概率错误分类的概率大于或等于 0.5（即二分类随机猜测的阈值）。

机器学习任务利用的所有模型通常都是强学习器，尽管它们的领域有限。例如，逻辑回归不能解决非线性问题。

弱学习器也有一个正式的定义，但是理解起来更为简单：弱学习器的主要特点是，达到合理准确率的能力有限。在训练空间的某些非常特殊且小的区域，弱学习器错误分类的概率可能不高，但是，在整个空间，其性能仅略优于随机猜测。前一个更像是理论上的定义，而不是实践上的定义，因为目前可得到的所有模型通常都比随机预言要好得多。但是，一个集体（ensemble）被定义为一组一同（或者按照顺序）训练的弱学习器，以便组成一个委员会。在分类问题和回归问题中，最终结果都是通过平均预测值或采用多数票制获得的。

这时，就有一个合理的问题，为什么需要训练很多弱学习器而不是一个强学习器？回答分为两方面：集成学习一般应用中等能力的学习器（例如，决策树或线性支持向量机），以它们作为委员会，通过更广泛的样本空间探索，提高总体准确率和减少方差。

事实上，单个强学习器往往会过度拟合训练集，如果能力发挥不充分的话，保持全样本子空间的高准确率更为困难。为了避免过拟合，必须找到一个折中方案，结果就是准确率较低的、有着简单分离超平面的分类器/回归器。

采用很多弱学习器（实际上相当强，因为即使最简单的模型也比随机猜测更准确），可以让它们只关注有限的子空间，从而得到低方差和非常高的局部准确率。采用平均技术的委员会可以很容易地发现哪个预测最为合适。或者，委员会可以要求每个学习器投票，假设一个成功的训练过程必须总是引导大多数学习器提出最准确的分类或预测。

最常见的集成学习方法如下：

- **装袋法**（bagging）（引导聚集法，bootstrap aggregating）：这种方法用 n 个由原始数据集 D 随机抽样得到的训练集 $(D_1, D_2, \cdots, D_n)$ 训练 n 个弱学习器 $f_{w_1}, f_{w_2}, \cdots, f_{w_n}$（通常它们是决策树）。采样过程（称为引导抽样，bootstrap sampling）一般通过替换（称为适当装袋）完成，以便确定不同的数据分布。另外，在很多实际算法中，弱学习器也被初始化并用中等程度的随机性进行训练。这样，得到克隆的概率变得非常小，同时，可以通过将方差控制在可容忍的阈值以下，提高精度（从而避免过度拟合）。Breiman（参阅：Breiman L.，*Pasting small votes for classification in large databases and on-line*，Machine Learning，36，1999）提出了另一种称为 Pasting 的方法，D 的随机选择样本不替换。在这种情况下，弱学习器的专业化更具选择性，集中在没有交叠的样本空间的特定区域。此外，在 Breiman 之前，Ho（参阅：Ho T.，*The random subspace method for constructing decision forests*，Pattern Analysis and Machine Intelligence，20，1998）已经分析了通过专门处理特征创建子集的可能性。与 Pasting 相反，这种方法要求弱学习器专用于样本交叠的子空间。这种方法类似于协同训练，即通过关注数据集的两个不同视图，利用不同的分类器解决半监督任务。但是，两种情况所要求的能力都是有限的，弱学习器很容易找到合适的分离超曲面。类似于装袋法，这些模型的组合可以通过巧妙地使用随机性解决非常复杂的问题。

● **提升法**（boosting）：这是另一种从单个弱学习器 f_{w_1} 开始，并在每次迭代添加一个新的 f_{w_i} 的增量集成学习方法。其目标是重新加权数据集以便让新的学习器聚焦于先前被错误分类的数据点上。这种策略有非常高的准确率，因为新的学习器经过有正偏差的数据集训练而得，能够适应最困难的内部条件。但是，这种方法削弱了对方差的控制，学习器的集成更容易过度拟合训练集。通过降低弱学习器的复杂性或施加一个正则化约束，可以缓解这个问题。

● **堆叠法**（stacking）：这种方法可以用不同的方式实现，但原理总是相同的：利用在同一个数据集上训练的不同的算法（通常是几个强学习器），而且用另一个分类器通过对预测取平均值或采用多数票制，过滤最终结果。如果数据集的结构可以用不同的方法部分加以管理，那么这种策略就非常强大。每个分类器或回归器都应该发现数据的一些特殊情况，这就是为什么这些算法必须结构不同的原因。例如，可以将决策树与支持向量机或者将线性模型和核模型混合使用。用测试集进行的评价应该只在某些情况下清楚地显示分类器的性能。如果一个算法最终是唯一一个产生最佳预测的算法，那么集成就变得毫无用处，不如利用一个强学习器。

15.2 随机森林

随机森林是基于决策树的装袋集成模型（bagging ensemble model）。如果读者不熟悉这种模型，请参阅：Alpaydin E.，*Introduction to Machine Learning*，The MIT Press，2010，该书有详细解说。但是，有必要对最重要的概念进行简要解释。

15.2.1 随机森林基础

决策树是一种类似于标准层次化决策过程的模型。大多数情况下，利用一个特殊的称为二元决策树的族，因为每次决策只产生两个结果。决策树通常是最简单、最合理的选择，而且训练过程（包括构建树本身）非常直观。树根包含整个数据集：

$$X = \{\bar{x}_1, \bar{x}_2, \cdots \bar{x}_M\}, \bar{x}_i \in \mathbb{R}^n$$

通过应用一个定义如下的选择元组，得到决策树的各层级：

$$\sigma_i = <i, t_i>, i \in (1, n) \text{ 且 } t_i \in (\min x^{(i)}, \max x^{(i)})$$

元组的第一个索引 i 对应于输入特征，而阈值 t_i 是在每个特征的特定范围内选择的值。选择元组的应用导致一个拆分和两个节点，每个节点都包含输入数据集的一个不重叠子集。图 15.1 给出一个在树根层拆分的示例（初始拆分）。

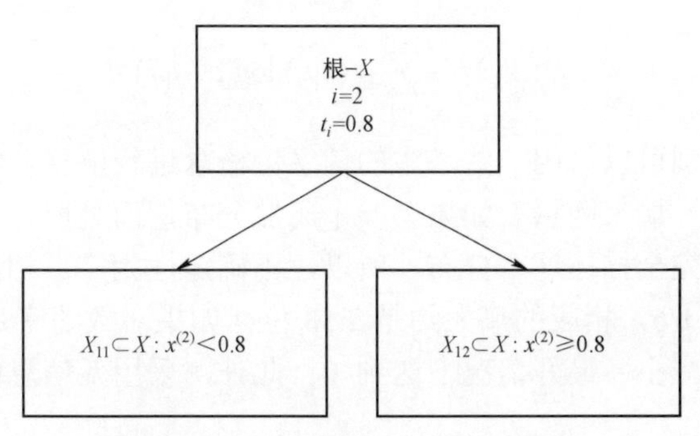

图 15.1　决策树初始拆分的示例

集合 X 被拆分成两个子集，分别定义为 X_{11} 和 X_{12}，其数据点分别具有 $i=2$ 小于或大于阈值 $t_i=0.8$ 的特征。分类决策树背后的直觉是，拆分持续到叶节点包含属于单个类别 y_i 的点（这些节点被定义为纯类节点）。如此，一个新点 $\bar{x}_j$ 可以遍历树（计算复杂度为 $O(\log M)$），到达确定其类别的最终节点。同样，可以构建具有连续输出的回归树。当然，这里只考虑分类情况。

此时，主要的问题是如何进行拆分。不能随便选择特征和阈值，因为最终的树可能会完全不平衡，而且层级特别多。目标是在每个节点找到最优选择元组，最终将数据点分类为离散类别（回归过程几乎相同）。该技术非常类似于一个基于必须最小化代价函数的问题，但是，在这种情况下，应用一个与节点的异质性成比例的不纯度寻找局域最小的代价函数。纯度不高表示存在很多属于不同类别的样本，而不纯度等于 0 则表示只有单一类别。由于拆分要持续到出现纯类叶节点，所以，最佳选择基于选择元组的评分函数，选择不纯度最低的节点［理论上，该过程应该持续到所有叶子都是纯类叶节点，但通常情况下设置最大深度（层级数）］，以避免复杂度过高。

如果有 p 类，则类别集可以定义如下：

$$Y=\{y_1,y_2,\cdots,y_M\},y_i\in(1,p)$$

一个常用的不纯度测度称为基尼不纯度（Gini impurity），如果用从节点子集分布随机选择的标签对数据点进行分类的话，基尼不纯度就基于错误分类的概率。直观地，如果所有的点都属于同一类别，任何随机选择都会得到正确的分类（而且不纯度变为 0）。如果节点包含多个类别的点，那么，错误分类的概率会增大。基尼不纯度的正式定义如下：

$$I_{\text{Gini}}(X_k)=\sum_{j=1}^{q}p(j|k)(1-p(j\,|\,k))$$

子集用 X_k 表示，$p(j|k)$ 是 j 类数据点与样本量的比率。选择元组的选择必须尽量减小子节点的基尼不纯度。另一种常用的测度是交叉熵不纯度，定义如下：

$$I_{\mathrm{CE}}(X_k)=-\sum_{j=1}^{q} p(j|k)\log p(j|k)$$

两种测度的主要区别可以借用一些基本的信息论概念进行解释。特别是，目标是最小化不确定性，这用（交叉）熵来衡量。如果有一个离散分布，而且所有的数据点都属于同一类别，那么随机选择可以完全描述这个分布，所以，不确定性为零。相反，如果有一个公平骰子，每个结果的概率是 1/6，相应的熵大约是 2.58 位（如果对数的底是 2）。当节点变得越来越纯时，交叉熵不纯度减小，最好情况下达到 0。此外，采用互信息的概念，可以定义拆分后获得的信息增益：

$$IG(\sigma)=H(X_{\mathrm{parent}})-H(X_{\mathrm{parent}} \mid X_{\mathrm{children}})$$

给定一个节点，创建两个子节点以便最大化信息增益。换句话说，选择交叉熵不纯度测度，树可以生长直到信息增益变为零。再次考虑公平骰子的例子，需要 2.58 位的信息来决定哪个结果是正确的。其实，如果骰子被做了手脚，结果的概率为 1（100%）的话，那么决策不需要任何信息。在决策树中，希望出现这种情况，如此，当一个新的数据点完全遍历树时，不需要任何进一步的信息来对它进行分类。如果设定最大深度，那么最终信息增益不能为零。这意味着，需要付出额外的代价才能完成分类。此代价与残余不确定度成正比，应尽量减小以提高准确率。

也可以利用其他方法（尽管基尼和交叉熵不纯度是最常用的），读者可以查阅相关参考文献以获取更多信息。但是，这里自然会有所考虑。决策树是简单的模型（但不是弱学习器！），但是，建立它们的过程比训练逻辑回归或线性支持向量机要复杂得多。那为什么决策树还如此受欢迎？

15.2.2 使用决策树的原因

决策树流行的一个原因已经很清楚，它们代表一个可以图表化的结构化过程，但是，这还不足以证明它们是非用不可的。两个重要特性决定了利用决策树不需要数据预处理。

其实，很容易理解，与其他方法相反，不需要任何缩放或白化，而且可以同时利用连续和分类特征。例如，在二维数据集中，如果一个特征的方差为 1，另一个方差为 100，那么大多数分类器的准确率会很低，所以必须进行预处理。在决策树中，选择元组在范围非常不同时也有相同的效果。不言而喻，考虑到分类特性，拆分很容易，并且没有必要采用诸如独热编码（one-hot encoding）之类的技术（在大多数情况下，对避免泛化错误而言必不可缺）。但是，遗憾的是，用决策树得到的分离超曲面通常比用其他算法得到的分离超曲面复杂得多，这会导致了更大的方差，损害泛化能力。

为了理解其中原理，可以想象一个非常简单的二维数据集，它由位于第二和第四象限的两块点集组成。第一个点集的特征是（$x<0$，$y>0$），而第二个点集的特征是（$x<0$，$y<0$）。假设还有一些异值点，但是对数据生成过程的认识尚不足以将这些异值点确定为噪声点或异值点（原始分布可能有在轴向延伸的尾部。例如，它可能是两个高斯分布的混合）。在这种情况下，最简单的分离线是将平面分割为两个子平面的对角线，两个子平面包含也属于第一象限和第三象限的区域。但是，只有同时考虑两个坐标才能做出决策。利用决策树，需要首先拆分，例如，先利用第一个特性，然后再利用第二个特性。得到的结果是一条分段分离线（例如，将平面分割成对应第二象限及其余集的区域），导致非常大的分类方差。矛盾的是，用一棵不完整的树（例如，限制过程只做一次拆分）和选择 y 轴作为分隔线（这就是设置最大深度很重要的原因），却可以获得更好的解决方案，但是，付出的代价是偏差增大（从而导致更差的准确率）。

利用决策树（和相关模型）时要考虑的另一个重要元素是最大深度。决策树可以不断生长直到所有叶节点都是纯类节点，但有时最好设定一个最大深度（因此，也就是终端节点的最大数量）。最大深度等于 1 导致称为决策树桩（decision stump，或单层决策树）的二元模型，它不允许特征之间的任何交互（特征简单地表示为 if…then 条件）。最大深度值越大，会产生更多的终端节点，而且特征间的交互会增加（可以考虑将很多 if…then 语句与 AND 逻辑运算符组合在一起）。必须根据具体问题调整合适的最大深度，而且谨记，很深的树比修剪过的树更容易过拟合。

在某些情况下，最好用更高的泛化能力获得稍差的准确率，这时，应该设定最大深度。确定最佳深度的最常用工具非网格搜索和交叉验证技术莫属。

15.2.3 随机森林与偏差–方差权衡

随机森林为解决偏方差权衡问题提供了有力的工具，由 Breiman 提出（参阅：Breiman L.，Random Forests，*Machine Learning*，45，2001），其逻辑非常简单。

如前一节所述，装袋方法首先选择弱学习器的数量 N_c。然后，生成 N_c 个称为引导样本（bootstrap sample）的数据集 $D_1, D_2, \cdots, D_{N_c}$：

$$D_p = \{\bar{x}_1^s, \bar{x}_2^s, \cdots \bar{x}_M^s\}, \bar{x}_i^s \sim X \text{ 且 } p \in (1, N_c)$$

每棵决策树都是遵从相同的不纯度准则，利用相应的数据集训练得到，但是为了减少方差在随机森林中拆分的选择并不考虑所有的特征，只是通过一个包含数量减少的特征的随机子集计算确定（常见的选择是圆整的平方根、$\log_2 x$ 或自然对数）。这种方法确实削弱了每一个学习器，因为部分损失了最优性，但是可以通过限制过度特殊化而大幅度减小方差。同时，偏差减小和准确率提高是学习器集成的结果（特别是对于大量的估计器）。事实上，由于学习器是用略有不同的数据分布训练的，所以当 $N_c \to \infty$ 时，预测的平均值会收敛到正确的值。实际应用并不总是需要利用大量决策树，但是，必须利用具有交叉验证的网格搜索，找到正确的最小值。一旦用函数 $d_i(\bar{x})$ 表示的所有模型都完成训练，最终的预测就可以作为平均值得到：

$$\hat{y} = \frac{1}{N_c}\sum_{i=1}^{N_c} d_i(\bar{x})$$

也可以采用多数投票方法（但仅适用于分类）：

$$\hat{y} = \underset{d_i(\bar{x})}{\operatorname{argmax}}\, d_i(\bar{x})$$

这两种方法非常相似，而且在大多数情况下，它们产生的结果是相同的。但是，当点几乎在边界上时，平均值法更为稳健，而且灵活性更好。此外，平均值法可以用于分类和回归任务。

随机森林通过从较小的样本子集选取最佳选择元组来限制其随机性。有时，例如，当特征的数量不是很大时，这种策略无法进一步减小方差，而且计算成本不再由结果来确定。一种称为极端随机树（extra-randomized trees 或简单的极端树）的改进随机森林法可以获得更好的性能。

方法流程几乎是相同的，但是，在这种情况下，在拆分树之前，对每个特征计算 n 个随机阈值，并选择使不纯度最小的阈值。这种方法进一步削弱学习器，但同时减少了残差方差，防止了过拟合。其机理与很多技术，例如正则化或第 16 章将介绍的暂弃处理（dropout）并没有太大的区别。事实上，额外的随机性减弱了模型的能力，使之成为更线性化的解决方案（这显然是次优的）。

为此限制付出的代价是随之而来的偏差恶化，但是，很多不同的学习器的出现弥补了这一点。即使是随机拆分，当 N_c 足够大时，错误分类（或回归预测）的概率也越来越小，因为平均值法和多数投票法都会补偿结构在特定区域肯定次优的决策树。特别是当训练数据点数目较多时，更是如此。其实，在这种情况下，替换抽样会导致略有不同的分布，这些分布可以被认为是部分和随机提升的（即使形式上不是正确的）。因此，每一个弱学习器都会聚焦整个数据集，尤其特别关注随机选取的一个较小的子集（这与实际的提升不同）。另一个需要记住的重点是，决策树极易过拟合（事实上，它们倾向于到达那些只有单个元素的终端叶节点）。这种情况显然是不可取的，必须通过对每棵树设置最大深度加以适当控制。如此，偏差保持在略高于其潜在最小值，而学习器集成的方差较小，可以更好地泛化。

完整的随机森林算法如下：

（1）设置决策树数 N_c。

（2）for $i=1$ to N_c：

创建一个数据集 D_i 采样，替换原始数据集 X。

（3）设置每次拆分时要考虑的特征数量 N_f（例如，sqrt(n)）。

（4）设置不纯度测度（例如基尼不纯度）。

（5）为每棵树定义可选的最大深度。

（6）for $i=1$ to N_c：

随机森林：用数据集 D_i 训练决策树 $d_i(\bar{x})$，并在随机抽样的 N_f 特征中选择最佳拆分。

极端树：用数据集 D_i 训练决策树 $d_i(\bar{x})$，在每次拆分前计算 n 个随机阈值，并选择产生最小不纯度的阈值。

（7）定义一个输出函数：或者平均单个输出或者应用多数投票。

15.2.4　scikit learn 的随机森林示例

本例将使用 scikit-learn 直接提供的有名的葡萄酒数据集（分为三个类的 178 个 13 维样本）。遗憾的是，为集成学习算法找到好的简单的数据集并不容易，因为集成学习算法通常用于需要太长计算时间的大型复杂数据集。无论如何，这个例子的目标是用可以带着不同参数多次运行的示例展示随机森林的性质。有了这样的认识，读者可以将这些模型应用到实际场景，发挥最大的优势。

因为葡萄酒数据集不是特别复杂，第一步是用 10 折交叉验证评估不同分类器的性能，包括简单逻辑回归、最大深度设置为 5 和交叉熵不纯度测度的决策树，以及自动调整 γ 的 RBF-SVM。尽管决策树和随机森林对不同的尺度并不敏感，逻辑回归和支持向量机却敏感，所以，在载入数据集后，将对其进行缩放：

```
import numpy as np

from sklearn.datasets import load_wine
from sklearn.model_selection import cross_val_score
from sklearn.preprocessing import StandardScaler
from sklearn.linear_model import LogisticRegression
from sklearn.tree import DecisionTreeClassifier
from sklearn.svm import SVC

wine = load_wine()
X, Y = wine["data"], wine["target"]
ss = StandardScaler()
Xs = ss.fit_transform(X)
```

```
lr = LogisticRegression(max_iter=5000,
                        solver='lbfgs',
                        multi_class='auto',
                        random_state=1000)
scores_lr = cross_val_score(lr, Xs, Y, cv=10,
                            n_jobs=-1)

dt = DecisionTreeClassifier(criterion='entropy',
                            max_depth=5,
                            random_state=1000)
scores_dt = cross_val_score(dt, Xs, Y, cv=10,
                            n_jobs=-1)

svm = SVC(kernel='rbf',
          gamma='scale',
          random_state=1000)
scores_svm = cross_val_score(svm, Xs, Y, cv=10,
                             n_jobs=-1)

print("Avg. Logistic Regression CV Score: {:.3f}".
          format(np.mean(scores_lr)))
print("Avg. Decision Tree CV Score: {:.3f}".
          format(np.mean(scores_dt)))
print("Avg. SVM CV Score: {:.3f}".
          format(np.mean(scores_svm)))
```

输出为：

```
Avg. Logistic Regression CV Score: 0.978
Avg. Decision Tree CV Score: 0.933
Avg. SVM CV Score: 0.978
```

与预期的结果一致，算法性能相当好，平均交叉验证准确率最高达到 97.8%左右，由逻辑回归和 RBF-SVM 取得。非常有趣的是决策树的性能，它比其他分类器稍差。其他的不纯度测度（例如基尼不纯度）或更深的决策树并不能改善这个结果，所以，在示例中，决策树平均比逻辑回归弱，即使它不是完全正确的，可以将此模型当作装袋测试的候选模型。三条交叉验证得分曲线如图 15.2 所示。

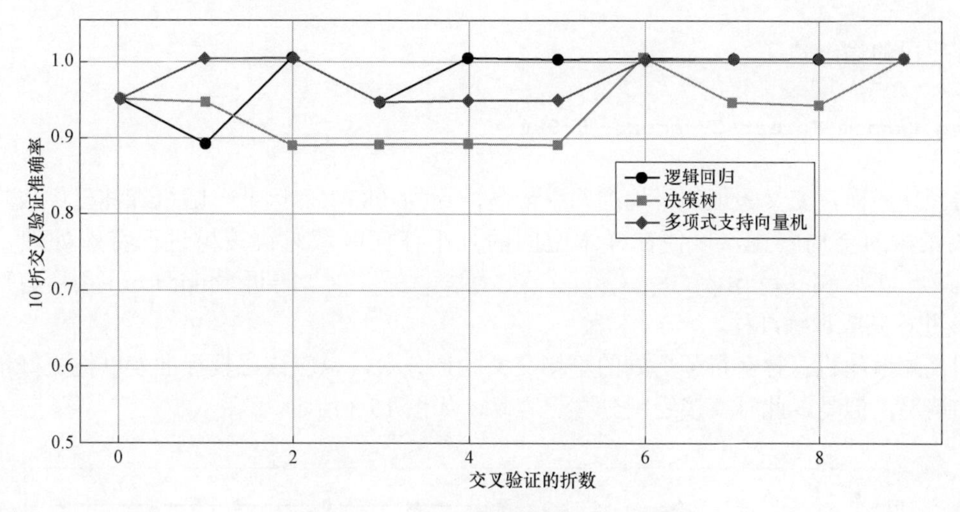

图 15.2　三个测试模型的交叉验证图

可见，所有的分类器都很容易得到大于 0.9 的交叉验证分数，其中 8 折交叉验证的分数大约是 1.0（没有错误分类）。这意味着，随机森林的改进空间有限，集成学习必须聚焦于具有独特特征的子样本上。例如，二折交叉验证对应两个分类器的最低交叉验证分数，所以，该集合包含的数据点是 p_{data} 子区域的唯一代表，否则将被丢弃。期望装袋集成学习通过在特定区域训练一些弱学习器填补这个差距，从而提高最终预测的可信度。

为了验证上述假设，可以通过实例化 `RandomForestClassifier` 类并选择 `n_estimators=150` 来拟合随机森林（读者可以尝试其他不同值）。考虑到决策树的性能，在这种情况下，采用交叉熵不纯度测度：

```
from sklearn.ensemble import RandomForestClassifier

rf = RandomForestClassifier(n_estimators=150,
                            n_jobs=-1,
                            criterion='entropy',
                            random_state=1000)
```

```
scores = cross_val_score(rf, Xs, Y, cv=10,
                         n_jobs=-1)
print("Avg. Random Forest CV score: {:.3f}".
      format(np.mean(scores)))
```

程序段的输出是：

```
Avg.Random Forest CV score: 0.984
```

与预期一样，交叉验证的平均准确率最高，约为 98.4%。因此，随机森林已经成功地找到了决策树的全局配置，以便在样本空间的几乎任何区域对决策树进行特殊处理。参数 `n_jobs=-1` 或 `n_jobs=joblib.cpu_count()`（包括 joblib 库）告诉 scikit-learn 用所有可用的 CPU 核并行完成训练过程。

即使知道随机森林获得了更好的平均交叉验证分数，也应该比较标准差以便更好地了解分布的情况。但是，此时直接绘制分数更容易，如图 15.3 所示。

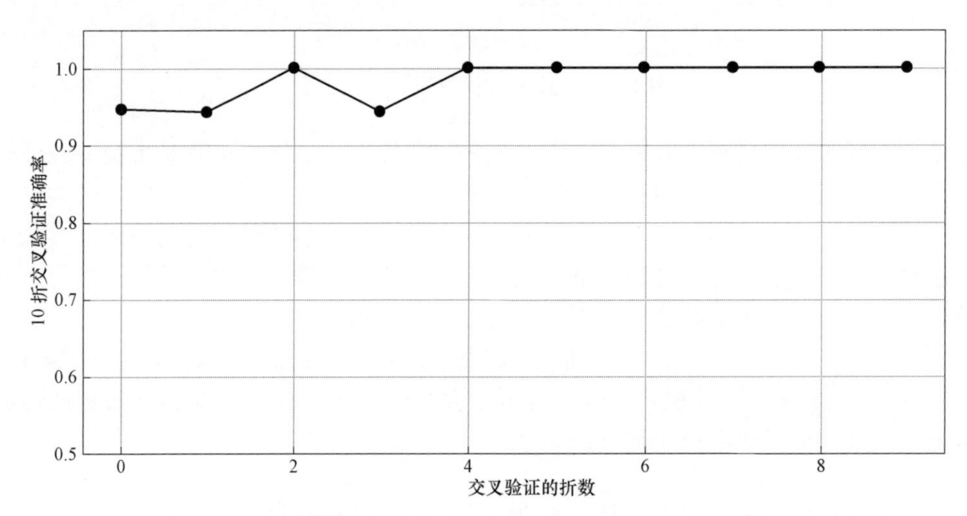

图 15.3 随机森林的交叉验证图

即使没有任何其他的确认，可以确信随机森林取得了更好的结果，因为所有交叉验证分数都大于 0.9，7 折交叉验证的分数接近 1.0。当然，根据奥卡姆剃刀原理，应该选择保证最大平均交叉验证分数的最小数量的树。图 15.4 绘制了作为树数量函数的平均交叉验证分数。

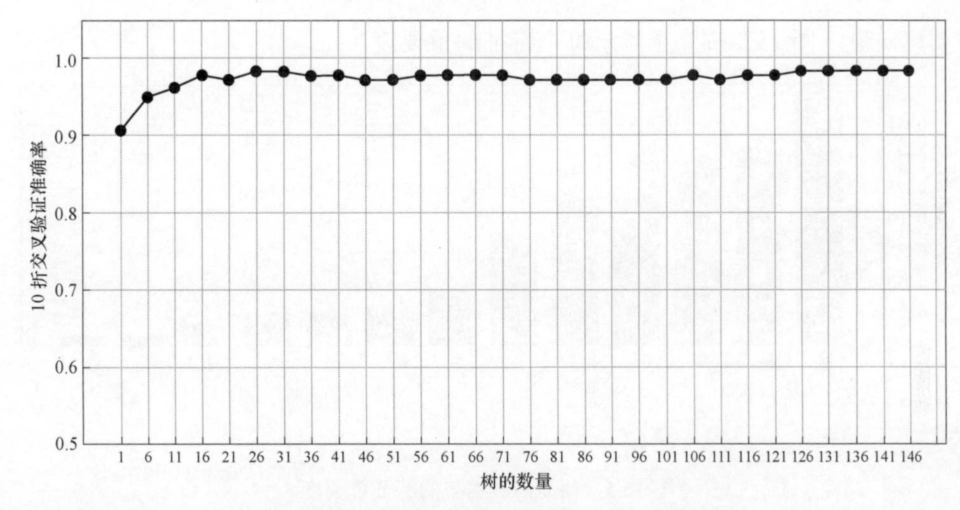

图 15.4　作为树数量函数的平均交叉验证分数

当树木数量多于 60 棵左右时，可以观察到一些波动和一个平缓区。随机性的影响会导致性能的损失，甚至会增加学习器的数量。事实上，即使训练准确率提高，不同折叠的交叉验证准确率也会受到过度特殊化的影响。当树的数量大于 125 棵，并且对于较大的值几乎保持不变时，准确率会出现另一个轻微的改进。由于其他分类器已经达到了很高的准确率，所以选择了 $N_c = 150$，这应该保证在这个数据集上的最佳性能。但是，即使计算成本不是问题，还是建议至少执行网格搜索，这样不仅为了获得最佳的准确率，也是为了最小化模型的复杂性。

特征重要度

应用决策树和随机森林要考虑的另一个重要因素是特征重要度（当选择基尼不纯度准则时，也称为基尼重要度），这是一个与特定特征可以达到的不纯度降低程度成比例的度量。对于决策树，特征重要度定义如下：

$$\text{Importance}\,(\bar{x}^{(i)}) = \sum_j \frac{n\,(j)}{M} \Delta I_j^i$$

式中的 $n\,(j)$ 表示到达节点 j 的样本数（加和必须扩展到被选择特征的所有节点），而且 ΔI_j^i 是用特征 i 拆分后节点 j 处的不纯度减少量。对于随机森林，必须通过取所有树的平均来计算特征重要度：

$$\text{Importance}\,(\bar{x}^{(i)}) = \frac{1}{N_c} \sum_{k=1}^{N_c} \sum_j \frac{n\,(j)}{M} \Delta I_j^i$$

在拟合决策树或随机森林模型后，scikit-learn 在 `feature_importances_` 实例变量中输出

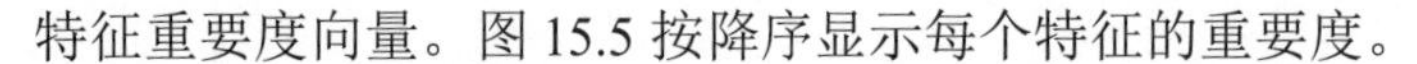

特征重要度向量。图 15.5 按降序显示每个特征的重要度。

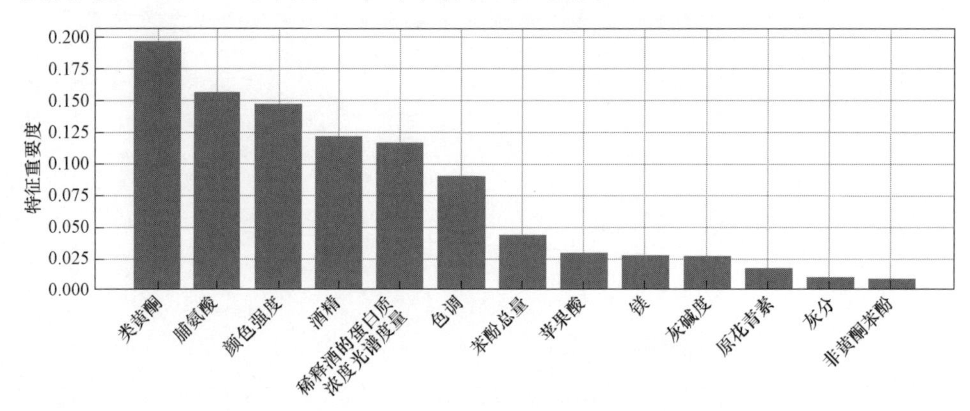

图 15.5　葡萄酒数据集的特征重要度

这里不对每个元素的化学含义进行分析，但很明显，类黄酮、脯氨酸和颜色强度比非黄酮苯酚更重要。正如回归分析中所讨论的，当数据集被归一化时，系数的大小与特征在预测能力方面的重要度成正比。例如，简单的逻辑模型可以具有以下结构：

$$\operatorname{logit}(r) = ax_0 + bx_1 + c$$

如果 $x_0, x_1 \sim N(0,1)$ 且 $a \gg b$，x_0 的值足以强到将预测值调整到阈值上下而不依赖于 x_1。同样，决策树（或树集合）中的特征重要度提供了一个特征减小不纯度的能力的测度，最终实现预测。

特征重要度这个概念越来越重要，被称为可解释人工智能（explainable AI，XAI）。如此引起人们关注的原因是来自领域专家的请求，他们想知道：

- 形成预测的原因（因素）。
- 哪些因素可以忽略不计？
- 如果某个因素发生变化（例如患者戒烟或服用不同的药物），预测会发生什么变化？
- 另一个因素设置下的预测是什么（例如，领域专家可以提出一个假设，并使用模型对其进行验证）？

诸如此类所有问题（还有其他很多问题）都很难用黑盒模型得到回答，而这种情况会增加人们对人工智能的怀疑。决策树不是黑盒模型。整个决策过程可以绘制出来，而且根据输入特征很容易证明预测的正确性（即使有更复杂的技术可以用于更复杂的模型）。因此，强烈建议读者分析特征重要度，并展示给领域专家。此外，由于模型采用的是语义独立的特征（这不同于图像的像素），所以，可以通过移除那些重要度对最终准确率没有很大影响的特征，降低数据集的维数。这个过程称为特征选择（feature selection），应该采用更复杂的统计技术（例如卡方检验）完成，但是当分类器能够生成重要度指数时，也可以用名为 SelectFromModel 的 scikit-learn 类。给定一个估计器（可以被拟合也可以不被拟合）和一个阈值，可以通过滤掉所有重要度低于阈值的特征，变换数据集。对葡萄酒数据集进行特征选择，并设置最小重要度为 0.02，可以得到：

```
from sklearn.feature_selection import SelectFromModel

rf.fit(X, Y)
sfm = SelectFromModel(estimator = rf,
                      prefit = True,
                      threshold = 0.02)
X_sfm = sfm.transform(X)

print('Feature selection shape: {}'.
      format(X_sfm.shape))
```

新的数据集包含 10 个特征，而不是原来葡萄酒数据集的 13 个特征（例如，很容易验证灰分和非黄酮苯酚已被删除）。

当然，与任何其他降维方法一样，建议通过交叉验证确认最终的准确率，并且只有在准确率损失和复杂性降低之间的权衡合理时再做出决策。此外谨记，给定一个数据集，特征的预测能力会随预测值变化。

换言之，特征重要度不是数据集的固有属性（例如主成分），而是特定任务的函数。对于特定的预测，一个包含数千个特征的大型数据集可能会被缩减为一小部分，而如果目标改变，它可能会完全丢弃这些特征。如果有更多的目标要预测，而且每个目标都与特定的预测器集相关联，那么最好创建一个为每个任务输出训练/验证集的通道。这种方法在使用整个数据集时具有明显的优势。事实上，按照可解释人工智能的观点，这种方法更容易显示重要度的作用，同时丢弃所有不起主要作用的因素。此外，计算成本仍然高于空间成本，所以，如果能够提高模型性能并帮助领域专家了解结果，那么拥有同一数据集的多个专用副本也不是什么问题。

15.3　AdaBoost

上节看到，替换采样会导致数据集中的数据点被随机重新加权。但是，如果样本量 M 很大的话，大多数数据点只会出现一次，而且所有的选择都是完全随机的。AdaBoost 是 Schapire 和 Freund 提出的一种算法，它试图通过自适应提升（Adaptive boosting，其名称由此而来）来最大化每个弱学习器的效率。特别是，学习器的集成是按顺序增长的，而且每步都要重新计算数据分布，以便加大那些被错误分类的数据点的权重，减小正确分类的数据点的权重。这样，每一个新的学习器就不得不把注意力集中在那些对先前的估计器而言更麻烦的区域。读者能够马上领会，与随机森林和其他装袋方法相反，提升法并不依赖随机性减小方差和提高准确率，所有改进主要通过加权而非随机性。其实，这种方法是一种确定性方法，而且选择的每个新的数据分布都有一个精确的目标。这里将考虑一个称为离散 AdaBoost（正式名称为 AdaBoost.M1）的提升法变种，它需要一个输出被阈值（例如，–1 和 1）限定的分类器。但是，AdaBoost 的实值版本（其输出行为类似于概率）也已经开发出来（一个典型的例子参见：Friedman J.，Hastie T.，Tibshirani R.，*Additive Logistic Regression：A Statistical View of Boosting*，Annals of Statistics，28/1998）。

由于主要概念总是相同的，对其他变种的理论细节感兴趣的读者可以参阅参考文献。

简单起见，AdaBoost.M1 的训练数据集定义如下：

$$\begin{cases} X = \{\bar{x}_{1,}\bar{x}_{2,} \cdots \bar{x}_M\}, \bar{x}_i \in \mathbb{R}^n \\ Y = \{y_1, y_2, \cdots y_M\}, y_i \in \{-1,1\} \end{cases}$$

这种选择并不是一个限制，因为在多类问题中，尽管算法 AdaBoost.SAMME 确保性能更好，一对多策略（one-versus-the-rest strategy）则更为方便。为了调整数据分布，需要定义一个权重集：

$$\begin{cases} W^{(t)} = \{W_1^{(t)}, W_2^{(t)}, \cdots W_M^{(t)}\}, w_t^{(t)} \in \mathbb{R}^+ \cup (0) \\ W^{(t)} = \left\{\dfrac{1}{M}, \dfrac{1}{M}, \ldots, \dfrac{1}{M}\right\} \end{cases}$$

权重集用于定义一个隐式的数据分布 $D^{(t)}(\bar{x})$，它最初等同于原始分布，但可以通过改变 w_i 的值进行调整。一旦选择了估计器的种类和数量 N_c，就可以开始全域训练过程。该算法可以用于任何能够做出带阈值估计的学习器（而实值版本的算法可以利用普拉特缩放方法获得的概率）。

第一个实例 $d_1(\bar{x})$ 用原始数据集训练，这意味着，使用数据分布 $D^{(1)}(\bar{x})$。其他实例则用重新加权的分布 $D^{(2)}(\bar{x}), D^{(3)}(\bar{x}), \cdots, D^{(N_c)}(\bar{x})$ 训练。为了计算其他实例，每次训练过程之后，计算归一化加权误差和 $\epsilon^{(t)}$：

$$\epsilon^{(t)} = \frac{\sum_{d_t(\bar{x}_i) \neq y_i} w_i}{\sum_{i=1}^{M} w_i}$$

该值以 0（无错误分类）和 1（所有数据点均被错误分类）为界，用于计算估计器权重 $\alpha^{(t)}$：

$$\alpha^{(t)} = \log\frac{1-\epsilon^{(t)}}{\epsilon^{(t)}}$$

了解该函数的工作原理，可参考图 15.6。

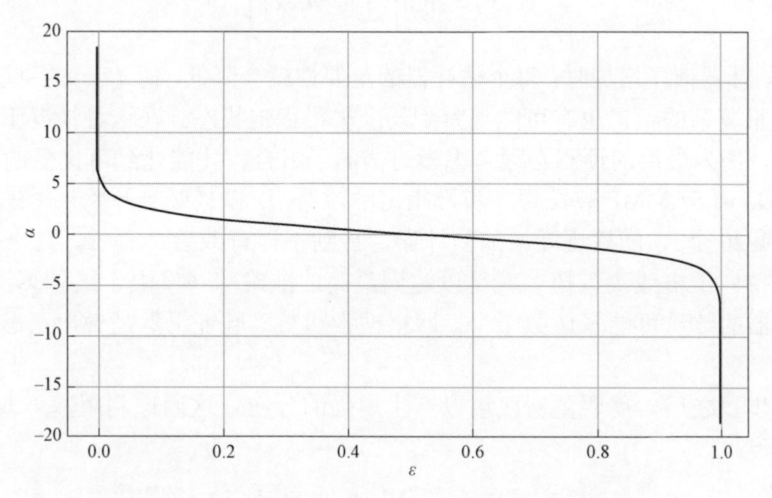

图 15.6 作为归一化加权误差和函数的估计器权重

图 15.6 揭示了一个隐含的假设：最差的分类器不是将所有点（$\epsilon^{(t)}=1$）都分错类的分类器，而是一个完全随机的二元猜测（对应于 $\epsilon^{(t)}=0.5$）。在这种情况下，$a^{(t)}$ 为零，所以，估计器的结果被完全丢弃。当 $\epsilon^{(t)}<0.5$ 时，采用提升法（大约在 0.05～0.5，趋势几乎是线性的），但是，只有当 $\epsilon^{(t)}\leqslant 0.25$ 时（较大的值会导致惩罚，因为权重小于 1），$a^{(t)}$ 才会变得大于 1。$\epsilon^{(t)}=0.25$ 是衡量一个估计器是可信的或非常强的一个阈值，$a^{(t)}\to+\infty$ 时，估计器是最完美的，没有误差。

在实践中，应该设置一个上限，以避免溢出或被零除。相反，当 $\epsilon^{(t)}>0.5$ 时，估计量太弱，不可接受，因为它比随机猜测还更糟糕，而且所得到的提升将是负的。为了避免这个问题，必须反转这些估计器的输出，将其转化为 $\epsilon^{(t)}<0.5$ 的学习器。这不是什么问题，因为转换以相同的方式应用于所有输出值）。重要的是，该算法不应直接应用于多类场景，因为，正如 Zhu J.等人指出的（参阅：Zhu J.，Rosset S.，Zou H.，Hastie T.，*Multi-class AdaBoost*，Statistics and Its Inference，02/2009），阈值 0.5 对应于二元选择的随机猜测准确率。当类数大于 2 时，随机估计器以 $1/N_y$ 的概率输出一个类（其中 N_y 是类的数量），所以，AdaBoost.M1 将以错误的方式增强分类器，得到较差的最终准确率（实际阈值应为 $1-\frac{1}{N_y}$，当 $N_y>2$ 时，其大于 0.5）。

scikit-learn 实现的 AdaBoost.SAMME 算法可以解决这个问题，并在多类场景中利用提升法的强大功能。

全局决策函数定义如下：

$$d(\bar{x}) = \text{sign}\left(\sum_{i=1}^{N_c} \alpha^{(i)} d_i(\bar{x})\right)$$

这样，当估计器依序增加时，每个估计器的重要性就会降低，而 $d_i(\bar{x})$ 的准确率则会增加。但是，如果 X 很复杂的话，也有可能观察到一个平缓稳定状态。在这种情况下，很多学习器的权重会很大，因为最终的预测必须考虑学习器的子组合，才能达到可接受的准确率。

由于 AdaBoost.SAMME 算法每一步都指定学习器，所以最好一开始只考虑少量的估计器（例如，10 个或 20 个），随后逐渐增加估计器，直到不再有改善。有时，几个性能好的学习器（例如，支持向量机或决策树）就足以达到最高的准确率（仅限于这种算法），但在其他情况下，估计器的数量可能多达数千个。网格搜索和交叉验证仍然是做出正确选择的唯一好策略。

每个训练步骤之后，需要更新权重以产生增强的分布。这通过利用基于双极输出 $\{-1,1\}$ 的指数函数实现：

$$w_i^{(t+1)} = w_i^{(t)} e^{\alpha^{(t)} o_i}, o_i = \begin{cases} 1, \text{如果 } d_i(\bar{x}_i) \neq y_i \\ -1, \text{如果 } d_i(\bar{x}_i) = y_i \end{cases}$$

给定一个数据点 $\bar{x}_i$，如果它被错误分类，考虑到总体估计器的权重，它的权重将增大。这种方法提升了自适应性，因为具有高 $\alpha^{(t)}$ 的分类器已经非常精确，而且更需要关注那些（少数）被错误分类的点。

相反，如果 $\alpha^{(t)}$ 很小，估计器必须提高其整体性能，而且必须对大的子集进行过加权。因此，分布不会在几个点周围达到峰值，而只会惩罚那些已被正确分类的小子集，让估计器随意以相同的概率探索剩余空间。

虽然原始的 Adaboost 算法没有提及，也可以加入乘以指数项的学习率 η：

$$w_i^{(t+1)} = w_i^{(t)} e^{\eta \alpha^{(t)} o_i}$$

值 $\eta = 1$ 不会产生影响，但是，其值越小，就可以避免过早特定化，因而使准确率增大。当然，当 $\eta \ll 1$ 时，为了补偿较小的加权处理，必须增加估计器的数量，而这可能导致训练性能损失。至于其他超参数，必须利用交叉验证技术发现 η 的正确值。或者，如果学习率唯一必须微调的值的话，可以先从 1 开始，然后逐渐减小直到取得最大准确率为止。

完整的 AdaBoost.M1 算法如下：

（1）设置估计器的族和估计数 N_c。

（2）将初始权重 $W^{(1)}$ 设为 $1/M$ 。

（3）设置学习率 η （例如， $\eta=1$ ）。

（4）将初始分布 $D^{(1)}$ 设置为数据集 X。

（5）for $i=1$ to N_c ：

用数据分布 $D^{(i)}$ 训练第 i 个估计器 $d_i(\bar{x})$ 。

计算归一化加权误差和 $\epsilon^{(i)}$ ：如果 $\epsilon^{(i)}>0.5$ ，反转所有估计器输出。

计算估计器权重 $a^{(i)}$ 。

利用指数公式更新权重（有或无学习率）。

权重归一化。

（6）创建将 sign (•) 函数应用于加权和 $a^{(i)}d_i(\bar{x})\forall i\in(1,N_c)$ 的全局估计器。

15.3.1　AdaBoost.SAMME

Zhu、Rosset、Zou 和 Hastine 提出的 AdaBoost.SAMME，全称为**多类指数损失函数分阶段增量式建模方法**（stagewise additive modeling using a multi-class exponential loss），其目标是改进 AdaBoost.M1 以便解决多类问题（参阅：Zhu J.，Rosset S.，Zou H.，Hastie T.，*Multi-class AdaBoost*，Statistics and Its Inference，02/2009）。

因为这是一个离散的版本，它的结构几乎相同，只是估计器的权重计算有所不同。考虑一个标签数据集 Y：

$$Y=\{y_1,y_2,\cdots,y_M\},y_i\in(1,p)$$

现在有 p 个不同的类，考虑到随机猜测估计器无法达到 0.5 的准确率，所以，新的估计器的权重计算如下：

$$\alpha^{(t)}=\log\frac{1-\epsilon^{(t)}}{\epsilon^{(t)}}+\log(p-1)=\log\frac{(1-\epsilon^{(t)})(p-1)}{\epsilon^{(t)}}$$

如此，阈值往前推，而当以下条件为真时， $\alpha^{(t)}$ 为零：

$$\epsilon^{(t)}=1-\frac{1}{p}$$

图 15.7 给出了 $p=10$ 的 $\alpha^{(t)}$ 图。

经过修正，提升过程可以成功地处理多类问题，而不存在当 $p>2$ 时，AdaBoost.M1 通常会引入的偏差。当误差小于实际的随机猜测（类数的函数）时 $\alpha^{(t)}>0$ 。

由于 AdaBoost.SAMME 算法性能明显优越，大多数 AdaBoost 实现不再基于最原始的算法（如前所述，scikit-learn 实现了 AdaBoost.SAMME 及其实值版本的 AdaBoost.SAMME.R）。当然，当 $p=2$ 时，AdaBoost.SAMME 与 AdaBoost.M1 完全等效。

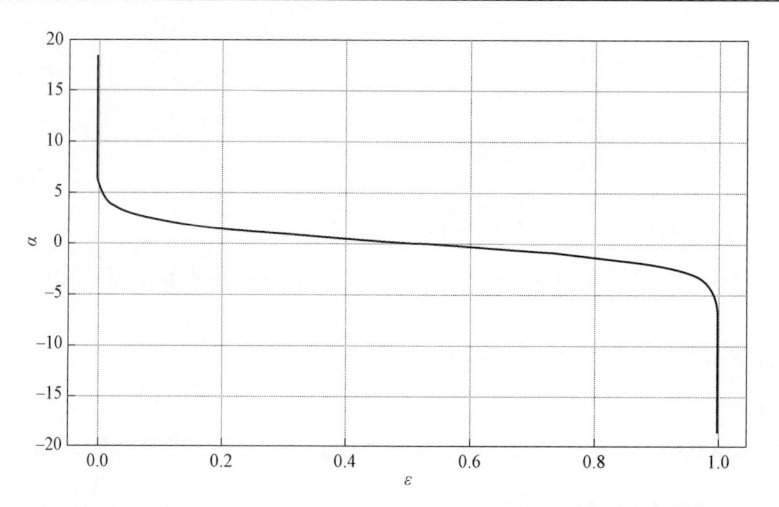

图 15.7　$p=10$ 时作为归一化加权误差和函数的估计器权重图

15.3.2　AdaBoost.SAMME.R

AdaBoost.SAMME.R 是 AdaBoost.SAMME 的另一版本，它针对输出预测概率的分类器。通常这可以利用诸如普拉特缩放等技术，但是，重要的是要检查特定的分类器能否在不作更多操作的情况下输出概率。例如，scikit-learn 提供的支持向量机并不计算概率，除非参数 `probability=True`（因为计算概率需要额外的步骤，而在某些情况下这步可能是无用的）。

在这种情况下，假设每个分类器的输出是一个概率向量：

$$\hat{y}^{(t)}=d_t(\bar{x}_t), \hat{y}^{(t)}=(p^{(t)}(y_t=1|\bar{x}_t), p^{(t)}(y_t=2|\bar{x}_t), \cdots, p^{(t)}(y_t=p|\bar{x}_t))^{\mathrm{T}}$$

每个分量都是给定输入 $\bar{x}_i$，输出第 j 个类的条件概率。当应用单个估计器时，通过 argmax x 函数得到获胜的类，但是，在这种情况下，要重新加权每个学习器，以获得一个逐渐增大的集成。基本思想与 AdaBoost.M1 相同，但是，因为现在要管理概率向量，所以还需要一个依赖于单点 $\bar{x}_i$ 的估计器加权函数，该函数实际上包含了表达为概率向量函数 $p^{(t)}(y_t=p|\bar{x}_t)$ 的每个估计器：

$$\alpha_i^{(t)}(\bar{x})=(p-1)\log(p_i^{(t)}(y=i|\bar{x}))-\frac{p-1}{p}\sum_{j=1}^{p}\log(p_i^{(t)}(y=i|\bar{x}))$$

考虑到对数的性质，上式等同于一个离散的 $\alpha_i^{(t)}(\bar{x})$，但是，这时并不依赖于加权误差和。理论解释相当复杂，超出了本书的范围。读者可以参阅前面的文章，尽管第 16 章高级提升算法介绍的方法阐释了逻辑的基本部分。为了更好地理解这个函数的行为，考虑一个 $p=2$ 的简单场景。第一种情况是学习器无法分类的一个数据点（$p=(0.5,0.5)$）：

$$\alpha_i^{(t)}(\bar{x}) = \log\frac{1}{2} - \frac{1}{2}\left(\log\frac{1}{2} + \log\frac{1}{2}\right) = 0$$

此时，不确定性最大，而且分类器在这一点上不可信，所以，对于所有输出概率，权重都变为零。现在应用提升算法，得到概率向量 $p = (0.7, 0.3)$：

$$\begin{cases} \alpha_1^{(t)}(\bar{x}) = \log 0.7 - \frac{1}{2}(\log 0.7 + \log 0.3) \approx 0.42 \\ \alpha_2^{(t)}(\bar{x}) = \log 0.3 - \frac{1}{2}(\log 0.7 + \log 0.3) \approx -0.42 \end{cases}$$

第一类变为正，当 $p \to 1$ 时，其幅值增大，而另一类则相反。因此，函数是对称函数，并可以求和：

$$d(\bar{x}) = \underset{j}{\operatorname{argmax}} \sum_{i=1}^{N_c} \alpha_j^{(i)}(\bar{x})$$

这种方法非常类似于加权多数表决法，因为计算获胜类 y_i 不仅考虑输出为 y_i 的估计器的数量，而且还考虑估计器的相对权重和剩余分类器的负权重。只有当最强的分类器预测到一个类，而且其他学习器的影响不足以推翻这个结果时，才能选择该类。

为了更新权重，需要考虑所有概率的影响。特别是，希望减少不确定性（它可能退化为纯粹的随机猜测），而且将注意力集中在所有那些被错误分类的点上。为了实现这个目标，需要定义 $\bar{y}_i$ 和 $p^{(t)}(\bar{x}_i)$ 向量，它们分别包含真类的独热编码（例如，$(0,0,1,\cdots,0)$）和估计器产生的输出概率（列向量）。因此，更新规则如下：

$$w_i^{(t+1)} = w_i^{(t)} \mathrm{e}^{-\frac{\eta(p-1)}{p}(\bar{y}_i \cdot \log p^{(t)}(\bar{x}_i))}$$

例如，如果真向量为（1，0），输出概率为（0.1，0.9），且 $\eta = 1$，则点的权重将乘以约3.16。相反，如果输出概率为（0.9，0.1），表示数据点已被成功分类，那么，乘法因子将更接近1。

新数据分布 $D^{(t+1)}$ 与 AdaBoost.M1 类似，将在需要更关注的点上达到更高的峰值。所有算法实现时都将学习率作为一个超参数，因为如前所述，默认值等于 1.0 并不是解决特定问题的最佳选择。一般而言，较低的学习速率会减少有很多异值点时的不稳定性，而且由于收敛到极值更慢而提高泛化能力。当 $\eta < 1$ 时，每一个新分布稍微集中在被错误分类的点上，使得估计器能够在无大跃步（这会导致估计器跳过一个最优点）的情况下搜索到一个更好的参数集。但是，与通常处理小批量数据的神经网络相反，AdaBoost 在 $\eta = 1$ 时也能表现得很好，因为只在完整的训练步骤之后才进行修正。仍然建议进行网格搜索，为每个特定问题选择正确的值。

完整的 AdaBoost.SAMME.R 算法如下：

（1）设置估计器的族和数量 N_c。

（2）将初始权重 $W^{(1)}$ 设置为 $\frac{1}{M}$。

（3）设置学习率 η（例如，$\eta=1$）。

（4）将初始分布 $D^{(1)}$ 设置为数据集 X。

（5）for $i=1$ to N_c：

用数据分布 $D^{(i)}$ 训练第 i 个估计器 $d_i(\bar{x})$。

计算每个类和每个训练样本的输出概率。

计算估计器权重 $\alpha_j^{(i)}(\bar{x})$。

使用指数公式更新权重（有或无学习率）。

权重归一化。

（6）创建将 argmax x 函数应用于求和 $\alpha_j^{(i)}(\bar{x})$ 的全局估计器（for $i=1$ to N_c）。

在讨论了针对分类器的提升算法之后，现在可以分析一个经过优化的、解决回归问题的其他提升算法版本。

15.3.3 AdaBoost.R2

Drucker 提出了一个稍微复杂一点的改进提升法，解决回归问题（参阅：Drucker H.，*Improving Regressors using Boosting Techniques*，ICML 1997）。弱学习器通常是决策树，这个改进方法的主要思想与其他改进方法非常相似（特别是，都包括用于训练数据集的重新加权过程）。实际的差别是给定输入数据点 $\bar{x}_i$ 选择最终预测 y_i 所采用的策略。假设有 N_c 个估计器，每个估计器都表示为函数 $d_t(\bar{x})$，可以为每个输入数据点计算绝对残差 $r_i^{(t)}$：

$$r_i^{(t)}=\left|d_t(\bar{x}_i)-y_i\right|$$

一旦包含所有绝对残差的集合 R_i 被填充，就可以计算 $S_r=\sup R_i$，而且还计算出必须与误差成比例的代价函数值。通常采用的选项是线性损失：

$$L_i^{(t)}=\frac{r_i^{(t)}}{S_r}$$

这个损失非常平坦，直接与误差成正比。大多数情况下，这是一个很好的选择，因为它避免过早的特定化，允许估计器以一种更温和的方式重新调整它们的结构。最明显的选择是平方损失，它更加重视那些预测误差较大的点。定义如下：

$$L_i^{(t)}=\frac{r_i^{(t)2}}{S_r^2}$$

最后一个代价函数与 AdaBoost.M1 严格相关，它是指数函数：

$$L_i^{(t)} = \mathrm{e}^{-\frac{r_i^{(t)}}{S_r}}$$

这通常是一个不太可靠的选择，因为正如将在下节讨论的那样，它惩罚小错误，而不是更大的错误。考虑到这些函数也被用于重加权过程，指数损失函数会迫使分布将非常高的概率分配给错误分类误差大的点，从而导致估计器过度关注第一次迭代的结果。很多情况下（例如神经网络），选择损失函数往往根据它们的特性，最主要是根据它们被最小化的容易程度。在这个具体场景中，损失函数是提升过程的一个基本组成部分，必须考虑对数据分布的影响来选择它们。测试和交叉验证是做出合理决策的最佳工具。

一旦针对训练样本评价了损失函数，就可以建立作为所有损失加权平均的全局代价函数。与很多简单地总计损失或求损失均值的算法相反，这里，需要考虑分布的结构。由于提升过程对点进行重新加权，所以也必须过滤相应的损失值以避免偏差。第 t 次迭代的代价函数计算如下：

$$C^{(t)} = \frac{1}{\sum_j w_j^{(t)}} \sum_{i=1}^{M} \frac{L_i^{(t)}}{w_i^{(t)}}$$

该函数与加权误差成正比，可以用二次函数或指数函数对加权误差进行线性过滤或强调。但是，在所有情况下，一个权重较低的点将产生较小的贡献，使得算法集中在更难预测的子样本上。这时考虑到正在进行分类，所以，可以利用的唯一测度就是损失。好的点产生的损失小，差的点产生的损失相应地更高。即使可以直接使用 $C^{(t)}$，也最好定义一个置信度测度：

$$r^{(t)} = \frac{C^{(t)}}{1 - C^{(t)}}$$

这个测度与第 t 次迭代的平均置信度成反比。实际上，当 $C^{(t)} \to 0$ 时，$\gamma^{(t)} \to 1$；而当 $C^{(t)} \to \infty$ 时，$\gamma^{(t)} \to 1$。考虑整体置信度和具体损失值，进行权重更新：

$$w_i^{(t+1)} = w_i {r^{(t)}}^{1-L_i^{(t)}}$$

权重将与对应绝对残差的损失成比例减少。但是，这里不使用固定的基数，而是选择了全局置信度指标。这种策略允许更大程度的适应性，因为低置信度的估计器不需要只关注一个小子集，而且考虑到 $\gamma^{(t)}$ 在 0 和 1（最坏条件）之间，当代价函数非常高时，指数变得无效，因而权重保持不变。这个处理过程与其他算法变种所采用的方法没有太大的差别，但是它试图在全局准确率和局部错误分类问题之间找到一种权衡，从而提供更大的鲁棒性。

这个算法最复杂的部分是用于输出全局预测的方法。与分类算法相反，很难计算平均值，因为每次迭代都必须考虑全局置信度。Drucker 提出了一种基于所有输出加权中值的方法。具体地，给定一个点 $\bar{x}_i$，定义一组预测：

$$Y_i = \{y_i^{(1)}, y_i^{(2)}, \cdots, y_i^{(N_c)}\}$$

设权重为 $\log\frac{1}{\gamma^{(t)}}$，所以可以定义一个权重集：

$$\Gamma = \left\{\log\frac{1}{\gamma^{(1)}}, \log\frac{1}{\gamma^{(2)}}, \cdots, \log\frac{1}{\gamma^{(N_c)}}\right\}$$

最终输出是根据 Γ（经过归一化，总和为 1.0）加权的 Y 的中位数。因为当置信度较低时，$\gamma^{(1)} \to 1$，所以，相应的权重趋于 0。同样，当置信度更高（接近 1.0）时，权重将按比例增大，选择与之相关的输出的机会也将增大。例如，如果输出是 $Y=\{1,1.2,1.3,2.0,2.0,2.5,2.6\}$，权重是 $\Gamma=\{0.35,0.15,0.12,0.11,0.1,0.09,0.08\}$，加权中值对应于第二个索引，所以，全局估计器将输出 1.2。直觉上，这也是最合理的选择。

找到加权中值的过程非常简单：

（1） $y_i^{(t)}$ 必须按升序排序，使得 $y_i^{(1)} \leqslant y_i^{(2)} \leqslant \cdots \leqslant y_i^{(N_c)}$。

（2）根据 $y_i^{(t)}$ 的索引对集合 Γ 进行排序（每个输出 $y_i^{(t)}$ 必须有自己的权重）。

（3）归一化集合 Γ，用 $y_i^{(t)}$ 除以全部 $y_i^{(t)}$ 之和。

（4）选择将 Γ 分成两个块（其和小于或等于 0.5）的最小元素的索引。

（5）选择与上一步选择的索引所对应的输出。

完整的 AdaBoost.R2 算法如下：

（1）设置估计器的族和数量 N_c。

（2）将初始权重 $W^{(1)}$ 设为 $\frac{1}{M}$。

（3）将初始分布 $D^{(1)}$ 设为数据集 X。

（4）选择损失函数 L。

（5）for $i=1$ to N_c：

　　用数据分布 $D^{(i)}$ 训练第 i 个估计器 $d_i(\bar{x})$。

　　计算绝对残差、损失值和置信度。

　　计算全局代价函数。

　　利用指数公式更新权重。

（6）利用加权中值创建全局估计器。

在对最常见的 AdaBoost 算法变种进行理论讨论之后，现在可以关注一个基于 scikit-learn

的实例，它可以帮助读者理解如何调整超参数并评估性能。

15.3.4　利用 scikit learn 的 AdaBoost 实例

仍然利用葡萄酒数据集分析不同参数的 AdaBoost 的性能。与几乎所有算法一样，scikit-learn 实现了一个分类器 AdaBoostClassifier（基于算法 AdaBoost.SAMME 和 AdaBoost.SAMME.R）以及一个回归器 AdaBoostRegressor（基于算法 AdaBoost.R2）。这里将利用分类器，但读者可以利用自己定义的数据集或一个内置的测试数据集测试回归器。两个学习器最重要的参数是 `n_estimators` 和 `learning_rate`（默认值设为 1.0）。

默认的底层弱学习器还是一个决策树，但也可以利用其他模型创建一个基本实例并将其传递给参数 `base_estimator`（当然，如果基本分类器对不同的尺度敏感的话，需要对数据集归一化）。正如本章前文所述，实值 AdaBoost 算法需要基于概率向量的输出。scikit-learn 的一些分类器/回归器（例如支持向量机）并不计算概率，除非有明确要求（设置参数 `probability=True`），所以，如果出现问题，可查看相关文档，了解如何使用算法计算它们。

将要讨论的例子只是为了说明问题，因为它们只关注一个参数。在实际场景中，最好要进行网格搜索（这更昂贵），以便分析一组组合。首先分析作为估计器数量函数（向量 *X* 和 *Y* 是前面示例中定义的向量）的交叉验证分数：

```
import numpy as np

from sklearn.ensemble import AdaBoostClassifier
from sklearn.model_selection import cross_val_score

scores_ne = []

for ne in range(10, 201, 10):
adc = AdaBoostClassifier(n_estimators=ne,
                             learning_rate=0.8,
                             random_state=1000)
      scores_ne.append(np.mean(
          cross_val_score(adc, X, Y,
                          cv=10,
                          n_jobs=-1)))
```

考虑了一个从 10 棵树到 200 棵树的范围，每 10 棵树一步。学习率保持不变，等于 0.8。结果如图 15.8 所示。

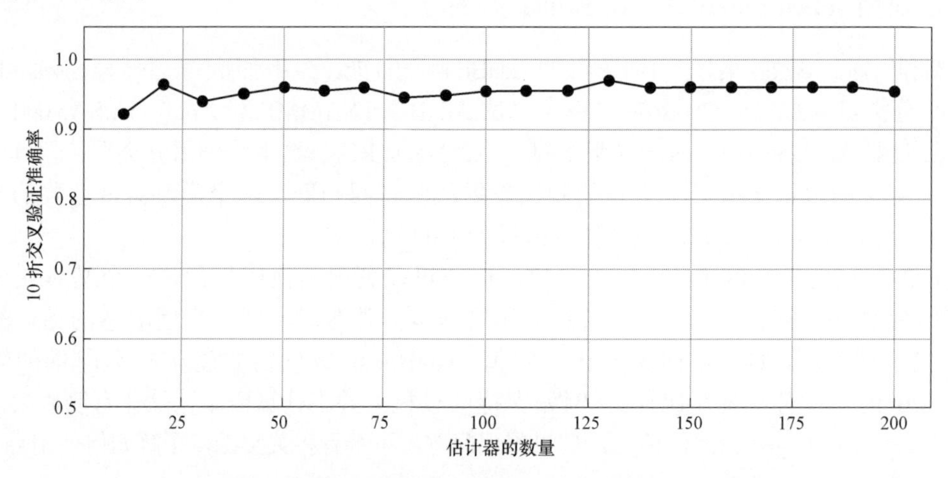

图 15.8 作为估计器数量的函数的 10 折交叉验证准确率

大概在 125 个估计器处，准确率达到最大值。估计器越多，会由于过度关注而导致性能轻微恶化，方差增大，而估计器较少，则会专注不够。如其他章节所述，必须根据奥卡姆剃刀原理调整模型能力，这不仅是因为调整后的模型可以更快地完成训练，而且还因为能力过剩导致训练集过拟合，泛化范围缩小。交叉验证可以即刻发现这种效果，相反，当标准训练/测试集分割完成时（尤其是当样本没有被打乱时），这种效果就被隐藏无法发现。

现在检查不同学习率的性能（将树的数量固定为 125）：

```
import numpy as np

scores_eta_adc = []

for eta in np.linspace(0.01, 1.0, 100):
adc = AdaBoostClassifier(n_estimators=125,
                         learning_rate=eta,
                         random_state=1000)
    scores_eta_adc.append(
        np.mean(cross_val_score(adc, X, Y,
                cv=10, n_jobs=-1)))
```

最终结果如图 15.9 所示。

同样，不同的学习率得到不同的准确率。选择$\eta = 0.8$似乎是合理的，因为较高和较低的值都会导致性能恶化（即使它们在 0.8 周围的小范围内非常相似）。这种分析应该与最佳树数的分析一起进行（例如，在网格搜索中），但是大量的组合可能会导致非常长的搜索时间。为避免这个问题，可以进行手动检查：

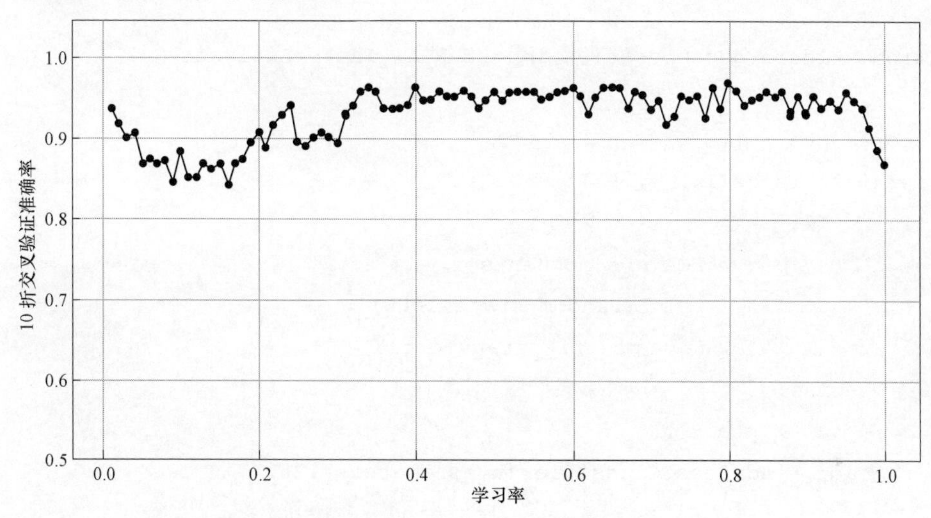

图 15.9　作为学习率函数的 10 折交叉验证准确率（$N_c = 125$）

（1）估计数设为默认初始值（例如，$N_c = 50$）。

（2）设置平均学习率η后，评估准确率$a(X,Y,\bar{\theta})$并与预期基线β进行比较。

（3）如果$a(X,Y,\bar{\theta}) \ll \beta$：选择较低/较高的学习率，重复该过程。

（4）如果$a(X,Y,\bar{\theta}) \gg \beta$：固定$\eta$后，搜索最优树数。

这种方法作为网格搜索并不有效，但它可以利用数据科学家的经验简化过程，同时确保一个好的结果。当然，所有其他的超参数也可以用同样的方法评估。这可能会增加复杂性，但可以通过单独从单个基本分类器（例如，决策树）开始并调整特定的超参数来避免这样的计算开销。由于有的超参（例如不纯度测量）对学习器集成有直接影响，所以这种方法可以推广到整个模型，而不会造成明显的精度损失。

如前所述，学习率η对重新加权过程有直接影响。一方面，非常小的学习率需要大量的估计器，因为随后的分布非常相似。另一方面，学习率大可能导致过早的过度关注。即使默认值是 1.0，也建议用较小的值检查准确率。各种情况下，选择正确的学习率并没有黄金法则，但谨记，较小的值允许算法以更温和的方式顺利地拟合训练集，而较大的值会降低针对异值点的鲁棒性，因为被错误分类的样本会立即被强化，被取样的概率也会迅速增大。这种情况的结果是，总是关注那些可能受噪声影响的样本，而几乎忘记了剩余样本空间的结构。

最后一个实验是，用主成分分析法和因子分析法进行降维后，分析性能（使用 125 个估计器，学习率 $\eta=0.8$）：

```
import numpy as np

from sklearn.decomposition import PCA, FactorAnalysis

scores_pca = []
for i in range(13, 1, -1):
if i < 12:
        pca = PCA(n_components=i,
                  random_state=1000)
          X_pca = pca.fit_transform(X)
     else:
        X_pca = X
    adc = AdaBoostClassifier(n_estimators=125,
                             learning_rate=0.8,
                             random_state=1000)
    scores_pca.append(np.mean(
cross_val_score(adc, X_pca, Y,
          n_jobs=-1, cv=10)))

scores_fa = []

for i in range(13, 1, -1):
if i < 12:
        fa = FactorAnalysis(n_components=i,
                            random_state=1000)
        X_fa = fa.fit_transform(X)
    else:
        X_fa = X
```

```
adc = AdaBoostClassifier(n_estimators=125,
                         learning_rate=0.8,
                         random_state=1000)
scores_fa.append(np.mean(
    cross_val_score(adc, X_fa, Y,
                    n_jobs=-1,
                    cv=10)))
```

结果图如图 15.10 所示。

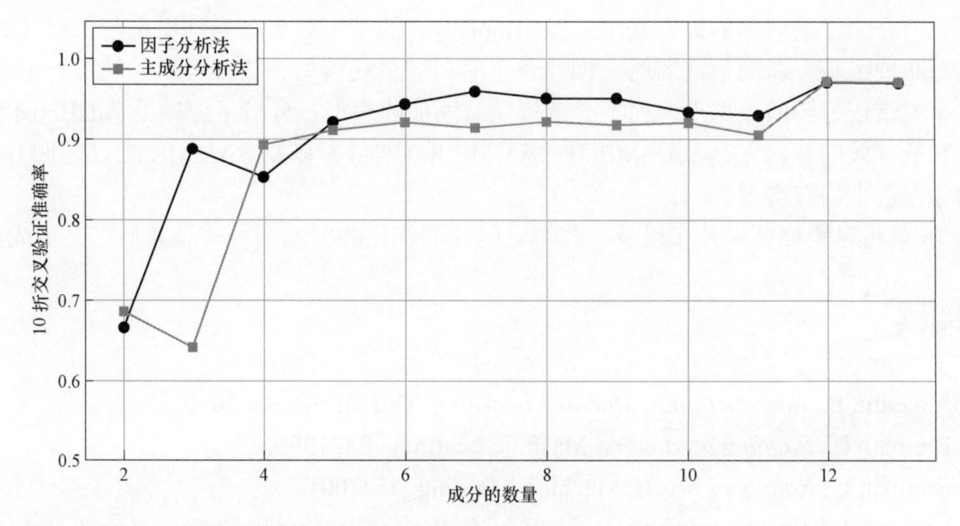

图 15.10　作为成分数量函数的 10 倍交叉验证准确率（主成分分析和因子分析）

这个例子证实了第 13 章成分分析和降维分析的一些重要特征。首先，即使降维 50%，性能也不会显著受到影响。上一示例进行的特征重要度分析进一步证实了这一观点。决策树只考虑 6/7 个特征就可以很好地进行分类，因为其余特征对样本的特征描述贡献不大。此外，因子分析法几乎总是优于主成分分析法。利用 7 个成分，因子分析算法获得的准确率高于 0.95（非常接近未降维的值），而主成分分析法利用 12 个成分才达到该值。读者可能还记得，假设噪声是同方差噪声，主成分分析就是因子分析法的一个特殊情况。图 15.10 证实了对于葡萄酒数据集，这个条件并不可以接受。假设不同的噪声方差可以更准确的方式重新建模降维的数据集，最小化缺失特征的交叉影响。尽管通常主成分分析法是第一选择，但对于大数据集，还是建议对比它与因子分析法的性能，选择能够确保最佳结果的技术（也考虑到因子分析法在计算复杂度方面更昂贵）。

15.4 本章小结

本章介绍了集成学习的主要概念，重点介绍了装袋和提升技术。第一节解释了强学习器和弱学习器的区别，介绍了如何将组合估计器以实现特定目标的总体情况。

下一个主题聚焦决策树的性质以及它们的主要优缺点。特别是解释了树的结构会导致方差增大。被称为随机森林的装袋技术可以减轻这一问题，同时提高总体准确率。增大随机性和使用一个被称为极端随机树的变种方法可以进一步减小方差。这个例子也说明，在不涉及复杂的统计技术的情况下可以评估每个输入特征的重要度，完成降维。

第三节介绍了最著名的提升技术：AdaBoost，它的基本思想是当利用重新加权（提升）的数据分布训练每个新的估计器时，创建一个序列增量式模型。这样，加入的每一个学习器都专注于被错误分类的数据点，而不会干扰先前添加的模型。分析了原始的 AdaBoost M1 离散变种和最有效的替代方案 SAMME 和 SAMME.R（实值）以及 SAMME.R2（回归），在很多机器学习包中均有实现。

第 16 章将讨论梯度提升（以及一些特定的高度优化的方法变种）和其他广义集成技术。

扩展阅读

- Alpaydin E., *Introduction to Machine Learning*, The MIT Press, 2010.
- Breiman L., *Bagging predictors*, Machine Learning, 24, 1996.
- Breiman L., *Random Forests*, Machine Learning, 45, 2001.
- Breiman L., *Pasting small votes for classification in large databases and on-line*, Machine Learning, 36, 1999.
- Ho T., *The random subspace method for constructing decision forests*, Pattern Analysis and Machine Intelligence, 20, 1998.
- Friedman J., Hastie T., Tibshirani R., *Additive Logistic Regression:A Statistical View of Boosting*, Annals of Statistics, 28/1998.
- Zhu J., Rosset S., Zou H., Hastie T., *Multi-class AdaBoost*, Statistics and Its Inference, 02/2009.
- Drucker H., *Improving Regressors using Boosting Techniques*, ICML 1997.
- Lundberg S.M., Lee S., *A Unified Approach to Interpreting Model Predictions*, Advances in Neural Information Processing Systems 30, NIPS, 2017.
- Bonaccorso G., *Machine Learning Algorithms Second Edition*, Packt Publishing, 2018.

第16章 高级提升算法

本章将讨论一些重要的算法，这些算法利用不同的估计器提高集成学习或“委员会”的整体性能。这些技术可以给每个属于预定集合的估计器引入中等水平的随机性，或者创建一系列估计器，每个新模型要求改进前面模型的性能。这些技术可以在使用能力有限或更容易过拟合训练集的模型时减少偏差和方差，提高验证准确率。

本章具体涉及以下主题：

- 梯度提升（gradient boosting）。
- 投票分类器（voting classifier）的集成、堆叠（stacking）和分桶（bucketing）。

首先介绍与梯度提升法相关的主要概念，梯度提升是一个非常灵活的模型，既利用简单算法（如决策树）的简单性，又利用调好的集成学习能力。

16.1 梯度提升

先介绍一种创建提升学习总成的更一般方法。选择一个通用算法族，表示为：

$$d_i(\bar{x}) = f(\bar{x};\bar{\theta}_i)$$

用向量 $\bar{\theta}_i$ 对每个模型进行参数化，而且对所采用的方法没有限制。在这种情况下，将考虑决策树（当采用提升策略时，这是最常用的算法之一，因此，该算法被称为梯度树提升），但是，该理论是通用的，可以很容易地应用于更复杂的模型，例如，神经网络。决策树里的参数向量 $\bar{\theta}_i$ 由选择元组组成，所以，读者可以将这种方法看作是一个伪随机森林法，其中，利用先前的经验寻找更大的最优值，而不是随机性。事实上，与 AdaBoost 一样，梯度提升总成采用形式定义为前向分阶段增量式建模（forward stage-wise additive modeling）技术依序构建。所得估计器表示为加权和：

$$d(\bar{x}) = \sum_{i=1}^{N_c}\alpha_i d_i(\bar{x}) + \beta\,\Omega\,(d_i) = \sum_{i=1}^{N_c}\alpha_i f(\bar{x};\bar{\theta}_i) + \beta\,\Omega\, f(\bar{x};\bar{\theta}_i)$$

因此，要管理的变量是单个估计器权重 α_i 和参数向量 $\bar{\theta}_i$。$\Omega\,(d_i)$ 是一个不常用的正则化/惩罚因子。在最早的公式中，并没有这个元素，但是它后来被引入到 XGBoost 框架。通常，可能的惩罚函数是 L1（以得到更大稀疏度）和 L2（以防止过拟合）。特别是，当估计器数量增加时，后者非常有用，因为尽管单棵决策树最大深度有限，但是，在给定极限能力的情况下，决策树总成也有可能导致过拟合。建议读者经常检查机器学习框架是否支持正则化，要取 β 的不同值，评价得到的性能。但是，从现在起，不再解释 $\Omega(d_i)$，因为它的作用是直接的，不会改变问题的结构（除了复杂性特别大）。

训练过程不必利用整个集合，而是利用单个元组 $(\bar{\alpha}_i,\bar{\theta}_i)$，不必修改上一次迭代已经选择的值。一般程序可以用一个循环来概括：

（1）将估计器之和初始化为零值。

（2）for $i=1$ to N_c：

- 选择最佳元组 $(\bar{\alpha}_i,\bar{\theta}_i)$，训练估计器 $f(\bar{x},\bar{\theta}_i)$。
- $d_i(\bar{x})=d_{i-1}(\bar{x})+\alpha_i f(\bar{x};\bar{\theta}_i)$。

（3）输出最终的估计器 $d(\bar{x})$。

怎样才能找到最好的元组呢？一种策略是通过提升数据集来改善每个学习器的性能。在这种情况下，算法基于需要最小化的代价函数：

$$C(X;Y;\bar{\alpha};\bar{\theta})=\sum_{i=1}^{M}L(y_i,\alpha_i f(\bar{x};\bar{\theta}_i))$$

具体地，可以得到如下一般最优元组：

$$(\bar{\alpha}^*,\bar{\theta}^*)=\underset{\bar{\alpha},\bar{\theta}}{\operatorname{argmin}}\,C(X;Y;\bar{\alpha};\theta)$$

由于过程是顺序执行的，每个估计器都被优化以提高前一个估计器的准确率。但与 AdaBoost 相反，并不限于采用一个特定的损失函数。可以证明 AdaBoost.M1 与具有指数损失的提升总成算法等价，但证明超出了本书的范围。正如将要讨论的，其他代价函数可以在不同的情况下产生更好的性能，因为它们能够避免过早收敛于次优极小值。

可以认为这个问题利用上式优化每个新学习器而得以解决，但是，argmin x 函数需要对代价函数空间进行全面的探索，而且因为 $C(\bullet)$ 依赖于每个特定的模型实例，也因此依赖于 $\bar{\theta}$，有必要执行几次再训练以便找到最佳解决方案。此外，该问题一般是非凸的，而且变量的数量可能非常多。L-BFGS 或其他拟牛顿法等数值算法需要太多迭代和花费令人望而却步的计算时间。显然，这种方法在绝大多数情况下是不可承受的，而梯度提升算法被提出作为中间解决方案。其思想是采取被限制一次迭代只能完成一步的梯度下降策略，寻找一个次优解。

为了介绍这个算法，有必要重写明确引用最佳目标的增量式模型：

$$d_i(\bar{x})=d_{i-1}(\bar{x})+\underset{f}{\operatorname{argmin}}\sum_{j=1}^{M}L(y_i,d_{i-1}(\bar{x}_j)+f(\bar{x}_j;\bar{\theta}_i))$$

注意，代价函数是在所有先前训练过的模型上计算的，所以，修正总是渐近的。如果代

价函数 $L(\bullet)$ 可微（不难满足的基本条件），就可以计算相对于当前增量式模型的梯度，见下式。在第 i 次迭代，需要考虑将所有先前的 i–1 个模型相加而得到的增量式模型：

$$\nabla_d\left[\sum_{j=1}^{M}L(y_{i,}d_{i-1}(\bar{x}_j)+f(\bar{x}_j;\bar{\theta}_i))\right]=\sum_{j=1}^{M}\nabla_d L(y_{i,},d_{i-1}(\bar{x}_j))$$

此时，可以通过沿着梯度的负方向移动当前增量式模型，加入新的分类器：

$$d_i(\bar{x})=d_{i-1}(\bar{x})-\eta\alpha_i\sum_{j=1}^{M}\nabla_d L(y_i,d_{i-1}(\bar{x}_j))$$

这时还没有考虑参数 α_i（也没有考虑学习率 η，它是一个常数）。但是，熟悉基本微积分的读者可以立即理解，更新效果是通过让下一个模型提高其相对于前代模型的准确率来减小全局损失函数的值。但是，单个梯度步骤不足以确保完成适当的提升。实际上，正如前面所讨论的，还需要根据每个分类器减少损失的能力对其进行加权。一旦计算出梯度，就可以通过直接最小化损失函数（采用线搜索算法）来确定权重 α_i 的最佳值，计算该损失函数需要考虑以 α 作为额外变量的当前增量式模型：

$$\begin{aligned}\alpha_i&=\underset{\alpha}{\operatorname{argmin}}\sum_{j=1}^{M}L(y_{i,}d_i(\bar{x}_j,\alpha))\\&=\underset{\alpha}{\operatorname{argmin}}\sum_{j=1}^{M}L\left(y_{i,}d_{i-1}(\bar{x}_j)-\eta\alpha\sum_{j=1}^{M}\nabla_d L(y_{j,}d_{i-1}(\bar{x}_j))\right)\end{aligned}$$

当应用梯度树提升方法时，通过将权重 α_i 分割成与树的每个终端节点相关联的 m 个子权重 $a_i^{(j)}$，可以改进性能。计算复杂度略有增加，但最终准确率则高于单一权重得到准确率。原因就在于树的功能结构。因为提升使特定区域得到重视所以，当特定数据点无法被正确分类时，单一权重可能会导致学习器的高估。

相反，使用不同的权重，可以对结果进行细粒度过滤，根据结果的值和特定树的性质，接受或丢弃结果。

这个解决方案不能提供完全优化的相同准确率，但是它相当快，而且可以用更多的估计器和较低的学习率来补偿准确率的损失。与很多其他算法一样，必须调整梯度提升，以获得低方差的最大准确率。学习率通常远小于 1.0，应通过验证结果并考虑估计器的总数，确定学习率。当使用更多学习器时，最好降低学习率。此外，为了防止过拟合，可以应用正则化技术。当使用特定的分类器族（如逻辑回归或神经网络）时，很容易施加 L1 或 L2 惩罚，但对于其他估计器就不那么容易了。因此，一种常用的正则化技术（也由 scikit-learn 实现）是训练数据集的下采样。选择 $P<N$ 个随机数据点，可以使估计器减少方差，防止过拟合。

或者，也可以像在随机森林中那样进行随机特征选择（仅用于梯度树提升）。选择特征总数的一小部分会增加不确定性，避免过度重视。当然，这些技术的主要缺点是损失了准确率（与下采样/特征选择比率成比例），所以，为了找到最合适的折方案，必须对准确率进行分析。

16.1.1 梯度提升的损失函数

进入下节之前，有必要简要讨论一下梯度提升算法常用的主要损失/代价函数。本书第 1 章介绍了一些常见的代价函数，例如均方误差、胡贝尔损失（在回归场景中非常稳健）和交叉熵。这些都是有效的例子，但是还有一些专门适用于分类问题的函数。

第一个是指数损失函数，定义如下：

$$L(y_i, f(\bar{x}_i;\bar{\theta})) = \mathrm{e}^{-y_i f(\bar{x}_i;\bar{\theta})}$$

正如 Hastie、Tibshirani 和 Friedman 所指出的，指数损失函数将梯度提升变换为 AdaBoost.M1 算法。相应的代价函数具有非常精确的行为，有时并不太适合解决特定问题。事实上，当误差较大时，指数损失函数的结果会产生非常大的影响，在几个点附近产生强峰值分布。

随后的分类器可能会因此过度关注它们的结构，只处理一个小的数据区域，存在丧失对其他点进行正确分类的能力的具体风险。很多情况下，这种行为并无危险，而且最终的偏差–方差权衡是绝对合理的，但是，更松的损失函数可以允许更好的最终准确率和泛化能力。实值二元分类问题最常见的选择是**二项负对数似然损失**（binomial negative log-likelihood loss，偏差），定义如下（在这种情况下，假设分类器 $f(\bullet)$ 没有阈值，但是输出一个正类概率）：

$$L(y_i, f(\bar{x}_i;\bar{\theta})) = y_i \log f(\bar{x}_i;\bar{\theta}) + (1-y_i)\log(1-f(\bar{x}_i;\bar{\theta}))$$

这种损失函数同样用于逻辑回归，与指数损失不同，它不会产生峰值分布。两个概率不同的错误分类点与误差（不是指数值）成比例提升，以便让分类器以几乎相同的概率聚焦于所有错误分类总体上（当然，希望更大的概率赋予误差非常大的点，假设所有其他点被错误分类的总是有很好的机会被选中）。二项负对数似然损失在多类问题中的自然拓展就是**多项负对数似然损失**（multinomial negative log-likelihood loss），定义如下（分类器 $f(\bullet)$ 表示为具有 p 个分量的概率向量）：

$$L(y_{i,}\bar{f}(\bar{x}_i;\bar{\theta})) = -\sum_{j=1}^{p} I_{y_i=j} \log f_j(\bar{x}_i;\bar{\theta})$$

式中的符号 $I_{y_i=j}$ 必须解释为指示函数，当 $y=j$ 时等于 1，否则等于 0。这个损失函数的行为完全类似于二项式变种，一般而言，它是分类问题的默认选择。读者可以测试分别带有指数损失和偏差的实例，并比较结果。在给出完整算法之前，最好也考虑代价函数的一个包括正则化项的更完整版本：

$$L_R(y_{i,} f(\bar{x}_i;\bar{\theta})) = L(y_{i,} f(\bar{x}_i;\bar{\theta})) + \beta g(\bar{\theta})$$

函数 $g(\bar{\theta})$ 没有特殊的限制。但是，一般而言，它或者是 L2 范数平方 ($g(\bar{\theta})=\|\bar{\theta}\|_2^2$)，或者是 L1 范数 ($g(\bar{\theta})=\|\bar{\theta}\|_1$)。常数 β 控制正则化的强度。

考虑到这些模型具有非常大的能力，而且很容易过拟合，最好要评价决策树的最大深度和 L2 正则化之间的权衡。事实上，决策树最大深度有助于减小偏差（但有时会显著增大方差），而后者具有相反的效果，保证始终具有合理的泛化能力。L1 范数主要用于提高稀疏度，但在梯度提升情况下，L1 范数的作用不大，因为即使很多参数变为零，集成学习也总是利用它们来进行运算。

完整的梯度提升算法如下：

（1）设置估计器的族和数量 N_c。

（2）选择损失函数 L（例如偏差）。

（3）选择正则化策略和参数 β 的值。

（4）将基本估计器 $d_0(\bar{x})$ 初始化为常数（如 0）或使用其他模型。

（5）设置学习率 η（例如，$\eta=1$）。

（6）for $i=1$ to N_c：

　　用步骤 i–1 的增量式模型计算梯度 $\Delta_d L$。

　　利用数据分布 $\{(\bar{x}_i, \Delta_d L(y_i, d_i(\bar{x}_i)))\}$ 训练第 i 个估计器 $d_i(\bar{x})$。

　　执行线搜索以便计算 y_i。

　　将估计器加到学习总体中。

16.1.2　利用 scikit-learn 的梯度树提升示例

本示例将应用梯度树提升分类器（`GradientBoostingClassifier` 类），检查最大树深度（参数 `max_depth`）对性能的影响。考虑到前面的示例，首先设置 `n_estimators=50`，`learning_rate=0.8`：

```
import numpy as np
import joblib

from sklearn.ensemble import GradientBoostingClassifier
from sklearn.model_selection import cross_val_score


scores_md = []
eta = 0.8
```

```
for md in range(2, 13):
    gbc = GradientBoostingClassifier(n_estimators=50,
                                     learning_rate=eta,
                                     max_depth=md,
                                     random_state=1000)
    scores_md.append(np.mean(
        cross_val_score(gbc, X, Y,
                 n_jobs=joblib.cpu_count(), cv=10)))
```

结果如图 16.1 所示。

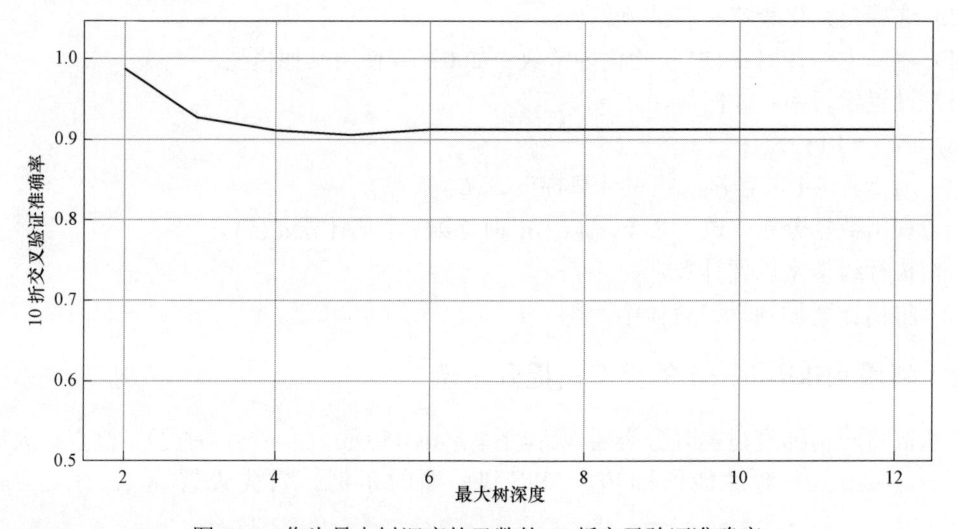

图 16.1 作为最大树深度的函数的 10 折交叉验证准确率

正如第一节所解释的，决策树的最大深度与特征交互的可能性密切相关。当树用于集成学习时，这可能是一个积极或消极的方面。特征高度交互可以产生过度复杂的分离超平面，降低总体方差。而特征交互有限则会导致更大的偏差。

利用这种特殊的（简单的）数据集，梯度提升算法在最大深度为 2（考虑根的深度为 0）时可以获得更好的性能，这由特征重要度分析和降维得到部分证实。

在很多实际情况下，结果可能会完全不同，性能会有所提高。因此，建议读者对结果进行交叉验证（最好采用网格搜索），从最小深度开始，然后增大深度直至得到最大准确率。取 max_depth=2，现在需要调整学习率 η，这是算法的一个基本参数：

```
import numpy as np

scores_eta = []

for eta in np.linspace(0.01, 1.0, 100):
gbr = GradientBoostingClassifier(n_estimators=50,
                                 learning_rate=eta,
                                 max_depth=2,
                                 random_state=1000)

    scores_eta.append(
       np.mean(cross_val_score(gbr, X, Y,
                    n_jobs=-1, cv=10)))
```

相应的结果如图 16.2 所示。

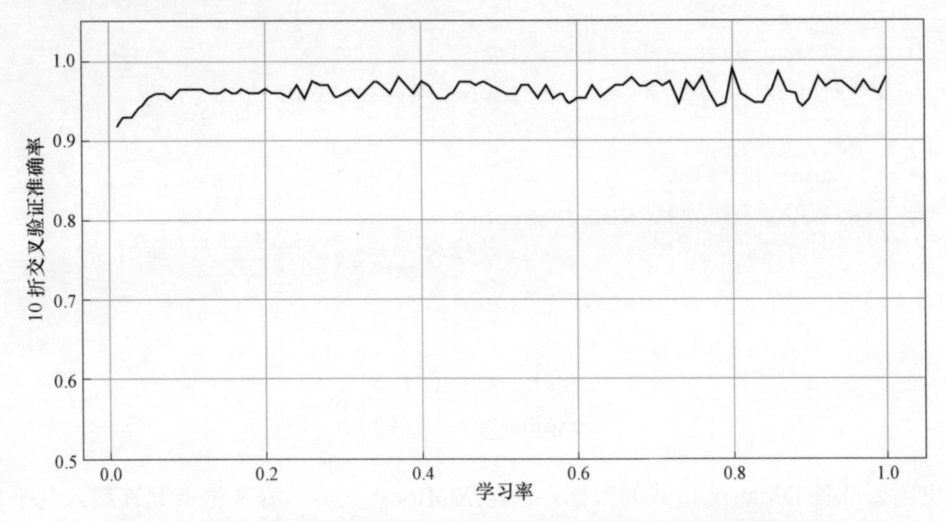

图 16.2　作为学习率的函数的 10 折交叉验证准确率（最大深度等于 2）

不足为奇，梯度树提升法的性能优于 AdaBoost，$\eta \approx 0.8$，实现了略低于 0.99 的交叉验证准确率。这个例子非常简单，但它清楚地显示了该技术的威力。主要缺点是复杂。

与单个模型相比，集成模型对超参数的变化更为敏感，必须开展更为详实的研究才能优化模型。当数据集不太大时，交叉验证仍然是最佳选择。但是，如果确定数据集几乎完美地代表了底层数据生成过程的话，就可以重新调整数据集，并将其分为两个（训练/测试）或三个数据块（训练/测试/验证），然后继续优化超参数和尝试过拟合测试集。这个说法可能听起来很奇怪，但是，过拟合测试集意味着在完美学习训练集结构的同时最大限度地提高泛化能力。

16.1.3 利用 XGBoost 的梯度提升示例

XGBoost（https://xgboost.readthedocs.io/en/latest）是个流行的分布式框架，用于建模和训练梯度提升算法。其特点是高效（后端用 C++编写）、并行处理（采用大多数分布式基础结构，例如，Yarn 或 DASK）。此外，它还提供了不同语言的接口，并通过实现梯度提升、并行随机森林和 AdaBoost 模型，可以解决超大数据集的问题。这个框架相当复杂，需要专门的资源分析它的所有特性，起步最好是官方文档和视频课程：Starttech Educational Services LLP，*Decision Trees，Random Forests，AdaBoost，and XGBoost in Python*，Packt Publishing，2019。在这种情况下，更感兴趣的是如何利用 XGBoost 训练梯度提升模型，以及如何评估特征重要度以提高模型的可解释性。仍然利用已熟悉的葡萄酒数据集，但是，本例的分析将更为深入。

第一步，需要载入数据集。方便起见，将其分成训练集和测试集（样本量的 15%）：

```
from sklearn.datasets import load_wine
from sklearn.model_selection import train_test_split

wine = load_wine()
X, Y = wine["data"], wine["target"]

X_train, X_test, Y_train, Y_test = \
        train_test_split(X, Y,
                         test_size=0.15,
                         random_state=1000)
```

这里需要准备 DMatrix 格式的数据，它与 XGBoost 兼容。好在框架允许载入几乎任何类型的数据结构。因此，只需要实例化这些类：

```
import xgboost as xgb

dall = xgb.DMatrix(X, label=Y,
                   feature_names=wine['feature_names'])
dtrain = xgb.DMatrix(X_train, label=Y_train,
```

```
                                 feature_names=wine['feature_names'])
dtest = xgb.DMatrix(X_test, label=Y_test,
                                 feature_names=wine['feature_names'])
```

DMatrices 的一些主要优点是，它们可以被并行化，而且可以对数据的所有必要信息加以编码（类似于 pandas DataFrame）。

葡萄酒数据集是多类的（有 3 个类），所以，不能对输出使用二元表示。XGBoost 为多类问题提供了两种有效的解决方案：Softmax 和 Softprob。本示例采用后者，通常称为 Softprob。其实，输出将是一个概率向量 $y^i=(p(c=1),p(c=2),\cdots,p(c=m))$， $p(c=i)$ 表示正确类是 i 的相对概率。这种方法在深度学习领域特别有用，而且还可以分析临界情况（例如，给定三个类， $p(c=i)\approx 0.33$ ， $\forall i\in(1,3)$ 。考虑到涉及概率，损失函数可以采用对数损失，如果样本大小等于 N，有 N_y 个类，损失函数被定义为：

$$L_{\log}=-\frac{1}{N}\sum_{i=1}^{N}\sum_{j=1}^{N_c}I_{y_i=j}\log p(y_i=j)$$

式中，如果点 $\bar{x}_i$ 与第 j 个标签关联，则 $I_{y_i=j}=1$ ，否则为 0。当然， $L_{\log}$ 必须最小化，因为如果所有样本与实际类完全相关（概率为 1），那么 $L_{\log}\to 0$ 。为了执行初始交叉验证，需要准备一个参数字典：

```
import joblib
params = {
    'n_estimators': 50,
    'max_depth': 2,
    'eta': 1.0,
    'objective': 'multi:softprob',
    'eval_metric': 'mlogloss',
    'num_class': 3,
    'lambda': 1.0,
    'seed': 1000,
    'nthread': joblib.cpu_count(),
}
```

为避免过拟合，树（ $N_c=50$ ）的最大深度已设置为 2。学习率 η 被设为 1.0，控制 L2 正则化的参数 λ 维持为其默认值 1.0。这个选择是在完成了一次简单的网格搜索之后确定的，但是读者可以用 XGClassifier 类重新做一遍，该类与 scikit-learn 兼容，可以使用 GridSearchCV 进行分析。重申一次，在处理小数据集时，这样的大容量模型很容易过拟合。这种行为是自相矛盾的，因为验证准确率可能低于一个简单的线性模型。应用 L_2 正则化可以防止模型（或至少减轻趋势）过度学习训练集，因此这是必须考虑的因素。

此时，可以执行 10 折交叉验证：

```
nb_rounds = 20
cv_model = xgb.cv(params, dall,
                  nb_rounds,
                  nfold=10,
                  seed=1000)
print(cv_model.describe())
```

输出变量 cv_model 是一个包含用所有折数的交叉验证计算得到的训练/测试均值和标准偏差的 pandas DataFrame。如图 16.3 所示。

	训练-对数损失-均值	训练-对数损失-标准偏差	测试-对数损失-均值	测试-对数损失-标准偏差
迭代次数	20.000000	20.000000	20.000000	20.000000
均值	0.033196	0.001857	0.148413	0.092082
标准偏差	0.064994	0.003283	0.066968	0.005618
最小值	0.008251	0.000152	0.116997	0.079161
25%	0.008623	0.000274	0.119181	0.090248
50%	0.009486	0.000468	0.122765	0.091888
75%	0.016936	0.001275	0.136085	0.092663
最大值	0.284897	0.012273	0.399082	0.110782

图 16.3　交叉验证统计表

因为已经执行了 20 轮迭代，每轮迭代之后都会收集统计数据。最小平均测试对数损失约为 0.117±0.08，对于本任务而言是合理的。如果需要更好的性能，可以尝试增加估计器的数量、迭代次数、最大深度和正则化项。

现在尝试训练分类器，并利用之前准备的测试集对其进行测试：

```
evals = [(dtest, 'test'), (dtrain, 'train')]
model = xgb.train(params, dtrain,
                  nb_rounds, evals)
```

程序段的输出是：

```
[0]   test-mlogloss:0.458516    train-mlogloss:0.278145
[1]   test-mlogloss:0.287964    train-mlogloss:0.113728
…
[18]  test-mlogloss:0.137905    train-mlogloss:0.00886
[19]  test-mlogloss:0.137903    train-mlogloss:0.00886
```

分类器几乎过拟合，但是，由于测试对数损失略有减少，而训练对数损失不变，所以结果可以接受。此外，最终的测试对数损失与交叉验证分数一致，尽管是在尾部较高的部分。现实中，较大的训练集可能是最好的选择（如果可行的话），但是在本示例，没有这种可能性。交叉验证得分来自 18 个测试样本（样本总数的 1/10），而 178 个样本的 15%是 27。因此，用了较少的数据点进行训练，测试结果也相应地变差。读者可以改变测试样本数，但是注意不要减少太多，因为本来样本总数已经很小（178），很容易过拟合分类器。

现在，测试模型：

```
from sklearn.metrics import confusion_matrix

Y_pred = model.predict(dtest)
print(confusion_matrix(Y_test,
                       np.argmax(Y_pred, axis=1)))
```

包含混淆矩阵的程序段的输出是：

```
[[ 6  0  0]
 [ 0 13  1]
 [ 0  0  7]]
```

因此，只有一个错误分类，相当于 96%的准确率。这个结果与之前的结果是一致的，但是由于数据区域被排除在训练样本之外，也会遇到同样的问题。考虑到交叉验证的得分，而且如果由于样本量的原因而导致错误分类的数量总是很小的话，这个测试集属于最差的情况之一。下一个例子将说明简单的技巧如何解决这个问题（给定这个数据集的性质）。目前，可以认为此结果是可接受的，但是，读者不要立即放弃，也不要认为验证结果一成不变。在大多数情况下，最优超参数配置的网格搜索仍然是最佳选择（可能包括有关最合适搜索区域的一些先验知识，例如，太小或太大的学习率的评价往往没有意义）。

评价特征的预测能力

因为基本估计器是决策树，所以可以要求 XGBoost 输出特征重要度。但更希望采用更有意思的解决方案，称为 SHAP（https://github.com/slundberg/shap）。这是一种非常有前景的 XAI 方法，参见文献：Lundberg S.M.，Lee S.，*A Unified Approach to Interpreting Model Predictions*，Advances in Neural Information Processing Systems 30，NIPS，2017，它基于一个创建可解释模型的通用策略。如前所述，当一个模型的形式为 $y = ax_1 + ax_1 + \cdots + k$ ，而且变量被标准化时，系数直接与每个特定特征的预测能力成正比。遗憾的是，只有少数模型如此简单，但是，可以使用增量式方法找到模型 $f(\bar{x};\bar{\theta})$ 的近似模型：

$$g(\bar{x}_i;\bar{\psi}) = \psi_0 + \sum_j \psi_k \bar{x}^{(j)}$$

模型 $g(\bar{x}_i;\bar{\psi})$ 起着解释者的作用，通常用一些限制样本空间以避免复杂性大增的技术来构建。因为将多次采用这种方法，所以要限制一下讨论，简单而言，选择系数 ψ_i 是为了利用博弈论结果［以创建者命名的沙普利值（Shapley value）］，以便了解某个特定特征将多大程度影响预测。简单起见，可以假设一个具有 N 个特征的函数取值于（a，b）范围内。如果不知道参数，只能求函数（最大不确定度）的平均值 $E[f(\bar{x};\bar{\theta})]$。当加入一些特征时，期望值取决于变量 $E[f(\bar{x};\bar{\theta}) | x_1, x_2, \cdots, x_k]$ 的知识。

这个增量式过程不断提高预测的准确性，直至达到一个不再需要调整（因为特征拥有了所有自由度）的点值 $f(\bar{x}_i;\bar{\theta})$。如此，当一个特征添加进模型时，可以从两个角度评估其贡献：

- 符号：决定影响的方向（朝向实际值或相反方向）。
- 大小：提供重要度的核心内容（越大，特征越重要）。

为了更好地理解（即使没有太多细节），采用 SHAP（利用标准命令 `pip install shap` 安装）计算与 XGBoost 模型相关的特征重要度信息：

```
import shap


xg_explainer=shap.TreeExplainer(model)
shap_values=xg_explainer.shap_values(X)
```

第一个命令实例化一个解释器（创建解释模型的结构），而第二个命令通过找到系数（SHAP 值）来拟合解释模型。输出的特征重要度信息如图 16.4 所示。

因为图 16.4 中的特征按降序排序，所以排序结果与其他算法几乎相同也就不足为奇。主要的区别是，现在有了一个关于三个类的特征的预测能力的度量。例如，类黄酮对选择/拒绝类别 2 的贡献非常大，而颜色强度对类别 1 而言为主导。利用前三个特征，几乎就能完整地解释每一个预测。事实上，当输出为类别 0 时，最大的贡献来自脯氨酸，其次是灰碱度和苯酚总量。

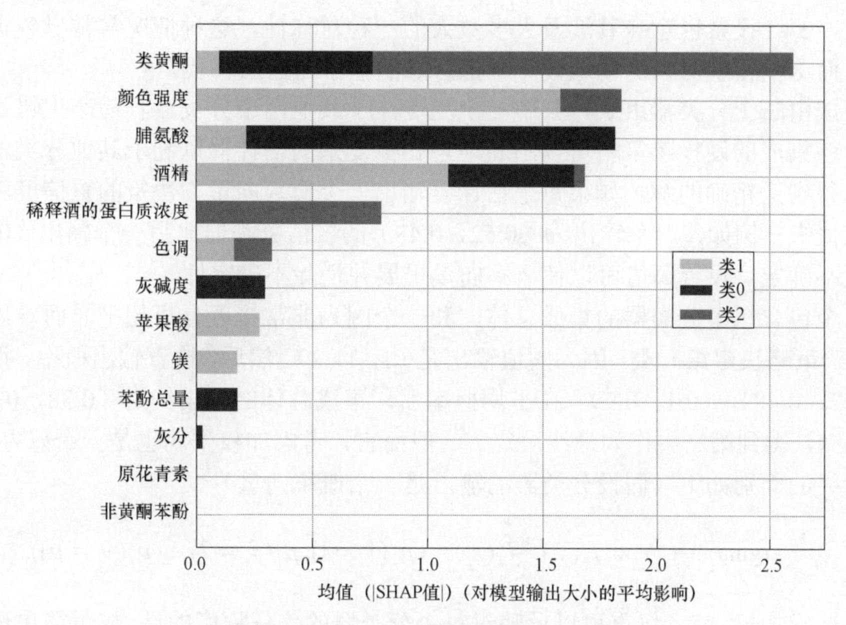

图 16.4 XGBoost 模型的 SHAP 信息

在这种情况下，很容易确定类别 0 的脯氨酸平均值大约是其他两个类别的值的两倍（而标准偏差相似），脯氨酸含量最小的类别是 1（这证明了对预测的贡献不大）。领域专家可能会马上看出这种模式，但当模型（和数据集）更加复杂时，可解释性对于理解导致预测的过程变得至关重要。本例并没有明确讨论特征之间的依赖关系，假设它已编码到树结构里。但是，有一些 SHAP 解释器实例和特定的超参数，允许特征假设独立或用独立特征对更复杂的场景建模（例如深度神经网络）。后面几章将展示其他有趣的特征。

16.2 投票分类器集成

创建集成的一个更简单但同样有效的方法，其基本想法是，利用有限数量的强学习器，在样本空间的特定区域产生更好的表现。考虑 N_c 个离散值分类器，$f_1(\bar{x}), f_2(\bar{x}), \cdots, f_{N_c}(\bar{x})$。算法各不相同，但都用相同的数据集训练，输出相同的标签集。最简单的策略基于硬投票方法：

$$\hat{y}_i = \operatorname{argmax}\left(n(y_1), n(y_2), \cdots n(y_{N_c})\right)$$

函数$n(\bullet)$统计输出标签y_i的估计器的数量。这种方法在很多情况下都相当有效，但也有一些局限性。如果只依赖多数票，那么就隐含地假设，一个正确的分类是由大量的估计器获得的。即使输出结果需要$N_c/2+1$投票，很多情况下，它们的数目会更大。此外，当k不是很大时，$N_c/2+1$投票也意味着涉及大多数人的一种对称性。这种情况常常导致训练出了无用的模型，而这些模型可以简单地被一个拟合好的强学习器所替代。

假设集成由三个分类器组成，其中一个更专注于其他两个分类器容易产生错误分类的区域。应用于该集成的硬投票策略可以不断地惩罚更复杂的估计器以利于其他分类器。考虑实值结果可以得到更精确的解。如果每个估计器输出一个概率向量，决策的置信度就被隐式地编码在这些值中。例如，一个输出为（0.52，0.48）的二值分类器比另一个输出（0.95，0.05）的分类器更不确定。设置阈值可以使概率向量平展并消除不确定性。

考虑一个包含三个分类器的集成总体，和一个因为非常接近分离超平面而难以分类的数据点。硬投票策略决定第一类，因为阈值输出是（1，1，2）。然后，检查输出概率，得到（0.51，0.49），（0.52，0.48），（0.1，0.9）。在平均概率后，集成总体的输出约为（0.38，0.62），通过应用 argmax x，得到第二类作为最终决定。一般而言，考虑加权平均也是一个好办法，这样，可以得到最终的类别如下（假设分类器的输出是一个概率向量）：

$$\hat{y}_i = \text{argmax}\frac{1}{N_c}\sum_{j=1}^{N_c} w_j \bar{f}_j(\bar{x}_i),\ \bar{f}_j(\bar{x}_i) = (p_j(\hat{y}_i=1), p_j(\hat{y}_i=2), \cdots p_j(\hat{y}_i=p))$$

如果不要求加权，或者权重可以反映对每个分类器的信任程度的话，权重简单地等于 1.0。一个重要的规则是，要避免分类器在大多数情况下占主导地位，因为这等同于退化为单个估计器的场景。一个好的投票应该总是允许少数人在他们的信念远远高于多数人时推翻一个结果。在这些策略中，权重可以被视为超参数，并利用具有交叉验证的网格搜索进行调整。但是，与其他集成方法相反，这些策略不是细粒度的。因此，最优值往往是一些不同可能之间的折衷。

还有一种稍微复杂的技术称为堆叠（stacking），它利用一个额外的分类器作为后过滤步骤。经典的方法是，分别训练分类器，然后，基于类标签或概率，将整个数据集转换成一个预测集，而且训练组合分类器将预测与最终类关联起来。即使使用非常简单的模型，例如逻辑回归或感知机，也有可能混合预测，以便实现一个动态的作为输入值函数的重新加权。

一种更复杂的方法，只有当一个单一的训练策略可以用来训练整个集成总体（包括合路器）时，才是可行的。例如，它可以用于神经网络，但是，这些神经网络已具有隐含的灵活性，往往比复杂的集成总体表现得更好。

利用 scikit-learn 的投票分类器示例

本例仍然利用葡萄酒数据集。由于概念非常简单，目标就是说明如何组合两个完全不同的估计器以提高整体的交叉验证准确率。为此，选择了一个逻辑回归和一个非线性分类器（RBF-SVM），它们的结构是不同的。特别是，前者是一个线性模型，后者是一个基于核的、可以解决复杂非线性问题的分类器。

之所以采用这些算法，是因为希望采用线性模型对大多数数据点进行正确分类，而且发挥支持向量机的非线性能力以减小与边界点相关的不确定性。正如已经指出的，这个数据集非常简单，而且令人惊讶的是，与其他方法的复杂性比起来，软投票分类器是多么准确。

这个观察必须从两个相反的角度来考虑。一方面，关于示例中使用的数据集的复杂性（通常需要一个集成总体）。前面已经解释过，目标是展示这些方法的有效性，而不是应用它们到需要长时间培训阶段的实际案例中。因此，先前得到的结果绝对有效，而且说明了，这些模型如何克服简单算法的局限性。

另一方面，应该将此示例视为奥卡姆剃刀原理的实际应用。有时，更复杂的模型看上去性能更好，但对简单模型进行稍微的修改，会使模型更准确、更有效。考虑到这是一本教材书，读者应该关注这种折衷，而且知道什么时候应该专门花点时间去优化简单的模型，而不是追求更复杂（通常是无法管理）的解决方案。

照例，练习的第一步是载入和归一化数据集：

```
import numpy as np

from sklearn.datasets import load_wine
from sklearn.preprocessing import StandardScaler

wine = load_wine()
X, Y = wine["data"], wine["target"]
ss = StandardScaler()
X = ss.fit_transform(X)
```

此时，需要分别评价两个估计器的性能：

```
from sklearn.linear_model import LogisticRegression
from sklearn.svm import SVC

svm = SVC(kernel='rbf',
          gamma=0.01,
          random_state=1000)
```

```
print('SCM score: {:.3f}'.format(
        np.mean(cross_val_score(svm, X, Y,
                n_jobs=-1, cv=10))))

lr = LogisticRegression(C=2.0,
                        max_iter=5000,
                        solver='lbfgs',
                        multi_class='auto',
                        random_state=1000)

print('Logistic Regression score: {:.3f}'.format(
        np.mean(cross_val_score(lr, X, Y,
                n_jobs=joblib.cpu_count(), cv=10))))
```

这个程序段的输出是：

```
SVM score: 0.984
Logistic Regression score: 0.984
```

不出所料，逻辑回归得到了与支持向量机相似的平均交叉验证准确率（约 98.4%）。因此，考虑到分类器的不同性质，硬投票策略并不是最佳选择。因为信任这两个分类器，而且希望利用各自的特征，所以，选择了一个软投票，其权重向量设为（0.5，0.5）。这样，没有分类器占据主导地位，而且它们对预测的贡献是相等的。当然，希望支持向量机在所有那些临界情况下都具有决定性，而逻辑回归的线性度则不具有把握小偏差的能力。

类 `VotingClassifier` 接收必须由 `estimators` 参数提供的元组（估计器的名称、实例）列表。

可以用参数 `voting`（可以是“软 `soft`”或“硬 `hard`”）指定策略，用参数 `weights` 指定可选权重：

```
from sklearn.ensemble import VotingClassifier

vc = VotingClassifier(estimators=[
        ('LR', LogisticRegression(C=2.0,
                                  max_iter=5000,
```

```
                                          solver='lbfgs',
                                          multi_class='auto',
                                          random_state=1000)),
                ('SVM', SVC(kernel='rbf',
                            gamma=0.01,
                            probability=True,
                            random_state=1000))],
               voting='soft',
               weights=(0.5, 0.5))

print('Voting classifier score: {:.3f}'.format(
      np.mean(cross_val_score(vc, X, Y,
                              n_jobs=-1, cv=10))))
```

输出为：

```
Voting classifier score: 0.994
```

采用软投票策略，得到的估计器优于逻辑回归和支持向量机，降低了整体不确定性，平均交叉验证分数达到了 99.4%。其实，葡萄酒数据集几乎是线性可分离的，但是还是有少数数据点位于用线性模型肯定会错误分类的区域中。径向基函数支持向量机可以克服这一限制，而且当 sigmoid 值接近 0.5 时，能够助力逻辑回归。在这些情况下，支持向量机的贡献足以让输出高于或低于阈值，从而得到精确的最终分类。

作为进一步的练习，读者可以利用更多的估计器，用其他数据集测试该算法，并尝试用硬投票和软投票策略找出最佳组合。

16.3　集成学习作为模型选择

这不是一种名正言顺的集成学习技术，但有时也被称为分桶（bucketing）。上一节已经讨论了如何利用一些具有不同特点的强学习器组成一个委员会。

但是，很多情况下，单个学习器就足以得到好的偏差–方差权衡，但从整个机器学习算法群体选出这样的学习器，绝非易事。因此，当必须解决一系列类似问题时（它们可能不同，但最好考虑易于比较的场景），可以创建一个包含多个模型的集成总体，并利用交叉验证找到性能最好的模型。最后，将利用单个学习器，但选择它需要进行带有投票功能的网格搜索。

有时，即使利用相似的数据集，结果也会很不一样。例如，在系统开发期间，提供了第一个数据集(X_1,Y_1)。每个人都希望它是从底层数据生成过程p_{data}正确采样得到的，所以，拟合并评价一个通用模型。设想一个支持向量机具有很高的验证准确率（用k折交叉验证进行评估），因此被选作最终模型。遗憾的是，又提供了第二个更大的数据集(X_2,Y_2)，结果最终准确率均值下降。可能会简单地认为模型的残差方差不能让它正确地泛化，或者，正如有时发生的那样，可以说第二个数据集包含很多未被正确分类的异值点。

现实情况稍微复杂一些：给定一个数据集，只能假设它代表一个完整的数据分布。即使当数据点很多或者采用数据增强技术扩充数据集时，总体数据可能并不包括正在开发的系统将要分析的某些特定点。分桶（bucketing）是创建一个场景发生变化时可以利用的安全缓冲区的好方法。集成总体可以由完全不同的模型、同族但不同参数的模型（例如，不同的核支持向量机）或复合算法（例如 PCA+SVM 和 PCA+决策树/随机森林）组成。最重要的元素是交叉验证。如第 1 章所述，只有当数据点的数量和它们的可变性足够高，足以相信正确地代表了最终的数据分布时，将数据集拆分为训练集和测试集才是可接受的解决方案。这种情况在深度学习里经常发生，深度学习数据集的维数非常大，而且计算复杂性不允许对模型进行太多次的重新训练。

相反，在经典的机器学习中，当一个模型用大的随机子集进行训练而且在剩余的子样本上进行测试时，交叉验证是检验该模型行为的唯一方法。理想情况下，希望观察到相同的性能，但也可能发生不同折数的交叉验证，其准确率并不一样。如果遇到这种情况，而且数据集是最终结果的话，这可能意味着模型无法管理样本空间的一个或多个区域，而提升方法可以显著提高最终准确率。

16.4 本章小结

本章将集成学习的概念扩展到通用的前向分阶段增量式模型，其中每个新的估计器的任务是最小化一个一般的代价函数。考虑到全优化问题的复杂性，提出了一种梯度下降技术，该技术与估计器权重线搜索相结合，可以在分类和回归问题上取得优越性能。

本章的其余部分介绍了如何使用若干强学习器，通过取它们的预测平均值或考虑多数票，构建集成总体。讨论了阈值分类器的主要缺点，展示了如何建立一个软投票模型，能够信任不确定性小的估计器。其他有用的主题是堆叠方法，它包括利用额外的分类器处理集成总体每个成员的预测，以及如何创建候选集成总体，采用交叉验证评价这些集成总体以找到每个特定问题的最佳估计器。

第 17 章将开始讨论最重要的深度学习技术，介绍有关神经网络的基本概念及其训练过程涉及的算法。

扩展阅读

- Alpaydin E., *Introduction to Machine Learning*, The MIT Press, 2010.
- Breiman L., *Random Forests*, Machine Learning, 45, 2001.
- Friedman J., Hastie T., Tibshirani R., *Additive Logistic Regression:A Statistical View of Boosting*, Annals of Statistics, 28/1998.
- Zhu J., Rosset S., Zou H., Hastie T., *Multi-Class AdaBoost, Statistics, and Its Inference*, 02/2009.
- Drucker H., *Improving Regressors Using Boosting Techniques*, ICML 1997.
- Starttech Educational Services LLP, *Decision Trees, Random Forests, AdaBoost and XGBoost in Python*, Packt Publishing, 2019.
- Lundberg S.M., Lee S., *A Unified Approach to Interpreting Model Predictions*, Advances in Neural Information Processing Systems 30, NIPS, 2017.
- Bonaccorso G., *Machine Learning Algorithms Second Edition*, Packt Publishing, 2018.

第 17 章　神 经 网 络 建 模

本章是深度学习的导论。深度学习使往往被认为极难管理的很多分类和回归问题（例如图像分割、自动翻译、语音合成等）实现最好的性能。本章目标是为读者提供理解基于 Keras 的全连接神经网络的结构的工具（运用现代技术加速训练过程并防止过拟合）。Keras 是一个用 Python 编写的开源人工神经网络库。

本章覆盖的具体主题如下：

- 基本人工神经元（artificial neuron）的结构。
- 感知机、线性分类器及其局限性。
- 具有最重要激活函数的多层感知机（如 ReLU）。
- 基于**随机梯度下降**（stochastic gradient descent，SGD）优化方法的反向传播算法（back-propagation algorithm）。

首先探究刻画神经网络的计算单元，即人工神经元的正式定义。

17.1　基本的人工神经元

神经网络的构件，即人工神经元，是生物神经元的抽象，1957 年，由 F.Rosenblatt 首次提出。人工神经元非常简单但功能强大，构成最简单的神经架构，称为感知机（perceptron），下节将分析感知机。与生物学上更合理但有很强局限性的赫布学习相反，人工神经元的设计从实用的角度出发，其结构只是基于一些表征生物神经元的元素。

但是，最近的深度学习研究揭示了这种架构的巨大力量。即使有更复杂和专门的计算单元，基本的人工神经元也可以概括为两部分的连接，如图 17.1 所示。

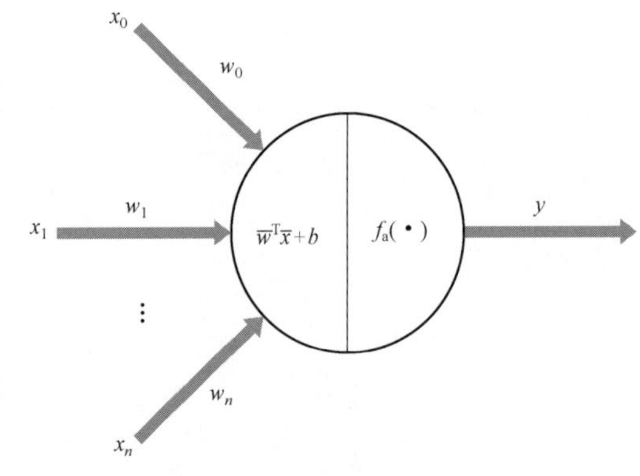

图 17.1　通用神经元的结构

神经元的输入是实值向量 $\overline{x} \in \mathbb{R}^n$，而输出是标量向量 $y \in \mathbb{R}$。第一个操作是线性的：

$$y = \overline{w}^{\mathrm{T}} \cdot \overline{x} + b$$

向量 $\overline{w} \in \mathbb{R}^n$ 称为权重向量（或突触权重向量，因为与生物神经元类似，它对输入值进行重新加权），而标量项 $b \in \mathbb{R}$ 是常数，称为偏差。很多情况下，容易仅考虑权重向量。可以通过添加一个额外的等于 1 的输入特征和相应的权重，消除偏差：

$$\overline{x}^* = (x_1, x_2, \cdots, x_n, 1)$$

这样，唯一需要学习的元素就是权重向量。接下来的部分称为激活函数（activation function），它负责将输入重新映射到另一个子集。如果函数为 $f_a(z) = z$，神经元则被称为线性神经元，转换可以省略。第一个实验基于性能远不如非线性神经元的线性神经元。这就是导致很多研究人员将感知机视为失败的原因。但与此同时，这种局限性反而为新架构打开了大门，这个新架构有机会展示其出色的功能。这里先分析第一个提出的神经网络。

17.2　感知机

感知机是弗兰克·罗森布拉特在 1957 年给第一个神经模型起的名字。感知机是一个具有单层输入线性神经元的神经网络，后面跟着一个基于 sign (x) 函数的输出单元，或者可以考虑一个输出为 −1 和 1 的双极单元。感知机的结构如图 17.2 所示。

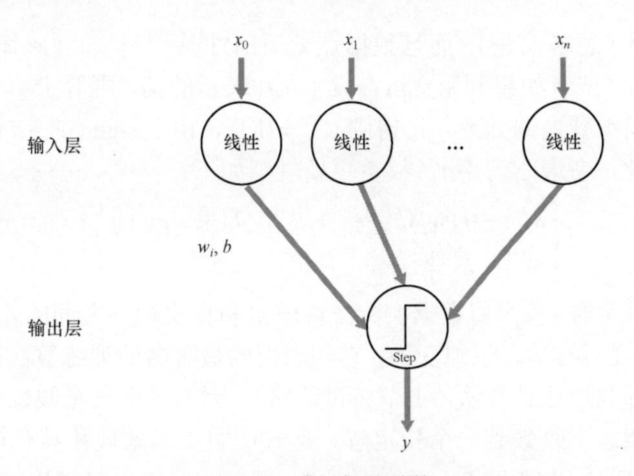

图 17.2　感知机的结构

尽管图 17.2 看起来可能很复杂，但感知机可用下式描述：

$$y_i = \text{sign}\,(\overline{w}^{\text{T}} \cdot \overline{x}_i + b),\ \overline{w}, \overline{x}_i \in \mathbb{R}^n \text{ 且 } y_i \in \{0,1\}$$

所有向量通常都是列向量，所以，点积 $\overline{w}^{\text{T}} \cdot \overline{x}_i$ 将输入转换为标量，然后加上偏差，利用阶跃函数获得二元输出。阶跃函数当 $z > 0$ 时输出 1，否则输出 0。此时，读者可能不认为阶跃函数是非线性的，但是，应用于输出层的非线性只是一种滤波操作，对实际计算没有影响。

其实，输出早已被线性部分决定，而阶跃函数仅用于给定二元阈值（将连续输出转换为离散输出）。此外，在此分析中，仅考虑单值输出（尽管也有多类情况），因为，目标是在转向更通用的、可用于解决极其复杂问题的体系结构之前了解原理以及局限性。

可以用在线算法训练感知机（即使数据集有限），但也可以采用离线方法，重复一定次数的迭代，或者直到总误差小于预设阈值。该流程基于平方误差损失函数。谨记，通常，术语“损失”用于单个样本，而术语“代价”指的是单一损失的总和/平均值：

$$
\begin{aligned}
L(\bar{x}_i, y_i; \bar{w}, b) &= \frac{1}{2}(\bar{w}^{\mathrm{T}} \bullet \bar{x}_i + b - y_i)^2 \\
&= \frac{1}{2}(w_1 x_i^{(1)} + w_2 x_i^{(2)} + \cdots + w_n x_i^{(n)} + b - y_i)
\end{aligned}
$$

当出现一个样本时，计算输出。如果输出错误，则进行权重校正，否则跳过该步骤。简单起见，不考虑偏差，因为它不影响整个流程。目标是校正权重，以便使损失最小化。这可以通过计算 w_i 的偏导数实现：

$$
\frac{\partial L}{\partial w_j} = (w_j x_i^{(j)} - y_i) x_i^{(j)}
$$

假设 $w^{(0)} = (0,0)$（忽略偏差），而且数据点 $\bar{x} = (1,1)$ 的标签 $y = 1$。感知机将样本分错类了，因为 $\mathrm{sign}(\bar{w}^{\mathrm{T}} \bullet \bar{x}) = 0$（或者如果利用 $\mathrm{sign}(x) \in \{-1,1\}$ 表示的话，则等于–1）。偏导数都等于–1，所以，如果用当前权重减去偏导数，将得到 $w^{(1)} = (1,1)$，由于 $\mathrm{sign}(\bar{w}^{\mathrm{T}} \bullet \bar{x}) = 0$，所以这时样本已被正确分类。因此，考虑学习率$\eta$，权重更新规则如下：

$$
w_i^{(t+1)} = \begin{cases} w_i^{(t)} - \eta(w_j x_i^{(j)} - y_i) x_i^{(j)}, & \text{如果 } \mathrm{sign}(\bar{w}^{\mathrm{T}} \bullet \bar{x}_i) \neq y_i \\ w_i^{(t)}, & \text{其他} \end{cases}
$$

当样本被错误分类时，权重将根据实际线性输出和真实标签之间的差异按比例进行校正。这是一个称为 delta 规则的学习规则变种，它代表走向最著名的训练算法的第一步，几乎所有监督深度学习场景都利用这种算法（下节将讨论它）。因为数据集是线性可分的，所以已经证明，该算法在有限状态下收敛到一个稳定解。形式证明相当繁琐和具有技术性，但是感兴趣的读者可以参阅：Minsky M.L.，Papert S.A.，*Perceptrons*，The MIT Press，1969。

在本章中学习率的作用越发重要，特别是在评估单个样本（例如在感知机中）或小批量样本之后进行更新时。在这种情况下，由于单个校正的幅度较大，所以较高的学习率（即大于 1.0 的学习率）可能会导致收敛过程不稳定。

利用神经网络时，通常最好用较小的学习率，而且在指定轮次内重复训练。这样，单次校正受到限制，而且只有被大多数样本/批次确认后才能变得稳定，从而使网络收敛到一个最优解。相反，如果校正是异值点的结果的话，较小的学习率可以限制其作用，从而避免整个网络因少量噪声样本而不稳定。将在接下来的几节中进一步讨论这个问题。

现在，可以描述完整的感知机算法，并以一些重要的注意事项结束本节：

（1）选择学习率η的值（例如$\eta = 0.1$）。通常，较小的学习率允许进行更精确的修正，但会增加计算成本，而较大的学习率会加快训练阶段，但却降低学习准确率。

（2）在样本向量X的后面加上一个常数列（设为 1.0）。因此，所得向量为$X_b \in \mathbb{R}^{M\times(n+1)}$。

（3）用从具有很小方差（例如$\sigma^2 = 0.05$）的正态分布采样的随机值初始化权重向量$\bar{w} \in \mathbb{R}^{n+1}$。

（4）设置误差阈值Thr（例如$Thr = 0.000\,1$）。

（5）设置最大迭代次数$N_{\max}$。

（6）设置$i = 0$。

（7）设置$e = 1$。

（8）当$i < N_{\max}$且$e > Thr$时：

设置$e = 0$。

对于$k = 1$到M：

计算线性输出$l_k = \bar{w}^{\mathrm{T}} \bullet \bar{x}_k$和一个阈值$t_k = \operatorname{sign}(l_k)$。

如果$t_k \neq y_k$：

计算$\Delta w_j = \eta\,(l_k - y_k) x_k^{(j)}$。

更新权重向量。

设置$e = e + (l_k - y_k)^2$（或者利用绝对值$e = e + \left| l_k - y_k \right|$）。

设置$e = e / M$。

该算法非常简单，与逻辑回归类似。其实，这种方法基于一种可被视为具有 S 型输出激活函数的感知机（输出可被视为概率的真实值）的结构。主要区别是训练策略。在逻辑回归里，在基于负对数似然评价代价函数之后，进行校正：

$$L(X, Y; \bar{w}, b) = -\log \prod_{i=1}^{M} p\left(y_i | \bar{x}_i; \bar{w}, b\right) = -\sum_{i=1}^{M} \log p\left(y_i | \bar{x}_i; \bar{w}, b\right)$$

$$= -\sum_{i=1}^{M} [y_i \log \sigma(\bar{w}^{\mathrm{T}} \bullet \bar{x}_i + b) + (1 - y_i) \log(1 - \sigma(\bar{w}^{\mathrm{T}} \bullet \bar{x}_i + b))]$$

该代价函数就是众所周知的交叉熵，而且第 2 章损失函数和正则化证明了交叉熵的最小化等同于减少真实分布和预测分布之间的库尔贝克–莱布勒散度。几乎所有深度学习分类任务，由于交叉熵的鲁棒性和凸性，都将采用交叉熵。凸性是逻辑回归的收敛性保证，但遗憾的是，代价函数为非凸的更复杂结构往往丧失这一性质。

利用 scikit-learn 的感知机示例

即使感知机算法完全自主实现也非常简单，但本文还是利用 scikit-learn 的 Perceptron，关注导致非线性神经网络的局限性。暴露感知机主要缺点的历史问题是关于 XOR 数据集的。解释之前，首先构建数据集并可视化其结构：

```
import numpy as np

from sklearn.preprocessing import StandardScaler
from sklearn.utils import shuffle

np.random.seed(1000)

nb_samples = 1000
nsb = int(nb_samples / 4)

X = np.zeros((nb_samples, 2))
Y = np.zeros((nb_samples, ))

X[0:nsb, :] = np.random.multivariate_normal(
       [1.0, -1.0], np.diag([0.1, 0.1]), size=nsb)
Y[0:nsb] = 0.0

X[nsb:(2 * nsb), :] = np.random.multivariate_normal(
       [1.0, 1.0], np.diag([0.1, 0.1]), size=nsb)
Y[nsb:(2 * nsb)] = 1.0

X[(2 * nsb):(3 * nsb), :] = \
        np.random.multivariate_normal(
        [-1.0, 1.0], np.diag([0.1, 0.1]), size=nsb)
Y[(2 * nsb):(3 * nsb)] = 0.0

X[(3 * nsb):, :] = np.random.multivariate_normal(
        [-1.0, -1.0], np.diag([0.1, 0.1]), size=nsb)
```

```
Y[(3 * nsb):] = 1.0

ss = StandardScaler()
X = ss.fit_transform(X)

X, Y = shuffle(X, Y, random_state=1000)
```

真实标签如图 17.3 所示。

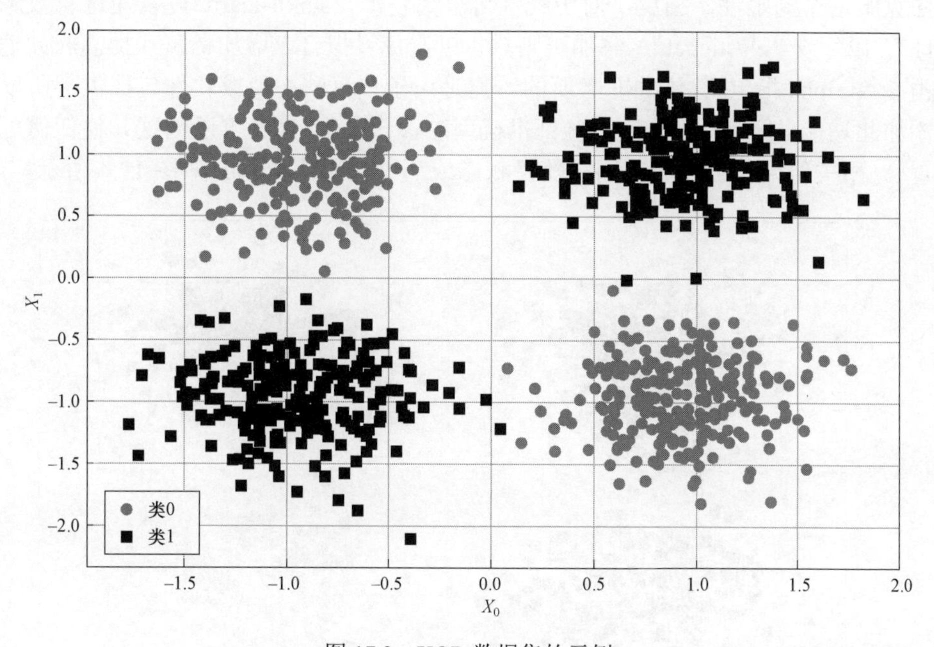

图 17.3　XOR 数据集的示例

可见，数据集分为四个部分，这些部分被组织起来作为逻辑 XOR 运算符的输出。考虑到二维感知机的分离超曲面（以及逻辑回归的分离超曲面）是一条线，所以，可知，任何可能的最终配置都会达到大约 50%的准确率（随机猜测）。为了确认，尝试解决下列问题：

```
from sklearn.linear_model import Perceptron
from sklearn.model_selection import cross_val_score

pc = Perceptron(penalty='l2', alpha=0.1,
                n_jobs=-1, random_state=1000)
```

```
print("Perceptron Avg. CV score: {:.3f}".
      format(np.mean(cross_val_score(pc, X, Y, cv=10))))
```

程序段的输出为：

```
Perceptron Avg. CV score: 0.504
```

结果表明，在这种情况下，感知机近似等于随机猜测，所以，感知机没有任何优势，也没有办法克服这个局限性。相反，对于线性可分离情况，scikit-learn 可以通过参数惩罚（可以是“l1”“l2”或“elasticnet”）添加正则项，以避免过拟合，增加稀疏和提高收敛速度（其力度可由参数 alpha 指定）。这并非必要的，但是由于该算法由现成软件包提供，所以设计人员决定添加此功能。但是，平均交叉验证准确率略高于 0.5（读者可以测试其他任何可能的超参数配置）。相关结果（可以随不同的随机状态或后续实验而变化）如图 17.4 所示。

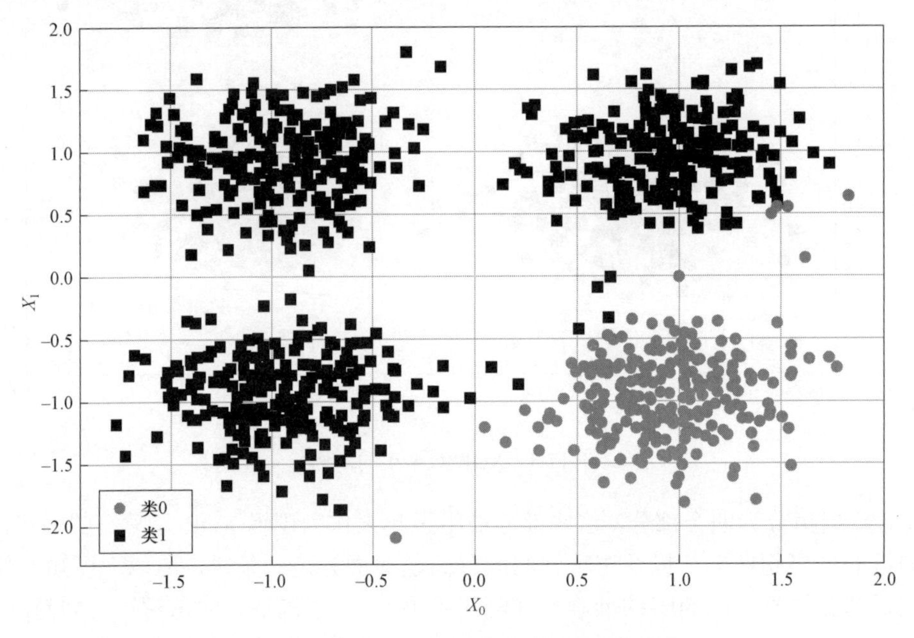

图 17.4 利用 Perceptron 标记的 XOR 数据集

显然，感知机是一种没有特定特征的线性模型，相对于其他算法，如逻辑回归或支持向量机，感知机并不值得推荐。1957 年之后的数年间，很多研究人员没法掩饰他们的失望，认为神经网络是永远无法兑现的承诺。必须等到一个简单的架构修改，加上一个强大的学习算法，开辟新的、有吸引力的机器学习分支（后称深度学习）。

版本大于 0.19 的 scikit-learn，Perceptron 类允许添加 max_iter 或 tol（公差）参数。如果未指定，将发出警告以通知之后的行为。这条信息不会影响实际结果。

17.3　多层感知机

感知机的主要局限是它的线性。如何消除这种架构的这种局限性？解决方案比想象的要容易。在输入和输出之间增加至少一个非线性层，形成一个用大量变量参数化的、高度非线性的组合。因此得到的架构称为**多层感知机**（multilayer perceptron，MLP），包含一个（仅为方便起见）隐藏层，如图 17.5 所示。

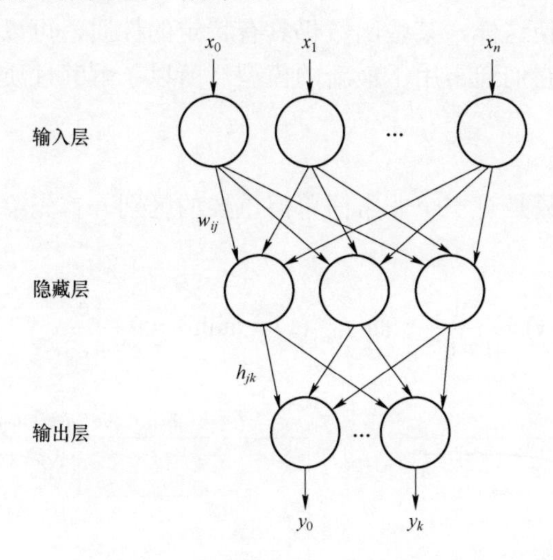

图 17.5　具有单个隐藏层的通用多层感知机结构

这就是所谓的前馈网络（feed-forward network），意味着信息流始于第一层，始终沿相同方向流动，并终止于输出层。允许部分反馈（例如，为了实现本地内存）的体系结构称为循环网络（recurrent network），将在第 18 章分析。

在这种情况下，存在两个权重矩阵 W 和 H，以及两个对应的偏差向量 b 和 c。如果存在 m 个隐藏神经元，$\bar{\boldsymbol{x}}_i \in \mathbb{R}^{n\times 1}$（列向量）和 $\bar{\boldsymbol{y}}_i \in \mathbb{R}^{k\times 1}$，那么多层感知机的行为定义为以下变换：

$$\begin{cases} \bar{z} = f_{\mathrm{h}}(W^{\mathrm{T}}\bar{x} + \bar{b}), W \in \mathbb{R}^{n\times m} \text{ 且 } \bar{b} \in \mathbb{R}^{m\times 1} \\ \bar{y} = f_{\mathrm{a}}(H^{\mathrm{T}}\bar{z} + \bar{c}), H \in \mathbb{R}^{m\times k} \text{ 且 } \bar{c} \in \mathbb{R}^{k\times 1} \end{cases}$$

任何多层感知机的基本条件是，至少一个隐藏层激活函数 $f_h(\bar{x})$ 是非线性的。可以直接证明 m 个线性隐藏层等效于单个线性网络，所以多感知机回归到标准感知机。一般地，所有隐藏层都具有非线性激活函数，而最后一层也有表示无界量（unbounded quantity）的线性输出（例如，回归任务）。通常，激活函数固定在给定层，但是对它们的组合没有限制。特别是，通常选择输出激活，满足精确要求（例如多标签分类、回归、图像重建等）。这就是为什么此分析的第一步涉及最常见的激活函数及其特征。

现在，要进一步了解最常见的激活函数，讨论它们的特点和局限性。

激活函数

通常，任何连续（也是分步的）可微的函数都可以用作激活函数（activation function）。连续性允许取域 D 中的所有值（通常，$D=\mathbb{R}$，所以对任何 $\boldsymbol{x}$ 都定义了 $\boldsymbol{f}(\boldsymbol{x})$），而可微性则是优化神经网络的基本条件。即使这样，某些函数仍具有特定的性质，可以在提高学习过程速度的同时获得良好的准确率。它们通常用于最新的模型，所以了解其性质并做出最合理的选择非常重要。

sigmoid 函数与双曲正切

这两个激活函数非常相似，只是有一个非常简单但重要的区别。首先给出它们的定义和图示（见图 17.6）：

$$f_{\text{sigmoid}}(x)=\sigma(x)=\frac{1}{1+\mathrm{e}^{-x}}，而\ f_{\tanh}(x)=\tanh x=\frac{\mathrm{e}^{x}-\mathrm{e}^{-x}}{\mathrm{e}^{x}+\mathrm{e}^{-x}}$$

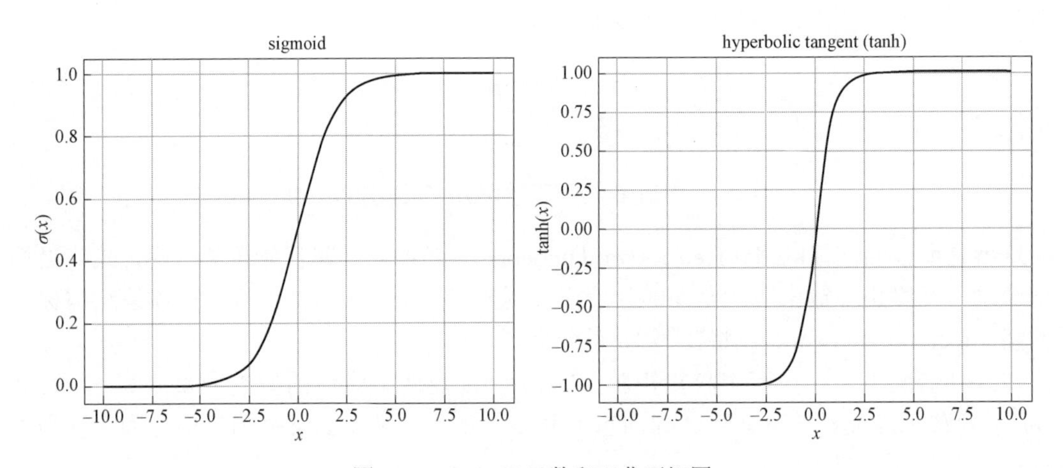

图 17.6　sigmoid 函数和双曲正切图

sigmoid 函数 $\sigma(x)$ 值在 0 和 1 之间，有两条渐近线（当 $x\to-\infty$ 时，$\sigma(x)\to 0$；当 $x\to+\infty$ 时，$\sigma(x)\to 1$）。类似地，双曲正切函数（tanh）值在 -1 和 1 之间，并且两条渐近线对应于

极值。分析这两个函数，可以发现它们在一个短区间（大约 $(-2,2)$）几乎是线性的，之后它们几乎立即变得平坦。这意味着，当 x 的值在 0 附近时，梯度很高，而且几乎不变，对于较大的绝对值它会降至大约 0。sigmoid 函数完美地表示必须限制在 0 和 1 之间的概率或一组权重，所以对于某些输出层来说，它是一个不错的选择。

但是，双曲正切函数是完全对称的，而且更适合优化，因为其性能优越。输入很小时，该激活函数通常用在中间层。其原因在分析反向传播算法时会很清楚。但是，显而易见，大的绝对输入会导致几乎不变的输出，而且由于梯度约为 0，所以权重校正会变得非常慢（这个问题正式称为消失梯度）。因此，很多现实应用往往使用下一组激活函数。

整流激活函数

当 $x>0$ 时，这些函数都是线性的（Swish 是准线性的），而当 $x<0$ 时它们就不同了。即使其中一些函数在 $x=0$ 时不可微，导数也始终设为 0。最常见的函数如下：

$$\begin{cases} f_{\text{ReLU}}(x) = \max(0, x) \\ f_{\text{LeakyReLU}}(x) = \max(0, \alpha x), \alpha \leqslant 1 \\ f_{\text{ELU}}(x) = \begin{cases} x, \text{如果 } x > 0 \\ \alpha(e^x - 1), \text{其他} \end{cases} \\ f_{\text{Swish}}(x) = \dfrac{x}{1 + e^{-\alpha x}} = x\sigma(\alpha x) \end{cases}$$

图 17.7 是相应的函数图。

最基本也最常用的函数是 ReLU，它在 $x>0$ 时梯度不变，而 $x<0$ 时则为零。当输入大于 0 时，该函数经常被用于视觉处理。该函数在解决消失梯度问题方面具有突出优势，因为总是可以实现基于梯度的校正。$x<0$ 时，ReLU 及其一阶导数为零，所以，每个负输入都不允许任何修改。一般情况下这不是问题，但是当允许有较小的负梯度时，有些深度网络的性能会更好。这导致其他函数变种的产生，这些函数变种的特征是超参数α的存在，该参数控制负尾的强度。取区间 0.01 和 0.1 之间值，函数变种的行为与 ReLU 几乎相同，但当 $x<0$ 时，可能会有较小的权重更新。

最后一个函数是 Ramachandran 等人提出的 Swish，参阅：Ramachandran P.，Zoph P.，Le V.L.，*Searching for Activation Functions*，arXiv：1710.05941［cs.NE］。Swish 函数基于 sigmoid 函数，具有当$x \to 0$ 时收敛到 0 的突出优势，所以，非零效应仅限于 $b>0$ 的（$-b$，0）之间的短区域。论文指出，该函数可以提高某些特定的视觉处理深度网络的性能。但是，建议从 ReLU 开始分析（它非常健壮，计算成本低），而且只有在没有其他技术可以提高模型性能的情况下，才切换到另一种方法。

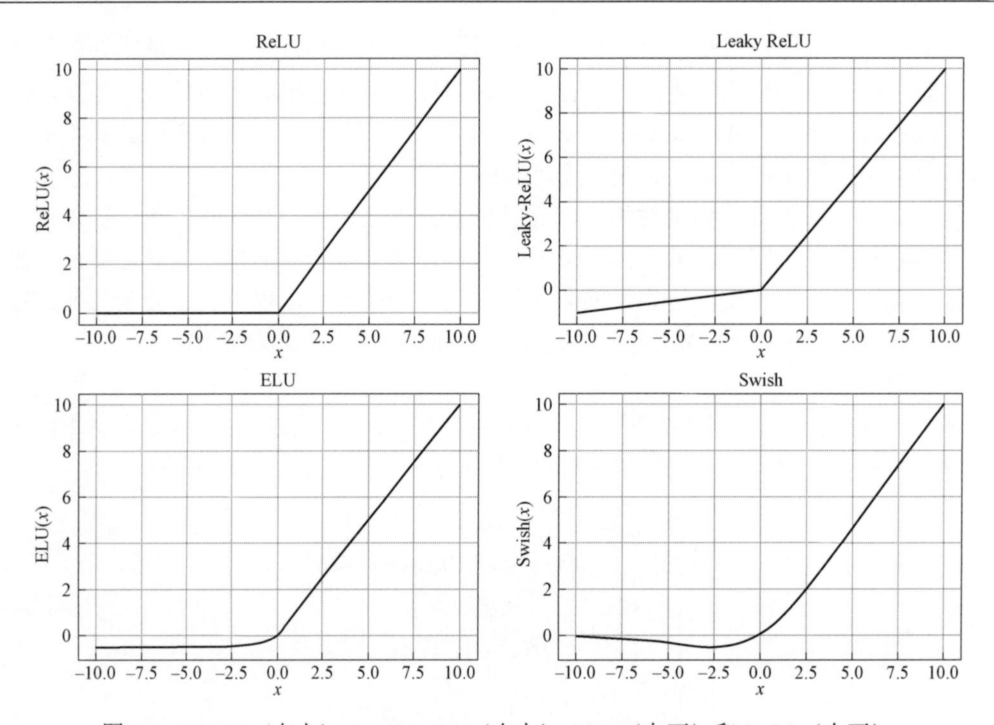

图 17.7 ReLU（左上），LeakyReLU（右上），ELU（左下）和 Swish（右下）

Softmax

该函数表征了几乎所有分类网络的输出层，因为它很容易表示离散的概率分布。如果有 k 个输出 y_i，softmax 函数计算如下：

$$f_{\mathrm{softmax}}^{(i)}(x)=\frac{\mathrm{e}^{y_i}}{\sum_{j=1}^{k}\mathrm{e}^{y_i}}$$

如此，包含 k 个神经元的层的输出被归一化，其和始终为 1。不言而喻，最佳代价函数是交叉熵。事实上，如果所有的真实标签都用独热编码表示，那么它们就隐式地成为概率向量，1 对应真类。因此，分类器的目标就是通过最小化函数，减少其输出的训练分布之间的差异（见第 2 章损失函数和正则化）：

$$L(Y;\hat{Y};\bar{\theta})=-\sum_{i=1}^{k}y_i\log\hat{y}_i,\ \text{其中}\ \hat{y}_i\ \text{是预测值}$$

下面讨论多层感知机（以及几乎所有其他神经网络）应用的训练方法。

17.4　反向传播算法

反向传播算法（back-propagation algorithm）与其说是一个具体的算法，不如说是一种方法论。事实上，它无需任何实质性修改就足以适应任何类型的神经结构。因此，本节将定义主要概念，而不关注特定案例。对反向传播算法实现感兴趣的读者可以将它应用到不同的网络（假设所有的要求都得到满足）。

利用深度学习模型的训练过程的目标通常是通过最小化代价函数来实现的。假设有一个用全局向量 $\overline{\theta}$ 参数化的网络。代价函数（对损失和代价使用相同的表记，但利用不同的参数来消除歧义）定义如下：

$$L(\overline{\theta})=\frac{1}{M}\sum_{i=1}^{M}L(\overline{x}_i;\overline{y}_i;\overline{\theta})$$

已经解释过，上式（即经验风险）最小化是最低程度降低实际预期风险、最大程度提升准确率的一种方法。目标是找到一个最佳参数集以便下式成立：

$$\overline{\theta}_{\text{opt}}=\underset{\overline{\theta}}{\operatorname{argmin}}\,L(\overline{\theta})$$

如果考虑单个损失函数（与数据点 $\overline{x}_i$ 和一个真向量标签 $\overline{y}_i$ 相关），那么可以用对预测值的明确依赖程度来表示该函数：

$$L(\overline{x}_i;\overline{y}_i;\overline{\theta})=L(\overline{y}_i;\hat{y}_i)$$

式中，参数 $\overline{\theta}$ 已经嵌入到预测中。由微积分（不用顾虑很多优化书籍所拥有的数学严谨性）可知，$L(\overline{y}_i;\hat{y}_i)$ 的梯度这样一个标量函数，可在任何点（假设 L 是可微的）作为一个向量计算：

$$\nabla_{\overline{\theta}}L=\left(\frac{\partial L}{\partial\theta_1},\frac{\partial L}{\partial\theta_2},\ldots,\frac{\partial L}{\partial\theta_T}\right)^{\mathrm{T}}$$

由于 $\nabla_{\overline{\theta}}L$ 始终指向最接近最大值的方向，所以负梯度则指向最接近最小值的方向。因此，如果计算 L 的梯度，那么有现成的信息可用于最小化代价函数。有必要阐述一个重要的数学性质，即导数的链式规则：

$$\frac{\partial f_1(f_2(\cdots f_n(x)\cdots))}{\partial x}=\frac{\partial f_1}{\partial f_2}\frac{\partial f_2}{\partial f_3}\cdots\frac{\partial f_n}{\partial x}$$

现在，考虑多层感知机的一个步骤（从底部开始），应用链式规则：

$$\overline{y}=f_a(H^{\mathrm{T}}\overline{z}+\overline{c})$$

向量 y 的每个要素彼此独立，所以可以只考虑输出值，简化示例：

$$\hat{y}_i = f_a\left(\sum_{j=1}^{k} h_{ji}\overline{z}_j + c_j\right)$$

在消除偏差的上式中，有两个重要元素，即 H 的列所表示的权重 h_j 和前次权重函数的表达式 $\overline{z}_j$。由于 L 又是所有预测 $\hat{y}_i$ 的函数，所以应用链式规则（将变量 t 作为激活函数的通用参元），得到以下结果：

$$\frac{\partial L}{\partial h_{ij}} = \frac{\partial L}{\partial \hat{y}_i}\frac{\partial \hat{y}_i}{\partial t}\frac{\partial t}{\partial h_{ij}} = \frac{\partial L}{\partial \widehat{y_i}}\frac{\partial \hat{y}_i}{\partial t}\overline{z}_j = \delta_i \overline{z}_j$$

因为一般要处理矢量函数，所以用梯度运算符表达起来更为容易。简化通用层执行的转换，可以将关于 H 的行，也就是对应隐藏单元 $\overline{z}_i$ 的权重向量 $\overline{h}_i$ 的关系表示如下：

$$\begin{cases} L = p\,(\overline{y}), \overline{y} \in \mathbb{R}^{k\times 1} \\ \overline{y} = \overline{q}(\overline{h}_i), \overline{h}_i \in \mathbb{R}^{m\times 1} \end{cases}$$

利用梯度并考虑向量输出 $\overline{y}$ 可以写成 $\overline{y} = (y_1, y_2, \cdots, y_m)$，可以推导出以下表达式：

$$\nabla_{\overline{h}_i} L = J_{\overline{h}_i}(\overline{y})^{\mathrm{T}} \nabla_{\overline{y}} L = \begin{pmatrix} \frac{\partial \overline{y}_1}{\partial h_1} & \cdots & \frac{\partial \overline{y}_k}{\partial h_1} \\ \vdots & \ddots & \vdots \\ \frac{\partial \overline{y}_1}{\partial h_m} & \cdots & \frac{\partial \overline{y}_k}{\partial h_m} \end{pmatrix} \begin{pmatrix} \frac{\partial L}{\partial \overline{y}_1} \\ \vdots \\ \frac{\partial L}{\partial \overline{y}_k} \end{pmatrix} = \begin{pmatrix} \frac{\partial L}{\partial h_1} \\ \vdots \\ \frac{\partial L}{\partial h_m} \end{pmatrix}$$

这样，就得到了关于权重向量 $\overline{h}_i$ 的 L 的梯度的所有元素。转回头，便可以得到 $\overline{z}_j$ 的表达式：

$$\overline{z}_j = f_h\left(\sum_{p=1}^{m} w_{pj}\overline{x}_p + b_j\right)$$

再次应用链式规则，可以计算关于 w_{pj} 的 L 的偏导数（为避免混淆，预测 $\hat{y}_i$ 的参数称为 t_1，而 $\overline{z}_j$ 的参数称为 t_2）：

$$\frac{\partial L}{\partial w_{pj}} = \frac{\partial L}{\partial \widehat{y_i}}\frac{\partial \hat{y}_i}{\partial t_1}\frac{\partial t_1}{\partial \overline{z}_j}\frac{\partial \overline{z}_j}{\partial t_2}\frac{\partial t_2}{\partial w_{pj}} = \delta_i h_{ji}\frac{\partial \overline{z}_j}{\partial t_2}\overline{x}_p$$

观察此表达式（利用梯度可以很方便重写），并与前一个表达式进行比较，就可以理解反向传播算法的原理，该算法最早发表于论文：Rumelhart D.E.，Hinton G.E.，Williams R.J.，*Learning representations by back-propagating errors*，Nature 323，1986。将数据点输入网络并计算代价函数。此时，传播过程从底部开始，计算关于最近权重的梯度，然后重用与误差成比例的 δ_i 的部分计算结果，回退直到第一层。实际上，校正是从源（代价函数）传播到源头（输入层）的，而且结果与每个不同权重（和偏差）的作用成正比。考虑所有可能的不同体系结构，为一个示例写出所有方程式可能是无用的。

上一节已经提到过一个值得考虑的非常重要的情况，现在应该更加明确：链式规则是基于乘法的，所以，当梯度开始小于 1 时，乘法效应会使最后的值接近 0。这个问题被称为消失梯度，可以真正停止非常深的模型的训练过程，而这些模型使用饱和激活函数（例如 S 型或双曲正切）。整流单元为很多具体问题提供了好的解决方案，但有时当需要双曲正切等函数时，必须采用其他方法，如归一化来减少消失梯度情况。本章和第 18 章将讨论一些具体技术，但是，一般最佳实践是始终使用归一化数据集，而且如果必要，也要测试白化的效果。

17.4.1　随机梯度下降（SGD）

一旦计算出梯度，代价函数就可以朝其最小值方向移动。但实际上，最好在评价一定数量的训练样本（一批）之后，进行一次更新。

事实上，通常使用的算法不会为整个数据集计算全局代价，因为计算量可能非常大。可以通过部分步骤，根据小子集评价积累的经验，获得近似值。根据一些文献资料，只有当在每个样本之后执行更新时，才应使用随机梯度下降。当对每 k 个点执行随机梯度下降操作时，这个算法也称为小批量梯度下降（mini-batch gradient descent），但是，按照惯例，随机梯度下降是指针对包含 $k \geqslant 1$ 个数据点的所有批次的，从现在开始将使用随机梯度下降。

整个过程可以看成利用包含 k 个数据点的批次所计算的部分代价函数：

$$L(\bar{\theta}) = \frac{1}{k}\sum_{i=1}^{k} L(\bar{x}_i;\bar{y}_i;\bar{\theta})$$

算法通过根据以下规则更新权重来执行梯度下降：

$$\bar{\theta}^{(t+1)} = \bar{\theta}^{(t)} - \eta \nabla_{\bar{\theta}} L$$

如果从初始配置 $\bar{\theta}_{\text{start}}$ 和目标 $\bar{\theta}_{\text{opt}}$ 开始，那么随机梯度下降过程可以想象为如图 17.8 所示的轨迹。

权重朝着最小值 $\bar{\theta}_{\text{opt}}$ 移动，考虑到整个数据集，很多后续校正也可能是错误的。因此，该过程必须重复几次（轮次），直至验证准确率达到最大。在理想情况下，对于凸成本函数 L，这个简单过程将收敛到最佳配置。

遗憾的是，深度网络是一个非常复杂的非凸函数，平缓和鞍点非常普遍（见第 1 章机器学习模型基础）。这种情况下，标准随机梯度下降算法无法找到全局最优值，而且很多时候甚至找不到近点。例如，在平坦区域，梯度可能变得非常小（也考虑到数值的不精确性）以至于减慢训练过程，直到梯度不再改变（因此$\bar{\theta}^{(t+1)} \approx \bar{\theta}^{(t)}$）。下节将介绍一些常用且功能强大的算法，这些已开发出来的算法改善了上述问题，显著加快了深度模型的收敛速度。

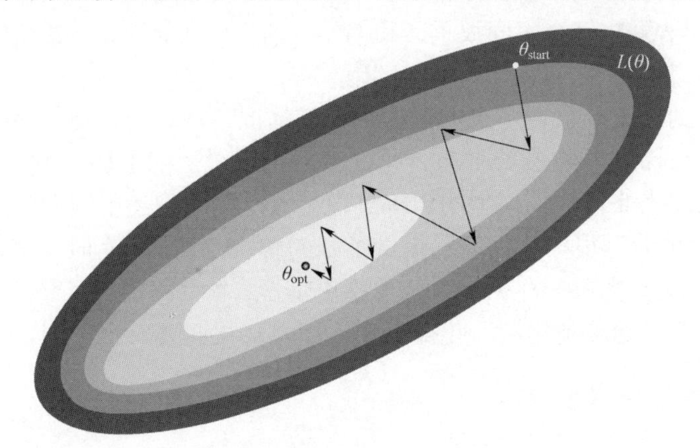

图 17.8　基于随机梯度下降的优化过程

在继续讨论之前，有必要指出两点。一方面与学习率η有关。该超参数在学习过程中起着基础性的作用。正如图 17.8 所示，随机梯度下降算法从一个点跳到另一点（并不一定更接近最优点）。与优化算法一起，正确调整学习率十分重要。高学习率（例如 1.0）会使权重移动过快，增加不稳定性。特别是，如果一个批次包含几个异值点（或简单的非优势样本），则高学习率η会将这些异值点视为代表元素，并校正权重以使误差最小。但是，后续批次可能会更好地表现数据生成过程，所以，该算法必须部分还原其修改，以补偿错误的更新。因此，学习率通常很小，通常在 0.000 1～0.01。在某些特殊情况下，$\eta=0.1$也可能是有效的选择。

另一方面，非常小的学习率会导致最小的校正，从而减慢训练过程。一个好的折中方法（通常是最佳实践）是让学习率随轮次而减小。开始，η可以很高，因为接近最佳值的可能性几乎为零。因此，可以轻松调整较大的跳跃。随着训练过程继续进行，权重逐渐向其最终配置移动，所以，校正变得越来越小。在这种情况下，应避免较大的跳跃，只需进行微调。这就是需要学习率下降的原因。一般采用指数衰减或线性衰减方式。两种方式都必须根据特定问题（测试不同配置）和优化算法，选择初始值和最终值。通常，初始值和结束值之间的比率约为 10，有时甚至更大。

另一个重要的超参数是批处理大小。没有什么能够自动做出正确选择的灵丹妙药，但是可以考虑一些因素。由于随机梯度下降是一种近似算法，所以较大的批量处理可能会使校正与考虑整个数据集的校正更相似。但是，当样本数量非常大时，不希望深度模型利用一对一的关联关系来映射这些样本，而是将精力集中在提高泛化能力上。这一特性的另一种表述就是，网络必须学习更少的抽象并重用它们以便对新样本进行分类。

正确采样的一批样本会包含部分这些抽象元素，而部分校正会自动改善对后续批次的评价。可以想象成瀑布式的过程，新的训练步骤永远不会从头开始。但是，该算法也称为小批量梯度下降，因为通常的批量大小一般在 16～512（较大批量并不常见，但也有可能），其值小于总样本数（特别是在深度学习领域）。合理的默认值可以是 32 个数据点，但是建议测试更大的值，并比较训练速度和最终准确率等性能。

使用深度神经网络时，所有的值（一层的神经元数量、批量大小等）通常都是 2^N。这不是一个约束，只是一个优化技巧（特别在使用 GPU 时），因为当数据块基于 2^N 个元素时，可以更有效地填充内存。但是，这只是一个建议，其好处也可以忽略不计，所以，不要害怕测试具有不同值的体系结构。例如，很多论文的批量大小为 100，某些层具有 1000 个神经元。

17.4.2　权重初始化

一个非常重要的因素是神经网络的初始配置。权重应如何初始化？设想将权重全部设为零。因为同一层的所有神经元都接收相同的输入，所以，如果权重为 0（或任何其他常见的常量数），输出将相等。当应用梯度校正时，所有的神经元都将被同等对待，所以，神经网络相当于单神经元层的一个序列。显然，初始权重必须不同才能实现所谓对称性破缺（symmetry breaking，对称性破缺是一个跨物理学、生物学、社会学与系统论等学科的概念）的目标，但是哪个是最佳选择？

如果知道（或者大概知道）了最终配置，就可以将它们设置为明确目标以便只需若干次迭代就容易达到最佳点，但遗憾的是，最小值在哪里无从得知。

因此，开发和测试了一些经验策略来最大限度地缩短训练时间（获得最好的准确率）。根据经验，权重应该取小值（相比输入样本方差）。大的权重会导致对饱和函数（例如双曲正切和 S 型）产生负面影响的大的输出，而较小的权重则更容易优化，因为相应的梯度相对较大，校正效果更明显。整流单元也是如此，因为整流单元作用在与原点相交的区域（非线性所处实际位置）可获得最大效率。例如，在处理图像时，如果权重是正数且很大，那么 ReLU 神经元几乎变成一个线性单位，从而失去了很多优势。这就是为什么图像被归一化以便将每个像素值限制在 0～1 或–1～1。

同时，理想情况下，整个网络中的激活方差应几乎保持不变，而且每个反向传播步骤之后的权重方差也是如此。这两个条件是改善收敛过程和避免梯度消失和爆炸问题的基本条件。梯度爆炸与梯度消失相反，将在第 19 章深度卷积网络中讨论。

一种非常常见的策略考虑一层中的神经元数量，初始化权重为：

$$w_{ij} \sim N\left(0, \frac{1}{n}\right)$$

这种方法称为方差缩放（variance scaling），可以利用输入单元（扇入）数、输出单元（扇出）数，或单元数平均值。这个想法非常直观：如果接入或传出连接的数量很大，权重必须更小以避免产生大量输出。在单个神经元退化的情况下，方差设为 1.0，这是允许的最大值。通常，所有方法都将偏差的初始值保持为 0.0，因为不需要用随机值对其进行初始化。

也提出了其他方法策略，尽管它们基本思想相同。LeCun 提出初始化权重如下：

$$w_{ij} \sim U\left(-\sqrt{\frac{3}{n_{\text{fan-in}}}}, \sqrt{\frac{3}{n_{\text{fan-in}}}}\right)$$

另一种方法称为 Xavier 初始化（参阅：Glorot X.，Bengio Y.，*Understanding the difficulty of training deep feedforward neural networks*，Proceedings of the 13th International Conference on Artificial Intelligence and Statistics，2010），与 LeCun 初始化方法类似，但它基于两个连续层的单元数的平均值（为了表示顺序，用显式索引替换了术语扇入和扇出）：

$$w_{ij} \sim U\left(-\sqrt{\frac{6}{n_k + n_{k+1}}}, \sqrt{\frac{6}{n_k + n_{k+1}}}\right)$$

这是一种更可靠的方法，因为它既考虑了接入连接又考虑了传出连接（接着又是接入连接）。其目的（Glorot 和 Bengio 的论文进行了广泛讨论）是为了满足两个先前提出的要求。一个是避免每层激活方差的振荡（理想情况下，这种情况可以避免饱和）。另一个与反向传播算法密切有关，基于以下观察：应用方差缩放（或等效均匀分布）时，权重矩阵的方差与 $3n_k$ 的倒数成正比。因此，将扇入和扇出的平均值乘以 3，避免更新后权重发生较大变化。Xavier 初始化已被证明在很多深度架构中非常有效，而且通常是默认选择。

其他方法基本上测量前馈和反向传播阶段的方差，并尝试校正方差以便最小化特定情况下的残余振荡。例如，He 等人（参阅：He，Zhang，Ren，Sun.，*Delving Deep into Rectifiers: Surpassing Human-Level Performance on ImageNet Classification*，arXiv：1502.01852 [cs.CV]）基于 ReLU 或可变 Leaky-ReLU 激活（也称为 PReLU，即参数化 ReLU），分析了卷积网络的初始化问题（将在第 18 章中讨论），推导出一个最佳准则（通常称为 He 初始化程序），与 Xavier 初始化程序略有不同：

$$w_{ij} \sim U\left(-\sqrt{\frac{6}{n_{\text{fan-in}}}}, \sqrt{\frac{6}{n_{\text{fan-in}}}}\right)$$

所有这些方法共享一些共同的原理，而且在很多情况下，方法是可互换的。如前所述，Xavier 是最可靠的工具之一，在大多数实际问题中，无需寻找其他方法。但是，读者应始终意识到，利用基于有时简单化的数学假设的经验方法通常必须面对深度模型的复杂性。只有使用真实数据集进行验证，才能确认假设是正确的，或者最好从另一个方向继续调查。

17.4.3　利用 TensorFlow 和 Keras 的多层感知机示例

Keras（https://keras.io）是一个功能强大的 Python 工具包，允许以最少的工作量对复杂的深度学习架构进行建模和训练。由于其灵活性，它已被整合到 TensorFlow 中，成为其预定义的后端。因此，从现在开始，将参考 TensorFlow 2.0，详情请参阅：Holdroyd T.，*TensorFlow 2.0 Quick Start Guide*，Packt Publishing，2019。当不需要使用高级功能时，通过 TensorFlow 使用 Keras API。如果要使用另一个后端，则必须单独安装 Keras 并按照文档中的说明进行正确配置。

可以用命令 pip-U install tensorflow（或 tensorflow-gpu 获得 GPU 支持）安装 Tensorflow。所有需要文档可访问官方页面 https://www.tensorflow.org/。

本例要构建一个具有单个隐藏层的小型多层感知机以解决 XOR 问题（数据集与上一示例中创建的数据集相同）。最简单和最常见的方法是实例化 `Sequential` 类，该类为不确定模型定义了一个空容器。开始的基本方法是 `add()`，允许在模型中添加一层。后面的实例则要利用具有双曲正切激活函数的四个隐藏层和两个 `softmax` 输出层。

以下程序段定义了多层感知机：

```
import tensorflow as tf

model = tf.keras.models.Sequential([
        tf.keras.layers.Dense(4, input_dim=2,
                              activation='tanh'),
        tf.keras.layers.Dense(2, activation='softmax')
])
```

`Dense` 类定义了一个完全连接层（传统的多层感知机层），而且第一个参数用于声明所需单位的数量。第一层必须声明 `input_shape` 或 `input_dim`，它们指定单个样本的维度（省略了批量大小，因为它由框架动态设置）。所有后续层将自动计算维度。Keras 的优势之一是可以避免设置很多参数（例如权重初始化工具），因为这些参数可以用最合适的默认值（例如，默认权重初始化工具为 Xavier）自动配置。

后面的示例将明确设置其中一些参数，但是建议读者查看官方文档以熟悉所有可能和功能。本实验涉及的另一层是激活，它指定所需的激活函数。也可以用几乎所有层都实现的参数 activation 来声明它，但是最好将操作解耦以强调单个作用，这也是因为通常在激活之前，批归一化等技术应用于线性输出。

此时，必须要求 Keras 编译模型（使用首选后端）：

```
model.compile(optimizer='adam',
              loss='categorical_crossentropy',
              metrics=['accuracy'])
```

参数优化器定义了要采用的随机梯度下降算法。使用 `optimizer='sgd'`，可以实现标准版本（如上一段所述）。本例使用 `Adam`（带默认参数），这是一种性能更高的随机梯度下降算法，将在第 18 章讨论。参数 `loss` 用于定义代价函数（本例是交叉熵），`metrics` 是要计算的所有评价分数的列表（对很多分类任务`'accuracy'`足够）。一旦编译完模型，就可以对其进行训练：

```
from sklearn.model_selection import train_test_split

X_train, X_test, Y_train, Y_test = \
      train_test_split(X, Y, test_size=0.3,
                       random_state=1000)

model.fit(X_train,
              tf.keras.utils.to_categorical(
          Y_train, num_classes=2),
              epochs=100,
              batch_size=32,
              validation_data=
              (X_test,
              tf.keras.utils.to_categorical(
                 Y_test, num_classes=2)))
```

程序段的输出为：

```
Train on 700 samples, validate on 300 samples
Epoch 1/100
700/700 [====================] - 1s 2ms/sample - loss:
0.7453 - accuracy: 0.5114 - val_loss: 0.7618 - val_accuracy: 0.4767
Epoch 2/100
700/700 [====================] - 1s 1ms/sample - loss:
0.7304 - accuracy: 0.5129 - val_loss: 0.7465 - val_accuracy: 0.4833
Epoch 3/100
700/700 [====================] - 1s 2ms/sample - loss:
0.7177 - accuracy: 0.5143 - val_loss: 0.7342 - val_accuracy: 0.4900
…
Epoch 99/100
700/700 [====================] - 1s 1ms/sample - loss:
0.0995 - accuracy: 0.9914 - val_loss: 0.0897 - val_accuracy: 0.9967
Epoch 100/100
700/700 [====================] - 1s 2ms/sample - loss:
0.0977 - accuracy: 0.9914 - val_loss: 0.0878 - val_accuracy: 0.9967
```

操作非常简单。将数据集分为训练集和测试/验证集（深度学习很少进行交叉验证），然后设置 `batch_size = 32` 和 `epochs = 100`，训练模型。除非设置 `shuffle = False`，否则数据集在每个轮次开始时自动打乱。为了将离散标签转换为独热编码，采用效用函数 `to_categorical`。这里，标签 0 变为（1，0），标签 1 变为（0，1）。模型在达到 100 个轮次之前收敛，所以，建议读者尝试优化参数。但是，过程结束时，两个准确率都非常接近 1。

最终的分类如图 17.9 所示。

只有少数点（也可以视为异值点）被错误分类，但是很明显，多层感知机成功分离了 XOR 数据集。为了确认泛化能力，绘制双曲正切隐藏层和 ReLU 隐藏层的决策曲面，如图 17.10 所示。

两种情况下，多层感知机都以合理的方式划定了区域范围。但是，尽管双曲正切隐藏层似乎过拟合（本例并非如此，因为数据集精准地表示数据生成过程），但 ReLU 层生成的边界不太平滑，方差明显较低（特别是考虑类的异值点）。众所周知，最终的验证准确率证实了几乎完美的拟合，而且决策图（易于用两个维度创建）在两种情况下都显示出可接受的边界。

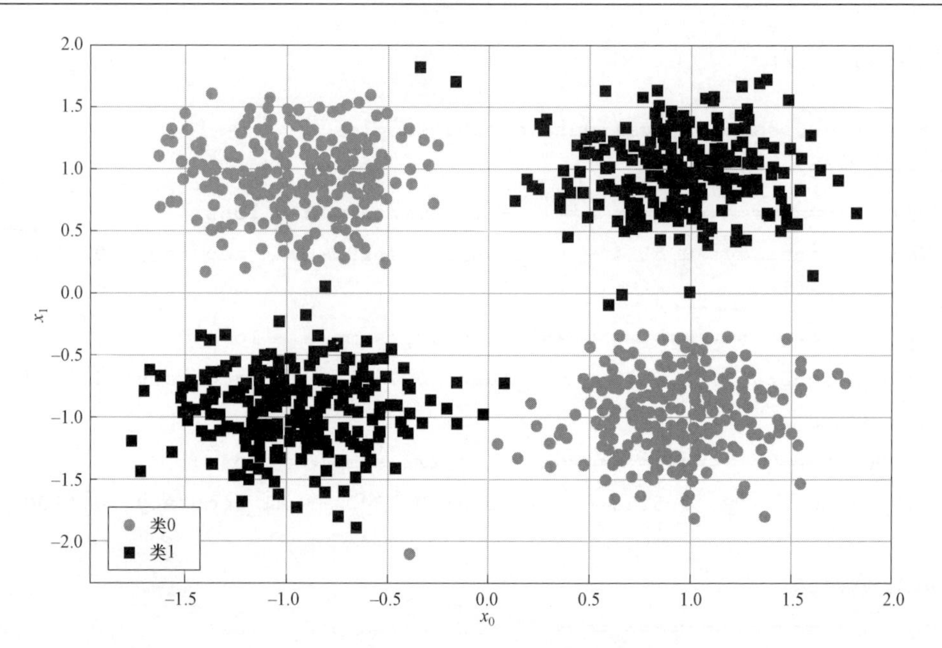

图 17.9 XOR 数据集的多层感知机分类

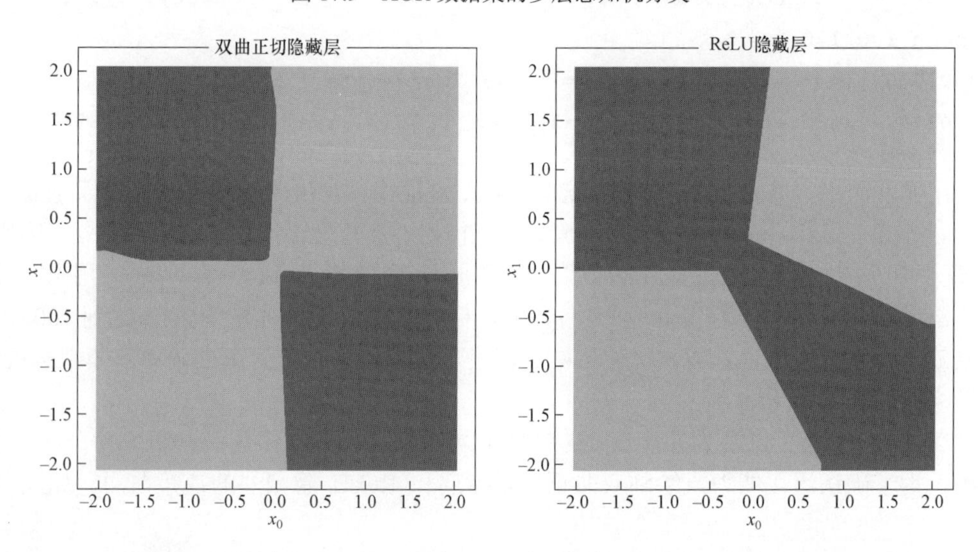

图 17.10 具有 Tanh（左）和 ReLU（右）隐藏层的多感知机决策曲面

这种简单的练习对于理解深度模型的复杂性和敏感性并加深理解构建模型的最佳方式大有裨益。因此，绝对有必要选择一个有效的训练集（表示真实数据）并采用所有可能的技术避免过拟合（将在后面讨论）。检测这种情况的最简单方法是检查验证损失。好的模型应该在每个轮次达到验证平缓区之后，减少训练和验证损失。如果在 n 个轮次之后，验证损失（以及准确率）开始增大，而训练损失却不断减小，这意味着模型对训练集过拟合。

另一个普遍有效的、训练过程正常执行的经验指标是，至少在开始阶段，验证准确率应高于训练准确率。看起来可能觉得奇怪，但是需要考虑的是，验证集比训练集要小一些，也没有那么复杂。因此，如果模型没有足够的训练样本的话，那么对训练集的错误分类概率要比验证集高。

当这种趋势被逆转时，模型可能会在几个轮次后过拟合。建议通常是正确的，但是要记住，这些模型的复杂性有时会导致不可预测的行为。因此，在中止训练过程之前，最好等待至少总轮次的 1/3。为了验证这些概念，建议使用大量隐藏的神经元（以便显著增大容量）重复练习，但是在处理更为复杂和非结构化的数据集时，这些概念将更加清晰。

17.5　本章小结

本章开启了深度学习的内容，介绍了一些基本概念，这些概念使第一批研究人员改进算法，直到取得目前所能达到的最高水平。本章第一部分解释了基本人工神经元的结构，它结合了线性运算和可选的非线性标量函数。单层线性神经元最初被提出作为第一个神经网络，命名为感知机。

尽管感知机对很多问题都很有效，但是在处理非线性可分离数据集时，该模型很快就显示出其局限性。感知机与逻辑回归没有太大区别，没有充分的理由非用不可。但是，该模型为通过组合多个非线性层而获得一系列极其强大的模型打开了大门。多层感知机已被证明是一种通用的近似器，它能够管理几乎任何类型的数据集，并在其他方法失败时也能达到高水平的性能。

随后的章节分析了多层感知机的组成。从激活函数开始，描述了它们的结构和功能，并着重解释它们是特定问题的主要选择的原因。然后，讨论了训练过程，考虑了反向传播算法的基本思想以及如何使用随机梯度下降方法得以实现。尽管这种方法非常有效，但是当网络的复杂性很高时，它可能会很慢。因此，提出了很多优化算法。

第 18 章将讨论最重要的神经网络优化策略（包括 RMSProp 和 Adam），以及如何使用正则化及其他提高模型速度和准确率等整体性能的技术。

扩展阅读

- Minsky M.L., Papert S.A., *Perceptrons*, The MIT Press, 1969.
- Ramachandran P., Zoph P., Le V.L., *Searching for Activation Functions*, arXiv: 1710.05941

[cs.NE].

- Rumelhart D.E., Hinton G.E., Williams R.J., *Learning representations by back-propagating errors*, Nature 323, 1986.
- Glorot X., Bengio Y., *Understanding the difficulty of training deep feedforward neural networks*, Proceedings of the 13th International Conference on Artificial Intelligence and Statistics, 2010.
- He K., Zhang X., Ren S., Sun J., *Delving Deep into Rectifiers:Surpassing Human-Level Performance on ImageNet Classification*, arXiv: 1502.01852 [cs.CV].
- Holdroyd T., *TensorFlow 2.0 Quick Start Guide*, Packt Publishing, 2019.
- Kingma D.P., Ba J., *Adam: A Method for Stochastic Optimization*, arXiv: 1412.6980 [cs.LG].
- Duchi J., Hazan E., Singer Y., *Adaptive Subgradient Methods for Online Learning and Stochastic Optimization*, Journal of Machine Learning Research 12, 2011.
- Zeiler M.D., *ADADELTA:An Adaptive Learning Rate Method*, arXiv: 1212.5701 [cs.LG].
- Hornik K., *Approximation Capabilities of Multilayer Feedforward Networks*, Neural Networks, 4/2, 1991.
- Cybenko G., *Approximations by Superpositions of Sigmoidal Functions*, Mathematics of Control, Signals, and Systems, 2/4, 1989.

第 18 章　神 经 网 络 优 化

本章将讨论从基本的随机梯度下降（stochastic gradient descent，SGD）方法衍生出的最重要的优化算法。当处理高维函数时，随机梯度下降方法可能会非常无效，使模型陷入次优解。本章讨论的优化器的目标是加快收敛速度，避免任何次优解。此外，还将讨论如何将 L1 和 L2 正则化应用于深度神经网络的层级，以及如何使用这些高级优化算法避免过拟合。

本章涵盖的具体主题如下：

- 优化的随机梯度下降算法（momentum，RMSProp，Adam，AdaGrad 和 AdaDelta）。
- 正则化技术与暂弃（dropout）。
- 批量归一化（batch normalization）。

在第 17 章讨论了神经建模的基本概念之后，现在可以开始讨论如何提高收敛速度以及如何实现最常见的正则化技术。

18.1　优化算法

在上一章讨论反向传播算法时，已介绍了如何利用随机梯度下降策略训练具有大数据集的深度网络。该方法具有很强的鲁棒性和有效性，但优化函数一般是非凸函数，而且参数非常多。

这些条件极大地增加了找到鞍点（而不是局部极小值）的概率，而且当曲面几乎平坦时［如图 18.1 所示，其中点（0，0）是鞍点］会减慢训练过程。

考虑图 18.1 所示，因为函数为 $f(x,y)=x^2-y^2$，所以偏导数和海塞矩阵（Hessian matrix）为：

$$\frac{\partial f}{\partial x}=2x \text{ 与 } \frac{\partial f}{\partial y}=-2y, \text{ 且 } \mathcal{H}=\begin{pmatrix}2 & 0\\ 0 & -2\end{pmatrix}$$

因此，一阶偏导数在（0，0）处消失，所以该点是极值的候选点。但是，海塞矩阵的特征值是方程 $(2-\lambda)(-2-\lambda)=0$ 的解，使得 $\lambda_1=2$ 和 $\lambda_2=-2$，所以矩阵既不正定也不负（半）定，点（0，0）是鞍点。不言而喻，这些鞍点在优化过程中非常危险，因为它们可以位于梯度趋于消失的坡谷中心。在这些情况下，即使多次校正也只可能少许移动。这种情况下应用标准的随机梯度下降算法得到的一般结果如图 18.2 所示。

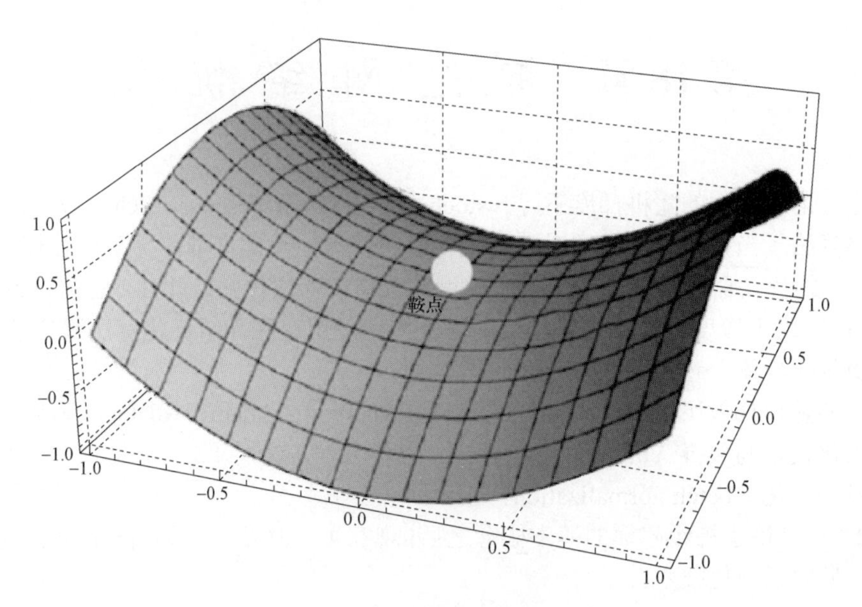

图 18.1 双曲抛物面的鞍点示例

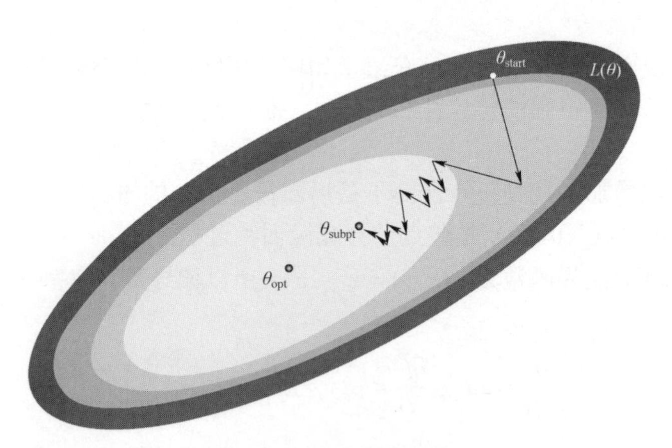

图 18.2 实际优化过程

该算法并没有达到最佳配置 $\bar{\theta}_{opt}$ ，而是达到了次优参数配置 $\bar{\theta}_{subopt}$ ，而且由于梯度趋于消失而失去了完成进一步校正的能力，校正已于事无补。为了解决所有这些问题及其后果，人们已提出了很多随机梯度下降优化算法，目的就是加快收敛速度（当梯度变得非常小时也是如此），避免病态系统的不稳定性。

18.1.1　梯度摄动

当超曲面是较平坦（稳定期）时，会出现一个常见的问题：梯度接近于零。解决这个问题的一种非常简单的方法是，给梯度加上一个小的同方差噪声分量：

$$\nabla_{\bar{\theta}} L^n = \nabla_{\bar{\theta}} L + \bar{n}(t),\ \bar{n}(t) \sim N(0, \Sigma(t))$$

协方差矩阵通常是对角的，所有元素都设置为$\sigma^2(t)$，而且该值在训练过程中会衰减，以避免在校正很小时产生扰动。此方法在概念上是合理的，但是当噪声成分占主导地位时，其潜在的随机性可能会产生不良影响。因为很难调整深度模型中的方差，所以提出了其他更具确定性的策略。

18.1.2　动量（momentum）和涅斯捷罗夫动量（Nesterov momentum）

遇到平坦状态时，提高随机梯度下降算法性能的更可靠方法考虑了动量概念（类似于物理动量）。更正式地说，动量是通过利用后续梯度估计的加权移动平均值而不是正点值获得的：

$$\bar{v}^{(t+1)} = \mu\bar{v}^{(t)} - \eta\nabla_{\bar{\theta}} L$$

新向量$\bar{v}^{(t+1)}$包含一个基于过去历史的分量（并用参数μ进行加权，该参数是遗忘因子）和一个引用当前梯度估计的项（乘以学习率）。采用这种方法，突变已然更加困难。当寻优过程离开斜坡区域进入平坦区域时，动量不会立即变为零，但是一部分先前的梯度会保持一段时间（与μ成比例），从而可以遍历平坦区域。超参数μ的赋值通常限制在 0～1 之间。直观地说，较小的值表示记忆短暂，因为第一项衰减非常快，而接近 1.0 的μ（例如 0.9）则允许较长记忆，受局部扰动的影响较小。与很多其他超参数一样，考虑到高动量并不总是最佳选择，所以需要根据具体情况调整μ。本来只需要非常小的调整，却取了较高的μ值，可能会降低收敛速度。但是同时，接近 0.0 的值通常无效，因为记忆贡献衰减得太早。利用动量的更新规则：

$$\bar{\theta}^{(t+1)} = \bar{\theta}^{(t)} + \bar{v}^{(t+1)}$$

涅斯捷罗夫动量提供了一个变种，基于涅斯捷罗夫在数学优化领域取得的研究成果，已被证明可以加快很多算法的收敛。其思想是基于当前动量确定临时参数更新，然后将梯度应用于该向量以确定下一个动量。下一个动量可以解释为前瞻性梯度评估，旨在减小考虑到每个参数的移动历史的不正确修正的风险：

$$\begin{cases} \bar{\theta}_N^{(t+1)} = \bar{\theta}^{(t)} + \mu\bar{v}^{(t)} \\ \bar{v}^{(t+1)} = \mu\bar{v}^{(t)} - \eta\nabla_{\bar{\theta}} L(\bar{\theta}_N^{(t+1)}) \end{cases}$$

该算法在多个深度模型中均显示出性能的改进。但是，它的使用仍然受到限制，因为，正如将在本章稍后看到的，更新的算法很快超出标准的考虑动量的随机梯度下降算法，成为几乎所有实际任务的首选。

TensorFlow 和 Keras 的带动量的随机梯度下降

使用 TensorFlow/Keras 时，可以通过直接实例化 SGD 类并在编译模型时使用它来定制随机梯度下降优化器：

```
import tensorflow as tf

sgd = tf.keras.optimizers.SGD(lr=0.0001,
                              momentum=0.8,
                              nesterov=True)

model.compile(optimizer=sgd,
              loss='categorical_crossentropy',
              metrics=['accuracy'])
```

类 SGD 接受参数 lr（学习率 η 的默认值设为 0.01）、momentum（参数 μ）、nesterov（表示是否利用涅斯捷罗夫动量的布尔值）和可选的 decay（衰减）参数，decay 用来指明在更新过程中是否必须利用以下公式衰减学习率：

$$\eta^{(t+1)}=\frac{\eta^{(t)}}{1+\text{decay}}$$

显然，当 decay = 0 时，学习率在整个训练过程中保持不变。当取正值时，学习率开始以与衰减成反比的速度衰减。

图 18.3 给出了三种衰减的学习率。

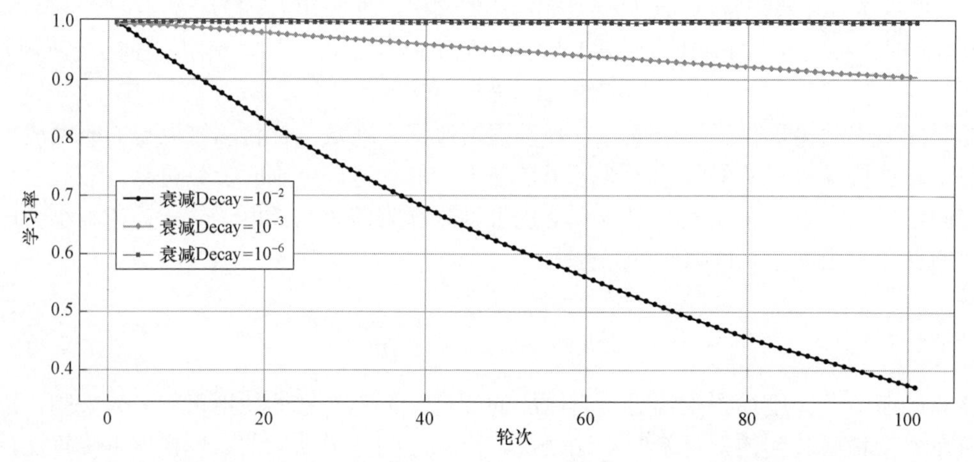

图 18.3　在 3 个不同衰减值下 100 个轮次内的学习率衰减曲线

可见，默认值 $decay = 10^{-2}$ 时，假定的初始学习率 $\eta = 1.0$ 在大约 50 个轮次后达到 0.5，训练过程结束时略低于 0.4。不出所料，指数衰减越小，对学习率的影响就越大。例如，$decay = 10^{-3}$ 情况下，学习率在训练过程结束时达到 0.9，而 $decay = 10^{-6}$ 几乎对学习率没有影响。大多数示例将利用 $decay = 10^{-6}$，特别是，当轮次数不是特别大（例如 $n < 200$），而且在学习率基本不变的情况下，整个过程的训练/验证损失持续减少。相反，经过若干个轮次后性能变差，这可能意味着算法已经到达了最小值洼地，而在没有达到的情况下仍在洼地边缘跳跃。在这些情况下，较小的学习率有助于经过较长的训练过程提高准确率。

18.1.3　RMSProp 自适应算法

RMSProp 是 G.Hinton 提出的一种自适应算法，部分借鉴了动量的概念。它并不考虑整个梯度向量，而是尝试分别优化每个参数，以便增加对缓慢变化的权重（可能需要更大的修改）的校正，而且减小快速变化的权重（通常更不稳定）的更新幅度。该算法考虑对符号不敏感的梯度平方，计算每个参数变化速度的指数加权移动平均值：

$$\bar{v}^{(t+1)}(\bar{\theta}_i) = \mu \bar{v}^{(t)} + (1-\mu)(\nabla_{\bar{\theta}} L(\bar{\theta}_i))^2$$

然后更新权重：

$$\bar{\theta}_i^{(t+1)} = \bar{\theta}_i^{(t)} - \frac{\eta}{\sqrt{\bar{v}^{(t+1)}(\bar{\theta}_i) + \delta}} \nabla_{\bar{\theta}} L\left(\bar{\theta}_i\right)$$

参数 δ 是一个小常数（例如 10^{-6}），考虑这个参数是为了当变化速度变为零时，避免数值不稳定。上式可以重写为更简洁的方式：

$$\bar{\theta}_i^{(t+1)} = \bar{\theta}_i^{(t)} + \mu(\bar{\theta}_i) \nabla_{\bar{\theta}} L(\bar{\theta}_i)$$

这样表示的话，就很清楚，RMSProp 的作用是，针对每个参数调整学习率，以便在必要时可以提高学习率（几乎冻结权重），而在振荡风险较高时可以降低学习率。在实际算法实现时，学习率总是以指数或线性函数形式随时间衰减。

TensorFlow 和 Keras 的 RMSProp 算法

下面程序段显示了如何利用 TensorFlow/Keras 实现 RMSProp：

```
import tensorflow as tf

rmp = tf.keras.optimizers.RMSprop(lr=0.0001,
                                  rho=0.8,
                                  epsilon=1e-6,
                                  decay=1e-2)
```

```
model.compile(optimizer=rmp,
              loss='categorical_crossentropy',
              metrics=['accuracy'])
```

学习率和衰减率与随机梯度下降相同。参数 rho 对应指数移动平均权重 μ，而 ϵ 是加给变化速度以提高稳定性的常数。与任何其他算法一样，如果用户想用默认值，则可以声明优化器而无需实例化类，例如 optimizer='rmsprop'。

18.1.4 Adam 算法

Adam（自适应矩估计，adaptive moment estimation）是由 Kingma 和 Ba（参阅：Kingma D.P.，Ba J.，*Adam：A Method for Stochastic Optimization*，arXiv：1412.6980［cs.LG］）为了进一步提高 RMSProp 的性能而提出的算法。该算法通过计算每个参数的梯度及其平方的指数加权平均值确定自适应学习速率：

$$\begin{cases} \overline{g}^{(t+1)}(\overline{\theta}_i) = \mu_1 \overline{g}^{(t)}(\overline{\theta}_i) + (1-\mu_2)\nabla_{\overline{\theta}} L(\overline{\theta}_i) \\ \overline{v}^{(t+1)}(\overline{\theta}_i) = \mu_2 \overline{v}^{(t)}(\overline{\theta}_i) + (1-\mu_2)(\nabla_{\overline{\theta}} L(\overline{\theta}_i))^2 \end{cases}$$

Kingma 和 Ba 在其论文中，建议将两个估计值（涉及一阶矩和二阶矩）除以 $1-\mu_i$，实现无偏化，从而使新的移动平均值变为：

$$\begin{cases} \hat{g}^{(t+1)}(\overline{\theta}_i) = \dfrac{\overline{g}^{(t+1)}(\overline{\theta}_i)}{1-\mu_1} \\ \hat{v}^{(t+1)}(\overline{\theta}_i) = \dfrac{\overline{v}^{(t+1)}(\overline{\theta}_i)}{1-\mu_2} \end{cases}$$

Adam 算法的权重更新规则如下：

$$\overline{\theta}_i^{(t+1)} = \overline{\theta}_i^{(t)} - \frac{\eta \hat{g}^{(t+1)}(\overline{\theta}_i)}{\sqrt{\hat{v}^{(t+1)}(\overline{\theta}_i) + \delta}}$$

分析上式，便可以理解为什么这个算法通常被称为具有动量的 RMSProp 算法。事实上，$\hat{g}^{(t+1)}(\overline{\theta}_i)$ 项的作用就与标准动量一样，计算每个参数的梯度移动平均值（利用此过程的所有优点），而分母充当自适应项，具有与 RMSProp 完全相同的语义。因此，Adam 是应用最广泛的算法之一，即使在很多复杂的任务中，它的性能也与标准 RMSProp 相当。选择哪种算法，必须考虑由于两个遗忘因子的存在而增加的复杂性。一般来说，默认值（0.9）是可以接受的，但有时在决定具体配置之前，最好先分析几个场景。

另一个重要因素是，所有基于动量的方法在训练深度架构时都可能导致不稳定性（振荡）。这就是为什么 RMSProp 在几乎所有的研究论文中都普遍涉及。但是，也不要把这种说法看作是一种限制，因为 Adam 在很多任务中都表现出了出色的性能。谨记，当训练过程显得不稳定，学习率也很低时，最好不要用基于动量的方法。实际上，惯性项会减缓避免振荡所需的快速修改。

TensorFlow 和 Keras 的 Adam 算法

下面程序段显示了如何利用 TensorFlow/Keras 实现 Adam 算法：

```
import tensorflow as tf

adam = tf.keras.optimizers.Adam(lr=0.0001,
                                beta_1=0.9,
                                beta_2=0.9,
                                epsilon=1e-6,
                                decay=1e-2)


model.compile(optimizer=adam,
              loss='categorical_crossentropy',
              metrics=['accuracy'])
```

遗忘因子 μ_1 和 μ_2 用参数 beta_1 和 beta_2 表示。所有其他要素与其他算法相同。考虑到参数空间较大，对参数的选择进行了评价，一般不需要改变参数（学习率除外）。在没有其他解决方案的具体情况下，建议稍微减小遗忘因子和衰减（在后面的示例中，通常会使用一个小得多的衰减，例如 10^{-6}，这避免了学习率的快速衰减）。重复上述过程，检查更保守的配置是否会产生更好的性能。如果没有达到预期的结果，最好改变算法结构，因为参数变化太大可能会产生使训练过程恶化的不稳定性。

18.1.5　AdaGrad 算法

该算法由 Duchi，Hazan 和 Singer 提出（参阅：Duchi，Hazan，and Singer in Duchi J.，Hazan E.，Singer Y.，*Adaptive Subgradient Methods for Online Learning and Stochastic Optimization*，Journal of Machine Learning Research 12，2011）。其思想与 RMSProp 非常相似，但是考虑了平方梯度的整个历史：

$$\overline{v}^{(t+1)}(\overline{\theta}_i) = \overline{v}^{(t)}(\overline{\theta}_i) + (\nabla_{\overline{\theta}} L(\overline{\theta}_i))^2$$

权重更新与 RMSProp 中的完全相同：

$$\bar{\theta}_i^{(t+1)} = \bar{\theta}_i^{(t)} - \frac{\eta}{\sqrt{\bar{v}^{(t+1)}(\bar{\theta}_i) + \delta}} \nabla_{\bar{\theta}} L(\bar{\theta}_i)$$

但是，因为平方梯度是非负值，所以当 $t \to \infty$ 时，隐式加和 $\bar{v}^{(t)}(\bar{\theta}_i) \to \infty$。增长一直持续到梯度不为零，所以在训练过程中无法保持作用的稳定性。这种影响往往在开始时非常强烈，但在有限的轮次后就会消失，学习率变为零。AdaGrad 算法在轮次非常有限的情况下仍然是一个强大的算法，但它不可能是大多数深度模型的首选解决方案（下一个算法就是为了解决这个问题而提出的）。

TensorFlow 和 Keras 的 AdaGrad 算法

下面的程序段显示了如何利用 TensorFlow/Keras 实现 AdaGrad 算法：

```
import tensorflow as tf

adg = tf.keras.optimizers.Adagrad(lr=0.0001,
                                  epsilon=1e-6,
                                  decay=1e-2)

model.compile(optimizer=adg,
              loss='categorical_crossentropy',
              metrics=['accuracy'])
```

除了理论部分讨论过的参数外，实现 AdaGrad 不需要其他参数。对于其他优化器，通常不需要改变 ϵ 或 decay（衰减），往往可以调整学习率。

18.1.6 AdaDelta 算法

AdaDelta 算法（参阅：Zeiler M.D.，*ADADELTA：An Adaptive Learning Rate Method*，arXiv：1212.5701[cs.LG]），旨在解决 AdaGrad 的主要问题，即管理整个平方梯度历史。首先，AdaDelta 与 RMSProp 一样，利用指数加权移动平均值代替累加器：

$$\bar{v}^{(t+1)}(\bar{\theta}_i) = \mu \bar{v}^{(t)}(\bar{\theta}_i) + (1-\mu)\left(\nabla_{\bar{\theta}} L(\bar{\theta}_i)\right)^2$$

但是，与 RMSProp 的主要区别是分析更新规则。当考虑运算 $\bar{x} + \Delta\bar{x}$ 时，假设这两个项具有相同的单位，但是，Zeiler 注意到，用 RMSProp（以及 AdaGrad）获得的自适应学习率 $\eta(\bar{\theta}_i)$ 是无单位的（而不是 $\bar{\theta}_i$ 的单位）。事实上，由于梯度被分成可近似为 $\Delta L / \Delta\bar{\theta}_i$ 的偏导数，而且

假设代价函数 L 是无单位的，得到以下关系：

$$\text{unit}_{\nabla_{\bar{\theta}} L(\bar{\theta}_i)} = \frac{1}{\text{unit}_{\bar{\theta}_i}},\quad \text{unit}_{\Delta\bar{\theta}_i} \propto \frac{\text{unit}_{\nabla_{\bar{\theta}} L(\bar{\theta}_i)}}{\sqrt{\text{unit}_{\bar{v}^{(t+1)}(\bar{\theta}_i)}}} \propto \frac{\frac{1}{\text{unit}_{\bar{\theta}_i}}}{\sqrt{\frac{1}{(\text{unit}_{\Delta\bar{\theta}_i})^2}}} \propto 1$$

因此，Zeiler 建议应用一个与每个权重的单位成比例的修正项 $\bar{\theta}_i$ 。该因素通过考虑每个平方差的指数加权移动平均值得到：

$$\bar{u}^{(t+1)}(\bar{\theta}_i) = \mu\bar{u}^{(t)}(\bar{\theta}_i) + (1-\mu)(\Delta\bar{\theta}_i)^2$$

更新后的规则如下：

$$\bar{\theta}_i^{(t+1)} = \bar{\theta}_i^{(t)} - \frac{\eta\sqrt{\bar{u}^{(t)}(\bar{\theta}_i)}}{\sqrt{\hat{v}^{(t+1)}(\bar{\theta}_i) + \delta}} \nabla_{\bar{\theta}} L(\bar{\theta}_i)$$

这种算法其实更类似于 RMSProp 而非 AdaGrad，但是这两种算法之间的边界很窄，特别是当历史仅限于有限的滑动窗口时。AdaDelta 是一个功能强大的算法，但是它只在非常特殊的任务上（例如问题病态条件）优于 Adam 或 RMSProp。

建议是，在转到另一种方法之前，针对某种方法，尝试优化超参数，直到准确率达到最大。如果性能一直很差，而且没有办法改进模型的话，才去测试其他优化算法。

TensorFlow 和 Keras 的 AdaDelta

下面程序段显示了如何利用 TensorFlow/Keras 实现 AdaDelta 算法：

```
import tensorflow as tf

add = tf.keras.optimizers.Adadelta(lr=0.0001,
                                   rho=0.9,
                                   epsilon=1e-6,
                                   decay=1e-2)

model.compile(optimizer=add,
              loss='categorical_crossentropy',
              metrics=['accuracy'])
```

遗忘因子 μ 由参数 rho(ρ)表示。对于其他方法，有必要注意不同的参数配置，因为它们会产生不稳定性。遗憾的是，与更简单的机器学习算法相反，因为优化函数复杂，小变化的影响往往是不可预测的。一般对一组通用任务完成网格搜索并选择最佳参数集之后，再确定默认选项。

18.2 正则化和暂弃

过拟合是深度模型的常见问题。深度模型的超高容量即使有非常大的数据集，也常常会成为问题，因为学习训练集结构的能力并不总是与泛化能力相关。深度神经网络可以很容易变成关联记忆，但最终的内部配置可能并不适合管理属于同一分布的样本，因为该分布在训练过程中从不出现。不言而喻，这种行为与分离超曲面的复杂性成正比。

线性分类器具有最小的过拟合概率，而多项式分类器则更容易发生过拟合。数百个、数千个或更多非线性函数的组合会产生一个超出任何可能分析范围的分离超曲面。

1991 年，Hornik（参阅：Hornik K.，*Approximation Capabilities of Multilayer Feedforward Networks*，Neural Networks，4/2，1991）推广了两年前由数学家 Cybenko 研究取得的一个非常重要的结果（参阅：Cybenko G.，*Approximations by Superpositions of Sigmoidal Functions*，Mathematics of Control，Signals，and Systems，2/4，1989）。略去数学细节（但不是很复杂），该定理指出，多层感知机（其架构并非最复杂！）可以近似任何在 $\mathbb{R}^n$ 的紧致子集上连续的函数。显然，这样一个结果形式化了几乎所有研究人员已经直观了解的东西，但是，它的作用却超出了最初的影响，因为多层感知机是一个有限系统（不是一个数学序列），而且这个定理假设层和神经元的数量都是有限的。

显然，精度与复杂性成正比，然而，对于几乎任意问题都没有不可接受的限制。但是，目标不是学习现有的连续函数，而是管理从未知数据生成过程提取的样本，以便在出现新样本时最大限度地提高准确率。不能保证函数是连续的或域是紧致子集。

18.2.1 正则化

第 2 章损失函数和正则化介绍了基于稍微修改的代价函数的主要正则化技术：

$$L(X,Y;\bar{\theta})=\frac{1}{M}\sum_{i=1}^{M}L\left(\bar{x}_i,\bar{y}_i;\bar{\theta}\right)+g(\bar{\theta})$$

式中，附加项 $g(\bar{\theta})$ 是权重的非负函数（例如 L2 范数），它通过优化过程使参数尽可能小。在处理饱和函数（例如 tanh）时，基于 L2 范数的正则化方法试图将函数的作用范围限制在线性部分，从而降低其容量。当然，最终配置不会是最优配置（可能是模型过拟合的结果），而是训练和验证准确率之间的次优权衡，或者，可以说是偏差和方差之间的次优权衡。

偏差接近 0（训练准确率接近 1.0）的系统在分类中可能非常严格，只有当样本与训练过程中评估的样本非常相似时才能成功。这就是为什么处理新样品时为了获得优势，必须付出代价的原因。L2 正则化可以用于任何类型的激活函数，但效果可能不同。

例如，当权重非常大时，ReLU 单元变为线性（或常为空）的概率增大。试图使它们接近 0.0 意味着函数必须利用其非线性，而没有特别大的输出的风险（这可能会对非常深层的架构产生负面影响）。这个结果有时更有用，因为它允许以更平滑的方式训练更大的模型，获得更好的最终性能。

一般来说，如果不进行多次测试，几乎不可能确定正则化是否能够改善结果，但是在某些情况下，普遍引入一个暂弃（dropout）（将在下节讨论此方法）并调整其超参数。这并非一个精确的结构性决策，而是一个经验性的选择，因为很多实际例子（包括最先进的模型）都利用这种正则化技术获得了出色的结果。建议读者抱有理性的怀疑，而不是盲目的信任，在选择一个具体的解决方案之前反复检查模型。有时，当选择一个不同的（但类似的）数据集时，一个性能极高的网络结果却是无效的。这就是为什么测试不同的替代方案可以为解决特定的问题类别提供最佳经验。

TensorFlow 和 Keras 的正则化

在继续讨论之前，展示一下如何利用 TensorFlow 和 Keras 实现 L1（有助于增强稀疏性）、L2 或弹性网络（L1 和 L2 的组合）正则化。该框架提供了一种细粒度的方法，允许对每个层施加不同的约束。例如，下面程序段显示了如何在一般完全连接层上添加强度参数设为 0.05 的 l2 约束：

```
import tensorflow as tf

l2 = tf.keras.regularizers.l2(0.05)
...
tf.keras.layers.Dense(10, activity_regularizer=l2)
...
```

keras.regularizers 包包括函数 l1()、l2() 和 l1_l2()，这些函数可以应用于密集层和卷积层（将在下章讨论它们）。这些层允许对权重（kernel_regularizer）、偏差（bias_regularizer）和激活输出（activation_regularizer）施加正则化，尽管第一种正则化通常是最广泛使用的。

也可以以更具选择性的方式对权重和偏差施加特定的约束。下面程序段显示如何为层的权重设置最大范数（等于 1.5）：

```
import tensorflow as tf
```

```
kc = tf.keras.constraints.max_norm(1.5)
...
tf.keras.layers.Dense(10, kernel_constraint=kc)
...
```

Keras 在 keras.constraints 包里提供了一些函数，这些函数可用于对权重或偏差施加最大范数 max_norm()、沿某轴的单位范数 unit_norm()、非负性 non_neg() 以及范数的上下界 min_max_norm()。这种方法和正则化的区别在于，它只在必要时应用。考虑前面的例子，施加 L2 正则化总是有效的，而对最大范数的约束直到该值低于预定义阈值都是无效的。

18.2.2 暂弃（dropout）

此方法由 Hinton 等人提出（参阅：Hinton G.E.，Srivastava N.，Krizhevsky A.，Sutskever I.，Salakhutdinov R.R.，*Improving neural networks by preventing co-adaptation of feature detectors*，arXiv：1207.0580 [cs.NE]）。这个方法是防止过拟合，允许更大的网络探索样本空间的更多区域的替代方法。想法相当简单：每个训练步骤里，给定一个预定义的百分比 n_d，一个暂弃层随机选择 $n_d N$ 个输入单元，将它们设置为 0.0。这个操作只在训练阶段有效，当模型用于新的预测时，会被完全移除。

可以多种方式解释该操作。当使用更多的暂弃层时，选择的结果是容量降低的、过拟合训练集更不容易的子网络。很多训练过的子网络重叠便构成一个隐式集成总体，其预测是所有模型的平均值。如果暂弃输入层，其效果就类似弱数据增强，将随机噪声加入样本（将若干单元设为零，会导致潜在的损坏模式）。同时，采用多个暂弃层可以探索一些连续组合和细化的可能配置。

这种策略显然是概率性的，其结果会受到很多无法预料因素的影响。但是，一些测试已经证实，当网络非常深时，暂弃是有用的选择，因为产生的子网络有剩余容量，可以对大部分样本进行建模，确保整个网络不至于冻结其配置，从而过拟合训练集。当网络很浅或只包含少量神经元时，这种方法不是很有效。在这种情况下，L2 正则化可能是更好的选择。

Hinton 等作者认为，暂弃层应与高学习率和对权重的最大范数约束结合使用。这样，模型就容易学习到更有潜在的配置，这些配置在学习率保持很小时，往往无法得到。但是，这并不是一个绝对规则，因为很多最新模型将暂弃与优化算法（例如 RMSProp 或 Adam）以及不太高的学习率一起使用。

暂弃的主要缺点是，它减慢了训练过程，并可能导致不可接受的次优状态。后一个问题可以通过调整丢弃单元的百分比得到缓解，但一般很难彻底解决。因此，一些新的图像识别模型（例如残差网络）摒弃了暂弃方法，而是采用更复杂的技术训练过拟合训练集和验证集的深度卷积网络。

TensorFlow 和 Keras 的暂弃算法

现在利用一个更具挑战性的分类问题测试暂弃技术的有效性。数据集是经典的 MNIST 手写数字，但是 Keras 允许下载和使用原始版本的数据集，由 70 000 张（60 000 张训练和 10 000 张测试）28×28 灰度图像组成。尽管这不是最好的策略，因为卷积网络应该是处理图像的首选，还是尝试将数字当作平整的 784 维数组对其分类。

第一步是载入和归一化数据集，每个值成为一个介于 0 和 1 之间的浮点数：

```
import tensorflow as tf
import numpy as np

(X_train, Y_train), (X_test, Y_test) = \
        tf.keras.datasets.mnist.load_data()

width = height = X_train.shape[1]

X_train = X_train.reshape(
        (X_train.shape[0], width * height)).\
                 astype(np.float32) / 255.0
X_test = X_test.reshape(
        (X_test.shape[0], width * height)).\
                astype(np.float32) / 255.0

Y_train = tf.keras.utils.to_categorical(
        Y_train, num_classes=10)
Y_test = tf.keras.utils.to_categorical(
        Y_test, num_classes=10)
```

此时，可以测试一个不用暂弃的模型。这种所有实验通用的结构包括三个完全连接的 ReLU 层（2048 − 1024 − 1024）以及紧接着的一个具有 10 个单元的 softmax 层。考虑到这个问题，可以尝试使用 Adam 优化器来训练模型，学习率 $\eta = 0.000\,1$，衰减设为 10^{-6}：

```
model = tf.keras.models.Sequential([
```

```
    tf.keras.layers.Dense(2048,
                          input_shape=(width*height,),
                          activation='relu'),
    tf.keras.layers.Dense(1024, activation='relu'),
    tf.keras.layers.Dense(1024, activation='relu'),
    tf.keras.layers.Dense(10, activation='softmax')
])

model.compile(optimizer=
                  tf.keras.optimizers.Adam(
                      lr=0.0001, decay=1e-6),
              loss='categorical_crossentropy',
              metrics=['accuracy'])
```

该模型训练 200 个轮次，批量大小为 256 个数据点：

```
history_nd = model.fit(X_train, Y_train,
                       epochs=200,
                         batch_size=256,
                         validation_data=(X_test, Y_test))
```

程序段的输出为：

```
Train on 60000 samples, validate on 10000 samples
Epoch 1/200
60000/60000 [==================] - 3s 50us/sample - loss:
0.3997 - accuracy: 0.8979 - val_loss: 0.1672 - val_accuracy: 0.9503
Epoch 2/200
60000/60000 [==================] - 2s 37us/sample - loss:
0.1371 - accuracy: 0.9605 - val_loss: 0.1138 - val_accuracy: 0.9640
Epoch 3/200
60000/60000 [==================] - 2s 36us/sample - loss:
0.0887 - accuracy: 0.9740 - val_loss: 0.0893 - val_accuracy: 0.9716
...
```

```
Epoch 199/200
60000/60000 [==================] - 3s 43us/sample - loss:
2.9862e-09 - accuracy: 1.0000 - val_loss: 0.1380 - val_accuracy: 0.9845
Epoch 200/200
60000/60000 [==================] - 3s 42us/sample - loss:
2.9624e-09 - accuracy: 1.0000 - val_loss: 0.1380 - val_accuracy: 0.9845
```

虽然不做更进一步分析，也立即注意到模型过拟合。200 轮次之后，训练准确率为 1.0，损失接近 0.0。虽然验证准确率高，但验证损失略低于第二轮次结束时的结果。

为了更好地理解，将训练过程的准确率和损失的变化绘制如图 18.4 所示。

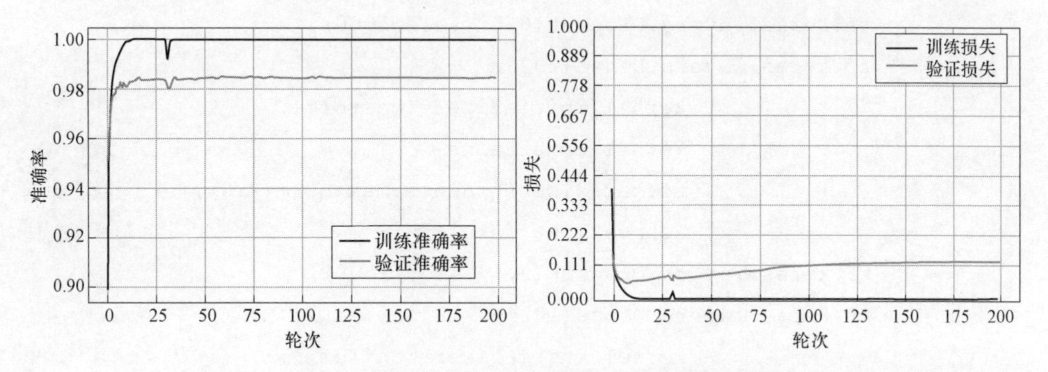

图 18.4　无暂弃多层感知机的准确率曲线（左）和损失曲线（右）

可以看出，验证损失在前 10 轮次里达到最小值，然后立即开始增长（因其形状，有时称为 U 形曲线）。同时，训练准确率达到 1.0。之后，模型开始过拟合，学习了训练集的完整结构，但失去了泛化能力。事实上，即使最终的验证准确率相当高，损失函数也表明新样本出现时可靠性不足。

因为损失是分类交叉熵，结果可以解释为，模型学习了一个与验证集分布部分不匹配的分布。

因为目标是用模型预测新样本，所以这个配置是不可接受的。因此，用一些暂弃层再次尝试。根据 Hinton 等作者的建议，也将学习率增大到 0.1（换成动量随机梯度下降优化器以避免由于 RMSProp 或 Adam 的自适应性而导致的爆炸），用均匀分布（－0.05，0.05）初始化权重，并将最大范数约束设置为 2.0。这种选择允许在没有过高权重风险的情况下探索更多的子配置。暂弃用于 25%的输入单元和所有 ReLU 完全连接的层，百分比设置为 50%：

```
import tensorflow as tf
```

```
model = tf.keras.models.Sequential([
        tf.keras.layers.Dropout(0.25,
                    input_shape=(width*height,),
                    seed=1000),
        tf.keras.layers.Dense(2048,
                    kernel_initializer='uniform',
                    kernel_constraint=
                    tf.keras.constraints.max_norm(2.0),
                    activation='relu'),
        tf.keras.layers.Dropout(0.5, seed=1000),
        tf.keras.layers.Dense(1024,
                    kernel_initializer='uniform',
                    kernel_constraint=
                    tf.keras.constraints.max_norm(2.0),
                    activation='relu'),
        tf.keras.layers.Dropout(0.5, seed=1000),
        tf.keras.layers.Dense(1024,
                    kernel_initializer='uniform',
                    kernel_constraint=
                    tf.keras.constraints.max_norm(2.0),
                    activation='relu'),
        tf.keras.layers.Dropout(0.5, seed=1000),
        tf.keras.layers.Dense(10, activation='softmax')
])

model.compile(optimizer=
        tf.keras.optimizers.SGD(lr=0.1, momentum=0.9),
        loss='categorical_crossentropy',
        metrics=['accuracy'])
```

训练过程也采用相同的参数:

```
history = model.fit(X_train, Y_train,
```

```
                    epochs=200,
                    batch_size=256,
                    validation_data=(X_test, Y_test))
```

程序段的输出为：

```
Train on 60000 samples, validate on 10000 samples
Epoch 1/200
60000/60000 [==================] - 3s 53us/sample - loss:
0.4993 - accuracy: 0.8393 - val_loss: 0.1497 - val_accuracy: 0.9559
Epoch 2/200
60000/60000 [==================] - 3s 45us/sample - loss:
0.2299 - accuracy: 0.9295 - val_loss: 0.1118 - val_accuracy: 0.9654
…
Epoch 199/200
60000/60000 [==================] - 3s 52us/sample - loss:
0.0195 - accuracy: 0.9938 - val_loss: 0.0516 - val_accuracy: 0.9878
Epoch 200/200
60000/60000 [==================] - 5s 77us/sample - loss:
0.0185 - accuracy: 0.9944 - val_loss: 0.0510 - val_accuracy: 0.9875
```

最终情况发生了巨大变化。模型不再过拟合（即使可以为了提高验证准确率而对其进行改进），验证损失也低于初始值。为了确认，可结合图 18.5 进行分析。

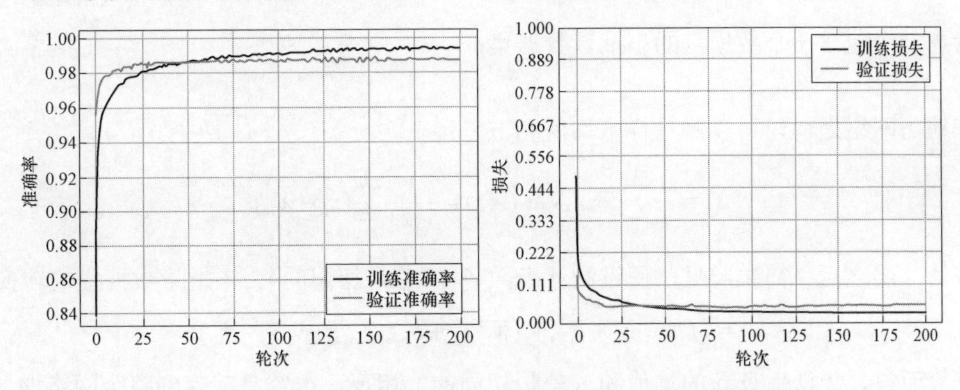

图 18.5　有暂弃的多层感知机的准确率曲线（左）和损失曲线（右）

结果表明，由于验证损失在多个轮次内几乎是平坦（不变）的，所以存在一定的缺陷。但是，同一模型在学习率较高、算法较弱的情况下，最终性能较好（验证准确率为 0.988），泛化能力较强。最新模型的验证准确率也可以达到 0.995，但这里的目的是为了显示暂弃层在防止过拟合方面的效果，而且说明产生了一个对新样本或噪声样本更为稳健的最终配置。建议读者用不同的参数、或大或小的网络以及其他优化算法重复进行实验，进一步减少最终的验证损失。

TesorFlow/Keras 也实现了两个附加的暂弃层。一个是 GaussianDropout（https://keras.io/layers/core/），用高斯噪声乘以输入样本：

$$\hat{x}_i = \bar{x}_i \bullet \bar{n},\ \bar{n} \sim N\left(1.0, \frac{\rho}{1-\rho}\right)$$

常数 ρ 的值可以通过参数率（介于 0 和 1 之间）来设置。当 $\rho \to 1$，$\sigma^2 \to \infty$。较小的 ρ 值会产生零效应，而 $\bar{n} \approx 1$。这一层作为输入层非常有用，可以模拟随机数据增强过程。

另一个类是 AlphaDropout，其原理与前一个类似，但是要对输出重新归一化以保持初始的均值和方差。这个效果与利用下段所描述的技术以及噪声层得到的效果非常相似。

在处理概率层（例如暂弃层）时，建议设置随机种子［使用 TensorFlow 后端时，种子是 np.random.seed(…)和 tf.random.set_seed(…)］。这样，就可以重复实验，比较结果而没有任何偏差。如果未明确设置随机种子，每次新的训练过程都将不同，即使给定一定轮次，也难以比较性能。

18.3 批量归一化

考虑一个包含 k 个数据点的小批量数据集：

$$\bar{n} \approx 1$$

在遍历网络之前，可以测量样本均值和方差：

$$\bar{X}_{\text{b}} = \frac{1}{k}\sum_{i=1}^{k}\bar{x}_i,\quad \text{Var}(X_{\text{b}}) = \frac{1}{k-1}\sum_{i=1}^{k}(\bar{x}_i - \bar{X}_{\text{b}})^2$$

在第一层之后（简单起见，假设激活函数 $f_{\text{a}}(x)$ 总是相同的），该批量数据集被转换为：

$$\bar{X}_{\text{b}}^{(1)} = \{f_{\text{a}}(\bar{w}_1^{\text{T}}\bar{x}_1 + \bar{b}_1), f_{\text{a}}(\bar{w}_2^{\text{T}}\bar{x}_2 + \bar{b}_2), \cdots, f_{\text{a}}(\bar{w}_k^{\text{T}}\bar{x}_k + \bar{b}_k)\}$$

一般而言，无法保证新的均值和方差是相同的。相反，很容易观察到整个网络增加的改变。这种现象被称为协变量移位（covariate shift），它是由于每层需要不同的适应而导致训练速度逐渐下降的原因。Ioffe 和 Szegedy（参阅：Ioffe S.，Szegedy C.，*Batch Normalization: Accelerating Deep Network Training by Reducing Internal Covariate Shift*，arXiv：1502.03167 [cs.LG]）提出了一种解决这一问题的方法，称为批量归一化（batch normalization，BN）。

其思想是在应用激活函数之前或之后，重新归一化某层的线性输出，使得批次均值和单位方差为零。因此，批量归一化层的首要任务是计算：

$$\bar{X}_b{}^{(j)} = \frac{1}{k}\sum_{i=1}^{k}\bar{x}_i{}^{(j)},\ \ \mathrm{Var}\,(\bar{X}_b{}^{(j)}) = \frac{1}{k-1}\sum_{i=1}^{k}(\bar{x}_i{}^{(j)} - \bar{X}_b{}^{(j)})^2$$

接着，将每个样本转换为归一化样本（增加参数 δ 以提高数值稳定性）：

$$\hat{x}_i{}^{(j)} = \frac{\bar{x}_i{}^{(j)} - \bar{X}_b{}^{(j)}}{\sqrt{\mathrm{Var}\,(\bar{X}_b{}^{(j)}) + \delta}}$$

但是，因为 BN 除了加速训练过程外，没有其他计算目的，所以变换必须始终相同以避免数据失真和偏差。实际输出将通过应用线性运算获得：

$$\bar{y}_i{}^{(j)} = \alpha^{(j)}\hat{x}_i{}^{(j)} + \beta^{(j)}$$

参数 $\alpha^{(j)}$ 和 $\beta^{(j)}$ 是随机梯度下降算法优化的变量，所以，每个变换都保证不改变数据的比例和位置。这些层仅在训练阶段是活动的（例如暂弃层），但与其他算法相反，当模型用于对新样本进行预测时，不能简单地将它们丢弃，因为输出总是有偏差。为了避免这个问题，建议通过对批次进行平均来近似 X_b 的均值和方差（假设存在具有 k 个数据点的 N_b 批次）：

$$\mu = \frac{1}{N_b}\sum_{i=1}^{N_b}\bar{X}^{(i)}\ \text{和}\ \sigma^2 = \frac{k}{N_b(k-1)}\sum_{i=1}^{N_b}\mathrm{Var}(\bar{X}_b{}^{(i)})$$

使用这些值，BN 层可以转换为以下线性运算：

$$\bar{y}_i{}^{(j)} = \frac{\alpha^{(j)}}{\sqrt{\sigma^2 + \delta}}\bar{x}_i + \left(\beta^{(j)} - \frac{\alpha^{(j)}\mu}{\sqrt{\sigma^2 + \delta}}\right)$$

不难证明，当批数增加时，这种近似变得越来越精确，而且误差通常可以忽略不计。但是，当批量非常小时，统计数据可能非常不准确，所以，利用这种方法应考虑到批次的代表性。如果数据生成过程很简单，那么即使很小批量数据也足以描述实际的分布情况。

相反，当 P_{data} 更复杂时，BN 需要更大批量以避免不正确的调整（一种可行的策略是，将全局均值和方差与采样某些批量计算得到的均值和方差进行比较，并尝试设置差异最小的批量大小）。但是，这个简单的过程会显著减小协变量移位，提高非常深的网络（包括著名的残差网络）的收敛速度。

此外，BN 允许采用更高的学习率，因为层是隐含饱和的，永远不会爆炸。而且，已经证明，BN 即使不做权值处理，也具有二次正则化效应。其原因与针对 L2 提出的方法没有太大区别，只是这里，存在由于变换本身（部分由参数$\alpha^{(j)}$和$\beta^{(j)}$的可变性引起）的残余效应，这可以鼓励探索样本空间的不同区域。但是，这并不是主要的效果，将此方法用作正则化器并非良策。

利用 TensorFlow 和 Keras 实现的批量归一化示例

为了展示这项技术的特点，利用无暂弃的多层感知机重复前面的例子，但是在 ReLU 激活之前，在每个完全连接的层之后应用 BN。此示例与第一个示例非常相似，但本例将 Adam 学习率增加到 0.001，衰减相同：

```
import tensorflow as tf


model = tf.keras.models.Sequential([
        tf.keras.layers.Dense(2048,
                              input_shape=(width*height,),
                              activation='relu'),
        tf.keras.layers.Dense(1024),
        tf.keras.layers.BatchNormalization(),
        tf.keras.layers.Activation('relu'),
        tf.keras.layers.Dense(1024),
        tf.keras.layers.BatchNormalization(),
        tf.keras.layers.Activation('relu'),
        tf.keras.layers.Dense(10),
        tf.keras.layers.BatchNormalization(),
        tf.keras.layers.Activation('softmax'),
])

model.compile(optimizer=
             tf.keras.optimizers.Adam(lr=0.001,
                                     decay=1e-6),
             loss='categorical_crossentropy',
             metrics=['accuracy'])
```

现在可以再次使用相同的参数进行训练：

```
history_bn = model.fit(X_train, Y_train,
                       epochs=200,
                       batch_size=256,
                       validation_data=(X_test, Y_test))
```

上面程序段的输出为：

```
Train on 60000 samples, validate on 10000 samples
Epoch 1/200
60000/60000 [===============] - 13s 224us/sample - loss:
0.3881 - accuracy: 0.9556 - val_loss: 0.3788 - val_accuracy: 0.9769
Epoch 2/200
60000/60000 [===============] - 13s 222us/sample - loss:
0.1966 - accuracy: 0.9842 - val_loss: 0.1916 - val_accuracy: 0.9805
…
Epoch 199/200
60000/60000 [===============] - 12s 208us/sample - loss:
7.6897e-07 - accuracy: 1.0000 - val_loss: 0.0710 - val_accuracy: 0.9889
Epoch 200/200
60000/60000 [===============] - 12s 207us/sample - loss:
6.6039e-07 - accuracy: 1.0000 - val_loss: 0.0719 - val_accuracy: 0.9890
```

模型再次被过拟合，但最终的验证准确率仅略高于使用暂弃层时的准确率。绘制准确率和损失图（如图 18.6 所示），以便更好地分析训练过程。

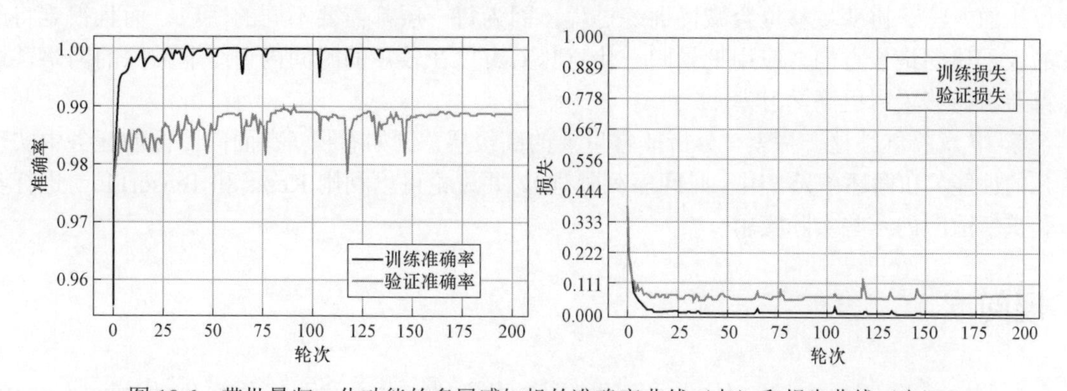

图 18.6　带批量归一化功能的多层感知机的准确率曲线（左）和损失曲线（右）

批量归一化的效果改善了性能，减缓了过拟合。同时，协变量移位的消除避免了保持相当低的验证损失（尽管在训练过程结束时可以观察到轻微的性能下降）的 U 形曲线。此外，模型在 135～140 轮次达到了约 0.99 的验证准确率，具有残余正趋势，但这并不是实质性的。

与前面的例子类似，这个解决方案是不完美的，但它是进一步优化的一个很好的起点。最好能够继续进行大量轮次的训练，同时监测验证损失和准确率。另外，还可以将暂弃方法与 BN 混合，或者用 Keras AlphaDropout 层进行实验。但是，如果在第一个例子中（无暂弃），训练准确率峰值与验证损失的起始正趋势相关。

在这种情况下，学习到的分布似乎与验证集的分布没有太大区别。换言之，批量归一化并不防止训练集的过拟合，但它避免泛化能力的衰减（在没有 BN 的情况下可以观察到）。建议读者重复进行带有其他超参数和架构配置的实验，以确定此模型是否可以用于预测目的，或者是否最好去寻找其他解决方案。

18.4 本章小结

本章分析了动量的作用以及如何用 RMSProp 进行自适应校正。然后，将动量和 RMSProp 结合，得到了一个非常强大的算法 Adam。为了提供一个全景图，还提出了两个略有不同的自适应算法，称为 AdaGrad 和 AdaDelta。

接下来的章节讨论了正则化方法以及如何将它们集成到 Keras 模型。专门用一节介绍了一项非常普及的被称为暂弃的技术，其中一个环节是通过随机选择将一定百分比的样本设置为零（即“放弃”）。这种方法虽然非常简单，但可以防止深度网络的过拟合，并鼓励对样本空间的不同区域进行探索，从而获得与第 15 章集成学习基础分析相差无几的结果。最后一个主题是批量归一化技术，这是一种减小由后续神经变换引起的均值和方差移位（称为协变量移位）的方法。协变量移位会减慢训练过程，因为每一层都需要不同的适应，而且很难将所有的权重移向最佳方向。应用批量归一化意味着可以在较短的时间内训练非常深的网络，这也得益于能够采用更高学习率。

第 19 章将继续这一探索，分析非常重要的高级层，例如卷积（在面向图像的任务中实现非凡的性能）和循环单元（用于时间序列处理），并讨论可以利用 Keras 和 TensorFlow 进行实验和重新适应的一些实际应用。

扩展阅读

- Glorot X., Bengio Y., *Understanding the difficulty of training deep feedforward neural networks*, Proceedings of the 13th International Conference on Artificial Intelligence and Statistics, 2010.

- He K., Zhang X., Ren S., Sun J., *Delving Deep into Rectifiers:Surpassing Human-Level Performance on ImageNet Classification*, arXiv: 1502.01852 [cs.CV].
- Holdroyd T., *TensorFlow 2.0 Quick Start Guide*, Packt Publishing, 2019.
- Kingma D.P., Ba J., *Adam:A Method for Stochastic Optimization*, arXiv: 1412.6980 [cs.LG].
- Duchi J., Hazan E., Singer Y., *Adaptive Subgradient Methods for Online Learning and Stochastic Optimization*, Journal of Machine Learning Research 12, 2011.
- Zeiler M.D., *ADADELTA:An Adaptive Learning Rate Method*, arXiv: 1212.5701 [cs.LG].
- Hornik K., *Approximation Capabilities of Multilayer Feedforward Networks*, Neural Networks, 4/2, 1991.
- Cybenko G., *Approximations by Superpositions of Sigmoidal Functions*, Mathematics of Control, Signals, and Systems, 2/4, 1989.
- Hinton G.E., Srivastava N., Krizhevsky A., Sutskever I., Salakhutdinov R.R., *Improving neural networks by preventing co-adaptation of feature detectors*, arXiv: 1207.0580 [cs.NE].
- Ioffe S., Szegedy C., *Batch Normalization:Accelerating Deep Network Training by Reducing Internal Covariate Shift*, arXiv: 1502.03167 [cs.LG].

第19章　深度卷积网络

本章将继续深入探索深度学习领域，分析深度卷积网络（deep convolutional network）。深度卷积网络代表了面向几乎所有目的的、最准确和性能最好的视觉处理技术。得益于这种网络的表现力，在诸如实时图像识别、自动驾驶和深度强化学习等领域得到应用。将此技术与前面章节讨论过的所有元素结合，可以在视频处理、解码、分割和生成领域取得非凡的效果。

本章具体讨论以下主题：

- 深度卷积网络（deep convolutional network）。
- 卷积（convolution）、空洞卷积（atrous convolution）。
- 可分离卷积和转置卷积（transpose convolution）。
- 池化（pooling）和其他支撑层。

现在，可以开始讨论深度卷积网络的基本概念，试图理解为什么这样的运算对解决视觉检测任务如此有用。

19.1　深度卷积网络

第18章了解了多层感知机如何能够在处理不太复杂的图像数据集（例如MNIST手写数字数据集）时获得非常高的准确率。但是，由于完全连接层是水平的，所以，通常是三维结构（宽×高×通道）的图像必须被展平并转换为一维阵列，随之其中的几何特性肯定会丢失。

对于更复杂的、类间区别取决于细节以及关系的数据集，多层感知机可以得到一定的准确率，但它永远无法达到实用所需的准确率。

神经科学研究和图像处理技术的结合，要求对神经网络进行实验，该网络的第一层采用二维结构（没有通道），试图提取严格依赖于图像几何特性的特征层次。事实上，有关视觉皮层的神经科学研究证实，人类并不能直接解码图像。这个过程是连续的，从检测线和方位等低级元素开始，逐渐地，聚焦定义越来越复杂的形状、不同的颜色、结构特征等子属性，直到信息量足够消除任何可能的歧义为止。进一步的科学细节，可参阅：Stone J.V.，*Vision and Brain：How We Perceive the World*，The MIT Press，2012。

例如，可以将眼睛的解码过程想象成一个由以下过滤器组成的序列活动（当然，这只是一个教学示例）：方向（主要是水平维度）、椭球形状内的中心圆、一个较暗的中心（瞳孔）

和清晰的背景（灯泡）、瞳孔中间一个更小更暗的圆、眉毛等。虽然这个过程在生物学上是不正确的，但是，它也可以被看作是一个合理的层次过程，经过较低级别的过滤之后获得较高级别的子特征。

该方法已利用二维卷积算子得到了综合实现，成为一个强大的图像处理工具。但是，在这种情况下，有一个非常重要的区别：过滤器的结构不是预先确定的，而是由网络学习得到的，该网络采用了用于多层感知机的相同的反向传播算法。这样，模型可以在考虑最终目标（分类的输出）的情况下调整权重，而无需考虑任何预处理步骤。其实，除了多层感知机之外，深度卷积网络也是基于端到端学习概念的，这是表达以前所描述内容的另一种方式。

输入是源头，中间是一个灵活的结构，最后，定义了一个全局代价函数，衡量分类的准确率。学习过程必须反向传播误差并修正权重以达到特定的目标，但是无法精确地了解这个学习过程是如何工作的。能够容易做的是，在学习阶段结束时分析过滤器的结构，发现网络已经让第一层专门关注低级细节（例如方向），最后一层专门关注高级的、有时可识别的细节（例如人脸的组成部分）。

毫不奇怪，这类模型在图像识别、分割（检测组成图像的不同部分的边界）和追踪（检测运动对象的位置）等任务中取得了最先进的性能。尽管如此，深度卷积网络已经成为很多不同架构（例如深度强化学习或神经样式转换）当仁不让的第一招牌，而且即使有一些已知的局限性，仍然是解决一些复杂现实问题的首选。这类模型的主要缺点（这也是一个普遍的反对理由）是，它们需要非常大的数据集才能达到高准确率。所有最重要的模型都经过数百万张图像的训练，其泛化能力（即主要目标）与不同数据点的数量成正比。

有研究人员注意到，人类学习总结归纳并不需要如此大量的经验。在未来数十年内，很可能会用这种观点观察到技术进步。但是，深度卷积网络已经彻底改变了很多人工智能领域，使得仅仅几年前还被认为几乎不可能的结果得以实现。

本节将讨论不同类型的卷积，以及如何使用 TensorFlow 和 Keras 实现卷积。因此，具体的技术细节，还是建议参阅官方文档和书：Holdroyd T.，*TensorFlow 2.0 Quick Start Guide*，Packt Publishing，2019。

19.2　卷积算子

即使只考虑有限卷积和离散卷积，也应该首先提供基于可积函数的标准定义。简单起见，假设 $f(t)$ 和 $k(t)$ 是一个变量的两个实函数，支集为 $\mathbb{R}$ 。$f(t)$ 和 $k(t)$ 的卷积通常表示为 $f(t)*k(t)$，称之为核（Kernel），定义如下：

$$f(t)*k(t)=\int_{-\infty}^{\infty}f(\tau)k(t-\tau)\mathrm{d}\tau$$

如果没有数学背景的话，这个表达式可能不太容易理解，但只要稍加思考，它就会变得异常简单。首先，积分项对 τ 的所有值求和，所以，卷积是剩余变量（remaining variable）t 的函数。第二个基本元素是一种动态特性：核被反转 $(-\tau)$ 并转化为新变量的函数，$z=t-\tau$。没有深厚的数学知识，也能理解这个操作使函数沿 τ（自变量）轴移动。

图 19.1 是抛物线示例。

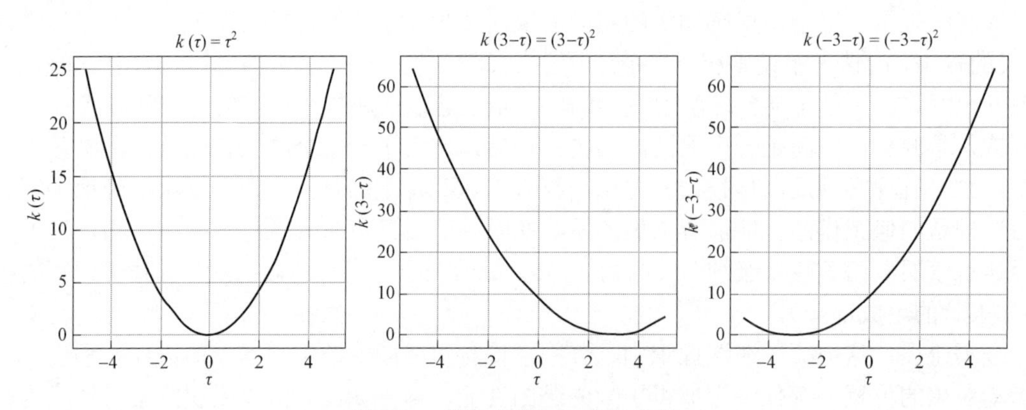

图 19.1 移位的卷积二次核示例

图 19.1 左图是原始核（也是对称的）。另外两图分别显示向前移位和向后移位。现在应该更清楚了，卷积将函数 $f(\tau)$ 乘以移位的核，并计算所得曲线下的面积。因为未对变量 t 进行积分，所以面积是 t 的函数，而且定义了一个新的函数，即卷积本身。换言之，为 $t=5$ 计算的 $f(t)$ 和 $k(t)$ 的卷积值就是乘法 $f(\tau)k(5-\tau)$ 获得的曲线下的面积（当然，要积分的变量是 τ）。根据定义，卷积满足：

- 交换律（$f*k=k*f$）。
- 分配律（$f*(k+g)=(f*k)+(f*g)$）。
- 结合律（$f*(k*g)=(f*k)*g$）（可以证明）。

但是，深度学习从不使用连续卷积，所以省略所有的性质和数学细节，聚焦在离散情况上。对这一理论感兴趣的读者可参阅：Siebert W.M.，*Circuits*，*Signals*，*and Systems*，MIT Press。通常的做法是，用不同的核（通常称为过滤器）叠加多个卷积，将包含 n 个通道的输入转换为具有 m 个通道的输出，其中 m 对应于核的数量。

得益于不同输出的协同作用，这种方法允许释放卷积的全部能量。以前，具有 n 个过滤器的卷积层的输出被称为特征图 $[w(t)\times h(t)\times n]$，因为其结构不再与特定图像相关，而是类似于不同特征检测器的重叠。本章会经常讨论图像（考虑假设的第一层），但所有的考虑都隐含地扩展到任何特征图。

19.2.1　二维离散卷积

深度学习最常用的卷积类型基于具有任意通道数的二维数组（例如灰度或 RGB 图像）。简单起见，分析单层（通道）卷积，因为扩展到 n 层并非难事。如果 $X \in \mathbb{R}^{w \times h}$ 和 $k \in \mathbb{R}^{n \times m}$，则卷积 $X*k$ 定义为（索引从 0 开始）：

$$(X*k)(x,y) = \sum_{\begin{cases} i\in(0,n-1) \\ j\in(0,m-1) \end{cases}} k(i,j)X(x+i)(y+j)$$

显然，上式是连续定义的自然结果。图 19.2 是一个 3×3 核的示例。

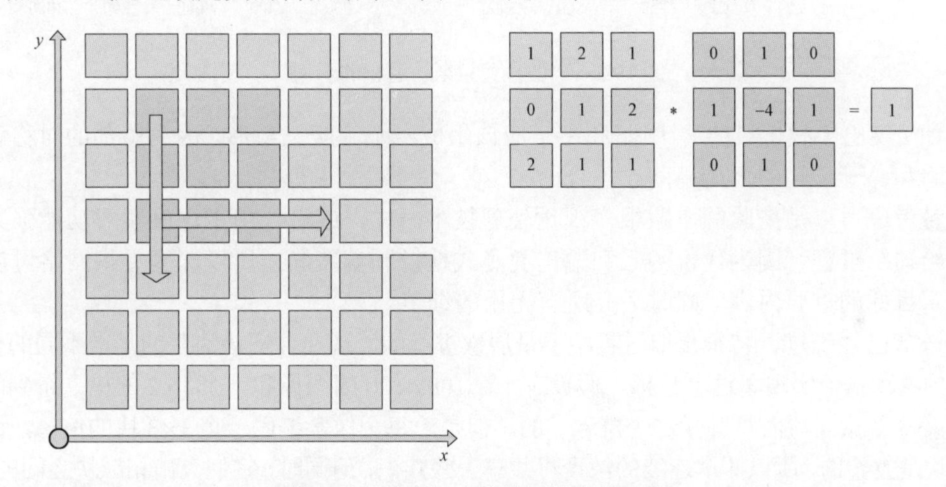

图 19.2　具有 3×3 核的二维卷积示例

核可以水平和垂直移位，得到相应元素的乘积和。因此，每一次操作都会产生一个像素输出。示例中使用的核称为离散拉普拉斯算子（因为它是离散实数拉普拉斯函数得到的）。这里观察一下这个核对完整灰度图的影响，如图 19.3 所示。

如图 19.3 所示，卷积的作用是突出各种形状的边界。读者现在可以看到如何调整可变核以满足精确需求。但是，深度卷积网络并不完成核的调整，而是将其留给学习过程，该过程遵循一个明确的目标，即代价函数的最小化。同时应用不同过滤器可以产生复杂的重叠，简化那些对分类非常重要的特征的提取。完全连接层和卷积层之间的主要区别在于卷积层能够处理已有几何，对将一个对象与其他对象区分开来所需的所有元素进行编码。

这些元素不能立即泛化（考虑决策树的分支，其中拆分定义通向最终类的精确路径），但需要后续处理步骤进行必要的歧义处理。例如，考虑图 19.3 所示照片，眼睛和鼻子非常相似。怎样才能正确地分割图片？答案是利用双重分析：用细粒度过滤器可以发现细微的差异，最重要的是，真实对象的全局几何基于几乎不变的内部关系。

图 19.3 离散拉普拉斯核卷积的示例

例如（仅出于教学目的），眼睛和鼻子应该组成一个等腰三角形，因为脸部的对称意味着每只眼睛和鼻子之间的距离相同。

这种考虑可以是先验的，跟很多视觉处理技术一样，或者，由于深度学习功能强大，它可以留给训练过程。因为代价函数和输出类隐式地控制着差异，所以深度卷积网络可以学习达到特定目标的重要内容，同时丢弃所有无用的细节。

上一节已经说过，特征提取过程主要是层次进行的。现在，应该清楚的是，不同的核大小和随后的卷积恰恰实现了这个目标。假设有一个100×100的图像和一个3×3的核。得到的图像将是98×98像素（后面将解释这个概念）的。但是，每个像素编码一个3×3块的信息，而且由于这些块是重叠的，所以两个连续的像素将共享一些知识，但同时，它们突出相应块之间的差异。

图 19.4 中，相同的拉普拉斯核应用于黑色背景上的简单白色正方形。

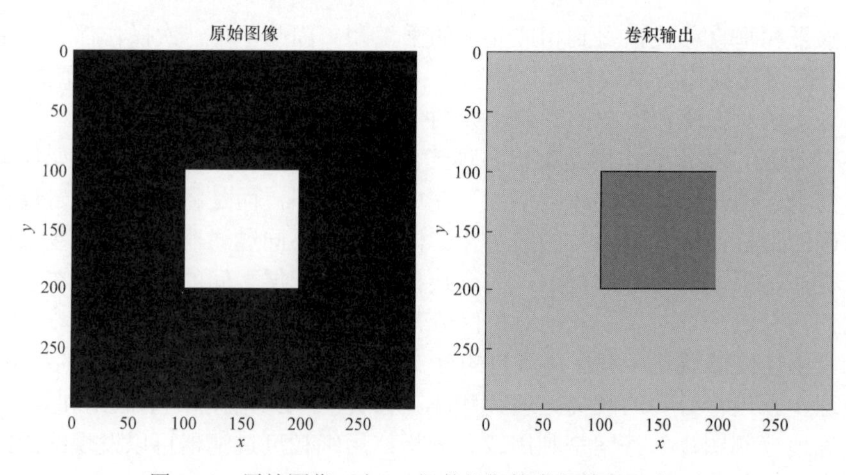

图 19.4 原始图像（左）；拉普拉斯核卷积结果（右）

即使图像非常简单，也可以看到，卷积增加了一些非常重要的信息，从而丰富了输出图像：正方形的边界现在清晰可见（它们是黑色和白色的），而且通过阈值化图像立即检测出来。原因很简单：紧凑曲面上的核，其结果也是紧凑的，但是当核在边界上移动时，差异的效果会变得明显。原始图像中的三个相邻像素可以表示为(0,1,1)，表示黑白之间水平方向的过渡。

卷积后，结果约为（0.75，0.0，0.25）。所有原始的黑色像素都已转为浅灰色像素，而白色正方形变得更暗，原始图片中未标记的边界现在变成黑色（或白色，取决于移位方向）。将相同的过滤器重新应用于前一卷积的输出，得到结果，如图 19.5 所示。

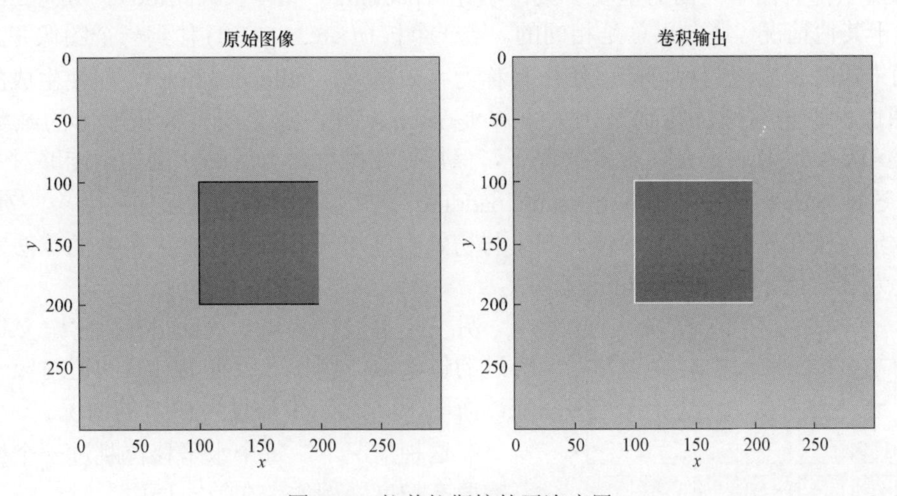

图 19.5　拉普拉斯核的再次应用

仔细的话，就可以立即注意到三个结果：紧凑的表面（黑色和白色）变得越来越相似；边界仍然清晰可见；最重要的是，左上角和左下角现在清清楚楚地标记成了白色像素。因此，第二次卷积的结果增加了更细粒度的信息，这在原始图像中更难检测。其实，拉普拉斯算子的效果非常简单，它只用于教学目的。在实际的深度卷积网络中，过滤器被训练以便执行更复杂的处理操作，这些操作可以发现无法直接用于图像分类的细节（连同细节内部和外部关系）。很多并行的过滤器共同作用实现细节的隔离，允许网络以不同的方式标记相似的元素（例如正方形的角），并做出更准确的决策。

示例的目的是说明卷积序列如何生成一个层次化过程，该过程在开始时提取粗粒度特征，在结束时提取非常高级的特征，并且不丢失已收集的信息。打个比方，一个深度卷积网络一开始放置一些表示线、方位和边界的标签，然后用更多的细节（例如，角和特定形状）丰富已有实体的内容。正因为具有这种能力，如果训练样本的数量足够大，这种模型可以很容易地超过任何多层感知机，几乎达到贝叶斯性能。这些模型的主要缺点是，在进行仿射变换（如旋转或平移）之后，它们难以识别对象。换言之，如果利用仅包含处于自然位置的人脸的数据集训练网络的话，一旦遇到旋转（或倒置）的样本时，网络的性能会变得很差。后续章节将讨论一些有助于缓解此问题的方法（就平移而言）。但是，为了解决此问题，还提出了一种略有不同但非常可靠的、称为胶囊网络（Capsule network）的新的实验性架构（超出了本书范围）。读者可以参阅：Sabour S.，Frosst N.，Hinton G.E.，*Dynamic Routing Between Capsules*，arXiv：1710.098 29[cs.CV]。

步长和填充

所有卷积都有两个共同的重要参数：填充（padding）和步长（stride）。考虑二维情况，不过，对于其他情况，概念也总是相同的。当一个核 $(n\times m, n, m>1)$ 移到一个图像并且到达一个维度的末尾时，出现两种可能。第一种称为有效填充（valid padding），即使生成的图像小于原始图像也不再继续。特别是，如果 X 是 $w\times h$ 矩阵，那么所得卷积输出的维数将等于 $(w-n+1)\times(h-m+1)$。但是，很多情况下，保持原始维度是有用的，例如，能够对不同的输出求和。这种方法被称为相同填充（same padding），其基本思想是：添加 $n-1$ 个空列和 $m-1$ 个空行，允许核在原始图像上移位，产生与初始维度相等的像素数。大多数的算法实现，其默认值设为有效填充（valid padding）。

另一个参数称为步长（stride），它定义每次移位跨过的像素数。例如，设置为 (1,1) 的值对应于标准卷积，而图 19.6 显示步长设为 (2,1) 的情况。

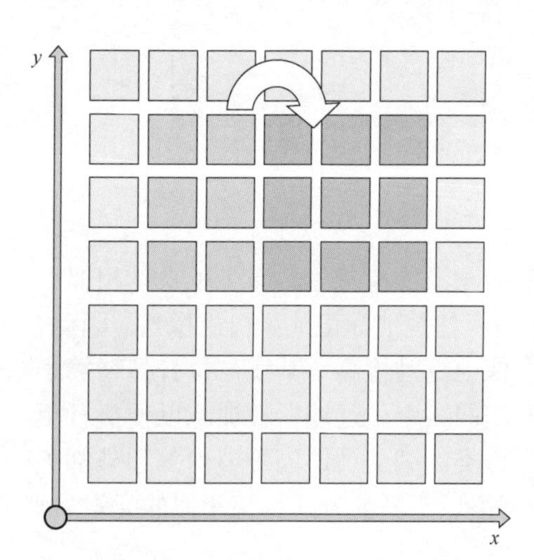

图 19.6　x 轴上步长为 2 的二维卷积示例

在这种情况下，每个水平移位跳过一个像素。当不需要高粒度（例如，在第一层中）时，较大的步长可以强制降维，而设置为(1,1)的步长通常用于最后一层以把握更小的细节。没有标准的规则去找到最佳值，测试不同的配置始终是最好的方法。与任何其他超参数一样，正确选择步长和填充需要对整个配置进行全面评价，不能简单地局限于几个单一的考虑因素。但是，有关数据集（以及有关底层数据生成过程）的一些一般信息有助于做出合理的初始决策。例如，如果处理的是垂直建筑物的图片的话，开始可以选择(1,2)值，因为可以假设 y 轴上的信息冗余比 x 轴上的更多。这种选择可以极大地加快训练过程，因为输出只有一个维度，即原始维度的一半（填充相同）。这样，较大的步长可以局部去噪，提高训练速度。同时，信息丢失可能会对准确率产生负面影响。如果出现这种情况，可能意味着尺度不够大，无法跳过某些元素而不影响语义。例如，人脸非常小的图像可能会因为很大的步长而被不可逆转地损坏，导致无法检测到正确的特征，进而导致分类准确率下降。

19.2.2　空洞卷积

有时，步长大于 1 可能是一个好的解决方案，因为它降低了维数，加快了训练过程，但会导致图像失真，无法再检测到主要特征。另一种方法是空洞卷积（atrous convolution，也称为扩张卷积）。在这种情况下，核应用于更大的图像块（patch），但是跳过了区域本身内部的一些像素（这就是为什么称之为带孔的卷积）。在图 19.7 是一个步长为(3×3) 的示例，扩张率设置为 2。

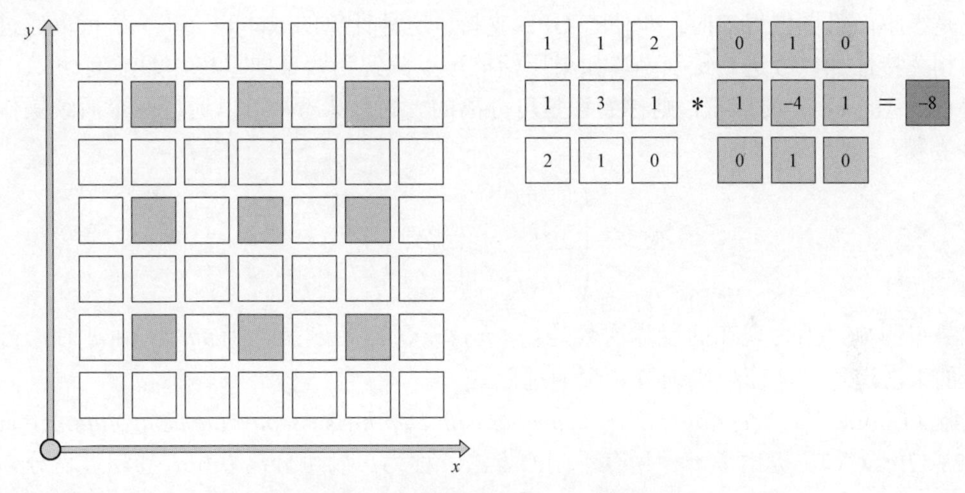

图 19.7　拉普拉斯核的空洞卷积示例

现在每个块都是9×9，但是核仍然是3×3 拉普拉斯算子。这种方法的效果比增加步长更为稳健，因为核外缘总是包含一组具有相同几何关系的像素。当然，细粒度特征可能会失真，但由于步长通常设为(1,1)，所以最终结果往往更为一致。与标准卷积的主要区别在于，在这种情况下，假设可以考虑更远的元素来确定输出像素的性质。例如，如果主要特征不包含非常小的细节，那么空洞卷积可以考虑更大的区域，直接聚焦于标准卷积只能在几次操作后才能检测到的元素。选用这项技术必须考虑最终的准确率，但就像步长一样，只要能够更有效地检测到几何特性，从一开始就可以考虑这项技术，选取带有几个代表性元素的更大的块。

尽管这种方法在特定的环境下非常有效，但通常并不是深度模型的首选方法。最重要的图像分类模型采用的是标准卷积（有或没有更大的步长），因为它们已被证明对于非常通用的数据集（例如 ImageNet 或 Microsoft Coco），可以得到最佳性能。不过，建议读者用空洞卷积方法进行实验并比较结果。特别是，应该分析哪些类分类得更好，尝试为观察到的行为找到合理的解释。

某些框架，例如 Keras，并没有明确的层来定义空洞卷积。相反，标准卷积层通常有一个参数来定义扩张率（在 TensorFlow/Keras 中，称为 dilation_rate）。当然，其默认值为 1，意味着核将应用于与核大小匹配的块。

19.2.3 可分离卷积

如果考虑一个图像 $X \in \mathbb{R}^{w \times h}$（单通道）和一个核 $k \in \mathbb{R}^{n \times m}$，那么运算次数是 $n \bullet m \bullet w \bullet h$。当核不是很小而且图像很大时，即使有 GPU 支持，这种计算的成本也会很高。可以通过考虑卷积的相关特性加以改进。特别是，如果原始核可以分解为两个向量核，即维度 $(n \times 1)$ 的 $k^{(1)}$ 和维度 $(1 \times m)$ 的 $k^{(2)}$，的点积，则称卷积是可分离的。这意味着，可以通过两个后续操作执行 $(n \times m)$ 卷积：

$$X * k \sim \left(X * \begin{pmatrix} k_1^{(1)} \\ \vdots \\ k_n^{(2)} \end{pmatrix} \right) * (k_1^{(2)} \cdots k_m^{(2)})$$

优势很明显，因为现在的运算次数是 $(n+m) \bullet w \bullet h$。特别是，当 $nm \gg n+m$ 时，可以避免大量的乘法运算，从而加快训练和预测过程。

文献（Chollet F.，*Xception*：*Deep Learning with Depthwise Separable Convolutions*，arXiv：1610.023 57[cs.CV]）提出了一种稍有不同的方法，称为深度可分离卷积。卷积过程分为两个步骤。

第一步沿通道轴操作，将通道轴转换为具有可变通道数的一维图（例如，如果原始图为 $768 \times 1024 \times 3$，那么第一阶段的输出为 $n \times 768 \times 1024 \times 1$）。然后，将标准卷积应用于单层（实际上可以有多个通道）。在大多数算法实现中，深度卷积的默认输出通道数为 1（这通常等同于说，深度乘法器为 1）。这种方法允许参数相对于一个标准卷积大幅减少。实际上，如果输入的通用特征图是 $X \in \mathbb{R}^{w \times h \times p}$，而且想用 q 个核 $k^{(i)} \in \mathbb{R}^{n \times m}$ 执行标准卷积，那么需要学习 $n \bullet m \bullet w \bullet h$ 个参数（每个核 $k^{(i)}$ 应用于所有输入通道）。采用深度可分离卷积，第一步（仅处理通道）需要 $n \bullet m \bullet p$ 个参数。由于输出仍有 p 个特征图，而且需要输出 q 个通道，所以该过程采用了一种技巧：用 q 个 1×1 核处理每个特征图（这样，输出将有 q 层和相同的维数）。第二步所需的参数个数为 $p \bullet q$，所以参数总数变为 $(n \bullet m \bullet p) + (p \bullet q)$。

将此值与标准卷积所需的值进行比较，得到一个有趣的结果：

$$nmp + pq < nmpq \Rightarrow nm < q(nm-1) \Rightarrow q > \frac{nm}{nm-1}$$

由于这个条件很容易成立，所以这种方法在优化训练和预测过程以及任何场景中的内存消耗方面都非常有效。并不奇怪 Xception 模型已经在移动设备中迅速得到应用，因为它允许利用非常有限的资源实现实时图像分类。当然，深度可分离卷积并不总是具有与标准卷积相同的准确率，因为它们基于这样一个假设，即在复合特征图的通道内可观察到的几何特征是相互独立的。这个假设并不总是正确的，因为多层的效果也是基于它们的组合（这增加了网络的表现力）。但是，很多情况下，最终结果的准确率可以与某些最新模型相媲美，所以，深度可分离卷积往往可以被视为标准卷积的有效替代方法。

自版本 2.1.5 开始，Keras 引入了一个名为 DepthwiseConv2D 的层，它实现了深度可分离卷积。该层扩展了现有的 SeparableConv2D。

19.2.4 转置卷积

转置卷积（transpose convolution，尽管数学定义不同，有时也称为反卷积）与标准卷积差别并不太大，但其目标是重建具有与输入样本相同特征的结构。假设卷积网络的输出是特征图 $X \in \mathbb{R}^{w' \times h' \times p'}$，而且需要建立一个输出元素 $Y \in \mathbb{R}^{w \times h \times 3}$（假设 w 和 h 是原始维数）。通过对 X 应用具有适当步长和填充的转置卷积，可以实现结构重建。例如，假设 $X \in \mathbb{R}^{128 \times 128 \times 256}$，而输出必须是 $512 \times 512 \times 3$。最后的转置卷积必须学习三个步长为 4、填充相同的过滤器。下一章将看到这种方法的一些实际例子。但是，转置卷积和标准卷积在内在机理方面并没有非常重要的区别。主要区别在于代价函数，因为当使用转置卷积作为最后一层时，必须比较目标图像和重建图像。下一章还将分析一些改进输出质量的技术，即使代价函数并不侧重于图像的特定区域。

19.3 池化层

深度卷积网络的池化层是非常有用的要素。有两种主要的池化结构：最大池化（max pooling）和平均池化（average pooling），都作用于块 $p \in \mathbb{R}^{n \times m}$ 上，按照预定义的步长值作水平和垂直移位，并根据以下规则将块转换为单个像素：

$$\begin{cases} f_{\text{MaxPooling}}(X) = \max\limits_{i,j} X(i,j) \\ f_{\text{AveragePooling}}(X) = \dfrac{1}{n+m} \sum\limits_{i=1}^{n} \sum\limits_{j=1}^{m} X(i,j) \end{cases}$$

使用池化层主要考虑两个原因。一是在减少信息损失的情况下进行降维。例如，如果将步长设为(2,2)，则可以将图像/特征图的维数减半。显然，池化技术可能或多或少有损失（尤其是最大池化），具体结果取决于单个图像。

一般而言，池化层试图将一个小块所包含的信息汇总到一个像素中。这一想法得到了面向感知的方法的支持。事实上，当池不是很大时，很难在随后的移位中找到高方差（自然图像很少有孤立的像素）。因此，所有池化操作都可以设置大于 1 的步长，从而降低了错误信息内容的风险。但是，考虑到几个实验和架构，建议在卷积层（特别是在卷积序列的第一层）而不是在池化层中设置更大的步长。这样，就有可能以最小的损失应用变换，并充分利用下一个基本性质。

第二个（可能也是最重要的）原因是，池化略微提高了平移和有限失真（其效果与池大小成正比）的鲁棒性。图 19.8 显示一个十字的原始图像以及十字沿对角方向平移 10 像素后的图像。

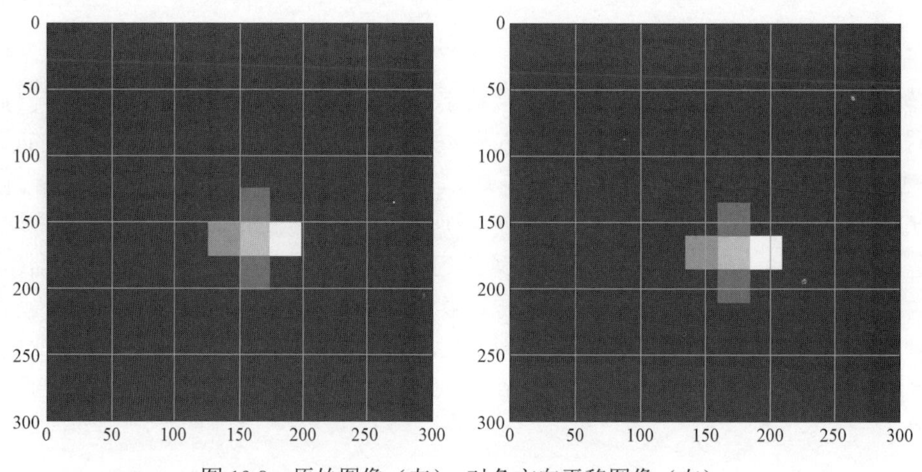

图 19.8　原始图像（左）；对角方向平移图像（右）

这是一个非常简单的例子，平移后的图像与原始图像差别不大。但是，在更复杂的场景中，分类器可能无法正确分类相似条件下的对象。

对平移后的图像（图 19.8 左侧图像始终是原始图像，代表参照基准）进行最大池化（池大小为 2×2，步长为 2 像素），得到如图 19.9 所示结果。

必须注意，池化缩小了图像的大小［例如，上例中，一个 (2×2) 池的两个维度均减半］，但还是要采用相同的尺度，进行更好的视觉比较。结果得到一个更大的十字，它与轴线对得更齐。相比原始图像，具有良好泛化能力的分类器更容易滤除虚假元素并识别原始形状（可以认为是带有噪点框的十字）。对平均池化（相同参数）重复相同的实验，得到如图 19.10 所示结果。

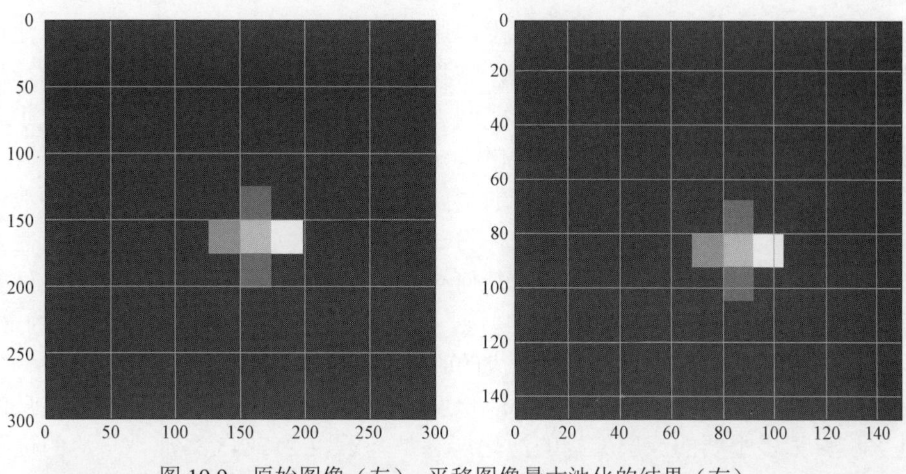

图 19.9　原始图像（左）；平移图像最大池化的结果（右）

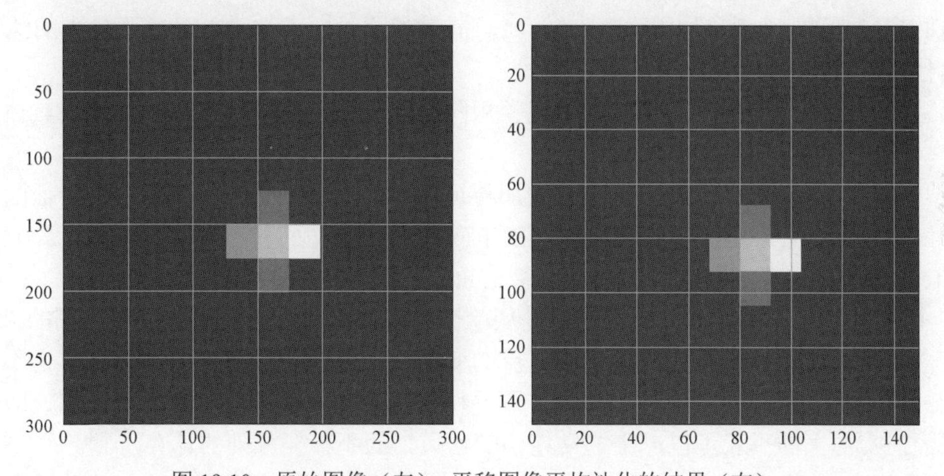

图 19.10　原始图像（左）；平移图像平均池化的结果（右）

可见，图 19.10 中图像部分平滑，但仍然可以看到对齐性更好（主要得益于褪色效果）。此外，如果这些方法简单有效，那么对不变变换的鲁棒性永远不会得到显著提高，只有通过增加池的大小，才能获得更高级别的不变性。增加池的大小将导致粗粒度的特征图，其信息量会大大减少。因此，每当需要将分类扩展到可以变形或旋转的样本时，利用数据增强技术生成人工图像并训练分类器，不失为一个好主意（允许利用更好地表示真实数据生成过程的数据集）。

但是，正如 Goodfellow 等人指出的（参阅：Goodfellow I.，Bengio Y.，Courville A.，*Deep Learning*，The MIT Press，2015），当与多重卷积层或旋转图像堆栈的输出一起使用时，池化

层还可以提供对旋转的鲁棒不变性。事实上，这些情况只会引发单个模式响应，池化层的效果类似于标准化输出的收集器。换句话说，它将产生相同的结果，而无需明确选择最佳匹配模式。因此，如果数据集包含足够的样本，网络的中间位置的池化层就具有针对小旋转的适度的鲁棒性，从而提高整个深层结构的泛化能力。

从前面的示例很容易看到，两种池化的主要区别是最终结果。一方面，平均池化进行一种非常简单的插值，平滑边界并避免突变。另一方面，最大池化的噪声更小，在需要不作任何平滑处理（平滑处理可能会改变特征的几何结构）而检测特征时，可以得到更好的结果。建议测试这两种方法，因为仅凭启发性的考虑，几乎不可能选出具有适当池大小的最佳方法，特别是当数据集不是由非常简单的图像组成的时候。

显然，最好在一组卷积之后使用这些池化层，以避免可能不可逆转地破坏信息内容的非常大的池大小。很多重要的深层架构的池化层总是基于 (2,2) 或 (3,3) 池，与池的位置无关，而且步长总是设为1或2 。两种池化方法的信息丢失均与池大小/步长成比例，所以，当必须同时检测到较小的特征和较大的特征（例如，前景和背景面部）时，一般避免大的池。

其他有用的层

尽管卷积层和池化层是几乎所有深度卷积网络的主干，其他层也有助于解决具体问题，包括：

- 填充层（padding layer）：可用于增加特征图的大小（例如，将前后两个特征图对齐），具体用一个空白框将特征图围住（在特征图每侧前后添加 n 个黑色像素）。有关 Keras/TensorFlow 实现的算法信息，可以参见 https://keras.io/layers/convolutional/。
- 上采样层（upsampling layer）：通过从单个像素创建更大的块来加大特征图的大小。某种程度，上采样层可以被视为与池化层相反的变换，即使在这种情况下，上采样也不基于任何类型的插值。上采样层可用于准备与转置卷积获得的特征图类似的变换特征图，即使很多实验已经证实更大的步长可以产生非常精确的结果，而不需要额外的计算步骤。
- 裁剪层（cropping layer）：有助于选择图像/特征图的特定矩形区域。裁剪层在模块化架构中特别有用，其中第一部分确定裁剪边界（例如，脸部轮廓），而第二部分在移除背景后，可以执行细节分割（标记眼睛、鼻子、嘴巴等部位）等高级操作。将裁剪层直接插入深度神经模型，可以避免多次数据传输。遗憾的是，很多框架（例如 TensorFlow/Keras）不允许使用可变边界，限制了可能的用例数量。
- 展平层（flattening layer）：展平层是特征图和完全连接层之间的结合链。通常，在处理卷积块的输出之前使用单个展平层，少数密集层终止于最后的 Softmax 层（用于分类）。这个操作的计算复杂性低，因为它只处理元数据，不执行任何计算。

19.4 TensorFlow 和 Keras 的深度卷积网络算法示例

第一个示例再次考虑完整的 MNIST 手写数字数据集，但是不利用多层感知机，而是利用一个小的深度卷积网络。第一步是载入并归一化数据集：

```
import tensorflow as tf
import numpy as np

(X_train, Y_train), (X_test, Y_test) = \
        tf.keras.datasets.mnist.load_data()

width = height = X_train.shape[1]

X_train = X_train.reshape(
         (X_train.shape[0], width, height, 1)).\
                  astype(np.float32) / 255.0
X_test = X_test.reshape(
        (X_test.shape[0], width, height, 1)).\
                 astype(np.float32) / 255.0

Y_train = tf.keras.utils.to_categorical(
        Y_train, num_classes=10)
Y_test = tf.keras.utils.to_categorical(
        Y_test, num_classes=10)
```

接着，定义模型架构。数据点很少 (28×28)，所以应该采用小核。这不是一般规则，也可以评价更大的核（特别是在第一层）。但是，很多最先进的架构都已证实，小图像采用大核，会导致性能损失。以前的实验表明，当最大的核比图像尺寸小 8～10 倍时，总是能够得到最好的结果。例如，如果图像是100×100，最大的核应该小于10×10，即使很多情况下，初始规模甚至更小，例如5×5。

模型由以下几层组成：

（1）输入暂弃 25%，以防止过拟合。

（2）卷积包含 16 个过滤器，(3×3) 核，步长等于 1，ReLU 激活函数，而且填充相同（默认的权重初始化器是 Xavier)。TensorFlow/Keras 实现了 Conv2D 类，其主要参数易于理解。

（3）暂弃 50%。

（4）卷积包含 32 个过滤器，(3×3) 核，步长等于 1，ReLU 激活，填充相同。

（5）暂弃 50%。

（6）(2×2) 池大小和步长等于 1 的平均池化（利用 TensorFlow/Keras 的类 AveragePooling 2D)。

（7）卷积包含 64 个过滤器，(3×3) 核，步长等于 1，ReLU 激活，填充相同。

（8）(2×2) 池大小和步长等于 1 的平均池化。

（9）卷积包含 64 个过滤器，(3×3) 内核，步长等于 1，ReLU 激活，填充相同。

（10）暂弃 50%。

（11）(2×2) 池大小和步长等于 1 的平均池化。

（12）展平层。

（13）具有 1024 个 ReLU 单元的全连接层。

（14）暂弃 50%。

（15）具有 10 个 Softmax 单元的完全连接层。

目标是获取第一层的低层特征（水平线、垂直线、交点等)，并利用池化层和所有后续的卷积提高遇到失真样本时的准确率。考虑到模型的容量，引入暂弃层（或者 L2 正则化）有助于防止过拟合。在这种情况和类似情况下，暂弃的影响是双重的。事实上，正如 Goodfellow 等人（参阅：Goodfellow I.，Bengio Y.，Courville A.，*Deep Learning*，The MIT Press，2015）所指出的，第 18 章也解释过，暂弃也能将单一模型转化为受限的装袋集成总体（更多详情，请阅读第 9 章广义线性模型和回归)。

如果在批量处理过程中关闭随机单元的激活函数，全局模型就被分解为大量的依赖子模型，这些子模型专门分类特定的样本。因此，暂弃通过充分利用模型的容量来覆盖整个样本空间，避免过拟合，同时也不过度学习训练集的详细结构。每一个子模型都被随机抽样的小批量输入，并被迫修改权重以最小化全局代价函数。但是，对于激活已归零的单元不再进行校正，所以，模型的一部分保持不变，而单元的子集将进行更新。这个过程避免了全局模型的过度特定化，同时，通过采用类似于装袋的策略（除了子模型相互依赖的事实之外）提高分类器的性能。

此时，可以创建并编译模型（利用 Adam 优化器，学习率 $\eta = 0.001$，衰减率等于 10^{-5})：

```
model = tf.keras.models.Sequential([
        tf.keras.layers.Dropout(0.25,
                        input_shape=(width, height, 1),
```

```
                              seed=1000),
             tf.keras.layers.Conv2D(16,
                                    kernel_size=(3, 3),
                                    padding='same',
                                    activation='relu'),
            tf.keras.layers.Dropout(0.5, seed=1000),

            tf.keras.layers.Conv2D(32,
                                   kernel_size=(3, 3),
                                   padding='same',
                                    activation='relu'),
            tf.keras.layers.Dropout(0.5, seed=1000),
            tf.keras.layers.AveragePooling2D(
                                pool_size=(2, 2),
                                    padding='same'),

            tf.keras.layers.Conv2D(64,
                                   kernel_size=(3, 3),
                                   padding='same',
                                   activation='relu'),
            tf.keras.layers.AveragePooling2D(
                                        pool_size=(2, 2),
                                        padding='same'),

            tf.keras.layers.Conv2D(64,
                                   kernel_size=(3, 3),
                                   padding='same',
                                   activation='relu'),
            tf.keras.layers.Dropout(0.5, seed=1000),
            tf.keras.layers.AveragePooling2D(
                                       pool_size=(2, 2),
                                       padding='same'),
```

```
        tf.keras.layers.Flatten(),

        tf.keras.layers.Dense(1024,
                              activation='relu'),
        tf.keras.layers.Dropout(0.5, seed=1000),

        tf.keras.layers.Dense(10,
                              activation='softmax')
    ])
```

最佳批量大小的选择几乎从不基于标准化准则，而是基于实际考虑。原因是很难预测不同批量大小的深层模型的行为。但是，还是有一些一般性的考虑。随机梯度下降是一种由梯度下降衍生出来的近似算法。梯度下降法在未进行任何更改之前处理整个训练集。因此，较大的批量通常（但并非总是）提高梯度评价的准确性，因为它们提供了比小批量更多的信息，从而避免进一步的校正。另外，小批量更适合存储（特别是在使用 GPU 时），而且与小的学习率一起，实现收敛速度和硬件要求之间的完美折中。遗憾的是，批量大小的选择没有黄金法则（可能与 2 的幂成比例，因为它更适合 GPU 的 VRAM），所以建议读者从最大可能的值开始（例如，约等于训练集的 1/10），然后将其减小到训练集的$1/100 \sim 1/50$，直到性能令人满意为止。值得一提的是，最近的研究（参阅：Masters D.，Luschi C.，*Revisiting Small Batch Training for Deep Neural Networks*，arXiv：1804.076 12 [cs.LG]）结果表明，平均而言，小批量是更好的选择。特别是，作者证明了，批量逐步增加以及学习率的正常衰减保证了更好的收敛速度和性能。遗憾的是，虽然这些建议是宝贵的，但没有得到普遍的应用。一些数据集（和神经结构）可以从中受益，而另一些则可能表现出更差的性能。因此，解决这一问题的最佳方法必然是尝试和评估，可能要遵循最常见的准则，以避免已知的错误。不言而喻，批量大小只是深度学习任务必须调整的超参数之一，所以，其最佳选择并不独立于其他值。正如很多研究人员所指出的，彻底的网格搜索是不可能的，所以他们建议从参数空间（给定精确的结构）随机抽样，然后放大性能更好的区域。该过程可以持续进行，直到结果达到预期要求为止。但是，如果改进可以忽略不计，那么最好对另一个随机区域进行采样，而不是连续放大原来的子空间。

现在，可以继续用 200 个轮次和 256 个数据点的批量训练模型，所选轮次和数据集可以在性能和计算成本之间实现很好的折中：

```
model.compile(optimizer=
    tf.keras.optimizers.Adam(lr=0.001, decay=1e-5),
```

```
                loss='categorical_crossentropy',
                metrics=['accuracy'])

history = model.fit(X_train, Y_train,
                    epochs=200,
                    batch_size=256,
                    validation_data=(X_test, Y_test))
```

程序段的输出是：

```
Train on 60000 samples, validate on 10000 samples
Epoch 1/200
60000/60000 [================] - 15s 257us/sample - loss:
0.4680 - accuracy: 0.8459 - val_loss: 0.1048 - val_accuracy: 0.9688
Epoch 2/200
60000/60000 [================] - 8s 127us/sample - loss:
0.1470 - accuracy: 0.9531 - val_loss: 0.0760 - val_accuracy: 0.9802
…
Epoch 199/200
60000/60000 [================] - 22s 370us/sample - loss:
0.0086 - accuracy: 0.9972 - val_loss: 0.0240 - val_accuracy: 0.9918
Epoch 200/200
60000/60000 [================] - 18s 297us/sample - loss:
0.0082 - accuracy: 0.9972 - val_loss: 0.0172 - val_accuracy: 0.9941
```

最终的验证准确率是 0.994 0，这意味着只有大约 50 个样本（10 000 个样本中的）被错误分类。为了更好地理解行为，可以绘制准确率和损失图，如图 19.11 所示。

可见，验证准确率和损失都很容易达到最佳值。特别是，初始验证准确率约为 0.97，需要使用剩余的轮次来提高所有形状可能导致混淆的样本的性能。例如，与 0 相似的潦草的 8，或与 1 非常相似的潦草的 7。

显然，卷积所采用的几何方法比标准的全连接网络更能保证可靠性，这也得益于池化层的贡献，它减少了因噪声样本而产生的方差。

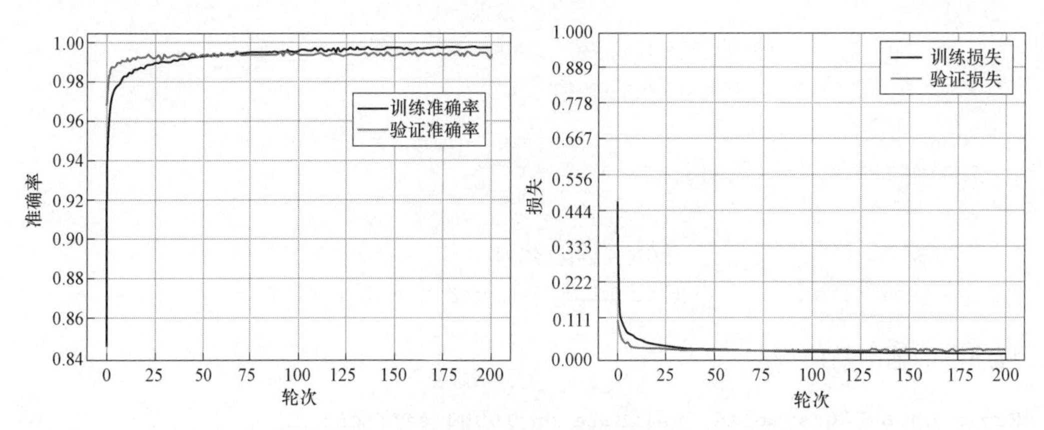

图 19.11 准确率图（左）；损失函数图（右）

利用 TensorFlow/Keras 和数据增强功能的深度卷积网络示例

本示例将利用由 Zalando 免费提供的 Fashion MNIST 数据集，这是替代标准 MNIST 数据集的更难的数据集。这个数据集包含的不是手写数字图像，而是不同款式衣物的微缩灰度照片。图 19.12 是其中一些图像的截屏。

图 19.12 采样自 Fashion MNIST 数据集的图像示例

但是，在这种情况下，希望使用 TensorFlow/Keras 提供的实用类（`ImageDataGenerator`）创建数据增强的样本集，以提高深度卷积网络的泛化能力。这个类允许添加随机变换（例如标准化、旋转、移位、翻转、缩放和剪切），并利用 Python 生成器（可无限循环）输出样本。首先载入数据集（不需要对数据集标准化，因为这个转换由生成器执行）：

```
import tensorflow as tf

nb_classes = 10
train_batch_size = 256
test_batch_size = 100
nb_epochs = 100
steps_per_epoch = 1500

(X_train, Y_train), (X_test, Y_test) = \
        tf.keras.datasets.fashion_mnist.load_data()
```

此时，可以创建生成器，选择最适合的变换。由于数据集相当标准（所有样本仅在少数位置表示），所以通过应用样本标准化（不依赖于整个数据集）、水平翻转、缩放、小角度旋转和微小剪切，扩充数据集。

这个选择是根据客观分析做出的，但建议读者用不同的参数重复实验（例如，添加白化、垂直翻转、水平/垂直移位和扩展旋转等手段）。当然，增加扩增手段需要更大的数据集。本示例将用 384 000 个训练样本（原始样本数为 60 000），但是可以产生更多的训练样本训练更深的网络：

```
import numpy as np

train_idg = tf.keras.preprocessing.image.\
        ImageDataGenerator(
        rescale=1.0 / 255.0,
        samplewise_center=True,
        samplewise_std_normalization=True,
        horizontal_flip=True,
        rotation_range=10.0,
        shear_range=np.pi / 12.0,
        zoom_range=0.25)

train_dg = train_idg.flow(
        x=np.expand_dims(X_train, axis=3),
        y=tf.keras.utils.to_categorical(
            Y_train, num_classes=nb_classes),
        batch_size=train_batch_size,
        shuffle=True,
        seed=1000)

test_idg = tf.keras.preprocessing.image.\
         ImageDataGenerator(
         rescale=1.0 / 255.0,
         samplewise_center=True,
         samplewise_std_normalization=True)
```

```
test_dg = train_idg.flow(
         x=np.expand_dims(X_test, axis=3),
         y=tf.keras.utils.to_categorical(
              Y_test, num_classes=nb_classes),
         shuffle=False,
         batch_size=test_batch_size,
         seed=1000)
```

一旦完成对图像数据生成器的初始化，就必须指定输入数据集和期望的批量大小。该操作的输出是实际的 Python 生成器。测试图像生成器只保留归一化和标准化变换以便避免对取自不同分布的数据集进行验证。此时，可以利用基于 Leaky ReLU 激活（提高函数值略低于零，即 ReLU 梯度为零时的校正能力）的二维卷积、批量归一化和最大池化创建和编译网络：

```
model = tf.keras.models.Sequential([
         tf.keras.layers.Conv2D(32,
                                  kernel_size=(3, 3),
                                  padding='same',
                     input_shape=(X_train.shape[1],
                                   X_train.shape[2], 1)),
         tf.keras.layers.BatchNormalization(),
         tf.keras.layers.LeakyReLU(alpha=0.1),

         tf.keras.layers.Conv2D(64,
                                  kernel_size=(3, 3),
                                  padding='same'),
         tf.keras.layers.BatchNormalization(),
         tf.keras.layers.LeakyReLU(alpha=0.1),

         tf.keras.layers.Conv2D(128,
                                  kernel_size=(3, 3),
                                  padding='same'),
         tf.keras.layers.BatchNormalization(),
         tf.keras.layers.LeakyReLU(alpha=0.1),
```

```
        tf.keras.layers.Conv2D(128,
                               kernel_size=(3, 3),
                               padding='same'),
        tf.keras.layers.BatchNormalization(),
        tf.keras.layers.LeakyReLU(alpha=0.1),

        tf.keras.layers.MaxPooling2D(pool_size=(2, 2)),

        tf.keras.layers.Flatten(),

        tf.keras.layers.Dense(1024),
        tf.keras.layers.BatchNormalization(),
        tf.keras.layers.LeakyReLU(alpha=0.1),

        tf.keras.layers.Dense(1024),
        tf.keras.layers.BatchNormalization(),
        tf.keras.layers.LeakyReLU(alpha=0.1),

        tf.keras.layers.Dense(nb_classes,
                              activation='softmax')
])

model.compile(loss='categorical_crossentropy',
              optimizer=tf.keras.optimizers.Adam(
                  lr=0.0001, decay=1e-5),
              metrics=['accuracy'])
```

所有的批量归一化总是应用于激活函数之前的线性变换。考虑到额外增加的复杂性也将使用回调，这是 TensorFlow/Keras 用来执行训练操作的类。本示例希望在验证损失不再改善时降低学习率。具体的回调称为 ReduceLROnPlateau，对其进行调整，以便通过将学习率乘以 0.1（在等于 patience 参数值的轮次之后）降低学习率 η，设置冷却期（恢复原始学习率之前要等待的轮次数）为 1 个轮次，最小学习率为 $\eta = 10^{-6}$。

现在的训练方法是 fit_generator()，它接收 Python 生成器（而不是有限数据集）和每个轮次的迭代次数［所有其他参数与用 fit( )实现的相同］。开始之前，重要的是要记住，此模型比前一个模型更复杂，而且训练过程在较慢的 GPU 上可能会持续数小时：

```
history = model.fit_generator(
        generator=train_dg,
        epochs=nb_epochs,
        steps_per_epoch=steps_per_epoch,
        validation_data=test_dg,
        validation_steps=int(X_test.shape[0] /
                             test_batch_size),
        callbacks=[
            tf.keras.callbacks.ReduceLROnPlateau(
                factor=0.1, patience=1,
                cooldown=1, min_lr=1e-6)
        ])
```

程序段的输出是：

```
Epoch 1/100
1500/1500 [===============] - 471s 314ms/step - loss:
0.3457 - acc: 0.8722 - val_loss: 0.2863 - val_acc: 0.8952
Epoch 2/100
1500/1500 [===============] - 464s 309ms/step - loss:
0.2325 - acc: 0.9138 - val_loss: 0.2721 - val_acc: 0.8990
Epoch 3/100
1500/1500 [===============] - 460s 307ms/step - loss:
0.1929 - acc: 0.9285 - val_loss: 0.2522 - val_acc: 0.9112
…
Epoch 99/100
1500/1500 [===============] - 449s 299ms/step - loss:
0.0438 - acc: 0.9859 - val_loss: 0.2142 - val_acc: 0.9323
Epoch 100/100
1500/1500 [===============] - 449s 299ms/step - loss:
0.0443 - acc: 0.9857 - val_loss: 0.2136 - val_acc: 0.9339
```

在这种情况下，复杂度更高，结果不如用标准 MNIST 数据集得到的结果那么准确。准确率和损失变化如图 19.13 所示。

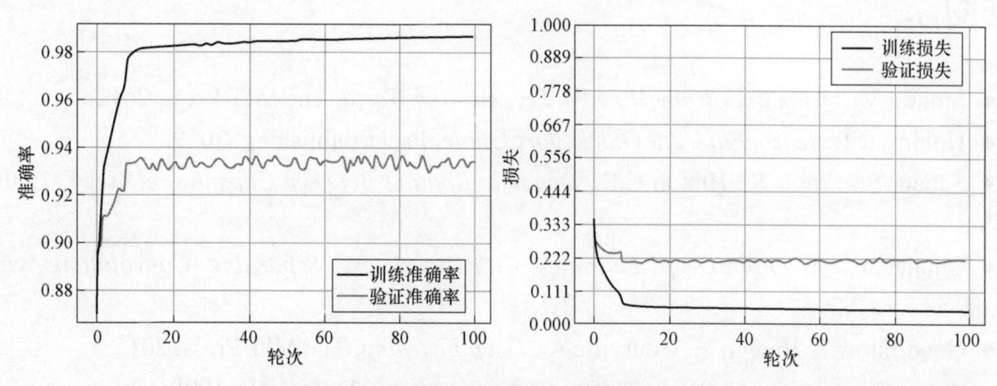

图 19.13　准确率图（左）；损失函数图（右）

验证损失曲线没有显示 U 形，但看上去从第 20 轮次开始就没有真正的改善。验证准确率曲线也证实了这一点，它在 0.935～0.94 波动。另外，训练损失还没有达到它的最小值（训练准确率也没有），主要是因为批量归一化（如前章所述，为了实现完全无偏，必须有非常大的批量大小）。

当这个条件（足够大的批量）不能完全满足时，结果一般都有轻微偏差，但收敛速度较快。但是，相比几个参考基准，结果并不糟糕（尽管最新的模型可以达到约 0.96 的验证准确率）。建议读者根据有更大训练数据集的更深架构尝试不同的配置（有或没有暂弃和其他激活）。这个例子提供了很多使用这类模型的实践机会，因为复杂性还不至于大到需要专用硬件，但同时，又有很多会降低泛化能力的模糊性。例如，衬衫和 T 恤衫之间的模糊性。

19.5　本章小结

本章提出了深度卷积网络的概念，这是一种可以用于任何视觉处理任务的通用架构。该思想基于分层信息管理，旨在从低级元素提取特征，进而向前推进到有助于实现特定目标的高级细节。

讨论了卷积的概念及其在离散和有限样本中的应用。接着定义了标准卷积的性质，分析了一些重要的变种卷积，例如空洞卷积（或扩张卷积）、可分离卷积（和深度可分离卷积）以及转置卷积。所有这些方法都均可用于一维、二维和三维样本，虽然最广泛的应用是表示静态图像的二维（不考虑通道）矩阵。同一章节还讨论了如何利用池化层降维并提高针对小平移的鲁棒性。

第 20 章将讨论循环神经网络，它可以比标准时间序列分析算法更准确地建模时间序列。

扩展阅读

- Stone J.V., *Vision and Brain:How We Perceive the World*, The MIT Press, 2012.
- Holdroyd T., *TensorFlow 2.0 Quick Start Guide*, Packt Publishing, 2019.
- Sabour S., Frosst N., Hinton G.E., *Dynamic Routing Between Capsules*, arXiv: 1710.09829 [cs.CV].
- Chollet F., *Xception:Deep Learning with Depthwise Separable Convolutions*, arXiv: 1610.02357 [cs.CV].
- Goodfellow I., Bengio Y., Courville A., *Deep Learning*, The MIT Press, 2015.
- Zipser D., *Advances in Neural Information Processing Systems*, II, 1990.
- Masters D., Luschi C., *Revisiting Small Batch Training for Deep Neural Networks*, arXiv: 1804.07612 [cs.LG].

第 20 章 循环神经网络

本章分析**循环神经网络**（recurrent neural network，RNN）。为了让神经网络完全管理时间维度，有必要引入高级循环层，其性能必须高于其他任何回归方法（在某些情况下，如预测和深度强化学习）。

本章将具体讨论以下主题：

- 循环神经网络。
- LSTM 和 GRU 单元。
- 迁移学习（transfer learning）。

需要讨论的第一个主题是循环神经网络的概念，重点是它的结构、能力和局限性。从这些概念知识开始，可以继续探索比标准时间序列方法性能更好的复杂算法。

20.1 循环网络

第 19 章分析的所有神经网络模型都有一个共同的特点，一旦训练过程完成，权重就被冻结，输出只依赖于输入样本。显然，这是分类器的预期行为，但是很多情况下，预测必须考虑输入值的历史记录。时间序列就是一个典型的例子（参阅第 10 章时序分析导论以了解更多详细信息）。假设需要预报下周的气温。如果试图只使用最后一个已知的值 $x(t)$ 和经过训练的多层感知机预测 $x(t+1)$，就不可能考虑时间条件，例如季节、多年季节的历史、季节中的位置等。

回归器能够关联产生最小平均误差的输出，但在现实情况里，这是不够的。解决这一问题的唯一合理方法是为人工神经元定义一种新的架构，以便为其提供记忆。这一概念如图 20.1 所示。

这里的神经元已不再是一个纯粹的前馈计算单元，因为反馈连接要求神经元记住它的过去，并利用记忆预测新值。新的动态规则如下：

$$\begin{cases} y^{(t+1)} = f_a(\bar{w}^T \cdot \bar{x}^{(t+1)} + b + y^{(t)}), \text{ 如果} t > 0 \\ y^{(0)} = 0 \end{cases}$$

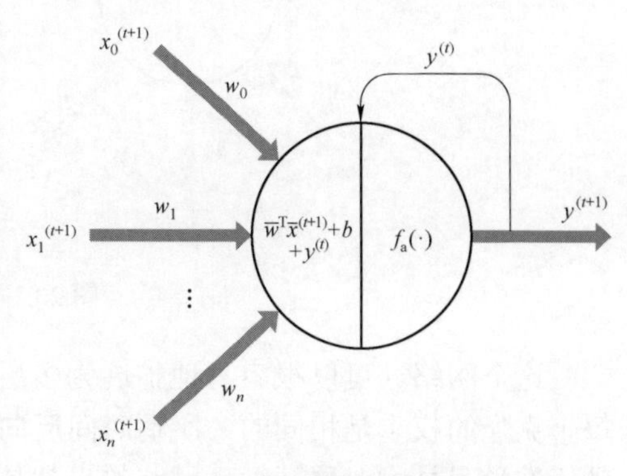

图 20.1 循环神经元示意图

对先前的预测进行反馈和求和，产生新的线性输出。结果值用激活函数加以转换，以产生实际的新输出（以前，第一个输出为零，但这不是约束）。这时立即想到的就是激活函数，这是一个很容易变得不稳定的动态系统。防止这种现象的唯一方法是采用饱和函数（例如 S 型或双曲正切函数）。事实上，无论输入是什么，输出永远不会向+∞或–∞方向移动而暴增。

相反，假设使用了 ReLU 激活函数，在某些条件下，输出将无限增多，导致溢出。显然，线性激活函数的情况更糟，可能与甚至使用 Leaky ReLU 或 ELU 时的情况也非常相似。因此，很明显需要选择饱和函数，但这足以保证稳定性吗？即使双曲正切（和 sigmoid）有两个稳定点（–1 和 +1），也不足以确保稳定性。设想输出受到噪声影响，在 0.0 附近振荡。该单元不能收敛到一个值，而是困在一个极限环（limit cycle）里。

好在权重学习能力能够增强对噪声的鲁棒性防止输入的有限变化逆转神经元的动态。这是一个非常重要（而且很容易证明）的结果，它保证了非常简单条件下的稳定性，但同样，需要付出什么代价？简单明了吗？遗憾的是，答案是否定的，稳定的代价极高。但是，在讨论这个问题之前，先说明如何训练一个简单的循环网络。

20.1.1 时间反向传播

训练循环神经网络最简单的方法基于一种表现手法。因为输入序列有限，长度固定，所以可以将带有反馈连接的简单神经元重构为一个展开的前馈网络。图 20.2 是一个带有 k 个时间步长的示例。

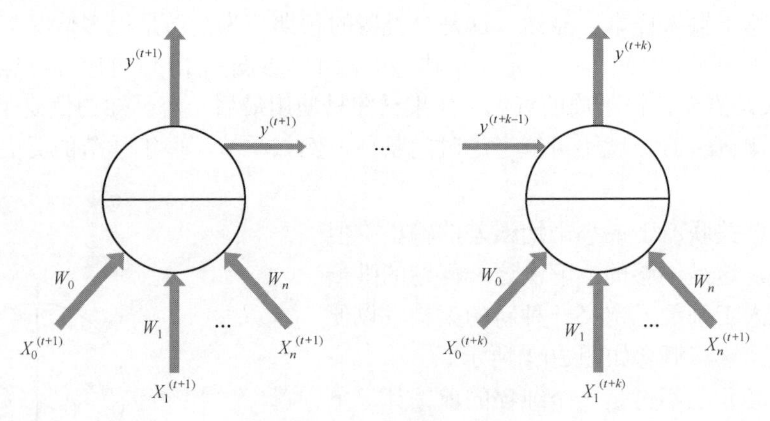

图 20.2 展开循环网络示例

这个网络（可以很容易地扩展为多层的更复杂的架构）与多层感知机完全相似，但是，每个克隆的权重是相同的。所谓**时间反向传播**（back-propagation through time，BPTT）算法是标准学习技术对展开循环网络的自然扩展。处理流程很直接。一旦计算了所有输出，就可以确定每个网络的代价函数值。此时，从最后一步开始，计算并存储校正（梯度），重复该过程直到初始步骤。接着，求取所有梯度之和，并应用于网络。因为每一个贡献都基于精确的时间经验（由一个局部样本和一个先前记忆元素组成），所以，标准的反向传播将学习如何管理一个动态条件，就好像它是一个逐点预测。但是，实际的网络并不是展开的，过去的依赖关系在理论上是被传播和记忆的。理论上使用这个词，因为所有的实际的实验都显示出标准反向传播与将要讨论的方法，行为完全不同。标准反向传播技术很容易实现，但是对于必须展开大量时间步的深层网络而言，它非常费时。因此，有人提出了一种称为时间截断反向传播（truncated backpropagation through time，TBPTT）的方法（参阅：Zipser D.，*Subgrouping reduces complexity and speeds up learning in recurrent networks*，Advances in Neural Information Processing Systems，II，1990）。

其思想是利用两个序列长度 t_1 和 t_2（$t_1 \gg t_2$）。较长的序列长度（t_1）用于前馈阶段，而较短的序列长度（t_2）用于训练网络。乍一看，这像是一个序列很短的普通时间反向传播，但是，关键是让网络用更多的信息更新隐藏状态，然后根据较长序列的结果计算校正（即使更新传播到前面的若干时间步）。显然，这是一种可以加快训练过程的近似方法，但是最终结果通常与处理长序列得到的结果相当，特别是当依赖关系可以被分割成较短的时间块时（因此假设没有很长的依赖关系）。

尽管 BPTT 算法在数学上是正确的，而且学习短期依赖性（对应于短的展开网络）并不困难，但一些实验证实了学习长期依赖性极其困难（或者几乎不可能）。换言之，利用仅适用于很短时间窗口的过去经验（因此其重要性是有限的，因为它们无法管理最复杂的趋势）不难，但网络难以了解所有行为，例如，具有涉及数百个时间步的季节性因素的行为。考虑反向传播算法的标准行为可以直观地理解这种局限性的原因。

20.1.2　BPTT 的局限

时间反向传播里，梯度从代价函数开始回传，止于第一层。但是，在循环网络中，时间步相当于一种延长的模型，其中梯度必须遍历更多的层。每次推导过程中，幅值（将很快看到）往往会减小。由于校正与梯度成比例，结果得到数学上无法修正权重，最终无法学习的模型。在处理长期依赖关系时，这种现象更为明显，因为信号至少可以分为两个不同的分量：

$$x(t) = s(t) + l(t)$$

项 $s(t)$ 包含关于短期变化的高频信息，而 $l(t)$ 负责长期依赖性（也可以进行更复杂的分解，但目前这种分解足矣）。$s(t)$ 的速度相当快，但 $l(t)$ 通常非常慢，并且其对梯度的贡献往往会被短期分量限制。因此，若干时间步后，梯度就失去了与长期依赖关系相关的信息内容，导致模型只关注短期变化，忽略了长期元素的结构。

1994 年，Bengio、Simard 和 Frasconi 提供了关于该问题的理论解释（参阅：Bengio Y.，Simard P.，Frasconi P.，*Learning Long-Term Dependencies with Gradient Descent is Difficult*，IEEE Transactions on Neural Networks，5/1994）。数学细节相当复杂，因为它们涉及动态系统理论。但是，最终的结果是，当$t \to \infty$时，一个神经元变得对噪声具有鲁棒性（正常的期望行为）的网络会受到梯度消失问题的影响。更一般地说，可以表示向量循环神经元动态如下：

$$\bar{y}^{(t+1)} = f_a(W^{\mathrm{T}} \cdot \bar{x}^{(t+1)} + \bar{b} + \bar{y}^{(t)})$$

BPTT 的乘法效应使梯度与W^t成比例。一般可以将W分解为$W = P\Lambda P^{\mathrm{T}}$，其中$\Lambda$的对角包含特征值。因此，$W^t = P\Lambda^t P^{\mathrm{T}}$，而且，如果$W$的最大绝对特征值（也称为光谱半径）小于 1，则下式成立：

$$\lim_{t\to\infty} W^t = \lim_{t\to\infty} P\Lambda^t P^{\mathrm{T}} = P\left(\lim_{t\to\infty}\Lambda^t\right)P^{\mathrm{T}} = P\begin{pmatrix}\lambda_1^t & 0 & 0\\ 0 & \ddots & 0\\ 0 & 0 & \lambda_n^t\end{pmatrix}P^{\mathrm{T}} = 0$$

相反，特征值大于 1 会产生激增效应，使有界单元饱和（例如 sigmoid 或双曲正切）或无界单元溢出（例如 ReLU）：

$$\lim_{t\to\infty} W^t = \infty$$

更简单地，可以说梯度的大小与序列的长度成正比，而且即使条件是渐近有效，很多实验也证实了，数值计算的有限精度和随后的乘法导致的指数衰减会使梯度消失或激增，即使序列不是很长（梯度消失比梯度激增更有可能）。这似乎是任何循环神经网络架构的宿命，但幸运的是，已经设计并提出了最新方法来解决这个问题，使循环神经网络能够学习短期和长期的依赖关系，也不会平添复杂性。新的循环神经网络时代开始了，结果立竿见影。

20.2 长短期记忆

这个模型（代表了很多领域里的最新循环元）由 Hochreiter 和 Schmidhuber 于 1997 年提出（参阅：Hochreiter S.，Schmidhuber J.，*Long-Short-Term Memory*，Neural Computation，Vol.9，11/1997），其标志性名称是**长短期记忆**（long short-term memory，LSTM）。顾名思义，其思想是：创造一个更复杂的人工循环神经元，可被插入更大的网络加以训练，而且不会有梯度消失，当然也不会有梯度爆炸的风险。经典循环网络的一个关键要素是，它们专注于学习，而不是选择性遗忘。其实这种能力对于优化记忆是非常必要的，这样才能记住真正重要的东西，并删除所有那些预测新值所不需要的信息。

为了实现这一目标，LSTM 利用两个重要的特性（在介绍模型之前应该讨论它们）。第一个是显式状态，它是一个存储构建长期和短期依赖关系所需的元素（包括当前状态）的变量独立集合。这些变量是所谓**常量误差传递**（constant error carousel，CEC）机制的构成单元，之所以这样命名是因为该机制负责对反向传播算法提供的错误进行周期性和内部的管理。这种方法使得权重校正不再受到乘法效应的影响。内部 LSTM 可以更好地理解如何安全地反馈错误，但是，对训练过程（始终基于梯度下降）的确切解释超出了本书的范围，可以从前面提到过的论文了解更多内容。

第二个特性是门（gate）的存在。可以简单地将门定义为一个可以调节流经它的信息量的元素。例如，如果 $y=ax$ 且 a 是一个介于 0 和 1 之间的变量，那么可以将 a 视为一个门，因为当 $a=0$ 时，它会阻止输入 $\bar{x}$；当 $a=1$ 时，它允许输入无限制地流入；当 $0<a<1$ 时，它会按比例减少信息量。LSTM 的门由 sigmoid 函数管理，而激活则基于双曲切线（其对称性保证了更好的性能）。此时，可以显示 LSTM 单元的结构图（见图 20.3，函数 $f(\bullet)$、$i(\bullet)$ 和 $O(\bullet)$ 分别表示遗忘门、输入门和输出门的核心）并讨论其内部动力学。

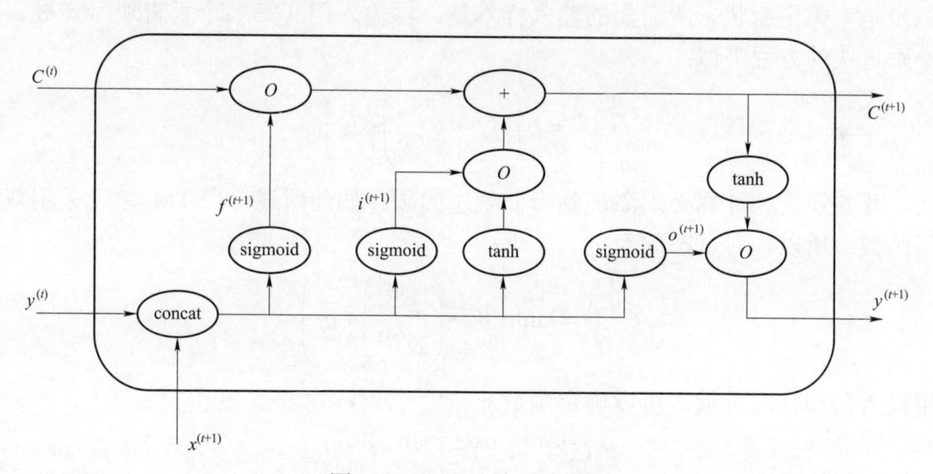

图 20.3　LSTM 单元的结构

第一个（也是最重要的）元素是记忆状态，它负责依赖关系和实际输出。在图 20.3 中，它由上方的线表示，其动态由以下一般方程表示：

$$C^{(t+1)}=g_1(C^{(t)})+g_2(\bar{x}^{(t+1)},\bar{y}^{(t)})$$

因此，状态取决于前一个值、当前输入和前一个输出。

首先介绍第一步，遗忘门。顾名思义，它负责已有记忆元素的保留或删除。在图 20.3 中，遗忘门用第一个垂直块表示，通过连接先前的输出和当前的输入获得其值：

$$\bar{f}^{(t+1)} = \sigma\left(W_f \bullet \begin{pmatrix} \bar{y}^{(t)} \\ \bar{x}^{(t+1)} \end{pmatrix} + \bar{b}_f\right)$$

该操作是一个经典的向量输出的神经元激活。另一种版本可以利用两个权重矩阵，并保持输入元素分离：

$$\bar{f}^{(t+1)} = \sigma\left(W_f \bullet \bar{x}^{(t+1)} + V_f \bullet \bar{y}^{(t)} + \bar{b}_f\right)$$

但是，推荐前一个版本，因为它可以更好地表达输入和输出的同质性，以及它们的结果。利用遗忘门，可以用 Hadamard（或元素）乘积确定 $g_1(C^{(t)})$ 的值：

$$g_1(C^{(t)}) = \bar{f}^{(t+1)} \circ C^{(t)}$$

这种计算的效果是过滤必须保留的 $C^{(t)}$ 的内容和有效度（与 $\bar{f}^{(t+1)}$ 的值成正比）。如果遗忘门输出的值接近 1，那么相应的元素仍然被认为是有效的。如果输出的值较小，那么意味着一种过时或淘汰，当遗忘门值为 0 或接近 0 时，甚至可能导致 LSTM 单元完全删除元素。

第二步是考虑更新状态所需要的输入样本量。由输入门（第二个垂直块）完成。其方程与第一个垂直块的方程类似：

$$\bar{i}^{(t+1)} = \sigma\left(W_i \bullet \begin{pmatrix} \bar{y}^{(t)} \\ \bar{x}^{(t+1)} \end{pmatrix} + \bar{b}_i\right)$$

但是，此时还需要计算必须添加到当前状态的项。如前所述，LSTM 单元采用双曲正切作为激活函数，所以，对状态的新贡献如下：

$$\hat{C}^{(t+1)} = \tanh\left(W_c \bullet \begin{pmatrix} \bar{y}^{(t)} \\ \bar{x}^{(t+1)} \end{pmatrix} + \bar{b}_c\right)$$

利用输入门和状态贡献，可以确定函数 $g_2(\bar{x}^{(t+1)}, \bar{y}^{(t)})$：

$$g_2(\bar{x}^{(t+1)}, \bar{y}^{(t)}) = \bar{i}^{(t+1)} \circ \hat{C}^{(t+1)}$$

因此，完整的状态方程变为：

$$C^{(t+1)} = (\bar{f}^{(t+1)} \circ C^{(t)}) + (\bar{i}^{(t+1)} \circ \hat{C}^{(t+1)})$$

现在，LSTM 单元的内部逻辑更为清晰。状态基于以下因素：

- 以前的经验与根据新经验（由遗忘门调节）对以前经验的重新评价之间的动态平衡。
- 当前输入（由输入门调节）的语义效应和潜在的累加激活。

现实应用场景很多。新的输入可能强制 LSTM 复位状态并存储新的输入值。输入门也可以保持关闭，给新的输入（以及以前的输出）赋予很低的优先级。这种情况下，考虑到长期依赖性，LSTM 可以决定丢弃被认为是噪声且不一定能够有助于准确预测的样本。其他情况下，遗忘门和输入门都可以部分开启，只让一些值影响状态。所有这些可能性都由学习过程通过修正权重矩阵和偏差加以管理。与 BPTT 不同的是，梯度消失问题不再妨碍长期依赖性。

最后一步是确定输出。第三个垂直块称为输出门，控制着必须从状态传输到输出单元的信息。其方程如下：

$$\bar{o}^{(t+1)} = \sigma\left(W_o \bullet \begin{pmatrix} \bar{y}^{(t)} \\ \bar{x}^{(t+1)} \end{pmatrix} + \bar{b}_o\right)$$

因此，实际输出为：

$$\bar{y}^{(t+1)} = \bar{o}^{(t+1)} \circ \tanh C^{(t+1)}$$

关于门，有一点重点考虑。相同的向量馈入所有门，该向量包含先前的输出和当前的输入。由于门是同质值，串联起来就形成一个连贯的实体，表达了一种逆向因果关系（其实这是一个不恰当的定义，因为正在处理的是先前的效果和当前的原因）。门的作用类似于无阈值的逻辑回归，所以它们可以被视为伪概率向量（不是分布，因为每个元素是独立的）。遗忘门表示最后一个序列（效果、原因）比当前状态更重要的概率，但是只有输入门负责授权影响新状态。此外，输出门表示当前序列能够让当前状态流出的概率。

这种机理确实非常复杂，而且有一些缺点。例如，当输出门保持关闭时，输出接近于零，这会影响遗忘门和输入门。因为它们控制新的状态和常量误差传递（constant error carousel，CEC），所以可能会限制传入的信息量和随后的校正，从而导致性能不佳。所谓的窥视孔 LTSM（peepholes LSTM）提供了一个可以缓解此问题的简单解决方案。其基本思想是，将前一个状态馈入每个门，这样各门就可以更独立地做出决策。门的一般方程变为：

$$\bar{g}^{(t+1)} = \sigma\left(W_{\mathrm{g}} \bullet \begin{pmatrix} \bar{y}^{(t)} \\ \bar{x}^{(t+1)} \end{pmatrix} + U_{\mathrm{g}} \bullet C^{(t)} + \bar{b}_{\mathrm{g}}\right)$$

必须以与标准 W_{g} 和 $\bar{b}_{\mathrm{g}}$ 相同的方式学习新的、所有三个门的权重集 U_{g}。这与经典 LSTM 的主要区别在于，遗忘门→输入门→新状态→输出门→实际输出，这一顺序流程现在被部分绕过。状态出现在每个门激活函数，使得各门利用多个循环连接，在很多复杂情况下产生更好的准确率。另一个重要的考虑因素是学习过程：这种情况下，窥视孔（peephole）是关闭的，唯一的反馈通道是输出门。遗憾的是，并非每个 LSTM 算法工具都支持窥视孔功能，但是，研究证实，在大多数情况下，所有模型都产生类似的性能。

Xingjian 等提出了一种称为卷积 LSTM 的算法变种，它将卷积和 LSTM 单元明确地混合在一起（参阅：Xingjian S.，Zhourong C.，Hao W.，Dit-Yan Y.，Wai-kin W.，Wang-Chun W.，*Convolutional LSTM Network：A Machine Learning Approach for Precipitation Nowcasting*，arXiv：1506.042 14 [cs.CV]）。主要的内部差异涉及门的计算，变成了（没有窥视孔，但可

以添加窥视孔）：

$$\bar{g}^{(t+1)} = \sigma\left(W_{\mathrm{g}} * \begin{pmatrix} \bar{y}^{(t)} \\ \bar{x}^{(t+1)} \end{pmatrix} + \bar{b}_{\mathrm{g}}\right)$$

W_{g} 是一个与输入－输出向量（通常是两个图像的串联）进行卷积的核。当然，可以训练任意数量的核以提高单元的解码能力，输出的形状将等于批量大小×宽度×高度×核。这种单元特别适用于将空间处理与健壮的时间方法结合起来。给定一系列图像（例如，卫星图像和游戏截图），卷积 LSTM 网络可以学习通过几何特征演变表现出来的长期关系（例如，考虑到事件的长期历史，可以预测云团移动或特定的精灵策略）。

这种方法（稍加修改）广泛应用于深度强化学习中，以解决仅有一系列图像作为输入的复杂问题。当然，计算复杂度非常高，特别是当使用很多后续层时。但是，结果优于任何现有方法，而且这种方法成为处理此类问题的首选方法之一。

另一个重要的方法变种（很多 RNN 所共有的）由一个双向接口提供。这不是一个实际的层，而是一种策略，用于将序列的前向分析与后向分析结合起来。将一个序列及其逆序列输入给两个单元块，而输出串联起来，用于进一步的处理。在自然语言处理等领域，这种方法能够极大地提高分类和实时翻译的准确率。其原因与序列结构的基本规则密切相关。自然语言的一个句子 $w_1 w_2 \ldots w_n$ 有前向关系（例如，一个单数名词后面可以跟 is），但是对反向关系的了解（例如，句子“这个位置非常糟糕－this place is pretty awful”）会出现以下常见错误：以前必须利用后处理进行纠正（pretty 的初始翻译可能与 nice 的翻译类似，但随后的分析表明 pretty 在这种情况下不是一个形容词，与形容词 nice 不匹配，所以需要应用特殊规则）。深度学习并非建立在特殊规则的基础上，而是建立在学习一种内部表征的能力上，这种能力在做出最终决策时应该是自主的（没有更多的外部帮助），双向 LSTM 网络有助于在很多重要环境中实现这一目标。

Keras/TensorFlow 自一开始就实现了 LSTM 类。它还提供了一个双向类包装器，可用于每个 RNN 层，以获得双输出（利用前向和后向序列计算得到）。此外，Keras 2 有基于 NVIDIA CUDA（CuDNNLSTM）的 LSTM 优化版本，当兼容的 GPU 可用时，该版本提供非常高的性能。Keras 2 还有实现了卷积 LSTM 层的 ConvLSTM2D 类。这种情况下，读者可以立即识别很多参数，因为它们与标准卷积层相同。

20.2.1 门控循环单元（GRU）

Cho 等人提出了门控循环单元（gated recurrent unit，GRU）模型（参阅：Cho K.，Van

Merrienboer B.，Gulcehre C.，Bahdanau D.，Bougares F.，Schwenk H.，Bengio Y.，*Learning Phrase Representations Using RNN Encoder-Decoder for Statistical Machine Translation*，arXiv：1406.1078［cs.CL］)，可以看作有一些变化的简化 LSTM。

一般的全门控单元的结构如图 20.4 所示，函数 $r(\cdot)$和 $u(\cdot)$分别表示复位门和更新门的核心。

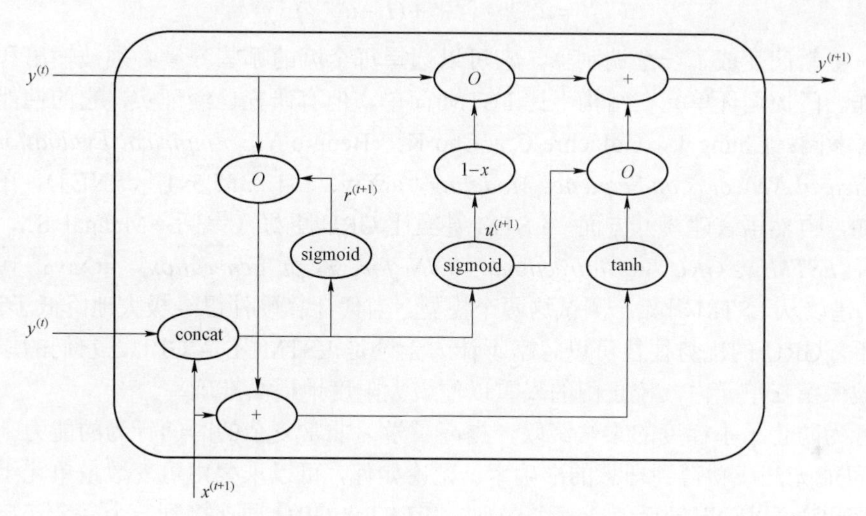

图 20.4　全门控循环单元的结构

GRU 与 LSTM 的主要区别在于只存在两个门，而且没有显式状态。这些简化可以加速训练和预测，同时避免梯度消失问题。

第一个门称为复位门（一般用字母 r 表示），其功能类似于遗忘门：

$$\bar{r}^{(t+1)} = \sigma\left(W_{\mathrm{r}} \cdot \begin{pmatrix} \bar{y}^{(t)} \\ \bar{x}^{(t+1)} \end{pmatrix} + \bar{b}_{\mathrm{r}}\right)$$

与遗忘门类似，复位门的作用是决定必须保留先前输出的哪些内容以及保留到什么程度。事实上，对新输出的新贡献如下：

$$\hat{y}^{(t+1)} = \tanh\left(W_y \cdot \bar{x}^{(t+1)} + \bar{r}^{(t+1)} \circ (V_y \cdot \bar{y}^{(t)}) + \bar{b}_y\right)$$

式中将权重矩阵分开以更好地解释行为。tanh 的参元 x 是新输入的线性函数与前一状态函数加权项的和。现在，复位门的工作原理已经很清楚了：它调整必须保留的历史量（累积在以前的输出值中），以及可以丢弃的历史量。

但是，考虑到短期和长期的依赖性，复位门尚不足以确定足够准确的正确输出。为了增加门控循环单元的表现力，又增加了一个更新门（其作用类似于 LSTM 的输入门）：

$$\bar{u}^{(t+1)}=\sigma\left(W_{u}\cdot\begin{pmatrix}\bar{y}^{(t)}\\ \bar{x}^{(t+1)}\end{pmatrix}+\bar{b}_{u}\right)$$

更新门控制必须有助于新输出（以及状态）的信息量。因为其值介于 0 和 1 之间，训练过的 GRU 混合了旧的输出和新增贡献，其操作类似于加权平均：

$$\bar{y}^{(t+1)}=\bar{u}^{(t+1)}\circ\hat{y}^{(t+1)}+(I-\bar{u}^{(t+1)})\circ\bar{y}^{(t)}$$

因此，更新门变成了一个调制器，它可以选择每个流的哪些分量必须被输出和存储以供下一个操作。门控循环单元在结构上比 LSTM 简单，但有研究已经证实，它的性能平均相当于 LSTM（参阅：Chung J.，Gulcehre C.，Cho K.，Bengio Y.，*Empirical Evaluation of Gated Recurrent Neural Networks on Sequence Modeling*，arXiv：1412.355 5v1［cs.NE］）。在一些具体应用（例如，自然语言建模）方面，LSTM 甚至比 GRU 更好（参阅：Mangal S.，Joshi P.，Modak R.，*LSTM vs.GRU vs.Bidirectional RNN for script generation*，arXiv：1908.043 32［cs.CL］）。建议从 LSTM 开始，测试这两个模型。当代计算硬件已经极大地降低了计算成本，很多情况下，GRU 的优势往往可以忽略不计。无论是 LSTM 还是 GRU，它们的原理是相同的：误差被保留在单元内，校正门的权重以便最大限度地提高准确率。

这种行为防止了小梯度的乘法级联，提高了学习非常复杂的时间行为的能力。但是，单个单元/层可能无法成功得到理想的准确率。无论如何，可以堆叠由可变数量单元组成的多个层。每一层通常可以输出最后值或整个序列。将 LSTM/GRU 层连接到一个完全连接的层时利用最后值，而整个序列则提供给另一个循环层。下节示例将说明如何用 Keras 实现这些技术。

与 LSTM 一样，Keras/TensorFlow 实现了 GRU 类及其 NVIDIA CUDA 优化版本 CuDNNGRU。

20.2.2 利用 TensorFlow 和 Keras 的 LSTM 示例

本示例要测试 LSTM 网络学习长期依赖关系的能力。因此，使用了一个名为苏黎世月度太阳黑子（zuerich monthly sunspots）的数据集，它包含从 1749～2015 年所有月份观测到的太阳黑子数量（由布鲁塞尔比利时皇家天文台 SILSO data/image 收集）。

注：交叉验证数据集可从布鲁塞尔比利时皇家天文台 SILSO data/image 的页面下载：http://sidc.be/silso/infossntotmonthly。

由于对日期并不感兴趣，所以需要解析文件以便仅提取时间序列所需的值（仅限于 3175 个步骤，将分区简化为 15 个步骤块）：

```
import numpy as np
import pandas as pd

n_samples = 3175
sequence_length = 15

dataset_filename = 'ISSN_M_tot.csv'

df = pd.read_csv(dataset_filename, header=None).dropna()
data =  df[3].values[:n_samples - sequence_length].\
        astype(np.float32)
```

这些值没经过归一化处理。但因为 LSTM 使用双曲切线，所以可以将这些值归一化在区间（−1，1）。利用 scikit-learn 类 MinMaxScaler 可轻松完成此步骤：

```
from sklearn.preprocessing import MinMaxScaler

mmscaler = MinMaxScaler((-1.0, 1.0))
data = mmscaler.fit_transform(data.reshape(-1, 1))
```

图 20.5 显示了完整的数据集。

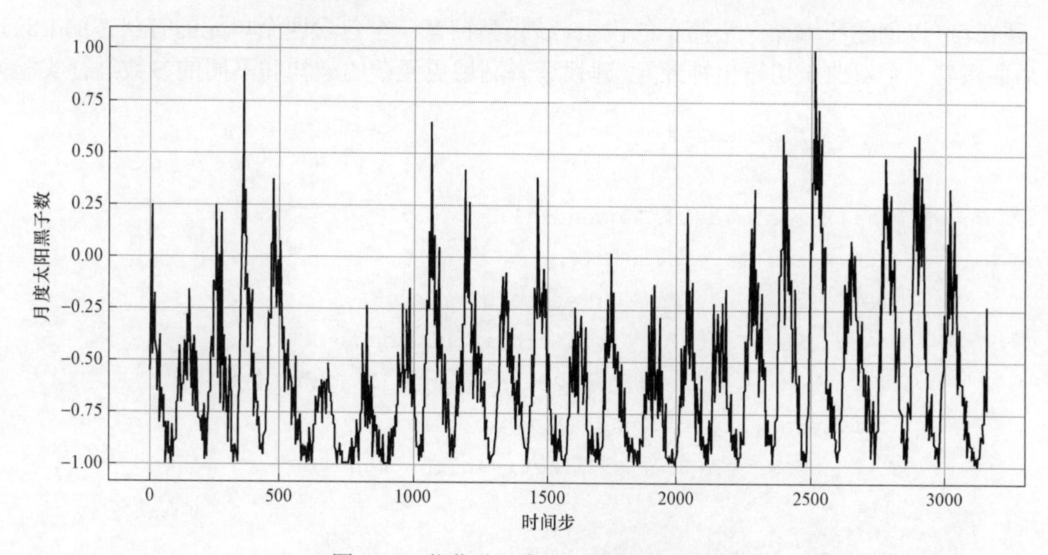

图 20.5　苏黎世月度太阳黑子时间序列

为了训练模型，决定使用 2600 个数据点作为训练数据集，剩余的 575 个数据点作为验证数据集（对应于大约 48 年）。模型输入是一批 15 个数据点的序列（沿时间轴移动），输出是下一个月，所以在训练之前，需要准备数据集：

```
X_ts = np.zeros(shape=(n_samples - sequence_length,
                        sequence_length, 1),
                dtype=np.float32)
Y_ts = np.zeros(shape=(n_samples - sequence_length, 1),
                dtype=np.float32)


for i in range(0, data.shape[0] - sequence_length):
X_ts[i] = data[i:i + sequence_length]
Y_ts[i] = data[i + sequence_length]


X_ts_train = X_ts[0:2600, :]
Y_ts_train = Y_ts[0:2600]


X_ts_test = X_ts[2600:n_samples, :]
Y_ts_test = Y_ts[2600:n_samples]
```

现在，可以创建和编译一个简单的模型，该模型拥有一个包含四个单元的有状态的 LSTM 层，后面跟着一个双曲正切输出神经元（建议读者利用更复杂的架构和不同的参数进行实验）：

```
import tensorflow as tf

model = tf.keras.models.Sequential([
        tf.keras.layers.LSTM(4,
                             stateful=True,
                             batch_input_shape=
                             (20, sequence_length, 1)),
        tf.keras.layers.Dense(1,
                              activation='tanh')
       ])
```

```
model.compile(optimizer=
                  tf.keras.optimizers.Adam(
                      lr=0.001, decay=0.0001),
              loss='mse',
              metrics=['mse'])
```

在 LSTM 类中设置参数 stateful=True，这样 TensorFlow/Keras 在每次批处理之后就不必复位状态（默认值为 False）。事实上，目标是学习长期依赖关系，并将单个批处理视为同一序列的一部分。因此，内部 LSTM 状态必须反映整体趋势，并捕捉长系列批次的季节性。当 LSTM 网络是有状态的时，还需要在输入形状中指定批量大小（通过 batch_input_shape 参数）。本示例选择批处理大小为 20 个数据点，这些数据点连接起来生成整个序列（假设数据点以规则的间隔采样）。读者必须记住，无状态的 LSTM 总是有助于学习时间序列的，但限于较短的序列。如果想根据过去全部经验预测未来的行为时，单元格必须保持状态，并在提交新批次时重用状态。

优化器是 Adam，具有更高的衰减率（避免不稳定性）和基于均方误差的损失（这是这种情况下最常见的选择）。此时，可以对模型进行 100 个轮次的训练，这足以到达训练和验证损失函数均停止减小的区域：

```
model.fit(X_ts_train, Y_ts_train,
          batch_size=20,
          epochs=100,
          shuffle=False,
          validation_data=(X_ts_test, Y_ts_test))
```

上面程序段的输出是：

```
Train on 2600 samples, validate on 560 samples
Epoch 1/100
2600/2600 [==========] - 3s 1ms/sample - loss: 0.2676
- mse: 0.2676 - val_loss: 0.1020 - val_mse: 0.1020
Epoch 2/100
2600/2600 [==============] - 0s 174us/sample - loss:
0.0670 - mse: 0.0670 - val_loss: 0.0893 - val_mse: 0.0893
…
Epoch 99/100
```

```
2600/2600 [==============] - 1s 204us/sample - loss:
0.0160 - mse: 0.0160 - val_loss: 0.0182 - val_mse: 0.0182
Epoch 100/100
2600/2600 [==============] - 0s 171us/sample - loss:
0.0159 - mse: 0.0159 - val_loss: 0.0181 - val_mse: 0.0181
```

这只是一个教学用的示例。因此，最终验证的均方误差不是很低（即使它小于 2%）。但是，如图 20.6 所示（表示验证集上的预测），模型已经成功地把握了全局趋势和一些短期依存关系。

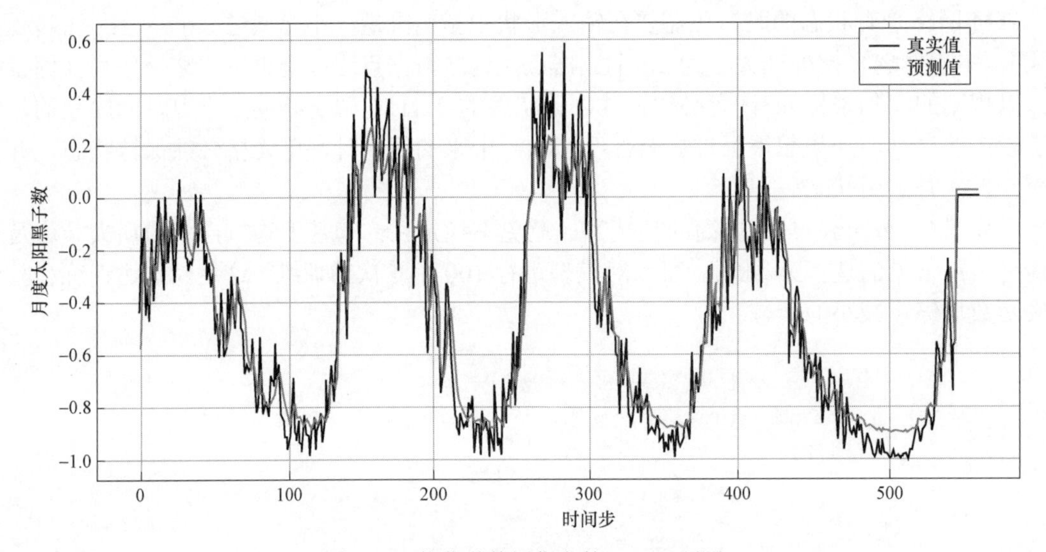

图 20.6 苏黎世数据集上的 LSTM 预测

该模型仍然无法达到非常高的准确率来对应所有非常快速的尖峰，但它能够正确地模拟振荡的振幅和尾部的长度。说实话，必须知道这种验证是在真实数据上进行的，但在处理时间序列时，必须利用基本事实预测新值。这种情况下，就如同一个变化的预测，每个预测值都是利用训练历史和一组真实的观测值得到的。显然，该模型能够预测长期振荡和一些局部振荡（例如，从第 300 步开始的序列），但可以对其进行改进，以便在整个验证集上具有更好的性能。为了实现这个目标，有必要增加网络的复杂性并调整学习率，这是一个在真实数据集上非常有趣的练习。

观察图 20.6，可以看到模型在某些高频（快速变化）下相对更准确，而在其他频率下则很不精确。这并不奇怪，因为非常振荡的函数需要更多的非线性（想想泰勒展开和将其截断到特定程度时的相对误差），以达到高准确率（这意味着要采用更多的层）。考虑到需要将整个输出序列传递给后续的循环层（这可以通过设置参数 `return_sequences=True` 来实现），建议可以利用更多的 LSTM 层重复这个实验。而最后一层必须只返回最终值(这是默认行为)。另外还建议测试 GRU 层，比较它与 LSTM 版本的性能，选择最简单（设定训练时间基准）和最准确的解决方案。

20.3　迁移学习

前面曾讨论了深度学习是如何建立在黑盒模型基础上的，这个黑盒模型学习如何将输入模式与特定的分类/回归结果相关联。通常用于为特定检测准备数据的整个处理流程融入复杂的神经结构。但是，获得高准确率的代价是成比例的训练样本数量。最新的视觉网络是用数百万张图片训练出来的，显然，每一张图片都必须贴上适当的标签。尽管有很多免费的数据集可以用来训练多个模型，但是很多特定的场景仍然需要做艰苦的准备工作，有时这是很难实现的。

好在深层神经架构是以结构化方式学习的层次模型。正如从深度卷积网络示例所看到的，第一层对检测低层特征变得越来越敏感，而高层则集中精力提取更详细的高层次特征。

有理由认为，一个用大的视觉数据集（例如，ImageNet 或 Microsoft Coco）训练的网络，可被重用以专门实现一个稍微不同的任务。这个概念被称为迁移学习（transfer learning）。当需要创建具有全新数据集和特定目标的最新模型时，迁移学习是最有用的技术之一。

例如，顾客可以要求一个系统监视几个摄像头，目的是分割图像，突出特定目标的边界。输入是由具有相同几何特性的视频帧组成的。因为训练所用的数千个图像构成了非常强大的模型（例如，Inception、ResNet 或 VGG），所以，可以采用预训练模型，移除最高层（通常是终止于 softmax 分类层的密集层），并将展平层连接到输出包容盒坐标的多层感知机。网络的第一部分可以被冻结（权重不再修改），而随机梯度下降法用于调整新专用子网的权重，如图 20.7 所示。

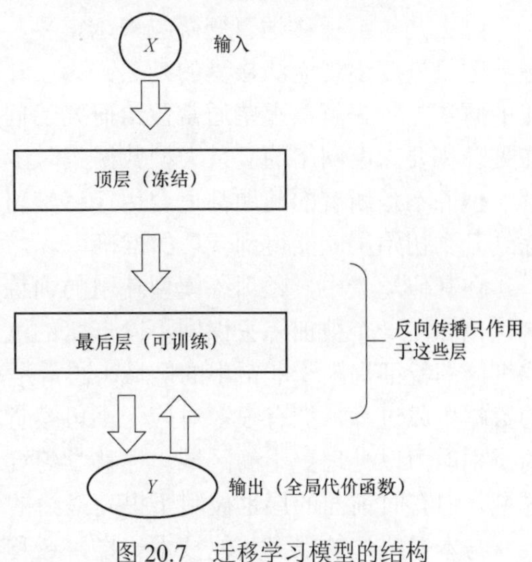

图 20.7　迁移学习模型的结构

显然，这种方法可以极大地加快训练过程，因为模型最复杂的部分已经训练过。而且由于已经对原始模型进行了优化，还可以保证极高的准确率（相对于原始解决方案）。显然，最自然的问题是，这种方法是如何工作的？

有什么正式的证明吗？遗憾的是，所有的结果都没有完整的数学证明，但有足够的证据相信这种方法。

例如，从文献（Parisotto E.，Ba J.，Salakhutdinov R.，*Actor-Mimic Deep Multitask and Transfer Reinforcement Learning*，arXiv: 1511.063 42v4［cs.LG］和 Taylor M.，Stone P.，*Transfer learning for reinforcement learning domains：A survey*，*The Journal of Machine Learning Research*，10，2009）可以看到迁移学习如何改善用于强化学习的深度模型的有效性。在这种情况下，已有的知识的迁移（和调整）可以节省时间，改进已有模型的可重用性。

一般而言，神经网络训练过程的目标是特定化每一层，以便为下一层提供更具体的（详细的、过滤的等）表示。卷积网络是这样明显的例子，但在多层感知机中也可以观察到同样的情况。非常深的卷积网络的分析表明，在到达展平层之前，内容仍然是可见的。在展平层，内容被发送到一系列密集层，这些密集层负责为最后的 softmax 层提供信息。换句话说，卷积块的输出是输入的更高层次的分段表示，很少受到特定分类问题的影响。

因此，迁移学习通常是可靠的，不需要对低层进行再训练。但是，很难知晓哪种模型能产生最好的性能，而知道哪个数据集被用来训练原始网络是非常有用的。通用数据集（例如，ImageNet）在很多情况下非常有用，而特定的数据集（例如，Cifar－10 或 Fashion-MNIST）可能限制太多。好在 TensorFlow/Keras 提供了（在 TensorFlow 的软件包 tf.keras.applications 里）很多模型（甚至是非常复杂的模型），这些模型都是用 ImageNet 数据集训练的，而且可以立即用于实际应用。虽然这些模型用起来很简单，但也需要深入理解这个框架，这又超出了本书的范围。对此主题感兴趣的读者可以参阅：Holdroyd T.，*TensorFlow 2.0 Quick Start Guide*，Packt Publishing，2019。

过去几年，迁移学习变得越来越重要，因为即使硬件价格下降，多次训练大型模型也会导致项目进度出现无法接受的延迟。为了让机器学习成为一种标准的方法，还必须找到工程化的解决方案去解决那些通常留给研究的问题。迁移学习无疑是这样一种方法，数据科学家在处理需要深度网络的复杂大型数据集时应该始终考虑它。

但并不是所有的问题都适合用迁移学习方法来解决。有时，已有模型过于通用，可能只冻结几个初始层就能得到合理的准确率。

在其他场景中，预训练模型使用的训练集的结构要求与特定任务并不兼容的神经网络架构。例如，一个被训练去识别不同形状的汽车或卡车的模型可能很难处理生物细胞，因为生物细胞的特征局限于非常小的区域（通常是重叠的）。这种情况下，预训练模型学习了更广泛的数据生成过程，拥有很多对应于不可察觉差异的区域。相反，细胞识别通常需要具有更好的辨别能力以处理更小的区域。迁移学习要求最后一层（通常是完全连接的）处理具体的小区域，但有时前面的层也被用于提高最终的性能。

与本书描述的很多其他技术一样，迁移学习就像一把瑞士军刀，能够适应完全不同的任务，当然要求这些任务实际上相互兼容。考虑到训练一个全新模型所需的努力，一般最好迁移学习当作一种候选替代方法。但是，要对目标有一个清晰的认识，做出既实用又有效的决策。

例如，有必要选择合适的预训练模型。有些网络被设计用于处理特定类型的样本（例如小的或低分辨率的图像），而另一些网络则是利用采样自非常通用的数据生成过程的数据进行训练的。只有在用法相似的情况下，设计用于特定环境的模型才是一个好的选择。例如，一个用于自动驾驶汽车的深层网络可能从来没有被训练去识别与在街上遇到的不同的物体。

如果目标域与初始域重叠，迁移学习模型会非常有效，但当对象的几何特性要求在非常不同尺度上区分时，学习模型可能就不准确。因此，初始模型的选择应该从通用模型开始，让最后一层根据特定细节更具选择性。而且我们很难对数据生成过程有清晰的概念。因此，数据科学家必须在项目进度表中包含一些探索时间，可能要保留所有不同版本的训练模型，以便进行最终的、全面的比较。

20.4　本章小结

本章介绍了循环神经网络概念，强调了利用 BPTT 算法训练经典模型时一般会出现的问题。特别是，解释了为什么这些网络不容易学习长期依赖性。

因此，提出了性能优异的新模型。讨论了最著名的循环单元，称为长短期记忆（LSTM），可用于很容易学习序列的所有最重要的依赖关系的层，即使在方差非常高的情况下（如股市行情），也能将预测误差最小化。最后一个主题是在 LSTM 中实现的算法的简化版本，提出了一个称为门控循环单元（GRU）的模型。这个单元更简单，计算效率更高，许多基准对比测试都证实，它的性能与 LSTM 大致相同。

第 21 章将讨论一些称为自编码器的模型，其主要特性是创建任意复杂输入分布的内部表示。

扩展阅读

- Holdroyd T., *TensorFlow 2.0 Quick Start Guide*, Packt Publishing, 2019.
- Goodfellow I., Bengio Y., Courville A., *Deep Learning*, The MIT Press, 2015.
- Zipser D., *Advances in Neural Information Processing Systems*, II, 1990.
- Bengio Y., Simard P., Frasconi P., *Learning Long-Term Dependencies with Gradient Descent is Difficult*, IEEE Transactions on Neural Networks, 5/1994.
- Hochreiter S., Schmidhuber J., *Long Short-Term Memory*, Neural Computation, Vol.9, 11/1997.

- Xingjian S., Zhourong C., Hao W., Dit-Yan Y., Wai-kin W., Wang-Chun W., *Convolutional LSTM Network:A Machine Learning Approach for Precipitation Nowcasting*, arXiv: 1506.04214 [cs.CV].
- Cho K., Van Merrienboer B., Gulcehre C., Bahdanau D., Bougares F., Schwenk H., Bengio Y., *Learning Phrase Representations using RNN Encoder-Decoder for Statistical Machine Translation*, arXiv: 1406.1078[cs.CL].
- Mangal S., Joshi P., Modak R., *LSTM vs.GRU vs.Bidirectional RNN for script generation*, arXiv: 1908.04332[cs.CL].
- Chung J., Gulcehre C., Cho K., Bengio Y., *Empirical Evaluation of Gated Recurrent Neural Networks on Sequence Modeling*, arXiv: 1412.3555v1[cs.NE].
- Parisotto E., Ba J., Salakhutdinov R., *Actor-Mimic Deep Multitask and Transfer Reinforcement Learning*, arXiv: 1511.06342v4[cs.LG].
- Taylor M., Stone P., *Transfer learning for reinforcement learning domains: A survey*, The Journal of Machine Learning Research, 10, 2009.

第 21 章　自　编　码　器

本章将介绍一个无监督模型系列，该系列模型的性能借助现代深度学习技术得以提升。自编码器（autoencoder）为降维或词典学习等经典问题提供了不同的解决方法，但是，与很多其他算法不同，自编码器并不受影响着很多著名模型的容量限制。此外，自编码器可以利用特定的神经层（例如卷积），根据专门的标准提取信息片段。这样，内部表现针对不同类型的失真更具鲁棒性，而且在处理信息量方面更加高效。

将具体讨论以下内容：

- 标准自编码器。
- 去噪自编码器。
- 稀疏自编码器。
- 变分自编码器。

首先讨论自编码器的主要概念，重点是结构组件及其特征。随后各节将进一步扩展这些概念，以解决更复杂的问题。

21.1　自编码器

前面的章节（特别是涉及半监督学习的第 3 章半监督学习导论和第 4 章高级半监督分类），讨论了真实数据集为什么通常是低维流形上样本的高维表示（这是半监督模式的假设之一，但通常是正确的）。

因为模型的复杂性与输入数据的维数成正比，所以为了减少有效组件的实际数量，研究分析和改进了很多技术。例如，主成分分析法根据特征的相对解释方差选择特征，而独立成分分析法和通用字典学习技术则寻找可以组合起来重建原始样本的基本原子。本章将分析一系列基于微小差异方法的模型，但这些模型的功能会借助深度学习方法的应用而显著提高。通用自编码器是这样一个模型，它被分成两个独立的（但不是完全自主的）组件，称为编码器和解码器。编码器的任务是将输入样本转换为编码特征向量，而解码器的任务则相反：以特征向量作为输入，重建原始样本。图 21.1 是通用自编码器模型的示意图。

可以更正式地将编码器描述为一个参数化函数：

$$\bar{z}_i = e(\bar{x}_i;\bar{\theta}_e), \bar{x}_i \in X$$

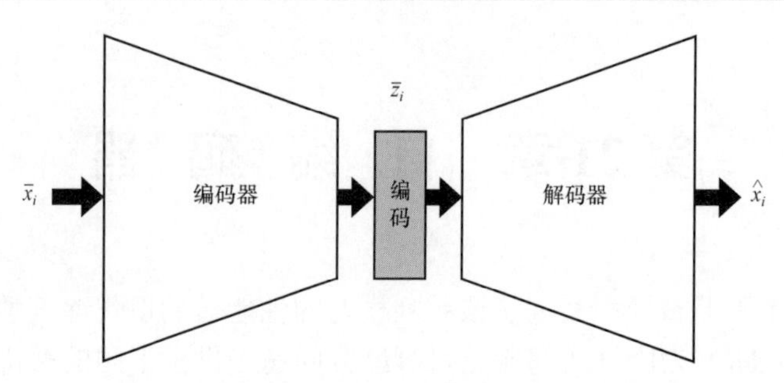

图 21.1 通用自编码器的架构

输出 $\bar{z}_i$ 是向量代码，其维数通常比输入的维数低很多。类似地，解码器描述如下：

$$\hat{x}_i = d(\bar{z}_i;\bar{\theta}_{\mathrm{d}})$$

标准算法的目标是最小化代价函数，它与重构误差成比例。经典方法基于均方误差 MSE（处理样本数量等于 M 的数据集）：

$$C(X;\bar{\theta}_{\mathrm{e}},\bar{\theta}_{\mathrm{d}}) = \frac{1}{M}\sum_{i=1}^{M}\left\|\bar{x}_i - \hat{x}_i\right\|^2 = \frac{1}{M}\sum_{i=1}^{M}\left\|\bar{x}_i - d(e(\bar{x}_i;\bar{\theta}_{\mathrm{e}});\bar{\theta}_{\mathrm{d}})\right\|^2$$

此函数仅取决于输入样本（常数）和参数向量，所以，事实上这是一种无监督方法，可以控制内部结构和对 $\bar{z}_i$ 代码施加的约束。从概率的观点看，如果输入样本 $\bar{x}_i$ 采自数据生成过程 $p(X)$，那么目标是找到一个参数分布 $q(X)$，使 $p(X)$ 的库尔贝克－莱布勒散度最小化。根据以上定义，可以定义一个条件分布 $q(\hat{X}|X)$：

$$q(\hat{x}_i|\bar{x}_i) = q(d(e(\bar{x}_i;\bar{\theta}_{\mathrm{e}});\bar{\theta}_{\mathrm{d}})|\bar{x}_i)$$

因此，库尔贝克－莱布勒散度变为：

$$D_{\mathrm{KL}}(p\|q) = \sum_i p(\bar{x}_i)\log\frac{p(\bar{x}_i)}{q\left(d(e(\bar{x}_i;\bar{\theta}_{\mathrm{e}});\bar{\theta}_{\mathrm{d}})|\bar{x}_i\right)} = -H(p) + H(p,q)$$

第一项表示原始分布的负熵，它是常数，不参与优化过程。第二项是 p 和 q 之间的交叉熵。如果假设 p 和 q 为高斯分布，那么均方误差 MSE 与交叉熵成正比（出于优化目的，它等价于交叉熵），所以，代价函数在概率条件下仍然有效。也可以考虑 p 和 q 的伯努利分布，交叉熵则变为：

$$H(p,q) = -\sum_i \bar{x}_i\log\hat{x}_i + (1-\bar{x}_i)\log(1-\hat{x}_i)$$

两种方法的主要区别在于，虽然均方误差可以用于 $\bar{x}_i \in \mathbb{R}^q$（或多维矩阵），但伯努利分布需要 $\bar{x}_i \in (0,1)^q$（形式上，该条件应为 $\bar{x}_i \in (0,1)^q$，但是，如果值不是二进制的，也可以成功地执行优化）。同样，重建也需要约束，所以，当使用神经网络时，一般选择用 sigmod 层。

准确地说，如果数据生成过程是高斯分布，那么交叉熵变为均方误差。建议确认这一点，但是计算非常简单，因为有：

$$\log p(\bar{x}) = \log\alpha \mathrm{e}^{-\frac{\|\bar{x}-\bar{\mu}\|^2}{2\beta^2}} = \log\alpha - \frac{\|\bar{x}-\bar{\mu}\|^2}{2\beta^2}$$

除去不受优化影响的项，很容易了解到，原始分布和自编码器分布之间的实际交叉熵确实等价于均方误差代价函数。

利用 TensorFlow 的深度卷积自编码器示例

此示例（与本章及以下各章中的其他示例一样），采用 TensorFlow 2.0（有关 TensorFlow 安装，请参阅官方页面 https://www.tensorflow.org/提供的信息）。如前几章所述，TensorFlow 已经发展到包含 Keras，为创建和训练深度模型提供了极大的灵活性。务实地处理这个示例，意味着不会探究所有的特性，这超出了本书的范围。不过，有兴趣的读者可以参考：Holdroyd T.，*TensorFlow 2.0 Quick Start Guide*，Packt Publishing，2019。

本示例将创建一个深度卷积自编码器，利用 Fashion MNIST 数据集对其进行训练。第一步是载入数据（利用 Keras helper 函数）、归一化数据，而且为了加快计算速度，将训练集限制为 1000 个数据点：

```
import tensorflow as tf
import numpy as np

nb_samples = 1000
nb_epochs = 400
batch_size = 200
code_length = 256

(X_train, _), (_, _) = \
        tf.keras.datasets.fashion_mnist.load_data()
X_train = X_train.astype(np.float32)[0:nb_samples] \
             / 255.0

width = X_train.shape[1]
height = X_train.shape[2]

X_train_g = tf.data.Dataset.\
```

```
from_tensor_slices(np.expand_dims(X_train, axis=3)).\
shuffle(1000).batch(batch_size)
```

生成器 `X_train_g` 基于 TensorFlow 2.0 提供的实用类 `Dataset`。它可以选择训练和测试所需的数据块（本例没有测试生成器），自动打乱数据（以消除可能的共线性），在每次调用时返回批处理。

此时，可以创建一个继承自 `tf.keras.Model` 的类，设置整个架构，由以下部分组成：

编码器（所有层都有填充“same”和 ReLU 激活函数）：

- 拥有 32 个过滤器的卷积，核大小为（3×3），步长为（2×2）。
- 拥有 64 个过滤器的卷积，核大小为（3×3），步长为（1×1）。
- 拥有 128 个过滤器的卷积，核大小为（3×3），步长为（1×1）。

解码器：

- 拥有 128 个过滤器的转置卷积，核大小为（3×3），步长为（2×2）。
- 拥有 64 个过滤器的转置卷积，核大小为（3×3），步长为（1×1）。
- 拥有 32 个过滤器的转置卷积，核大小为（3×3），步长为（1×1）。
- 拥有 1 个过滤器的转置卷积，核大小为（3×3），步长为（1×1）以及一个 sigmod 激活函数。

由于图像维数是（28×28），如果将每个批次的大小调整为（32×32）的话，就可以更轻松地管理所有基于 2 的幂的大小的后续操作。

编码器执行一系列卷积，开始时以较大步长（2×2）获取高层次特征，然后以 64 和 128 个卷积和步长（1×1）继续学习更多和更详细的特征。如第 19 章深度卷积网络所述，卷积依序工作，所以，标准架构通常遵循一个层次序列，有几个顶层卷积和更多低层卷积。如果图像非常小，最好编码器网络保留（3×3）核。相反，在图像较大的情况下，第一个卷积也应该包含较大的核，而最后的卷积必须聚焦较小的细节，大小应该较小［正常的最小值是（2×2）］。

解码器具有对称结构，因为它基于转置卷积（即反卷积）。因此，一旦编码变形，第一个过滤器必须处理详细特征，而最后的过滤器通常必须关注高层次元素（例如，边框）。最后一个转置卷积负责构成输出，输出必须与输入大小匹配。因为本例利用的是灰度图像，所以用单个过滤器，而 RGB 图像则需要三个过滤器。可以就步长进行实际的讨论。当网络容量非常大时，可以利用步长调整转置卷积层的输出（将每个维度乘以相应的步长值），以便匹配最终所需的维度。在不改变输出的情况下，添加更多的卷积（或删除它们）是不错的办法。相反，如果重建质量达不到预期的要求，有时最好利用专门的高阶函数调整图像的大小（就像在输入阶段所做的那样）。必须通过评估均方误差，如果可能，还可以通过目视检查结果，做出选择。

TensorFlow 2.0，在处理从 tf.keras.Model 派生的类时，需要定义构造函数的变量，而方法可以自由操作这些变量以获得特定的结果。本示例有：

- 构造函数，包括编码器和解码器所需的所有层。
- 编码器方法。
- 解码器方法。
- 作为实用函数的调整大小方法。
- call()方法的重载，以直接使用模型实例调用主操作：

```
class DAC(tf.keras.Model):
    def __init__(self):
        super(DAC, self).__init__()

        # Encoder layers
        self.c1 = tf.keras.layers.Conv2D(
            filters=32,
            kernel_size=(3, 3),
            strides=(2, 2),
            activation=tf.keras.activations.relu,
            padding='same')

        self.c2 = tf.keras.layers.Conv2D(
            filters=64,
            kernel_size=(3, 3),
            activation=tf.keras.activations.relu,
            padding='same')

        self.c3 = tf.keras.layers.Conv2D(
            filters=128,
            kernel_size=(3, 3),
            activation=tf.keras.activations.relu,
            padding='same')

        self.flatten = tf.keras.layers.Flatten()
```

```
        self.dense = tf.keras.layers.Dense(
            units=code_length,
            activation=tf.keras.activations.sigmoid)

        # Decoder layers
        self.dc0 = tf.keras.layers.Conv2DTranspose(
            filters=128,
            kernel_size=(3, 3),
            strides=(2, 2),
            activation=tf.keras.activations.relu,
            padding='same')

        self.dc1 = tf.keras.layers.Conv2DTranspose(
            filters=64,
            kernel_size=(3, 3),
            activation=tf.keras.activations.relu,
            padding='same')

        self.dc2 = tf.keras.layers.Conv2DTranspose(
            filters=32,
            kernel_size=(3, 3),
            activation=tf.keras.activations.relu,
            padding='same')

        self.dc3 = tf.keras.layers.Conv2DTranspose(
            filters=1,
            kernel_size=(3, 3),
            activation=tf.keras.activations.sigmoid,
            padding='same')

    def r_images(self, x):
        return tf.image.resize(x, (32, 32))
```

```
    def encoder(self, x):
        c1 = self.c1(self.r_images(x))
        c2 = self.c2(c1)
        c3 = self.c3(c2)
        code_input = self.flatten(c3)
        z = self.dense(code_input)
        return z

    def decoder(self, z):
        decoder_input = tf.reshape(z, (-1, 16, 16, 1))
        dc0 = self.dc0(decoder_input)
        dc1 = self.dc1(dc0)
        dc2 = self.dc2(dc1)
        dc3 = self.dc3(dc2)
        return dc3

    def call(self, x):
        code = self.encoder(x)
        xhat = self.decoder(code)
        return xhat

model = DAC()
```

一旦再定义了类的一个实例（简单起见称为model），就可以定义优化器Adam，η=0.001。

```
optimizer = tf.keras.optimizers.Adam(0.001)
```

下一步要定义一个帮助函数，收集有关训练损失的信息。本示例计算每批损失函数的平均值就足够。

```
train_loss = tf.keras.metrics.Mean(name='train_loss')
```

接着需要创建训练函数，这是TensorFlow2.0的创新之一。首先定义训练函数：

```
@tf.function
def train(images):
    with tf.GradientTape() as tape:
```

```
            reconstructions = model(images)
            loss = tf.keras.losses.MSE(
                model.r_images(images), reconstructions)
        gradients = tape.gradient(
            loss, model.trainable_variables)
        optimizer.apply_gradients(
            zip(gradients, model.trainable_variables))
        train_loss(loss)
```

这个函数标记为decorator，它通知TensorFlow将利用模型定义的变量。为了应用反向传播算法，需要执行以下步骤：

- 激活GradientTape环境，该环境将负责计算所有可训练变量的梯度。
- 运行模型（前馈阶段）。
- 评估损失函数（在本例中，它是标准均方误差）。
- 计算梯度。
- 要求优化器将梯度应用于所有可训练变量（当然，每个算法都要执行所有必要的附加操作）。
- 累积训练损失。

相应的Python命令非常简单，只与前面的TensorFlow版本稍有不同。声明此函数后，就可以开始训练过程：

```
for e in range(nb_epochs):
    for xi in X_train_g:
        train(xi)
    print("Epoch {}: Loss: {:.3f}".
          format(e+1, train_loss.result()))
    train_loss.reset_states()
```

上面程序段的输出是：

```
Epoch 1: Loss: 0.136
Epoch 2: Loss: 0.090
...
Epoch 399: Loss: 0.001
Epoch 400: Loss: 0.001
```

因此，在训练过程结束时，平均的均方误差为0.001。考虑到图像的大小调整为32×32，并且值在（0，1）范围内，平均绝对误差（mean absolute error，MAE）在0～1024。因此，等于0.001的误差保证了约97%的高重建质量（等效于约0.03或最大误差的3%的平均绝对误差MAE）。当均方误差被认为是可靠的重建度量时，这种方法也可以推广到不同于图像的数据点。

分析编码长度（例如，编码器输出）也很有意义。因为编码长度经过标准化后其范围是（0，1），接近0.5的总平均值表明，约50%的值是有效的，而其余值接近0（不考虑标准偏差）。略大于0.5的值表示编码非常密集，而略小于0.5的值则表示编码稀疏，因为超过50%的单元的激活率非常低：

```
codes = model.encoder(np.expand_dims(X_train, axis=3))
print("Code mean: {:.3f}".format(np.mean(codes)))
print("Code STD: {:.3f}".format(np.std(codes)))
```

上面程序段的输出是：

```
Code mean: 0.554
Code STD: 0.241
```

正如预期的那样（考虑到没有施加任何约束），编码是中等密度的。这也意味着，通常不可能在不丢失大量信息的情况下大幅减小编码长度（本例该值设为256）。其原因与编码的熵直接相关。例如，对于两个图像，最佳编码需要一个二进制单元，但是，对于复杂图像，应该考虑用全联合概率分布评价最佳长度，这通常是难以解决的。因此，一个好的策略是，从大约1/5维度的长度开始，通过减小长度继续进行，直到均方误差保持在固定阈值以下。不言而喻，由自编码器管理的部分信息存储在模型的权重中，所以，更深的架构往往能够管理较短的编码，而非常浅的网络则需要更多的编码信息。

一些原始图像及其重建结果如图21.2所示。

图21.2　原始图像（第一行）及其重建结果（第二行）

可以看到信息的丢失是如何限于次要细节的，而且自编码器已经成功地学会了如何降低输入样本的维数。

作为练习，建议读者将编码分成两个独立的部分（编码器和解码器），并优化架构，以便在整个 Fashion MNIST 数据集上获得更好的准确性。

21.2 去噪自编码器

自编码器可用于确定数据集的不完备表示形式。但是，Bengio 等人（参阅：Vincent P.，Larochelle H.，Lajoie I.，Bengio Y.，Manzagol P.，*Stacked Denosing Autoencoders：Learning Usive Representations in a Deep Network with a Local Denosing Criteria*，Journal of Machine Learning Research，11/2010）提出利用自编码器对输入样本进行去噪，而不是学习一个样本的精确表示以便从低维编码中重建它。

这并非全新的想法，因为，例如，几十年前提出的 Hopfield 网络有着相同的目的，只是限于容量不足，研究人员转向寻找其他不同的方法。如今，深度自编码器很容易管理需要占用空间的高维数据（例如图像）。这就是为什么现在很多人都在重新考虑教网络如何从一个损坏的图像重建一个样本图像。形式上，去噪自编码器和标准自编码器没有太多区别，但去噪自编码器的编码器必须处理有噪声的样本，编码器的代价函数：

$$\bar{z}_i = e(\bar{x}_i + \bar{n}_i; \bar{\theta}_e), \bar{x}_i \in X$$

解码器的代价函数相同。如果噪声采样自每个批次，那么足够多次迭代的重复过程可以让自编码器在某些片段丢失或损坏时学习如何重建原始图像。为了达到这个目的，上述论文的作者提出了各种可能的噪声。最常见的选择是对高斯噪声采样，高斯噪声具有一些有用的特征，与很多实际的噪声过程一致：

$$\bar{z}_i = e(\bar{x}_i + \bar{n}_i(t); \bar{\theta}_e), \bar{x}_i \in X \text{ 且 } \bar{n}_i(t) \sim N(0, \Sigma)$$

另一种可能是采用输入暂弃层，将一些随机元素归零：

$$\bar{z}_i = e(\bar{x}_i \circ \bar{n}_i; \bar{\theta}_e), \bar{x}_i \in X \text{ 且 } \bar{n}_i(x, y) \sim B(0,1)$$

这一选择显然更为激烈，必须适当调整比率。大量丢弃的像素会不可逆地删除很多信息，重建会变得更加困难和僵化（目的是将自编码器的功能扩展到从相同分布提取的其他样本）。另外，也可以将高斯噪声和暂弃噪声混合在一起，以一定的概率在它们之间切换。显然，模型必须比标准自编码器更复杂，因为现在模型必须处理丢失的信息。

同样的概念用于编码长度：非常不完整的编码无法提供以最精确的方式重建原始图像所需的所有元素。建议测试所有可能方法，特别是当噪声受到外部条件限制时（例如，通过受精确噪声过程影响的通道传输的旧照片或消息）。如果该模型还必须用于从未见过的样本，选择代表真实分布的样本就极其重要。当元素数量不足以达到所需的准确率时，应采用数据增强技术（仅限于与特定问题兼容的操作）。

利用 TensorFlow 的去噪自编码器的示例

这个例子不需要对先前定义的模型进行任何重大修改。事实上，去噪能力是每个自编码器的固有特性。为了测试去噪自编码器，只需要考虑，训练函数现在既需要有噪声的图像也需要原始图像：

```
model = DAC()

@tf.function
def train(noisy_images, images):
    with tf.GradientTape() as tape:
        reconstructions = model(noisy_images)
        loss = tf.keras.losses.MSE(
            model.r_images(images), reconstructions)
    gradients = tape.gradient(
        loss, model.trainable_variables)
    optimizer.apply_gradients(
        zip(gradients, model.trainable_variables))
    train_loss(loss)
```

可见，要在重建图像和原始图像（不再是模型的输入）之间计算均方误差，而噪声图像提供给模型。如果每个训练步骤对噪声进行随机采样，自编码器将学习数据所在的流形结构，同时，它对输入的微小变化具有鲁棒性。该结果源于平滑假设（参阅第 3 章半监督学习导论）以及一组损坏的数据点的均值定义了吸引域这一事实。因此，有噪声的输入产生稍微不同的编码，该编码被解码为最接近的平均值。当然，如果变化太大，考虑到模型的高度非线性，恢复原始图像的可能性会越来越小，这里将考虑削波高斯噪声：

$$\bar{x}_{\text{noisy}} = \text{clip}_{(0,1)}\left(\bar{x}_i + \bar{n}(t)\right), \bar{n}(t) \sim N(0, I)$$

这样，噪声图像总是隐式归一化，假设值在（0，1）范围内：

```
for e in range(nb_epochs):
    for xi in X_train_g:
        xn = np.clip(xi +
            np.random.normal(
```

```
                    0.0, 0.2,
                    size=(batch_size, width, height, 1)),
                   0.0, 1.0)
            train(xn, xi)
        print("Epoch {}: Loss: {:.3f}".
              format(e + 1, train_loss.result()))
        train_loss.reset_states()
```

上面程序段的输出是：

```
Epoch 1: Loss: 0.146
Epoch 2: Loss: 0.100
...
Epoch 399: Loss: 0.002
Epoch 400: Loss: 0.002
```

考虑到这些模型的容量，最终损失几乎与标准自编码器相同，也就不足为奇了。因此，可以确信，任何噪声图像（基于单位方差/协方差矩阵的削波高斯噪声）都能正确恢复。

部分结果如图 21.3 所示。

图 21.3　噪声图像（第一行）及其重建图像（第二行）

去噪自编码器成功地学会了在高斯噪声存在的情况下重建原始图像（MAE≈0.04，因此，准确率约为 96%）。建议读者测试其他方法（例如利用初始暂弃）并提高噪声级别，以了解此模型可以有效消除的最大破坏是什么。

21.3　稀疏自编码器

一般来说，标准自编码器产生密集的内部表示。这意味着大多数值都不为零。但是，有时，拥有可以更好地表示属于字典的原子的稀疏编码会更有用。在这种情况下，如果 $\bar{z}_i = (0,0,\cdots,\bar{z}_i^{(n)},0\cdots,0,\bar{z}_i^{(n)},\cdots,0,0)$，那么可以将每个样本视为相应加权的特定原子的重叠。为了实现这一目标，可以简单地对编码层施加 L1 惩罚，如第 2 章损失函数和正则化所述。因此，单个样本的损失函数变为：

$$\hat{L}(\bar{x}_i;\bar{\theta}_e,\bar{\theta}_d) = L(\bar{x}_i;\bar{\theta}_e,\bar{\theta}_d) + \alpha\|\bar{z}_i\|_1$$

此时，需要考虑额外的超参数 α，必须对其进行调整以增加稀疏度，而且又不会对准确率产生负面影响。作为一般的经验法则，建议从 0.01 开始取 α 值，然后逐渐减小，直到达到预期结果。大多数情况下，较高的值会产生非常差的性能，所以要尽量避免。Andrew Ng 提出了另一种方法（参阅 2011 年斯坦福大学机器学习讲义：Ng.A，*Sparse Autoencoder*，CS294A，Stanford University）。如果将编码层看作独立的伯努利随机变量集合的话，可以通过考虑一个具有很低均值的泛型参考伯努利变量（例如，$p_r = 0.01$），并将泛型元素 $\bar{z}_i^{(j)}$ 和 p_r 之间的库尔贝克－莱布勒散度添加到代价函数中。对于单个样本，新增项如下所示（其中 p 是编码长度）：

$$L_{D_i} = \sum_{j=1}^{p} D_{KL}(\bar{z}_i^{(j)} \parallel p_r) = \sum_{j=1}^{p} p_r \log\frac{p_r}{\bar{z}_i^{(j)}} + (1-p_r)\log\frac{1-p_r}{1-\bar{z}_i^{(j)}}$$

由此产生的损失函数变为：

$$\hat{L}(\bar{x}_i;\bar{\theta}_e,\bar{\theta}_d) = L(\bar{x}_i;\bar{\theta}_e,\bar{\theta}_d) + \alpha L_{D_i}$$

这种惩罚的效果与 L1 类似（同样考虑超参数 α），但很多实验已经证实，得到的代价函数更容易优化，而且有可能得到相同的稀疏度和更高的重建准确率。使用稀疏自编码器时，由于假设单个元素由少量原子组成（与字典规模相比），所以编码长度往往较长。因此，建议读者评估不同编码长度的稀疏性程度，选择使稀疏度最大化、编码长度最小化的组合。

为 Fashion MNIST 深度卷积自编码器增加稀疏性

本例将向第一个练习中定义的代价函数添加 L1 正则化项。由于只使用 1000 张图像，所以最好利用等于 $24\times24=576$ 值的更大可能编码。假设由于类别而部分重叠，期望最终稀疏度比第一个示例中的稀疏度大得多，但不低于最大长度的 10%（对应于完美聚类）。较小的值不太可能，需要更长、更完整的字典。事实上，考虑到特征的本质，很多不同图像有着相同的细节（例如，衬衫和 T 恤或外套），这会导致只能通过最大程度利用深度模型的容量才能降低的最小密度，最终，这些深度模型会得到数据点之间几乎 1:1 的关联（例如，几乎没有泛化能力的、完全过拟合的训练集）。当然，这既不是本例的目标，也不是任何真正的深度学习任务的目标。

首先定义参数：

```
nb_samples = 1000
nb_epochs = 400
batch_size = 200
code_length = 576
alpha = 0.1
```

此时，可以重新定义类，其中编码密集层有一个系数为$\alpha = 0.1$的新增 L1 正则化约束。可以增大α值以加大稀疏性，但是由于解的次优性，结果将导致质量损失。但是，由于该约束仅施加在有限次数的激活上，所以其他权重部分补偿误差并产生非常小的最终损失，还是可能的：

```
class SparseDAC(tf.keras.Model):
    def __init__(self):
        super(DAC, self).__init__()

        self.c1 = tf.keras.layers.Conv2D(
            filters=32,
            kernel_size=(3, 3),
            strides=(2, 2),
            activation=tf.keras.activations.relu,
            padding='same')

        self.c2 = tf.keras.layers.Conv2D(
            filters=64,
            kernel_size=(3, 3),
            activation=tf.keras.activations.relu,
            padding='same')

        self.c3 = tf.keras.layers.Conv2D(
            filters=128,
            kernel_size=(3, 3),
            activation=tf.keras.activations.relu,
            padding='same')
```

```
        self.flatten = tf.keras.layers.Flatten()

        self.dense = tf.keras.layers.Dense(
            units=code_length,
            activation=tf.keras.activations.sigmoid,
            activity_regularizer=
            tf.keras.regularizers.l1(alpha))

        self.dc0 = tf.keras.layers.Conv2DTranspose(
            filters=128,
            kernel_size=(3, 3),
            activation=tf.keras.activations.relu,
            padding='same')

        self.dc1 = tf.keras.layers.Conv2DTranspose(
            filters=64,
            kernel_size=(3, 3),
            activation=tf.keras.activations.relu,
            padding='same')

        self.dc2 = tf.keras.layers.Conv2DTranspose(
            filters=32,
            kernel_size=(3, 3),
            activation=tf.keras.activations.relu,
            padding='same')

        self.dc3 = tf.keras.layers.Conv2DTranspose(
            filters=1,
            kernel_size=(3, 3),
            activation=tf.keras.activations.relu,
            padding='same')

    def r_images(self, x):
```

```
            return tf.image.resize(x, (24, 24))

        def encoder(self, x):
            c1 = self.c1(self.r_images(x))
            c2 = self.c2(c1)
            c3 = self.c3(c2)
            code_input = self.flatten(c3)
            z = self.dense(code_input)
            return z

        def decoder(self, z):
            decoder_input = tf.reshape(z, (-1, 24, 24, 1))
            dc0 = self.dc0(decoder_input)
            dc1 = self.dc1(dc0)
            dc2 = self.dc2(dc1)
            dc3 = self.dc3(dc2)
            return dc3

        def call(self, x):
            code = self.encoder(x)
            xhat = self.decoder(code)
            return code, xhat

model = SparseDAC()
```

训练函数略有不同，因为模型同时输出编码和重构图像：

```
@tf.function
def train(images):
    with tf.GradientTape() as tape:
        _, reconstructions = model(images)
        loss = tf.keras.losses.MSE(
            model.r_images(images), reconstructions)
    gradients = tape.gradient(
```

```
            loss, model.trainable_variables)
        optimizer.apply_gradients(
            zip(gradients, model.trainable_variables))
        train_loss(loss)
```

训练流程（与第一个示例相同）之后，可以重新计算编码的均值和标准差：

```
codes = model.encoder(np.expand_dims(X_train, axis=3))
print("Code mean: {:.3f}".format(np.mean(codes)))
print("Code STD: {:.3f}".format(np.std(codes)))
```

上面程序段的输出是：

```
Code mean: 0.284
Code STD: 0.249
```

可见，均值较低（具有几乎相同的标准偏差和最小的随机变化），表明更多的编码值接近0。考虑到创建一个全是较小值（例如，0.01）的常数向量和利用 TensorFlow 提供的向量化功能更为容易，建议读者实现另一策略。另外，还建议简化库尔贝克–莱布勒散度，将其分解为一个熵项 $H(p_{\mathrm{r}})$（常数）和一个交叉熵项 $H(\bar{z}, p_{\mathrm{r}})$。

21.4　变分自编码器

变分自编码器（variational autoencoder，VAE）是 Kingma 和 Wellin 提出的一种生成模型（参阅：Kingma D.P.，Wellin M.，*Auto-Encoding Variational Bayes*，arXiv：1312.6114[stat.ML]），部分类似于标准自编码器，但它有一些根本的内部差异。事实上，目标不是找到数据集的编码表示，而是确定能够在给定输入数据生成过程的情况下产生所有可能输出的生成过程的参数。

以一个模型为例，该模型基于可学习参数向量 $\bar{\theta}$ 和一组具有概率密度函数 $p(\bar{z};\bar{\theta})$ 的隐变量 $\bar{z}$。因此，要研究最大化边缘分布 $p(\bar{x};\bar{\theta})$（通过积分联合概率 $p(\bar{x},\bar{z};\bar{\theta})$ 获得）似然的 $\bar{\theta}$ 参数：

$$p(\bar{x};\bar{\theta}) = \int p(\bar{x},\bar{z};\bar{\theta})\,\mathrm{d}\bar{z} = \int p(\bar{x}|\bar{z};\bar{\theta})p(\bar{z};\bar{\theta})\mathrm{d}\bar{z}$$

如果问题容易得到解析解的话，那么从数据生成过程 $p(\bar{x})$ 抽取的大量样本足以找到 $p(\bar{x};\bar{\theta})$ 的近似值。遗憾的是，绝大多数情况下，上式是很难求解的，因为真实的先验分布 $p(\bar{z})$

未知（这是次要问题，因为很容易做出一些有用的假设），而且后验分布 $p(\bar{x}|\bar{z};\bar{\theta})$ 几乎总是接近于零。第一个问题可以通过选择一个简单的先验值（最常见的选择是 $\bar{z}\sim N(0,I)$ ）加以解决，但第二个问题仍然非常困难，因为只有少数 $\bar{z}$ 值可以生成可接受的样本。当数据集的维数很高且非常复杂（例如图像）时，尤其如此。即使有数以百万计的组合，也只有一小部分能够产生逼真的样本。如果图像是汽车照片，希望其下方有四个车轮，但是仍然可能生成轮子在图像顶部的样本。

因此，需要应用一种减小样本空间的方法。变分贝叶斯方法借鉴了应用代理分布的思想，该分布易于采样，而且在这种情况下，其密度非常高（即生成合理输出的概率远远高于真实后验分布）。这时，考虑到标准自编码器的结构，定义一个近似的后验分布。特别是，可以引入一个分布 $q(\bar{z}|\bar{x};\bar{\theta}_q)$ 作为编码器，它可以很容易地用神经网络建模。当然，目标是找到最佳的 $\bar{\theta}_q$ 参数集，以最大限度地提高 q 与真实后验分布 $p(\bar{z}|\bar{x};\bar{\theta})$ 之间的相似性。可以通过最小化库尔贝克 – 莱布勒散度实现目标：

$$D_{KL}(q(\bar{z}|\bar{x};\bar{\theta}_q)\,\|\,p(\bar{z}|\bar{x};\bar{\theta}))=\sum_{\bar{z}}q(\bar{z}|\bar{x};\bar{\theta}_q)\log\frac{q(\bar{z}|\bar{x};\bar{\theta}_q)}{p(\bar{z}|\bar{x};\bar{\theta})}$$
$$=E_{\bar{z}}\left[\log p(\bar{z}|\bar{x};\bar{\theta})\right]-E_{\bar{z}}\left[\log p(\bar{x}|\bar{z};\bar{\theta})\right]$$
$$=E_{\bar{z}}\left[\log q(\bar{z}|\bar{x};\bar{\theta}_q)\right]-E_{\bar{z}}\left[\log p(\bar{x}|\bar{z};\bar{\theta})-\log p(\bar{z};\bar{\theta})+\log p(\bar{x};\bar{\theta})\right]$$

式中的项 $\log p(\bar{x};\bar{\theta})$ 不依赖于 $\bar{z}$ ，可以从期望值算子中提取，上式可简化为：

$$\log p(\bar{x};\bar{\theta})-D_{KL}\left(q(\bar{z}|\bar{x};\bar{\theta}_q))\,\|\,p(\bar{z}|\bar{x};\bar{\theta})\right)$$
$$=E_{\bar{z}}\left[\log q(\bar{z}|\bar{x};\bar{\theta}_q)-\log p(\bar{x}|\bar{z};\bar{\theta})-\log p(\bar{z};\bar{\theta})\right]$$
$$=E_{\bar{z}}\left[\log p(\bar{x}|\bar{z};\bar{\theta})\right]-D_{KL}\left(q(\bar{z}|\bar{x};\bar{\theta}_q)\,\|\,p(\bar{z};\bar{\theta})\right)$$

公式也可以重写为：

$$\log p(\bar{x};\bar{\theta})=E_{\bar{z}}\left[\log p(\bar{x}|\bar{z};\bar{\theta})\right]-D_{KL}\left(q(\bar{z}|\bar{x};\bar{\theta}_q)\,\|\,p(\bar{z};\bar{\theta})\right)$$
$$+D_{KL}\left(q(\bar{z}|\bar{x};\bar{\theta}_q)\,\|\,p(\bar{z}|\bar{x};\bar{\theta})\right)$$
$$=\mathrm{ELBO}_{\bar{\theta}}+D_{KL}\left(q(\bar{z}|\bar{x};\bar{\theta}_q)\,\|\,p(\bar{z}|\bar{x};\bar{\theta})\right)$$

等式右侧有项 ELBO （evidence lower bound 的缩写，证据下界）和概率编码器 $q(\bar{z}|\bar{x};\bar{\theta}_q)$ 与真实后验分布 $p(\bar{z}|\bar{x};\bar{\theta})$ 之间的库尔贝克 – 莱布勒散度。ELBO 是变分方法需要的唯一量（关于变分方法的更多详细信息，超出本书的范围，请参阅：Bishop C.M.，*Pattern Recognition and Machine Learning*，Springer，2011）。因为要在 $\bar{\theta}$ 参数化下实现样本对数概率的最大化，而且考虑到 *KL* 散度总是非负的，所以只能使用 ELBO （它比其他项更容易管理）。其实，要优化

的损失函数就是负 ELBO 。为了实现这一目标，还需要两个更重要的步骤。

第一步是为 $q(\bar{z}|\bar{x};\bar{\theta}_q)$ 选择合适的结构。假设 $p(\bar{z};\bar{\theta})$ 为正态分布，可以将 $q(\bar{z}|\bar{x};\bar{\theta}_q)$ 建模为多元高斯分布，概率编码器分成两个处于相同较低层的块：

- 输出向量 $\bar{\mu}_i \in \mathbb{R}^p$ 的均值生成器 $\mu(\bar{z}|\bar{x};\bar{\theta}_q)$ 。
- 输出向量 $\bar{\sigma}_i \in \mathbb{R}^p$ 使 $\Sigma_i = \mathrm{diag}(\bar{\sigma}_i)$ 的协方差生成器 $\Sigma(\bar{z}|\bar{x};\bar{\theta}_q)$（假设是对角矩阵）。

这样，$q(\bar{z}|\bar{x};\bar{\theta}_q) = N(\mu(\bar{z}|\bar{x};\bar{\theta}_q), \Sigma(\bar{z}|\bar{x};\bar{\theta}_q))$ ，因此右边的第二项是两个高斯分布之间的库尔贝克–莱布勒散度，表示为（ p 是均值和协方差向量的维数）：

$$D_{KL}(N(\mu(\bar{z}|\bar{x};\bar{\theta}_q)\Sigma(\bar{z}|\bar{x};\bar{\theta}_q)) \| N(0,I))$$
$$= \frac{1}{2}[tr(\Sigma(\bar{z}|\bar{x};\bar{\theta}_q) + \mu(\bar{z}|\bar{x};\bar{\theta}_q)^T \mu(\bar{z}|\bar{x};\bar{\theta}_q) - \log|\Sigma(\bar{z}|\bar{x};\bar{\theta}_q)| - p)]$$

此操作比预期更简单，因为 Σ 是对角矩阵，所以矩阵的迹（trace）对应于元素 $\Sigma_1 + \Sigma_2 + \cdots + \Sigma_p$ 与 $\log|\Sigma| = \log \Sigma_1 \Sigma_2 \cdots \Sigma_p = \log \Sigma_1 + \log \Sigma_2 + \cdots + \log \Sigma_p$ 的和。

此时，最大化上式右侧相当于最大化生成可接受样本的对数概率的期望值和最小化正态先验与由编码器合成的高斯分布之间的差异。一切看上去简单多了，但仍有一个问题要解决。因为希望利用神经网络和随机梯度下降算法，所以需要微分函数。

因为库尔贝克–莱布勒散度只能用包含 n 个元素的小批量进行计算（经过足够多的迭代后，近似值更接近真实值），所以有必要从分布 $N(\mu(\bar{z}|\bar{x};\bar{\theta}_q), \Sigma(\bar{z}|\bar{x};\bar{\theta}_q))$ 采样 n 个值，但是这个运算是不可微的。为了解决这一问题，论文作者提出了一种再参数化方法：从正态分布 $\epsilon \sim N(0,I)$ 而不是 $q(\bar{z}|\bar{x};\bar{\theta}_q)$ 进行采样，将实际样本构建为 $\mu(\bar{z}|\bar{x};\bar{\theta}_q) + \epsilon\Sigma(\bar{z}|\bar{x};\bar{\theta}_q)^2$ 。考虑到 ϵ 是批处理中（包括正向和反向阶段）的常数向量，因此很容易计算关于上式的梯度，并优化解码器和编码器。最后一个要考虑的元素是要最大化的表达式右侧的第一项：

$$E_{\bar{z}}\left[\log p(\bar{x}|\bar{z};\bar{\theta})\right] = \sum_{\bar{z}} p(\bar{z}|\bar{x};\bar{\theta}) \log p(\bar{x}|\bar{z};\bar{\theta}) = -H\left(p(\bar{z}|\bar{x};\bar{\theta}), p(\bar{x}|\bar{z};\bar{\theta})\right)$$

该项表示实际分布与重构分布之间的负交叉熵。如第一节所述，有两种可行的选择：高斯分布或伯努利分布。通常，变分自编码器采用伯努利分布，输入样本和重建值限制在 0～1。但是，很多实验已经证实，均方误差可以加快训练过程，因此建议读者测试这两种方法，并选择一种保证最佳性能的方法（在准确率和训练速度两方面）。

利用 TensorFlow 的变分自编码器示例

继续利用 Fashion MNIST 数据集构建变分自编码器。第一步需要载入和归一化数据集：

```
import tensorflow as tf


(X_train, _), (_, _) = \
```

```
    tf.keras.datasets.fashion_mnist.load_data()
X_train = X_train.astype(np.float32)[0:nb_samples] \
/ 255.0

width = X_train.shape[1]
height = X_train.shape[2]
```

如前所述，编码器的输出现在被分成两个部分：均值向量和协方差向量［两者的维数都等于（宽度×高度)]，通过从正态分布采样并投影编码分量来获得解码器输入。完整的模型类如下所示（所有参数与第一个示例相同，这是所有其他示例的参考)：

```
class DAC(tf.keras.Model):
    def __init__(self, width, height):
        super(DAC, self).__init__()

    self.width = width
        self.height = height

        self.c1 = tf.keras.layers.Conv2D(
            filters=32,
            kernel_size=(3, 3),
            strides=(2, 2),
            activation=tf.keras.activations.relu,
            padding='same')

        self.c2 = tf.keras.layers.Conv2D(
            filters=64,
            kernel_size=(3, 3),
            activation=tf.keras.activations.relu,
            padding='same')

        self.c3 = tf.keras.layers.Conv2D(
            filters=128,
            kernel_size=(3, 3),
```

```
            activation=tf.keras.activations.relu,
            padding='same')

        self.flatten = tf.keras.layers.Flatten()

        self.code_mean = tf.keras.layers.Dense(
            units=width * height)

        self.code_log_variance = tf.keras.layers.Dense(
            units=width * height)

        self.dc0 = tf.keras.layers.Conv2DTranspose(
            filters=63,
            kernel_size=(3, 3),
            strides=(2, 2),
            activation=tf.keras.activations.relu,
            padding='same')

        self.dc1 = tf.keras.layers.Conv2DTranspose(
            filters=32,
            kernel_size=(3, 3),
            strides=(2, 2),
            activation=tf.keras.activations.relu,
            padding='same')

        self.dc2 = tf.keras.layers.Conv2DTranspose(
            filters=1,
            kernel_size=(3, 3),
            padding='same')

    def r_images(self, x):
        return tf.image.resize(x, (32, 32))
```

```
    def encoder(self, x):
        c1 = self.c1(self.r_images(x))
        c2 = self.c2(c1)
        c3 = self.c3(c2)
        code_input = self.flatten(c3)
        mu = self.code_mean(code_input)
        sigma = self.code_log_variance(code_input)
        code_std = tf.sqrt(tf.exp(sigma))
        normal_samples = tf.random.normal(
            mean=0.0, stddev=1.0,
            shape=(batch_size, width * height))
        z = (normal_samples * code_std) + mu
        return z, mu, code_std

    def decoder(self, z):
        decoder_input = tf.reshape(z, (-1, 7, 7, 16))
        dc0 = self.dc0(decoder_input)
        dc1 = self.dc1(dc0)
        dc2 = self.dc2(dc1)
        return dc2, tf.keras.activations.sigmoid(dc2)

    def call(self, x):
        code, cm, cs = self.encoder(x)
        logits, xhat = self.decoder(code)
        return logits, cm, cs, xhat
```

该结构与标准深度自编码器非常相似，但是这里，编码器执行两个附加步骤：

（1）从正态分布$\epsilon \sim N(0,I)$采样。

（2）执行转换$\mu + \epsilon \Sigma^2$（在编码中，利用标准偏差代替方差，所以无需求第二项的平方）。

解码器同时输出重构（由 sigmod 滤波）和 logits（即应用 sigmod 之前的值）。这有助于定义损失函数：

```
optimizer = tf.keras.optimizers.Adam(0.001)
train_loss = tf.keras.metrics.Mean(name='train_loss')
```

```
@tf.function
def train(images):
    with tf.GradientTape() as tape:
        logits, cm, cs, _ = model(images)
        loss_r = \
            tf.nn.sigmoid_cross_entropy_with_logits(
            logits=logits, labels=images)
        kl_divergence = 0.5 * tf.reduce_sum(
            tf.math.square(cm) + tf.math.square(cs) -
            tf.math.log(1e-8 + tf.math.square(cs)) - 1,
            axis=1)
        loss = tf.reduce_sum(loss_r) + kl_divergence
    gradients = tape.gradient(
        loss, model.trainable_variables)
    optimizer.apply_gradients(
        zip(gradients, model.trainable_variables))
    train_loss(loss)
```

可见，训练函数的唯一区别是：

- 采用S形交叉熵作为重建损失（在数值上比直接计算更稳定）。
- 库尔贝克–莱布勒散度作为正则项。

训练过程与本章第一个示例非常相似，因为采样操作直接由TensorFlow执行。简单起见，整个训练块包含在下面程序段：

```
model = DAC(width, height)

X_train_g = tf.data.Dataset.\
        from_tensor_slices(
        np.expand_dims(X_train, axis=3)).\
        shuffle(1000).batch(batch_size)


for e in range(nb_epochs):
for xi in X_train_g:
        train(xi)
```

```
        print("Epoch {}: Loss: {:.3f}".
              format(e + 1, train_loss.result()))
        train_loss.reset_states()
```

上面程序段的输出是：

```
Epoch 1: Loss: 102563.508
Epoch 2: Loss: 82810.648
…
Epoch 399: Loss: 38469.824
Epoch 400: Loss: 38474.977
```

400 轮次后的结果如图 21.4 所示。

图 21.4 原始图像（第一行）及其重建图像（第二行）

重建图像的质量视觉上比标准深度自编码器好，而且，与后者相反，很多次要细节也被成功重建。

在本例和前一示例中，由于 TensorFlow 随机种子（默认值为 1000），结果可能略有不同。即使没有显式采样，神经网络的初始化也需要很多采样步骤，产生不同的初始配置。

作为练习，建议读者利用 RGB 数据集，通过比较输出样本和采自原始分布的样本，测试变分自编码器的生成能力。RGB 数据集可以是 Cifar-10，可从 https://www.cs.toronto.edu/～kriz/cifar.html 获得。

21.5 本章小结

本章提出自编码器作为可以学习用低维编码表示高维数据集的无监督模型。自编码器结构上包含两个独立的块（但是一起训练）：编码器负责将输入样本映射到内部表示，而解码器必须执行逆运算，从编码开始重建原始图像。

还讨论了如何利用自编码器对样本进行降噪，以及如何给编码层上施加稀疏性约束，以便模拟标准字典学习。最后一个主题涉及一个稍微不同的模式，称为变分自编码器。其思想是建立一个能够再生属于训练分布的所有可能样本的生成式模型。

第 22 章将简要介绍一个非常重要的模型族，称为**生成对抗网络**（generative adversarial networks，GANs），它与变分自编码器的目的一致，但方法更加灵活。

扩展阅读

- Vincent P., Larochelle H., Lajoie I., Bengio Y., Manzagol P., *Stacked Denoising Autoencoders: Learning Useful Representations in a Deep Network with a Local Denoising Criterion*, Journal of Machine Learning Research, 11/2010.
- Ng.A, *Sparse Autoencoder*, CS294A, Machine Learning lecture notes, Stanford University, 2011.
- Kingma D.P., Wellin M., *Auto-Encoding Variational Bayes*, arXiv: 1312.6114[stat.ML].
- Holdroyd T., *TensorFlow 2.0 Quick Start Guide*, Packt Publishing, 2019.
- Bishop C.M., *Pattern Recognition and Machine Learning*, Springer, 2011.
- Goodfellow I., Bengio Y., Courville A., *Deep Learning*, The MIT Press, 2016.
- Bonaccorso G., *Machine Learning Algorithms Second Edition*, Packt Publishing, 2018.

第 22 章　生成对抗网络导论

本章将简要介绍一类基于博弈论概念的生成模型。它们的主要特点是一种对抗性的训练过程，旨在学习区分真假样本，同时驱动另一个组件生成与训练样本越来越相似的样本。

具体讨论的内容包括：

- 对抗训练和标准生成对抗网络（generative adversarial networks，GANs）。
- 深度卷积 GANs（DCGANs）。
- 瓦萨斯坦恩生成对抗网络（wasserstein GANs，WGANs）。

首先介绍神经模型的对抗训练概念、它与博弈论的关系及其在生成对抗网络中的应用。

22.1　对抗训练

Goodfello 等人提出了对抗训练这一绝妙想法（参阅：Goodfello I.J.，Pouget Abadie J.，Mirza M.，Xu B.，Warde Farley D.，Ozair S.，Courville A.，Bengio Y.，*Generative Adversarial Networks*，arXiv：1406.2661［stat.ML］）。尽管这个想法，至少在理论上，已经被其他作者讨论过，但它催生了超越大多数算法的新一代生成模型。所有衍生模型都基于相同的对抗训练这一基本概念，而对抗训练是一种部分受博弈论启发的方法。

假设有一个数据生成过程 $p_{\text{data}}(\bar{x})$，它表示实际的数据分布和一定数量的假定采自 p_{data} 的数据点：

$$X=\{\bar{x}_1,\bar{x}_2,\cdots,\bar{x}_M\},\bar{x}_i\in\mathbb{R}^n$$

目标是训练一个称为生成器的模型，它的分布必须尽可能接近 p_{data}。这是算法最关键的部分，因为对抗训练不是基于标准方法（例如，变分自编码器），而是基于两个玩家之间的极小极大博弈（简单地说，给定一个目标，两个玩家的目标都是最小化可能的最大损失，但这时，每一个玩家状态不同）。其中一个玩家是生成器，可以将其定义为噪声样本的参数化函数：

$$\hat{x}_i=G(\bar{z}_i;\bar{\theta}_{\text{g}}),\bar{z}_i\sim U(-1,1)$$

生成器接收噪声向量（本例采用了均匀分布，但没有特别的限制，因此，简单地说 $\bar{z}_i$ 就是采自随机噪声分布 p_{noise}），输出与从 p_{data} 中提取的样本具有相同维数的值。如果没有任何进一步的控制的话，生成器的分布将与数据生成过程完全不同，但此时正是其他玩家进入场景的时候。

第二个模型称为判别器（discriminator，或评判器 critic），它负责评价采自 p_{data} 的样本和生成器产生的样本：

$$p_i = D(x_i;\bar{\theta}_{\text{d}}), p_i \in (0,1)$$

判别器的作用是输出一个概率，这个概率必须反映这样一个事实：样本取自 p_{data} 而不是由 $G(\bar{z}_i;\bar{\theta}_{\text{g}})$ 产生的。事情非常简单：第一个玩家（生成器）输出一个样本 $\bar{x}_i$。如果 x 实际上属于 p_{data}，那么判别器就输出接近 1 的值，而如果 x 与其他真实样本有很大不同，则 $D(x_i;\bar{\theta}_{\text{d}})$ 将输出非常低的概率。博弈真实结构的思想是训练生成器通过产生可能从 p_{data} 中提取的样本来欺骗判别器。当 x 是真实样本（从 p_{data} 提取）时，通过尝试使对数概率 $\log D(x_i;\bar{\theta}_{\text{d}})$ 最大化，同时使对数概率 $\log(1-D(G(\bar{z}_i;\bar{\theta}_{\text{g}});\bar{\theta}_{\text{d}}))$ 最小化（其中 $\bar{z}_i$ 采自噪声分布），便可以实现博弈。

第一步操作使判别器越来越了解真实样本（为了避免太容易被欺骗，这个条件是必要的）。

第二个目标稍微复杂一点，因为判别器必须评价一个样本是否可接受。假设生成器不够智能，输出一个不属于 p_{data} 的样本。由于判别器正在学习 p_{data} 的结构，它会很快分辨出错误的样本，输出一个低概率。因此，通过最小化 $\log(1-D(G(\bar{z}_i;\bar{\theta}_{\text{g}});\bar{\theta}_{\text{d}}))$，当样本与从 p_{data} 中提取的样本有很大差异时，可以使判别器变得越来越重要，而生成器更可能生成可接受的样本。如果生成器输出属于数据生成过程的样本，则判别器将输出高概率，最小化将返回到前一情况。

论文作者用一个共享值函数 $V(G,D)$ 来表示这个极小极大博弈，该函数必须被生成器最小化，被判别器最大化：

$$V(G,D) = E_{\bar{x}\sim p_{\text{data}}}\left[\log D(x_i;\bar{\theta}_{\text{d}})\right] + E_{\bar{z}\sim p_{\text{noise}}}\left[\log(1-D(G(\bar{z}_i;\bar{\theta}_{\text{g}});\bar{\theta}_{\text{d}}))\right] = V_{\text{data}}(D) + V_{\text{noise}}(G,D)$$

这个公式代表了两个玩家之间的非合作博弈的原理（更多信息请参阅：Tadelis S.，*Game Theory*，Princeton University Press，2013），在理论上承认一种特殊的配置，称为纳什均衡（Nash equilibrium）。纳什均衡可理解为：如果两个玩家知道对方的策略，那么对方不改变策略，己方也就没有理由改变自己的策略。

在这种情况下，判别器和生成器都将继续推行其策略，直到不需要任何更改，达到最终的、稳定的配置，这可能就是纳什均衡（尽管有很多因素可以阻止目标实现）。一个常见的问题是判别器过早收敛，使得梯度消失，因为损失函数在接近 0 的区域变得平坦。因为这是游戏博弈，一个基本的条件是能够提供信息，让玩家作出更正。如果判别器学会如何很快地从假样本中分离出真样本，那么生成器的收敛速度就会减慢，玩家可能会被困在次优配置中。

一般，当分布很复杂时，判别器比生成器慢。但有时，每次更新判别器后，需要多次更新生成器。遗憾的是，没有经验法则可循。但是，例如，在处理图像时，可以观察在足够多的迭代之后生成的样本。如果判别器损耗变得很小，而且样本出现损坏或不连贯的话，就意味着生成器没有足够的时间学习分布，必须减慢判别器的速度。

上述论文作者表明，给定一个具有分布 $p_g(\bar{x})$ 的生成器，最优判别器为：

$$D_{opt}^{G}(\bar{x})=\frac{p_{data}(\bar{x})}{p_{data}(\bar{x})+p_g(\bar{x})}$$

此时，考虑到先前的值函数 $V(G,D)$ 并利用最优判别器，可以将 $V(G,D)$ 重写为单目标函数（作为 G 的函数），该目标必须用生成器进行最小化：

$$V'(G)=E_{\bar{x}\sim p_{data}}\left[\log D_{opt}^{G}(x_i;\bar{\theta}_d)\right]+E_{\bar{x}\sim p_g}\left[\log(1-D_{opt}^{G}(x_i;\bar{\theta}_d))\right]$$

为了更好地理解生成对抗网络的工作原理，需要扩展上式为：

$$V'(G)=E_{\bar{x}\sim p_{data}}\left[\log\frac{p_{data}(\bar{x})}{p_{data}(\bar{x})+p_g(\bar{x})}\right]+E_{\bar{x}\sim p_g}\left[\log\frac{p_g(\bar{x})}{p_{data}(\bar{x})+p_g(\bar{x})}\right]$$

通过一些简单的操作，得到以下结果：

$$\begin{aligned}\frac{1}{2}(V'(G)+2\log 2)&=\frac{1}{2}E_{\bar{x}\sim p_{data}}\left[\log\frac{p(\bar{x})}{p_{data}(\bar{x})+p_g(\bar{x})}\right]\\&\quad+\frac{1}{2}E_{\bar{x}\sim p_g}\left[\log\frac{p_g(\bar{x})}{p_{data}(\bar{x})+p_g(\bar{x})}\right]+\frac{1}{2}2\log 2\\&=\frac{D_{KL}\left(p_{data}\middle\|\frac{p_{data}+p_g}{2}\right)+D_{KL}\left(p_g\middle\|\frac{p_{data}+p_g}{2}\right)}{2}\\&=D_{JS}(p_{data}\|p_g)\end{aligned}$$

最后一项表示 p_{data} 和 p_g 之间的詹森–香农散度（Jensen-Shannon divergence，JS 散度）。这个度量类似于库尔贝克–莱布勒散度，但它是对称的，并且以 0 和 log2 为界。当两个分布相同时，$D_{JS}=0$，但如果它们的支集（$p(\bar{x})>0$ 的值集）不相交，那么 $D_{JS}=\log 2$（而 $D_{KL}\to\infty$）。因此，值函数可以表示为：

$$V'(G)=2D_{JS}(p_{data}\|p_g)-2\log 2$$

现在，更清楚的是，生成对抗网络试图最小化数据生成过程和生成器分布之间的詹森–香农散度。通常，这个过程是非常有效的，但是，当支集不相交时，生成对抗网络便没有关于真实距离的信息。

这一考虑（更为严格的数学分析参见：Salimans T.，Goodfellow I.，Zaremba W.，Cheung V.，Radford A.，Chen X.，*Improved Techniques for Training GANs*，arXiv：1606.034 98 [cs.LG]）解释了为什么训练生成对抗网络会那么困难，以及为什么很多情况下无法找到纳什均衡。因此，下节将分析另一种方法。

完整地生成对抗网络算法（论文作者提出）为：

（1）设置轮次数，N_{epochs}。

（2）设置判别器迭代次数 N_{iter}（大多数情况下，$N_{\text{iter}}=1$）。

（3）设置批量大小，k。

（4）定义噪声数据生成过程 N（例如，$N=U(-1,1)$）。

（5）for $e=1$ to N_{epochs}：

　　从 X 采样 k 个值。

　　从 N 采样 k 个值。

　　for $i=1$ to N_{iter}：

　　　　计算梯度 $\nabla_{\text{d}}V(G,D)$（仅针对判别器变量）。期望值用样本平均值近似。

　　　　通过随机梯度上升更新判别器参数（因为涉及对数，所以可以最小化负损失）。

　　　　　从 N 采样 k 个值。

　　　　　计算梯度 $\nabla_{\text{g}}V_{\text{noise}}(G,D)$（仅与生成器变量有关）。

　　　　　通过随机梯度下降更新生成器参数。

由于这些模型需要采样噪声向量以保证再现性，建议在 NumPy（`np.random.seed(…)`）和 TensorFlow（`tf..random.set_seed(…)`）中设置随机种子。所有这些实验的默认值都是 1000。

22.2　深度卷积生成对抗网络

在讨论了对抗训练的基本概念之后，可以将其应用到深层卷积生成对抗网络（deep convolutional GANs，DCGAN）的实例中。事实上，即使只可以使用密集层（MLPs），因为要处理图像，最好利用卷积和转置卷积来获得最佳结果。

22.2.1　利用 TensorFlow 的 DCGAN 示例

本示例要利用 Fashion-MNIST 数据集（通过 TensorFlow/Keras 的 helper 函数获得）构建 DCGAN（Radford A.，Metz L.，Chintala S.，*Unsupervised Representation Learning with Deep Convolutional Generative Adversarial Networks*，arXiv：1511.064 34［cs.LG］）。由于训练速度不是很快，将样本数限制为 5000 个，但建议用更大的值重复实验。第一步是载入和归一化（介于 −1 和 1 之间）数据集：

```
import tensorflow as tf
```

```
import numpy as np

nb_samples = 5000

(X_train, _), (_, _) = \
        tf.keras.datasets.fashion_mnist.load_data()
X_train = X_train.astype(np.float32)[0:nb_samples]/255.0
X_train = (2.0 * X_train) - 1.0

width = X_train.shape[1]
height = X_train.shape[2]

code_length = 100
```

根据原论文，生成器基于四个转置卷积，核大小等于（4, 4），步长等于（2, 2）。输入是单个多通道像素（1×1×code_length），通过后续卷积进行扩展。过滤器的数量是 1024，512，256，128 和 1（正在处理灰度图像）。论文作者建议使用对称值数据集（这就是为什么在 –1 和 1 之间进行归一化）、每层之后的批量归一化和 leaky ReLU 激活函数（默认负斜率设为 0.3）：

```
generator = tf.keras.models.Sequential([
    tf.keras.layers.Conv2DTranspose(
        input_shape=(1, 1, code_length),
        filters=1024,
        kernel_size=(4, 4),
        padding='valid'),
    tf.keras.layers.BatchNormalization(),
    tf.keras.layers.LeakyReLU(),

    tf.keras.layers.Conv2DTranspose(
        filters=512,
        kernel_size=(4, 4),
        strides=(2, 2),
        padding='same'),
    tf.keras.layers.BatchNormalization(),
```

```
        tf.keras.layers.LeakyReLU(),

        tf.keras.layers.Conv2DTranspose(
            filters=256,
            kernel_size=(4, 4),
            strides=(2, 2),
            padding='same'),
        tf.keras.layers.BatchNormalization(),
        tf.keras.layers.LeakyReLU(),

        tf.keras.layers.Conv2DTranspose(
            filters=128,
            kernel_size=(4, 4),
            strides=(2, 2),
            padding='same'),
        tf.keras.layers.BatchNormalization(),
        tf.keras.layers.LeakyReLU(),

        tf.keras.layers.Conv2DTranspose(
            filters=1,
            kernel_size=(4, 4),
            strides=(2, 2),
            padding='same',
            activation='tanh')
    ])
```

步长的设置可处理 64×64 图像，而且由于 Fashion-MNIST 数据集有 28×28 个样本，无法利用 2 的幂模块生成，所以将在训练时调整样本大小。与旧的 TensorFlow 版本不同，这时并不需要声明任何变量范围，因为训练范围由 GradientTape 环境管理。

此外，所有 Keras 导出的模型都继承参数“training”启用/禁用暂弃和批量归一化。得益于双曲正切激活函数，生成器的输出已经被归一化在（–1，1）范围内。

判别器几乎与生成器相同（唯一的区别是反卷积序列和第一层之后没有批量归一化）：

```
discriminator = tf.keras.models.Sequential([
    tf.keras.layers.Conv2D(
        input_shape=(64, 64, 1),
        filters=128,
        kernel_size=(4, 4),
        strides=(2, 2),
        padding='same'),
    tf.keras.layers.LeakyReLU(),

    tf.keras.layers.Conv2D(
        filters=256,
        kernel_size=(4, 4),
        strides=(2, 2),
        padding='same'),
    tf.keras.layers.BatchNormalization(),
    tf.keras.layers.LeakyReLU(),

    tf.keras.layers.Conv2D(
        filters=512,
        kernel_size=(4, 4),
        strides=(2, 2),
        padding='same'),
    tf.keras.layers.BatchNormalization(),
    tf.keras.layers.LeakyReLU(),

    tf.keras.layers.Conv2D(
        filters=1024,
        kernel_size=(4, 4),
        strides=(2, 2),
        padding='same'),
    tf.keras.layers.BatchNormalization(),
    tf.keras.layers.LeakyReLU(),
```

```
        tf.keras.layers.Conv2D(
            filters=1,
            kernel_size=(4, 4),
            padding='valid')
    ])
```

判别器仍然是一个全卷积网络，即使输出（带有单个过滤器）是表示样本的对数的值向量。如回归模型一章所述，对数可以通过使用 sigmoid 函数立即变换为实际概率，但此时，更喜欢输出原始值，让 TensorFlow 在计算损失函数时以更稳健的方式完成变换。当然，如果有必要获得概率，只需要使用适当的函数：

```
p = tf.math.sigmoid(discriminator(x, training=False))
```

也可以创建一些帮助函数同时运行生成器和判别器，只是注意每次转换输出：

```
def run_generator(z, training=False):
    zg = tf.reshape(z, (-1, 1, 1, code_length))
    return generator(zg, training=training)

def run_discriminator(x, training=False):
    xd = tf.image.resize(x, (64, 64))
    return discriminator(xd, training=training)
```

此时，需要定义优化器和损耗表：

```
optimizer_generator = \
    tf.keras.optimizers.Adam(0.0002, beta_1=0.5)
optimizer_discriminator = \
    tf.keras.optimizers.Adam(0.0002, beta_1=0.5)

train_loss_generator = \
    tf.keras.metrics.Mean(name='train_loss')
train_loss_discriminator = \
    tf.keras.metrics.Mean(name='train_loss')
```

两个网络都将利用 Adam 优化器进行训练，$\eta = 0.000\,2$ 和 $\beta_1 = 0.5$ 。这一选择是作者在测试了不同的配置后提出的，收敛速度快，平均生成质量好。

此时，可以利用两种不同的 GradientTape 环境（对于生成器和鉴别器）定义训练函数：

```
@tf.function
def train(xi):
    zn = tf.random.uniform(
        (batch_size, code_length), -1.0, 1.0)

    with tf.GradientTape() as tape_generator, \
            tf.GradientTape() as tape_discriminator:
        xg = run_generator(zn, training=True)
        zd1 = run_discriminator(xi, training=True)
        zd2 = run_discriminator(xg, training=True)

        loss_d1 = tf.keras.losses.\
            BinaryCrossentropy(from_logits=True)\
            (tf.ones_like(zd1), zd1)
        loss_d2 = tf.keras.losses.\
            BinaryCrossentropy(from_logits=True)\
            (tf.zeros_like(zd2), zd2)
        loss_discriminator = loss_d1 + loss_d2

        loss_generator = tf.keras.losses.\
            BinaryCrossentropy(from_logits=True)\
            (tf.ones_like(zd2), zd2)

    gradients_generator = \
        tape_generator.gradient(
        loss_generator,
        generator.trainable_variables)
    gradients_discriminator = \
        tape_discriminator.gradient(
        loss_discriminator,
```

```
        discriminator.trainable_variables)

    optimizer_discriminator.apply_gradients(
        zip(gradients_discriminator,
            discriminator.trainable_variables))
    optimizer_generator.apply_gradients(
        zip(gradients_generator,
            generator.trainable_variables))

    train_loss_discriminator(loss_discriminator)
    train_loss_generator(loss_generator)
```

在生成噪声分布（$z_n \sim U(-1,1)$）之后，调用生成器，然后对判别器进行双重调用，以获得对真实图像批量和相等数量的生成样本的评价。下一步是定义损失函数。因为使用的是对数，当值接近 0 时，可能会出现稳定性问题。因此，最好使用内置的 TensorFlow 类 `tf.keras.losses.BinaryCrossentropy`，它保证任何情况下的数值稳定性。必须通过选择输入是概率（范围为 0～1）还是对数（无界）来初始化此类。因为正在处理最终二维卷积的线性输出，所以还要设置 `from\u logits=True`，以便要求算法在内部应用 sigmod 变换。通常，输出（给定对数）为：

$$L = -x_{\text{label}} \log \sigma(x_{\text{logit}}) - (1 - x_{\text{label}}) \log(1 - \sigma(x_{\text{logit}}))$$

因此，将标签设为 1，使第二项为零，反之亦然。训练步骤分为两部分，分别作用于判别和生成器变量。与旧版本的 TensorFlow 不同，不需要担心判别器变量的重用，因为每次调用模型时，都会使用相同的实例。但是，由于训练过程是分开的，可以简单地计算生成器和判别器的梯度，仅对各自的模型进行校正（即使生成器的输出也输入给判别器，前者成为同一计算图的一部分）。因此，当判别器经过训练后，如果模型生成的批次涉及最终损失函数，那么生成器变量将保持不变。

现在可以完成训练周期，编码长度等于 100 个轮次，批量大小为 128（读者可以随便更改这些值，作为练习观察效果）：

```
nb_epochs = 100
batch_size = 128

x_train_g = tf.data.Dataset.from_tensor_slices(
```

```
        np.expand_dims(X_train, axis=3)).\
        shuffle(1000).batch(batch_size)

for e in range(nb_epochs):
for xi in x_train_g:
                train(xi)

         print("Epoch {}: "
                "Discriminator Loss: {:.3f}, "
                "Generator Loss: {:.3f}".
                 format(e + 1,
                    train_loss_discriminator.result(),
                    train_loss_generator.result()))

train_loss_discriminator.reset_states()
train_loss_generator.reset_states()
```

一旦完成训练过程，就可以通过利用噪声样本矩阵执行生成器，产生一些图像（50）：

```
Z = np.random.uniform(-1.0, 1.0,
                      size=(50, code_length)).\
      astype(np.float32)
Ys = run_generator(Z, training=False)
Ys = np.squeeze((Ys + 1.0) * 0.5 * 255.0).\
      astype(np.uint8)
```

结果（取决于随机种子）如图 22.1 所示。

作为练习，建议读者利用更复杂的卷积架构和 RGB 数据集，如 CIFAR-10（https://www.cs.toronto.edu/～kriz/cifar.html）。

22.2.2 模式崩溃

生成对抗网络是一种生成式模型，它学习如何再生数据生成过程 p_{data}。最好的情况下，根据预定义的度量（例如，库尔贝克－莱布勒散度），人工分布 $q(\bar{x};\bar{\theta})$ 与 p_{data} 足够接近。但遗憾的是，这种情况通常是不可能实现的，而且生成对抗网络学习的分布仅仅部分与数据生成过程重叠。一般看来，差异可能有两个不同的方面：

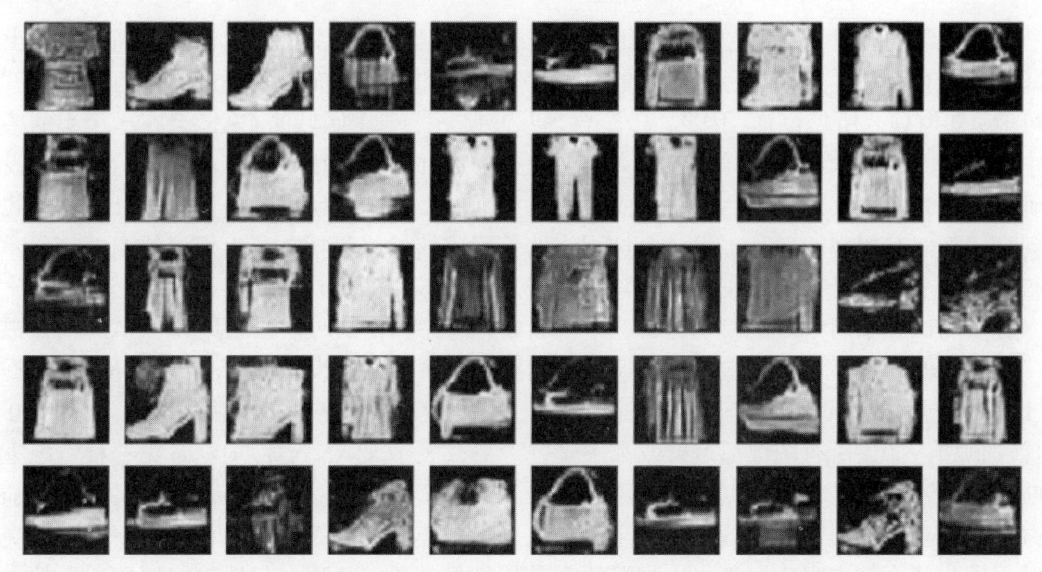

图 22.1　利用 Fashion-MNIST 数据集训练的 DCGAN 生成的样本

- 两种分布在很多区域不同，因此，GAN 不能输出任何正确的例子。
- 两个分布在某个区域有很强的重叠。

第一种情况下，模型很显然欠拟合。为了获得更好的性能，必须增加模型容量并调整学习算法。第二种情况下，GAN 却停留在一个高概率区域，丢弃了所有其余区域。这种特殊的现象称为模式崩溃（mode collapse），这是影响这些模型的一个常见问题。给定分布 $p(\bar{x})$，模式为 $\bar{x}_M$，对应于 $\max p(\bar{x})$。例如，正态分布是单峰的，模式显然是 $x=0$。相反，高斯混合分布是一个多峰分布，其中所有局部极大值都与不同的模式相关，如图 22.2 所示。

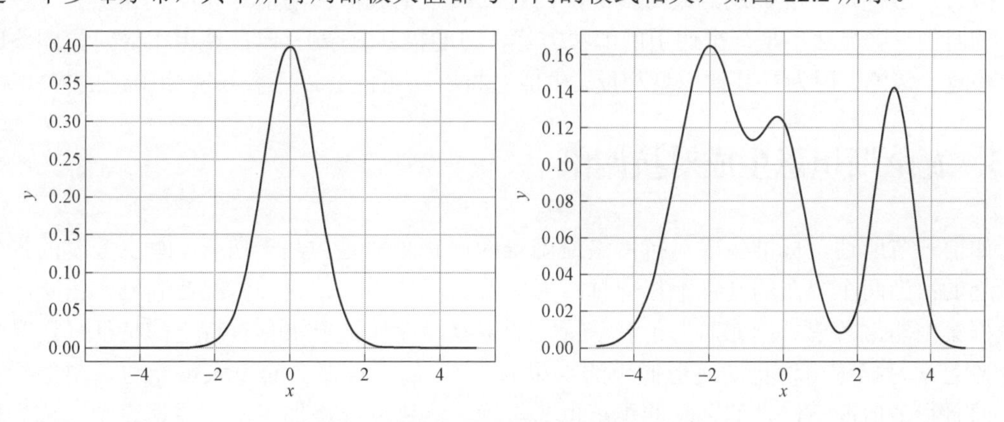

图 22.2　单峰分布（左）多峰分布（右）

从统计学的观点来看，一个模式很可能是一个数据点，所以 GAN 学习以高概率输出模式（及其所有近邻）也就不足为奇。但是，现实世界的数据分布是多模式的，而且很难（或不可能）知道模式所处位置。因此，一个学习只复制 p_{data} 一个区域的 GAN 会在一个小的子空间中崩溃，并失去输出其他样本的能力。尽管已发现并研究了模式崩溃，遗憾的是，并没有明确的解决方案。具有更灵活的距离函数的模型（例如下一节研究的模型）可以缓解模式崩溃问题，降低其概率。但是，生成对抗网络的使用应该始终包括一个大规模的测试阶段，以检查是否完全忽视了数据生成过程的某个区域。

这个测试并不简单，但在某些情况下（例如，考虑图像的时候），可以从 GAN 采样很多值，测量它们的频率，并将它们与预期值进行比较。例如，假设知道 Fashion-MNIST 数据集有 10 个不同的类。训练 GAN 并采集了 1000 张图像之后，就应该期望每个类大约有 100 张图像。例如，如果所有图像都是鞋或都不是鞋，那么表示 GAN 已然崩溃。第一种情况下，影响巨大，这可能是由于数据集打乱不充分、类不平衡，或容量非常低。因此，最简单的解决办法是检查数据集，如果数据集完全平衡，则增加模型的容量。第二种情况下，问题更为棘手，因为某个特定类完全消失。如果所有其他图像都正确再现，问题可能出在单元的过度专业化。

例如，卷积生成器可以变得越来越特定化，只输出衬衫和其他类似的形状。这是一种过拟合(即使训练集的准确率并不饱和)，一种潜在的缓解策略是利用暂弃层或其他正则化技术。特别是，暂弃能够限制过度特定化，即使容量非常大，也应作为首选。层的正则化也是一种合理的方法，但它增加了计算复杂度，而且可能只得到次优结果。

当生成器在某个模式周围崩溃时，提供给判别器的信息将变得非常有限，判别器将失去区分噪声和其他有效类别的机会。判别器利用暂弃，可能有助于留下一些可用容量，用于限制过拟合。这样，梯度被迫消失得更慢，而且双反馈生成器→判别器（反之亦然）可以激活更长的时间。这显然不是一个通用的解决方案（问题极其复杂），但在使用生成对抗网络时应该记住这一策略，因为与其他模型相反，生成对抗网络可能会以不容易立即验证的方式失败。

22.3 瓦萨斯坦恩生成对抗网络

如前一节所述，标准生成对抗网络最困难的问题之一是由基于詹森–香农散度的损失函数引起的：当两个分布的支集不相交时，损失值将保持不变。这种情况在高维、语义结构化的数据集中非常普遍。例如，为了表示特定的主题，图像被要求具有特定的特征（这是第 3 章半监督学习导论中讨论的流形假设的结果）。初始的生成器分布不太可能与真实数据集重叠，而且很多情况下，它们之间的距离也非常远。这种情况增加了学习错误表示（称为模式崩溃的问题）的风险，即使判别器能够区分真实样本和生成样本（当判别器比生成器学习过快时，会出现这种情况）。此外，纳什均衡变得更难实现，生成对抗网络很容易困在次优配置中。

为了缓解这一问题，Arjovsky、Chintala 和 Bottou（参阅：Arjovsky M.，Chintala S.，Bottou L.，*Wasserstein GAN*，arXiv：1701.078 75［stat.ML］）建议采用不同的散度，称为瓦萨斯坦恩距离（Wasserstein distance，或推土机距离，Earth Mover's distance），其正式定义如下：

$$D_{\mathrm{W}}(p_{\text{data}} \| p_{\mathrm{g}}) = \inf_{\mu \in \Pi(p_{\text{data}}, p_{\mathrm{g}})} E_{(x,y)\sim\mu}\left[\|x-y\|\right]$$

项 $\Pi(p_{\text{data}}, p_{\mathrm{g}})$ 表示 p_{data} 和 p_{g} 之间所有可能的联合概率分布集合。因此，瓦萨斯坦恩距离是 $\|x-y\|$ 期望值集的下确界（考虑所有联合分布），其中 x 和 y 采样自联合分布 μ。

当成对的 $\bar{x}, \bar{y} \in \mathbb{R}^p$ 表示从 Word2Vec/Doc2Vec（更多细节请参阅：Mikolov T.，Sutskever I.，Chen K.，Corrado G.S.，Dean J.，*Distributed representations of words and phrases and their compositionality. Advances in Neural Information Processing Systems*，arXiv：1310.4546）或 fastText（参阅：Bojanowski P.，Grave E.，Joulin A.，Mikolov T.，*Enriching Word Vectors with Subword Information*，arXiv：1607.046 06［cs.CL］）等算法获得的单词嵌入时，也可以直接使用瓦萨斯坦恩距离。利用这些算法，文本中的单词（或 n-grams）被转换成高维向量，其距离与单词/句子的实际语义距离成正比。因此，可以训练生成对抗网络，生成从语义可接受分布采样的单词序列。例如，“苹果是水果”和“汽车是水果”应该被认为是从不同的分布提取的单词序列，尽管它们的组成非常相似。

这个话题既有趣又复杂。事实上，如果一个轻微损坏图像无法被人眼察觉（或者简单地被认为是一个正常的图像）的话，那么一个有语义错误的句子却几乎总是立刻被认为是有缺陷的。因此，这些模型必须用非常大的语料库加以训练（即使利用预先训练的向量，如基于维基百科的 fastText），以保证可靠的结果。

瓦萨斯坦恩距离的主要性质是，即使两个分布具有不相交的支集，其值也与实际分布距离成正比。形式证明并不复杂，但更容易直观地理解概念。事实上，给定两个具有不相交支集的分布，下确界算子可以得到每个可能的样本对之间的最短距离。显然，这个度量比詹森－香农散度更可靠，但是有一个实际的缺点：计算非常困难。因为无法处理所有可能的联合分布（也无法进行近似计算），所以需要进一步使用该损失函数。在前面提到过的论文中，作者证明了，借助康托罗维奇－鲁宾斯坦定理（Kantorovich-Rubinstein theorem），可以应用转换（这个主题相当复杂，但读者可以参阅：Edwards D.a.，*On the Kantorovich-Rubinstein Theorem*，Expositiones Mathematicae，2011）：

$$D_{\mathrm{W}}(p_{\text{data}} \| p_{\mathrm{g}}) = \frac{1}{L} \sup_{\|f\| \leqslant L} E_{\bar{x}\sim p_{\text{data}}}\left[f(\bar{x})\right] - E_{\bar{x}\sim p_{\mathrm{g}}}\left[f(\bar{x})\right]$$

首先要考虑的是 $f(\bar{x})$ 的性质。该定理要求只考虑 L-Lipschitz 函数，这意味着 $f(\bar{x})$（假

设是定义在集合 D 上的单变量实值函数）必须遵守：

$$\left|f(x_1)-f(x_2)\right| \leqslant L\left|x_1-x_2\right|, \forall x_1, x_2 \in D$$

此时，瓦萨斯坦恩距离与两个期望值之差的上确界（关于所有 L-Lipschitz 函数）成正比，这非常容易计算。在 WGAN 中，$f(\bar{x})$ 函数用神经网络表示，所以，不能保证满足 Lipschitz 条件。为了解决这个问题，论文作者提出了一个非常简单的流程：裁剪判别器（通常称为评判器 critic），其职责是在修正后表示参数化函数 $f(\bar{x})$ 变量。如果输入是有界的，所有变换都将产生有界的输出，但是，剪裁因子必须足够小（0.01，甚至更小），以避免多次操作的累加效应导致 Lipschitz 条件的倒置。

这不是一个有效的解决方案（因为它会在不必要时减慢训练过程），但它允许利用康托罗维奇－鲁宾斯坦定理，即使没有对函数族施加形式约束。

利用参数化函数（例如深度卷积网络），瓦萨斯坦恩距离变为（省略常数项 L）：

$$D_{\mathrm{W}}(p_{\mathrm{data}} \| p_{\mathrm{g}})=\max_{\theta_{\mathrm{c}} \in \Theta_{\mathrm{c}}} E_{\bar{x} \sim p_{\mathrm{data}}}[f(\bar{x}; \bar{\theta}_{\mathrm{c}})]-E_{\bar{z} \sim p_{\mathrm{noise}}}\left[f(g(\bar{z}; \bar{\theta}_{\mathrm{g}}); \bar{\theta}_{\mathrm{c}})\right]=\max_{\theta_{\mathrm{c}} \in \Theta_{\mathrm{c}}}(W_{\mathrm{data}}-W_{\mathrm{noise}})$$

上式显式地提取了生成器输出，并在最后一步，分离出将单独优化的项。读者可能已经注意到，计算比标准生成对抗网络更简单，因为这时只需对一批的 $f(\bar{x})$ 值进行平均（不再需要对数）。但是，当评判器 Critic 变量被剪裁时，所需的迭代次数通常更大。为了补偿评判器 Critic 和生成器的训练速度之间的差异，通常需要设置 $N_{\mathrm{critic}}>1$。作者建议取值等于 5，但这是一个在每个特定环境需要调整的超参数。

完整的 WGAN 算法为：

（1）设置轮次数，N_{epochs}。

（2）设置 Critic 迭代次数 N_{critic}（大多数情况下，$N_{\mathrm{critic}}=5$）。

（3）设置批量大小 k。

（4）设置裁剪常数 c（例如 $c=0.01$）。

（5）定义噪声产生过程 N（例如，$N=U(-1,1)$）。

（6）for $e=1$ to N_{epochs}：

  从 X 采样 k 个值。

  从 N 采样 k 个值。

  for $i=1$ to N_{critic}：

    计算梯度 $\nabla_{\mathrm{c}} D_{\mathrm{W}}(p_{\mathrm{data}} \| p_{\mathrm{g}})$（仅针对 Critic 变量）。期望值用样本平均值近似。

    通过随机梯度上升更新 Critic 参数。

    将 Critic 参数裁剪在 $(-c,c)$ 范围内。

  从 N 采样 k 个值。

计算梯度$\nabla_g V_{noise}$（仅与生成器变量有关）。

通过随机梯度下降更新生成器参数。

现在可以利用 TensorFlow 实现 WGAN。正如将要看到的，损失函数现在要简单得多，但是为了保证 L-Lipschitz 条件，裁剪变量很重要。

利用 TensorFlow 的 WGAN 示例

这个例子可以被认为是前一个例子的变种，因为它使用相同的数据集、生成器和判别器。唯一的主要区别是，这里的判别器改名为 `critic( )`，而 helper 函数是 `run_critic( )`。此外，为了简化训练过程，还引入了另一个辅助函数，它运行整个模型并计算简化的损失函数，它们是：

$$\begin{cases} L_{critic} = \dfrac{1}{\text{批量大小}} \sum \text{critic}(\bar{x}_{generator}) - \text{critic}(\bar{x}_{noise}) \\ L_{generator} = \dfrac{1}{\text{批量大小}} \sum \text{critic}(\bar{x}_{generator}) \end{cases}$$

运行模型的程序段为：

```
def run_model(xi, zn, training=True):
    xg = run_generator(zn, training=training)
    zc1 = run_critic(xi, training=training)
    zc2 = run_critic(xg, training=training)

    loss_critic = tf.reduce_mean(zc2 - zc1)
    loss_generator = tf.reduce_mean(-zc2)

    return loss_critic, loss_generator
```

两个损失函数比标准生成对抗网络更简单，因为它们直接利用评判器 Critic 的输出，计算一批次的样本平均值。在原论文中，作者建议以 RMSProp 作为标准优化器，避免基于动量的算法可能产生的不稳定性。但是，Adam 具有较低的遗忘因子（$\beta_1 = 0.5$ 和 $\beta_2 = 0.9$）和学习率 $\eta = 0.000\,05$，它比 RMSProp 快，而且不会导致不稳定。建议测试这两种方法，最大化训练速度，同时防止模式崩溃：

```
import tensorflow as tf

optimizer_generator = \
```

```
        tf.keras.optimizers.Adam(
            0.00005, beta_1=0.5, beta_2=0.9)
    optimizer_critic = \
        tf.keras.optimizers.Adam(
            0.00005, beta_1=0.5, beta_2=0.9)

    train_loss_generator = \
        tf.keras.metrics.Mean(name='train_loss')
    train_loss_critic = \
        tf.keras.metrics.Mean(name='train_loss')
```

现在可以定义训练函数，简单起见，这些函数现在是分开的。主要原因是需要为每个生成器步骤执行更多的评判器critic迭代。此外，为了满足康托罗维奇-鲁宾斯坦定理的要求，必须将评判器变量裁剪限制在（-0.01，0.01）范围内（如论文作者所建议的），因此，使用简化的损失函数：

```
    @tf.function
    def train_critic(xi):
        zn = tf.random.uniform(
            (batch_size, code_length), -1.0, 1.0)

        with tf.GradientTape() as tape:
            loss_critic, _ = run_model(xi, zn,
                                       training=True)

        gradients_critic = tape.gradient(
            loss_critic,
            critic.trainable_variables)
        optimizer_critic.apply_gradients(
            zip(gradients_critic,
                critic.trainable_variables))

        for v in critic.trainable_variables:
            v.assign(tf.clip_by_value(v, -0.01, 0.01))
```

```
    train_loss_critic(loss_critic)

@tf.function
def train_generator():
    zn = tf.random.uniform(
        (batch_size, code_length), -1.0, 1.0)
    xg = tf.zeros((batch_size, width, height, 1))

    with tf.GradientTape() as tape:
        _, loss_generator = run_model(xg, zn,
                                      training=True)


    gradients_generator = tape.gradient(
        loss_generator,
        generator.trainable_variables)
    optimizer_generator.apply_gradients(
        zip(gradients_generator,
            generator.trainable_variables))

    train_loss_generator(loss_generator)
```

每个函数的结构都很简单，不需要详细的解释。但是，需要注意的是，在应用梯度之后，评判器变量被剪裁。如果在应用梯度之前就执行裁剪操作，会导致不一致，因为梯度会将值推到预定义范围之外，而且评判器可能会失去 Lipschitz 连续的特性。因此，在运行生成器训练步骤时，损失函数可能不再准确。

完整的训练过程如下：

```
nb_samples = 10240
nb_epochs = 100
nb_critic = 5
batch_size = 64
code_length = 256
```

```
x_train = tf.data.Dataset.from_tensor_slices(
        np.expand_dims(X_train, axis=3)).\
        shuffle(1000).batch(nb_critic * batch_size)

for e in range(nb_epochs):
    for xi in x_train:
        for i in range(nb_critic):
            train_critic(xi[i * batch_size:
                             (i + 1) * batch_size])

        train_generator()

    print("Epoch {}: "
          "Critic Loss: {:.3f}, "
          "Generator Loss: {:.3f}".
          format(e + 1,
                 train_loss_critic.result(),
                 train_loss_generator.result()))

    train_loss_critic.reset_states()
    train_loss_generator.reset_states()
```

这个例子决定使用一个更大的训练集（10 240 个图像），批量大小等于 64，每个迭代 5 个评判器步骤。建议读者使用一个更大的训练集（当然，计算成本将成比例增长），测试不同数量的评判器步骤。此时最佳的选择遵照原论文。但是，找到一个合适值的简单方法是在训练期间监测两个损失函数。如果生成器的收敛速度比评判器快得多（也就是说，它很快稳定到一个稳定值），则必须增加 n_{critic}。

理想的情况，这两个组件应具有相同的训练速度，以保证从评判器到生成器信息持续流动（取决于梯度的大小），反之亦然。如果评判器很早就停止修改变量的话，那么生成器将停止接收信息以提高 p_{data} 的再生质量，生成对抗网络将可能模式崩溃。另外，非常大的 n_{critic} 值会迫使模型在生成器达到满意的准确率之前特别关注评判器，导致性能非常差的欠拟合生成对抗网络。

图 22.3 显示了生成的 50 个随机样本的结果。

图 22.3　利用 Fashion-MNIST 数据集训练的 WGAN 产生的样本

可见，质量略高于深度卷积生成对抗网络 DCGAN，并且样本更平滑，更清晰。建议读者也用一个 RGB 数据集来测试这个模型，因为最终的质量通常是优良的（训练时间成比例增长）。

使用这些模型时，训练时间可能很长。为了避免等待看到初始结果（并执行所需的调整），建议使用 Jupyter。这样，就可以停止学习过程，检查生成器功能，然后重新启动。当然，图像必须保持不变，变量初始化（在 TensorFlow 2 定义模型时发生）必须仅在开始时执行。

22.4　本章小结

本章讨论了对抗训练的主要原理，解释了两个玩家角色：生成器和判别器。描述了如何使用极小化极大方法对生成器和判别器进行建模和训练，极小化极大方法的双重目标是让生成器学习真实数据分布 p_{data}，而让判别器能够很好地区分真实样本（属于 p_{data}）和不可接受样本。在同一节中，分析了生成对抗网络的内部原理以及一些常见问题，这些问题会减慢训练过程并导致次优的最终配置。

当数据生成过程和生成器分布的支集不相交时，标准生成对抗网络将遇到最困难的问题之一。这时，詹森－香农散度变为常数，无法提供精确的距离信息。瓦萨斯坦恩距离提供了一个很好的替代方法，它被用于一个更有效的模型，称为 WGAN。该方法可以有效地处理不相交的分布，但必须在评判器中引入 L-Lipschitz 条件。标准做法是在每次梯度上升更新后剪裁参数。这种简单的技术保证了 L-Lipschitz 条件，但必须使用非常小的剪裁因子，这会导致转换速度较慢。因此，在每个单独的生成器训练步骤之前，通常有必要重复对评判器进行一定次数的训练（例如 5 次）。

第 23 章将介绍另一种基于特定神经网络的概率生成神经模型，称为受限玻耳兹曼机（Restricted boltzmann machine）。

扩展阅读

- Goodfellow I.J., Pouget-Abadie J., Mirza M., Xu B., Warde-Farley D., Ozair S., Courville A., Bengio Y., *Generative Adversarial Networks*, arXiv: 1406.2661[stat.ML].
- Tadelis S., *Game Theory*, Princeton University Press, 2013.
- Radford A., Metz L., Chintala S., *Unsupervised Representation Learning with Deep Convolutional Generative Adversarial Networks*, arXiv: 1511.06434[cs.LG].
- Salimans T., Goodfellow I., Zaremba W., Cheung V., Radford A., and Chen X., *Improved Techniques for Training GANs*, arXiv: 1606.03498[cs.LG].
- Arjovsky M., Chintala S., Bottou L., *Wasserstein GAN*, arXiv: 1701.07875[stat.ML].
- Edwards D.A., *On the Kantorovich-Rubinstein Theorem*, Expositiones Mathematicae, 2011.
- Holdroyd T., *TensorFlow 2.0 Quick Start Guide*, Packt Publishing, 2019.
- Goodfellow I., Bengio Y., Courville A., *Deep Learning*, The MIT Press, 2016.
- Mikolov T., Sutskever I., Chen K., Corrado G.S., Dean J., *Distributed representations of words and phrases and their compositionality. Advances in Neural Information Processing Systems*, arXiv: 1310.4546.
- Bojanowski P., Grave E., Joulin A., Mikolov T., *Enriching Word Vectors with Subword Information*, arXiv: 1607.04606[cs.CL].
- Bonaccorso G., *Hands-On Unsupervised Learning with Python*, Packt Publishing, 2019.

第23章　深度置信网络

本章将介绍两个概率生成式模型，它们用一组隐变量表示特定的数据生成过程。1986年提出的**受限玻尔兹曼机**（restricted boltzmann machine，RBM）是一个更复杂模型的构造块，这个模型称为**深度置信网络**（deep belief network，DBN），它能够以一种不同于深度卷积网络的方式，捕捉不同层次特征之间的复杂关系。这两种模型都可以在无监督和有监督的场景中用作预处理器，或者像DBN一样，利用标准的反向传播算法微调参数。

本章具体主题包括：

- **马尔可夫随机场**（Markov random field，MRF）。
- 受限玻尔兹曼机RBM，包括**对比散度**（contrastive divergence，CD－k）算法。
- 深度置信网络DBN及其有监督和无监督示例。

首先讨论这类模型背后的基本理论概念：马尔可夫随机场，解释其性质以及如何将其应用于很多特定问题的解决。

23.1　马尔可夫随机场简介

考虑一组通常采自同类分布（虽然没有限制分布必须是什么）的随机变量，$X=\{\overline{x}_i\}$，被组织在一个无向图$G=\{V,E\}$中，如图23.1所示。

在分析图23.1里无向图的性质之前，谨记，给定随机变量c，两个随机变量a和b是条件独立的，如果：

$$p(a,b|c)=p(a|c)p(b|c)$$

给定一个分离子集S_k，如果变量子集的所有泛型对（generic couple）$S_i,S_j \subseteq X$是独立的（因此，从属于S_i的变量到属于S_j的变量的所有连接都通过S_k），那么该图称为**马尔可夫随机场**（Markov random field，MRF）。

给定$G=\{V,E\}$，一个包含使每个泛型对都相邻的顶点的子集称为团clique（所有团的集合通常记为$cl(G)$）。例如，考虑图23.1所示的图。集合$\{x_0,x_1\}$是一个团。而且，如果x_0和x_5是连接的，$\{x_0,x_1,x_5\}$也将是一个团，如图23.2所示。

极大团是不能通过添加新顶点而扩展的团。一类特殊的马尔可夫随机场由所有联合概率分布如下分解的图组成：

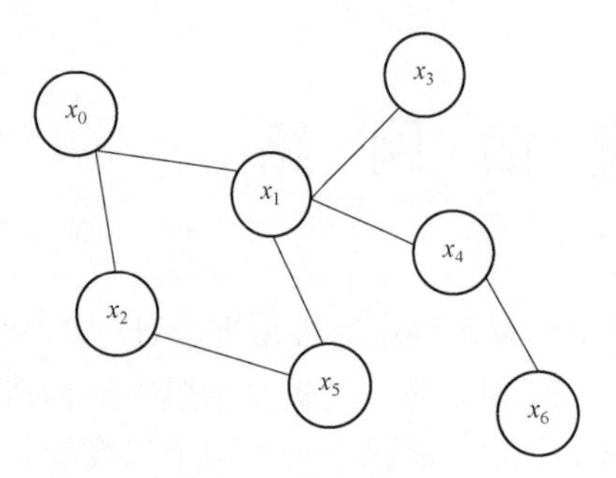

图 23.1 概率无向图示例

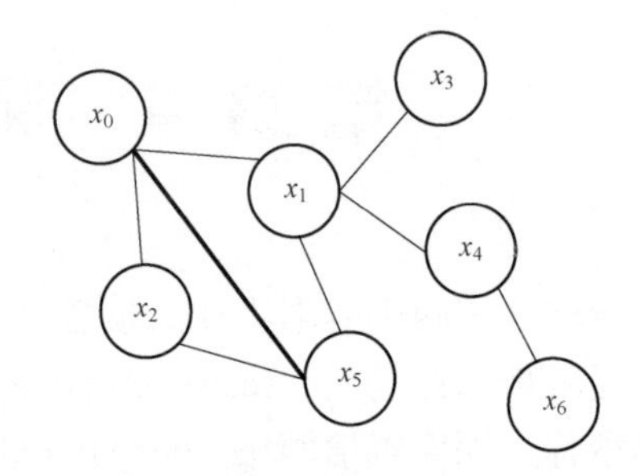

图 23.2 带有 x_0 和 x_5 连接的概率无向图示例

$$p(\bar{x}) = \alpha \prod_{i \in cl(G)} \rho_i(\bar{x})$$

这里，α 是标准化常数，乘积被推广到所有极大团的集合。根据哈默斯利–克里福德定理（Hammersley-Clifford theorem），如果联合概率密度函数是严格正的，那么马尔可夫随机场可被分解，所有的 $\rho_i(\bar{x})$ 函数也是严格正的。因此，在基于对数性质的一些简单操作之后，可以将 $p(\bar{x})$ 重写为吉布斯（Gibbs）或玻尔兹曼（Boltzmann）分布：

$$p(\bar{x}) = \alpha \mathrm{e}^{\log \prod_{i \in cl(G)} \rho_i(\bar{x})} = \alpha \mathrm{e}^{\sum_{i \in cl(G)} \log \rho_i(\bar{x})} = \frac{1}{Z} \mathrm{e}^{-E(\bar{x})}$$

$E(\bar{x})$ 被称为能量，因为它源于这种分布在统计物理学中的首次应用。项 $1/Z$ 是采用标准记号的标准化常数。本章所考虑的总是包含显性变量 $\{\bar{x}_i\}$ 和隐变量 $\{\bar{h}_j\}$ 的图。因此，将联合概率表示为：

$$p(\bar{x}, \bar{h}) = \frac{1}{Z} \mathrm{e}^{-E(\bar{x}, \bar{h})}$$

每当需要边缘化以获得 $p(\bar{x})$ 时，可以简单地对集合 $\{\bar{h}_j\}$ 求和：

$$p(\bar{x}) = \sum_j \frac{1}{Z} \mathrm{e}^{-E(\bar{x}, \bar{h}_j)}$$

遗憾的是，$p(\bar{x}, \bar{h})$ 一般很难求解，边缘化也可能极其复杂（如果不是不可能的话）。但是，正如即将看到的，通常可以对条件分布 $p(\bar{x}, \bar{h})$ 和 $p(\bar{h}, \bar{x})$ 进行处理，这些分布更容易管理，可以对网络建模。网络中的隐藏单元表示从不单独考虑或不作为联合概率分布，而是当作条件分布的潜在状态。这种方法最常见的应用是受限玻尔兹曼机，将在下一节进行讨论。

23.2　受限玻尔兹曼机

受限玻尔兹曼机（RBM）最初被称为 Harmonium（簧风琴），是 Smolensky 提出的一种神经模型（参阅：Smolensky P.，*Information processing in dynamical systems：Foundations of harmony theory*，Parallel Distributed Processing，Vol 1，The MIT Press，1986），由一层输入（可见）神经元和一层隐藏（潜在）神经元组成。其一般结构如图 23.3 所示。

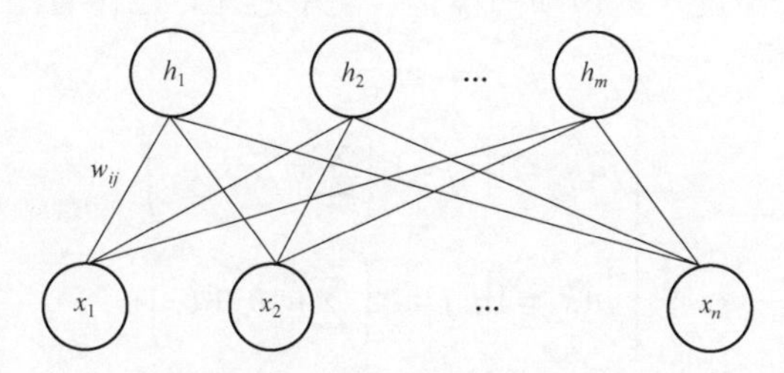

图 23.3　受限玻尔兹曼机的结构

由于无向图是二分图（属于同一层的神经元之间没有连接），基本概率结构是马尔可夫随机场。在原始模型中（尽管这不是限制），所有神经元都被假定为伯努利分布（$x_i, h_j = \{0,1\}$），具有偏差 b_i（对于可见单元）和 c_j（对于隐神经元）。结果得到的能量函数为：

$$E(\bar{x},\bar{h}) = -\sum_i \sum_j w_{ij}\bar{x}_i\bar{h}_j - \sum_i \bar{b}_i\bar{x}_i - \sum_j \bar{c}_j\bar{h}_j$$

受限玻尔兹曼机是一种可以学习数据生成过程 p_{data} 的概率生成模型，该模型由可见单元表示，但利用隐变量描述所有的内部关系。

如果将所有参数汇总到单个向量 $\bar{\theta} = \{w_{ij}, \bar{b}_i, \bar{c}_j\}$ 中，那么吉布斯分布变为：

$$p(\bar{x},\bar{h};\bar{\theta}) = \frac{1}{Z}\mathrm{e}^{-E(\bar{x},\bar{h};\bar{\theta})} = \frac{\mathrm{e}^{-E(\bar{x},\bar{h};\bar{\theta})}}{\sum_i \sum_j \mathrm{e}^{-E(\bar{x}_i,\bar{h}_j;\bar{\theta})}}$$

受限玻尔兹曼机的训练目标是最大化输入分布的对数似然。因此，第一步是在上式边缘化之后确定 $L(\bar{\theta};\bar{x})$：

$$L(\bar{\theta};\bar{x}) = \log p(\bar{x};\bar{\theta}) = \log \sum_{\bar{h}} \frac{1}{Z}\mathrm{e}^{-E(\bar{x},\bar{h};\bar{\theta})} = \log \sum_{\bar{h}} \mathrm{e}^{-E(\bar{x},\bar{h};\bar{\theta})} - \log \sum_{\bar{x}} \sum_{\bar{h}} \frac{1}{Z}\mathrm{e}^{-E(\bar{x},\bar{h};\bar{\theta})}$$

因为需要最大化对数似然，所以应该计算关于 $\bar{\theta}$ 的梯度：

$$\nabla_{\bar{\theta}} L(\bar{\theta};\bar{x}) = \nabla_{\bar{\theta}} \log \sum_{\bar{h}} \mathrm{e}^{-E(\bar{x},\bar{h};\bar{\theta})} - \nabla_{\bar{\theta}} \log \sum_{\bar{x}} \sum_{\bar{h}} \frac{1}{Z}\mathrm{e}^{-E(\bar{x},\bar{h};\bar{\theta})}$$

应用导数链式法则，得到：

$$\nabla_{\bar{\theta}} L(\bar{\theta};\bar{x}) = -\sum_{\bar{h}} \frac{e^{-E(\bar{x},\bar{h};\bar{\theta})}}{\sum_{\bar{h}} e^{-E(\bar{x},\bar{h};\bar{\theta})}} \nabla_{\bar{\theta}} E(\bar{x},\bar{h};\bar{\theta}) + \sum_{\bar{x}}\sum_{\bar{h}} \frac{e^{-E(\bar{x},\bar{h};\bar{\theta})}}{\sum_{\bar{x}}\sum_{\bar{h}} e^{-E(\bar{x},\bar{h};\bar{\theta})}} \nabla_{\bar{\theta}} E(\bar{x},\bar{h};\bar{\theta})$$

利用条件概率和联合概率等式，上式变为：

$$\nabla_{\bar{\theta}} L(\bar{\theta};\bar{x}) = -\sum_{\bar{h}} p(\bar{h}|\bar{x};\bar{\theta}) \nabla_{\bar{\theta}} E(\bar{x},\bar{h};\bar{\theta}) + \sum_{\bar{x}}\sum_{\bar{h}} p(\bar{x},\bar{h};\bar{\theta}) \nabla_{\bar{\theta}} E(\bar{x},\bar{h};\bar{\theta})$$

考虑到全联合概率，经过一些烦琐的操作（简单起见，已作省略），可以导出以下条件表达式，其中 $\sigma(x)$ 是 S 型函数：

$$\begin{cases} p(\bar{h}_j = 1|\bar{x}) = \sigma\left(\sum_i w_{ij}\bar{x}_i + c_j\right) \\ p(\bar{x}_i = 1|\bar{h}) = \sigma\left(\sum_i w_{ij}\bar{h}_i + b_i\right) \end{cases}$$

此时，可以计算关于每个参数 w_{ij}、b_i 和 c_j 的对数似然的梯度。从 w_{ij} 开始，考虑到 $\nabla_{w_{ij}} E(\bar{x},\bar{h};\bar{\theta}) = -\bar{x}_i\bar{h}_j$，得到：

$$\nabla_{w_{ij}} L(\bar{\theta};\bar{x}) = \sum_{\bar{h}} p(\bar{h}|\bar{x};\bar{\theta})\bar{x}_i\bar{h}_j - \sum_{\bar{x}}\sum_{\bar{h}} p(\bar{x},\bar{h};\bar{\theta})\bar{x}_i\bar{h}_j$$

如果将最后的全联合概率转换为条件概率，则上式可以重写为：

$$\nabla_{w_{ij}} L(\bar{\theta};\bar{x}) = \sum_{\bar{h}} p(\bar{h}|\bar{x};\bar{\theta})\bar{x}_i\bar{h}_j - \sum_{\bar{x}} p(\bar{x};\bar{\theta}) \sum_{\bar{h}} p(\bar{h}|\bar{x};\bar{\theta})\bar{x}_i\bar{h}_j$$

现在，因为所有单元都是伯努利分布的，而且只隔离了第 j 个隐藏单元，可以进行简化：

$$\begin{aligned}\sum_{\bar{h}} p(\bar{h}|\bar{x};\bar{\theta})\bar{x}_i\bar{h}_j &= \sum_{\bar{h}}\prod_i p(\bar{h}_i|\bar{x};\bar{\theta})\bar{x}_i\bar{h}_j = \sum_{\bar{h}_j} p(\bar{h}_j|\bar{x};\bar{\theta})\bar{x}_i\bar{h}_j \sum_{\bar{h}_{i\neq j}} p(\bar{h}_i|\bar{x};\bar{\theta}) = \sum_{\bar{h}_j} p(\bar{h}_j|\bar{x};\bar{\theta})\bar{x}_i\bar{h}_j \\ &= p(\bar{h}_j = 1|\bar{x})\bar{x}_i\end{aligned}$$

因此，梯度变为：

$$\nabla_{w_{ij}} L(\bar{\theta};\bar{x}) = p(\bar{h}_j = 1|\bar{x})\bar{x}_i - \sum_{\bar{x}} p(\bar{x};\bar{\theta}) p(\bar{h}_j = 1|\bar{x})\bar{x}_i$$

类似地，可以导出 $L(\bar{\theta};\bar{x})$ 相对于 b_i 和 c_j 的梯度：

$$\begin{cases} \nabla_{b_i} L(\bar{\theta};\bar{x}) = \bar{x}_i - \sum_{\bar{x}} p(\bar{x};\bar{\theta})\bar{x}_i \\ \nabla_{c_j} L(\bar{\theta};\bar{x}) = p(\bar{h}_j = 1|\bar{x}) - \sum_{\bar{x}} p(\bar{x};\bar{\theta}) p(\bar{h}_j = 1|\bar{x}) \end{cases}$$

因此，每个梯度的第一项很容易计算，而第二项需要对所有可见值求和。由于此操作是不切实际的，所以唯一可行的替代方法是采用吉布斯采样之类的方法进行采样，实现逼近（更多信息请参阅第 11 章贝叶斯网络和隐马尔可夫模型）。

但是，由于此算法从条件分布 $p(\bar{x}|\bar{h})$ 和 $p(\bar{h}|\bar{x})$ 采样，而非从全联合分布 $p(\bar{x},\bar{h})$ 采样，所以它要求相关的马尔可夫链到达其平稳分布 π 以便提供有效的样本。因为不知道需要多少采样步骤才能达到 π，所以吉布斯采样由于其潜在的高计算成本，也可能是不可行的解决方案。

对比散度（contrastive divergence）

为了解决上述问题，Hinton 提出了一种称为 CD－k 的替代算法（参阅：Hinton G.，*A Practical Guide to Training Restricted Boltzmann Machines*，Dept.Computer Science，University of Toronto，2010）。想法很简单却非常有效：不必等待马尔可夫链到达平稳分布，从 $t=0$ 的训练样本 $\bar{x}^{(0)}$ 开始，采样一定次数，而且通过从 $p(\bar{h}^{(1)}|\bar{x}^{(0)})$ 采样计算 $\bar{h}^{(1)}$。接着，利用隐藏向量从 $p(\bar{x}^{(2)}|\bar{h}^{(1)})$ 中采样重构样本 $\bar{x}^{(2)}$。此过程可以重复多次，但实际上，一个采样步骤往往就足以确保相当好的准确率。此时，对数似然的梯度近似为（考虑 t 步）：

$$\nabla_{\bar{\theta}} L\left(\bar{\theta};\bar{x}\right) \approx -\sum_p p\left(\bar{h}^{(p)}\middle|\bar{x}^{(0)};\bar{\theta}\right)\nabla_{\bar{\theta}} E\left(\bar{x}^{(0)},\bar{h}^{(p)};\bar{\theta}\right) + \sum_p p\left(\bar{h}^{(p)}\middle|\bar{x}^{(t)};\bar{\theta}\right)\nabla_{\bar{\theta}} E\left(\bar{x}^{(t)},\bar{h}^{(p)};\bar{\theta}\right)$$

根据前面的处理流程，很容易获得关于 w_{ij}、b_i 和 c_j 的单一梯度。“对比”一词来自在 $\bar{x}^{(0)}$ 处计算的 $L(\bar{\theta};\bar{x})$ 梯度的近似值，带有称为正梯度的项和称为负梯度的项之间的加权差。此方法类似于下列增量比率的导数的近似：

$$\frac{\partial L}{\partial x} \approx \frac{1}{2h}L(x+h) - \frac{1}{2h}L(x-h)\text{，如果 } h \to 0$$

基于单步 CD－k 的完整受限玻尔兹曼机训练算法如下（假设有 M 个训练数据点）：

（1）设置隐藏单元的数量 N_{h}。

（2）设置训练轮次数 N_{epochs}。

（3）设置学习率 η（例如 $\eta = 0.01$）。

（4）for $e=1$ to N_{epochs}：

　设 $\Delta w = 0$，$\Delta b = 0$，$\Delta c = 0$。

　for i = 1 to M：

　　从 $p(\bar{h}|\bar{x}^{(i)})$ 采样 $\bar{h}^{(i)}$。

　　从 $p(\bar{x}^{(i+1)}|\bar{h}^{(i)})$ 采样重构样本 $\bar{x}^{(i+1)}$。

　　累加权重和偏差的更新：

$$\Delta w = \Delta w + p(\bar{h}=1|\bar{x}^{(i)})\bar{x}^{(i)} - p(\bar{h}=1|\bar{x}^{(i+1)})\bar{x}^{(i+1)}\text{（作为外积）。}$$

$$\Delta b = \Delta b + \bar{x}^{(i)} - \bar{x}^{(i+1)}\text{。}$$

$$\Delta c = \Delta c + \left[p(\bar{h}=1|\bar{x}^{(i)}) - p(\bar{h}=1|\bar{x}^{(i+1)}) \right]。$$

更新权重和偏差：

$$w = w + \eta\Delta w。$$

$$b = b + \eta\Delta b。$$

$$c = c + \eta\Delta c。$$

两个向量之间的外积定义为：

$$\bar{a} \otimes \bar{b} = \bar{a} \bullet \bar{b}^{\mathrm{T}} = \begin{pmatrix} a_1 \\ \vdots \\ a_n \end{pmatrix} \bullet (b_1 \cdots b_m) = \begin{pmatrix} a_1 b_1 & \cdots & a_1 b_m \\ \vdots & \ddots & \vdots \\ a_n b_1 & \cdots & a_n b_m \end{pmatrix}$$

如果向量 $\bar{a}$ 有 $(n,1)$ 维数，且 $\bar{b}$ 有 $(m,1)$ 维数，则结果是 (n,m) 维数的矩阵。

23.3 深度置信网络

置信或贝叶斯网络是第 11 章贝叶斯网络和隐马尔可夫模型已经探讨过的概念。在这种特定情况下，将要考虑置信网络（belief network），包括可见变量和隐变量，组成同质层。第一层总是包含输入（可见）单元，而其余层都是隐藏层。因此，深度置信网络可以被构造为受限玻尔兹曼机的堆栈，每个隐藏层也是后续受限玻尔兹曼机的可见层，如图 23.4 所示（每层的单元数可以不同）。

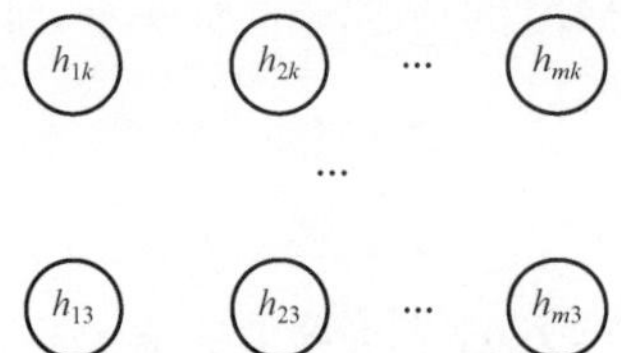
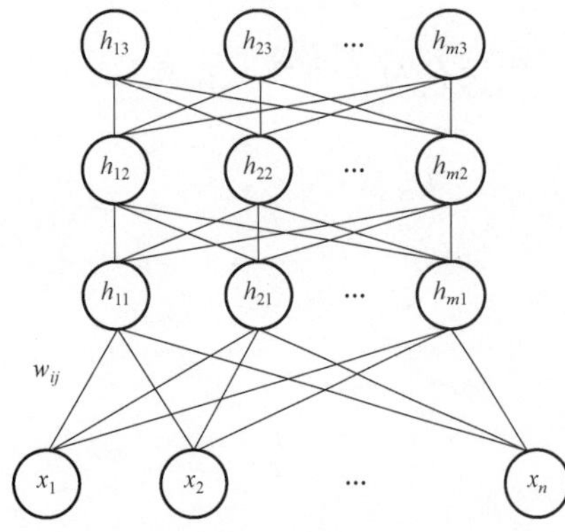

图 23.4 一般深度置信网络的结构

学习过程通常是贪婪和分步的（参阅：Hinton G.E.，Osindero S.，Teh Y.W.，*A fast learning algorithm for deep belief nets*，Neural Computation，18/7，2006）。利用数据集训练第一个受限玻尔兹曼机，并用 CD－k 算法对其进行优化，重建原始分布。此时，内部（隐藏）表示被用作下一个受限玻尔兹曼机的输入，依此类推，直到所有的块都被完全训练。这样，深度置信网络必须创建数据集后续的内部表示，这些表示可以用于不同的目的。当然，在训练模型时，可以从采样自隐藏层的识别（逆）模型推断出并计算激活概率为（$\bar{x}$ 表示一般原因）：

$$p(\bar{x}_i = 1|\bar{h}) = \sigma\left(\sum_j w_{ij}\bar{h}_j + b_i \right)$$

由于深度置信网络始终是一个生成式过程，所以在无监督的场景中，它可以执行成分分析/降维，其方法就是创建能够重建内部表示的子过程链。单个受限玻尔兹曼机聚焦于单个隐藏层，所以无法学习子特征，但是深度置信网络孜孜不倦地学习如何利用精细的隐藏分布表示每个子特征向量。

这个过程背后的概念与卷积层层叠并没有太大区别，主要区别在于深度置信网络的学习过程是努力不懈的。与主成分分析等方法的另一个区别是，并不确切知道如何构建内部表示。由于隐变量是通过最大化对数似然得以优化的，所以可能存在许多优化数据点，但不能轻易地对它们施加约束。

但是，尽管计算成本通常比其他方法高很多，深度置信网络在不同的场景仍表现出非常强大的特性。主要问题之一（与大多数深度学习方法相同）涉及每层隐藏单元的正确选择。因为隐藏单元代表隐变量，所以它们的数量是训练过程成功的关键因素。不可能一下子就能做出正确选择，因为有必要了解数据生成过程的复杂性。但是，根据经验，建议从包含 32/64 个单元的几层开始，逐渐增加隐藏神经元和层的数量，直到达到所需的准确率（同样，建议从一个小的学习率开始，如$\eta = 0.01$，必要时增加它）。

由于第一个受限玻尔兹曼机负责重建原始数据集，所以应该在每轮次之后监测对数似然（或误差），以便了解该过程是正确学习（减小误差）还是饱和容量。显然，最初糟糕的重建会导致随后更糟糕的表现。因为学习过程是贪婪的，在无监督任务中，当前面的训练步骤完成时，是无法提高较低层性能的。因此，建议调整参数，确保第一次重建非常准确。当然，所有关于过拟合的考虑仍然是有效的，因此，利用验证样本监控泛化能力也很重要。但是，在成分分析中，假设使用的是代表底层数据生成过程的分布，所以发现以前见过的特征的风险应该是最小的。

有监督的情况下，通常有两种选择，它们的第一步都是对深度置信网络的贪婪训练。但是，第一种方法采用反向传播等标准算法进行后续细化（将整个架构视为单个深度网络），而第二种方法采用最后的内部表示作为单独分类器的输入。

不言而喻，第一种方法有更多的自由度，因为它与预先训练的网络一起工作，网络的权重可以调整，直到验证准确率达到最大值。在这种情况下，第一个贪婪步骤涉及通过观察深层模型的内部行为（类似于卷积网络）而被经验证实的相同假设。第一层学习如何检测低层次特征，而所有后续层增加细节。因此，反向传播步骤可能从已经非常接近最优值的点开始，可以快速收敛。

相反，第二种方法类似于将核技巧应用于标准支持向量机。事实上，外部分类器通常是一个非常简单的分类器（例如逻辑回归或支持向量机），而且准确率提高主要是因为通过将原始样本投影到它们更易分类的子空间（通常是更高维）而得以改进的线性可分性。一般而言，这种方法的性能比第一种方法差，因为一旦深度置信网络训练完成，就无法调整参数。因此，当最终投影不适用于线性分类时，必须采用更复杂的模型，而且计算成本非常高却没有得到成比例的性能增益。由于深度学习通常是基于端到端学习的概念，所以训练整个网络有助于将预处理步骤隐式地包含在完整的结构中，而该结构变成将输入样本与特定结果关联起来的黑盒。每当要求显式管道时，贪婪地训练深度置信网络并使用单独的分类器可能是更合适的解决方案。

23.3.1 Python 实现的无监督深度置信网络示例

本例将使用 GitHub 免费提供的 Python 库（https://github.com/albertbup/deep-belience-network）。该库利用带有标准 scikit－learn 接口的 NumPy（仅限 CPU 版）或 TensorFlow（支持 2.0 版之前的 CPU 或 GPU 版），处理有监督和无监督的深度置信网络。可以利用 pip install git＋git://github.com/albertbup/deep-belief-network.git 命令安装该软件包。但是，因为专注于 TensorFlow2.0，所以将采用 NumPy 接口。

目标是产生 MNIST 数据集（它由数据点 $\bar{x}_i \in \mathbb{R}^{784}$ 组成）子集的低维表示（由于训练过程非常慢，将子集限制为 400 个样本）。第一步是利用 TensorFlow/Keras helper 函数载入、打乱和归一化数据集：

```
import numpy as np
import tensorflow as tf

from sklearn.utils import shuffle
(X_train,Y_train),(_,_)=\
        tf.keras.datasets.mnist.load_data()
X_train,Y_train=shuffle(X_train,Y_train,
                         random_state=1000)
width=X_train.shape[1]
height=X_train.shape[2]

nb_samples=400

X=X_train[0:nb_samples].reshape(
      (nb_samples,width * height)).\
         astype(np.float32)/255.0
Y=Y_train[0:nb_samples]
```

此时，可以创建 UnsupervisedDBN 类的一个实例，设置三个分别具有 512、256 和 64 个 sigmoid 单元的隐藏层（因为希望将值限定在 0 和 1 之间），不需要指定输入维度，因为它从数据集自动检测得到。很容易理解，模型的最终目标是执行顺序降维。第一个受限玻尔兹曼机将维数从 784 降到 512（约 65%），第二个受限玻尔兹曼机继续减半，使该层有 256 个隐变量。一旦第二种表示得到优化，第三个受限玻尔兹曼机将维度除以 4，得到输出 $\bar{y}_i \in \mathbb{R}^{64}$。值得注意的是，与主成分分析方法相反，这里，模型完全捕获了单个变量（本例中是像素）之间的相互依赖关系。

学习率 η（`learning_rate_rbm`）设为 0.05，批量大小（`batch_size`）设为 64，每个受限玻尔兹曼机的轮次数（`n_epochs_rbm`）设为 100。CD－k 步数的默认值是 1，但可以利用 `contrastive_divergence_iter` 参数来更改它。所有这些值都可以自由更改，以便提高性能（例如，获得较小的损失）或加快训练过程。最后决定，考虑准确率和速度之间的权衡：

```
from dbn import UnsupervisedDBN

unsupervised_dbn=UnsupervisedDBN(
        hidden_layers_structure=[512,256,64],
        learning_rate_rbm=0.05,
        n_epochs_rbm=100,
        batch_size=64,
        activation_function='sigmoid')

X_dbn=unsupervised_dbn.fit_transform(X)
```

程序段的输出为：

```
[START]Pre-training step:
>>Epoch 1 finished RBM Reconstruction error 48.407841
>>Epoch 2 finished RBM Reconstruction error 46.730827
…
>>Epoch 99 finished RBM Reconstruction error 6.486495
>>Epoch 100 finished RBM Reconstruction error 6.439276
[END]Pre-training step
```

如前所述，训练过程是串行的，分为预训练和微调两个阶段。当然，复杂性与层数和隐藏单元数成正比。完成此步骤后，X_dbn 数组将包含从最后一个隐藏层采样的值。遗憾的是，这个库没有实现逆变换方法，但是可以利用 t-SNE 算法将分布投影到二维空间：

```
from sklearn.manifold import TSNE

tsne=TSNE(n_components=2,
          perplexity=10,
          random_state=1000)
X_tsne=tsne.fit_transform(X_dbn)
```

结果如图 23.5 所示。

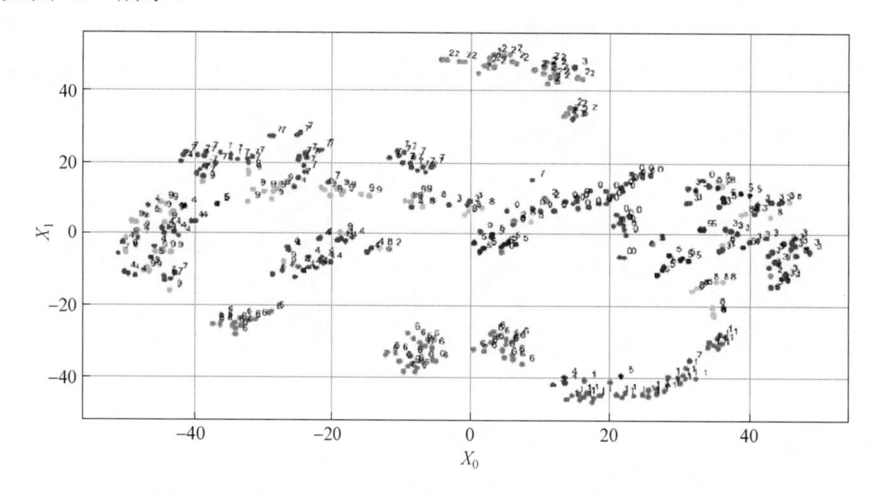

图 23.5 最后一个 DBN 隐藏层分布（64 维）的 t-SNE 图

可见，即使仍有一些异常，隐藏的低维表示总体上与原始数据集是一致的。包含相同数字的各组被归为紧凑簇，保留了数据集所在的原始流形的很多几何特性。例如，包含代表 9 的数字的组与包含 7 的图像的组非常接近，3 和 8 的组也非常接近。

这一结果证实了深度置信网络可以成功地用作分类的预处理层，但此时，与其降低维数，不如增加维数以便利用冗余，这样就可以用更简单的线性分类器（为了更好地理解这个概念，可以考虑用多项式特征增强数据集）。建议读者通过对整个 MNIST 数据集预处理，然后用逻辑回归对其分类，将结果与直接方法进行比较，最终测试增加维数的效果。

23.3.2 Python 实现的监督 DBN 示例

本例将利用 scikit-learn 提供的葡萄酒数据集，包含表示三种不同葡萄酒的化学性质的数据点 $\bar{x}_i \in \mathbb{R}^{13}$。该数据集并不非常复杂，可以用更简单的方法成功地进行分类，但是，该示例仅为教学目的，有助于理解如何处理这类数据。

第一步是载入数据集并通过去除平均值，除以标准差来标准化值。例如，在利用当输入为正而等效于线性单元的 ReLU 单元时，这非常重要：

```
from sklearn.datasets import load_wine
from sklearn.preprocessing import StandardScaler

wine=load_wine()

ss=StandardScaler()
X=ss.fit_transform(wine['data'])
Y=wine['target']
```

此时，可以创建训练集和测试集：

```
from sklearn.model_selection import train_test_split

X_train,X_test,Y_train,Y_test=\
        train_test_split(X,Y,
                         test_size=0.25,
                         random_state=1000)
```

该模型基于实现反向传播的 SupervisedBnClassification 类的一个实例。参数与无监督情况非常相似，但现在还可以指定随机梯度下降（SGD）学习率（learning_rate）、反向传播轮次数（n_iter_backprop）和可选的暂弃（dropout_p）。该算法首先进行初始贪婪训练（其计算量通常高于 SGD 阶段），然后进行微调。考虑到训练集的结构，选择了包含 16 和 8 个单元的两个隐藏 ReLU 层，并应用 0.1 的暂弃来防止过拟合。

考虑到这些模型的一般行为，两个受限玻尔兹曼机将试图找到 p_{data} 的内部表示，以获得最准确的分类。在本例中，第一个受限玻尔兹曼机将维度扩展到 16 个单元，因此，隐藏层应该更明确地编码一些相互依赖的特征。而第二个受限玻尔兹曼机则将维度减少到 8 个单元，主要负责发现数据集所在的流形。网络结构的选择与深度学习采用的任何其他程序相似，应遵循奥卡姆剃刀原理。因此，建议从非常简单的模型开始，然后添加新的层或扩展已有的层。当然，当过拟合的风险较大时（例如，当数据集非常小且无法检索到新数据点时），强烈建议使用暂弃：

```
from dbn import SupervisedDBNClassification
```

```
classifier = SupervisedDBNClassification(
        hidden_layers_structure=[16, 8],
        learning_rate_rbm=0.001,
        learning_rate=0.01,
        n_epochs_rbm=20,
        n_iter_backprop=100,
        batch_size=16,
        activation_function='relu',
        dropout_p=0.1)

classifier.fit(X_train, Y_train)
```

上面程序段的输出显示了每个轮次的预训练和微调损失：

```
[START]Pre-training step:
>>Epoch 1 finished RBM Reconstruction error 12.488863
>>Epoch 2 finished RBM Reconstruction error 12.480352
…
>>Epoch 99 finished ANN training loss 1.440317
>>Epoch 100 finished ANN training loss 1.328146
[END]Fine tuning step
```

此时，可以使用 scikit-learn 分类报告评价模型：

```
from sklearn.metrics.classification import \
    classification_report

Y_pred = classifier.predict(X_test)
print(classification_report(Y_test, Y_pred))
```

输出为：

```
              precision    recall    f1-score    support

          0       0.92      1.00       0.96         11
```

```
           1       1.00          0.90          0.95          21
           2       0.93          1.00          0.96          13

    accuracy                                   0.96          45
   macro avg       0.95          0.97          0.96          45
weighted avg       0.96          0.96          0.96          45
```

验证准确率（在精确度和召回率方面）非常大（接近 0.96），但这实际上是一个只需要几分钟训练的简单数据集。建议读者测试深度置信网络分类 MNIST/Fashion MNIST 数据集的性能，将结果与利用深度卷积网络获得的结果进行比较。在这种情况下，重要的是监测每个受限玻尔兹曼机的重建误差，在运行反向传播阶段之前尽量减小它。练习结束时，应该能够回答问题：端到端方法和基于预处理的方法，哪种更可取？

23.4　本章小结

本章介绍了作为受限玻尔兹曼机基础结构的马尔可夫随机场。马尔可夫随机场被表示为顶点为随机变量的无向图。特别地，考虑了联合概率可以被表示为每个随机变量的正函数的乘积的马尔可夫随机场。最常见的基于指数的分布称为吉布斯（或玻尔兹曼）分布，特别适用于本章的问题，因为对数抵消了指数，得到了更简单的表达式。

受限玻尔兹曼机是一个简单的由可见变量和隐变量组成的二分无向图，只在不同的组之间有联系。

受限玻尔兹曼机的目标是学习一个概率分布，这得益于可以描述未知关系的隐藏单元的存在。遗憾的是，对数似然虽然非常简单，但不容易优化，因为归一化需要对所有输入值求和。因此，Hinton 提出了另一种称为 CD – k 的算法，该算法基于一定数量（通常为 1）的吉布斯采样步骤输出对数似然梯度的近似值。

多个受限玻尔兹曼机堆叠起来，可以建立深度置信网络，其中每个块的隐藏层也是下一个块的可见层。深度置信网络可以用贪婪方法进行训练，使序列中每个受限玻尔兹曼机的对数似然最大化。在无监督的情况下，深度置信网络能够以分层的方式提取数据生成过程的特征，因此可用于成分分析和降维。在有监督的场景中，可以用考虑整个网络的反向传播算法贪婪地预训练和微调深度置信网络，或者有时在分类器是非常简单模型（例如逻辑回归）的流程中进行预处理。

第 24 章将介绍强化学习的概念，讨论系统最重要的元素，这些系统可以自主学习玩游戏，或让机器人行走、跳跃和执行经典方法极难建模和控制的任务。

扩展阅读

- Smolensky P., *Information processing in dynamical systems:Foundations of harmony theory*, Parallel Distributed Processing, Vol 1, The MIT Press, 1986.
- Hinton G., *A Practical Guide to Training Restricted Boltzmann Machines*, Dept. Computer Science, University of Toronto, 2010.
- Hinton G.E., Osindero S., Teh Y.W., *A fast learning algorithm for deep belief nets*, Neural Computation, 18/7, 2006.
- Goodfellow I., Bengio Y., Courville A., *Deep Learning*, The MIT Press, 2016.
- Bonaccorso G., *Hands-On Unsupervised Learning with Python*, Packt Publishing, 2019.

第 24 章　强 化 学 习 导 论

本章将介绍**强化学习**（reinforcement learning，RL）的基本概念。强化学习是一类学习方法，通过在每一次可能的行动之后给予奖励，让智能体学习如何在未知的环境中有所作为。强化学习已经被研究了数十年，但在过去的几年里，它终于成熟成为一种强大的方法。强化学习可以利用深度学习和标准（通常也是简单的）算法解决极其复杂的问题，例如，学习如何熟练地玩雅达利游戏。

具体讨论：

- **马尔可夫决策过程**（Markov decision process，MDP）的概念。
- 环境、智能体、策略和奖励的概念。
- 策略迭代算法。
- 值迭代算法。
- TD(0)算法。

首先介绍刻画强化学习场景的主要概念，重点介绍每个元素的特性以及它们如何相互作用以达到全局目标。

24.1　强化学习的基本概念

想象一下你想学习骑自行车，并向朋友请教。他们会解释齿轮是如何工作的，如何使用刹车和其他一些技术细节。最后，你问保持平衡的秘诀。

你希望得到怎样的回答？在一个想象的监督世界里，你应该能够完美地量化你的行为，并通过将结果与精确的参考值进行比较来纠正错误。但在现实世界中，你根本不知道你行为背后的量值，最重要的是，你永远不知道正确的值是什么。

进一步抽象所考虑的场景，可以描述为：一个一般的智能体在环境中完成动作，并接收与其行为能力成正比的反馈。根据这个**反馈**（feedback），**智能体**（agent）可以纠正其行动，以达到特定的目标。这个基本模式如图 24.1 所示。

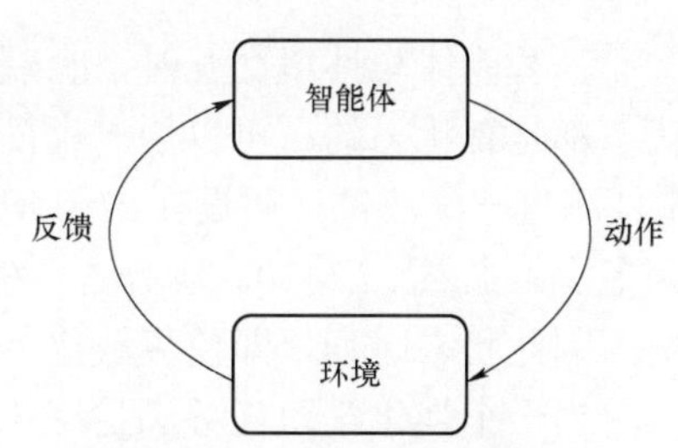

图 24.1　强化学习的基本模式

回到刚才最初的例子。当你第一次骑上自行车并试图保持平衡时，你会注意到错误的运动会导致倾斜更厉害，加大重力的水平分量，从而使自行车侧向倾倒。当垂直分量被补偿时，结果是自行车翻转直到彻底着地。但是，当自行车开始歪倒时，因为你可以用你的腿来控制你的平衡，所以根据牛顿第三定律，作用在你腿上的力将增大，而你的脑子明白这时需要向反方向移动。

尽管这个问题很容易用物理定律来表达，但实际上没有人会通过计算力和动量来学习骑自行车。这就是强化学习的一个主要概念：一个智能体必须总是考虑一些信息做出决定，这信息通常被定义为表示环境响应的奖励。如果行动是正确的，奖励将是正面的，否则，它将是负面的。在获得奖励后，智能体可以微调所谓的策略（policy），以使预期的未来奖励最大化。

例如，在几次骑行之后，你可以稍微移动你的身体，以便在转弯时保持平衡。但是在开始的时候，你可能需要伸展你的腿以避免摔倒。

因此，你最初的策略暗示了一个错误的行动，而这个错误的行动会收到重复的负面回报，所以你的大脑通过增加选择另一个行动的概率来纠正错误的行动。这种方法的隐含假设是，一个智能体总是理性的，这意味着它的目标是使其行动的预期回报最大化。毕竟没人决定从自行车上摔下来，只是为了体会那是怎样的感受。

在讨论强化学习系统的构成组件之前，有必要增加一些基本假设。第一个假设是，一个智能体可以无限次地重复体验。换句话说，假设只要有足够的时间，就能学习一个有效的策略（可能是最优策略）。显然，这在动物界是不可接受的，因为大家都知道很多经验是极其危险的，但是，这个假设对于证明某些算法的收敛性是必要的。其实，有时学习次优策略很快，但需要多次迭代才可能得到最优策略。

真实的人工系统总是在有限的迭代次数之后停止学习过程，但是，如果某些经历阻止了智能体继续与环境交互的话，那么几乎不可能找到有效的解决方案。因为很多任务都有最终状态（或好或坏），假设智能体可以重复任意轮次（有点类似于监督学习），利用先前学习到的经验。

第二个假设有点偏技术性，通常被称为马尔可夫特性。

24.1.1 马尔可夫决策过程

当智能体与环境交互时，它观察一系列状态。尽管这看起来好像自相矛盾，但假设每个状态都是有状态的。可以用一个简单的例子来解释这个概念。假设你正在给水箱加水，每隔5秒测量一次液位。假设在 $t=0$ 时，水平面 $L=10$，水流入。那么，在 $t=1$ 时，你期望液面为多少？显然，$L>10$。换言之，在没有外部不明原因的情况下，假设一个状态包含以前的历史，因此状态序列，即使离散化，也代表一个不允许跳跃的连续过程。

当一个强化学习任务满足这一特性时，它被称为**马尔可夫决策过程**，很容易用简单的算法评价行动。好在，大多数自然事件都可以建模为马尔可夫决策过程（当你朝门走去时，朝正确方向迈出的每一步都一定会缩短距离），但也有一些游戏是隐形无状态的。

例如，如果你想利用强化学习算法来学习如何猜测独立事件概率序列的结果（例如抛硬币），那么结果可能会大错特错。原因很清楚：任何一个状态都与前一个状态无关，每一次尝试建立历史都会以失败告终。因此，如果你观察到一个 0，0，0…的序列，除非在考虑了事件的似然后，假设硬币已装好，否则你没有理由继续下注 0 值。

但是，如果没有理由这么做的话，这个过程就不是马尔可夫决策过程，每个事件都是完全独立的。所有假设，无论是隐式的还是显式的，都基于这个基本概念，所以在评估新的、不寻常的场景时要多加注意，因为你可能会发现，采用某个特定的算法在理论上是不合理的。

24.1.2　环境

环境是智能体必须在其中实现目标的实体。通用环境是一个系统，它接收一个输入行动 a_t（使用索引 t，因为这是一个自然时间过程），输出一个由状态 s_{t+1} 和奖励 r_{t+1} 组成的元组。这两个元素是提供给智能体做出下一决策的唯一信息。如果正在处理的是马尔可夫决策过程和可能的行动集合 A，而状态集合 S 是离散的和有限的，那么这个问题可以被定义为一个有限马尔可夫决策过程（很多连续问题，可以通过空间离散化当作有限马尔可夫决策过程）。如果存在最终状态，则任务称为情节性任务，一般而言，目标是在最短的时间内达到正面的最终状态或得到最大分数。智能体与环境之间的循环交互模式如图 24.2 所示。

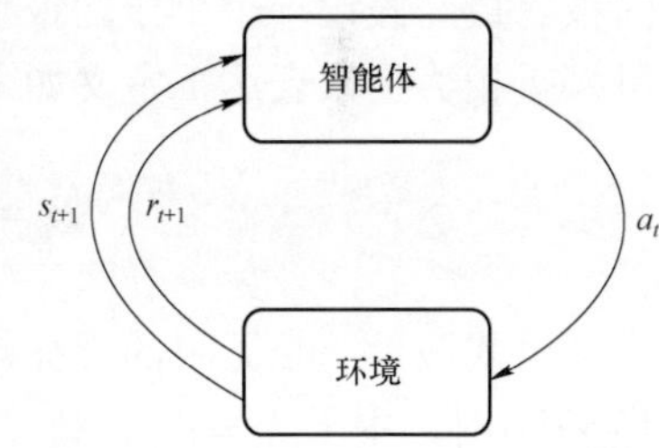

图 24.2　智能体－环境交互模式

环境的一个非常重要的特征是它的内在特性。它可以是确定性的，也可以是随机的。确定性环境可以表征为一个函数，该函数将特定状态 s_t 的每个可能行动与定义好的后继状态 s_{t+1} 相关联，并具有精确的奖励 r_{t+1}：

$$(s_{t+1}, r_{t+1}) = f(s_t, a_t),\ a_t \in A\ 且\ s_t, s_{t+1} \in S$$

相反，随机环境则表征为给定行动 a_t 的情况下，当前状态 s_t 和一组可能的后继状态 s_{t+1}^i 之间的转移概率：

$$T(s_t, s_{t+1}^i, a_t) = (p(s_t, s_{t+1}^1, a_t), \cdots, p(s_t, s_{t+1}^i, a_t), \cdots)$$

如果状态 s_t 有转移概率 $T(s_t, s_{t+1}^i, a_t) = 1$，$\forall a_t \in A$，则该状态被定义为吸收状态。一般为了避免任何进一步的转移，场景任务中的所有结束状态都被建模为吸收状态。当一个事件不局限于一个固定的步骤数时，确定其结束的唯一标准是检查智能体是否已达到吸收状态。由于不知道哪个状态将成为后继状态，所以给定初始状态 s_t 和行动 a_t，有必要考虑所有可能回报的预期值：

$$E[r_{t+1}^i;s_t,a_t]$$

一般，随机环境更容易管理，因为通过将所有概率，除了对应于实际后继状态的概率，设置为零，随机环境可以立即转换为确定性环境（例如，$T(s_t,s_{t+1}^i,a_t)=(0,0,\cdots,0,1,0,\cdots,0)$）。同样，期望的回报可以设为$r_{t+1}$。得到$T(s_t,s_{t+1}^i,a_t)$和$E[r_{t+1}^i]$，需要用到一些特定的算法，但是当为环境找一个合适的模型需要极其复杂的分析时，可能会有问题。这时可以采用无模型方法，因此，环境被视为一个黑匣子，其在时间t的输出（在智能体a_{t-1}完成的行动之后）是评估策略的唯一可用信息。

回报（奖励）

回报（有时负回报称为惩罚，但最好使用标准表述）是每次行动后环境提供的唯一反馈。但是，有两种利用回报的用法。第一种方法是一个非常短视的智能体的策略，只考虑刚刚得到的回报。

这种方法的主要问题显然是无法考虑可能会带来非常高回报的长序列。例如，一个智能体必须遍历一些带有负回报的状态（例如，-0.1），但是这些状态之后，则一个具有高回报的状态（例如，$+5.0$）。一个短视的智能体无法找到最好的策略，因为它只想避免眼前的负面回报。最好假设一个单一回报包含按照相同的策略获得的部分未来奖励。这一概念可以通过引入折扣奖励来表达，定义如下：

$$R_t=\sum_{i=0}^{\infty}\gamma^i r_{i+t+1}=r_{t+1}+\gamma r_{t+1}+\cdots\gamma^k r_{i+t+1}+\cdots$$

上式假设一个无限的视界，其折扣因子γ是一个介于0和1之间（不包括1）的实数。当$\gamma=0$时，由于$R_t=r_{t+1}$，智能体非常短视；但当$\gamma\to1$时，当前奖励以与时间步长成反比的方式将未来的贡献折现并加以考虑。如此一来，越近期的回报将比非常遥远的回报具有更高的权重。如果所有回报的绝对值都受到最大回报$|r_i|\leqslant|r_{\max}|$限制，上式将始终有界。实际上，考虑几何级数的性质，得到：

$$|R_t|=\left|\sum_{i=0}^{\infty}r^i r_{i+t+1}\right|\leqslant\sum_{i=0}^{\infty}r^i|r_{i+t+1}|\leqslant|r_{\max}|\sum_{i=0}^{\infty}r^i=\frac{|r_{\max}|}{1-\gamma}$$

显然，正确选择γ是很多问题的一个关键因素，而且不容易确定。与其他很多类似的情况一样，建议测试不同的值，选择一个在产生准最优策略的同时最小化收敛速度的值。当然，如果任务是长度为$T(e_i)$的情节性任务，则折扣回报变成：

$$R_t=\sum_{i=0}^{T(e_i)-t-1}r^i r_{i+t+1}=r_{t+1}+\gamma r_{t+1}+\cdots\gamma^{T(e_i)}r_{T(e_i)+t+1}$$

利用 Python 的棋盘环境

考虑一个基于棋盘环境的示例，该环境表示隧道。智能体的目标是达到结束状态（右下角），避免 10 个负吸收状态的井。回报值包括：

- 结束状态（Ending state）：+5.0。
- 井（Wells）：−5.0。
- 所有其他状态（All other states）：−0.1。

为所有非终点状态选择一个小的负奖励有助于迫使智能体向前移动，直到达到最大（最终）回报。先建模一个具有 5×15 矩阵的环境：

```
import numpy as np

width = 15
height = 5

y_final = width - 1
x_final = height - 1

y_wells = [0, 1, 3, 5, 5, 7, 9, 11, 12, 14]
x_wells = [3, 1, 2, 0, 4, 1, 3, 2, 4, 1]

standard_reward = -0.1
tunnel_rewards = np.ones(shape=(height, width)) * \
                  standard_reward

for x_well, y_well in zip(x_wells, y_wells):
    tunnel_rewards[x_well, y_well] = -5.0

tunnel_rewards[x_final, y_final] = 5.0
```

环境的图形表示（用回报的方式）如图 24.3 所示。

智能体可以向四个方向移动：上、下、左和右。显然，在这种情况下，环境是确定性的，因为每个行动都会将智能体移动到预定义的单元。假设当一个行动被禁止时（例如，当智能体在第一列时试图向左移动），后继状态是相同的（有相应的回报）。

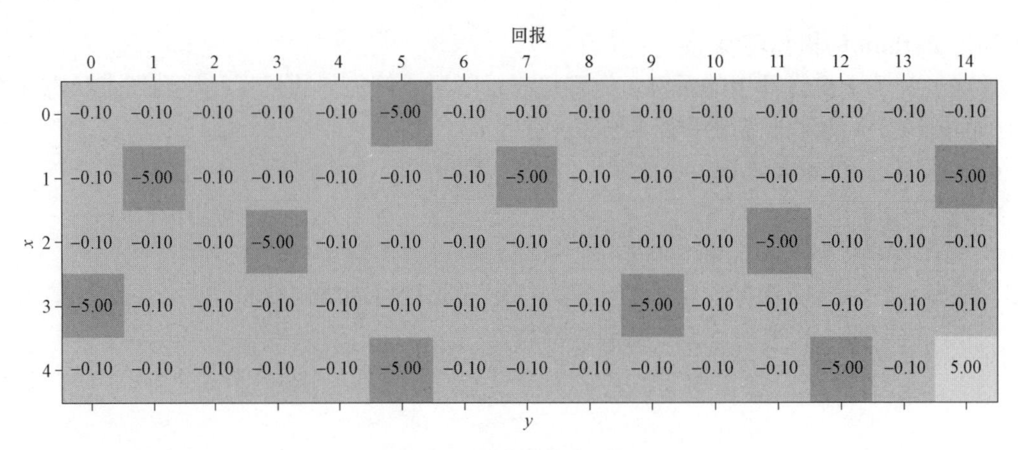

图 24.3 隧道环境的回报

24.1.3 策略

形式上，策略是智能体为追求最大回报而遵循的确定性的或随机的规则。习惯上，所有策略都用字母 π 表示。确定性策略通常是输出精确行动的当前状态的函数：

$$a_{t+1} = \pi(s_t)$$

随机策略，类似于环境，则输出每个行动的概率（在这种情况下，假设处理的是有限马尔可夫决策过程）：

$$\pi(s_t) = (p(a_{t+1} = a^{(1)}), \cdots, p(a_{t+1} = a^{(n)}), \cdots)$$

但是，与环境不同，智能体必须选择一个特定的行动，将随机策略转换为确定性的选择序列。一般来说，$\pi(s_t, a) > 0 \ \forall a \in A$ 的策略称为软策略，通常用于训练过程，因为它允许更灵活的建模，不需要过早地选择次优行动。相反，当 $\pi(s_t, a_j) = 0 \ \forall i \neq j$ 且 $\pi(s_t, a_j) = 1$ 时，策略被定义为硬策略。智能体的转换行动有多种方式，最常见的一种是定义一个对价值贪婪的策略（将在下一节讨论价值这个概念）。这意味着，每一步，策略都会选择使后续状态的价值最大化的行动。显然，这是一种非常理性的、甚至可能过于务实的做法。事实上，当某些状态的值不变时，贪婪策略总是会迫使智能体执行相同的行动。

这一问题被称为探索–利用困境（exploration-exploitation dilemma）。当允许智能体评估最初看起来不太理想的替代策略时，就会出现这种问题。换言之，要求智能体在开始利用策略之前先探索环境，以了解这个策略是否真的是最佳策略，或是否存在潜在的替代策略。为了解决这个问题，可以采取 ϵ 贪婪策略，其中的值 ϵ 表示概率，被称为探索因子。

在这种情况下，策略将选择概率为 ϵ 的随机行动和概率为 $1-\epsilon$ 的贪婪行动。一般在训练过程开始时，ϵ 保持非常接近 1.0 以激励探索。当策略变得更稳定时，ϵ 会逐渐减小。在很多深度强化学习（deep reinforcement learning，DRL）应用中，这是很基本的方法，尤其是在没有环境模型的情况下。这是因为贪婪策略最初可能是错误的，在强制做出确定性决策之前，必须让智能体探索很多可能的状态和行动序列。

24.2 策略迭代

本节将分析一种利用对环境的完全了解（转移概率和预期回报）找到最优策略的方法。第一步是定义一个可以用来构建贪婪策略的方法。假设考虑有限马尔可夫决策过程和通用策略π，可以将状态s_t的内在值定义为智能体从s_t开始并遵循随机策略π获得的预期折扣回报：

$$V(s_t;\pi)=E_\pi\left[R_t;s_t\right]=E_\pi\left[\sum_{i=0}^{\infty}\gamma^i r_{i+t+1};s_t\right]$$

在这种情况下，因为智能体将遵循策略π，所以假设，如果从s_a开始的预期回报大于从s_b开始所获得的预期回报的话，那么状态s_a比s_b更有用。遗憾的是，当$\gamma>0$时，试图根据前面的定义直接找到每个状态的值几乎是不可能的。但是，这个问题可以用动态规划加以解决（详细信息，请参阅：R.A.Howard，*Dynamic Programming and Markov Process*，The MIT Press，1960）。动态规划可以迭代地解决问题。

具体需要将上一个公式转化为贝尔曼方程：

$$V\left(s_t;\pi\right)=E_\pi\left[\sum_{i=0}^{\infty}\gamma^i r_{i+t+1};s_t\right]=E_\pi\left[r_{t+1}+\gamma\sum_{i=0}^{\infty}r^i r_{i+t+2};s_t\right]=E_\pi\left[\gamma_{t+1};s_t\right]+\gamma E_\pi\left[\sum_{i=0}^{\infty}\gamma^i r_{i+t+2};s_t\right]$$

右侧的第一项可以表示为：

$$E_\pi\left[\gamma_{t+1};s_t\right]=\sum_{a_k}\pi(s_t)\sum_{s_k}T(s_t,s_k;a_k)E(r_{t+1};s_k,a_k)$$

换句话说，它是考虑智能体处于状态s_t，评价所有可能行动和随后的状态转移时的所有预期回报的加权平均值。至于公式右侧第二项，需要一个小技巧。假设从s_{t+1}开始，那么期望值对应于$V(s_{t+1};\pi)$，但是，由于总和从s_t开始，所以需要考虑从s_t开始的所有可能的状态转移。此时，可以将该项重写为：

$$E_\pi\left[\sum_{i=0}^{\infty}\gamma^i r_{i+t+2};s_t\right]=\sum_{a_k}\pi(s_t)\sum_{s_k}T(s_t,s_k;a_k)V(s_k;\pi)$$

同样，这个公式的第一项$T(s_t,s_k;a_k)$考虑了从s_t开始（到s_{t+1}结束）的所有可能的转移，而第二项$V(s_k;\pi)$是每个结束状态的值。因此，完整表达式变为：

$$V(s_t;\pi)=\sum_{a_k}\pi(s_t)\sum_{s_k}T(s_t,s_k;a_k)\left[E\left[\gamma_{t+1},s_k;a_k\right]+\gamma V(s_k;\pi)\right]$$

而对于确定性策略，公式是：

$$V(s_t;\pi)=\sum_{s_k}T(s_t,s_k;\pi(s_t))\left[E\left[\gamma_{t+1},s_k;\pi(s_t)\right]+\gamma V(s_k;\pi)\right]$$

前面的方程是有限马尔可夫决策过程的一般离散贝尔曼方程的特殊情况，可以表示为应用于值向量的向量算子 L_π：

$$L_\pi V=R+\gamma TV$$

很容易证明有唯一的固定点对应于 $V(s;\pi)$，因此 $L_\pi V(s;\pi)=V(s;\pi)$。但是，为了求解系统，需要同时考虑所有方程，因为贝尔曼方程的左侧和右侧都有 $V(s;\pi)$ 项。有没有可能把这个问题转化为一个迭代过程，使得前面的计算可以用于下一个计算？答案是肯定的，这是 L_π 的一个重要性质的结果。考虑时间 t 和 $t+1$ 计算的两个值向量之差的无穷范数：

$$\left\|L_\pi V^{(t+1)}-L_\pi V^{(t)}\right\|_\infty=\left\|R+\gamma TV^{(t+1)}-R-\gamma TV^{(t)}\right\|_\infty=\gamma\left\|TV^{(t+1)}-TV^{(t)}\right\|_\infty\leqslant\gamma\left\|V^{(t-1)}-V(s;\pi)\right\|_\infty$$

因为折扣因子 $\gamma\in(0,1)$，所以贝尔曼算子 L_π 是一个 γ－收缩，它将参数之间的距离缩小一个因子 γ（参数变得越来越相似）。巴拿赫不动点定理（Banach fixed-point theorem）指出，度量空间 D 上的收缩 $L:D\to D$ 存在唯一的不动点 $d^*\in D$，这个不动点可以通过反复对任何 $d^{(0)}\in D$ 进行收缩而得到。

因此，知道了唯一不动点 $V(s;\pi)$ 的存在，这也是本研究的目标。如果现在考虑一个一般的起点 $V^{(t)}$，而且计算起点与 $V(s;\pi)$ 的差的范数，得到：

$$\left\|V^{(t)}-V(s;\pi)\right\|_\infty=\left\|L_\pi V^{(t-1)}-L_\pi V(s;\pi)\right\|_\infty\leqslant\gamma\left\|V^{(t-1)}-V(s;\pi)\right\|_\infty$$

重复这个过程直到 $t=0$，得到：

$$\gamma\left\|V^{(t-1)}-V(s;\pi)\right\|_\infty\leqslant\gamma^2\left\|V^{(t-2)}-V(s;\pi)\right\|_\infty\leqslant..\leqslant\gamma^{t+1}\left\|V^{(0)}-V(s;\pi)\right\|_\infty$$

当继续迭代 $V^{(t)}$ 和 $V(s;\pi)$ 之间距离时，$\gamma^{t+1}\to 0$ 越来越小，说明可以用迭代方法而不是一次性解析方法。因此，贝尔曼方程变成：

$$V^{(i+1)}(s_t)=\sum_{a_k}\pi(s_t)\sum_{s_k}T(s_t,s_k;a_k)\left[E\left[\gamma_{t+1},s_k;a_k\right]+\gamma V^{(i)}(s_k)\right]$$

这个公式可以找到每个状态的值（这个步骤称为策略评估），但是，它当然需要一个策略。第一步可以随机选择行动，因为没有任何其他信息，但是完成一个完整的评估周期之后，可以定义一个关于值的贪婪策略。为了实现这一目标，需要给强化学习引入一个非常重要的概念，Q 函数（不能与最大期望算法中定义的 Q 函数相混淆），它被定义为智能体从状态 s_t 开始并选择一个特定行动而获得的预期折现回报：

$$Q(s_t,a_t;\pi)=E_\pi\left[R_t;s_t,a_t\right]=E_\pi\left[\sum_{i=1}^{\infty}\gamma^i r_{i+t+1};s_t;a_t\right]$$

这个定义与 $V(s;\pi)$ 非常相似，但将行动 a_t 作为变量包含在内。显然，可以通过简单地删除策略/行动总和来定义 $Q(s_t, a_t; \pi)$ 的贝尔曼方程：

$$Q(s_t, a_t; \pi) = \sum_{s_k} T(s_t, s_k; a_t)\left[E\left[r_{t+1}; s_k, a_t\right] + \gamma V\left(s_k; \pi\right)\right]$$

Sutton 和 Barto（参阅：Sutton R.S.，Barto A.G.，*Reinforcement Learning*，The MIT Press，1998）证明了一个简单但很重要的定理（称为策略改进定理）。该定理指出，给定确定性策略 π_1 和 π_2，如果 $Q(s, \pi_2(s); \pi_2) \geqslant V(s; \pi_2), \forall s \in S$，那么 π_2 优于或等于 π_1。证明过程非常简洁，可参阅上述文献，结果直观易懂。如果考虑状态序列 $s_1 \to s_2 \to \cdots \to s_n$ 和 $\pi_2(s_i) = \pi_1(s_i), \forall i < m < n$，而 $\pi_2(s_i) \geqslant \pi_1(s_i), \forall i \geqslant m$，那么策略 π_2 至少等于 π_1，如果不等式是严格成立的，策略 π_2 会变得更好。相反，如果 $Q(s, \pi_2(s); \pi_2) \geqslant V(s; \pi_1)$，这意味着 $\pi_2(\mathrm{s}) \geqslant \pi_1(\mathrm{s})$ 且如果至少存在一个状态 s_i 使得 $\pi_2(s_i) \geqslant \pi_1(s_i)$，那么 $Q(s, \pi_2(\mathrm{s}); \pi_2) > V(s; \pi_1)$。

因此，完成一个完整的策略评估周期之后，可以定义一个新的贪婪策略为：

$$\pi^{(k+1)}\left(s_t\right) = \underset{a_t}{\operatorname{argmax}}\, Q\left(s_t, a_t; \pi^{(k)}\right)$$

此步骤称为策略改进，其目标是将与每个状态关联的行动设置为向具有最大值的后续状态转移的行动。不难理解，当 $V^{(t)} \to V(s;\pi)$ 时，最优策略将保持不变。实际上，当 $t \to \infty$ 时，Q 函数将收敛到由 $V(s;\pi)$ 决定的稳定不动点而且 $\underset{a_t}{\operatorname{argmax}}\, Q(s_t, a_t; \pi^{(k)})$ 将始终选择相同的行动。但是，如果从随机策略开始的话，一般一个策略评估周期并不足以保证收敛。因此，在策略改进步骤之后，经常需要重复评估并继续交替两个阶段（探索–利用），直到策略稳定为止（这就是为什么这个算法被称为策略迭代的原因）。通常，收敛速度相当快，但实际速度取决于问题的性质、状态和行动的数量以及回报的一致性。

完整的策略迭代算法（由 Sutton 和 Barto 提出）为：

（1）设置初始确定性随机策略 $\pi(s)$。

（2）设置初始值数组 $V(s;\pi) = 0$，$\forall s \in S$。

（3）设置容差阈值 *Thr*（例如，$Thr = 0.000\,1$）。

（4）设置最大迭代次数 N_{iter}。

（5）设置计数器 $e = 0$。

（6）当 $e < N_{\text{iter}}$ 时：

  $e = e + 1$

  当 $Avg\left(\left|V(s) - V_{\text{old}}(s)\right|\right) > Thr$ 时：

    设置 $V_{\text{old}}(s) = V(s)$，$\forall s \in S$。

    执行策略评估步骤，从 V_{old} 读取当前值并更新 $V(s)$。

  设置 $\pi_{\text{old}}(s) = \pi(s)$，$\forall s \in S$。

  执行策略改进步骤。

if $\pi_{\text{old}}(s) = \pi(s)$：

break（Main while loop）。

（7）输出最终的确定策略$\pi(s)$。

在这种情况下，由于对环境有了充分的了解，就不再需要探索阶段。该策略总是被利用，因为它被构建为对真实价值（当$t \to \infty$）贪婪。

棋盘环境中的策略迭代

应用策略迭代算法寻找隧道环境的最佳策略。首先定义一个随机初始策略和一个所有值（除了终止状态）都等于 0 的值矩阵：

```
import numpy as np

nb_actions = 4

policy = np.random.randint(0, nb_actions,
                           size=(height, width)).\
    astype(np.uint8)
tunnel_values = np.zeros(shape=(height, width))
```

初始随机策略（$t = 0$）如图 24.4 所示。

⊗表示的状态代表井，而最终的正状态则用大写字母 E 表示。

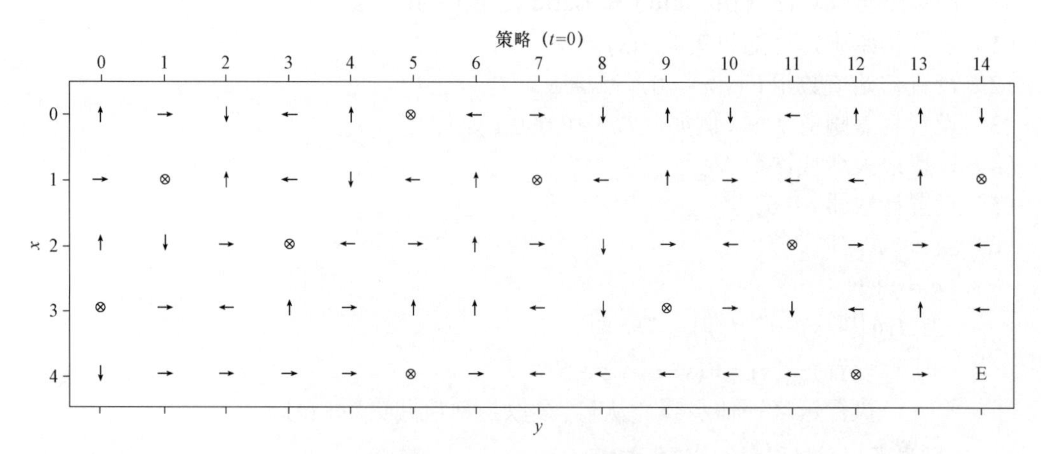

图 24.4 初始（$t=0$）随机策略

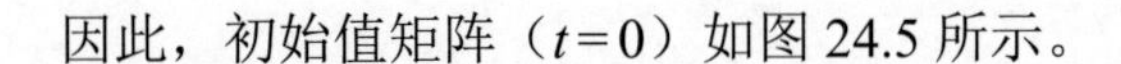
因此，初始值矩阵（$t=0$）如图 24.5 所示。

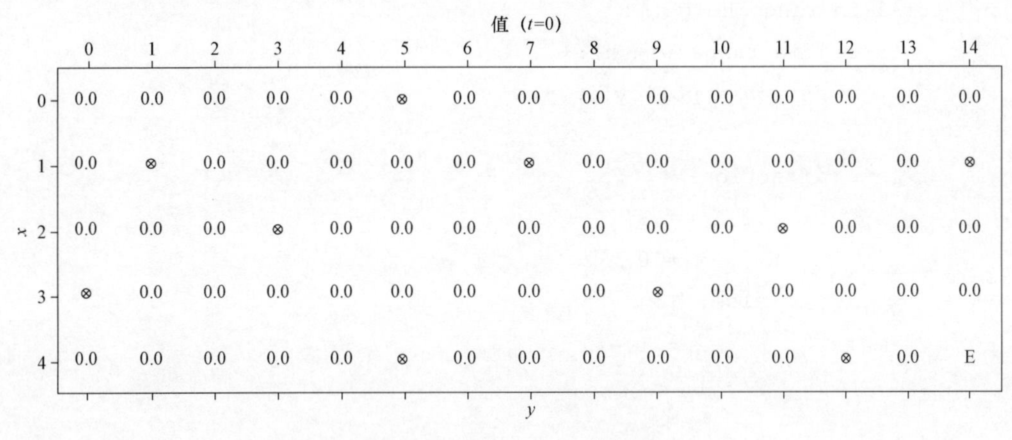

图 24.5　初始（$t=0$）值矩阵

此时，需要定义执行策略评估和改进步骤的函数。由于环境是确定的，考虑一般转移概率的过程比较简单：

$$T(s_i, s_j; a_k) = \begin{cases} 1, & \text{只有一个可能的后续状态} \\ 0, & \text{其他} \end{cases}$$

同样，策略是确定的，只考虑单个行动。执行策略评估步骤，冻结当前值并用 $V^{(t)}$ 更新整个矩阵 $V^{(t+1)}$。但是，也可以立即采用新值。建议读者测试这两种方式，以便找到最快的方法。本例使用了折扣因子（discount factor）$\gamma=0.9$（不言而喻，有趣的练习包括测试不同的值，并比较评估过程的结果和最终的行动）：

```
import numpy as np


def is_final(x, y):
    if (x, y) in zip(x_wells, y_wells) \
            or (x, y) == (x_final, y_final):
        return True
    return False
```

策略评估的代码在以下程序段中：

```
def policy_evaluation():
    old_tunnel_values = tunnel_values.copy()
```

```
for i in range(height):
    for j in range(width):
        action = policy[i, j]

        if action == 0:
            if i == 0:
                x = 0
            else:
                x = i - 1
            y = j

        elif action == 1:
            if j == width - 1:
                y = width - 1
            else:
                y = j + 1
            x = i

        elif action == 2:
            if i == height - 1:
                x = height - 1
            else:
                x = i + 1
            y = j

        else:
             if j == 0:
                 y = 0
          else:
              y = j - 1
          x = i
```

```
            reward = tunnel_rewards[x, y]
            tunnel_values[i, j] = \
                reward + \
                (gamma * old_tunnel_values[x, y])
```

类似地，可以定义执行策略改进步骤所需的代码：

```
def policy_improvement():
    for i in range(height):
        for j in range(width):
            if is_final(i, j):
                continue

            values = np.zeros(shape=(nb_actions,))

            values[0] = (tunnel_rewards[i - 1, j] +
                         (gamma *
                          tunnel_values[i - 1, j])) \
                if i > 0 else -np.inf
            values[1] = (tunnel_rewards[i, j + 1] +
                         (gamma *
                          tunnel_values[i, j + 1])) \
                if j < width - 1 else -np.inf
            values[2] = (tunnel_rewards[i + 1, j] +
                         (gamma *
                          tunnel_values[i + 1, j])) \
                if i < height - 1 else -np.inf
            values[3] = (tunnel_rewards[i, j - 1] +
                        (gamma *
                          tunnel_values[i, j - 1])) \
                if j > 0 else -np.inf

            policy[i, j] = np.argmax(values).\
                astype(np.uint8)
```

一旦定义了函数，就开始策略迭代周期（最大轮次数 $N_{\text{iter}} = 100\,000$，容差阈值等于$10^{-5}$）：

```
nb_max_epochs = 100000
tolerance = 1e-5

e = 0

gamma = 0.85
old_policy = np.random.randint(0,
                                nb_actions,
                                size=(height, width)).astype(np.uint8)

while e < nb_max_epochs:
e += 1
    old_tunnel_values = tunnel_values.copy()
    policy_evaluation()

    if np.mean(np.abs(tunnel_values -
                        old_tunnel_values)) < \
            tolerance:
        old_policy = policy.copy()
      policy_improvement()

      if np.sum(policy - old_policy) == 0:
          break
```

过程结束时（在本例中，算法在 182 次迭代后收敛，但结果值可能因不同的初始策略而不同），值矩阵如图 24.6 所示。

通过分析这些值，可以看出算法是如何发现这些值是单元和结束状态之间距离的隐式函数。此外，由于最大值总是在相邻状态下找到，所以策略总是避开井格。通过绘制如图 24.7 所示的最终策略，可以验证此行为。

选取一个随机的初始状态，智能体终将到达结束状态，避开了井格并确定了策略迭代算法的最优性。

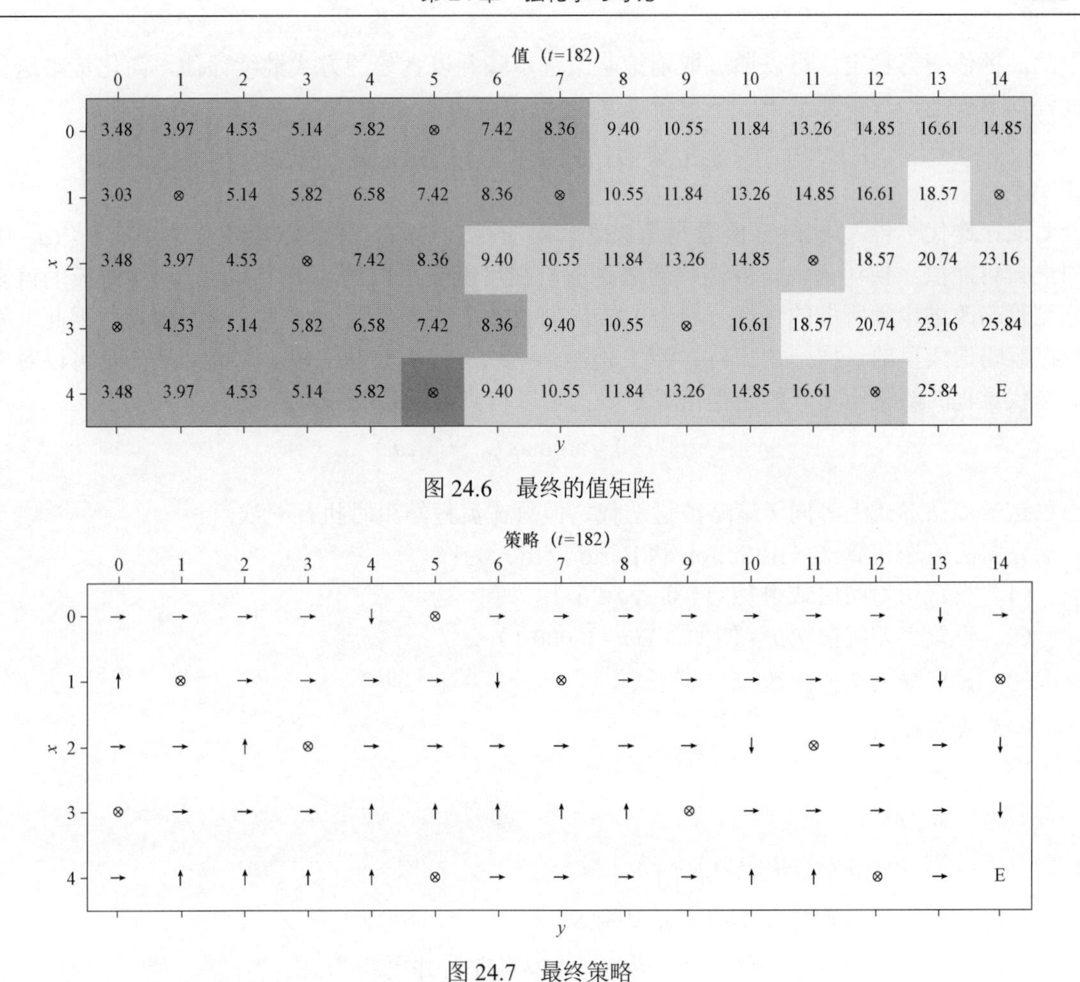

图 24.6　最终的值矩阵

图 24.7　最终策略

24.3　值迭代

值迭代（value iteration）是策略迭代的一种替代方法。主要假设基于实证观察，即策略评估步骤收敛较快，在固定的步骤数（通常为 1）后停止该过程也是合理的。事实上，策略迭代可以看作是博弈游戏，第一个玩家试图在一个稳定的策略下找到正确的值，而另一个玩家则创建一个对新值贪婪的新策略。

显然，策略改进步骤无法达到先前评估的有效性，使第一个玩家不断重复这个过程。但是，由于贝尔曼方程采用的是单一不动点，算法收敛到一个解，该解的特征是策略不再改变，因此，评估变得稳定。可以通过取消策略改进步骤并以贪婪的方式继续评估，简化策略迭代过程。形式上，每步都基于以下更新规则：

$$V^{(i+1)}(s_t)=\max_{a_t}\sum_{s_k}T(s_t,s_k;a_k)\left[E\left[r_{t+1};s_k,a_k\right]+\gamma V^{(i)}(s_k)\right]$$

现在迭代不再考虑策略(隐含地假设迭代对值是贪婪的)，并选择$V^{(i+1)}$作为所有$V^{(i)}(a_t)$中的最大可能值。换句话说，值迭代通过选取与很可能被采取的（$p\to 1$）行动相对应的值来预测策略改进步骤所做的选择。将上节给出的收敛证明推广到这个例子并不困难，因此，就像在策略迭代里的一样，$V^{(\infty)}\to V^{(\mathrm{opt})}$。但是，平均迭代次数通常较小，因为从一个可以对比值迭代过程的随机策略开始。当值稳定时，可以得到最优贪婪策略：

$$\pi^{(\mathrm{opt})}(s_t)=\underset{a_t}{\operatorname{argmax}}\,Q^{(\mathrm{opt})}(s_t,a_t)$$

这一步在形式上等同于策略改进迭代，但只在流程结束时执行一次。

完整的值迭代算法（由 Sutton 和 Barto 提出）为：

（1）设置初始的值数组$V(s)=0$，$\forall s\in S$。

（2）设置容差阈值 Thr（例如，$Thr=0.000\,1$）

（3）设置最大迭代次数N_{iter}。

（4）设置计数器$e=0$。

（5）当$e<N_{\mathrm{iter}}$时：

　　$e=e+1$

　　当$Avg\left(\left|V(s)-V_{\mathrm{old}}(s)\right|\right)>Thr$时：

　　　　设置$V_{\mathrm{old}}(s)=V(s)$，$\forall s\in S$。

　　　　执行值评估步骤，从V_{old}读取当前值并更新$V(s)$。

（6）输出最终的确定策略$\pi(s)=\arg\max\limits_{a}Q(s,a)$。

棋盘环境中的值迭代

为了测试该算法，需要设置一个所有值都等于 0 的初始值矩阵（也可以随机选择，但是，由于没有关于最终配置的任何先验信息，所以每个初始选择概率上都是相同的）：

```
import numpy as np

tunnel_values = np.zeros(shape=(height, width))
```

此时，可以定义两个函数来执行值评估和最终策略选择（函数 `is_final()`是上例定义的函数）：

```
import numpy as np

def is_final(x, y):
    if (x, y) in \
            zip(x_wells, y_wells) or \
            (x, y) == (x_final, y_final):
        return True
    return False
```

值评估函数定义如下：

```
def value_evaluation():
    old_tunnel_values = tunnel_values.copy()

    for i in range(height):
        for j in range(width):
            rewards = np.zeros(shape=(nb_actions,))
            old_values = np.zeros(shape=(nb_actions,))

            for k in range(nb_actions):
                if k == 0:
                    if i == 0:
                        x = 0
                    else:
                        x = i - 1
                    y = j

                elif k == 1:
                    if j == width - 1:
                        y = width - 1
                    else:
                        y = j + 1
```

```
            x = i

        elif k == 2:
            if i == height - 1:
                x = height - 1
            else:
                x = i + 1
            y = j

        else:
            if j == 0:
                y = 0
            else:
                y = j - 1
            x = i

        rewards[k] = tunnel_rewards[x, y]
        old_values[k] = old_tunnel_values[x, y]

    new_values = np.zeros(shape=(nb_actions,))

    for k in range(nb_actions):
        new_values[k] = rewards[k] + \
                         (gamma * old_values[k])

    tunnel_values[i, j] = np.max(new_values)
```

另一个需要的函数是策略选择函数，程序段如下：

```
def policy_selection():
    policy = np.zeros(shape=(height, width)).\
        astype(np.uint8)

    for i in range(height):
```

```
        for j in range(width):
            if is_final(i, j):
                continue

            values = np.zeros(shape=(nb_actions,))

            values[0] = (tunnel_rewards[i - 1, j] +
                         (gamma *
                          tunnel_values[i - 1, j])) \
                if i > 0 else -np.inf
            values[1] = (tunnel_rewards[i, j + 1] +
                         (gamma *
                          tunnel_values[i, j + 1])) \
                if j < width - 1 else -np.inf
            values[2] = (tunnel_rewards[i + 1, j] +
                         (gamma *
                          tunnel_values[i + 1, j])) \
                if i < height - 1 else -np.inf
            values[3] = (tunnel_rewards[i, j - 1] +
                         (gamma *
                          tunnel_values[i, j - 1])) \
                if j > 0 else -np.inf

            policy[i, j] = np.argmax(values).\
                astype(np.uint8)

    return policy
```

主要区别在于 `value_evaluation()` 函数，该函数现在必须考虑所有可能的后续状态，并选择与导致具有最高值的状态的行动相对应的值。相反，`policy_selection()` 函数等效于 `policy_improvement()`，但由于它只被调用一次，所以它直接输出到最终的最优策略。这时，可以运行一个训练周期（假设与之前相同的常数）：

```
e = 0
```

```
policy = None

while e < nb_max_epochs:
e += 1
      old_tunnel_values = tunnel_values.copy()
      value_evaluation()

      if np.mean(np.abs(tunnel_values -
                        old_tunnel_values)) < \
               tolerance:
        policy = policy_selection()
           break
```

最终的值配置（127 次迭代后）如图 24.8 所示。

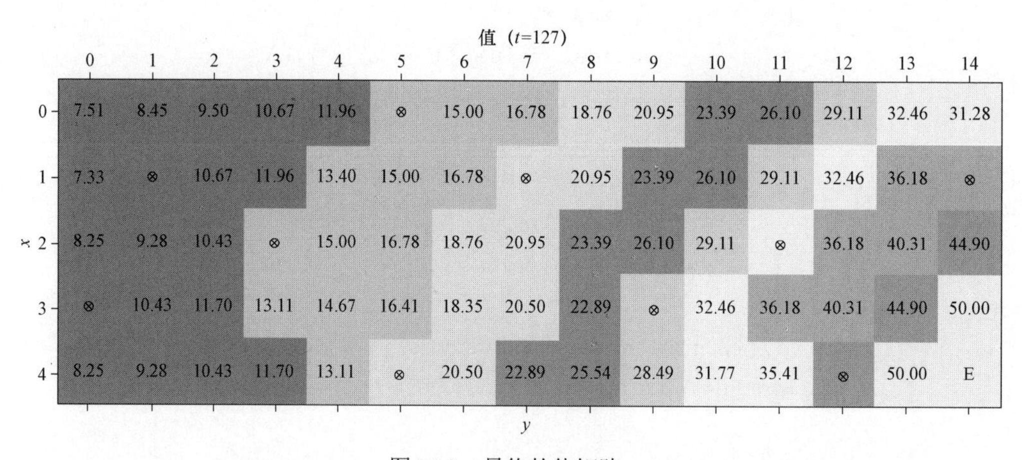

图 24.8　最终的值矩阵

与前一个例子相同，最终的值配置是每个状态与结束状态之间距离的函数，但在这里，$\gamma=0.9$ 的选择不是最佳的。事实上，接近最终状态的井格不再被认为是非常危险的。绘制最终策略有助于了解行为，如图 24.9 所示。

正如预期的那样，避开了远离目标的井格，但接近最终状态的两个井格被认为是合理的惩罚。这是因为值迭代算法对于值和折扣因子 $\gamma<0.9$ 非常贪婪，负状态的影响可以通过最终

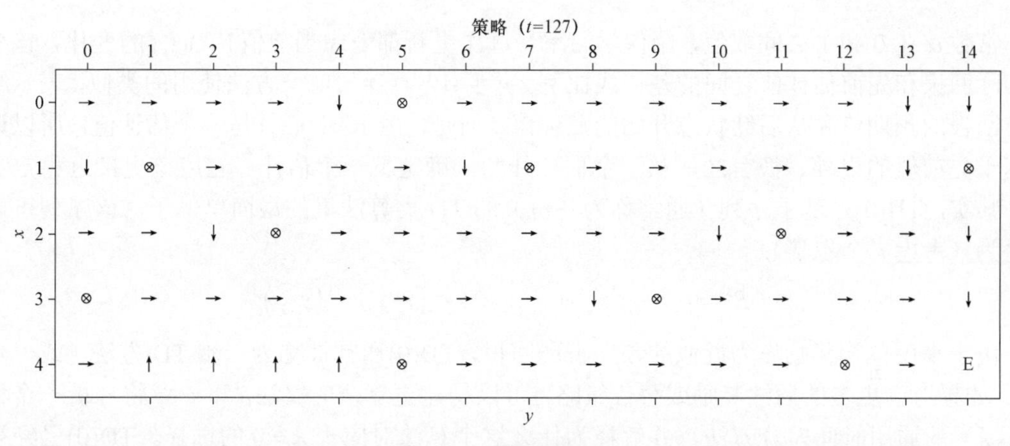

图 24.9　最终的策略

的奖励来补偿。很多情况下，这些状态是吸收状态，所以它们的隐含奖励是+∞ 或−∞，这意味着没有其他行动可以改变最终值。

建议读者用不同的折扣因子来重复这个例子（记住$\gamma \to 1$的智能体是非常短视的，将避开所有障碍，甚至降低策略的效率），并更改最终状态的值。此外，读者应该能够回答这样一个问题：当标准奖励（默认值为−0.1）增加或减少时，智能体行动如何？

24.4　TD(0)算法

动态规划算法的一个问题是需要充分了解环境的状态和转移概率。遗憾的是，很多情况下，这些信息在直接体验之前是未知的。特别是，通过让智能体探索环境可以发现状态，但是转移概率要求计算到某个状态的转移次数，这往往是不可能的。此外，如果智能体学到了好的初始策略的话，具有吸收状态的环境可以阻止访问很多状态。例如，在一个可以被描述为情景式马尔可夫决策过程的游戏中，智能体发现环境的同时学习如何在不至于终结于负吸收状态的情况下向前移动。

这些问题的一般解决方案是一种不同的称为**时间差分**（temporal difference，TD）强化学习的评估策略。从一个零值矩阵开始，智能体遵循对值贪婪策略（除了初始策略，它通常是随机的）。一旦智能体观察到因行动a_t而起的转移$s_i \to s_j$，它用奖励更新$V(s_i)$的估计值。这个过程按事件（这是最自然的方式）组织，当完成了最大数量的步骤或满足了终止状态时结束。特别是，TD(0)算法根据以下规则更新值：

$$V^{(t+1)}(s_i) = V^{(t)}(s_i) + \alpha(\gamma_{ij} + \gamma V^{(t)}(s_j) - V^{(t)}(s_i))$$

常数α在 0 和 1 之间取值，用作学习率。每次更新都考虑当前值$V(t)(s_i)$的变化，该变化与实际回报和先前估计值之间的差值成比例。$r_{ij}+\gamma V^{(t)}(s_j)$与前一方法使用的类似，表示给定当前回报的预期值和从后续状态开始的贴现值。但是，由于$V(t)(s_j)$是一个估计值，所以该过程基于先前值的引导。换言之，从一个估计开始，确定下一个估计，它应该更接近稳定不动点。其实，TD(0)是基于序列（通常称为备份）的 TD 类算法里的最简单例子，该序列可以一般化为（考虑k个步骤）：

$$R_t^k=r_{t+1}+\gamma^2 r_{t+2}+\cdots+\gamma^{k-1}\gamma_{k-1}+\gamma^k V^{(t)}\left(s_{t+k}\right)$$

由于采用单一奖励作为近似的预期折现回报，TD(0)通常被称为一步 TD 方法（或一步备份）。如果考虑更多的后续奖励或替代策略，可以构建更复杂的算法。下一章将分析一个称为 TD（λ）的通用时间差分方法，并解释为什么这个算法对应于$\lambda=0$的选择。TD(0)已经被证明是收敛的，即使证明过程（参阅：Van Hasselt H.，Wiering M.A.，*Convergence of Model –Based Temporal Difference Learning for Control*，Proceedings of the 2007 IEEE Symposium on Approximate Dynamic Programming and Reinforcement Learning）更为复杂，因为必须考虑马尔可夫过程的演化。实际上，在这种情况下，用截断估计和最初（而且对于大量迭代）不稳定的引导值$V(s_j)$近似期望的折现回报。但是，假设$t\to\infty$，得到：

$$V^{(\infty)}(s_i)=V^{(\infty)}(s_i)+\alpha(r_{ij}+\gamma V^{(\infty)}(s_j)-V^{(\infty)}(s_i))=r_{ij}+\gamma V^{(\infty)}(s_j)$$

上式表示状态s_i的值，假设贪婪最优策略要求智能体完成转移到s_i的动作。当然，此时，很自然地会问算法在哪些条件下收敛。事实上，考虑的是情景任务，只有当智能体无限次完成执行无限次到s_i的转移，无限次选择所有可能的行动时，$V^{(\infty)}(s_t)$的估计才是正确的。这样的条件常常表现为：策略必须**在无限探索的极限内贪婪**（greedy in the limit with infinite exploration，GLIE）。换言之，只有当智能体能够在不对无限次事件作限制的情况下进行环境探索时，才能实现作为一种渐近状态的真正的贪婪。

这可能是时间差分强化学习最重要的局限性，因为在现实场景中，某些状态不可能发生，所以，估计永远无法积累收敛到实际值所需的经验。下一章将分析解决这个问题的一些方法，本例使用随机的初始化。换言之，由于策略是贪婪的而且总是可以避免某些状态，所以要求智能体在一个随机的非终端单元启动每一事件。这样，即使是贪婪的策略也允许深入探索。这种方法不可行时（例如，由于环境动态不可控），只能通过采用ϵ贪婪策略解决探索–利用困境，该策略选择了一小部分次优（甚至错误）行动。这样可以观察到更多的转移，而代价是收敛速度较慢。

但是，正如 Sutton 和 Barto 所指出的，TD(0)收敛于马尔可夫决策过程所确定的值函数的极大似然估计，找到模型的隐式转移概率。因此，如果观察结果足够多，TD(0)可以很快找到一个最优策略，但同时，如果某些状态–行动从未经历过（或很少经历）的话，TD(0)对有偏估计也更为敏感。本例并不知道初始状态是什么，所以选择一个固定的起点会产生一个非常严格而且几乎完全无法处理噪声情况的策略。

例如，如果将起始点改为相邻（但从未探索过）单元，那么该算法可能无法找到通往正确终端状态的最佳路径。如果知道动态是明确定义的，TD(0)将让智能体选择就了解当前环境的范围内最有可能产生最优结果的行动。如果动态是部分随机的，考虑到智能体经历相同的转移而且相应的值按比例增加的事件序列，便可以理解 ϵ 贪婪策略的优势。例如，如果环境多次改变一次转移的话，当策略已经基本稳定时，智能体必须面对一种全新的体验。

纠正行动需要很多事件，而且，由于这种随机变化的概率很低，所以智能体可能永远也学不到正确的行动。相反，通过选择一些随机动作，遇到类似状态（甚至是相同状态）的概率会增加（想想一个用屏幕截图表示状态的游戏），算法对于极不可能发生的状态转移会变得更加稳健。

完整的 TD(0)算法是：

（1）设置初始确定性随机策略 $\pi(s)$。

（2）设置初始的值数组 $V(s)=0$，$\forall s\in S$。

（3）设置事件数 N_{episodes}。

（4）设置每个事件的最大步数 $N_{\max}$。

（5）设置常量 α（例如，$\alpha=0.1$）。

（6）设置常量 γ（例如，$\gamma=0.9$）。

（7）设置计数器 $e=0$。

（8）for $i=1$ to N_{episodes}：

　　观察初始状态 s_i。

　　当 s_j 为非最终状态且 $e<N_{\max}$：

　　　　$e=e+1$。

　　　　选择行动 $a_t=\pi(s_i)$。

　　　　观察状态转移 $(a_t,s_i)\rightarrow(s_j,r_{ij})$。

　　　　更新状态 s_i 的值函数。

　　　　设置 $s_i=s_j$。

（9）更新策略使之对值函数 $\pi(s)=\arg\max_a Q(s,a)$ 贪婪。

此时，可以在棋盘环境中测试 TD(0)算法。

棋盘环境中的 TD(0)

在棋盘环境中测试 TD(0)的第一步是定义一个初始随机策略和一个所有元素都等于 0 的值矩阵：

```
import numpy as np

policy = np.random.randint(0,
                           nb_actions,
                           size=(height, width)).\
    astype(np.uint8)
tunnel_values = np.zeros(shape=(height, width))
```

由于想在每个事件开始时选择一个随机的起始点，需要定义一个帮助函数，该函数必须排除终点状态（所有常量与前面定义的相同）：

```
import numpy as np

xy_grid = np.meshgrid(np.arange(0, height),
                      np.arange(0, width),
                      sparse=False)
xy_grid = np.array(xy_grid).T.reshape(-1, 2)

xy_final = list(zip(x_wells, y_wells))
xy_final.append([x_final, y_final])

xy_start = []

for x, y in xy_grid:
    if (x, y) not in xy_final:
        xy_start.append([x, y])

xy_start = np.array(xy_start)

def starting_point():
    xy = np.squeeze(xy_start[
                np.random.randint(0,
                                  xy_start.shape[0],
                                  size=1)])
```

```
    return xy[0], xy[1]
```

现在，可以实现评估单个事件的函数（最大步数设为500，常量设为 $a=0.25$）：

```
max_steps = 1000
alpha = 0.25

def episode():
     (i, j) = starting_point()
     x = y = 0

    e = 0

    while e < max_steps:
        e += 1

        action = policy[i, j]

        if action == 0:
            if i == 0:
                x = 0
            else:
                x = i - 1
            y = j

       elif action == 1:
           if j == width - 1:
                y = width - 1
           else:
                y = j + 1
           x = i

       elif action == 2:
           if i == height - 1:
```

```
                x = height - 1
            else:
                x = i + 1
            y = j

        else:
            if j == 0:
                y = 0
            else:
                y = j - 1
            x = i

        reward = tunnel_rewards[x, y]
        tunnel_values[i, j] += \
            alpha * (reward +
                    (gamma * tunnel_values[x, y]) -
                     tunnel_values[i, j])

        if is_final(x, y):
            break
        else:
            i = x
            j = y
```

确定关于值的贪婪策略的函数与前面示例已经实现的函数相同，但是，为了保证示例的一致性，仍然介绍如下：

```
def policy_selection():
    for i in range(height):
        for j in range(width):
            if is_final(i, j):
                continue

            values = np.zeros(shape=(nb_actions,))
```

```
values[0] = (tunnel_rewards[i - 1, j] +
                (gamma *
                 tunnel_values[i - 1, j])) \
    if i > 0 \
    else -np.inf
values[1] = (tunnel_rewards[i, j + 1] +
                (gamma *
                 tunnel_values[i, j + 1])) \
    if j < width - 1 \
    else -np.inf
values[2] = (tunnel_rewards[i + 1, j] +
                (gamma *
                 tunnel_values[i + 1, j])) \
    if i < height - 1 \
    else -np.inf
values[3] = (tunnel_rewards[i, j - 1] +
                (gamma *
                 tunnel_values[i, j - 1])) \
    if j > 0 \
    else -np.inf

policy[i, j] = np.argmax(values).\
    astype(np.uint8)
```

此时，可以启动一个 5000 个事件的训练周期：

```
n_episodes = 5000

for _ in range(n_episodes):
    episode()
    policy_selection()
```

最终的值矩阵如图 24.10 所示。

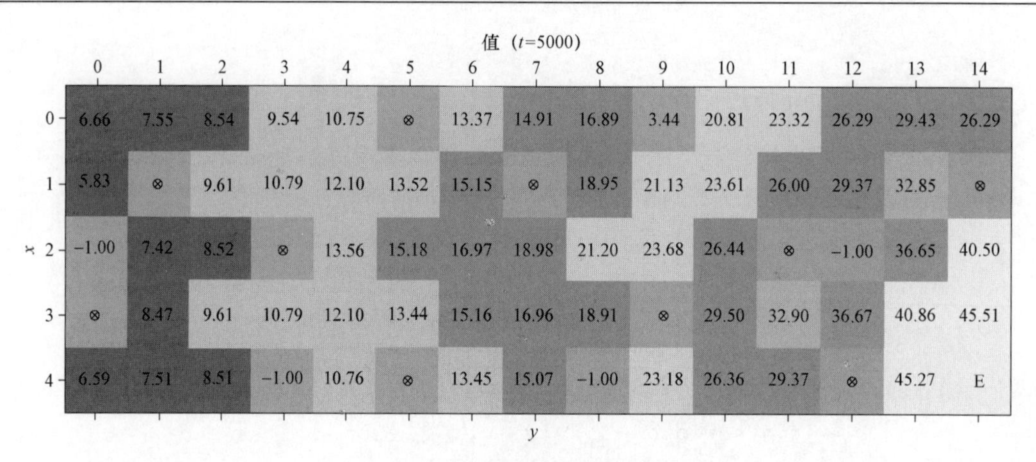

图 24.10 起始点随机的最终的值矩阵

与前面的例子一样，最终值与到最终正确状态的距离成反比。分析如图 24.11 所示得到的策略，可以了解算法是否收敛到同样的解决方案。

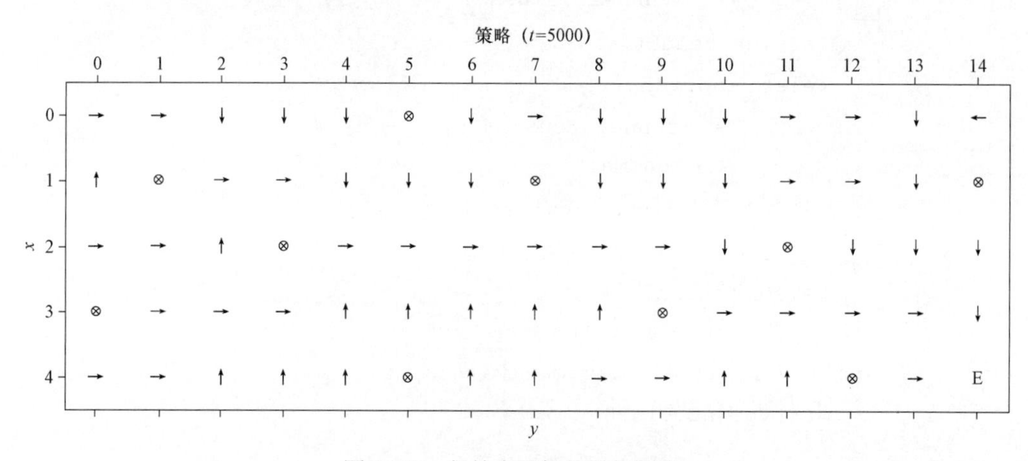

图 24.11 起始点随机的最终策略

可见，随机选择初始状态，可以找到独立于初始条件的最佳路径。为了更好地理解此策略的优势，绘制初始状态对应于左上角的单元（0，0）时的最终的值矩阵，如图 24.12 所示。

不做任何进一步的分析，就可能看到很多状态从未被访问过或只被访问过几次，所以产生的策略对特定的初始状态极为贪婪。包含值等于 − 1.0 的块表示智能体经常不得不选择一个随机行动的状态，因为这些值之间没有差异，所以很难解决具有不同初始状态的环境。

产生的策略证实了这一分析，如图 24.13 所示。

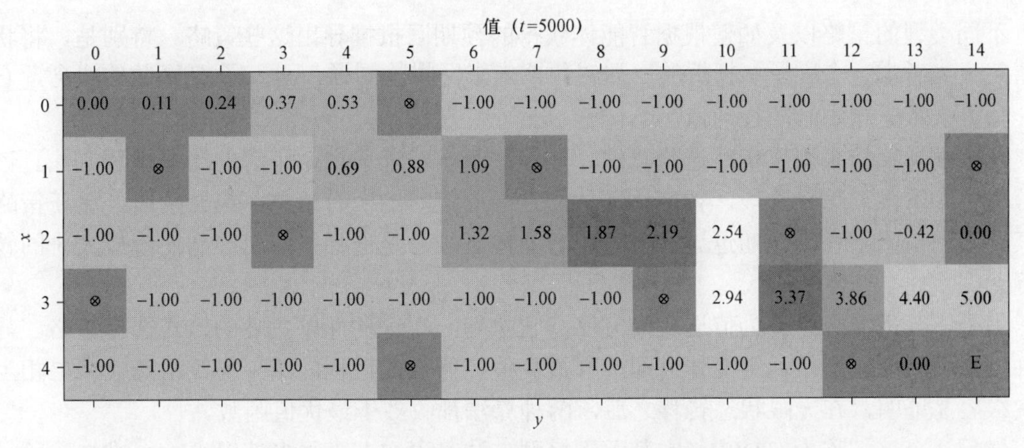

图 24.12　具有固定初始状态（0，0）的最终值矩阵

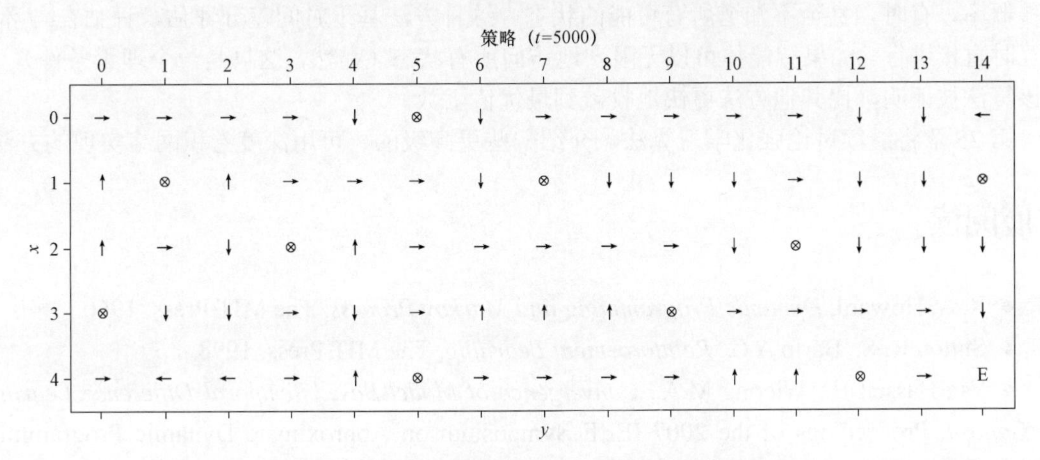

图 24.13　具有固定初始状态（0，0）的最终策略

可见，只有能够穿过起自（0，0）的轨迹时，智能体才能到达最终状态。即使路径比上个示例获得的路径长，也可以恢复最优策略。相反，像（0，4）这样的状态显然是策略失效的情况。换句话说，智能体在没有任何知识或意识的情况下行动，成功的概率几乎为 0。建议读者采用不同的起始点（例如，一组固定的起点）和更高的 a 值来测试这个算法。目标还是要回答这些问题：是否可能加快学习进程？为了得到全局最优策略，是否需要从所有可能的状态开始？

24.5　本章小结

本章介绍了最重要的强化学习概念，重点介绍了作为马尔可夫决策过程的环境的数学结构、不同类型的策略以及如何根据智能体获得的预期回报推导出这些策略。特别是，将状态的值定义为考虑一个因子 γ 打折的序列的预期未来回报。同样，引入了 Q 函数的概念，它是智能体处于特定状态时的行动值。

这些概念直接采用了策略迭代算法，该算法基于对环境完全了解的动态规划方法。该任务分为两个阶段：第一阶段，智能体评估给定当前策略的所有状态；第二阶段，更新策略以使其对新的值函数贪婪。通过这种方式，智能体必须总是选择能够引导到使值最大化的转移的行动。

另外，分析了一个称为值迭代的方法，它执行一次评估并以贪婪的方式选择策略。与前一种方法的主要区别是，智能体立即选择最高值，假设此过程的结果与策略迭代结果相当。其实很容易证明，在无限状态转移之后，两种算法都收敛于最优值函数。

最后一个算法称为 TD(0)，它基于无模型方法。事实上，很多情况下，很难知道所有的转移概率，有时，甚至不知道所有可能的状态。这种方法基于时间差分评估，评估在与环境交互时直接进行。如果智能体可以无限次地访问所有状态（显然，这只是一个理论条件），那么该算法被证明，比其他方法更快地收敛到最优值函数。

第 25 章将继续讨论强化学习算法，介绍一些更高级的、可用深度卷积网络实现的方法。

扩展阅读

- R. A. Howard, *Dynamic Programming and Markov Process*, The MIT Press, 1960.
- Sutton R. S., Barto A.G., *Reinforcement Learning*, The MIT Press, 1998.
- Van Hasselt H., Wiering M.A., *Convergence of Model-Based Temporal Difference Learning for Control*, Proceedings of the 2007 IEEE Symposium on Approximate Dynamic Programming and Reinforcement Learning (ADPRL 2007).

第 25 章　高级策略估计算法

本章将完成对强化学习世界的探索，聚焦可以解决难题的复杂算法。强化学习主题非常大，即使用一整本书也无法完整地覆盖其内容。本章转而介绍很多实例，作为处理更复杂场景的参考。

本章将讨论的主题包括：

- TD(λ)算法。
- 玩家－评委 TD(0)（Actor－Critic TD(0)）。
- SARSA。
- Q 学习，包括简单的视觉输入和神经网络。
- 通过策略梯度的直接策略搜索。

首先分析 TD(0)算法的自然扩展，有助于考虑更长的转移序列，从而获得更精确的值函数估计。

25.1　TD(λ)算法

第 24 章介绍了时间差分策略，并讨论了一个简单的示例 TD(0)。TD(0)采用一步备份方法近似折扣回报。

因此，如果智能体在状态 s_t 下执行动作，而且观察到状态转移至 s_{t+1}，则近似结果为：

$$R_t^1 = r_{t+1} + \gamma V(s_{t+1})$$

如果任务是事件任务（很多真实场景如此）而且包括 $T(e_i)$ 个步骤，那么事件 e_i 的完整备份如下：

$$R_t^{T(e_i)} = R_t = r_{t+1} + \gamma^2 r_{t+2} + \cdots + \gamma^{T(e_i)-1} \gamma_{T(e_i)-1} + \gamma^{T(e_i)} V^{(t)}(s_{t+T(e_i)})$$

上式在马尔可夫决策过程到达吸收状态时结束，因此，R_t 是折扣奖励的实际值。TD(0)和这个选择之间的区别很明显：TD(0)在每次转移之后就更新值函数，而如果有完整备份的话，则需要等待事件结束。可以说，后者（称为蒙特卡洛 Monte Carlo，因为它基于整个序列的总体回报的平均）与 TD(0)正好相反，所以可以考虑基于 k 步备份的中间解决方案。

特别地，目标是找到一个在线算法时，只要有备份可用就利用备份。想象一个四步的序列。智能体处于第一个状态，观察到一个转移。此时，只能进行一步备份。为了提高收敛速度，最好更新值函数。第二次转移之后，智能体可以使用两步备份，但是，除了更新的、更长的备份之外，它还可以考虑第一个一步备份，所以，有两个近似值：

$$\begin{cases} R_t^1 = r_{t+1} + \gamma V(s_{t+1}) \\ R_t^2 = r_{t+1} + \gamma r_{t+2} + \gamma^2 V(s_{t+2}) \end{cases}$$

以上哪项最可靠？显然，第二个依赖于第一个（特别是当值函数几乎稳定时），依此类推直到事件结束。因此，最常见的策略是采用加权平均法，为每个备份分配不同的重要度（假设最长的备份有 k 个步骤）：

$$\tilde{R}_t = \lambda_1 R_t^1 + \lambda_2 R_t^2 + \cdots \lambda_k R_t^k \text{ 且 } \sum_i \lambda_i = 1$$

Watkins（参阅：Watkins C.I.C.H.，*Learning from Delayed Rewards*，Ph.D.Thesis，University of Cambridge，1989）证明了，这种方法（有或没有平均）具有减少关于最优值函数 $V(s;\pi)$ 的期望 R_t^k 的绝对误差的基本性质。事实上，他证明了以下不等式成立：

$$\max_{s^*} \left| E_\pi \left[R_t^k ; s^* \right] - V(s^*;\pi) \right| \leqslant \gamma^k \max_s \left| V(s) - V(s;\pi) \right|$$

因为 γ 在 0 和 1 之间取值，所以上式右侧总是小于最大绝对误差 $V(s) - V(s;\pi)$，其中 $V(s)$ 是一个事件期间的状态值。因此，在所选择的策略对值函数贪婪的情况下，k 步备份（或不同备份的组合）的预期折扣回报会产生最优值函数更准确的估计。这并不奇怪，因为较长的备份包含了更多的实际回报，但这个定理的重要性在于使用不同 k 步备份的平均值时的有效性。

也就是说，这个定理提供了直观方法实际收敛的数学证明，也可以有效地提高收敛速度和最终准确率。但是，管理 k 个系数通常是有问题的，而且很多情况下是无用的。TD（λ）背后的主要思想是采用一个可以调整的单一因子 λ 以满足特定的要求。一般情况下，理论分析（或 Sutton 和 Barto 所指的前瞻性观点）基于指数衰减的平均值。如果考虑一个 0 到 1（除外）之间取值的 λ 的几何级数，得到：

$$\sum_{i=0}^{\infty} \lambda^i = \frac{1}{1-\lambda} \Rightarrow (1-\lambda)\sum_{i=0}^{\infty} \lambda^i = 1 \Rightarrow \sum_{i=0}^{\infty} (1-\lambda)\lambda^i = 1$$

因此，具有无限备份的平均折扣回报 $R_t^{(\lambda)}$ 为：

$$R_t^{(\lambda)} = \sum_{i=1}^{\infty} (1-\lambda)\lambda^{i-1} R_t^i = (1-\lambda)\sum_{i=1}^{\infty} \lambda^{i-1} R_t^i$$

在定义有限备份情况之前，先了解 $R_t^{(\lambda)}$ 是如何建立的。因为 λ 在 0 到 1 之间取值，因子衰减与 λ 成正比，所以第一个备份的影响最大，后续备份对估计的影响越来越小。这意味着，一般假设 R_t 的估计对即时备份（变得越来越精确）更重要，只利用更长的备份提高估计值。

显然，$\lambda=0$ 等于 TD(0)（在第 24 章讨论过），因为只有一步备份保留在总和中（记住 $0^0=1$），而更大的值涉及所有剩余的备份。现在考虑一个长度为$T(e_i)$的事件e_i。通常，如果智能体在$t=\mathrm{T}(e_i)$处达到吸收状态，那么剩余的$t+i$个状态的回报都等于R_i。很简单，因为所有可能的回报都已经被收集，所以可以截断$R_t^{(\lambda)}$：

$$R_t^{(\lambda)}=\sum_{i=1}^{T(e_i)-t-1}(1-\lambda)\lambda^{i-1}R_t^i+\lambda^{T(e_i)-t-1}R_t$$

上式右侧的第一项涉及所有非终点状态，而第二项等于折扣过的R_t，该折扣与第一个时间步和最终状态之间的距离成比例。如果$\lambda=0$，得到 TD(0)，但是现在要考虑$\lambda=1$（因为总和要扩展到有限个元素）。当$\lambda=1$时，得到$R_t^{(\lambda)}=R_t$，这意味着需要等到事件结束才能获得实际的折扣回报。

如前所述，这种方法通常不是首选解决方案，因为当事件非常长时，智能体所选择的行动的值函数在大多数情况下不是最新的。因此，TD(λ)通常采用小于 1 的λ值，以便获得在线更新的优势，以及基于新状态的校正。为了实现这一目标而不着眼于未来（希望一有新的信息就更新$V(s)$），需要引入资格迹（eligibility trace）的概念 $e(s)$。有时，在计算神经科学领域，$e(s)$也称为刺激迹（stimulus trace）。

状态 s 的资格迹是时间的函数，它返回特定状态的权重（大于 0）。想象一个序列，$s_1,s_2,\cdots,s_n$，并考虑一个状态s_i。更新备份$V(s_i)$之后，智能体会继续探索。s_i的新更新（给定更长的备份）何时重要？如果不再访问s_i，更长备份的影响一定会越来越小，而且s_i被认为没有资格再在$V(s)$中进行更改。这是先前假设的结果，即较短的备份通常具有较高的重要性。所以，如果s_i是一个初始状态（或者紧随初始状态之后的状态），智能体移动到其他状态，那么s_i的效果必然衰减。相反，如果重新回到s_i，这意味着以前对$V(s_i)$的估计可能是错误的，那么，s_i有资格再行更改。

为了更好地理解这个概念，想象有一个序列$s_1,s_2,s_1,\cdots$。显然，智能体在s_1和s_2时，它不能选择正确的行动，所以有必要重新评估$V(s)$，直到智能体能够继续移动。

最常见的策略（Sutton R.S.，Barto A.G.，*Reinforcement Learning*，The MIT Press，1998）是以递归方式定义资格迹。每个时间步之后，$e_t(s)$衰减一个γ^λ因子以满足 Sutton 和 Barto 所指的前瞻性观点。但是当重新访问状态 s 时，$e_t(s)$也增加 1（即$e_t(s)=\gamma e_t(s)+1$）。这样，每当想要强调$e_t(s)$的影响时，就在$e(s)$的趋势中强加一个跃升。但是，由于$e(s)$的衰减与跃升无关，所以被访问和后来被重新访问的状态比很快被重新访问的状态的影响更低。

这个选择的理由很直观：一个经过长序列被重访的状态的重要性明显低于一个经过几步就被重访的状态的重要性。事实上，如果智能体事件开始时在两个状态之间来回移动，R_t的估计显然是错误的。但是当智能体在探索了其他区域之后重新访问一个状态时，错误就变得不那么显著。例如，策略可以允许初始阶段以达到部分目标，然后它可以强制智能体返回以便到达终点状态。

通过利用资格迹，TD(λ) 可以在更复杂的环境中折中考虑一步 TD 方法和蒙特卡洛方法（一般避免这种方法），实现非常快速的收敛权衡。此时，读者可能会想，是否有把握实现收敛。所幸，答案是肯定的。Dayan 证明了（参阅：Dayan P., *The convergence of TD(λ) for General λ*, Machine Learning 8，3－4/1992），TD(λ) 收敛于一个普通的 λ，只有几个具体的假设和基本条件，即策略在无限探索的极限上是贪婪的（greedy in the limit with infinite exploration, GLIE）。证明很有专业性，超出了本书的范围，但是最重要的假设（通常可满足）是：

- 马尔可夫决策过程具有吸收状态（换句话说，所有事件都在有限的步骤内结束）。
- 所有的转移概率都不为零（所有状态都可以被访问无数次）。

第一个条件显而易见。没有吸收状态，探索就不停止，这不符合时间差分方法。有时可能会过早结束一个事件，但这要么是不可接受的（在某些情况下），要么是次优选择（在许多其他情况下）。此外，Sutton 和 Barto（在前面提到的书中）证明了 TD(λ) 相当于采用了折现收益近似的加权平均值，但并没有要求展望未来（这显然是不可能的）。

完整的 TD(λ) 算法（可选择强制终止事件）是：

（1）设置初始的确定性随机策略 $\pi(s)$。

（2）设置初始的值数组 $V(s)=0$，$\forall s \in S$。

（3）设置初始的资格迹数组 $e(s)=0$，$\forall s \in S$。

（4）设定事件数 N_{episodes}。

（5）设定每个事件的最大步数 $N_{\max}$。

（6）设置常数 α（例如，$\alpha=0.1$）。

（7）设置常数 γ（例如，$\gamma=0.9$）。

（8）设置常数 λ（例如，$\lambda=0.5$）。

（9）设置计数器 $e=0$。

（10）for $e=0$ to N_{episodes}：

　　创建一个空状态列表 L。

　　观察初始状态 s_i 并将 s_i 加入 L。

　　当 s_i 为非终点状态且 $e < N_{\max}$：

　　　　$e=e+1$。

　　　　选择行动 $a_t=\pi(s_i)$。

　　　　观察转移 $(a_t, s_i) \rightarrow (s_i, r_{ij})$。

　　　　计算 TD 误差 $\text{TD}_{\text{error}}=r_{ij}+\gamma V(s_j)-V(s_i)$。

　　　　资格迹加 1：$e(s_i)=e(s_i)+1$。

for　s∈L：

更新值 $V(s)=V(s)+\alpha TD_{\text{error}}e(s)$。

更新资格迹 $e(s)=\gamma\lambda e(s)$。

设置 $s_i=s_j$ 并将 s_j 加入 L。

更新策略，使其对于值函数贪婪，$\pi(s)=\underset{\alpha}{\operatorname{argmax}}\,Q(s,\alpha)$。

通过考虑时间差分误差及其反向传播，读者可以更好地理解该算法的逻辑。尽管这只是一个对比，也可以将 TD(λ) 的行动想象成用来训练神经网络的随机梯度下降（SGD）算法。

事实上，误差会传播到先前的状态（类似于多层感知机的较低层），并根据它们的重要性成比例地影响它们，重要性由先前状态的资格迹来定义。具有较高资格迹的状态被认为对误差负有更大责任，因此，必须按比例修正相应的值。这不是一个正式的解释，但它可以简化对方法原理的理解，也不过度缺失严谨性。

25.1.1　更复杂棋盘环境的 TD(λ)应用

这里将用稍微复杂一点的棋盘环境来测试 TD(λ) 算法。这是一个隧道环境，初始状态在一边，最终状态在另一边。

为了增加一点复杂性，除了吸收状态，还将考虑一些中间的正状态，它们可以被想象成检查点。智能体应该学习从任意单元到最终状态的最佳路径，尝试通过尽可能多的检查点。首先定义新结构：

```
import numpy as np

width = 15
height = 5

y_final = width - 1
x_final = height - 1

y_wells = [0, 1, 3, 5, 5, 6, 7, 9, 10, 11, 12, 14]
x_wells = [3, 1, 2, 0, 4, 3, 1, 3, 1, 2, 4, 1]

y_prizes = [0, 3, 4, 6, 7, 8, 9, 12]
x_prizes = [2, 4, 3, 2, 1, 4, 0, 2]
```

```
standard_reward = -0.1
tunnel_rewards = np.ones(shape=(height, width)) * \
                 standard_reward


def init_tunnel_rewards():
    for x_well, y_well in zip(x_wells, y_wells):
        tunnel_rewards[x_well, y_well] = -5.0

    for x_prize, y_prize in zip(x_prizes, y_prizes):
        tunnel_rewards[x_prize, y_prize] = 1.0

    tunnel_rewards[x_final, y_final] = 5.0


init_tunnel_rewards()
```

奖励结构如图 25.1 所示。

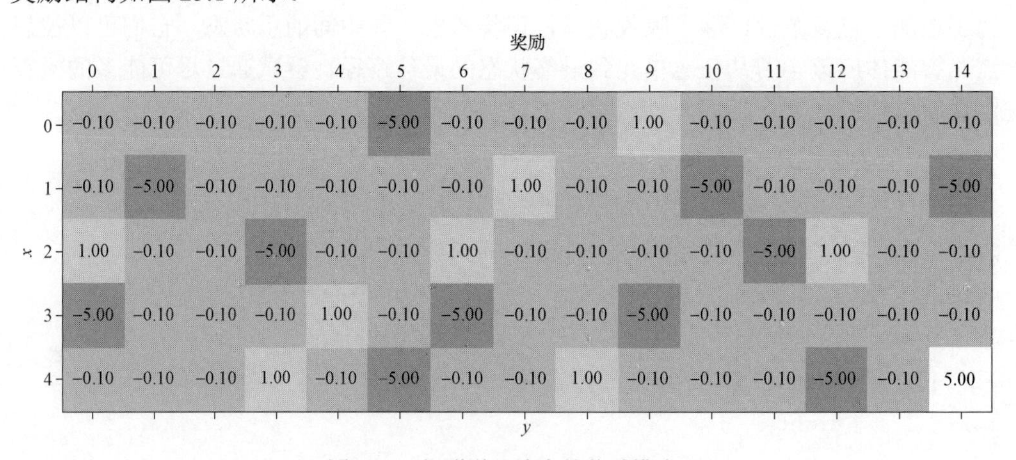

图 25.1 新隧道环境中的奖励模式

接着，初始化所有的常数（特别是，选择了 $\lambda = 0.6$，这是一个中间解决方案，保证了接近蒙特卡罗方法的准确率，也不影响学习速度）：

```
nb_actions = 4
max_steps = 1000
alpha = 0.25
```

```
lambd = 0.6
gamma = 0.95

tunnel_values = np.zeros(shape=(height, width))
eligibility_traces = np.zeros(shape=(height, width))
policy = np.random.randint(0, nb_actions,
                           size=(height, width)).\
    astype(np.uint8)
```

Python 保留了关键字 lambda。利用截断表达式 lambd 来声明常数。因为想从一个随机的单元格开始，所以需要重复上一章中介绍过的相同过程，不过这里还包括检查点状态：

```
xy_grid = np.meshgrid(np.arange(0, height),
                      np.arange(0, width),
                      sparse=False)
xy_grid = np.array(xy_grid).T.reshape(-1, 2)

xy_final = list(zip(x_wells, y_wells)) + \
           list(zip(x_prizes, y_prizes))
xy_final.append([x_final, y_final])

xy_start = []

for x, y in xy_grid:
    if (x, y) not in xy_final:
        xy_start.append([x, y])

xy_start = np.array(xy_start)

def starting_point():
    xy = np.squeeze(xy_start[
                    np.random.randint(
                        0, xy_start.shape[0],
                        size=1)])
```

```
    return xy[0], xy[1]
```

现在可以定义 episode()函数，它实现一个完整的TD(λ)循环。因为不希望智能体在通过检查点时来回游荡，所以决定减少探索过程中的奖励，以便激励智能体仅通过必要的检查点，同时尝试尽快达到最终状态。

```
def is_final(x, y):
    if (x, y) in zip(x_wells, y_wells) or \
            (x, y) == (x_final, y_final):
        return True
    return False


def episode():
    (i, j) = starting_point()
    x = y = 0

    e = 0

    state_history = [(i, j)]

    init_tunnel_rewards()
    total_reward = 0.0

    while e < max_steps:
        e += 1

        action = policy[i, j]

        if action == 0:
            if i == 0:
                x = 0
            else:
                x = i - 1
            y = j
```

```
elif action == 1:
    if j == width - 1:
        y = width - 1
    else:
        y = j + 1
    x = i

elif action == 2:
    if i == height - 1:
        x = height - 1
    else:
        x = i + 1
    y = j

else:
    if j == 0:
        y = 0
    else:
        y = j - 1
    x = i

reward = tunnel_rewards[x, y]
total_reward += reward

td_error = reward + \
          (gamma * tunnel_values[x, y]) - \
          tunnel_values[i, j]
eligibility_traces[i, j] += 1.0

for sx, sy in state_history:
     tunnel_values[sx, sy] += \
        (alpha * td_error *
```

```
                eligibility_traces[sx, sy])
            eligibility_traces[sx, sy] *= \
                (gamma * lambd)

        if is_final(x, y):
            break
        else:
            i = x
            j = y

            state_history.append([x, y])

            tunnel_rewards[x_prizes, y_prizes] *= 0.85

    return total_reward
```

另外，还需要创建一个函数执行策略选择：

```
def policy_selection():
    for i in range(height):
        for j in range(width):
            if is_final(i, j):
                continue

            values = np.zeros(shape=(nb_actions,))

            values[0] = (tunnel_rewards[i - 1, j] +
                         (gamma *
                          tunnel_values[i - 1, j])) \
                if i > 0 else -np.inf
            values[1] = (tunnel_rewards[i, j + 1] +
                         (gamma *
                          tunnel_values[i, j + 1])) \
                if j < width - 1 else -np.inf
```

```
            values[2] = (tunnel_rewards[i + 1, j] +
                        (gamma *
                         tunnel_values[i + 1, j])) \
              if i < height - 1 else -np.inf
            values[3] = (tunnel_rewards[i, j - 1] +
                        (gamma *
                         tunnel_values[i, j - 1])) \
              if j > 0 else -np.inf

        policy[i, j] = np.argmax(values).\
            astype(np.uint8)
```

is_final()和 policy_selection()函数与前一章中定义的相同，无需解释。即使不是真正必要的，还是决定在若干步骤 max_steps 之后实施强制终止。这在一开始是有帮助的，因为策略不是ε贪婪的，智能体有可能会陷入永不结束的循环探索中。现在可以用一定数量的事件训练模型。或者，当值数组不再变化时，停止该过程：

```
n_episodes = 5000

total_rewards = []

for _ in range(n_episodes):
    e_reward = episode()
    total_rewards.append(e_reward)
    policy_selection()
```

episode()函数返回总奖励，所以可以检查智能体的学习过程是如何进行的，如图 25.2 所示。

一开始（大约 500 个事件），智能体采用了一种不可接受的策略，产生了非常负面的总回报。但经过不到 1000 次迭代，算法得到了最优策略，该策略仅被随后的事件略做改进。之所以有波动，是因为起点不同。但是，总的回报不再是负面的，而随着检查点权重的衰减，这是一个积极的信号，表明智能体达到了最终的正面状态。为了证实这个假设，可以绘制学习到的值函数，如图 25.3 所示。

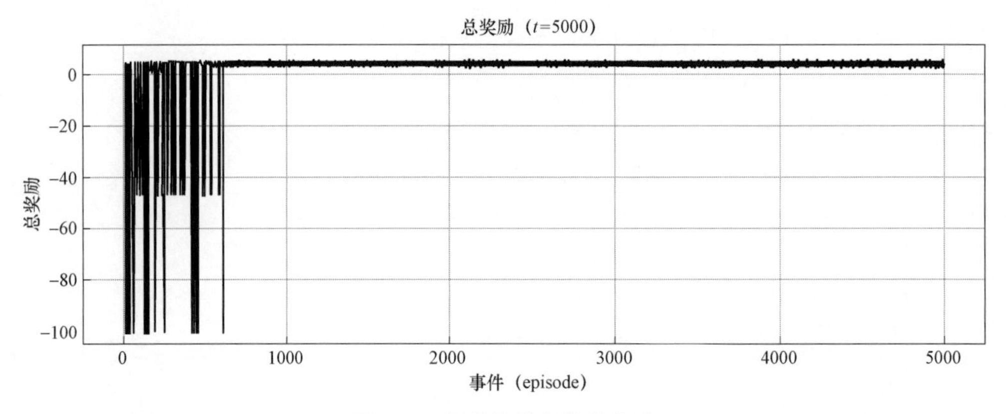

图 25.2　智能体获得的总奖励

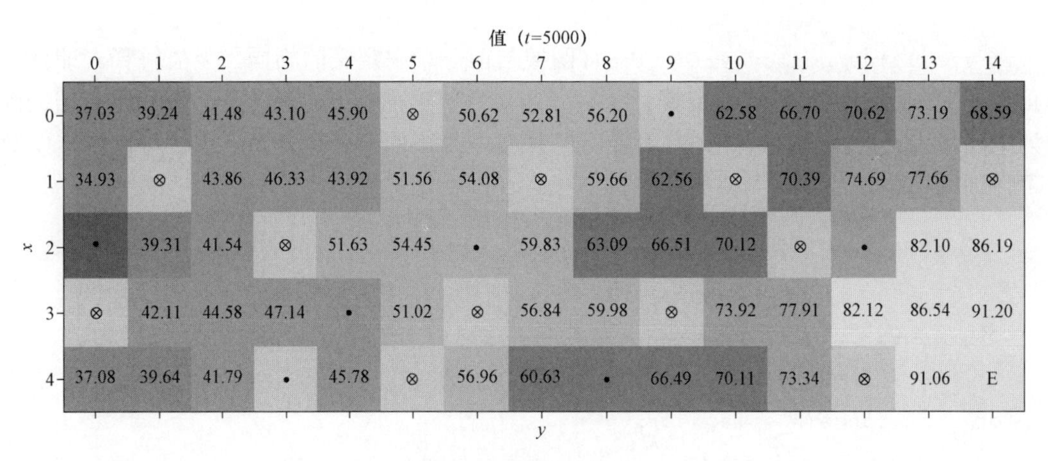

图 25.3　最终的值矩阵

这些值与初步分析一致，事实上，当单元接近检查点时，它们往往更高，但同时，全局配置（考虑策略对于 $V(s)$贪婪）使得智能体到达周围值最高的结束状态。最后一步是检查实际策略，特别关注检查点，如图 25.4 所示。

可以观察到，智能体试图通过检查点。但是当它接近最终状态时，它（正确地）更倾向于尽快结束这一事件。建议读者利用常数λ的不同值重复实验，并改变检查点的环境状态。

如果值保持不变会怎么样？增大λ有可能改善策略吗？

谨记，由于采用的是随机值，连续的实验会由于不同的初始条件而产生不同的结果。但是，当事件数量足够多时，算法应该总能收敛到最优策略。

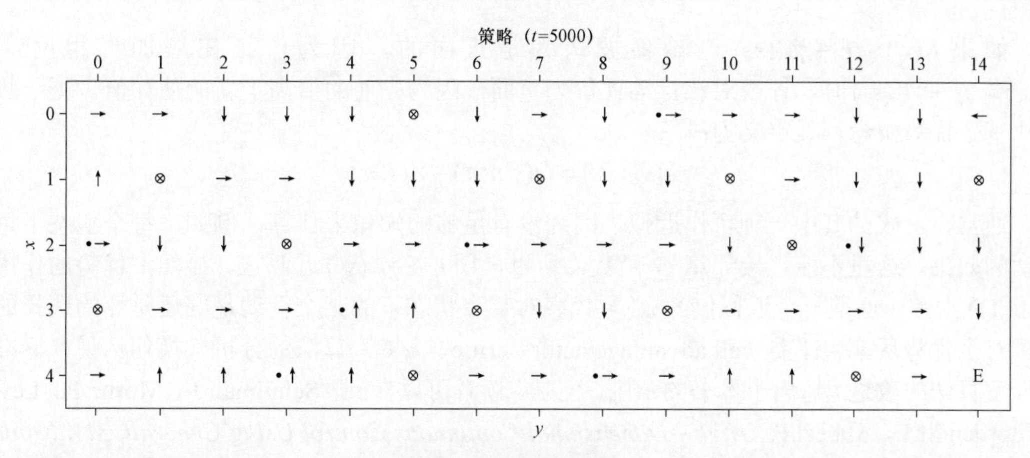

图 25.4　最终的策略

25.1.2　棋盘格环境中的玩家－评委 TD(0)示例

本例将与 TD(0)一起利用一个名为玩家－评委（actor－critic）的替代算法。玩家－评委算法中，智能体分为两个部分，一个是负责对值估计质量进行评估的评委（critic），另一个是选择并执行某行动的玩家（actor）。正如 Dayan（参阅：Dayan P.，Abbott L.F.，*Theoretical Neuroscience*，The MIT Press，2005）所指出的，玩家－评委方法的原理类似于策略评估和策略改进步骤的交替执行。事实上，评委的知识通过迭代过程而获得，它的初始评估往往是次优的。结构模式如图 25.5 所示。

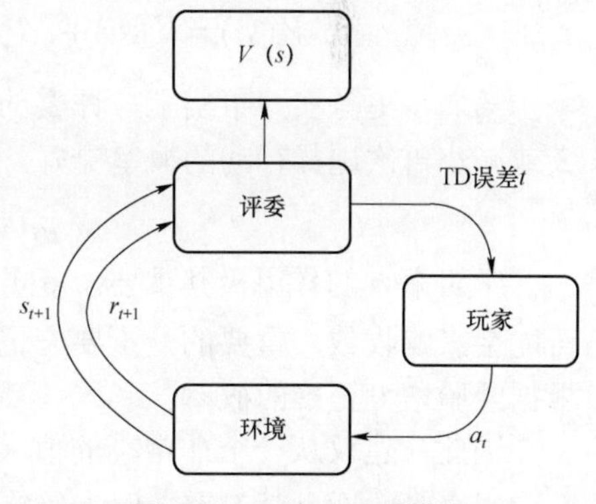

图 25.5　玩家－评委模式

这种具体情况下，最好采用基于 softmax 函数的 ε 贪婪软策略。该模型存储一个称为策略重要性的矩阵（或近似函数），其中每个条目 $p_i(s,a)$ 表示在特定状态下对特定行动的偏好值。当指数很大时，实际的随机策略是通过应用 softmax 和增加数值稳定性而获得的：

$$\pi(s,a)=\frac{e^{p_i(s,a)}}{\sum_{a_k}e^{p_i(s,a_k)}}=\frac{e^{-\max_{\alpha} p_i(s,\alpha)}e^{p_i(s,a_k)}}{e^{-\max_{\alpha} p_i(s,\alpha)}\sum_{a_k}e^{p_i(s,a_k)}}=\frac{e^{p_i(s,a)-\max_{\alpha} p_i(s,\alpha)}}{\sum_{a_k}e^{p_i(s,a_k)-\max_{\alpha} p_i(s,\alpha)}}$$

在状态 s_i 执行动作 a 并观察到转移到状态 s_j，得到奖励 r_{ij} 之后，评委评估 TD 误差：

$$\text{TD}_{\text{error}}=\gamma_{ij}+\gamma V(s_j)-V(s_i)$$

如果 $V(s_i) < r_{ij} + \gamma V(s_j)$，转移被认为是正面的，因为值正在增加。相反，当 $V(s_i) > r_{ij} + \gamma V(s_j)$ 时，评委对该行动评价为负面，因为先前的值高于新的估计值。更一般的方法基于优势概念，其定义为：

$$A(s,a;\pi) = Q(s,a;\pi) - V(s;\pi)$$

通常，上式的其中一项可作近似，因为没有足够的知识来计算，例如，每个状态下每个行动的效果。这里不能直接计算 Q 函数，所以，用 $r_{ij} + \gamma V(s_j)$ 近似它。显然，优势的作用类似于 TD 误差（这是一个近似值），必须代表对某个状态下的某个行动是好还是坏的选择的确认。对**全优势玩家－评委**（all advantage actor－critic，A^3C）算法的分析（换句话说，标准策略梯度算法的改进）超出了本书的范围。但是，读者可以参阅：Schulman J.，Moritz P.，Levine S.，Jordan M.I.，Abbeel P.，*High－Dimensional Continuous Control Using Generalized Advantage Estimation*，ICLR 2016。

当然，仅对玩家－评委的改进是不够的。为了改进策略，有必要采用标准算法（例如 TD(0)、TD(λ)或可用神经网络实现的最小二乘回归），以便学习正确的值函数 $V(s)$。至于很多其他算法，这个过程只有在迭代足够多次后才能收敛，迭代主要用于多次访问状态，尝试所有可能的行动。因此，有了 TD(0)方法，评估 TD 误差后的第一步是利用前一章定义的规则更新 $V(s)$：

$$V(s_i) = V(s_i) + \alpha(\gamma_{ij} + \gamma V(s_j) - V(s_i)) = V(s_i) + \alpha \mathrm{TD}_{\mathrm{error}}$$

第二步更务实。事实上，评委的主要职责是评判每一个行动，决定在某种状态下何时增大或减小再次选择行动的概率更好。这个目标可以通过简单地更新策略重要度得以实现：

$$p_i(s_i,a) = p_i(s_i,a) + \rho \mathrm{TD}_{\mathrm{error}}$$

学习率 ρ 的作用极其重要。事实上，不正确的值（即过高的值）会产生初始的错误校正，可能会影响收敛。重要的是不要忘记值函数在开始时几乎是完全未知的，所以评委没有机会根据经验增大正确的概率。

因此，建议从一个非常小的值（如 $\rho = 0.000\,1$）开始，并且只有当算法的收敛速度得到有效提高时才增大学习率。因为策略基于 softmax 函数，所以在评价更新后，值都被重新归一化，得到实际的概率分布。经过足够多的迭代，正确选择 ρ 和 γ 后，模型能够学习随机策略和值函数。因此，可以通过选择具有最高概率的行动（这对应于隐式的贪婪行动），利用训练过的智能体：

$$\pi(s) = \underset{a}{\operatorname{argmax}}\, \pi(s,a)$$

现在将这个算法应用到隧道环境。第一步是定义常数（因为要寻找一个有远见的智能体，所以设折扣因子 $\gamma = 0.99$）：

```
import numpy as np

tunnel_values = np.zeros(shape=(height, width))

gamma = 0.99
alpha = 0.25
rho = 0.001
```

此时，需要定义策略重要度数组，以及生成 softmax 策略的函数：

```
nb_actions = 4

policy_importances = np.zeros(
    shape=(height, width, nb_actions))

def get_softmax_policy():
    softmax_policy = policy_importances - \
                     np.amax(policy_importances,
                             axis=2, keepdims=True)
   return np.exp(softmax_policy) / \
          np.sum(np.exp(softmax_policy),
                 axis=2, keepdims=True)
```

实现单个训练步骤所需的函数非常简单，读者应该已经对其结构了如指掌：

```
def select_action(epsilon, i, j):
    if np.random.uniform(0.0, 1.0) < epsilon:
        return np.random.randint(0, nb_actions)

    policy = get_softmax_policy()
    return np.argmax(policy[i, j])

def action_critic_episode(epsilon):
   (i, j) = starting_point()
   x = y = 0
```

```
e = 0

while e < max_steps:
    e += 1

    action = select_action(epsilon, i, j)

    if action == 0:
        if i == 0:
            x = 0
        else:
            x = i - 1
        y = j

    elif action == 1:
        if j == width - 1:
            y = width - 1
        else:
            y = j + 1
        x = i

    elif action == 2:
        if i == height - 1:
            x = height - 1
        else:
            x = i + 1
        y = j

    else:
        if j == 0:
            y = 0
        else:
```

```
            y = j - 1
         x = i

      reward = tunnel_rewards[x, y]
      td_error = reward + \
                (gamma * tunnel_values[x, y]) - \
                tunnel_values[i, j]

      tunnel_values[i, j] += (alpha * td_error)
      policy_importances[i, j, action] += \
         (rho * td_error)

      if is_final(x, y):
         break
      else:
         i = x
         j = y
```

此时，可以用 50 000 次迭代和 30 000 次探索性迭代（探索因子线性衰减）来训练模型：

```
n_episodes = 50000
n_exploration = 30000

for t in range(n_episodes):
    epsilon = 0.0

   if t <= n_exploration:
       epsilon = 1.0 - (float(t) /
                      float(n_exploration))

   action_critic_episode(epsilon)
```

由此得到的贪婪策略如图 25.6 所示。

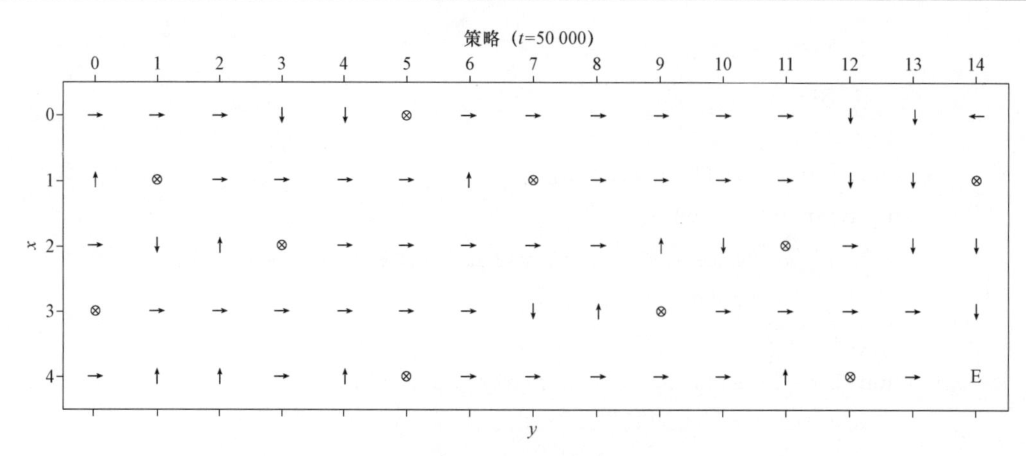

图 25.6 最终的贪婪策略

最终的贪婪策略与目标一致，智能体总是通过避开井格达到最终的正状态。这种算法显示出不必要的复杂，但是，在复杂的情况下，它被证明是非常有效的。事实上，由于评委的快速纠正，学习过程得到极大改善。此外，作者还注意到，相对于 SARSA 或 Q 学习，玩家–评委算法对错误（或有噪声）的评估更为可靠，而 SARSA 或 Q 学习却可能会面临因优势项的估计而导致的不稳定性问题。

一方面，由于策略是单独学习的，$V(s)$的微小变化的影响不容易改变概率 $\pi(s,a)$，特别是当一个行动通常比其他行动强得多时。另一方面，如前所述，必须避免过早收敛，以便让算法在没有过多迭代的情况下修改重要度/概率。只有在对每个特定场景进行完整分析后，才能找到正确的权衡。遗憾的是，没有适用于所有情况的通用规则。建议测试各种配置，从较小的值（例如，$\gamma \in (0.7, 0.9)$ 的折扣因子）开始，评估相同探索周期结束之后获得的总回报。

复杂的深度学习模型（例如异步 A^3C，参阅：Mnih V.，Puigdomènech Badia A.，Mirza M.，Graves A.，Lillicrap T.P.，Harley T.，Silver D.，Kavukcuoglu K.，*Asynchronous Methods for Deep Reinforcement Learning*，arXiv：1602.01783 [cs.LG]）基于单个网络，该网络输出 softmax 策略（其行动通常与其概率成比例）和值。

与其明确采用ε贪婪软策略，还不如给全局代价函数加入最大熵约束：

$$\max H(\pi) = -\max \sum_i \pi(s,a_i)\log \pi(s,a_i) = \min \sum_i \pi(s,a_i)\log \pi(s,a_i)$$

当所有行动具有相同的概率时，熵处于最大值，这个约束（具有适当的权重）迫使算法增大探索概率，直到一个行动占据优势，而且不再需要避免贪婪的选择。这是一种采用自适应ε贪婪策略的合理且简单的方法，因为当模型分别处理每个状态时，不确定性非常低的状态会变得贪婪。只要有必要继续探索以获得最大回报，就有可能自动保持高熵值。

双重校正的效果，加上最大熵约束，提高模型的收敛速度，鼓励初始迭代期间的探索，得到非常高的最终准确率。建议读者用其他场景和算法来实现这个改进的方法。特别是，本章最后将实验一种基于神经网络的算法。由于例子相当简单，建议利用 TensorFlow 创建一个基于玩家－评委方法的小型网络（最好先阅读 https://blog.tensorflow.org/2018/07/deep-reinforcement-learning-keras-eager-execution.html 上的文章）。读者可以利用均方误差（MSE）损失作为值，最大软交叉熵作为策略。一旦模型成功地解决示意例子，就有可能处理更为复杂的场景。例如，OpenAI Gym 在 https://gym.openai.com 提出的场景。

25.2　SARSA 算法

SARSA（名字来源于序列：状态－行动－奖励－状态－行动）是 TD(0)对 Q 函数估计的自然扩展。其标准形式（有时称为一步 SARSA，或 SARSA(0)，原因与前一章所述相同）基于下一奖励 r_{t+1}，该奖励通过在状态 s_t 中执行行动 a_t 而获得。时间差分计算基于以下更新规则：

$$Q(s_t,a_t;\pi)=Q(s_t,a_t;\pi)+\alpha(\gamma_{t+1}+\gamma Q(s_{t+1},a_{t+1};\pi)-Q(s_t,a_t;\pi))$$

该方程等价于 TD(0)，而且如果策略被选择为 GLIE，那么已经证明（参阅：Singh S.，Jaakkola T.，Littman M.L.，Szepesvári C.，*Convergence Results for Single-Step On-Policy Reinforcement-Learning Algorithms*，Machine Learning，39/2000），当所有的组对（状态，动作）经历无限次时，SARSA 收敛到最优策略 $\pi^{\text{opt}}(s)$ 的概率为 1。这意味着，如果策略被更新为对由 Q 引起的当前值函数贪婪的话，下式成立：

$$p(\lim_{k\to\infty}\pi^{(k)}(s)=\pi^{\text{opt}}(s))=1,\ \forall s\in S$$

同样的结果也适用于 Q 函数。特别是，证明所要求的最重要的条件是：

- 约束 $\sum\alpha=\infty$ 和 $\sum\alpha^2<\infty$ 条件下，学习率 $\alpha\in(0,1)$。
- 奖励的方差必须有限。

当 α 是状态和时间步的函数时，第一个条件特别重要。但是，很多情况下，它是一个在 0 和 1 之间有界的常数，因此，$\sum\alpha^2=\infty$。解决这个问题的一个常见方法（尤其是当需要大量迭代时）是在训练过程中让学习率衰减（换句话说，指数衰减）。相反，为了减轻非常大的奖励的影响，可以将它们限制在合适的范围内，例如，$(-1,1)$。

通常，没有必要使用这些策略，但是在更复杂的情况下，为了确保算法的收敛性，这些策略可能至关重要。正如前一章所指出，在开始稳定策略之前，这类算法需要一个漫长的探索阶段。最常见的策略是采用 ε 贪婪策略，探索因子随时间衰减。在第一次迭代中，智能体的探索不必考虑行动的回报。这样，就有可能在最终改善阶段开始之前评估实际值，这一阶段的特点是纯粹的贪婪探索，基于更精确的$V(s)$近似值。

完整的 SARSA(0)算法（可选择强制终止事件）是：

（1）设置初始的确定性随机策略$\pi(s)$。

（2）设置初始的值数组$Q(s,a)=0, \forall s \in S$ 且 $a \in A$。

（3）设置事件数$N_{episodes}$。

（4）设定每个事件的最大步数N_{max}。

（5）设置常量α（例如，$\alpha=0.1$）。

（6）设置常量γ（例如，$\gamma=0.9$）。

（7）设定初始探索因子$\epsilon^{(0)}$（例如，$\epsilon^{(0)}=1$）。

（8）定义一个策略，使探索因子ϵ衰减（线性或指数）。

（9）设置计数器$e=0$。

（10）for $i=1$ to $N_{episodes}$：

　　观测初始状态s_i。

　　当s_i是非终点状态且$e < N_{max}$：

　　　　$e=e+1$。

　　　　选择带有探索因子$\epsilon^{(e)}$的行动$a_t=\pi(s_i)$。

　　　　观察转移$(a_t,s_i) \rightarrow (s_j,r_{ij})$。

　　　　选择带有探索因子$\epsilon^{(e)}$的行动$a_{t+1}=\pi(s_j)$。

　　　　更新$Q(s_t,a_t)$函数（如果s_j为终止状态，设置$Q(s_{t+1},a_{t+1})=0$）。

　　　　设$s_i=s_j$。

资格迹的概念也可以扩展到 SARSA（和其他 TD 方法）。但是，这超出了本书的范围。所有算法（连同它们的数学公式）参阅：Sutton R.S.，Barto A.G.，*Reinforcement Learning*，The MIT Press，1998。

棋盘环境中的 SARSA 示例

现在可以在原始的隧道环境中测试 SARSA 算法（所有未重新定义的元素都与第 24 章相同）。第一步是定义$Q(s,a)$数组和训练过程中使用的常数：

```
import numpy as np

nb_actions = 4

Q = np.zeros(shape=(height, width, nb_actions))
```

```
x_start = 0
y_start = 0
max_steps = 2000
alpha = 0.25
```

如果采用 ϵ 贪婪策略的话，可以将起点设置为(0，0)，迫使智能体到达正的最终状态。现在定义执行训练步骤所需的功能：

```
def is_final(x, y):
    if (x, y) in zip(x_wells, y_wells) or \
            (x, y) == (x_final, y_final):
        return True
    return False


def select_action(epsilon, i, j):
    if np.random.uniform(0.0, 1.0) < epsilon:
        return np.random.randint(0, nb_actions)
    return np.argmax(Q[i, j])


def sarsa_step(epsilon):
    e = 0

    i = x_start
    j = y_start

    while e < max_steps:
        e += 1

        action = select_action(epsilon, i, j)

        if action == 0:
            if i == 0:
                x = 0
```

```
    else:
        x = i - 1
    y = j

elif action == 1:
    if j == width - 1:
        y = width - 1
    else:
        y = j + 1
    x = i

elif action == 2:
    if i == height - 1:
        x = height - 1
    else:
        x = i + 1
    y = j

else:
    if j == 0:
        y = 0
    else:
        y = j - 1
    x = i

action_n = select_action(epsilon, x, y)
reward = tunnel_rewards[x, y]

if is_final(x, y):
    Q[i, j, action] += alpha * \
                        (reward -
                         Q[i, j, action])
    Break
```

```
        else:
            Q[i, j, action] += alpha * \
                               (reward +
                                (gamma *
                                 Q[x, y, action_n]) -
                                Q[i, j, action])

            i = x
            j = y
```

select_action()函数用于选择一个概率为 ε 的随机行动，以及一个概率为 $1-\epsilon$ 的关于 $Q(s,a)$ 的贪婪行动。sarsa_step()函数很简单，执行一个完整的更新 $Q(s,a)$ 的事件（这就是为什么这是一个在线算法）。此时，有可能对模型进行 20 000 个事件的训练（建议读者也测试较小的值以学习评估收敛速度），并在前 15 000 个事件期间对 ϵ 采用线性衰减（当 $t>15\,000$ 时，为了采用纯粹的贪婪策略，ϵ 被设置为 0）：

```
n_episodes = 20000
n_exploration = 15000

for t in range(n_episodes):
    epsilon = 0.0

    if t <= n_exploration:
        epsilon = 1.0 - (float(t) /
                         float(n_exploration))

    sarsa_step(epsilon)
```

照旧需要检查学到的值。考虑到策略是贪婪的，绘制 $V(s)=\max_a Q(s,a)$，如图 25.7 所示。

不出所料，学习了 Q 函数，可以绘制结果策略如图 25.8 所示予以确认。

该策略与初始目标一致，智能体避免所有的负吸收状态，总是试图向最终的正状态移动。但是，有些路径似乎比预期的要长。作为练习，建议读者对模型进行重新训练更多迭代，调

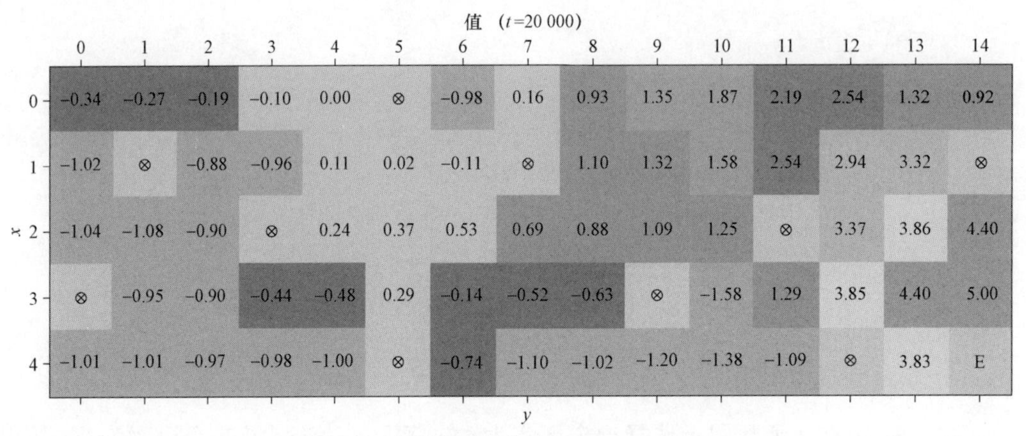

图 25.7　最终的值矩阵（$V(s)=\max_a Q(s,a)$）

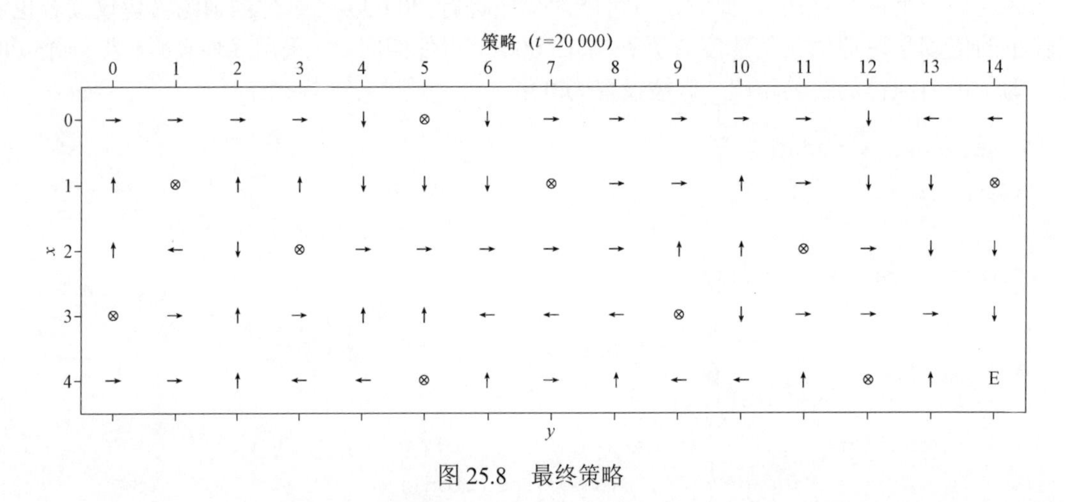

图 25.8　最终策略

整探索周期。此外，是否有可能通过增大（或减小）折扣因子γ来改进模型？记住，$\gamma\to 0$会导致一个目光短浅的智能体，它能够选择只考虑快速回报的行动，而$\gamma\to 1$会让智能体考虑更多的未来回报。

这个示例基于一个长的隧道环境，因为智能体总是从（0，0）开始，必须到达最远的点。因此，所有中间状态都不那么重要，需要着眼于未来选择最佳行动。随机初始点肯定可以改善所有初始状态的策略，但是研究不同的γ值如何影响决策是有意义的。因此，建议重复实验，以评估各种配置，增进对时间差分算法涉及的不同因素的认识。

25.3　Q 学习

该算法由 Watkins 提出(更深入分析参阅：Watkins C.I.C.H.，*Learning from delayed rewards*，Ph.D.Thesis，University of Cambridge，1989，以及 Watkins C.I.C.H.，Dayan P.，*Technical Note Q-Learning*，Machine Learning 8，1992)，作为 SARSA 的更有效的替代方案。Q 学习(Q-learning)的主要特点是，时间差分更新规则对于 $Q(s_{t+1},a)$ 函数是即刻贪婪的（假设智能体在 s_t 状态下执行行动 a_t 后收到奖励 r_t)：

$$Q(s_t,a_t;\pi)=Q(s_t,a_t;\pi)+\alpha(\gamma_t+\gamma\max_a Q(s_{t+1},a_t;\pi)-Q(s_t,a_t;\pi))$$

核心思想是将当前的 $Q(s_t,a_t)$ 值与智能体处于后继状态时可实现的最大 Q 值进行比较。假设 $\alpha=1$，上式可以转换为 TD_{error} 结构：

$$\text{TD}_{\text{error}}=\gamma_t+\gamma\max_a Q(s_{t+1},a;\pi)-Q(s_t,a_t;\pi)$$

第一项是当前回报（奖励），第二项是智能体利用其当前知识理论上可以得到的最大折扣回报，最后一项是 Q 函数的估计。由于策略必须是 GLIE，通过避免由于选择与最终行动无关的 Q 值而导致的错误估计可以提高收敛速度。

相反，通过选择最大 Q 值（利用当前知识），算法将比 SARSA 更快地接近最优解，而且收敛证明的限制性更小。

事实上，Watkins 和 Dayan（在前述论文中）证明了，如果 $|r_i|<R,\forall i$，则学习率 $\alpha\in(0,1)$（在 Q 学习的情况下，α 必须总是小于 1），具有与施加给 SARSA 的相同约束（$\sum\alpha=\infty$ 和 $\sum\alpha^2<\infty$），则估计的 Q 函数以概率 1 收敛到最优函数：

$$p(\lim_{k\to\infty}Q^{(k)}(s,a)=Q^{\text{opt}}(s,a))=1,\forall s\in S\text{ 且 }a\in A$$

正如针对 SARSA 所讨论的那样，可以分别通过采用限幅函数和时间衰减来管理奖励条件和学习率。对于几乎所有深度 Q 学习应用而言，这些都是保证收敛性的极其重要的因素。因此，每当训练过程不能收敛到一个可接受的解决方案时，建议读者考虑这些因素。

完整的问题学习算法（可选择强制终止事件）是：

（1）设置初始的确定性随机策略 $\pi(s)$。

（2）设置初始的值数组 $Q(s,a)=0,\ \forall s\in S$ 且 $a\in A$。

（3）设置事件数 N_{episodes}。

（4）设置每个事件的最大步数 $N_{\max}$。

（5）设置常量 α（例如，$\alpha=0.1$）。

（6）设置常量 γ（例如，$\gamma=0.9$）。

（7）设置初始的探索因子$\epsilon^{(0)}$（例如，$\epsilon^{(0)}=1$）。

（8）定义一个策略，使探索因子ϵ衰减（线性或指数）。

（9）设置计数器$e=0$。

（10）for $i=1$ to N_{episodes}：

观测初始状态s_i。

当s_i是非终止状态且$e<N_{\max}$：

$e=e+1$。

选择带有探索因子$\epsilon^{(e)}$的行动$a_t=\pi(s_i)$。

观察转移$(a_t,s_i)\rightarrow(s_j,r_{ij})$。

选择带有探索因子$\epsilon^{(e)}$的行动$a_{t+1}=\pi(s_j)$。

更新$Q(s_t,a_t)$函数（如果s_j为终止状态，利用$\max_a(s_{t+1},a)$设置$Q(s_{t+1},a_{t+1})$）。

设置$s_i=s_j$。

25.3.1 棋盘环境中的Q学习示例

用Q学习算法重复前面的实验。由于所有的常量都是相同的（以及ϵ贪婪策略的选择和设置为（0，0）的起始点），可以直接定义实现单个事件训练的函数：

```
import numpy as np

def q_step(epsilon):
    e = 0

    i = x_start
    j = y_start

    while e < max_steps:
        e += 1

        action = select_action(epsilon, i, j)

       if action == 0:
           if i == 0:
               x = 0
           else:
```

```
        x = i - 1
    y = j

elif action == 1:
    if j == width - 1:
        y = width - 1
    else:
        y = j + 1
    x = i

elif action == 2:
    if i == height - 1:
        x = height - 1
    else:
        x = i + 1
    y = j

else:
    if j == 0:
        y = 0
    else:
        y = j - 1
    x = i

reward = tunnel_rewards[x, y]

if is_final(x, y):
     Q[i, j, action] += alpha * \
                          (reward -
                           Q[i, j, action])
     Break

else:
    Q[i, j, action] += alpha * \
```

```
                                     (reward +
                                      (gamma *
                                       np.max(Q[x, y])) -
                                      Q[i, j, action])

        i = x
        j = y
```

现在可以训练模型 5000 次迭代，3500 次探索迭代：

```
n_episodes = 5000
n_exploration = 3500

for t in range(n_episodes):
    epsilon = 0.0

    if t <= n_exploration:
        epsilon = 1.0 - (float(t) /
                         float(n_exploration))

    q_step(epsilon)
```

由此得到的值矩阵（定义见 SARSA 实验）如图 25.9 所示。

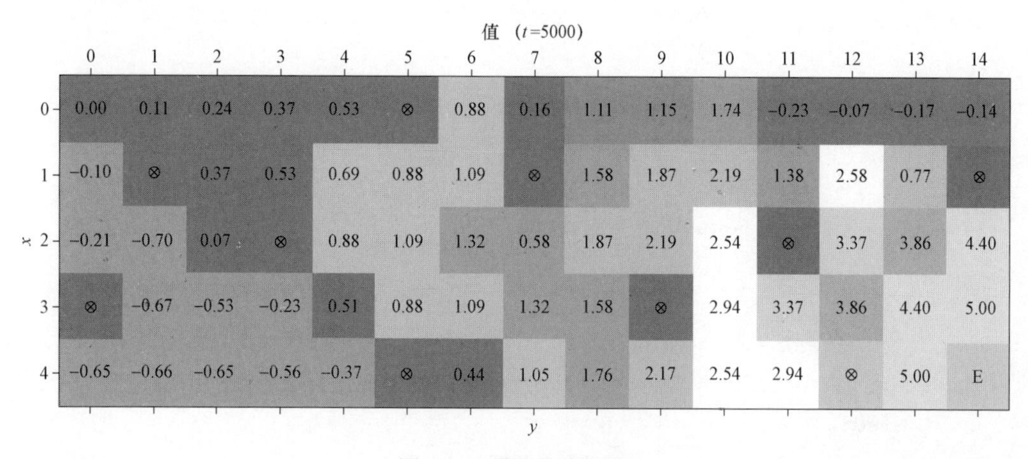

图 25.9 最终的值矩阵

同样，学习的 Q 函数（显然还有贪婪的 $V(s)$）与初始目标是一致的（特别是考虑到起点设置为（0，0）），得到的策略可以立即确认这个结果，如图 25.10 所示。

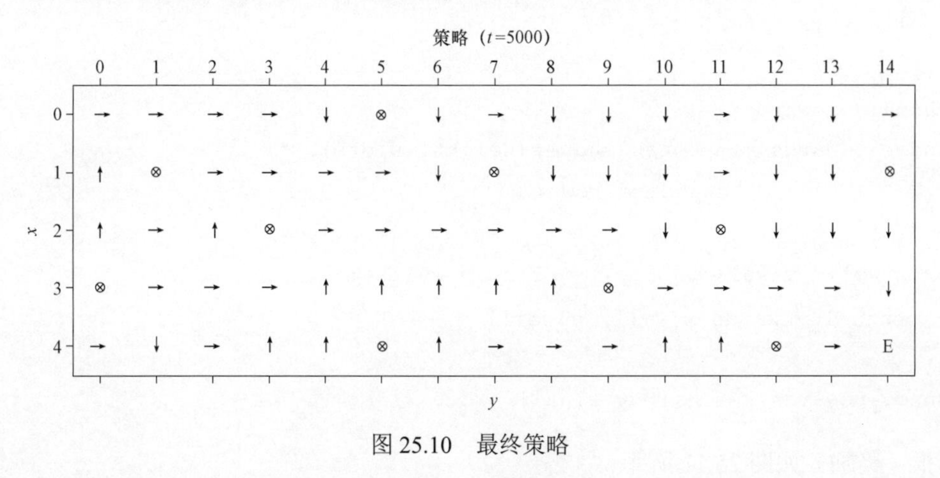

图 25.10　最终策略

Q 学习的行为和 SARSA 没有太大区别（尽管收敛更快），有些初始状态也没有被很好地加以管理。这是选择的结果，所以建议读者利用随机起始点重复练习，比较 Q 学习和 SARSA 的训练速度。

25.3.2　用神经网络建立策略模型的 Q 学习示例

现在，利用更小的棋盘环境和神经网络（使用 TensorFlow/Keras）来测试 Q 学习算法。与前面例子的主要区别在于，本例的状态由当前配置的截图表示，因此，模型必须学会如何将一个值与每个输入图像和行动相关联。这不是真正的深度 Q 学习（基于深度卷积网络，需要比本书讨论的更复杂的环境），但它显示了这样一个模型如何在向人类提供相同输入的情况下学习最佳策略。为了减少训练时间，考虑一个正方形棋盘环境，有四个负吸收状态和一个正最终状态：

```
import numpy as np


width = 5
height = 5
nb_actions = 4


y_final = width - 1
x_final = height - 1
```

```
y_wells = [0, 1, 3, 4]
x_wells = [3, 1, 2, 0]

standard_reward = -0.1
tunnel_rewards = np.ones(shape=(height, width)) * \
                 standard_reward

for x_well, y_well in zip(x_wells, y_wells):
    tunnel_rewards[x_well, y_well] = -5.0

tunnel_rewards[x_final, y_final] = 5.0
```

回报（奖励）如图 25.11 所示。

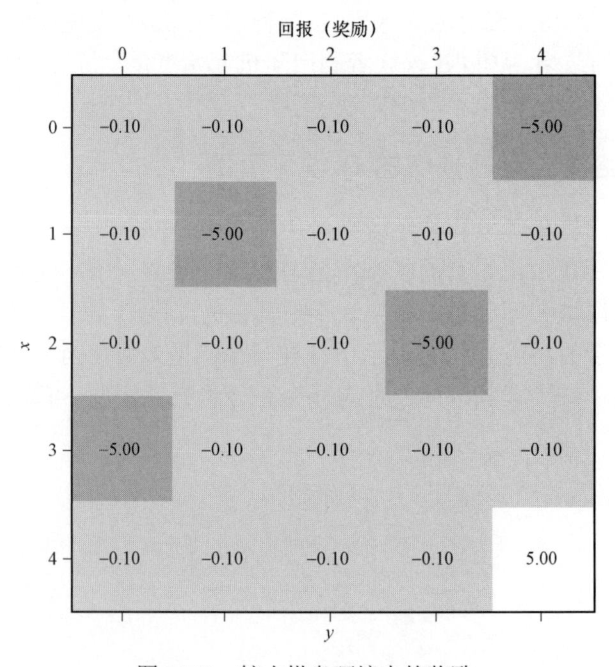

图 25.11　较小棋盘环境中的奖励

为给网络提供图形输入，需要定义一个函数创建表示隧道的矩阵：

```
def reset_tunnel():
    tunnel = np.zeros(shape=(height, width),
                      dtype=np.float32)

    for x_well, y_well in \
            zip(x_wells, y_wells):
        tunnel[x_well, y_well] = -1.0

    tunnel[x_final, y_final] = 0.5
    return tunnel
```

reset_tunnel()函数将所有值设为 0，除了井格（用 –1 标记）和最终状态（定义为 0.5）。智能体的位置（用值 1 定义）直接由训练函数管理。此时，可以创建和编译神经网络。由于问题不是很复杂，采用具有以下结构的多层感知机：

- 输入层。
- 具有双曲正切激活的六个神经元的隐藏层。
- 具有双曲正切激活的四个神经元的隐藏层。
- 具有线性激活的 nb_actions 个神经元的输出层（代表 Q 函数值）：

```
import tensorflow as tf

model = tf.keras.models.Sequential([
        tf.keras.layers.Dense(6,
                              input_dim=width * height,
                              activation='tanh'),
        tf.keras.layers.Dense(4,
                              activation='tanh'),
        tf.keras.layers.Dense(nb_actions,
                              activation='linear')
])

optimizer = tf.keras.optimizers.Adam(0.01)

model.compile(optimizer, loss='mse')
```

输入是扁平数组，输出是 Q 函数（对应每个行动的所有值）。利用 RMSprop 和均方误差损失函数训练网络（目标是降低实际值和预测值之间的均方误差）。为了训练和查询网络，创建两个专用函数：

```
def train(state, q_value):
    model.train_on_batch(
        np.expand_dims(state.flatten(), axis=0),
        np.expand_dims(q_value, axis=0))


def get_Q_value(state):
    return model.predict(
        np.expand_dims(state.flatten(), axis=0))[0]


def select_action_neural_network(epsilon, state):
    Q_value = get_Q_value(state)

    if np.random.uniform(0.0, 1.0) < epsilon:
        return Q_value, \
               np.random.randint(0, nb_actions)

    return Q_value, np.argmax(Q_value)
```

这些函数很简单。对读者来说，唯一可能的新元素是 `train_on_batch()` 方法。与 `fit()` 相反，给定一批输入输出组对（至少有一个组对），这个函数执行单个训练步骤。因为目标是从每个可能的单元开始，找到到达最终状态的最佳路径，所以将采用随机起始点：

```
xy_grid = np.meshgrid(np.arange(0, height),
                      np.arange(0, width), sparse=False)
xy_grid = np.array(xy_grid).T.reshape(-1, 2)

xy_final = list(zip(x_wells, y_wells))
xy_final.append([x_final, y_final])

xy_start = []
```

```
for x, y in xy_grid:
    if (x, y) not in xy_final:
        xy_start.append([x, y])

xy_start = np.array(xy_start)

def starting_point():
    xy = np.squeeze(xy_start[
            np.random.randint(0,
                              xy_start.shape[0],
                              size=1)])
    return xy[0], xy[1]
```

现在，可以定义执行单个训练步骤所需的功能：

```
def is_final(x, y):
    if (x, y) in zip(x_wells, y_wells) or \
            (x, y) == (x_final, y_final):
        return True
    return False

def q_step_neural_network(epsilon, initial_state):
    e = 0
    total_reward = 0.0

    (i, j) = starting_point()

    prev_value = 0.0
    tunnel = initial_state.copy()
    tunnel[i, j] = 1.0

    while e < max_steps:
        e += 1
```

```
q_value, action = \
    select_action_neural_network(epsilon, tunnel)

if action == 0:
    if i == 0:
        x = 0
    else:
        x = i - 1
    y = j

elif action == 1:
    if j == width - 1:
        y = width - 1
    else:
        y = j + 1
    x = i

elif action == 2:
    if i == height - 1:
        x = height - 1
    else:
        x = i + 1
    y = j

else:
    if j == 0:
        y = 0
    else:
        y = j - 1
    x = i

reward = tunnel_rewards[x, y]
total_reward += reward
```

```
            tunnel_n = tunnel.copy()
            tunnel_n[i, j] = prev_value
            tunnel_n[x, y] = 1.0

            prev_value = tunnel[x, y]

            if is_final(x, y):
                q_value[action] = reward
                train(tunnel, q_value)
                break

            else:
                q_value[action] = reward + \
                                  (gamma *
                                   np.max(
                                 get_Q_value(tunnel_n)))
                train(tunnel, q_value)

                i = x
                j = y

                tunnel = tunnel_n.copy()

        return total_reward
```

q_step_neural_network()函数与前面示例中定义的函数非常相似。唯一不同的是可视化状态的管理。每次转移后，值 1.0（表示智能体）会从旧位置移动到新位置，而且前一个单元格的值会重置为默认值（保存在 prev_value 变量中）。

另一个区别是没有α，因为在随机梯度下降算法中已经设置了学习率，再给模型添加另一个参数是没有意义的。现在可以训练这个模型 2000 次迭代，1200 次探索迭代：

```
n_episodes = 2000
n_exploration = 1200
```

```
total_rewards = []

for t in range(n_episodes):
    tunnel = reset_tunnel()

    epsilon = 0.0

    if t <= n_exploration:
        epsilon = 1.0 - (float(t) /
                         float(n_exploration))

    t_reward= q_step_neural_network(epsilon, tunnel)
    total_rewards.append(t_reward)
```

当训练过程结束时，可以分析总回报，以了解网络是否成功学习了 Q 函数（粗线是用 Savitzky – Golay 过滤器平滑处理过的版本），如图 25.12 所示。

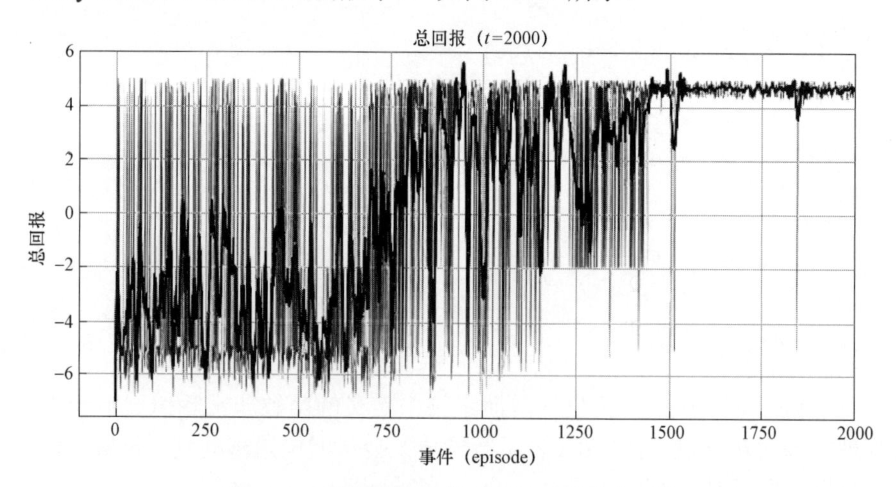

图 25.12 神经网络 Q 学习算法获得的总回报

显然，该模型运行良好，因为探索期结束后，总回报在 1000 个事件之后趋于稳定，只有路径长度不同导致的较小的振荡（但是，由于 TensorFlow/Keras 采用的内部随机状态，最终的绘制结果可能会有所不同）。为了确认，利用贪婪策略（相当于 $\epsilon = 0$ ）为所有可能的初始状态生成轨迹：

```
trajectories = []
tunnels_c = []

for I, j in xy_start:
    tunnel = reset_tunnel()

    prev_value = 0.0

    trajectory = [[I, j, -1]]

    tunnel_c = tunnel.copy()
    tunnel[i, j] = 1.0
    tunnel_c[i, j] = 1.0

    final = False

    e = 0

    while not final and e < max_steps:
        e += 1

        q_value = get_Q_value(tunnel)
        action = np.argmax(q_value)

        if action == 0:
            if I == 0:
                x = 0
            else:
                x = I - 1
            y = j
```

```
        elif action == 1:
            if j == width - 1:
                y = width - 1
            else:
                y = j + 1
            x = i

        elif action == 2:
            if I == height - 1:
                x = height - 1
            else:
                x = I + 1
            y = j

        else:
            if j == 0:
                y = 0
            else:
                y = j - 1
            x = i

        trajectory[e - 1][2] = action
        trajectory.append([x, y, -1])

        tunnel[I, j] = prev_value

        prev_value = tunnel[x, y]

        tunnel[x, y] = 1.0
        tunnel_c[x, y] = 1.0

        i = x
        j = y
```

```
        final = is_final(x, y)

    trajectories.append(np.array(trajectory))
    tunnels_c.append(tunnel_c)

trajectories = np.array(trajectories)
```

图 25.13 显示了 12 条随机轨迹。

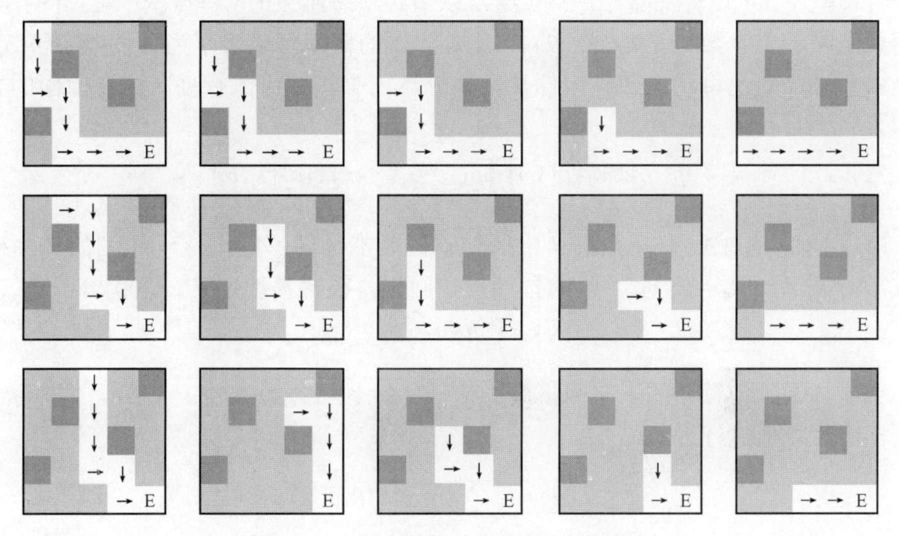

图 25.13　用贪婪策略生成的 12 条轨迹

智能体总是遵循最优策略，与初始状态无关，永远不会陷入井格。虽然这个例子相当简单，但也有助于向读者介绍深度 Q 学习的概念（更多细节，读者可以参阅介绍性论文：Li Y., *Deep Reinforcement Learning：An Overview*，arXiv：1701.07274 [cs.LG]）。一般情况下，环境可以是更复杂的游戏（例如雅达利或世嘉），可能的行动数量非常有限。此外，不可能使用随机起始点，但通常跳过一些初始框，以避免给估计器带来偏差。

显然，网络必须更加复杂（包括更好地学习几何依赖性的卷积），迭代次数也必须非常多。

为了加快收敛速度，可以利用很多其他技巧和特定算法，但它们超出了本书的范围。但一般的过程和逻辑几乎是一样的，不难理解为什么有些策略更可取，如何提高准确率。作为练习，建议读者创建更复杂的环境，有或没有检查点和随机奖励。有了足够多的事件，该模型能够轻松学习智能体与环境的关系。此外，正如玩家 – 评委一节所建议的，用 TensorFlow

实现这样一个模型是一个好主意，可以与 Q 学习比较性能。

25.4 基于策略梯度的直接策略搜索

最后讨论的方法并不用智能体寻找最优策略，而是直接寻找它。在这种情况下，总是假设面对一个随机环境，转移不是完全确定的。例如，一个机器人可以给一个转移分配一个高概率，但是，为了增加可靠性，它还必须包括一个噪声项，该噪声项可以导致转移通向不同的状态。因此，需要包括一个转移概率 $p(s_i \rightarrow s_j|a_k), \forall s_i, s_j \in S$ 且 a_k 在 A 中。

给定转移概率，可以评估整个序列（通常以最终状态结束）$S_k = (s_1, s_2, \cdots, s_k)$ 的总体概率。为此，需要定义一个参数化策略 $\pi(s, \bar{\theta})$，因此，S_k 的概率可以表示为条件概率 $p(S_k|\pi)$。完整的表达式要求显式地将状态转移组件从策略分离出来，并引入行动（这在前面的表达式中是隐含的）：

$$p(S_k|\pi) = p(s_1)\prod_i p(s_i \rightarrow s_{i+1}|a_i)\pi(a_i \mid s_i; \bar{\theta})$$

$p(S_k|\pi)$ 表示具有编码在参数集 $\bar{\theta}$ 中的知识的智能体能够经历这一序列的实际概率。此时，通过考虑关于一般分布 $p(S_k|\pi)$ 的预期折扣回报，很容易地定义一个代价函数：

$$L(\bar{\theta}) = \int p(S_t|\pi)R(S_t)\mathrm{d}S_t$$

由于智能体必须使预期的未来回报最大化，$L(\bar{\theta})$ 也必须最大化。当然，不能直接求积分，所以，用样本平均值进行近似：

$$L(\bar{\theta}) \approx \frac{1}{N}\sum p(S_t|\pi)R(S_t)$$

上式的 N 是被评估序列的总数，但实际上，可以将其视为批量大小。事实上，目标是用随机梯度上升法（例如，RMSProp 或 Adam）优化 $L(\bar{\theta})$。遗憾的是，$p(S_t|\pi)$ 没法立即用得上，因为不知道 $p(s_i \rightarrow s_{i+1}|a_i)$。但是，可以通过一些简单的操作计算梯度 $\nabla L(\bar{\theta})$：

$$\nabla L(\bar{\theta}) \approx \frac{1}{N}\sum \nabla p(S_t|\pi)R(S_t)$$

为了简化上式，需要记住：

$$\frac{\mathrm{d}}{\mathrm{d}x}f(x) = f(x)\frac{1}{f(x)}\frac{\mathrm{d}}{\mathrm{d}x}f(x) = f(x)\frac{\mathrm{d}}{\mathrm{d}x}\log f(x)$$

因此，通过应用这个技巧，获得：

$$\nabla L(\bar{\theta}) \approx \frac{1}{N}\sum p(S_t|\pi)\nabla \log p(S_t|\pi)R(S_t) = \frac{1}{N}\Sigma p(S_t|\pi)\sum_i \nabla \log\pi(a_i|s_i;\bar{\theta})R(S_t)$$

$$= Avg_{p(S_t|\pi)}\left[\sum_i \nabla \log\pi(a_i|s_i;\bar{\theta})R(S_t)\right]$$

换句话说，用样本均值近似真实梯度，唯一麻烦的是 $\log\pi(a_i|s_i;\bar{\theta})$ 梯度计算。一旦计算得到梯度，就可以更新参数向量：

$$\bar{\theta} = \bar{\theta} + \alpha\nabla L(\bar{\theta})$$

这个问题可以直接使用上式，或者最好用更复杂的优化算法（例如 Adam）解决。当然，在实际实现中，谨记现在的目标是最大化。因此，对数的符号必须反转。一般，表达式 $\sum_i \log\pi(a_i|s_i;\bar{\theta})R(S_t)$ 利用伪交叉熵获得，其中 $p=1$：

$$H(p,\pi) = -\sum_i p\log\pi(a_i|s_i;\bar{\theta})R(S_t) = -\sum_i \log\pi(a_i|s_i;\bar{\theta})R(S_t)$$

因此，利用一个标准的深度学习框架，就足以最小化 $H(p,\pi)$。

OpenAI Gym 倒立摆的策略梯度示例

本示例利用 OpenAI Gym 提供的一个简单问题测试策略梯度算法（https://gym.openai.com/envs/CartPole－v0/也提供了安装说明）。

目标是要找到一个最优策略来平衡一个铰接在手推车上的杆（最初由 Barto 等人提出：Barto A.，Sutton R.，Anderson C.，*Neuronlike Adaptive Elements That Can Solve Difficult Learning Control Problem*，IEEE Transactions on Systems，Man，and Cybernetics，1983），如图 25.14 所示。手推车可以在两个方向上移动，但是当手推车保持非常靠近中心（±2.4 公制单位）而且杆子保持在偏离垂直线±15° 的位置时，问题视为已被解决。

有趣的是，这个问题已经研究了很长时间，因为它的物理形式化相当复杂，而直接建模控制系统极其困难。相反，强化学习只需要有限的实验就可以解决这类问题，利用的策略可以很容易地参数化，例如多层感知机。

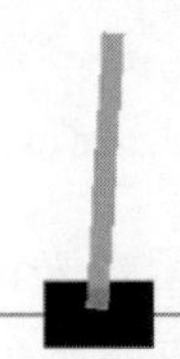

图 25.14　倒立摆 v0 问题的示意图

第一步是初始化环境：

```
import gym

env = gym.make('CartPole-v0')
env.seed(1000)
```

状态是包含以下信息的四维向量$\bar{s} \in \mathbb{R}^4$：

- 手推车的位置x。
- 杆子的角度τ。
- 手推车的线速度（一阶导数$\frac{dx}{dt}$）。
- 杆子的角速度（一阶导数$\frac{d\tau}{dt}$）。

只有两种可能的行动（$\{-1,1\}$或$\{0,1\}$），表示在两个方向上做匀速运动。该策略通过利用ReLU单元的神经网络进行参数化，非常容易优化：

```
import tensorflow as tf

policy = tf.keras.models.Sequential([
    tf.keras.layers.Dense(32,
                          activation='relu',
                          input_dim=4),
    tf.keras.layers.Dense(32,
                          activation='relu'),
    tf.keras.layers.Dense(2,
                          activation='relu')
])

optimizer = tf.keras.optimizers.Adam()
```

因为要用TensorFlow提供的更可靠的函数来计算交叉熵，所以输出不是直接的Softmax，而是两个ReLU神经元，它们可以完美地表示两个对数几率logit。优化器是Adam，默认学习率$\eta = 0.001$。因为需要在选择行动时计算梯度，所以创建了一个函数：

```
def policy_step(s, grads=False):
    with tf.GradientTape() as tape:
        actions = policy(s, training=True)
        action = tf.random.categorical(
            actions, 1)
        action = tf.keras.utils.to_categorical(action, 2)
        loss = tf.squeeze(
            tf.nn.softmax_cross_entropy_with_logits(
                action, actions))

    if grads:
        gradients = tape.gradient(
            loss, policy.trainable_variables)
        return np.argmax(action), gradients

    return np.argmax(action)
```

如果参数 grads 设为 True，函数计算并返回梯度，否则，它只返回已经选择的行动。函数的结构非常简单：

- 利用当前状态评估策略。
- 利用基于概率向量(p_0, p_1)（利用对数几率）的随机选择来选择行动。如果策略具有高熵，$p_0 \approx p_1$，那么行动是完全随机的。这种行为鼓励探索。但是，当策略越来越稳定时，概率 $p_i \to 1$，因此，$\pi(s_i) \to 1$。在这种情况下，智能体开始利用策略，进行进一步探索的机会非常有限。
- 正如理论部分所述，损失函数是利用数值稳定的交叉熵计算的。
- 计算梯度。

为了执行梯度上升，还需要基于所有可训练变量和效用函数创建一个空向量，按照以下公式计算折扣回报：

$$R_{s_k} = \sum_i \gamma^{i-1} \gamma_i$$

下面的程序段给出了这两个函数的代码：

```
def create_gradients():
    gradients = policy.trainable_variables
```

```
    for i, g in enumerate(gradients):
        gradients[i] = 0
    return gradients

def discounted_rewards(r):
    dr = []
    da = 0.0
    for t in range(len(r)-1, -1, -1):
        da *= gamma
        da += r[t]
        dr.append(da)
    return dr[::-1]
```

由于需要评估所有可能的子序列，折扣奖励的计算考虑了从 $i=1$ 到 $i=T$ 的所有起点，其中 T 是序列的长度。须知，顺序总是颠倒的，因为元素被附加到列表的尾部，所以，最近的转移是最后一次转移。

此时，可以利用 $\gamma=0.99$ 开始训练循环，以赋予整个序列更高的重要度。当行动积极时，环境提供的奖励等于 1.0，当行动消极时，环境提供的奖励等于 0.0。因此，很难理解一个序列是否应该被认为是成功的。一个简单的办法是，如果事件在自然长度（等于 200 步）之前结束，惩罚最后一个行动。本例，每个负终止状态得到 -5.0 的回报，但是这个值可以进一步调整，以最大化收敛速度。

批量大小等于 5，要执行 2000 个事件（当然建议读者测试不同的值，观察结果）：

```
nb_episodes = 2000
max_length = 200
batch_size = 5
gamma = 0.99

gradients = create_gradients()
global_rewards = []

for e in range(nb_episodes):
state = env.reset()
```

```
e_gradients = []
e_rewards = []
done = False
total_reward = 0.0
t = 0

while not done and t < max_length:
        env.render()

        state = np.reshape(state, (1, 4)).\
            astype(np.float32)
        action, grads = policy_step(state,
                                        grads=True)
        state, reward, done, _ = env.step(action)

        total_reward += reward
        e_rewards.append(
            reward if not done else -5)

        grads = np.array(grads)
        e_gradients.append(grads)
        t += 1

 global_rewards.append(total_reward)

 d_rewards = discounted_rewards(e_rewards)
 for i, g in enumerate(e_gradients):
       gradients += g * d_rewards[i]

 if e > 1 and e % batch_size == 0:
       optimizer.apply_gradients(
            zip(gradients / batch_size,
                 policy.trainable_variables))
```

```
            gradients = create_gradients()

        print("Finished episode: {}. "
              "Total reward: {:.2f}".
              format(e + 1, total_reward))

env.close()
```

对于每个事件，上面的程序段执行一个循环，从环境采样一个状态，执行一个行动（计算梯度），观察新的状态，并存储当前的奖励。每五个事件，用折扣奖励校正的序列被集成到 $\frac{1}{N}\sum_i \nabla \log\pi(a_i|s_i;\bar{\theta})R(S_t)$，并利用 Adam 优化器应用梯度。回报奖励的图如图 25.15 所示。高亮显示的线条是平滑的版本。

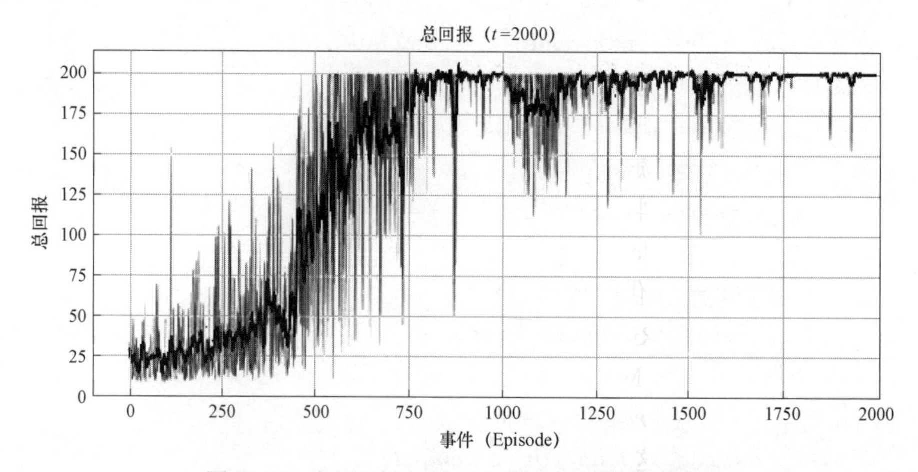

图 25.15　应用于倒立摆 v0 问题的策略梯度的回报

可见，算法很快就达到了最高分（等于 200），但它一直在振荡（1500 个事件后基本平稳）。这是这种方法的缺点。事实上，虽然估计无偏，但它的方差相当大。有不同的方法可缓解这个问题，但它们可能会恶化整体性能。例如，增加批量大小可以减少更正次数，并产生更稳定的策略。另一种方法可能是最好的方法，称为基线减法，包括利用略有不同的代价函数：

$$Avg_{p(S_t|\pi)}\left[\sum_i \nabla \log\pi(a_i|s_i;\bar{\theta})R(S_t)-\beta\right]$$

β 项不改变无偏性，但可以用它来最小化梯度的方差。但是，当采用小批量时，每次更新之前必须重新计算 β，而且由于样本量小，其影响有限。因此，当策略达到良好的稳定性时，通常最好利用具有衰减学习率的优化算法限制校正，而在振荡较大的情况下，最好利用数量更多的探索性事件。作为练习，建议读者测试这些不同的方法，以了解更多关于这种方法的优点和缺点。

25.5　本章小结

本章基于不同长度备份的平均值给出了 TD(0)的自然演化。这种被称为 TD(λ)的算法非常强大，比 TD(0)具有更快的收敛速度，只需要几个（非制约性的）条件。展示了如何用 TD(0)实现玩家 – 评委方法，以便了解随机策略和值函数。

接着讨论了两种基于 Q 函数估计的方法：SARSA 和 Q 学习。两者非常相似，但后者有贪婪策略，其性能（尤其是训练速度）使其优于 SARSA。Q 学习算法是最新发展的最重要的模型之一。事实上，这是第一个利用深度卷积网络的强化学习方法，用于解决复杂环境（例如雅达利游戏）问题。为此，还展示了一个基于多层感知机的简单示例，该示例处理视觉输入并输出每个行动的 Q 值。此外，引入了直接策略搜索的概念，给出了一个基于 OpenAI Gym 的例子，OpenAI Gym 是一个免费的环境集合，可以在其中实验强化学习算法。

强化学习世界令人神魂颠倒，每天都有数百名研究人员在改进算法，解决越来越复杂的问题。建议读者查阅参考资料，以便找到有用的资源，利用这些资源更深入地了解模型及其发展。而且建议看一下 Google DeepMind 团队写的博文，这是深度强化学习领域的先驱。另外，建议搜索 arXiv 上免费提供的论文（例如，Mnih V.，Kavakcuoglu K.，Silver D.，Graves A.，Antonoglou I，Wierstra D.，Riedmiller M.，*Playing Atari with Deep Reinforcement Learning*，arXiv：1312.5602v1[cs.LG]或 Mnih，V.，Kavukcuoglu，K.，Silver，D.et al. *Human-level control through deep reinforcement learning*.Nature 518，529–533(2015)）。

很高兴以这个话题结束这本书，因为强化学习可以提供新的强大工具，将极大地改变我们的生活。

扩展阅读

- Sutton R.S., Barto A.G., *Reinforcement Learning*, The MIT Press, 1998.
- Watkins C.I.C.H., *Learning from Delayed Rewards*, Ph.D.Thesis, University of Cambridge, 1989.
- Dayan P., *The convergence of TD($\lambda\lambda$)for General λ*, Machine Learning 8, 3–4/1992.
- Dayan P., Abbott L.F., *Theoretical Neuroscience*, The MIT Press, 2005.

- Schulman J., Moritz P., Levine S., Jordan M.I., Abbeel P., *High-Dimensional Continuous Control Using Generalized Advantage Estimation*, ICLR 2016.
- Singh S., Jaakkola T., Littman M.L., Szepesvári C., *Convergence Results for Single –Step On –Policy Reinforcement –Learning Algorithms*, Machine Learning, 39/2000.
- Watkins C.I.C.H., *Learning from delayed rewards*, Ph.D.Thesis, University of Cambridge, 1989.
- Watkins C.I.C.H., Dayan P., *Technical Note Q-Learning*, Machine Learning 8, 1992.
- Liu R., Zou J., *The Effects of Memory Replay in Reinforcement Learning*, Workshop on Principled Approaches to Deep Learning, ICML 2017.
- Li Y., *Deep Reinforcement Learning:An Overview*, arXiv:1701.07274[cs.LG].
- Mnih V., Kavakcuoglu K., Silver D., Graves A., Antonoglou I, Wierstra D., Riedmiller M., *Playing Atari with Deep Reinforcement Learning*, arXiv:1312.5602v1[cs.LG].
- Mnih V., Kavukcuoglu K., Silver D., Graves A., Antonoglou I., Wierstra D., Riedmiller M., *Playing atari with deep reinforcement learning*.arXiv preprint arXiv:1312.5602, 2013.
- Mnih V., Puigdomènech Badia A., Mirza M., Graves A., Lillicrap T.P., Harley T., Silver D., Kavukcuoglu K., *Asynchronous Methods for Deep Reinforcement Learning*, arXiv: 1602.01783 [cs.LG].
- Barto A., Sutton R., Anderson C., *Neuronlike Adaptive Elements That Can Solve Difficult Learning Control Problem*, IEEE Transactions on Systems, Man, and Cybernetics, 1983.
- Mnih, V., Kavukcuoglu, K., Silver, D.et al.*Human-level control through deep reinforcement learning*. Nature 518, 529–533(2015).

后　　记

本书得来颇费工夫。作者希望从真正有益的视角为读者讲解关于重要的机器学习算法和应用。有些话题过于复杂，很难解释得通俗易懂，因此，如果有些知识点没有阐述得足够清楚，敬请读者原谅。作者希望为这些精彩观点思想的普及尽微薄之力。求知不已的读者可以通过参考文献找到非常有用的资源和原创论文。读者从中还能找到其他参考文献，这个过程注定长路漫漫，学习无止境，改变无极限！学习也需要继续前行，随身携带我所需，舍弃身后我不用。最后，作者希望读者们在数据科学领域前程远大，希望你们孜孜以求，求新求知，不断进步。路，永远在前方，好奇引领方向，AI 驱动前行！

本书贡献者

作者介绍

Giuseppe Bonaccorso 是位经验丰富的数据科学管理者，在机器学习、深度学习方面具备深厚的专业知识。2005 年获得意大利卡塔尼亚大学电子工程专业硕士学位后，Giuseppe 继续在意大利罗马第二大学和英国埃塞克斯大学从事 MBA 研究工作。Giuseppe 的主要研究兴趣包括机器学习、深度学习、数据科学策略和医疗健康产业的数字化创新。

审阅人介绍

Luca Massaron 是位数据科学家，在将数据转化成智能产物、解决现实问题、为商务机构和相关方创造新价值等方面有着十多年的经验。他也是人工智能、机器学习、算法方面的畅销书作者，在数据科学平台 Kaggle 大师竞赛中斩获过世界用户排行第七名，同时还是谷歌机器学习开发专家。